Philipp Dickmann (Hrsg.)

Schlanker Materialfluss

mit Lean Production, Kanban und Innovationen

Mit 159 Abbildungen und 16 Tabellen

Springer

Dipl. Ing. Philipp Dickmann
Rotter Str. 37
85567 Grafing, Germany
info@philipp-dickmann.de
www.philipp-dickmann.de

Bibliografische Information der Deutschen Bibliothek
Die Deutsche Bibliothek verzeichnet diese Publikation in der
Deutschen Nationalbibliografie; detaillierte bibliografische Daten sind im Internet über
http://dnb.ddb.de abrufbar.

ISBN-10 3-540-34337-7 Springer Berlin Heidelberg New York
ISBN-13 978-3-540-34337-0 Springer Berlin Heidelberg New York

Springer ist ein Unternehmen von Springer Science+Business Media

springer.de

Satz und Herstellung: LE-TEX, Jelonek, Schmidt & Vöckler GbR, Leipzig
Einbandgestaltung: medionet AG, Berlin
Gedruckt auf säurefreiem Papier 68/3100 YL – 5 4 3 2 1 0

Geleitwort

Pánta rhei – alles ist im Fluss. Dieser dem griechischen Philosophen Heraklit (ca. 540–480 v. Chr.) zugeschriebene Ausspruch meint nicht originär den Materialfluss sondern die Tatsache, dass sich alles stets in Veränderung befindet. Dennoch und gerade darum sollte man ihn im Hinblick auf den von Philipp Dickmann herausgegebenen „schlanken Materialfluss" aufgreifen. Im Wissen, dass betriebliche Prozesse Veränderungen unterworfen sein werden, wollen wir diese aktiv gestalten.

Material soll durch die Produktion **fließen**. Ein Aufstauen (Lagern) soll nur dort und in dem Umfang erfolgen, wo dies gewollt ist, weil vom Prozess gefordert oder notwendig erscheint, um unangenehmere Folgen durch einen Abriss des Flusses zu vermeiden. Dabei plädieren die Autoren für einfache, schnelle und praxisnahe Vorgehensweisen. Wenn erforderlich, dann ist Automatisierung einfach (und kein Selbstzweck). Geforderte Flexibilität wird erreicht, indem der Mensch seine Kreativität einbringt, systematisch handelt, sich nicht mit Erreichtem zufrieden gibt, wo immer möglich auf IT und Spezialistentum verzichtet.

Wer jetzt denkt, es ginge um praxisferne Theorie, irrt. Aufgegriffen und unter den unterschiedlichsten Aspekten immer wieder neu ins Blickfeld gerückt werden die Gedanken des Toyota Produktion Systems, die Idee Kaizen, die seit einem halben Jahrhundert die Industrie verändern. Und immer wieder werden Anwendungen aus der Automobilindustrie herangezogen. Sie war, ist und bleibt seit über 100 Jahren Vorreiter für die jeweils zukunftsfähige Organisation von Produktionsprozessen und des zugehörigen inner- und zwischenbetrieblichen Materialflusses. Ihn schlank zu halten oder auch erst neu zu gestalten ist ihr Ziel. Dazu kürzt sie Durchlaufzeiten, senkt Bestände, spart Kosten und sichert so Wettbewerbsfähigkeit.

Wettbewerbsfähigkeit unter Kostengesichtspunkten meint dabei nicht Verlagerung in Niedriglohnländer. Vielmehr stellt sich die Frage, wie ein sinnvolles Zusammenspiel von Mensch, Technik und Organisation so zu gestalten ist, dass Produktion und das in hochindustrialisierten Ländern erreichte Einkommensniveau nicht miteinander konkurrieren. Auch hierzu finden sich Gedankenanstöße.

Dies entbindet den Unternehmer nicht von der Aufgabe, seine eigene Vision zu entwickeln. Hat er diese, so findet er zahlreiche Hinweise, wie der kontinuierliche Verbesserungsprozess durch Einbeziehung der Mitarbeiter zu gestalten ist. Und er sollte erkennen, dass dieses Denken sich nicht auf die Produktion beschränkt. Er muss neu denken, sollte Verantwortung und neue Ansätze glaubhaft vorleben, Verantwortung auf andere übertragen und dezentralisieren, Qualität nicht als Lippenbekenntnis fordern, sondern als Teil der Kundenforderungen sehen und realisieren.

Schaut man sich die Beiträge an, so könnte man meinen, *Kanban* und das Pull-Prinzip seien die Antwort auf alle Probleme des betrieblichen Alltags. Ein solcher Schluss wäre voreilig und wird dem Anliegen von Philipp Dickmann und seinen Mitstreitern nicht gerecht. Sie spannen den Bogen von den Elementen schlanker Produktionssysteme über deren Steuerung hin zur betriebsübergreifenden Supply Chain. Natürlich bildet dabei *Kanban* einen Schwerpunkt. Doch welches *Kanban*? Es zeigt sich, dass sich in den vergangenen Jahrzehnten eine wahre Vielfalt von Lösungen entwickelt hat, um eben den Anwendungsbereich auszudehnen. Es zeigt sich, dass es möglicherweise die **einfache reine** Lösung nicht gibt.

Auch wenn *Kanban* in seiner Urform den Verzicht auf EDV einschließen mag, so kommen moderne Unternehmen doch ohne IT-Lösungen und informationstechnische Vernetzung und Aufbereitung ihrer Prozesse nicht aus. Genau dies wird hier aufgezeigt. Die reine Lehre mag es in Lehrbüchern geben. Die Praxis sieht anders aus. Die neue Denkweise sollte Grundsätzen folgen. Sie muss jedoch pragmatisch auf die betrieblichen Belange eingehen und sich aus dem Instrumentenkasten so bedienen, dass das Geschehen so einfach wie möglich, so verständlich und transparent wie möglich aber auch informationstechnisch so weit als nötig gestaltet wird. Visualisierung des Geschehens für die Mitarbeiter macht dieses im buchstäblichen Sinne **begreifbar** und erleichtert so die Umsetzung neuen Denkens in betriebliche Praxis und deren beständige Überprüfung und Verbesserung (durch wen, wenn nicht durch die betroffenen Mitarbeiter !).

Auch die Beiträge zeigen in ihren unterschiedlichen Akzentsetzungen, in ihren Beispielen, den Willen, die betriebliche Praxis in den Vordergrund zu stellen. Die von Dickmann auch vorgestellten neuen wissenschaftlichen Ansätze wie etwa die dezentrale Bestandsregelung, das Production Authorization Card Konzept (PAC) oder die Behandlung des Störungsmanagements sind ein Indiz, dass sich gerade auch Wissenschaftler fragen, wo über die aus Japan kommenden Ideen hinaus neue (europäische?) Ansätze gefragt sind, wo vielleicht hybride Lösungen weiter führen als nur theoretisch begründete „reine Lehre".

Der „schlanke Materialfluss" wird dem Praktiker Hilfestellung geben. Im Sinne einer Checkliste wird er erkennen, welche Fragestellungen er im alltäglichen Streß sträflich vernachlässigt hat.

Er wird die scheinbar auf die Automobilindustrie hin konzipierten Lösungsvorschläge an seine eigenen Belange adaptieren und so zu innovativen Konzepten in völlig anderen Branchen kommen.

Studierende mit dem Berufsziel Produktion oder Logistik vor Augen wird er helfen, die ihnen in der Praxis begegnenden Begriffe zu verstehen, das dahinter verborgene Denken zu erkennen, ihre Lehrbücher unter neuem Blickwinkel zu sehen. Sie werden – hoffentlich – erkennen, dass Lösungen nicht in der Schublade liegen sondern aktiv und im Team zu erarbeiten und ständig fortzuentwickeln sind. Es ist eben alles im Fluss (Heraklit).

Ilmenau, Oktober 2006 Wolf-Michael Scheid

Vorwort

Der Praktiker, der mit Materialfluss konfrontiert ist, sieht sich heute vielfältigen und teils sich scheinbar widersprechenden Anforderungen der verschieden Fachbereiche gegenüber. Um seine Zielvorgaben, etwa kontinuierlich volle Lieferfähigkeit, minimale Bestände und minimale Kosten, zu erreichen, sollte er in verschiedensten Spezialdisziplinen gleichermaßen höchst kompetent sein. Im „Tagesgeschäft" wird diese Sichtweise vielfach als aufwendiges Optimieren von isolierten, eindimensionalen Problemstellungen empfunden. Auf der realen Ebene in der betrieblichen Praxis ist der Mitarbeiter zumeist wesentlich rudimentäreren, aber andererseits aufgrund der Vielzahl der interdisziplinären Ursachen, letztlich hoch komplexen Problemstellungen ausgesetzt. Die Ursachen sind einfach, viele der verschiedensten Rahmenbedingungen, die landläufig als Fix oder ideal erfüllt angesehen werden, entsprechen schlicht nicht diesen Vorgaben. Viele Optimierungsansätze erscheinen dem Praktiker daher unrelevant angesichts der tatsächlichen Problemstellungen des Alltags:

- Planungen, die sich sekündlich gravierend verändern;
- Softwaredaten, die im zweistelligen Prozentbereich Fehler aufweisen;
- Anlagen, die kurzfristig ausfallen;
- Ausschussraten, die plötzlich 50 % Kapazität zehren
- Softwareprodukte, die sehr starke Abweichungen zu Realität aufweisen;
- Änderungen, die kaum mehr vollständig einfließen, bevor sie wieder ersetzt werden;
- Lieferanten, die kaum soweit entwickelt werden, dass eine vernünftige Zusammenarbeit möglich ist, ehe sie von neuen Lieferanten ersetzt werden;
- Mängel oder Strategien in der betrieblichen Zusammenarbeit, die einen kostenoptimalen Materialfluss unmöglich machen und an schlechter Stimmung oder hoher Fluktuation erkennbar sind;
- Etc.

Besonders beim Thema Materialfluss ist es wesentlich, umfassend und interdisziplinär optimal zu arbeiten. Es gilt allgemein wenige Störungen und Verschwendung zu erreichen und nicht nur in einer Spezialdisziplin das letzte Promill an Optimierung auszureizen. Wenn andererseits diese Basis erreicht ist, existieren vielfältige Möglichkeiten, die Prozesse noch Schlanker und gleichzeitig sicherer zu gestalten. Bei verschiedensten Gesprächen im Vorfeld des Buchs war immer wieder festzustellen, dass sehr viele Fehler auch daher rühren, dass es kaum Literatur gibt, die diese komplexe Problemstellung umfassend darstellt.

Der Praktiker benötigt eine komplexe Mischung an wesentlichen Grundmethoden und neuen oder spezielleren Ansätzen, die umfassend alle notwendigen Themen in einfacher Form transparent machen. Schlanker Materialfluss, schlanke Produktion und letztlich das schlanke Unternehmen stellen auch in den Industriestaaten ein immer noch enormes, letztlich sogar volkswirtschaftliches Potential dar, da hierbei eine tatsächliche Optimierung der Wertschöpfung erreicht wird. Hieraus entstand der Gedanke, das Thema Materialfluss in der notwendigen engen Beziehung zum Toyota-Produktionssystem darzustellen. Fehler bei grundlegenden Ansätzen können schnell jegliche Kostenreduzierung kompensieren, etwa durch Personalkosten oder durch einen Lieferantenwechsel. Auf Grund vieler persönlicher Kontakte und Erfahrungen entstand der Gedanke, bei diesem Buch ganz nach dem Konzept von Best Practise die jeweiligen internationalen Spezialisten Ihre spezielle Sichtweise der Dinge selbst darstellen zu lassen. Interessanterweise stieß ich mit meiner Idee, ein interdisziplinäres, stellenweise konträres Buch zum verfassen, auf eine sehr breite Zustimmung; alle von mir angestrebten Spezialisten sagten tatsächlich zu und so ist es gelungen, die folgenden fünf Bereiche authentisch in einem Buch über Materialfluss zu integrieren:

- Internationale Konzerne und führende Zulieferer,
- Beratung,
- Ausstattung und Zulieferunternehmen,
- Unternehmen der Informationstechnologie,
- Forschung und Wissenschaft.

An dieser Stelle möchte ich mich ganz herzlich für die enorme spontane Zustimmung, Begeisterung für das Projekt und die tatkräftige, professionelle und vor allem sehr kooperative Unterstützung bei allen 48 Co-Autoren und deren Unternehmen oder Universitäten bedanken. Ich möchte mich besonders für das Geleitwort und die darüber hinausreichende persönliche Unterstützung bei Prof. Scheid bedanken. Das Projekt währe sicherlich nicht entstanden ohne die Unterstützung und Anregung der folgenden Universitäten bzw.Institute, bei denen ich mich auch herzlich bedanken möchte.

- Fakultät für Maschinenbau und Lehrstuhl für Fabrikbetrieb der TU Ilmenau – Prof. Wolf-Michael Scheid
- Institut der Wirtschaft Thüringens – Wissenschaftlicher Direktor Prof. Herfried Schneider
- Institut für Werkzeugmaschinen und Betriebswissenschaften (iwb) der TU München – Prof. Michael F. Zäh
- Lehrstuhl für Fördertechnik Materialfluss Logistik (fml) der TU München – Prof. Willibald A. Günthner
- Fakultät für Wirtschaftsingenieurwesen der Fachschule Rosenheim – Prof. Christoph Maier
- Faculty of Science, Agriculture and Engineering der University of Newcastle upon Tyne – Prof. P. M. Braiden

Aufgrund des ungewöhnlich interdisziplinären Ansatzes des Buchs war die tatkräftige Unterstützung von außerordentlich vielen Personen zum Gelingen notwendig – etwa mit dem Vermitteln von Kontakten, Anwendungsfällen, Literatur sowie durch konstruktive Kritik und Korrekturen. Ich möchte mich hierfür bedanken bei Dr. Thomas Alt, Ingrid Alter, Oliver Ballhausen, Prof. Dr. Peter Finke, Marc Flegler, Felicitas Kell, Michael Mack, Nigel Ord, Thorsten Paps, Georg Stieghafner, Sabine Trenkler, Kai Erik Witte, Rulan Zhuo, Wilhelm Zwerger. Dies gilt auch in besonderer Weise für die Unterstützung, die mir von der Produktgruppe Retarder (Voith Turbo GmbH & Co.) zuteil wurde. Beim Lektorat, der Revision und durch Beratung in Verlagsfragen haben mich Anja Beer, Claudia Brandstetter, Emil Hofmann, Dr. Thomas Rücker, Dr. Jürgen Schmidt, Heidi Stadler, Ursula Moosbauer, Ursula Müller, Claus Eduard und Manuela Wittmann sowie das Kollegium von LEPROS tatkräftig unterstützt. Mit enormer Kapazität haben vor allem Monika Brandstetter und Eva Dickmann das Projekt wesentlich mitgetragen. Ihnen allen gebührt mein spezieller Dank. Im Besonderen möchte ich mich beim Springer-Verlag bedanken und im Speziellen bei Herrn Thomas Lehnert für die Begeisterung und die immer konstruktive, tatkräftige Unterstützung durch die das Projekt erst entstehen und wachsen konnte. Ich konnte mich jederzeit auf die sehr freundliche, konstruktive und professionelle Zusammenarbeit mit Kathleen Doege sowie dem Team von Monika Riepl (Annegret Krap, Christin Hülle, etc. von LE-TeX Jelonek, Schmidt & Voeckler) bei der Projektabwicklung bis hin zum Druck verlassen.

Dieses Buch steht unter dem Motto: Tatsächlicher nachhaltiger Fortschritt und Erfolg basierend auf fundierter Substanz und nicht nur auf der Gabe oberflächlich, mittels Präsentation und Rhetorik, zu beeindrucken.

Abb. 0.0.V Die Chancen neuer Perspektiven nutzen – herausragende, nachhaltig und im Nachhinein erfolgreiche Ansätze entstehen häufig aus veränderten Blickwinkeln.

In unserer Gesellschaft und in Unternehmen werden Strukturen vielfach mit enormem Aufwand danach ausgerichtet, immer die optimale marketinggerechte Perspektive zu finden, unter der die Schattenseiten der Organisation und der

Abläufe nicht zu erkennen sind. Ansätze aus den Bereichen Lean und der Wissenschaft, sowie interdisziplinäre Ansätze können helfen Perspektiven zu finden, um Prozess und Kosten tatsächlich und nachhaltig enorm zu optimieren.

Ich möchte dieses Buch meinen Kindern Mark, Cara und Lina widmen, die mir stets den Unterschied zwischen dem Wesentlichen und Unwesentlichen vor Augen führen.

München, Juni 2006 Philipp Dickmann

Inhaltsverzeichnis

Die Struktur von schlankem Materialfluss mit Lean Production, *Kanban* und neuen Innovationen

In der Literatur wird Materialfluss überwiegend in Spezialdisziplinen betrachtet, etwa der Steuerungslogik, der Logistiktechnik oder dem Supply Chain Management. Ein charakterisierendes Merkmal des Materialflusses ist jedoch, dass er sich aus vielfältigen Einzelbausteinen zusammensetzt, die alle harmonisch abgestimmt sein müssen. Die maximal erreichbare Effizienz wird nicht durch Höchstleistungen in dem einen oder anderen Spezialthema bestimmt, sondern durch das schwächste Glied im gesamten komplexen Netzwerk. Den Schnittstellen zwischen den betroffenen Fachbereichen in einem Unternehmen kommt hier eine ganz besondere Bedeutung zu: Erst ein harmonischer Einklang ermöglicht hohe Effektivität. Dies setzt umfassendes Verständnis für interdisziplinäre Notwendigkeiten, ein hohes Maß an Abstimmung mit den operativen Prozessen und letztlich einen einvernehmlichen Umgang und den Respekt vor den Problemstellungen des Anderen voraus. Es ist also notwendig eine umfassende interdisziplinäre Lösung anzustreben, die keine Teilaspekte unberücksichtigt lässt. Alle notwendigen angrenzenden Fachbereiche mit Ihren teils kontroversen Thesen und Zielvorstellungen müssen integriert werden. In der Realität der Unternehmen sind nicht selten Zielkonflikte vorhanden, die zu enormen Spannungen und enormer Verschwendung führen.

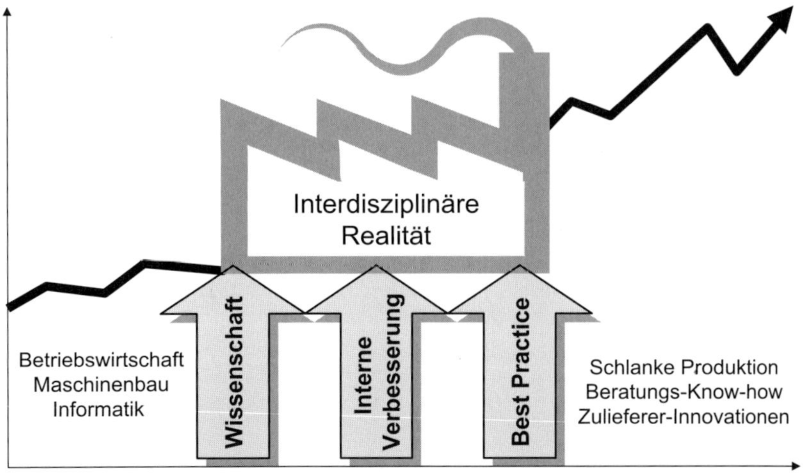

Abb. 0.0.1 Die komplexe Herausforderung, die es zu bewältigen gilt

Moderne Hilfsmittel und Methoden des Maschinenbaus, der Logistik, der Betriebswirtschaftlehre und der Informationstechnik müssen, um im globalen Markt konkurrenzfähig zu sein, gleichermaßen perfekt umgesetzt werden. Akademische Kompetenz muss auf einer anderen Ebene „Hand in Hand" ergänzt werden durch hochwertige erfahrungsbasierte Methoden und differenziertes praktisches Know-how der realen Umsetzung. Das Toyota Produktionssystem bildet ein zentrales Fundament, auf dem zahlreiche neuere Methoden und Umsetzungen der Lean-Philosophie basieren. Ergänzend gilt es vielversprechende neue Ansätze und zukunftsweisende Weiterentwicklungen zu integrieren.

Abb. 0.0.2 Das Buch setzt sich aus folgenden Elementen bzw. Kapiteln zusammen, die für einen optimalen Materialfluss „verzahnt" sein müssen

1 Elemente moderner, schlanker Produktionssysteme

Philipp Dickmann

Meilensteine der modernen Produktion mit Lean Production, Total Quality Management, Six Sigma, Supply Chain Management, Lean Management und Lean Enterprise können zu effizienteren Abläufen führen. In der betrieblichen Praxis existiert jedoch eine Vielzahl von Zielkonflikten basierend auf Richtlinien von Material Requirements Planning- (MRP), Controlling- und anderen Systemen. Nur wenige Spezialisten in größeren Unternehmen sind im Stande, die Komplexität über die Grenzen eines Fachgebiets hinaus im Detail zu verstehen. Fachübergreifendes Verständnis scheitert an der Komplexität der Gesamtproblematik. Entscheidungen verschiedenster Fachbereiche begrenzen die maximal erreichbare Effizienz des Materialflusses. Logistik und Materialfluss werden daher in vielen Unternehmen als unabdingbare Kernkompetenz verstanden. Um eine schlanke Produktion, einen optimalen Materialfluss und somit minimale Produktkosten zu erreichen, sind folglich vielfältige andere Fachthemen als Vorraussetzungen zu beherrschen. Erst dann ist es in der Produktionslogistik möglich, im Vergleich zu einem Top-Benchmark erfolgreich zu sein. Um im täglichen Konkurrenzkampf „die Nase auch Morgen noch vorne zu haben" ist es nötig, über den Preis hinaus auch noch völlig andere Problemstellungen zu beherrschen.

Babylon-Syndrom

Die Kompetenz interdisziplinäre Problemstellungen zu beherrschen wird zunehmend ein Thema, das den Wettbewerb und das Überleben für ein Unternehmen entscheidet. Im letzten Jahrzehnt fand eine enorme Spezialisierung und damit Verflachung des interdisziplinären Verständnisses, vor allem in Konzernen, aber auch in der Ausbildung, statt. Trotz dem Trend zur Reduzierung der Produktionstiefe und der Outsourcingwellen nimmt das Aufsplittern der Zuständigkeitsbereiche weiter zu. Dies vereinfacht den Umgang mit Detailproblemen. Gruppenabgegrenztes Denken nimmt zu, unter anderem erkenntlich an der steigenden Anzahl der Abteilungsgrenzen. Das Gesamtoptimum wird schwerer erkennbar, messbar und beherrschbar. Das Erreichen von optimalen Kennzahlen in einem Bereich bewirkt immer häufiger, dass Kennzahlen in anderen Bereichen deutlich schlechter werden. Das Gesamtergebnis wird trotz der Aktivitäten verschlechtert. Die Korrelation von Maßnahmen und Auswirkungen werden ebenfalls durch stärkere Verteilung der Kompetenz erschwert. Gründe sind die höhere Spezialisierung, der zeitliche Versatz (zwischen Ursache und Wirkung) und die in der Summe für Standard-Controlling-Ansätze kaum mehr durchschaubaren Verflechtungen.

Nachhaltigkeitsökonomie und Unternehmensethik

Im Zeitalter des Shareholder-Value, also der einseitigen Ausrichtung von Unternehmen auf Nachfrageentwicklungen von potentiell interessierten Investoren, sowie daraus abgeleiteten Strategien, scheinen andere Kriterien nur zu untergeordneten Rahmenbedingungen zu degradieren. In vielen Geschäftsfeldern ist der Erfolg maßgeblich von einem intakten Umfeld, innerhalb und außerhalb des Unternehmens, abhängig. Auf Vertrauen basierende Kooperation, die Strategie der Nachhaltigkeitsökonomie (Ökonomie, die sich an nachhaltigen, langfristigen Erträgen orientiert) und eine anspruchsvoll gelebte Unternehmensethik sind Wegbereiter für den Erfolg, für die es keine Alternative gibt.

Netzwerk und Infrastruktur

Bewertungen und Analysen in Unternehmen richten sich zu 99 % auf die eigenen Belange. Im Moment wächst das Bewusstsein in den Unternehmen, dass ein großer Teil des Erfolgs eines Unternehmens nicht alleine auf der eigenen Leistung basiert. Entscheidend sind ebenso das Netzwerk und die Rahmenbedingungen der Infrastruktur, in dem das Unternehmen arbeitet. Soziologisch betrachtet ist das eigentliche Unternehmen nur ein kleiner Bestandteil eines Energons (vgl. 1.18. Probleme sind Schätze). Bestimmend ist daher im Wesentlichen nicht mehr die Leistung und Effizienz des eigentlichen Unternehmens selbst, sondern die Qualität des Zusammenspiels des gesamten Komplexes.

Softfacts

Kultur, Verhalten, Erziehung, Ethik, Erfahrung, Verbundenheit mit einem Unternehmen, etc. sind nicht unmittelbar in Zahlen greifbare Werte. Sie sind typischerweise nicht direkt in IT zu erfassen oder abgreifbar, und können vom Controlling in ihrer Auswirkung nicht bewertet werden. Hardfacts bestimmen überproportional stark die Entscheidungen in Unternehmen. Sie stellen in konkreten, einfachen Kostenwerten fundiert die Basis von zielorientierten Führungsmethoden dar. Viele in Kostenstrukturen nicht erkennbare, aber entscheidende Zusammenhänge sind mit Softfacts einfach bewertbar und können optimiert werden. Sie haben daher gleichermaßen (wie Hardfacts) durchschlagenden Einfluss auf Unternehmensstrukturen, Abläufe, Kosten und letztlich die Rendite.

In den Rahmenbedingungen stecken die Schätze

Struktur, Entscheidungen und Ethik eines Unternehmens werden durch Rahmenbedingungen vorbestimmt, analog der „theory of constraints" *[Gold 90]*. Rahmenbedingungen sind entscheidende Einflussfaktoren, die als gegebene unveränderliche Größen angesehen werden und über deren Wirkung daher fast immer kein Bewusstsein herrscht. So kann die Änderung einer Bedingung, welche die „Seele" des Unternehmens trifft, einen entscheidenden Einfluss auf die weitere Entwicklung des Unternehmens haben. Die Optimierung der Rahmenbedingungen der Entlohnung steht beispielsweise derzeit stark im Fokus des Interesses der Unternehmen, während andere Aspekte mit vergleichbar großen Potentialen weniger Beachtung finden. Maßnahmen auf dem Weg zu einem schlanken Unternehmen erbringen langfristig sicherlich höhere Potentiale und einschneidendere Verbesserungen. Sie sind jedoch nicht so einfach in der Umsetzung, nicht kurzfristig umsetzbar und verursachen wesentlich höheren Aufwand. Weder IT, noch optimale Steuerungsmethoden, Mitarbeiter oder Lieferanten können schlechte Rahmenbedingungen letztlich jedoch kompensieren. Rahmenbedingungen können einerseits Schätze beinhalten oder aber letztlich eine Bürde sein, die das Unternehmen „in weniger sonnigen Zeiten" in die Katastrophe führt!

Flexibilität und Verbesserungsgeschwindigkeit

Einen guten Preis zu erreichen gilt landläufig als bestimmendes K.O.-Kriterium. In der Konkurrenzsituation ist immer häufiger alleine damit aber keine Abgrenzung oder fundierte Entscheidung mehr zu rechtfertigen. In globalen Märkten, in denen sich Lieferanten nur mehr um Nuancen unterscheiden, sind nachhaltige Kostenreduzierungen kaum mehr mit machtbasierten oder psychologischen Verhandlungstaktiken zu realisieren. Entscheidend sind zunehmend die Flexibilität und die Geschwindigkeit, mit denen eine Verbesserung erzielt wird. Die maximal erreichbaren Leistungen des Materialflusses und der Produktion werden in erster Linie durch die Erfüllung dieser Rahmenbedingungen im Unternehmen bestimmt. Daher wird in der Folge sehr umfassend auf Methoden und Anforderungen eingegangen, welche die Voraussetzungen für einen modernen und schlanken Materialfluss darstellen.

1.1 Lean Production – das Toyota Produktionssystem (TPS)

Philipp Dickmann

Es gibt heute kaum ein namhaftes produzierendes Unternehmen, das hohem Konkurrenzdruck ausgesetzt ist und dabei noch völlig ohne an die schlanke Produktion angelehnte Methoden auskommt. Die als „Lean Production" oder das „Toyota Productions-System"(TPS) nach Hr. Taiichi Ohno *[Ohno 78]* bekannt gewordenen Methoden stellen eine elementare Basis für effizienten, konkurrenzfähigen und modernen Materialfluss dar. Sie finden erfolgreich Anwendung im Sondermaschinenbau, der Baubranche, der Medizintechnik, im Handwerk, der Biochemie oder im Großserienherstellprozess und sind gleichermaßen erfolgreich in Hochlohn- wie auch in Niedriglohnländern zu finden. Die einfachen

Prozesse, die auf eine direkt erkennbare und dadurch sehr schnelle Verbesserung zielen, führen zu einem teils rapiden Ansteigen der Wirtschaftlichkeit, auch wenn es das typische Merkmal dieser Methode ist, primär Abläufe und Prozesse mit einfachen Methoden zu optimieren und dadurch nur „nebenbei" betriebswirtschaftliche Kennzahlen zu verbessern. Warum steht die Methode derzeit wieder derart im Blickpunkt? Die Methode der schnellen, nachhaltigen und ganzheitlichen Optimierung wurde für Toyota zu dieser Zeit notwendig, um im internationalen Konkurrenzkampf die USA und Europa einzuholen und nach Möglichkeit zu überholen. Heute ist die Situation vieler Unternehmen vor allem auch in Europa damit vergleichbar. Aufgrund der politischen Veränderung in Osteuropa und China, sowie der neuen Möglichkeiten im Internet, konkurrieren selbst kleine Unternehmen heute immer mehr auf dem Weltmarkt. Darin liegt ein enormes Potential für die Unternehmen, aber auch ein Zwang zur Wirtschaftlichkeit, die heute in vielen Bereichen allein nicht mehr ausreichend ist. Nicht primär der Unterschied in der Startposition, sondern die Schnelligkeit, Prozesse bei höchster Flexibilität zu optimieren, entscheidet vielfach in diesem Wettkampf – und genau hierin liegt die Stärke dieser umfassenden Systematik.

1.1.1 Entwicklung

Das Genie von Newton, Kepler, Galileo oder Einstein definiert sich durch die Leistung, komplexe Zusammenhänge in einem ungewohnten Blickwinkel und in einer simplen Logik zu komprimieren. Alle ihre Gleichungen zeichnen sich durch eine für ihre Entstehungszeit verblüffende Differenziertheit aus. Oft wurde die Tragweite in ihrer visionären Differenziation erst sehr viel später aufgrund neuer Methoden und Konzepte verständlich. Das Toyota Produktionssystem (TPS) wurde lange Zeit als simples, auf den Erfahrungsaustausch unter Anwendern zielendes „Praktikerwerk" verstanden. Das Buch erläutert sich selbst in der Problemstellung der japanischen Wirtschaftskrise nach dem zweiten Weltkrieg bis in die 1960er Jahre. Wesentliche Probleme waren hierbei die schlechte Absatzmöglichkeit, da die Qualität und die Effizienz im Vergleich zur Konkurrenz in den USA und Europa ungenügend waren. Nach dem zweiten Weltkrieg wurde Japan in vielerlei Hinsicht von den USA beeinflusst. Das Ford-System *[Ford 26]* setzte zu diesem Zeitpunkt den Maßstab und wurde bei Toyota gleichsam extrahiert und neu synthetisiert. Aber auch andere Unternehmen wurden bereist und brauchbare Methoden systematisch involviert. Das Prädikat „*Made in Germany*" galt unter anderem als Gütesiegel oder Zielmarke, an das sich Toyota annähern wollte. Im Vergleich zu amerikanischen oder europäischen Ansätzen wurden auch traditionell asiatische und speziell japanische Denkprinzipien in die Methode mit einbezogen. Arbeit muss wiederholbar und einfach sein. Die unerhört detaillierte, pragmatische Systematik im Vorgehen beim TPS entspricht einem ritischen Muster, umgesetzt auf die Abläufe in der Produktion. Aber auch viele der in Japan stark etablierten Thesen des Konfuzianismus wurden höchst synergiereich involviert, wie etwa der Selbstanspruch,

„Fehler sind eine persönliche Schande", oder die konsequente Einhaltung von Standards und Regeln. Wesentliche Leitsätze wie die Grundthese von „Best Practise" wurden formuliert:

- Lerne von den Besten. Daraus leitet sich das Best Practise-Konzept ab.
- Verbessere diese Methoden mit einer gleichermaßen einfachen, wie schnellen Methode.

Toyota hat hier einen neuen Maßstab gesetzt. Über mehrere Jahrzehnte hinweg wurde das Toyota Produktionssystem in verschiedenen Stufen entwickelt und umgesetzt. Die Dichte und der Reifegrad der neuen Vorgehensweisen sind aus diesem Grund bestechend. Es werden vielfältige, sehr differenzierte aber stellenweise auf den ersten Blick trivial wirkende Maßnahmen und Zusammenhänge dargestellt. Erst bei der kritischen Auseinandersetzung wird einem bewusst, dass es sich um ein sehr durchdachtes, ausgefeiltes, vor allem sehr interdisziplinäres und umfassendes Zielportfolio handelt. Wissenschaftlich wirkt vieles überbestimmt, wegen der enormen Differenzierung in interdisziplinären Forderungen von extrem weit reichenden Einflüssen. Tatsächlich wurden einzelne Bausteine oder Methoden wie *Kanban* wissenschaftlich lange Zeit als simples banales System verstanden, etwa in Konkurrenz zu den modernen komplexen IT-basierten Algorithmen. Sie passten nicht in die favorisierte Blickrichtung des Zeitgeistes der Forschung. Im Streben, immer kleinere differenziertere Optimallösungen hochspeziell zu entwickeln, wirkte dieser umfassende, einfache „Rundumschlag" nicht opportun. Einige der Vorgaben der Methoden wurden im Laufe der Zeit weiter entwickelt. Viele der neuen Ansätze, wie etwa das Nullbestandskonzept als Weiterführung von Just-in-time oder *Kanban*, zeigten aber enorme Nachteile. Trotz einer deutlich veränderten technologischen und informellen Arbeitsumgebung bleibt heute festzustellen, dass die originalen Definitionen noch immer anspruchsvolle Zielvorgaben vorlegen, um im internationalen Wettbewerb erfolgreich zu sein. Das TPS stellt einen in seiner Breite nach wie vor kaum vollständig umgesetzten interdisziplinären Baukasten dar. Die Verbreitung ist heute hoch, doch werden fast immer nur kleine Bausteine etabliert und damit enorme Potentiale verschenkt.

1.1.2 Innovationen und Regeln des TPS

TPS beinhaltet eine enorme Vielfalt an Vorgehensweisen, an dieser Stelle können daher nur einige wesentliche Themen mit Bezug zum Buch vorgestellt werden:

- **Verschwendung vermeiden:** Um einen Fortschritt zu erreichen wird nach Problemen und Verschwendung gesucht. Ignorieren von Problemen fördert negative Entwicklungen. Erst das bewusste systematische Suchen mit der konkreten Absicht, die Prozesse zu verbessern, bringt den Fortschritt. (vgl. 1.14. Prozessorientierung). Im TPS oder *Kanban* wird daher nach einer einfachen überschaubaren Liste von Verschwendungsarten gesucht.
- **Überproduktion vermeiden:** Die Überproduktion ist eine der wesentlichen Verschwendungsarten.

- **5W-Methode:** Fünf Mal wird mit der Frage „Warum?“ bei der Fehleranalyse der tiefere Hintergrund analysiert. Diese simple Methode führt sehr schnell zu den Wurzeln eines Problems und auf dessen Ansätze zur Lösung, daher entsprechen die „5W“ einem how-to-do.
- ***Poka Yoke*, oder auch Boka Yoke:** Dieser Begriff wird vielfach als vollständige Kontrolle oder auch 100 % Kontrolle interpretiert. Fehler zu selektieren ist in jedem Fall günstiger, als die vielfältigen Auswirkungen von Fehlern zu beheben. Grundsätzlich unterscheidet man im TPS das „Tun“, also das physische Arbeiten und das eigentliche „Arbeiten“, bei dem der Selbstanspruch zur Verbesserung hinzukommt. Charakterisierend ist zudem die Forderung nach konsequenter Fehlervermeidung durch einfachste Prüfprozesse, die präventiv stattfinden. (vgl. 1.9. *Poka Yoke*)
- **Andon:** *Andon* ist zunächst die Linienstoppampel, also eine Ampel, die den Status der Produktionslinie anzeigt und direkt darüber hängt. Die Signalfarben entsprechen der Straßenverkehrsampel. Sie erlaubt visuelle Kontrolle und die Online-Steuerung des Produktionsprozesses. Wenn der Werker eine Abnormalität erkennt, kann er mit dem gelben Signal Hilfe holen. Hat er ein gravierendes Problem erkannt, muss er die rote Ampel auslösen und damit die Linie stilllegen. Die Werker übernehmen mit dieser Pflicht die Verantwortung für die Produktion. Ihre Philosophie lautet: Der Produktionsmitarbeiter ist so nah am Ort des Geschehens, dass er die Vorgänge am besten beurteilen kann.
- **Autonomation:** Autonomation ist Automation mit einem menschlichen Touch. Autonomation soll die Linie oder die Produktion allgemein vor Schäden bewahren, indem die Anlage bei allen Störungen oder abnormen Situationen automatisch auf Stopp geht.
- **Baton Passing Room:** Um bei einer Fließfertigung einen gleichmäßigen Fluss zu erreichen, ist es wesentlich einen Pufferraum zu schaffen, an dem Werker, die im Hintertreffen sind, aufholen können.
- **„Do not make isolated islands“:** Werker sollen im Team arbeiten, da sie so als Ganzes höhere Flexibilität und Leistung erzielen. Die moderne Ergonomie bestätigt, dass die Gesamteffizienz des Einzelnen in der Gruppe deutlich höher ist, als bei isolierten Einzelarbeitsplätzen. Ergänzend kommt es zum Kapazitätsausgleich in der Gruppe, wodurch sich der Mittelwert verbessert.
- **Mehrmaschienenbedienung:** Mehrere Maschinen werden in einem Rhythmus nacheinander bedient. Dies setzt voraus, dass die Maschinentakte dies zulassen. Die Arbeitszeit des Werkers wird effizienter genutzt, da Verschwendung durch Wartezeiten eliminiert wird. Eine Sonderform ist die Gruppenarbeit mit Mehrmaschinenbedienung. Trotz ungünstiger Austaktung kann damit eine höhere Effizienz erreicht werden.
- ***Kaizen:*** Diese Methode zur kontinuierlichen Verbesserung wurde zunächst für direkte Produktionsprozesse entwickelt. Sie wird heute für nahezu alle Arbeitsprozesse angewandt, auch in völlig anderen Bereichen und Branchen (vgl. *1.4. Kaizen*). Es existieren starke Überschneidungen zu *Poka Yoke*.

- **Die Kraft der individuellen Fertigkeiten und des Teamworks:** Eine der wesentlichen Säulen, auf die TPS baut, ist die möglichst umfassende Nutzung der Innovationskraft und Kompetenz der Belegschaft. Der operative Spezialist soll nicht nur arbeiten, sondern auch sein Know-How soll entscheiden. Hieraus leiten sich gravierende Anforderungen an das Management ab (vgl. 1.18. Probleme sind Schätze).
- **Vom Belegschaftsschutz über den Schutz des Einzelnen zur Reduzierung der Anzahl der Werker:** Nach dem traditionellen Verständnis von TPS sind Mitarbeiter ein „Teil der Familie", daher ist jeder Einzelne vor den Auswirkungen von Einsparungen zu bewahren. Durch offensiven Umgang mit Flexibilisierung der Qualifikation wird zunächst ein universellerer Einsatz der Werker ermöglicht und eine höhere interdisziplinäre Kompetenz erreicht, zudem steigt dadurch die Effizienz. Im TPS ist es gelebte Realität, dass der Schutz der Mitarbeiter zu höherer Effizienz und Flexibilisierung führt, was ein klarer Gegensatz zu vielen modernen Managementthesen ist. T. Ohno betont an verschiedenen Stellen den Wert des Teamworks für die Leistung, dies ist nachhaltig nur auf Basis dauerhaft vertrauensvoller Verbindungen und Sicherheit für jeden Einzelnen zu gewährleisten.
- **Produktionfluss und Arbeitsfluss (Work Flow):** TPS gibt verschiedene Elemente vor, um einen harmonischen Fluss zu erreichen und dabei strikt auf die hohe Dichte an Wertschöpfung zu achten.
- **Just-in-time:** Just-in-time(JIT) umfasst zunächst, dass das Material zur richtigen Zeit in der geforderten Menge am notwendigen Ort bereitgestellt wird. Dadurch wird Verschwendung durch Wartezeiten, unnötige Puffer und damit Ineffizienz vermieden (vgl. 1.3 Just-in-time). Im weiteren Sinne beinhaltet es aber auch bedingungslose Kundenorientierung, Neuausrichtung der Produktionsabläufe, Produktionsvorrichtungen (vgl. 1.8. Low Cost Intelligent Automation) sowie angepasste Managementeigenschaften.
- ***Kanban:*** Der japanische Begriff *Kanban* heißt Karte oder Label, umfasst im TPS jedoch auch das *Kanban*-Steuerungskonzept (1.2. *Kanban*; 2.4. Die *Kanban*-Steuerung).
- **Supermarkt-Prinzip und Lieferanten-*Kanban*:** *Kanban* wird, bezogen auf Lieferanten-*Kanban*, mit dem Supermarkt-Prinzip dargestellt. Im Supermarkt wird nach dem Pull-Vorgehen durch jeden Verbrauch ein neuer Bedarf beim Lieferanten angestoßen. (vgl. 4.1. Lieferanten-*Kanban*)
- **Produktionsglättung (Production Leveling, Produktinonsnivilierung, Heijunka):** Hiermit ist zum einen der Ausgleich der Arbeitsinhalte mit dem Ziel einer Fließfertigung gemeint, also die Abbildung eines gleichmäßigen Taktes. Andererseits umfasst dies die Anpassung und das Modellieren der Arbeitsinhalte, um möglichst wenig Verschwendung zu erreichen. Letztlich beinhaltet die Produktionsglättung aber auch die Pufferbildung und das Vermeiden des Peitscheneffektes (vgl. 2.1. Ruhiger kontinuierlicher Materialfluss), mit dem Ziel, einen kontinuierlichen Materialfluss und JIT-orientierte Prozesse zu erreichen.

1.2 *Kanban* – Element des Toyota Produktionssystems

Eva Dickmann, LEPROS; Philipp Dickmann

Kanban bedeutet wörtlich Aufkleber, Label oder Behälterbeschriftung und steht für eine einfache, fast triviale Steuerungsmethode, die im Toyota Produktionssystem *[Ohno 78]* entwickelt wurde. Die Methode, mit Behältern zu steuern, ist eine der ältesten Steuerungsmethoden überhaupt. In vielen Bereichen des täglichen Lebens setzten wir sie in Ansätzen um. Dieser Umstand alleine ist sicherlich nicht verantwortlich für den Siegeszug, den diese Steuerungsmethode seit der ersten Einführung bei Toyota hatte. Auch erklärt dies nicht, warum *Kanban* derzeit stark an Penetration zunimmt, trotz Konkurrenz durch ausgereifte Algorithmen in der IT. *Kanban* umfasst nicht nur eine Steuerungsmethode, sondern gibt sehr klare und strenge Verfahrensregeln vor. Mit der gleichen strengen Akribie und Liebe wie in der weltweit bekannten Teezeremonie werden in Japan für andere Kulturen banale Abläufe auch im Arbeitsleben zur Perfektion fortgeführt. Typisch für diesen Ritus sind die klare Definition exakter Plätze und das Einhalten eines genauen Ablaufs („Der perfekte Prozess ist das Ziel" buddhistische These). Dieser wesentliche Erfolgsfaktor wird im westlichen Kulturkreis weitläufig unterschätzt. Die Selbstverantwortung und das Erleben der Perfektion obliegen dem Einzelnen. Im Fall von *Kanban* betrifft dies den Umgang mit Behältern durch den Mitarbeiter. Im Folgenden soll der Verfahrensablauf, Elemente und charakterisierende Eigenschaften der Steuerungsmethode erläutert werden.

1.2.1 Verfahrensablauf

Kanban steuert mit physischen Gebinden, oder den Labeln darauf, welche die Basiselemente dieser Steuerung bilden. Das Material in einem Behälter wird verbraucht bis dieser leer ist. Der Behälter oder auch nur die *Kanban*-Karte wandert danach an die Nachschubquelle bzw. zum internen oder externen Lieferanten zurück, wo er erneut befüllt wird. Nach dem Befüllen wird das Material wieder zum Verbraucher oder Kunden geschickt. Dieser Vorgang ist extrem einfach und besitzt daher wenige mögliche Störgrößen. Der Ablauf ist visuell sowie übersichtlich und erreicht durch seine Transparenz eine enorme Prozesssicherheit. Der Kreis, den der Behälter beschreibt, wird auch als *Kanban*-Kreis bezeichnet. Das Material bewegt sich aufgrund eines physischen Verbrauchs. Der Nachschub wird gleichsam vom Kunden gezogen, woraus sich der englische Begriff des Pull-Prinzips ableitet. Eine weitere implementierte Verfahrensregel ist die Begrenzung des dynamischen maximalen Lagervolumens. Die Summe der in Umlauf befindlichen Karten im Kreis definiert und begrenzt die maximale Kapitalbindung in Form von Lagerbeständen oder Aufträgen.

1.2.2 Elemente

- **Der *Kanban*-Kreis:** Der *Kanban*-Kreis umfasst eine Kunden-Lieferanten-verbindung, also den Abschnitt entlang der Wertschöpfungskette mit allen Teilprozessen die das Material physisch durchläuft und den vollständigen Informationsfluss.
- ***Kanban*-Karten:** *Kanban*-Karten entsprechen der Abstraktion des realen Gebindes. Karten und Gebinde müssen jedoch nicht immer physisch miteinander verbunden sein. Der Rückweg des Leerguts kann dadurch vom Informationsfluss entkoppelt werden. Stellenweise ist es auch nicht möglich die Behälter zurückzuführen. Es werden damit aber vielfach Zeiten eingespart und Kosten reduziert. So wird durch Einwegbehälter in Kombination mit Karten eine unnötige Aufblähung der *Kanban*-Dimensionierung vermieden und dadurch werden lange Transportwege für die Behälter eingespart. Der Aufwand zum Erstellen der Papiere wird zudem reduziert, da die Karten im Kreis laufen.
- ***Kanban*-Tafel:** Karten werden auf der Tafel z. B. in Fächer gesteckt oder mittels Magnettaschen hingeheftet, sodass das Sammeln von Karten über Felder visualisiert wird. Sie visualisiert das Sammeln von Karten, bis ein Auftrag gestartet werden kann. Die *Kanban*-Plantafel ermöglicht die Abbildung der wirtschaftlichen Losgröße durch eine Freigaberegel. Durch die Verwendung eines Freigabebereichs kann zudem eine Nivellierung von Kapazitäten und eine dezentrale Feinsteuerung umgesetzt werden. (3.3. Produktionsnivellierung; 5.4. Elektronisches *Kanban*)
- **Regelkarten:** Auf Regelkarten werden alle Abweichungen vom Standard vermerkt. Kein realer Materialfluss ist identisch zu einem anderen. So muss für eine optimale Konfiguration erst der optimale Ablauf selektiert werden. Dieses Tool hilft, den Prozess systematisch, effizient und zielorientiert umzusetzen. Störgrößen, Sonderbedarfe und Sonderfreigaben werden dokumentiert und können zu einer Veränderung des Standards führen. Ohne die Regelkarten würde sehr viel Effizienz durch „blinden" Gehorsam vernichtet.
- **Prioritätsfindung im Arbeitssystem:** Das *Kanban*-System hat grundsätzlich eine dezentrale Entscheidungshoheit. Der Werker entscheidet dezentral und selbstverantwortlich aufgrund des Erreichens der Sammelmenge. Sollte es zu einer Überschneidung verschiedener Bedarfe kommen, muss der Werker nach Kriterien wie etwa niedrigem Lagerbestand oder niedriger Bestandsreichweite selbst priorisieren. (vgl. 2.12. Steuerungsmanagement).

1.2.3 Eigenschaften der Steuerungsmethode

- **Visualisierung – ergonomisch effizientes Arbeiten:** Die Bestandsverfolgung und die Kontrolle der Reichweite erfolgen durch statisch und visuelle Bestandwahrnehmung. Die Abbildung des dynamischen Materialflusses ist dabei unübertroffen direkt und ergonomisch. Die Qualität dieser Form der

Bestandsverfolgung mittels realer Lagerplätze, d. h. ob ein Lagerplatz vorhanden oder leer ist, ist selbst durch hochentwickelte EDV-Systeme nicht zu übertreffen. Der Start erfolgt eventbezogen: Der Behälter war leer und führt dadurch zu einer unmittelbaren Handlung des Betroffenen. Der Anstoß zum Nachschub erfolgt visuell und aktiv durch den Arbeiter. Physische Informationen werden genutzt, dies ist ein klarer Vorteil, im Vergleich zur abstrakten EDV-Eingabe. Fehlerpotentiale durch die Übertragung und Abstraktion werden vermieden.

- **Steuern ohne EDV:** *Kanban* stammt aus einer Zeit, in der kaum EDV für die Produktion verwendet wurde und kommt daher grundsätzlich auch ohne EDV aus. Die „Kostenfalle" EDV kann gänzlich vermieden werden. Es sind weder Hard- noch Software-Anschaffungen notwendig, noch sind aufwendige und fehleranfällige Datenkonvertierungen in andere Systeme nötig. Risiken durch Versorgungsunterbrechungen, Fehler aufgrund von MRP-Fehlern oder Störungen durch das Rechnersystem können umgangen werden. In Bereichen, in denen keine EDV vorhanden oder sinnvoll ist, wird damit eine komfortable Materialflussteuerung erreicht, etwa bei Kleinstunternehmen, bei denen der Aufwand für EDV in keiner Relation zu den Werten des Materialstroms steht. Dies kann zudem bei geringer Mitarbeiterqualifikation, bei Sprachbarrieren oder in Regionen, in welchen die Strom- oder IT-Versorgung einen Risikofaktor darstellt, vorteilhaft sein. Aufgrund der notwendigen Material- und Lohnbuchung ist bei mittelständischen bis großen Unternehmen in Industriestaaten eine Steuerung ohne EDV heute selten geworden. Auch Supply Chain-Managementvorgaben zwingen zum Einsatz von EDV, wie etwa in der Automobilbranche. Eine Anbindung von *Kanban* an EDV ist heute durch sehr individuelle EDV-Tools möglich und für Standards teils auch sehr kostengünstig. Zur Dimensionierung, Ablaufunterstützung und Anbindung an Firmen-IT kann aus einer Palette bestehender unterschiedlicher Standard-Tools ausgewählt werden.
- **Einfache, selbstregelnde Dimensionierung:** Dem Mitarbeiter steht im *Kanban*-Kreis eine definierte Anzahl an Behältern bzw. *Kanban*-Karten zur Verfügung. Bei steigender Bedarfsmenge oder -häufigkeit erhöht sich die Geschwindigkeit des Flusses im Kreis. Das System kann dadurch gewisse Bedarfsspitzen und Bedarfsreduzierungen selbständig ausgleichen. Bei zu starkem Anstieg sinkt der Endproduktpuffer, bis das System schließlich abreißt. Um dies zu verhindern muss daher, sobald der Nachschub knapp wird, die Anzahl der Behälter im *Kanban*-Kreis oder auch die Kapazität erhöht werden.
- **Dezentrale Steuerung – Verantwortung vor Ort:** Der operative Mitarbeiter steuert den Nachschub selbständig vor Ort, nur geleitet durch die Karten oder die Freigabe des Auftragsstarts auf der *Kanban*-Tafel. Er hat grundsätzlich keine anderen Kriterien zu beachten und kann ohne weitere Freigaben selbständig entscheiden und handeln. In vielen Anwendungsfällen wird die Entscheidung an einen Meister oder Gruppenleiter delegiert, z. B. aufgrund von Interessenkonflikten mit Entlohnungssystemen oder fehlerträchtigen MRP-Applikationen.

- **Hohe Lieferfähigkeit:** Bei *Kanban* ist immer ein Mindestpuffer von Endprodukten in jeder Produktionsstufe vorhanden. Der Kunde kann immer sofort mit Lagerware zufrieden gestellt werden, auch bei kurzfristigen Bedarfen. Ein Höchstmaß an Lieferfähigkeit und Servicegrad wird dadurch sichergestellt. Der definierte Puffer stellt auf allen Ebenen mittelfristig eine optimale Strategie zur Prävention von Versorgungsengpässen dar. Nebenbei werden durch kleine Puffer Bedarfsspitzen geglättet und in Folge davon eine hohe Effizienz und maximale Auslastung erreicht. Investitionen in Zusatzkapazität für Bedarfsspitzen können eingespart werden.
- **Kundenorientierung:** Durch das Holprinzip (Pull-Prinzip) wird der Produktionsprozess nach den Bedürfnissen des Kunden ausgerichtet. Über den Kundenauftrag hinaus wird nichts produziert. Ein weiterer Aspekt ist die strikte Abbildung des Kundenbedarfs in der Ausbringung. Der Kundentakt sollte in möglichst kleinen Intervallen abgebildet werden, um Verschwendung zu vermeiden.
- **Produktorientierung:** Im Rahmen einer *Kanban*-Einführung sollten die Materialflusswege produktspezifisch nach dem Fließprinzip optimiert werden, was eine enorme Steigerung der Effizienz zur Folge hat. Es werden Wege optimiert und Puffer abgebaut. Durch Visualisierung und kurze Distanzen wird der Informationsfluss deutlich verbessert.
- **Vermeidung von Verschwendung:** Durch die Produktion nach Verbrauch werden Bestände und Durchlaufzeiten reduziert, da sich das Produktionsangebot an der aktuellen Nachfrage orientiert. Es wird ausschließlich der Kundenverbrauch nachproduziert. Verschwendung durch Überproduktion, etwa auf Grund von nicht eingetroffenen Planungen, wie in Material Requirements Planning (MRP), wird verhindert.
- **Wenig störungsanfällig:** Aufgrund von realen, dezentralen und visuellen Beständen sind die Abläufe sehr einfach und sicher. Verglichen mit den Störgrößen und der Anzahl der Einflussfaktoren in IT sind hier kaum welche vorhanden. Wenig Komplexität führt zu extrem sicheren Prozessen. Aufträge werden ohne Störungen begonnen und fertiggestellt, sie werden „fertigproduziert".
- **Standardisierung von einfachen, wiederkehrenden Prozessen:** Ein wesentliches Element von *Kanban* ist der Verbesserungszyklus. Aufgrund z. B. der Informationen der Regelkarten, werden kontinuierlich Verbesserungen geplant, umgesetzt, verifiziert und dokumentiert. Wenn ein neuer besserer Prozess dokumentiert ist, wird er zum neuen gültigen Standard. Das strikte Einhalten der kontinuierlichen Verbesserung mit Standards ist charakteristisch für das Toyota Produktionssystem und auch für *Kanban*.

1.3 Gemeinsamkeiten und Unterschiede von Just-in-time-, Just-in-sequence- und One-piece-flow-Fertigungskonzepten

Michael Gröbner, Leonardo Group GmbH

Ein integraler Bestandteil der schlanken Produktion sind die dort zu verwendenden Fertigungskonzepte, bzw. deren Verzahnungen. Der folgende Absatz beschreibt die Grundlagen dieser Konzepte sowohl in der Produktion als auch in Logistik. Eine Anwendung dieser Konzepte ist weder auf den deutschen Raum noch auf eine bestimmte Industrie oder Markt beschränkt. Die Bedeutung der Konzepte von Just-in-time, Just-in-sequence und One-piece-flow gewinnen im Zuge der Lean-Einführung in deutschen Unternehmen immer mehr an Bedeutung, gerade im Standortwettbewerb mit Ost-Europa und China. Nur mit schlanken, kundenorientierten und kostenoptimierten Strukturen ist das langfristige „Mitspielen“ auf höchstem Niveau im internationalen Markt möglich. Unternehmen, die diese Konzepte insbesondere in der Fertigung bereits eingeführt haben, zeichnen sich durch höhere Lagerumschlagszahlen (Inventory Turnover Rates >> 10), höchst flexible Fertigungen und niedrige Kosten aus

1.3.1 Just-in-time (JIT)

Just-in-time ist eine Philosophie in der Materiallogistik, die ursprünglich von Toyota zur Zeit des ersten Ölschocks in Japan entwickelt wurde, durch den anhaltenden Erfolg des TPS wurde JIT auch in der westlichen Welt bekannt *[Ohno 78]*. Nach allgemein gültiger Definition heißt JIT: Das Material zur richtigen Zeit, zur richtigen Qualität, in der richtigen Mengen und am richtigen Ort bereitzustellen. Teil der Philosophie ist es jedoch die Produktionsflüsse ganzheitlich zu optimieren, nicht nur einzelne Funktionen wie z. B. die Logistik. In der Literatur wird das JIT-Prinzip differenziert betrachtet, einmal wird es im Logistikbereich mit dem Supermarktprinzip verglichen. Nach einer genauen Begriffsdefinition ist das JIT-Prinzip aber nicht auf den Logistik-Bereich beschränkt, sondern schließt die Fertigung im Fließprinzip ausdrücklich mit ein, hierbei wird dann ohne Materialpuffer oder Supermarkt und direkt nach Kundenbedarf gearbeitet.

JIT-Logistik

In der Logistik wird JIT vielfach mit JIT-Anlieferung gleichgesetzt, d. h. hier wird das Produkt im JIT-Prinzip dem Kunden angeliefert, teilweise bis ans Montageband, wie in der Automobilindustrie üblich. Wenn der Zulieferer sich geographisch nahe am Kunden befindet (z. B. in Industrieparks) können die Zulieferer stärker in den Montageprozess eingebunden werden und die Anlieferdistanz ist logistisch einfacher handhabbar. Eine Einbindung des Lieferanten in das MRP- oder ERP-System mit Abrufvorausschau ist mittlerweile Standard in der Automobilindustrie. Die Anlieferzeit und Reihenfolge wird dadurch dem Lieferanten im Voraus mitgeteilt. Typischerweise hält der Lieferant die Bauteile vor, um diese dann zeitgerecht anliefern zu können, dadurch reduziert sich die Lagerhaltung der JIT-Materialien beim Kunden dramatisch. Je nach Ausprägung und Qualität der Lieferanten wird wenig bis gar kein Puffer vorgehalten. Dies beinhaltet beim Verbraucher ein großes Einsparungspotential, wenn von einem Materialkostenanteil am Produkt von bis zu 60 % oder mehr ausgegangen wird. Auf Lieferantenseite werden die Vorgaben des Kunden häufig durch so genannte Fertigwarensupermärkte erfüllt, aus denen der Kunde dann „herauszieht" bzw. abruft. Aufgrund der hohen Kapitalbindung der Fertigware ist diese Art der JIT-Anlieferung für den Lieferanten nicht kostenoptimiert. Ebenso steigt bei nicht ortsnahen JIT-Anlieferungen (z. B. aus Osteuropa) das LKW-Aufkommen und mehr Lagervolumen wird auf die Straße verlagert.

JIT-Produktion

Die Produktion im JIT-Prinzip ist ein Kernstück der JIT-Philosophie, aber im Gegensatz zur JIT-Logistik noch nicht so weit verbreitet, da eine JIT-Produktion einen grundsätzlichen Paradigmenwechsel in vielen Unternehmen erfordert. Angefangen von der Umstellung von Push auf Pull (vom Drück- auf das Zieh-Prinzip), einer Ausrichtung am Kundenbedarf, d. h. der Kundenbedarf triggert den Fertigungsstart, Fertigung im Kundentakt, bis zur Umstellung auf Fließfertigung im Unternehmen, mit kleineren Losen. In fluktuierenden Märkten ist die Fertigung bei latenter Überkapazität ebenso notwendig. Im JIT-Produktionsprinzip wird das Produkt ohne Stopp direkt in den nächsten Arbeitstakt weitergegeben, die Durchlaufzeit wird reduziert und die Ware „in Arbeit" wird minimiert. Bei einer direkten Weitergabe in den nächsten Arbeitstakt erfordert dies die Fertigungslinien so perfekt auszubalancieren, das jeder Takt den exakt gleichen Arbeitsinhalt hat, damit just-in-time, also mit automatischer Weitergabe ohne Stopp, Material weitergegeben werden kann. Dies gestaltet sich bei Montagelinien, bei unverketteten Anlangen und Zuführprozessen als Herausforderung. Dies gilt besonders bei einem hohen Fertigungsmix, da die Arbeitsinhalte pro Produkt teilweise stark unterschiedlich sind und die Auslastung der Arbeitsplätze und Linien gewährleistet sein muss. Extreme Ansätze wie das Nullbestandsprinzip in der Fertigung führten ebenfalls zu unausgereiften Lösungen. Unterschiedliche Arbeitsinhalte werden in machen Fertigungskonzepten durch produktbezogene Maschinenzellen ausbalanciert, dort „schlagen" aber Produktschwankungen dann voll auf die Auslastung durch (Kein Kundenbedarf – Keine Fertigung). In den meisten Fertigungsprozessen und bei unflexiblen Maschinenprozessen, z. B. mit hohen Grundrüstzeitanteilen oder Takt- oder Arbeitsinhaltsunterschieden ist ein reines JIT-Prinzip oftmals nicht möglich, dann muss über einen Zwischenpuffer (In-Process-*Kanban*-Karten) oder Supermarkt gefertigt werden.

1.3.2 Just-in-sequence (JIS)

Just-in-sequence ist ein Begriff aus der Logistik und ist mit sequenzgerechter Anlieferung gleichzusetzen, also die richtige Menge, zum richtigen Zeitpunkt und mit richtiger Qualität. Just-in-sequence wird vor allem in der Automobilindustrie benutzt, z. B. Anlieferung von Sitzen exakt in der Reihenfolge, wie diese verbaut werden. z. B. zuerst Sitz 101, dann Sitz 102, dann Sitz 104. Dadurch entfällt beim Kunden der Aufwand das Material sequenzgerecht bereitzustellen. Der Lieferant benötigt aber die dementsprechenden Informationen, um die Vorarbeit und die Bestückung des LKWs in der richtigen Reihenfolge leisten zu können. Zur Ansteuerung von Lieferanten werden hier häufig Sequencing-Systeme verwendet, bei denen der Lieferant „direkt" am Band des Kunden „angedockt" ist. Hier soll nicht nur bedarfs- und zeitgerecht, sondern auch in der richtigen Reihenfolge gefertigt bzw. geliefert werden. In der Fertigung wird diese Methodik häufig über Hejunka-Boards, Sequencing-Boards und In-Process-*Kanban*-Karten (IPKs, z. B. mit FIFO-Bahnen) gewährleistet. Die folgerichtige Abarbeitung der Kundenbedarfe steht hier an oberster Stelle.

1.3.3 One-piece-flow (Einzelstückfluss)

Der One-piece-flow ist die Grundlage des Fließprinzips, bei diesem Prinzip wird ein Werkstück nach der Bearbeitung sofort an den nächsten Prozess/Arbeitstakt weitergegeben, um dort bearbeitet zu werden. Das bedeutet, dass vor einem Prozessschritt maximal ein Werkstück (Losgröße eins) bereit liegt. Es gibt, anders als bei der losweisen Fertigung, keine Puffer- oder Materialberge zwischen den Prozessschritten. Die Konsequenz ist, dass, wenn der nachgelagerte Prozessschritt still steht, der vorgelagerte Prozessschritt nicht weiter produzieren darf, dadurch wird die Problemlösung fokussiert. Durch One-piece-flow wird das Pull-Prinzip unterstützt und es ist Grundlage der Just-in-time-Fertigung *[Like 03]*. Es ermöglicht minimale Durchlaufzeiten (optimaler Cash-flow, da wenig Material in der Fertigungspipeline) durch die Verkleinerung der Lose, maximale Flexibilität und schnelles, effektives Reagieren auf Probleme (optimale Qualität), signifikante Platzreduzierungen und Flexibilisierung der Fertigung durch effizienteres Arbeiten bzw. Einsetzen der Ressourcen. Voraussetzung für die Realisierung sind schnelle Rüstzeiten, flexible Mitarbeiter, und prozessorientierte, auf Takt basierende Fertigungsstrukturen. Oftmals wird der One-piece-flow auch mit dem Prinzip einer starren Verkettung gleichgesetzt; d. h. dem Verbinden von zwei oder mehreren Fertigungs- bzw. Verarbeitungseinrichtungen. Dies ist jedoch nicht zwingend nötig, bedeutender ist die homogene Austaktung der Linie, d. h. das Ausbalancieren der Arbeitsinhalte pro Arbeitstakt und -platz. Mit dem Ausgleichen von kleinen Unterschieden in den Arbeitstakten durch In-Process-*Kanban*-Karten (IPK) *[Leon 02]* oder Arbeitspuffer kann die One-piece-flow-Fertigung auch bei hohem Produktmix gewährleistet werden. Je höher der Mix auf einer Linie, desto größer werden die Erfolge durch die Einführung von One-piece-flow sein, da die Reduzierung der DLZ und der Kapitalbindung sich auf mehrere Produkte auswirkt. Die Flexibilität des Lieferprozesses (intern und extern) ist maßgebend für die Kopplung bzw. Entkopplung von Prozessen *[Leon 02]*. Die Praxis hat gezeigt, dass, außer bei starr verketteten Anlagen, ein reines JIT-Prinzip in der Fertigung kaum realisiert werden kann. Die verbreitetste Anwendung sind der Supermarkt (bei niedriger Kapitalbindung oder langen Rüstzeiten in der Vorfertigung) und die IPK-Lösung. Bei der Supermarktlösung wird JIS nach Kundenbedarf aus dem Supermarkt gezogen, aber meistens nicht JIS-nachgefertigt. Die größeren Fertigungslose und die Fertigungsreihenfolge werden damit entkoppelt zum Lieferprozess. Die Kopplung der Prozesse über einen IPK ist aus Gründen der Kapitalbindung und der damit verbunden Reduzierung der Durchlaufszeit (One-piece-flow) durch den Gesamtprozess zu bevorzugen. Unternehmen, die One-piece-flow einführen wollen, sollten in einzelnen Fertigungslinien beginnen und dann nacheinander die gesamte Produktion durch den Einstückfluss verbinden, damit im Unternehmen eine oder mehrere One-piece-flow-Linien entstehen. Erst danach sollte man auf eine JIT-Anlieferung umstellen, da man sonst die Lieferanten durch die Steuerungsrelevanten Schwankungen leicht überlasten kann. Unternehmen, die die Lieferkette von innen nach außen (beginnend in der eigenen Fertigung) optimieren, können mit Einsparungspotentialen im hohen zweistelligen Prozentbereich rechen. Einsparungen oder Verbesserungen sind zu verzeichnen bei:

- Kapitalbindung: Reduzierung der Materialbestände bis zu 70 %.
- Durchlaufszeit: Reduzierung bis zu 75 %.
- Produktivitätssteigerungen: Steigerung um bis zu 25 %.
- Qualitätskosten: Senken um bis zu 70 %.
- Dies sind Erfahrungswerte aus der Praxis, abhängig vom jeweiligen Ist-Stand des Unternehmens.

1.3.4 Beispiel aus der Praxis

Auszug aus dem Artikel: One-piece-flow in Gotteszell *[Fröh 04]*
„*Wir haben* One-piece-flow *in unserer Fertigung in Gotteszell inzwischen erfolgreich eingeführt. BARTEC Supply Chain Manager Andreas Reschke hat das Projekt von Anfang an aktiv gestaltet und begleitet. Reschke ist mit den ersten Ergebnissen sehr zufrieden. ... Wir konnten die Durchlaufzeit in den betroffenen Bereichen um über 60 % reduzieren, die Umlaufbestände in der gesamten Fertigung sind um 23 % gesunken*“, so Reschke, „*weiteres Potenzial steckt in den Fertigungsbereichen, die wir noch nicht umgestellt haben.*“

1.4 *Kaizen*

Christian Bartholomay, *KAIZEN*® Institute Deutschland

Differenzierte Kundenwünsche sind die Herausforderung der heutigen Zeit. Ein Unternehmen muss sich in Punkto Flexibilität, Schnelligkeit und Kosten gegenüber den Mitbewerbern deutlich abheben, um am Markt erfolgreich zu sein. Doch wie ist es zu schaffen, die Nase stets vorn zu haben? Immer mehr Unternehmen setzen im Hinblick auf die Sicherung der Wettbewerbsfähigkeit auf *Kaizen*. Den besten Beweis, dass es funktioniert, liefert Toyota. Dort ist der Einsatz von *Kaizen*-Methoden das Herzstück des Produktionssystems. Der Automobilhersteller schreibt seit Jahrzehnten schwarze Zahlen, ist am Markt erfolgreich mit innovativen Produkten und schneidet in der Pannenstatistik sehr gut ab, was auf eine hohe Qualität schließen lässt.

1.4.1 Der Begriff *Kaizen* [Imai 02]

Der Begriff *Kaizen* stammt aus Japan. „Kai“ steht für „Veränderung“, „Zen“ für „zum Besseren“. Ziel ist dabei, aus guten Produkten und guten Unternehmen noch bessere Produkte bzw. Unternehmen zu machen. *Kaizen* bedeutet ständige Verbesserung unter Einbeziehung aller Mitarbeiter. Das heißt, Geschäftsleitung, Führungskräfte und Werker bzw. Sachbearbeiter machen mit. Voraussetzung für den erfolgreichen Einsatz der *Kaizen*-Methoden ist, dass das Management die Ziele klar und verständlich formuliert, so dass sie von allen Menschen am „Ort des Geschehens“ (jap. *Gemba*) verstanden werden. Dann gilt es, die Mitarbeiter zu trainieren und zu motivieren, damit gemeinsam auf die Ziele hingearbeitet wird. *Kaizen* ist jedermanns Angelegenheit und setzt eine prozessorientierte Denkweise voraus. Laut Masaaki Imai, der den Begriff geprägt hat und mehrere Bücher über *Kaizen* veröffentlichte, soll kein Tag ohne irgendeine Verbesserung im Unternehmen vergehen.

Der Grundsatz von Kaizen lautet:

Gehe an *Gemba* (Ort des Geschehens), achte auf *Gembutsu* (die realen Dinge), suche nach *Muda* (Verluste, Verschwendung), mache *Kaizen* (ständige Verbesserungen). Wichtig ist, dass beim Entdecken von Verschwendung und Problemen niemand angeklagt oder bestraft wird. Vielmehr sind Probleme als ‚Schätze‘ zu sehen. Das Entdecken dieser Schätze und die Beseitigung der Problemursachen bergen riesige Einsparpotentiale. Doch der Fokus liegt nicht nur auf der Kosteneinsparung. Schnelligkeit, Flexibilität und Steigerung der Qualität sind die entscheidenden Faktoren, die zur Kundenzufriedenheit beitragen. *Kaizen* ermöglicht das Erreichen dieser Ziele. Und so ganz nebenbei verbessern sich die Arbeitsbedingungen für die Mitarbeiter. Denn der Einsatz von *Kaizen* bringt einen Wandel der Unternehmenskultur mit sich. Mehr Eigeninitiative von Seiten der Mitarbeiter wird gefordert und gefördert. Der Handlungsspielraum des Einzelnen weitet sich aus und die Kommunikation wird verbessert. Weniger Stress und mehr Freiraum für Kreativität sind die Folge. Damit *Kaizen* funktioniert, ist es wichtig, dass das entsprechende Know-how vermittelt wird. Sinnvoll sind Qualifizierungsmaßnahmen in den unterschiedlichen Ebenen. Prozessbegleiter, *Kaizen*-Praktiker und *Kaizen*-Coaches sorgen dafür, dass der *Kaizen*-Prozess in Bewegung bleibt. Sie geben das Methodenwissen an die Mitarbeiter weiter. Der *Kaizen*-Manager als Bindeglied zwischen *Gemba* und Management koordiniert die Aktivitäten und erstellt in Zusammenarbeit mit Mitarbeitern und Management eine Roadmap, in der die Vorgehensweise festgelegt wird.

1.4.2 *Gemba-Kaizen* [Imai 97]

Gemba-Kaizen steht für den Prozess der kontinuierlichen Verbesserung am Ort des Geschehens. Grundlage für Gemba-*Kaizen* ist das Aufspüren und Eliminieren von Verschwendung (jap. *Muda*) im Herstellungsprozess. Der Blick für die Wertschöpfung ist in vielen Unternehmen verloren gegangen. Es fehlt den Menschen die Fähigkeit, Verschwendung in allen Bereichen – sowohl in der Produktion als auch in Administration und Service – zu erkennen. Generell ist beim Management und den mittleren Führungskräften der Wille da, sich mehr vor Ort (an *Gemba*) um die Erhöhung des Wertschöpfungsanteils zu kümmern. Oft kann dieser Vorsatz nicht umgesetzt werden, da die fehlende Effizienz in der Administration dies verhindert, zum Beispiel durch endlose Sitzungen, E-Mail-Flut, umständliche Prozesse etc. So werden die Führungskräfte zwangsläufig zu „Schreibtischtätern", anstatt an *Gemba* die „realen Dinge" (*Gembutsu*) zu betrachten. Hier setzt *Gemba-Kaizen* an. Im Rahmen so genannter „Go-and-see-Workshops" werden die realen Dinge vor Ort betrachtet und mittels „Zahlen, Daten, Fakten" (*Gemjitsu*) dargestellt. Die Mitarbeiter werden motiviert, ihre Ideen und ihre Kreativität einzubringen. Dies ist die Grundlage für signifikante Verbesserungen und ergebniswirksame Kosteneinsparungen. Im Rahmen der kontinuierlichen Verbesserung mit *Kaizen*-Methoden werden Low-Cost-Lösungen angestrebt, bei denen die Ideen mit geringem Aufwand kreativ mit eigenen Ressourcen umgesetzt werden. *Kaizen* bzw. *Gemba-Kaizen* führt zum Erfolg, wenn das Management den Rahmen schafft, um diese Ideen und Maßnahmen ohne große Genehmigungsverfahren pragmatisch zu realisieren. Die schnelle, erfolgreiche und unbürokratische Umsetzung ist ein Indikator für die Fähigkeit des Managements mittels *Gemba-Kaizen* die Produktionskosten zu senken, gleichzeitig die Qualität zu verbessern und die Durchlaufzeiten zu verkürzen. Durch geeignete Maßnahmen können Unternehmensstandorte gesichert werden. Die Tools und Methoden von *Kaizen* sind vielfältig und werden bedarfsorientiert eingesetzt. Der IST-Zustand lässt sich am besten anhand einer Analyse mit dem *Kaizen*-Managementsystem (s. Abb 1.3.1.) ermitteln. Daraus lassen sich die geeigneten Maßnahmen ableiten.

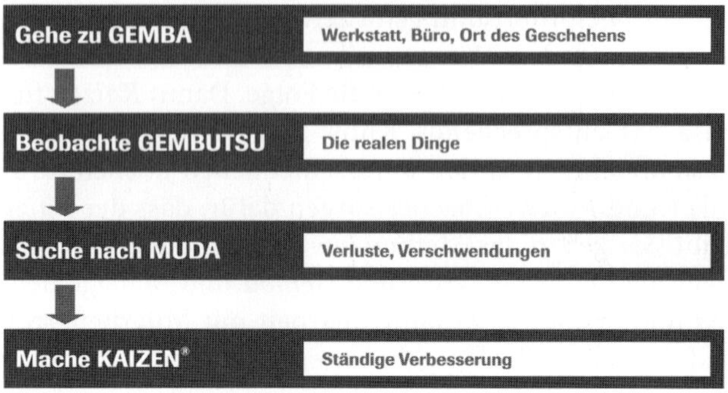

Abb. 1.4.1 Das *Kaizen*-Prinzip

1.4.3 5S-Aktion

Meistens beginnt man mit einer 5S-Aktion, um eine gute Ausgangsbasis für weitere Verbesserungen zu schaffen. Hier werden alte Tugenden wie Ordnung, Sauberkeit und Selbstdisziplin wieder aktiviert. Die eingesetzten Methoden sind einfach, die Wirkung ist groß. Die fünf „S" stehen für folgende aus Japan stammenden Begriffe:

- ***Seiri* (Sortiere aus):** Im ersten Schritt geht es um das Aussortieren nicht mehr benötigter Gegenstände, entweder in den Müll, ins Archiv oder zum Recycling/Wiederverwendung
- ***Seiso* (Sauber halten):** Arbeitsplatz säubern und nur benötigte Dinge einräumen
- ***Seiton* (Systematische Ordnung):** Arbeitsmittel ergonomisch anordnen, nämlich genau da, wo sie benötigt werden
- ***Seiketsu* (Standardisierung):** Anordnungen zum Standard machen. Dabei helfen zum Beispiel Shadowboards oder Markierungen, damit jeder erkennt, wo der richtige Platz für Werkzeuge, Geräte etc. ist
- ***Shitsuke* (Selbstdisziplin und ständige Verbesserung):** Alle Punkte einhalten und ständig verbessern. Standards von Zeit zu Zeit überprüfen, ob sie noch Sinn machen.

Wichtig zur Darstellung der Ziele, Erfolge und Schwachpunkte ist die Visualisierung. Möglichst einheitlich sollten die Standards im ganzen Unternehmen visuell dargestellt werden. Das kann durch farbige Markierungen, Tafeln und Fotografien geschehen.

1.4.4 Das *Kaizen*-Management-System

Das *Kaizen*-Management-System ist ein Instrument, um den Prozess der kontinuierlichen Verbesserung zielgerichtet zu implementieren und aufrecht zu erhalten. Spezielle Methoden zur Analyse des IST-Zustandes ermöglichen die Gestaltung

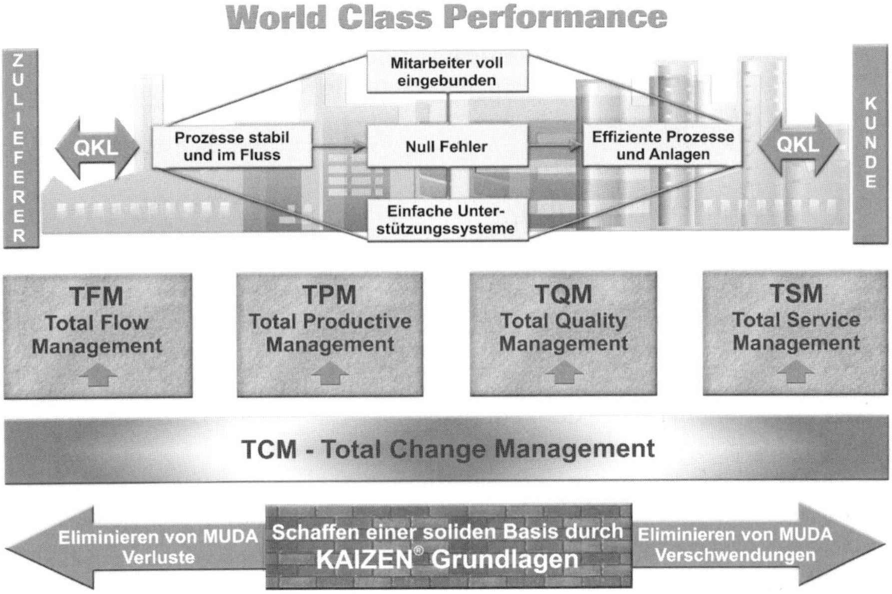

Abb. 1.4.2 *Kaizen*-Management-System (KMS) für dauerhaften Erfolg und ständige Weiterentwicklung

einer Roadmap und die Auswahl der passenden Methoden. Im Mittelpunkt steht der Mensch. Deshalb ist es wichtig, dass alle Mitarbeiter einbezogen und in den Methoden geschult werden. Dem Management kommt dabei eine Vorbildfunktion zu. Mit *Kaizen* lassen sich selten „Quick Wins" erzielen. Dafür wird sich die Situation nachhaltig verbessern. *Kaizen* ist kein Sprint, sondern ein Marathon. Viele kleine Schritte bringen mittel- bis langfristig große Erfolge. *KAIZEN*® und *GEMBAKAIZEN*® sind eingetragene Schutzmarken des *KAIZEN*® Institute.

1.5 Flexible Produktion

Fred Wilbert, Leonardo Group GmbH

Flexibler Materialfluss und flexible Produktion sind vor allem durch kurze Durchlaufzeiten charakterisiert. Dieser Zusammenhang wird jedoch durch den strikten Fokus auf Verbesserungen in der Planung vielfach nicht wahrgenommen. Im Gegenteil, durch zunehmend komplexe Abläufe in und mit Produktions-Planungs-Systemen (PPS) wird ein immer höherer Abstraktionsgrad erreicht und dies bedingt immer mehr Informationstechnologie-Einsatz. Die oberste Zielgröße auf dem Weg zur flexiblen Produktion muss die Reduzierung der Durchlaufzeit sein. Dies kann durch die Festlegung der Fertigungskapazität, dem Aufbau einer Fertigungslinie, der Festlegung der Materialbereitstellung und mit dem Aufbau einer fließenden Materiallogistik erreicht werden. Eine entscheidende Rolle spielen bei der Reorganisation die Grundtheoreme des betrieblichen Handelns: Das Pareto-Prinzip, die Gaußsche Normalverteilung, die Spieltheorie und die Fuzzy Logic.

1.5.1 Problem der Planung

Wesentliche Gründe, die zur Planung zwingen:

- Die Fertigungsdurchlaufzeit (FDLZ) ist länger als die Kundenerwartungszeit. Dieser Urkonflikt wird durch entsprechende Bevorratungsgrenzen bei Fertigware oder Halbfertigfabrikaten gelöst. Die Höhe der Bevorratung hängt signifikant mit der Höhe des Zeitunterschiedes zwischen FDLZ und Kundenerwartungszeit ab.
- Disposition von Kaufteilen oder Baugruppen mit langer Lieferzeit oder knapper Verfügbarkeit gegenüber der Kundenerwartungszeit oder stark dynamisch schwankender Nachfrage.
- Hohe Automations- oder Anlagenverwendung mit niedriger Flexibilität und damit verbundenem notwendigem hohen Nutzungsgrad.
- Prozessunsicherheit oder generell dynamische Prozesse und Kuppelproduktionen.

Planung bringt Probleme mit sich:

- Die Zukunft ist nicht vorhersehbar, darauf basierte Planung ist per Definition falsch. Zu früh oder zu spät hergestellte Produkte aufgrund fehlerhafter Planung bedeuten Verschwendung von Ressourcen.
- Genaue Beschreibungen von Planungsszenarien scheitern an der Komplexität, schneller Veränderung und Unvorhersehbarkeit der Einflussfaktoren.
- Mangelnde Akzeptanz der Anwender, da diese die Planungsalgorithmen nicht mehr verstehen.
- Hohe Kosten für Hardware, Software, in- und externer Dienstleistung, die moderne Planungssysteme benötigen.

1.5.2 Flexible Produktion nach dem *Lean*-Ansatz ermöglicht weitestgehend von Planung unabhängig zu werden

Wesentlicher Aspekt ist das Verhältnis zwischen Fertigungsdurchlaufzeit (FDLZ) oder Lieferzeit und der Kundenerwartungszeit (KEZ). Die FDLZ beschreibt den Zeitraum, den der Betrieb benötigt, um ein Produkt herzustellen. Korrekterweise erweitert man die FDLZ um die Zeit, die für die Abwicklung der administrativen Prozesse (Auftragsabwicklung, Versand etc.) benötigt werden zur Kundenlieferzeit (KLZ). Bereits hier steckt ein Kernkonflikt bei der Installation der

Produktionsplanungs- und Steuerungssysteme (vgl. 5. EDV-Unterstützung in der Produktion und im Materialfluss; 5.12. Production Synchronised Software). PPS haben die Aufgabe mit gegebenen Liefer- und Kundenerwartungszeiten umzugehen und entsprechende Bevorratungsgrenzen an Fertigware oder Halbfertigfabrikaten anzulegen. Die Aufgabe der Installation besteht im Normalfall nicht in der Entschärfung des Konfliktes zwischen KLZ und KEZ, sondern im planerischen Umgang damit. Hierin liegt der wichtigste Unterschied, wenn ohne Planung ausgekommen werden soll. Das Ziel muss es sein, diesen Konflikt zu beseitigen oder zumindest soweit zu reduzieren, dass nur kürzere Zeiträume planerisch überbrückt werden müssen. Diese Aufgabenstellung wird weder vom Softwarelieferanten, noch vom Implementierungsdienstleister verstanden. Verglichen mit klaren, straffen Organisationsprozessen wird durch hohe Komplexität immer mehr Informationstechnologie (IT) und damit Infrastruktur und Dienstleistung notwendig. Die Ausbildung des Softwareingenieurs umfasst weder den Bereich der Fertigungstechnik noch der Materiallogistik. Die Fragestellung schneller, schlanker Prozesse im Produktionsablauf ergibt sich daher nicht auf den ersten Blick. Es ist einfacher, bestehende Prozesse in die Funktionalität der PPS zu manifestieren oder noch aufwendiger an die Funktionalität der Software anzupassen, als zu verbessern und damit die Komplexität der Implementierung zu reduzieren. Das Verhältnis zwischen Wertschöpfung und Durchlaufzeit ist mehr als gering. Was jeder unnötige Tag Fertigungsdurchlaufzeit im Sinne der Kapitalbindung kostet, kann sich jeder bei der Betrachtung des Work-in-process (WIP) selbst ausrechnen.

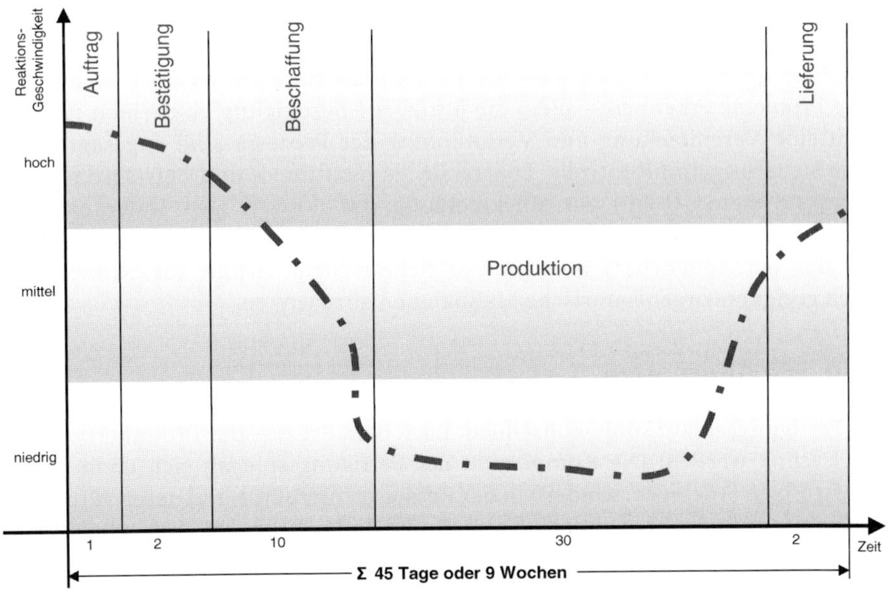

Abb. 1.5.1 Ein enormes wirtschaftliches Potential ist hier versteckt

Tabelle 1.5.1 Durchlaufzeit zu Arbeitszeit

	Durchlaufzeiten	Arbeitsinhalte
Bedienfeld Gebäudetechnik	22 Tage	19 min
Wälzlager	42 Tage	7,2 hrs
Gabelstapler	32 Tage	6,8 hrs
Steuerzentrale	35 Tage	2,2 hrs
Leiterplatten bestückt	25 Tage	42 min
Kompressor	44 Tage	4,3 hrs

1.5.3 Lange Produktionsdurchlaufzeiten in PPS

Wie setzt sich die Fertigungsdurchlaufzeit im PPS zusammen? Auftragsannahme: Um eine relativ schnelle Auftragsbestätigung zu erreichen, bedarf es der Abklärung von Materialverfügbarkeit und Produktionskapazität. Ist Beschaffung nötig, sind erhebliche Unsicherheiten vorprogrammiert. Nach der Klärung und der Freigabe zur Produktion fällt der Auftrag in ein „schwarzes Loch". Er wird bis zur Unkenntlichkeit „verstümmelt" und abstrahiert, über verschiedene funktionale Abteilungsstrukturen und mehrstufigen Stücklisten, mit Start, Ende und Übergangszeiten versehen, verteilt und damit vermischt, vermengt mit Plan- und Kundenaufträgen zu anonymisierten Standardlosgrößen berechnet. Alles hoch-komplex und damit nur noch mit Software zu durchschauen. Nach unzähligen Abteilungen, Bearbeitungen, Ein- und Auslagerungen wird der Auftrag irgendwann als „fertig" gemeldet und dann durch eine sehr leistungsfähige Logistik schnell zum Kunden ausgeliefert. Trägt man diesen Ablauf aus Zeit und Reaktionsschnelligkeit in einer Kurve auf, entsteht ein sog. Badewannenprofil. An dieser Stelle unterstellt man den PPS-Anbietern nicht, dass sie nicht auch diese Probleme erkennen – allein die Mittel zur Beseitigung erscheinen typisch. Nicht eine Vereinfachung und Verknüpfung der Prozesse sind angesagt, nein, mehr Steuerung und Kontrolle. Leitstände als Instrument und Betriebsdaten-erfassungs-Systeme (BDE) zur Rückmeldung des notwendigen Datenmaterials sind die Antwort. Wieder ein erweiterter Versuch, die Komplexität und Dynamik des betrieblichen Geschehens zu beherrschen, anstatt die Komplexität durch geeignete organisatorische Maßnahmen abzusenken.

1.5.4 Die Alternative

Der Fertigungsablauf sollte konsequent nach dem Prozess der Produkterstellung ausgerichtet werden. Die Komplexität der Fertigung spiegelt sich nicht in der mehrstufigen Stückliste, sondern in der Ressourcenstruktur und deren (Prozess-) Verknüpfung in der Produktion wieder. Durch die logische und physische Verkettung (Wegfall der funktionalen Trennung) der Wertschöpfung entfallen Übergangs- und Wartezeiten, die das eigentliche Potential zur Verminderung der Durchlaufzeit darstellen und nicht eine Fokussierung auf Bearbeitungszeiten, wie von Maschinenlieferanten und REFA oder MTM-Technikern alter Schule gerne forciert. Die zweite Voraussetzung ist die Bereitstellung der Materialien, die zur Herstellung der Produkte benötigt werden. Hier ergibt sich wieder das klassische Planungsproblem - welche Materialien in welchen Mengen? Das gleiche Problem ergibt sich auch in der Bereitstellung der Fertigungskapazität - wie viele Ressourcen für wie viel Absatz? Also doch Planung, jedoch unter anderen Gesichtspunkten.

1.5.5 6R – Das Ziel der flexiblen Produktion

- Das richtige Produkt
- In der richtigen Menge
- Am richtigen Ort
- Zur richtigen Zeit
- In der richtigen Qualität
- Zum richtigen Preis

1.5.6 Festlegung der Fertigungskapazität und Aufbau einer Fertigungslinie

Das Ziel ist eine Fertigungslinie, die in der Lage ist jedes notwendige Produkt zu jeder Zeit, innerhalb des definierten Bedarfs, herzustellen. Hierzu wird folgendes Vorgehen vorgeschlagen: Die Grundlagen sind eine mittel- und langfristige Planung zur Ermittlung der Fertigungskapazität und eine kurzfristige Planung zur Bereitstellung des Materials

Analyse des Fertigungsprozesses im Fluss - Prozesssynchronisation oder in Verbindung mit Informationsflüssen als „Wertstromdesign“: Wie werden die Produkte hergestellt, in welcher Reihenfolge laufen die Prozesse ab, wie sind diese miteinander verknüpft? Das Ergebnis ist eine Baumstruktur der Prozesse, die bereits erste Hinweise auf die Bildung von Produktfamilien (Segmentierung) gibt.

- Feststellung der Prozesszeiten für die einzelnen Arbeitsschritte.
- Kalkulation der Anzahl der Ressourcen durch Festlegung des Bedarfs, der zur Verfügung stehenden Zeit und der notwendigen Zeit zur Produkterstellung.
- Verteilung und Ausbalancierung der Arbeitsinhalte im Fluss mit dem Ziel einer möglichen kontinuierlichen Leistungserbringung.

1.5.7 Festlegung der Materialbereitstellung und Aufbau der Materiallogistik

Das Ziel ist eine Materialbereitstellung, die in der Lage ist, den flexiblen Fertigungsprozess zu erreichen, also jedes Produkt an jedem Tag mit dem entsprechend notwendigen Material zu versorgen. Hierzu wird folgendes Vorgehen vorgeschlagen:

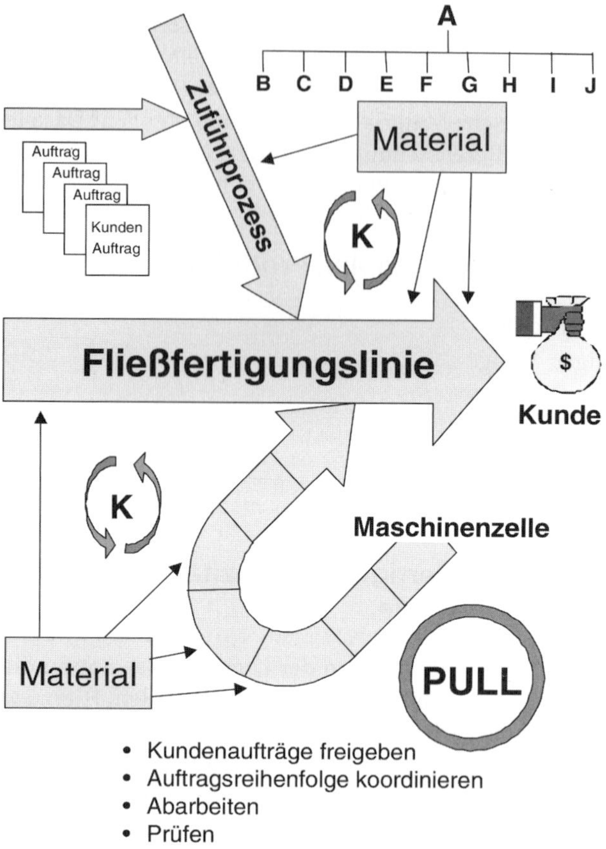

Abb. 1.5.2 Prozessverknüpfung statt funktionaler Trennung

1. Auflösen der Stückliste in seine Komponenten mit dem Ziel einer flachen Stückliste.
2. Berechnung der notwendigen, in *Kanban*-Technik bereitgestellten Materialmengen auf Basis durchschnittlichen Bedarfs und Wiederbeschaffungszeit.
3. Definition des Materialflusses vom Lieferanten bis an die Fertigungslinie.
4. Definition der Entkopplungspunkte zwischen Lieferung und Verbrauch. Werden Prozesse nicht im Fluss gekoppelt z. B. durch Anbindung vorgelagerter, spanabhebender Fertigung, entstehen so genannte „Supermärkte".

Die Schwachstellen liegen an der gleichen Stelle: Die zur Kalkulation der Linie und der *Kanban*-Karten verwendete Bedarfszahl ist nichts anderes als Planung, mit derselben Unsicherheit belegt, die bereits die Planungssysteme in Schwierigkeit bringen. In diesem Fall basiert der Planungswert auf einem groben Jahreswert, heruntergebrochen auf einen durchschnittlichen Tageswert. Bei vielen Produkten auf einer Fertigungslinie, ergibt sich das Phänomen der sich „ausgleichenden Unschärfen" (statistischer Ausgleichseffekt). Es ist unmöglich den Bedarf für ein einzelnes Produkt genau vorherzusagen. Die Voraussagen für eine Gruppe von Produkten erreicht aber eine Gesamtunschärfe, in der sich die Nachfrage nach einzelnen Produkten gut erfüllen lässt (Fuzzy Logic). Voraussetzung ist, dass die Nachfrage nach einem Produkt die berechnete Tagesrate des Produkt-Mix nicht übersteigt. Analog gilt dies für die Bereitstellung des Materials. Der Bedarf an Komponenten kann aus einer *Kanban*-Reichweite abgedeckt werden. Probleme bereiten Bedarfsschwankungen, die weit außerhalb der kalkulierten *Kanban*-Mengen liegen, oder saisonale Gesamtschwankungen aller Produkte. Ziel: Produkte können innerhalb der Fertigungskapazität und der *Kanban*-Reichweite produziert werden, kurzfristig selbst außerhalb der durchschnittlich kalkulierten Tageswerte. Fällt die FDLZ unter die Kundenerwartungszeit, entfällt die Notwendigkeit zur Planung, im gleichen Verhältnis gehen die Bestände von Work-in-process (WIP) und Fertigware zurück. Durch die Verkürzung der FDLZ senkt sich der Planungshorizont – die Eintrittswahrscheinlichkeit erhöht sich.

1.5.8 Grundtheoreme betrieblichen Handelns

Pareto

Pareto (Ökonom, 1848 bis 1923) stellte das nach ihm benannte Pareto-Prinzip oder auch die „80/20-Regel" auf. D. h. 20 % der Produkte stellen 80 % des Umsatzvolumens eines Unternehmens dar. 20 % der Produkte können zu 80 % ohne Probleme in dynamische, bedarfsgesteuerte Fertigungsstrukturen abgebildet werden. Bei den restlichen Produkten handelt es sich entweder um Exoten oder Fertigungsprozesse, die nicht ohne weiteres in Fluss gebracht werden können. Exoten werden separat gefertigt und auch klassisch geplant. Komplexe, heterogene Prozesse können durch „Supermärkte" entkoppelt werden. Die dabei entstehenden Teilprozesse unterliegen wieder den gleichen Prinzipien. Materialien verhalten sich ähnlich. 20 % der Teile, werden 80 % des notwendigen Wertes reflektieren. Davon werden sich 80 % in verbrauchsgesteuerten *Kanban*-Prozessen bereitstellen lassen, mit dem Ergebnis niedriger Kapitalbindung. Die restlichen 20 % bedürfen einer klassischen Planung mit niedrigstem administrativem Aufwand. Es erscheint heute so, dass sich 80 % der einschlägigen Forschungs- und Beratungsunternehmen mehr mit der Verbesserung von Planungskonzepten als mit der Straffung von betrieblichen Prozessen auseinandersetzt. Man adressiert damit einen Gesamtmarkt, wovon 20 % durchaus profitieren und die restlichen 80 % eher unnötig mit überdimensionierten Planungssystemen belastet werden.

Gauß

Gauß (Mathematiker, 1777 bis 1855) hat die nach ihm benannte „Gaußsche Normalverteilung" aufgestellt. Eine Reihe der notwendigen Maßnahmen bereitet gar keine bis wenige Probleme. Ein Teil der Aufgaben bedarf größerer Vorbereitung und Abstimmung, ein anderer Teil der Aufgaben erscheint unlösbar und ein letzter

Teil wird es sein. Man sollte die Anstrengung auf die schwierigen Bereiche konzentrieren und den Rest betrieblicher Routine, der Intelligenz der Mitarbeiter, selbst steuernden Regelkreisen sowie einer klaren und schlanken Struktur überlassen.

Spieltheorie

Neumann und Morgenstern entwickelten die soziologische Verhaltensanalyse der „Spieltheorie“ *[Neum 44]*. Teilnehmer, genauso wie Spieler, verfolgen am Markt ihre eigenen Interessen. Als erfolgversprechender setzen sich kooperative Verhaltensweisen durch, das Win-Win-Konzept. Die Ursache liegt darin, dass sie letztendlich alle am Prozess der Werterstellung profitieren lassen. Übertragen heißt das: Verstärkung der Abstimmung mit Lieferanten zum Zwecke der flexiblen, schnellen und langfristigen Einbindung der Materiallogistik ist zielführend. Sowie die Abstimmung mit Kunden und der Entwicklung über Produkte, die sich leichter und schlanker produzieren lassen. Letztlich ist noch Abstimmung mit den Mitarbeitern über kontinuierliche Verbesserung, flexible Qualifikation, Organisation und Arbeitszeitmodelle anzustreben.

Fuzzy Logic und ungenaue Planung

Nach Lotfi Zadeh (1965), können logische und richtige Entscheidungsergebnisse auch unter unscharfen Eingangsinformationen erzielt werden, d. h. man kann nicht alle Probleme beschreiben, geschweige denn durch Planung lösen, aber trotzdem richtige Entscheidungen treffen. Betriebe sollten sich auf 20 % der Lieferanten, Kunden und Mitarbeiter, die ihnen 80 % ihrer Wertschöpfung bringen, konzentrieren, oder umgekehrt die mittel- und langfristige Zusammenarbeit mit 20 % überdenken, die ihnen 80 % des Ärgers verursachen. Man löst 80 % der Anforderungen durch schlanke Prozesse und flexible Organisation. Die restlichen 20 % der Aufgaben werden 80 % der Aufmerksamkeit benötigen.

1.6 Das Synchrone Produktionssystem (SPS)

Hitoshi Takeda, Friedhelm Michels,
SPS Management Consultants Deutschland GmbH

Das Synchrone Produktionssystem (SPS) von Hitoshi Takeda *[Take 03]* setzt die Just-in-time-Philosophie für das ganze Unternehmen um. Die Herstellung kleiner Lose, verbunden mit einer intimen Prozesskenntnis, (Autonomatisierung) ermöglicht es auch Unternehmen in Hochlohnländern, ihre Wettbewerbsfähigkeit zu erhalten. Der Aufbau eines echten One-piece-flow im Kundentakt, Entwicklung sehr kurzer Rüstprozesse (2-3 Minuten in der mechanischen Bearbeitung, wenige Sekunden in der Montage), Einführung von „Low Cost Intelligent Automation“-Vorrichtungen (LCIA-Vorrichtungen) sind Voraussetzung, das präzise Management der Prozesse in kleinen Teams ist die einzig mögliche Managementstruktur, die dies ermöglicht.

Das Synchrone Produktionssystem wurde Ende der 1980er Jahre als eine Ausformung des Toyota Produktionssystems (TPS) von einer Reihe von Verbesserungsmanagern von Toyota-Zulieferern ausgearbeitet. Sie hatten das TPS von den Entwicklern und Umsetzern dieser Systematik selbst gelernt, waren jedoch gleichzeitig auch als Lehrende in ihren Unternehmen und bei ihren Zulieferern tätig. Ihnen ging es daher um eine Strukturierung des Zusammenhangs zwischen den grundlegenden Ideen des TPS und den Prinzipien (Tools), die bei der Implementierung angewendet wurden.

1.6.1 Die Elemente

Inzwischen sind die Umsetzungsprinzipien (6S, Verschwendungseliminierung, One-piece-flow, Produktion in Kundentakt, Nivellierte Produktion, TPM, hoch entwickelte Fein- und Feinstlogistik, *Kanban* usw.) auf verschiedenen Wegen in viele deutsche Unternehmen eingedrungen, die grundlegenden Ideen werden jedoch häufig noch nicht richtig verstanden. Unter den wirtschaftlichen Bedingungen der 1950er bis 1970er Jahre (Nachfrage > Angebot) hatte sich die Produktion gemäß den Prinzipien von Taylor und dem daraus aufbauenden Ford-Produktionssystem entwickelt. Die Herstellung der Produkte wurde als ein maschineller Prozess betrachtet, worauf es dabei ankam, die „Maschine" störungsfrei am Laufen zu halten. Die gängige betriebswirtschaftliche Betrachtungsweise

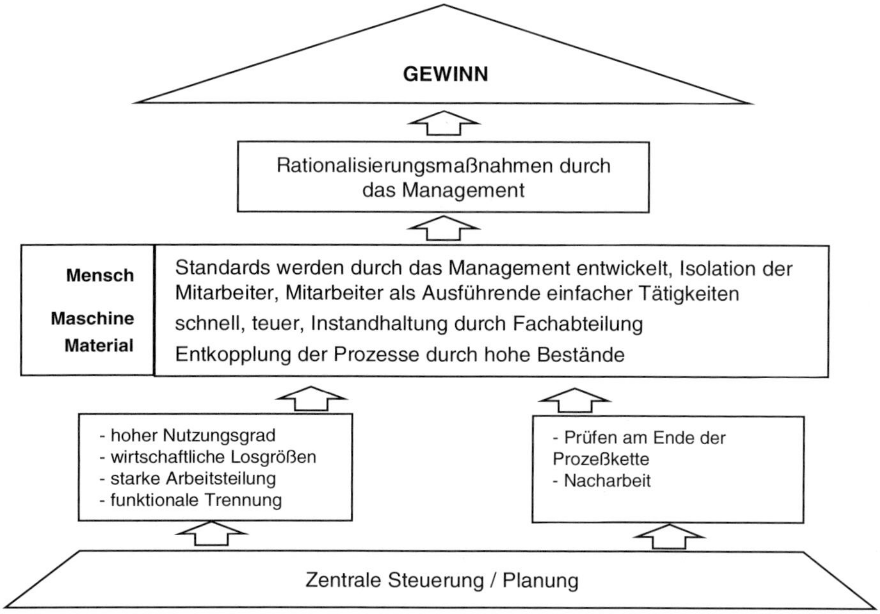

Abb. 1.6.1 Das Ford Produktionssystem *[Yagy 06]*

sämtlicher unternehmerischer Prozesse baut ebenfalls auf diesem Maschinenbild auf. Die wesentlichen Begriffe des „Ford-Produktionssystems“ sind:

1.6.2 Strikte Kundenorientierung

Das Synchrone Produktionssystem entstand unter anderen wirtschaftlichen Bedingungen (Angebot > Nachfrage). Hier gilt es, sehr genau den Bedürfnissen der Kunden nachzukommen, um alte an sich zu binden und neue zu gewinnen. Die alte Betrachtungsweise der Produktion weicht hier einem neuen Paradigma, das Unternehmen wird als ein organisches System angesehen, in dem es darum geht, dass die einzelnen Unternehmensteile ihre Informationen und Materialien immer abhängig von der aktuellen Situation erhalten. Ähnlich wie in den meisten organischen Systemen beruht das Funktionieren nicht auf einer zentralen Steuerung aller Prozesse, sondern auf dem selbständigen Handeln und dem Informationsaustausch zwischen einzelnen Teams, wobei die Funktion des Gesamtsystems im Mittelpunkt steht. Entscheidend ist die schnelle Reaktion auf Störungen und die Bemühungen um grundlegende Abstellung der Ursachen. Dies ist kein Nebengeschäft, sondern eines der Hauptgeschäfte der Teams. Nur so ist eine kundenorientierte (kleinste Lose, schnelle Durchlaufzeiten), „qualitätsvolle“ (< 100 ppm interne Qualität) und kostengünstige Produktion bei geringsten Beständen möglich. Hochautomatisierung spielt in diesem System eine untergeordnete Rolle, die Nutzung und das effiziente Management des Know-hows der Mitarbeiter stehen im Mittelpunkt. Nur durch die dadurch entstehende intime Prozesskenntnis kann eine effiziente, hoch-gewinnträchtige Produktion unter den aktuellen wirtschaftlichen Bedingungen gelingen.

1.6.3 Begriffsfelder des synchronen Produktionssystems (SPS)

Die konkrete Implementierung in bestehende Unternehmensstrukturen ist keine leichte Aufgabe. Es gilt zunächst, auf der Ebene der Unternehmensleitung eine Unternehmens-Vision zu entwickeln, *„Wir wollen ein Unternehmen sein, das in der Lage ist, kleinste Losgrößen (resp. größte Typenvielfalt) in kürzester Zeit fehlerfrei herzustellen“*. Gleichzeitig muss auf dem Shopfloor die Fähigkeit zu schnellen und nachhaltigen Veränderungen entwickelt werden. Welche Tools und welche Methoden eingesetzt werden, ist für den Erfolg nicht so entscheidend. Sicher sind U-Linien, One-piece-flow und Produktion im Kundentakt wertvolle Leitbegriffe, es sind aber auch andere Umsetzungsweisen möglich. Der wichtigste Gesichtspunkt ist die Fähigkeit, verschwendungsarm und fehlerfrei zu produzieren. Die Erfahrung von Experten, die sich sehr lange mit der Implementierung des Synchronen Produktionssystems (bzw. Toyota-Produktionssystems) beschäftigen, ist hier nicht zu ersetzen. Der Fokus auf eine immer schnellere Durchlaufzeit des Materials und auf ein System der unmittelbaren Fehlermeldung mit anschließendem Fehlermanagement (Qualitätserzeugung im Prozess) sind in der Regel brauchbare Ausrichtungen des Verbesserungsprozesses. Im hergebrachten Denken erscheinen eine Reihe von Maßnahmen (extreme Verkürzung von Rüstzeiten, Umlagerung indirekter Tätigkeiten in die Produktionsteams usw.) nicht nachvollziehbar, da sie mit den BA-Analyseinstrumenten nicht gerechnet werden können. Der Grund liegt darin, dass sich Business-Administration (Betriebswirtschaft) in der Regel mit kurzen Zeiträumen und kleinsten Strukturen beschäftigen. Warum dies so ist, hat viele Ursachen. Eine wesentliche ist darin zu sehen, dass die Auswahl der Beschreibungsgrößen bei den Instrumenten der BA sich zu sehr an den BA-Theorien orientiert. Diese Theorien gehen in aller Regel davon aus, dass sich der Unternehmensprozess wie ein geschlossenes System vollständig beschreiben lässt. Ein Unternehmen ist jedoch eher als ein offenes System zu verstehen. Daher müssen auf BA-Ebene neue Beschreibungsansätze (u. U. auch stark deskriptive) entwickelt werden.

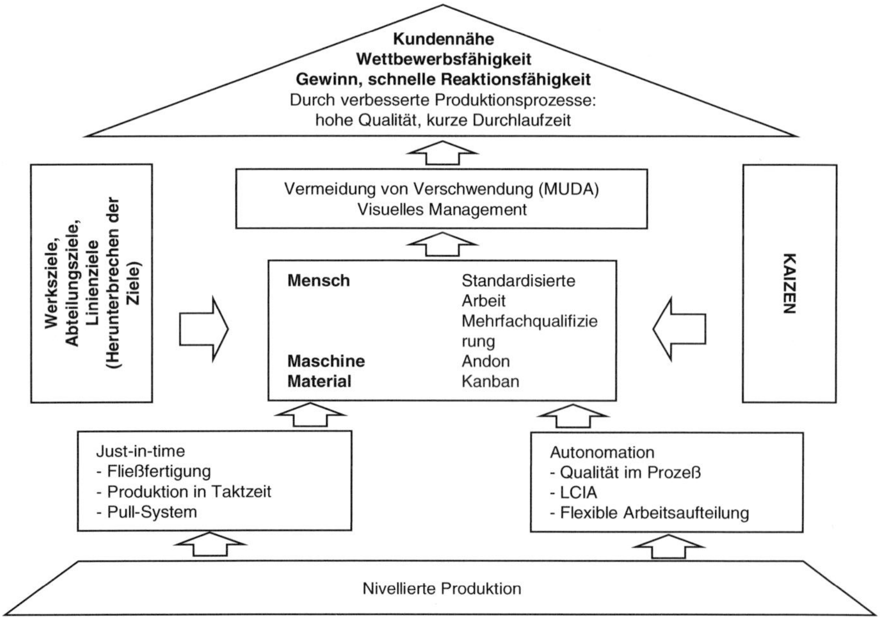

Abb. 1.6.2 Das Synchrone Produktionssystem *[Yagy 06]*

1.7 ForLog – neue Ansätze zur Adaptivität, Bayerischer Forschungsverbund Supra-adaptive Logistiksysteme

Julia Boppert, Michael Schedlbauer,
Lehrstuhl für Fördertechnik Materialfluss Logistik (fml), Technische Universität München

Die Verkürzung der Produktlebenszyklen vor dem Hintergrund hohen Innovationsdrucks, der Trend zur Produktion individualisierter Güter und die daran gekoppelte hohe Variantenvielfalt bergen für die Unternehmen der Automobilbranche große Herausforderungen hinsichtlich der schnellen und effizienten Anpassung ihrer logistischen Prozesse und Systeme. Die Entwicklung und Implementierung zukunftssicherer Logistiksysteme wird dabei immer mehr zu einem entscheidenden Wettbewerbs- und Erfolgsfaktor für Unternehmen in der sich „globalisierenden" Wirtschaft. Dabei ist der Stand wissenschaftlicher Forschung und praktischer Nutzung im Bereich der modernen Logistik bis heute weit weniger entwickelt als in vielen anderen Hochtechnologiefeldern. Somit ergibt sich die Chance, die Wettbewerbsfähigkeit eines Unternehmens durch exzellente Logistik aktiv zu stärken.

Der Bayerische Forschungsverbund ForLog verfolgt in diesem Sinne das Ziel der Supra-Adaptivität als Vision für zukünftige Wertschöpfungsketten: Unter Supra-Adaptivität wird die Fähigkeit eines Systems verstanden, sich mit minimalem Aufwand und zudem unternehmensübergreifend an Veränderungen anzupassen. Realisiert werden kann dies durch eine gezielte Kombination von Wandlungsfähigkeit, Vernetzungsfähigkeit und Mobilität im physischen wie vor allem auch im informatorischen und strukturellen Sinne.

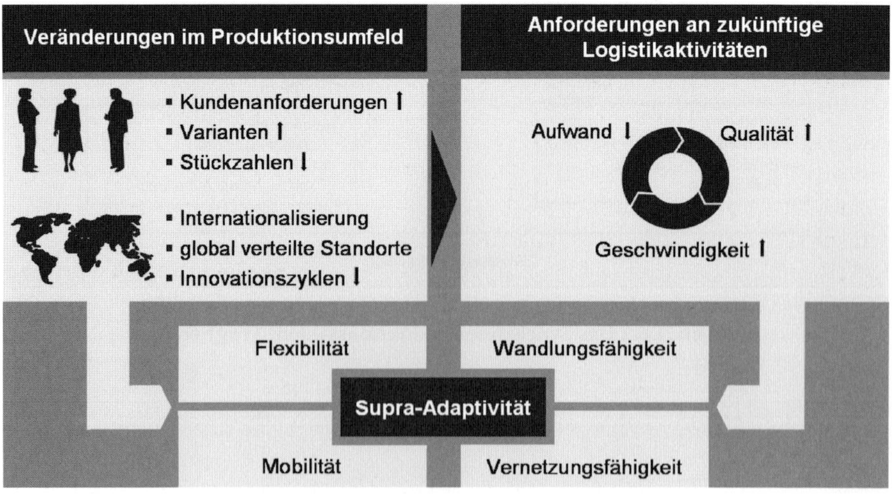

Abb. 1.7.1 Bestandteile der Supra-Adaptivität

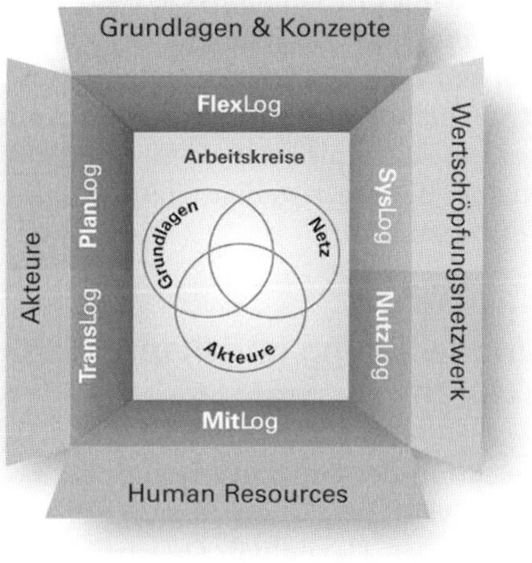

Abb. 1.7.2 Struktur und Firmenpartner des Verbundes

Zur Erreichung dieses Ziels haben sich mittlerweile sieben Lehrstühle der Universitäten München, Regensburg und Nürnberg sowie ein große Zahl von Industriepartnern zusammengefunden, um Konzepte, Methoden und Bausteine zu erarbeiten, die im hochvolatilen Umfeld der Automobilindustrie Adaptivität bei überbetrieblichen Anpassungen wie auch innerbetrieblichen Umstrukturierungen ermöglichen.

Die Struktur des Verbundes spiegelt dabei die sechs identifizierten Hauptaktionsfelder der Supra-Adaptivität wider, die im Folgenden kurz vorgestellt werden sollen:

1.7.1 FlexLog – Flexibilität und Adaptivität

Ziel des Teilprojektes FlexLog ist es, den Flexibilitätsbegriff vor dem Hintergrund des automobilen Wertschöpfungsnetzwerkes eingehend zu erfassen, zu strukturieren und zu operationalisieren. Besonderer Schwerpunkt liegt in diesem Zusammenhang in der Erforschung von Flexibilitätsbedarfen, um den optimalen Flexibilitätsgrad einer Supply Chain ermitteln zu können. Auf dieser Grundlage soll schließlich modellhaft ein Managementprozesses entwickelt werden, der die eruierten Flexibilitätsanforderungen aller beteiligten Akteure berücksichtigt und sich zugleich unter Kosten-Nutzen-Aspekten als effizient erweist.

1.7.2 SysLog – IS-Architekturen supra-adaptiver Logistiksysteme in der Automobilindustrie

Dieses Teilprojekt befasst sich mit der Architektur der Informationssysteme (im Folgenden: IS) als einem der wesentlichen Erfolgsfaktoren rascher Anpassung.

Um effizient (anpassungsfähig) zu sein, muss jedes Unternehmen seine Struktur der jeweiligen Situation möglichst optimal anpassen können. Die Untersuchung aktueller und zukünftig zu erwartender Anpassungsstrategien und -situationen dient dabei als wesentlicher Input zur Klärung der Anforderungen. Eine entsprechende Überlagerung mit typisierten IS-Architekturen bietet als Ergebnis einen Kennzahlenkatalog, der die jeweilige Eignung einer Architekturform für ein Unternehmen messbar macht.

1.7.3 PlanLog – Modellierung und Planung adaptiver Fabrikstrukturen

PlanLog beschäftigt sich mit der Standardisierung der Logistikplanung zur Gewährleistung von Adaptivität bereits im Planungsprozess unter gleichzeitiger Sicherstellung der geforderten Flexibilität. Dies beinhaltet die Erarbeitung und Umsetzung eines adaptiven Planungskonzeptes auf Basis eines Planungsbaukastens mit in standardisierter Form aufgebauten und inhaltlich entsprechend ihrer Aufgabe eindeutig abgegrenzten Bausteinen. Ausgehend von der Identifikation und Klassifizierung von Planungsauslösern und beeinflussenden Faktoren wird durch die kausale Verknüpfung von Planungsschritten aufgabenspezifisch eine individuelle Planungskette kombiniert. Die Bausteine lassen sich so einzeln pflegen, optimieren und über längere Zeit wieder-/ weiterverwenden. Bei der Ausgestaltung liegt das Augenmerk besonders auf der Einbindung geeigneter Werkzeuge aus dem Bereich der Digitalen Fabrik – respektive Virtual und Augmented Reality – die es den Anforderungen einer bausteinbasierten Planung entsprechend zu adaptieren gilt. Der Einsatz dieser Werkzeuge soll eine deutlich schnellere und qualitativ hochwertigere Planungsdurchführung auf Basis verbesserter, intuitiver Mensch-Maschine-Kommunikation ermöglichen und damit die supra-adaptive Antwort auf Herausforderung häufiger und komplexer Planungsaufgaben bieten.

1.7.4 TransLog – Logistikdienstleister-Organisation und Transportnetzwerkstrukturen

Adaptivitäts- und Flexibilitätsbedarfe der Hersteller werden in zunehmendem Maße mit dem Flexibilitätspotential von Logistikdienstleistern (LDL) zu decken versucht. Dies setzt deren nahtlose Integration voraus, doch bleibt zu klären, wie die „optimale“ Einbindung der LDL in die automotive Wertschöpfungskette unter Berücksichtigung neuer Adaptivitäts-, Qualitäts- und Kostenanforderungen zu gestalten ist. Da diese Einbindung heute meist durch das Outsourcing logistischer Leistungen erfolgt, stehen in diesem Zusammenhang zunächst Trends für das Logistik-Outsourcing bei OEM und Zulieferern im Mittelpunkt der Forschung. Zur Unterstützung von Outsourcing-Entscheidungen erfolgt die

Konzeption eines geeigneten Instrumentariums: Hierzu werden innovative Gestaltungsoptionen für adaptivitätsfördernde LDL-Geschäftsmodelle und Beziehungsstrukturen entwickelt, die durch Fallbeispiele und Handlungsempfehlungen ergänzt werden.

1.7.5 NutzLog – Vorteilsausgleich-Nutzenverteilung

Lieferanten, Logistikdienstleister und Hersteller arbeiten zunehmend vernetzt(er) an der gemeinsamen Erstellung von Produkten. NutzLog untersucht in diesem Zusammenhang den Vorteilsausgleich auf Basis der Nutzenverteilung und zeigt, wie Transparenz über den logistischen Nutzen in Wertschöpfungsnetzwerken die Zusammenarbeit fördern kann. Dabei steht u. A. die Frage nach dem logistischen Nutzen im Fokus der Betrachtung. Es wird untersucht, wie logistischer Nutzen in Supply Chains beschrieben und quantifiziert werden kann, d. h. welche Kennzahlen und Softfacts wie beispielsweise Vertrauen herangezogen werden können oder müssen, um den logistischen Nutzen praxisrelevant und realitätsgetreu abbilden zu können. Die Überführung von nichtmessbaren in messbare Größen stellt hierbei eine wesentliche Herausforderung dar. Anhand der ermittelten Nutzenwerte ist der Kosten- bzw. Vorteilsausgleich unter gesamtoptimalen Gesichtspunkten zu bestimmen, um eine kettenweite Verteilung des entstandenen Nutzens zu ermöglichen.

1.7.6 MitLog – Mitarbeiterqualifizierung und -mobilität

Der Fokus von MitLog liegt auf dem Faktor Mensch im Produktions- und Logistikprozess der Wertschöpfungsnetze. Ziel ist es, den Mitarbeiter für die großen Anforderungen supra-adaptiver Logistiksysteme zu qualifizieren. Die Verfügbarkeit von Expertenwissen muss dazu in demselben Maße Flexibilität aufweisen wie die betrachteten Logistiksysteme. Dieses kann über die Mitarbeitermobilität einerseits sowie die Informationsmobilität andererseits bewerkstelligt werden. Forschungsinhalt ist daher zum einen die Erarbeitung von Arbeitsorganisationsformen für einen flexiblen, werks- und unternehmensübergreifenden Mitarbeitereinsatz. Die Verwendung moderner Virtual- und Augmented-Reality-Technologien zur Qualifizierung und Unterstützung der Mitarbeiter bezüglich der sich fortlaufend ändernden Arbeitsabläufe wird dabei als essentiell erachtet. Die Gewährleistung der Informationsmobilität auf der anderen Seite wird durch den Einsatz innovativer Informations- und Kommunikationstechnologien für eine bedarfsgerechte Wissensbereitstellung über das gesamte Logistiknetzwerk realisiert.

1.8 Low Cost Intelligent Automation (LCIA)

Hitoshi Takeda, Friedhelm Michels, SPS Management Consultants Deutschland GmbH

Bei Low Cost Intelligent Automation (LCIA) handelt es sich um eine Form der Automation, die sehr wenig Invest bedarf. Die Investitionskosten liegen nur bei ca. 10–20 % im Vergleich zu einer ähnlich leistungsfähigen Automatisierungsinvestition. Die Automation wird im eigenen Unternehmen konstruiert und gebaut. In der Tat handelt es sich meist um Vorrichtungen, die das Können eines Heimwerkers nicht überschreiten. Im Gegensatz zu vielen hoch-technischen Automationen weisen sie einen guten bis sehr guten Visualisierungsgrad auf. Sie beinhalten eine Prüfung, die einerseits bei Störungen die Linie sofort anhalten lässt und die Weitergabe von fehlerbehafteten Teilen zu 100 % unterbindet. Diese Intelligenz bildet den Hintergrund des Worts intelligent in Low Cost Intelligent Automation. Im Übrigen findet sich hier das Autonomatisierungsprinzip des Synchronen Produktionssystems von Hitoshi Takeda *[Take 03]* wieder.

1.8.1 Das Prinzip in Hochlohnländern

Die Prinzipien des LCIA sind in Produktionssystemen entwickelt worden, bei denen der Kunde im Mittelpunkt steht. Die Schnelligkeit, mit der jeder noch so außergewöhnliche Wunsch bedient werden kann, ohne die Kosten für den Kunden übermäßig zu erhöhen, ist für Unternehmen an den „westlichen Hochlohn-Standorten“ die wesentliche Überlebensstrategie. In ein solches Umfeld passen keine hohen Investitionen, die sich nur bei großen Stückzahlen bzw. langen Laufzeiten rentieren. Nur die notwendige qualitative Spitzentechnologie wird eingekauft, der Rest wird als LCIA-Lösungen selbst gebaut. Dies gilt sowohl für die mechanische Bearbeitung, Montagebereiche und auch die Logistik, wobei die beiden letzten Bereiche die Hauptanwendungsgebiete für LCIA darstellen.

1.8.2 Die flexiblere Lösung

Selbstgebaute Montage- und Logistikeinrichtungen haben zudem den Vorteil, dass sie sehr schnell neuen Gegebenheiten angepasst werden können. Es gibt sicherlich auch Bereiche, in denen LCIA-Lösungen sehr aufwendig sind bzw. die Produktqualität beeinträchtigen, hier muss auf die Lösungen von Branchenexperten zurückgegriffen werden. Nach den Erfahrungen der Unternehmen, die sich intensiv mit LCIA beschäftigen, liegen die Grenzen zu diesen Bereichen viel weiter entfernt, als man zunächst dachte. In welche Betrachtungsweise eines Unternehmens LCIA passt, zeigt die folgende Grafik:

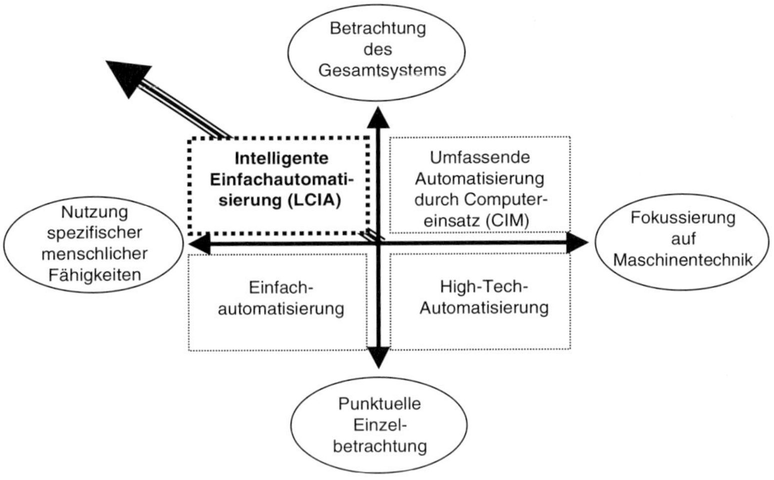

Abb 1.8.1 Positionierung von LCIA *[Take 04]*

Ein sehr wesentlicher Gesichtspunkt ist darin zu sehen, dass der intensive Einsatz von LCIA-Vorrichtungen ein spezielles Unternehmens-Know-How schafft, das

- einerseits ermöglicht, den spezifischen Bedürfnissen der eigenen Produktwelt entsprechende Bearbeitungs-, Montage- und auch Logistikvorrichtungen zu schaffen. Die intensive Beschäftigung mit den Prozessen wird automatisch dazu führen, dass von Anfang an der Anteil der Verschwendung vergleichsweise gering ist.
- andererseits den Verbesserungsprozess sehr viel zugänglicher macht. Insbesondere das Schaffen und Verbessern von Standards ist in einem LCIA-Umfeld erheblich leichter. Ein wesentlicher Grund dafür liegt in der intimen Prozesskenntnis, die durch den Selbstbau größerer Teile der Betriebsmittel entsteht.

1.8.3 Umsetzung

Die erfolgreiche Umsetzung preiswerter LCIA-Lösungen erfordert jedoch ein Produktionsumfeld, das einen stetigen rhythmischen Materialfluss aufweist, und in dem die Prozesse bereits gut synchronisiert sind.

Bei der Umsetzung von LCIA-Lösungen ist zu beachten, dass zunächst die Tätigkeiten von Mitarbeitern zu verbessern sind, bevor man in die Vorrichtungen, Anlagen und Maschinen eingreift. Auch ist eine deutliche Trennung maschineller und menschlicher Tätigkeit eine wichtige Voraussetzung.

1.8.4 Veränderung der Abläufe

Ein sehr zentraler Punkt ist die Reihenfolge der LCIA-Automatisierungen. Das Verhältnis von Aufwand zu Erfolg ist für verschiedene Tätigkeiten sehr unterschiedlich, d. h. es gibt relativ preiswerte und relativ teure LCIA-Lösungen. Man sollte daher zunächst die preiswerteren Lösungen realisieren. Dies sei am Bespiel eines Montageprozesses dargestellt. Weiter unten findet man Schemata für LCIA-Projekte in der mechanischen Fertigung und der Logistik.

Bei Bearbeitungs- und Logistikprozessen ergeben sich folgende Reihenfolgen:

Einführungs-schritt	Arbeitsschritt-folge	Reihenfolge bei Low-Cost Automatisierung
		Mechanisches Bearbeiten
1	(3)	Werkstück festspannen
2	(5)	Vorschub
3	(6)	Maschine stoppen
4	(7)	Zurückfahren in Ausgangsposition
5	(8)	Werkstück auswerfen
6	(10)	Transport
7	(4)	Maschine starten
8	(9)	*Kontrolle*
9	(1)	*Werkstück annehmen*
10	(2)	*Werkstück einsetzen*

Einführungs-schritt	Arbeitsschritt-folge	Reihenfolge bei Low-Cost Automatisierung
		Transporte
1	(4)	Gebindebildung (Packen)
2	(8)	Transport
3	(2)	Transport aus dem Lager
	(6)	Transport zum Beladen
	(10)	Transport beim Entladen
	(12)	Transport beim Einlagern
4	(1)	Entnehmen aus dem Lager
	(9)	Entladen
5	(3)	Satzbildung
	(5)	Ordnen in Beladereihenfolge
	(7)	Beladen
6	(11)	*Trennen zum Einlagern*
7	(13)	*Einlagern*

Abb. 1.8.2 Reihenfolgen von Low Cost Intelligent Automation *[Take 04]*

Ein Montageprozess läuft normalerweise in der folgenden Reihenfolge ab:

(1) Werkstück annehmen, (2) Anbauteil auswählen, (3) Anbauteil greifen, (4) Positionierung, (5) Werkzeug greifen, (6) Montage, (7) Werkzeug ablegen, (8) Kontrolle, (9) Werkstück entnehmen und weitergeben.

Mit den LCIA-Lösungen fängt man jedoch zunächst bei den folgenden Vorgängen an:

(9) Werkstück entnehmen und weitergeben, (7) Werkzeug ablegen und (3) Anbauteil greifen. Erst danach implementiert man LCIA-Lösungen für die Prozesse (5) Werkzeug greifen, (1) Werkstück annehmen und (2) Anbauteil auswählen. Das Positionieren (4), die Montage (6) und die Kontrolle (8) würden erst auf einem sehr hohen LCIA-Niveau ebenfalls automatisiert.

1.8.5 Wachstum des Unternehmens-Know-Hows

Ein sehr wesentlicher Gesichtspunkt ist darin zu sehen, dass der intensive Einsatz von LCIA-Vorrichtungen ein spezielles Unternehmens-Know-How schafft, das einerseits ermöglicht, den spezifischen Bedürfnissen der eigenen Produktwelt entsprechende Bearbeitungs-, Montage- und auch Logistikvorrichtungen zu schaffen. Die intensive Beschäftigung mit den Prozessen wird automatisch dazu führen, dass von Anfang an der Anteil der Verschwendung vergleichsweise gering ist. Das Unternehmens-Know-How macht andererseits den Verbesserungsprozess sehr viel zugänglicher. Insbesondere das Schaffen und Verbessern von Standards ist in einem LCIA-Umfeld erheblich leichter. Ein wesentlicher Grund dafür liegt in der intimen Prozesskenntnis, die durch den Selbstbau größerer Teile der Betriebsmitte entsteht.

1.9 *Poka Yoke* – Fehlervermeidungsstrategien

Philipp Dickmann

Poka Yoke oder auch *Boka Yoke* ist eine der tragenden Säulen des Toyota Produktionssystems (TPS). Der japanische Begriff setzt sich zusammen aus dem Begriff „*Poka*“, was für ein „Versehen“ oder einen „unbeabsichtigten Fehler“ steht, und dem Bergriff „*Yoke*“, was „Vermeiden“ oder „Vermindern“ bedeutet. Der Begriff *Poka Yoke* bedeutet Fehlervermeidung, worin auch der wesentliche Sinn dieses Konzepts liegt. Fehler und Störungen im Ablauf stellen die wesentlichen Hürden auf dem Weg zu einer effizienten Produktion und einem effizienten Materialfluss dar. Nicht nur die wenigen, auf den ersten Blick erkenntlichen Störungen, sondern auch die vielfältigen kleineren Störungen sind verantwortlich dafür, dass das Ziel der 100 % Lieferfähigkeit, höchster Flexibilität und kurzer Durchlaufzeiten bei minimalen Lagerbeständen nicht erreicht wird. Im Zusammenspiel mit der 5W-Methode, *Kaizen* und Fehlerquelleninspektion (Source Inspection, *[Möll 97]*) kann *Poka Yoke* als führendes Qualitätsmanagement-Tool interpretiert und in Projekten gemeinsam angewandt werden. Im TPS wurde damit sehr früh die Null-Fehler-Strategie angestrebt und erreicht. Es wird nicht nur die klassische 100 % Prüfung praktiziert, sondern führend die

Fehlervermeidung angestrebt – „nicht gut prüfen, sondern es gleich richtig machen“. Charakteristisch sind einfache Vorrichtungen oder Ablaufsicherungen, die ähnlich wie in *Kaizen*-Projekten, zu sehr geringen Kosten möglichst mit den operativen Mitarbeitern umgesetzt werden.

1.9.1 Qualitätsphilosophie abgeleitet von *Poka Yoke*

Poka Yoke zielt darauf ab, anormale Zustände zu erkennen, zu vermeiden und sofort durch unmittelbares Eingreifen abzustellen. Kein fehlerhaftes Produkt soll den Prozess verlassen *[Ohno 78]*. Fehler lassen sich nie vollständig ausschließen, haben jedoch enormen negativen Einfluss auf die Effizienz der Prozesse und im Speziellen auf den Materialfluss. Es gilt also, Fehler so früh wie möglich zu erkennen und auszuschalten, um in der Folge eine Vervielfältigung der negativen Auswirkungen zu vermeiden. *Poka Yoke* gibt sich dabei nicht mit 99 % Gutteilen und Prozessen zufrieden, da dadurch immer noch eine eminente Fehlerrate bei Endprodukten entsteht, die für den Kunden unbefriedigend ist. Die Null-Fehlerstrategie ist das führende Ziel. Die Ausmaße von Fehlern werden unterschätzt. Etwa bei einem Produkt, das aus ca. 100 Einzelteilen besteht und sich auf 10 Produktionsstufen abbildet, entstehen bei 99 % Fehlerfreiheit je Ebene und Komponente in der Summe dennoch immer noch zehn Fehler je ausgeliefertes Endprodukt. Vor allem durch kostenorientierte, wertanalytische Ansätze werden nicht selten präventive hochwertige, prozessfähige Arbeitsschritte durch weniger „fähige“ Prozesse ersetzt. In der Folge werden überproportional hohe Kosten für Nachbesserungen auf allen Ebenen notwendig, anstatt durch geringfügig höhere Investitionen oder Kaufpreise eine bessere Qualität von Anfang an zu gewährleisten. Bei Motorola in USA wurden 1997 fünf bis zwanzig Prozent der jährlichen Erträge dafür ausgegeben, minderwertige Qualität nachzubessern, das bedeutet 800.000 bis 900.000 € pro Jahr *[Herr 00]*. Um derartige komplexe Folgekosten exakt zu erfassen und die Prioritäten in einer zielorientierten Managementstruktur erkenntlich zu machen, ist ein enormer Aufwand nötig. Es ist zu vermuten, dass viele der sekundären Störungen, die auf den Materialfluss wirken, unberücksichtigt bleiben müssen. Aufgrund der hohen Komplexität ist die Zuordnung von Folgeerscheinungen, wie „aufgeblähte“ Durchlaufzeiten und Lagerbestände kaum möglich. Daher ist das Verständnis für die Proportionen der Qualitätskosten nicht umfassend etabliert. „Viele Unternehmen – und Manager – finden zu einem oder mehreren der folgenden Glaubenssätze Zuflucht:

- Irren ist menschlich.
- Übermäßige Qualität kostet zu viel und dauert zu lange.
- Die Zahlen des letzten Jahres zu wiederholen ist gut genug.
- Kleine Fehler sind eher entschuldbar.
- Wir sind immer noch besser als unsere Mitbewerber.
- „Dass wir unseren Weg aus der Qualitätsnot gerade noch rechtzeitig freigekämpft haben, ist Ehrensache; es hat sogar Spaß gemacht.“ *[Galv 91]*

Letztlich führt diese Ideologie dazu, dass enorme Aufwendungen für die Beweisführung der katastrophalen Auswirkungen von Qualitätsproblemen nötig sind. Erst wenn durch die exakte und aufwendige Präsentation die Zusammenhänge transparent sind, wird mit operativen Maßnahmen begonnen. *Poka Yoke* vermittelt einen anderen Ansatz – „mach's gleich richtig" *[Möll 97]*.

1.9.2 Eigenschaften und Elemente

Die 100 % Prüfung ist eine der Maßnahmen, um die Null-Fehler-Strategie umzusetzen. Es wird angestrebt die Prüfung als Nebeneffekt umzusetzen, also ohne die Taktzeit zu beeinflussen und möglichst ohne, oder nur mit sehr geringem, zusätzlichen Aufwand für den Operativen. In der klassischen Anwendung werden dafür einfache Vorrichtungen verwendet, die vom Konzept ähnlich der Lean Automation aufgebaut sind. Ähnlich wie bei *Kaizen*-Projekten sollten diese im Idealfall von den Mitarbeitern selbst entwickelt und gebaut werden. Das garantiert eine hohe Identifikation mit dem Arbeitsplatz, höchste Effizienz und bindet die Kompetenz der Mitarbeiter optimal ein. Das Ausnutzen von visuellen Kennzeichen, etwa Farbmarkierungen, die nur sichtbar sind, wenn ein Fehler vorhanden ist, sind typisches Merkmal dieser einfachen Vorrichtungen. *Poka Yoke* lässt sich auf alle Bereiche anwenden in denen es auf eine geringe Fehlerrate ankommt. Im Vergleich zu anderen Methoden lässt es sich zudem mit sehr geringen Kosten umsetzen. Die Methode kommt mit einfachen Hilfsmitteln aus und erzeugt nur vergleichsweise wenig Aufwand für das Erzeugen und Aufbereiten von Zahlen, Daten und Fakten. In Relation zu Qualitätsmanagement- oder Six Sigma-Methoden liegt der Schwerpunkt von *Poka Yoke* weit weniger auf der Ermittlung, Feststellung und Quantifizierung der Auswirkungen oder der Präsentation der Ergebnisse sondern konzentriert sich auf die differenzierte einfache Abstellung und Prävention von Fehlern auf der operativen Ebene.

1.9.3 Methoden und Regeln

Konkrete Arbeitsvorgaben, nach denen *Poka Yoke*-Tools angestoßen oder eingesetzt werden sollen (angelehnt an *[Ohno 78; Möll 97]*):

1. Fehlerhaftes Material soll nicht in das Werkzeug passen. Einlegen von fehlerhaften Teilen sollte damit verhindert werden. Dies kann durch geometrische Passungen, z. B. mittels Stiften, Hebel, Werkzeugformen oder Sensoren gewährleistet werden.
2. Bei Abweichungen des Materials, bei falschem oder fehlendem Material, sollte die Maschine oder Anlage nicht starten können.
3. Wenn ein Fehler in einer Arbeitsfolge auftritt, soll die Maschine den mechanischen Prozess nicht weiterführen können.

4. Wenn ein Prozess vergessen wurde, sollen automatisch Korrekturen stattfinden. Die Bearbeitung soll nicht unterbrochen werden. Abweichungen oder vergessene Arbeitsfolgen können über einfache Zähler leicht ermittelt werden. Abweichungen von der Reihenfolge können beispielsweise auch bei teilmanuellen Prozessen, etwa beim Schrauben, durch eine vorgegebene Reihenfolge der Werkzeuge sichergestellt werden.
5. Wenn trotzdem ein Prozess vergessen wurde, soll der nächste Prozess nicht starten und die Maschine bzw. Anlage zwangsgeführt alle Folgeprozesse abschalten.
6. Abweichungen der vorhergehenden Prozesse werden nach dem „Vier-Augen-Prinzip" in den späteren Prozessen noch einmal überprüft, um fehlerhafte Produkte sicher zu stoppen.
7. Bei untergeordneten Abweichungen kann es zielführend sein, die Anlage nicht zu stoppen, sondern nur ein Signal auszugeben. Traditionell werden optische Signale in Form von Lichtern, Zeigern, Anzeigen an Bildschirmen etc. verwendet. Akustische Signale können zu unnötigen psychischen Belastungen führen und werden zunehmend seltener verwendet. Eine moderne Form der Informationsausgabe sind SMS-Nachrichten, Mails oder Signale in verknüpften Softwareprodukten (vgl. 5.12 Kapitel Production Synchronized Software).
8. Vorrichtungen müssen die Selbstprüfung unterstützten. Verwechslungen sind mit Visualisierungen oder Checklisten weniger wahrscheinlich, z. B. wenn Werkzeuge oder Vorrichtungen an markierten Plätzen auf Tablaren liegen. Dieses Konzept kann auch durch optische Signale umgesetzt werden, die bei fehlerfreier Handhabung unsichtbar sind.

Poka Yoke-Einrichtungen schließen die Fehlerursachen aus. Durch sehr einfache, in einem kontinuierlichen Prozess entwickelte und in Stufen optimierte Hilfsmittel kann eine effiziente Fehlervermeidung entstehen. Diese Methode ist sehr kostengünstig, wodurch eine hohe Dichte an einfachen Fehlervermeidungseinrichtungen möglich wird. Bei Toyota waren dadurch 1992 durchschnittlich 12 *Poka Yoke*-Vorrichtungen an jeder Maschine installiert *[Shin 92]*. Die Effizienz nimmt dabei mit der Erfahrung und der Zeit der Optimierung zu. *Poka Yoke* fordert eine kontinuierliche nachhaltige Strategie, um den mittel- bis langfristigen vollen Effekt nutzen zu können.

1.9.4 Ablauf von Aktivitäten

Grundsätzlich ähneln *Poka Yoke*-Projekte dem Ablauf von *Kaizen*. Sie werden von Teams vor Ort mit den betroffenen Mitarbeitern durchgeführt. Es sollte alles möglichst pragmatisch und mit geringen organisatorischen Hilfsmitteln stattfinden. Die Dokumentation hält nur die wesentlichen Resultate fest. Ein Umfang von einer Seite sollte dabei nicht überschritten werden, gegebenenfalls kann alles auch handschriftlich auf einem Formblatt festgehalten werden.

Alles hat seinen Platz mit 5A: Grundlegend sollte zunächst eine 5A-Aktion (Ordnungs- und Sauberkeitsaktion) durchgeführt werden, bevor überhaupt die Fehleranalyse stattfindet. Wenn alles an seinem Platz ist und Verschmutzungen beseitigt sind, treten manche Fehler gar nicht mehr auf und Ursachen sind danach besser nachvollziehbar. Werkzeuge die systematisch, ordentlich angedient werden, werden z. B. weniger leicht verwechselt. Farbcodes die verschmutzt sind und Leckagen an ohnehin Öl verschmutzten Stellen, werden schlechter erkannt. Nachdem Stellplätze mit Bodenmarkierungen gekennzeichnet sind, kann eine höhere Dichte an Material bereitgestellt werden. Eine Verwechslung wird durch klare Platzzuordnung verhindert. Die regelmäßige Kontrolle der Beschriftungen, der Vollständigkeit der Behälter und des Zustands und der Ordnung der *Kanban*-Karten verhindert sehr effizient Engpässe und die Verwechslung von Materialien. TPS verwendet hier die Systematik der 5A Kampagne – im japanischen Original werden diese Aktionen 5S genannt (vgl. 1.4. *Kaizen*).

Zahlen-Daten-Fakten schaffen: Zunächst müssen Fehler, Häufigkeit, Auswirkungen und Wert des Schadens ermittelt werden.

Auswerten und Bewerten nach Pareto: Wesentlich ist das Sortieren und Gruppieren von sinnvollen Fehlergruppen nach Häufigkeit und Kosten. Sofern sinnvoll, kann hierzu eine einfache Visualisierung erstellt werden.

Ursachenanalyse nach 5W-Methode: Für jeden Fehlertyp sollte mehrfach hinterfragt werden, was die Ursache des Fehlersymptoms ist, um damit die Einflusskette herauszufinden. Zur verbesserten Übersicht können Ursache-Wirkung-Diagramme (bzw. Fischgrät- bzw. Ishikawa-Diagramme) verwendet werden. Bei diesen Diagrammen werden alle Störgrößen die auf den horizontal gezeichneten Materialfluss Einfluss nehmen, wie Äste von oben und unten aufgetragen. Am Ende entsteht eine „verästelte" Struktur, in der alle komplexen Zusammenhänge übersichtlich erkennbar sind.

Projektablauf mit 6W-Methode *[Ohno 78]*: Die folgenden sechs Fragen definieren den Ablauf des Projekts:

- **Wer** tut was?
- **Was** ist das Ziel?
- **Wo** liegen die Grenzen?
- **Wann** findet was statt?
- **Warum** benötigen wir diese Verbesserung?
- **Wie** lösen wir das Problem?

Anwendungen in anderen Bereichen

Bei der Fehleranalyse ist in vielen Fällen die Fehlerursache nicht im Produktionsumfeld zu suchen. Daher werden sehr schnell auch andere Bereiche mit in die Projekte eingebunden. Industrial Engineering, Logistik, Design und Lieferanten sind typische erste Anlaufstellen. Vor allem die Konstruktion verursacht naturgemäß einen beträchtlichen Anteil an den späteren Fehlern. Hier haben sich daher systematische Methoden und Fehlervermeidungsstrategien in Form der Fehlermöglichkeit- und Einflussanalyse" (FMEA) in verschiedenen Ausprägungen etabliert. Im Lieferantenmanagement wurde *Poka Yoke* sowohl von den japanischen Automobilisten, als auch von den „Big Three" in den USA empfohlen und gefordert. Das Konzept findet sich heute sowohl bei Dienstleistungen, der Büroorganisation oder auch in Bereichen, die nicht mehr mit der Herstellung in Verbindung stehen *[Möll 97]*, z. B. chirurgische Instrumente, die in Vertiefungen von Tabletts aufbewahrt werden, um die Vollständigkeit nach der Operation sicher und schnell überprüfen zu können. Verträge werden im Vier-Augen-Prinzip gelesen, um sicher zu stellen, dass alle Aspekte erkannt wurden. Neuer sind Anwendungen in der EDV in denen *Kaizen* (vgl. 5.3. *Kaizen* in der IT) oder *Poka Yoke* (vgl. 5.12. Production Synchronised Software) zur Sicherstellung von Anwendertauglichkeit, Ergonomie, Ablauflogik, Eingabequalität oder Datenkonsistenz verwendet werden.

1.10 Total Productive Management (TPM)

Andreas Reitz, *KAIZEN®* Institute Deutschland

Wer sich mit Lean Production beschäftigt, der stößt irgendwann zwangsläufig auf den Begriff TPM. Vom ursprünglichen Tool für die optimierte Instandhaltung hat sich TPM zum umfassenden Managementansatz, zu einem ganzheitlichen Produktionssystem entwickelt (TPM®). Ziel ist die Jagd nach Verlusten und Verschwendung in allen Bereichen. Der Methodenmix von TPM ist vielfältig, so dass Problemlösungen in den unterschiedlichsten Branchen und Unternehmensgrößen, in Produktion und Administration damit zu bewältigen sind. Der wichtigste Erfolgsfaktor ist die Einbeziehung der Menschen. Nur wenn Mitarbeiter die Möglichkeit zur Qualifizierung und ein Mitspracherecht bekommen, werden sie ihr ganzes Wissen und Können zum Wohle des Unternehmens einsetzen. Wer dieses Potential nicht nutzt, wird auf Dauer im internationalen Wettbewerb nicht mehr existieren können.

1.10.1 Definition

TPM steht im Original des JIPM (Japanese Institute for Plant Maintenance) für „Total Productive Maintenance". Das Ziel von TPM ist jedoch viel weiter gefasst als das englische Wort „*maintenance*" es darstellt. Von der grundsätzlichen Idee her ist TPM ein Programm, das die Erhaltung und Verbesserung der Produktivität aller Prozesse mit dem Ziel „Null – Ausfälle, Null – Qualitätsdefekte, Null – Unfälle" hat. Heute wird TPM international als Total Productive Management definiert.

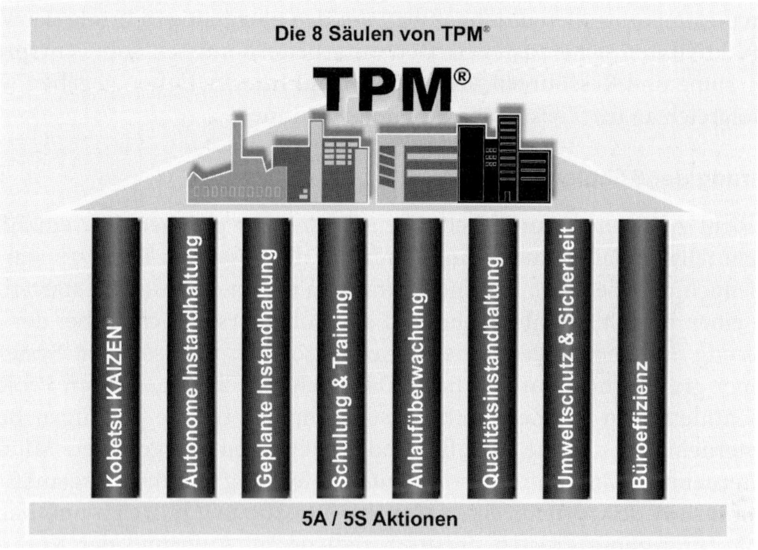

Abb. 1.10.1 Die 8 Säulen von TPM (Quelle: *KAIZEN* Teaching AG)

1.10.2 Das Gesamtsystem TPM

Der komplette Umfang des Managementsystems TPM beinhaltet 8 unterschiedliche Bausteine oder Säulen, die jeweils Ansätze und Werkzeuge zur Eliminierung sämtlicher Prozessverluste darstellen.

Unternehmensziele und TPM-Ziele

TPM hat das Ziel, Unternehmen fit für den Wettbewerb zu machen. In der Regel lassen sich die Unternehmensziele mit den TPM Zielen in Kongruenz bringen. Die entscheidende Frage bei der Einführung von TPM in einem Unternehmen ist demnach: „Was wollen oder müssen Sie erreichen, um Ihr Unternehmen erfolgreich in die Zukunft zu führen?". TPM ist ein Programm, das Unternehmen nachweislich mittel-/langfristig in eine erfolgreiche Zukunft führt und den Anforderungen des globalen Marktes trotzen lässt.

Organisation des TPM-Managementsystems

Viele Unternehmen beginnen bei der Einführung von TPM mit dem Aufbau einer zweiten, parallelen Organisation neben der klassischen Werksorganisation. Es muss jedoch gelingen, alle Mitarbeiter des Unternehmens einzubinden und mit den jeweiligen Aufgaben im TPM Prozess zu beauftragen. Die Führungsebene hat dabei die Aufgabe, Ziele zu definieren und Ihre Mitarbeiter insoweit zu fördern, dass diese Ziele erreicht werden können. Durch die Führungsebene werden die Zielkontrollen durchgeführt, um den nachhaltigen Erfolg der Verbesserungsaktivitäten sicherzustellen. Den Mitarbeitern müssen dabei entsprechende Freiräume und Ressourcen, Ausbildung und Informationen gegeben werden, um erfolgreich an der Zielsetzung arbeiten zu können.

Einführung der 8 Säulen von TPM

Es ist nicht zwingend erforderlich, alle 8 Säulen zur gleichen Zeit einzuführen. Es macht teilweise auch nur bedingt Sinn, auf der gesamten Breite zu starten. Es sollte jedoch das Ziel sein, zumindest mit den ersten 4 Säulen zu starten. Diese stellen einen in sich geschlossenen und sinnvollen ersten Schritt bei der Implementierung dar. Die Implementierung eines solchen umfassenden Systems bedarf einer gründlichen Vorbereitung. Dazu gehören die klassischen Projektmanagementmethoden wie Zeit- und Ressourcenpläne für die jeweiligen Bereiche des Unternehmens und die einzuführenden Methoden. Ausgebildete Mitarbeiter im Unternehmen sind dafür zwangsläufig notwendig. Erfahrungsgemäß ist bei der Einführung des Systems eine externe Unterstützung hilfreich und kann Anlauffehler und damit -kosten drastisch reduzieren. Aufgrund der Komplexität des ganzheitlichen Managementsystems werden nachfolgend die ersten vier Säulen des Systems detaillierter beschrieben.

1.10.3 Die 4 Basissäulen des Managementsystems

Kobetsu-Kaizen – Eliminierung bzw. Minimierung der 16 Verluste

Die Säule *Kobetsu-Kaizen* oder individuelle Verbesserungen ist die wichtigste Säule im TPM System. Da 0-Fehler-Prozesse angestrebt werden, müssen alle Fehler und damit Verluste zunächst erfasst und visualisiert werden. Durch eine strukturierte Vorgehensweise wird die Erfassung der 16 Verluste in den Prozessen, aufgegliedert in 3 Hauptkategorien, sichergestellt. Die 3 Hauptkategorien der Verluste lauten:

- 8 Hauptverluste der Maschine
- 5 Verluste der menschlichen Arbeit
- 3 Verluste des Prozesses

Durch Priorisierung der Verluste wird die nachhaltige Verbesserung der Unternehmenskennzahlen durch interdisziplinäre Verbesserungsteams erst ermöglicht. In Abhängigkeit der Unternehmensstruktur und Produkte/Prozesse werden entsprechende interdisziplinäre Teams gebildet. Diese arbeiten teilautonom an den jeweiligen Themen zur kontinuierlichen Verbesserung mit entsprechenden Werkzeugen.

Die Hauptverluste der Maschine

Die Hauptverluste beziehen sich auf die Verluste, die an den Anlagen entstehen. Diese werden mittels der Kennzahl „OEE" ermittelt und bewertet. Die Abkürzung „OEE" steht für die englische Bezeichnung „Overall Equipment Effectiveness" und bedeutet übersetzt „Gesamtanlageneffektivität" oder kurz „Geff". Diese Kennzahl spiegelt die Effektivität und die Verluste der jeweiligen Anlage wieder. Aus den Verlusten lassen sich die individuellen potenziellen Verbesserungen gezielt ableiten. Der OEE weist somit die erzielten Erfolge auf der Basis der Anlageneffektivität aus. Hinter den 8 Hauptverlusten verbergen sich folgende Verluste:

- Ungeplante Anlagenstillstände (> 10 Minuten)
- Rüstzeiten und Justieren
- Werkzeugwechsel
- Anfahren
- Kurzstillstände (< = 10 Minuten)
- Geschwindigkeitsverluste
- Qualitätsdefekte
- Shutdown (Herunterfahren)

Orientiert an den strukturierten Verlusten der Kernansatzpunkte lassen sich individuelle Verbesserungen gezielt ableiten. *Kaizen*-Gruppen werden interdisziplinär zusammengestellt und als Projektgruppen zur nachhaltigen Verbesserung der Kennzahlen eingesetzt. Dabei werden in Abhängigkeit der Problemstellung und Größe bzw. Bedeutung des Problems unterschiedliche Werkzeuge eingesetzt.

- **Die Problemlösungsstory** nach dem PDCA (plan-do-check-act) Prinzip ist ein bewährtes Werkzeug zur Lösung kleinerer/mittlerer Probleme in Kleingruppen (3–5 Teilnehmer). Dabei wird in den 4 Phasen (Problemdarstellung, Ursachenanalyse, Problemlösung und Lösungsüberprüfung strukturiert und nachhaltig die Problemlösung) erarbeitet.
- **Das *Kaizen*-Board** wird für die Lösung mittlerer bis großer Probleme eingesetzt. Dabei werden interdisziplinäreVerbesserungsteams in einer 12-Schritte-Methode strukturiert zur Problemlösung geführt. Diese Form der Problemlösung wird in der Regel als mittel- bzw. langfristiges Verbesserungsprojekt geführt.

Autonome Instandhaltung

Die „Autonome Instandhaltung" zielt auf die verbesserte Kooperation zwischen Produktion und klassischer Instandhaltung. Durch die stufenweise Einführung werden die Produktionsmitarbeiter zu einfachen Instandhaltungsaktivitäten durch die Instandhaltungsmitarbeiter trainiert. Durch die Entlastung von Routineaufgaben und die Reduzierung von ungeplanten Anlagenstillständen erhält die Instandhaltung freie Kapazitäten zur weiteren Verbesserung der Anlageneffektivität.

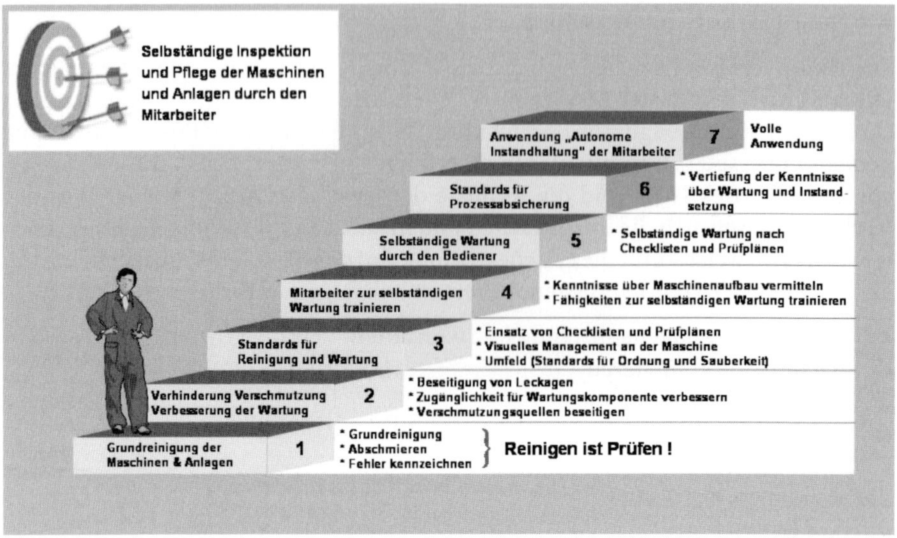

Abb. 1.10.2 Säule 2 – Autonome Instandhaltung (Quelle: *KAIZEN* Teaching AG)

Das Ziel der Stufen 1–3 der „Autonomen Instandhaltung“ ist es, die Anlagenbediener in die Lage zu versetzen, mittels Ihrer 5 Sinne Abweichungen von den gesetzten Standards durch einfache Tätigkeiten wie Reinigung, Schmierung und Inspektion zu identifizieren und die Instandhaltung rechtzeitig zu informieren. In den Stufen 4 und 5 wird den Anlagerbedienern strukturiert Fachwissen vermittelt, damit sie darüber hinaus kleine Wartungsarbeiten durchführen können. In den Stufen 6 und 7 werden Standards definiert, die das Anlagenumfeld sowie den Produktionsablauf der Anlage verbessern und deren Einhaltung durch konstante Anwendung und Weiterentwicklung sicher stellen.

Geplante Instandhaltung

Mittels der gewonnenen Zeitfenster, die bei der Umsetzung der Autonomen Instandhaltung erreicht werden, wird die Instandhaltung in die Lage versetzt, ihre eigenen *Kaizen*-Aktivitäten auszuweisen. Die Instandhaltungsmitarbeiter werden als Trainer in der Autonomen Instandhaltung primär ab Stufe 4 eingesetzt. Weiterhin arbeiten sie in Projektteams in *Kobetsu-Kaizen*, Anlaufüberwachung oder Qualitätsinstandhaltung mit und verbessern u. A. die Lebensdauer von Bauteilen und Aggregaten durch ihre eigenen *Kaizen*-Aktivitäten. Die Säule „Geplante Instandhaltung“ hat das Ziel, eine 100 % Verfügbarkeit von Maschinen und Anlagen zu gewährleisten. Sie bedient sich dazu u. A. eines strukturierten Programms (7 Stufen) und Kennzahlen, wie „MTBF“ und „MTTR“ (s. unten).

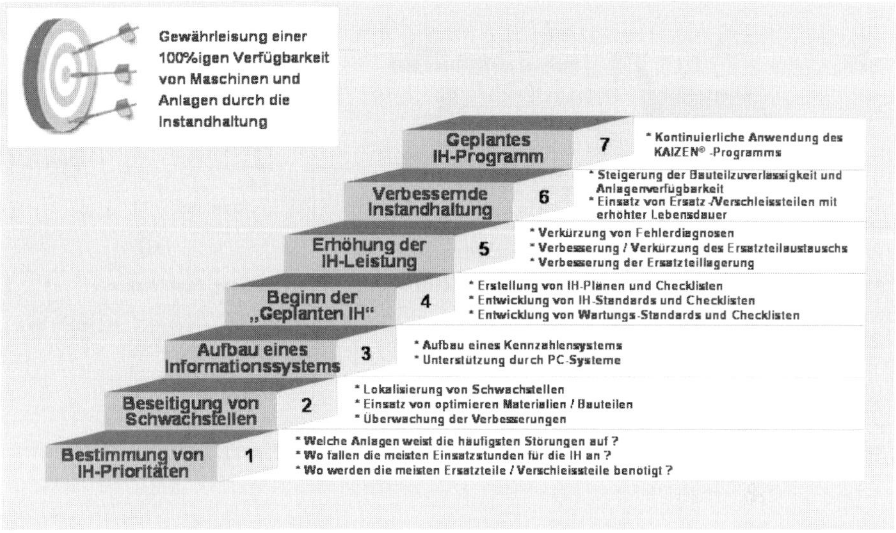

Abb. 1.10.3 Säule 3 – Geplante Instandhaltung (Quelle: *KAIZEN* Teaching AG)

In den Stufen 1–3 wird eine auf Kennzahlen beruhende Basis zur Identifikation von Schwachstellen gelegt. Anschließend wird mit den in *Kobetsu-Kaizen* beschriebenen Werkzeugen an der Schwachstellenbeseitigung und Optimierung der Instandhaltungseffizienz begonnen. Die Erfahrungen werden in die Standards übernommen. Mit den Stufen 4–6 wird durch die Verbesserung der Standards sowie durch kontinuierlichen *Kaizen*-Maßnahmen eine Verbesserung der Instandhaltungseffizienz verfolgt. Die Stufe 7 befasst sich mit der kontinuierlichen Anwendung und Verbesserung des Systems.

Kennzahlen MTBF und MTTR

- Die Abkürzung „**MTBF**" steht für Meantime-between-failure und bedeutet „durchschnittliche Zeit(-spanne) zwischen 2 Ausfällen".
- Die Abkürzung „**MTTR**" steht für Meantime-to-repair und bedeutet „durchschnittliche Zeit(-dauer) zur Reparatur".

Diese beiden Kennzahlen sowie weitere Kennzahlen wie z. B. Instandhaltungs-Personal- und Materialkosten stellen eine wichtige Basis für die *Kaizen*-Maßnahmen der Instandhaltung im Rahmen der Säule „Geplante Instandhaltung" dar. Anhand dieser Kennzahlen wird es möglich, die Bedeutung der Instandhaltung und ihren Beitrag zur Verbesserung der Produktionseffektivität darzustellen. Durch Einsatz der strukturierten Problemlösungswerkzeuge werden die individuellen Probleme an den Produktionsanlagen (Schwachstellen, Ersatzteilbedarf, Schmiermittelverbrauch usw.) gelöst.

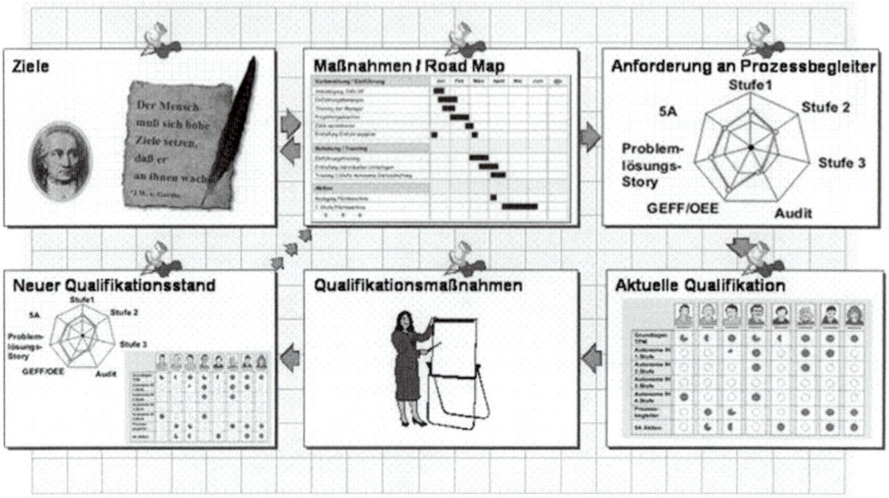

Abb. 1.10.4 Säule 4: Schulung und Training (Quelle: *KAIZEN* Teaching AG)

Schulung und Training

Die Säule „Schulung und Training" dient der zielorientierten Qualifizierung aller Mitarbeiter des Unternehmens. In Abhängigkeit der Anforderungen des Prozesses und Funktionen des Mitarbeiters in der Organisation werden individuelle Qualifizierungspläne erstellt und in einer Qualifikationsmatrix visualisiert.

Die internen Trainer/Prozessbegleiter erstellen in Zusammenarbeit mit den Führungsverantwortlichen der entsprechenden Säule eigene Schulungsmaterialien zu den diversen Methoden und Werkzeugen. Die Qualifizierungen reichen von mehrtägigen Seminaren über Praxis-Workshops bis hin zu themenbezogenen Kurzschulungen (One-Point-Lessons) und auch externen Schulungen.

1.11 Qualitätsmanagement

Lothar Harting, Gemba Holding GmbH

Nur qualitativ hochwertige Produkte und Dienstleistungen können den schlanken Materialfluss sicherstellen. Eine hohe Qualität sichert die Gewissheit, keine Einbußen durch und in den begleitenden Methoden zu erhalten. Wie definiert sich aber die Qualität? Eine unzureichende Qualitätsausführung verursacht Fehlerkosten in Höhe von 6 bis 10 % des Umsatzes. Ein Qualitätssystem kann Einsparungen in Höhe von 3 % und mehr erreichen. Wenn ich die Qualität ignoriere, habe ich keine Grundlage für eine qualitativ hochwertige Ausführung von begleitenden Tools.

Allein die Annahme, die mich zum Einsatz einer Methode wie z. B. *Kanban* verleitet, kann qualitativ so schlecht sein, dass die Methode selbst nur scheinbar geeignet ist und in Wahrheit mehr schadet als nützt.

1.11.1 Der Qualitätsbegriff im betrieblichen Sinne

Im betrieblichen Kontext wird „Qualität" in der Regel mit „Überwachung" oder „Planung" gleichgesetzt. Das ist eine negative Auffassung von „Qualität", die der Tatsache nicht Rechnung trägt, dass Qualität von unermesslicher Bedeutung für das Unternehmen ist. Qualität gehört gegenwärtig zu einem der wichtigsten Marktfaktoren in der Strategie eines jeden Unternehmens. Qualität findet sich in allen Bereichen eines schlanken Materialflusses. Trotz unterschiedlicher Qualitätsauffassungen erhält der Begriff „Qualität" im Rahmen von objektiven Kriterien genauere Konturen, die anhand von festgelegten, präzisen, nachvollziehbaren Maßstäben beurteilt werden.

Der Taylorismus: Der Mensch als Fehlerquelle

In seinem Buch „Grundlagen der wissenschaftlichen Betriebsführung" plädierte der nordamerikanische Ingenieur Frederick Winslow Taylor (1856 - 1915) dafür, planende und ausführende Aufgaben des Produktionsprozesses streng voneinander zu unterscheiden. Dieser Schritt ermöglichte eine strenge Kontrolle, z. B. Ablehnung fehlerhafter Produkte, innerhalb der betrieblichen Prozesse. Der Mensch galt nach tayloristischen Konzepten der Qualitätssicherung als Fehlerquelle.

Der Fordismus: die Geburt der Qualitätssicherung

Eine radikale Anwendung Taylors Prinzipien der Kostenreduzierung wurden von dem nordamerikanischen Industriellen Henry Ford (1863 - 1947) im Rahmen der Automobilherstellung in die Praxis umgesetzt: das Fliessbandsystem in Verbindung mit der lückenlosen Austauschbarkeit der Bauteile. Dieses System, bekannt als „Fordismus", bestand darin, die Gesamtproduktion in leicht erlernbare Schritte zu zergliedern, die jede ungelernte Montagearbeiter ausführen könnte. Es ermöglichte nicht nur die Produktion zu beschleunigen, sondern auch die Qualität der Ware vor ihrer Anfertigung zu kontrollieren. Qualität wurde als vollständige Anpassung des Produktes an internen festgelegten Kriterien verstanden (Fordismus).

Die Geburt des QM-Systems bzw. des Total Quality Systems (TQM)

- In den 50er Jahren wurden in den USA als Folgen von Qualitätsforderungen des Verteidigungsministeriums, der elektronischen Luft- und Raumfahrtindustrie, Verfahren entwickelt, die das Vertrauen (*reliability*) der Kunden an die gelieferten Produkte steigen lassen sollten. Der Begriff des modernen

Qualitätsmanagements (QM) hat daher seinen Ursprung in den Anforderungen der nordamerikanischen Militär, Luft- und Raumfahrtindustrie.

- In den 60er wurde der Faktor „Mensch" in den Mittelpunkt gestellt. Entsprechende Managementkonzepte wie z. B. das nordamerikanische Null-Fehler-Programm (Feigenbaum) und die japanische *Kaizen*-Methode (Ishikawa: Ursache-Wirkungs-Diagramm) wurden erstellt. Die neuen Qualitätsansätze betonten die Bedeutung der Einstellung und des Verhaltens der Mitarbeiter innerhalb des Unternehmens, die in Richtung Qualitätsbewusstsein beeinflusst werden mussten.
- Ab Ende der 80er trugen der verschärfte internationale Wettbewerb und die zunehmenden Kundenanforderungen dazu bei, Qualität, Zuverlässigkeit, Innovationsgeist und Flexibilität zum Leitmotiv der Unternehmensführung werden zu lassen.
- In den 90er Jahren wurde das Konzept des Qualitätsmanagements u. A. von japanischen und nordamerikanischen Autoren in Richtung eines umfassenderen Verständnisses von Management weiter entwickelt. Hier ging es prinzipiell darum, alle Bereiche des Unternehmens mitwirkend ins Managementsystem zur Gewährleistung höchster Kundenzufriedenheit zu integrieren. Dieses Konzept wurde umfassendes Qualitätsmanagement genannt (Total Quality Management / TQM).

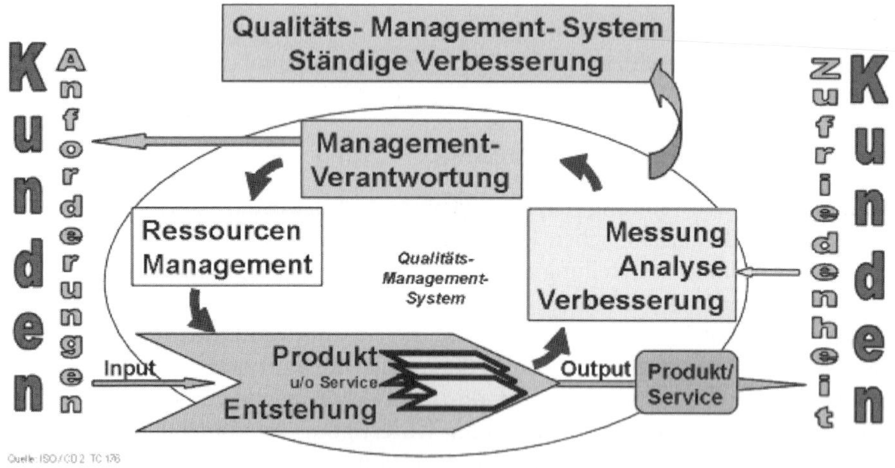

Abb. 1.11.1 Kontinuierlicher Verbesserungsprozess

1.11.2 Anwenderbezogene Qualitätsdefinition (J.M. Juran)

Die Qualität eines Produktes wird nach einer anwenderbezogene Definition subjektiv vom Kunden bzw. vom Anwender bestimmt. Sie hängt davon ab, ob die Produkteigenschaften aus der Sicht des Kunden seinen Anforderungen entsprechen. J.M. Juran spricht in diesem Sinne von Qualität als Gebrauchstauglichkeit (fitness-for-use) eines Produktes.

Prozess- bzw. herstellungsbezogene Qualitätsdefinition

Die Qualität eines Produktes nach einer prozessorientierten Definition hängt von der Übereinstimmung des Produktes mit im Voraus festgelegten Qualitätsanweisungen bzw. Qualitätskriterien ab. Die Betonung liegt in einer genauen Überwachung und Kontrolle der Arbeitsabläufe sowie der Arbeitsverfahren. Außer Betrachtung bleibt hier die von außen an das Produkt gerichteten Anforderungen. Diese Qualitätsdefinition wurde von Ph. Crosby (1986) als Anpassung an Anforderungen (*conformance to requirements*) geprägt. Jeder Mitarbeiter des Unternehmens trägt in seiner spezifischen Funktion Mitverantwortung dafür, dass die Produktqualität stimmt.

Produktbezogene Qualitätsdefinition

Eine produktbezogene Qualitätsdefinition (Norm DIN EN ISO 9000) lässt sich nicht vom Begriff der Qualitätssicherung trennen. Qualität ist in diesem Sinne die Übereinstimmung des Produktes mit internen und externen festgelegten Anforderungen. Es ist zu unterscheiden zwischen den von der Unternehmungsleitung gestellten Anspruchsanforderungen und dem Produktionsergebnis. Zwei wichtige Kriterien eines Unternehmens, dessen Ziel ist es, Produkte höchster Qualität zu liefern, sind erstens die Kundenorientierung und zweitens die Produktorientierung. Alle beiden Kriterien führen zu der Einsicht, dass Qualität und Vermeidung von Fehlern unzertrennlich sind. Abschließend sollen fünf Gründe genannt werden, die die Anstrengung eines Unternehmens zwecks der Erreichung von Produktqualität rechtfertigen:

- Reduzierung der Produktionskosten,
- Verringerung der Produktionszeit,
- Steigerung der Produktion,
- Verringerung der Durchlaufzeiten und
- Steigerung der Marktchancen.

Qualität als gesellschaftliche „Norm" kann aus unterschiedlichen Blickwinkeln betrachtet werden. Aus unternehmerischer Perspektive jedoch erfährt der Qualitätsbegriff im Rahmen von technischen, gesetzlichen und kundenspezifischen Forderungen feste Konturen, die „Qualität" messbar, nachvollziehbar und damit greifbar werden lassen. Im betrieblichen Kontext (objektiv) bedeutet „Qualität" die Anpassung des Produktes an festgelegten Maßstäben, die sich an Kundenanforderungen orientieren.

Die älteste bekannte „Qualitätsnorm" ist der berühmte Codex Hammurabi (2150 v. Chr.), der drakonische Strafen für die Baumeister drohte, die baufällige Gebäude bauten. Die Fehler sollten bereits bei der Entstehung beseitigt werden.

Ab den 60er Jahren wurden Methoden zur Qualitätssicherung entwickelt, die den Menschen in den Mittelpunkt des produktiven Prozesses stellten, wie. z. B. das nordamerikanische Null-Fehler-Programm und die japanische Kaizen-Methode (kontinuierliche Verbesserung). Beide Konzepte beruhten auf der Weiterbildung und der Zufriedenheit der Mitarbeiter sowie auch externen Kundenanforderungen.

1.11.3 Abschließende Bemerkungen zum Thema „Qualität"

Beruhend auf Ishikawa teilt Ortlieb (1993) die Entwicklungsgeschichte des betrieblichen Qualitätswesens in drei sukzessiven Phasen, die folgendermaßen dargestellt werden:

Kontroll-orientierte qualitätssichernde Phase: Die qualitätssichernden Maßnahmen beschränkten sich in dieser Phase auf die Prüfung des Endproduktes (Taylor).

Kontrollprozess-orientierte qualitätssichernde Phase In dieser Phase wurden die qualitätssichernden Maßnahmen von der Prüfung des Endproduktes auf die stattfindenden Prozesse verlagerte. Die Anwendung von statistischen Methoden und die Entwicklung eines Qualitätsbewusstseins seitens der Mitarbeiter wurden unterstützt (Ford).

Total Quality Control: Die Ansätze der totalen Qualitätskontrolle (TQC) gehen davon aus, dass Produktqualität mit unterschiedlichen Einflussfaktoren zusammenhängt, und über die Prüfung von Produktbeschaffenheit hinausgeht. Es handelt sich um ganzheitliche Konzepte, die die Führungsebenen, alle Fachabteilungen und die gesamte Belegschaft als qualitätssichernde Faktoren begreift und mit einbezieht.

1.11.4 Pragmatische Ansätze für den schlanken Materialfluss mit *Lean Production*

Die Entscheidung für den Einsatz einer geeigneten Methode im Unternehmen findet unter anderem im Qualitätszirkel statt. Dieser Personenkreis ist interdisziplinär mit allen Prozessbeteiligten besetzt. Die Informationen beruhen auf Qualitätskennzahlen, statistischen Erkenntnissen sowie Bewertungen der Maschinen- und Prozessfähigkeiten. Reklamationensauwertungen werden den weiteren Qualitätskennzahlen sowie den Lieferanten und deren Qualitätsfähigkeitsbewertungen gegenübergestellt. Die ausgewerteten Qualitätsreports wie der 8-D Report oder auch Kunden- und Mitarbeiterzufriedenheitsmessungen werden in den Entscheidungsbaum eingebunden. Alle diese Qualitätsdaten, aktuell und nachweisbar, sollten die Begründung sein für das Konzept bzgl. der Verwendung geeigneter Methoden für einen schlanken Materialfluss.

1.12 Six Sigma

Johannes Pfister, InterQuality Service AG

Six Sigma ist eine ausgezeichnete Ergänzung zu Lean. Es ist das zurzeit effektivste Vorgehen, um Geschäftsprozesse zu optimieren, da der nachhaltige Erfolg kurzfristig erreicht wird. Der finanzielle Nutzen zeigt sich bereits innerhalb des ersten Jahres durch einen beachtlichen Ertrag neben der Abdeckung des Einführungsaufwandes und einer Erhöhung der Kundenzufriedenheit. Unternehmen können mit einer Investition in Six Sigma mehr Kapitalrendite erwirtschaften als mit den meisten anderen Investitionen. Dies gilt sowohl für Produktionsbetriebe als auch Dienstleistungsunternehmen ob groß oder klein. Viele Unternehmen erkennen nicht das wahre Ausmaß Ihrer Kosten der „Nicht-Qualität" oder wollen es auch nicht erkennen. Den kommunizierten Milliardenerfolg von GE, Motorola und Allied Signal werden viele Unternehmen wahrscheinlich nicht erreichen, aber wie viel sind Unternehmen 50 % Kosten für Nicht-Qualität wert? Können es sich Unternehmen erlauben Six Sigma nicht zu nutzen? Six Sigma erhöht die Chance in den regionalen und in den globalen Märkten eine Rolle zu spielen.

1.12.1 Abgrenzung von Lean, TQM, TPM und Six Sigma

Der schnelle und große finanzielle Nutzen ist auch der Unterschied zu Initiativen wie TQM (Total Quality Management), deren Amortisierung erst mittelfristig erfolgt. Six Sigma ist eine hervorragende Ergänzung zu Lean und zeigt seine Stärken durch die rasche Fokussierung auf kritische Faktoren für die Verbesserung von Geschäftsprozessen. Während sich TPM (Total Productive Maintenance) auf die umfassende Verfügbarkeit von Betriebsmitteln konzentriert, JIT auf die optimale Verfügbarkeit von Teilen und Materialien, 5-S auf die Ordnung und Sauberkeit im Arbeitsumfeld und QC viele kleine Probleme am Arbeitsplatz bearbeiteten, optimiert Six Sigma den ausgewählten Prozess. Bei all diesen Vorgehensweisen geht es um die Reduzierung von „*muda*" (Verschwendung).

1.12.2 Aufwand für die Six Sigma Einführung

Aber nichts ist umsonst. Der Erfolg basiert auf harter, disziplinierter Arbeit, Wissen und Erfahrung und einer größeren Startinvestition. Bei Six Sigma wird viel gemessen. Zahlen, Daten und Fakten werden qualitativ und quantitativ analysiert, die Ursachen für Abweichungen herausgefiltert und beseitigt. Die Einführungskosten bei einem mittelständischen Betrieb liegen für Training, Software und kalkulatorischen Zeitverlust im ersten Jahr bei 100.000 bis 200.000 €, je nach Intensität des Vorgehens. Aus unserer Erfahrung war der erwirtschaftete Ertrag bei allen Firmen, die eine konsequente Umsetzung realisiert haben, erheblich höher als die Kosten.

1.12.3 Das Vorgehen mit DMAIC und DFSS

Wir unterscheiden bei Six Sigma zwei Vorgehensweisen. Der standardisierte DMAIC Prozess (Define, Measure, Analyze, Improve, Control) hat das Ziel bestehende Prozesse und Produkte, die nicht den Spezifikationen oder dem Soll entsprechen innerhalb der Projektlaufzeit von 3 bis 5 Monaten wesentlich zu verbessern. Dabei werden die kritischen Einflussfaktoren (x) in Bezug auf das geplante Prozessergebnis (Y) identifiziert, analysiert und optimiert. Im Gegensatz dazu nutzen wir das DFSS-Vorgehen (Design for Six Sigma) um neue Produkte und Prozesse unter Berücksichtigung aller Faktoren für ein 5 bis 6-Sigma-Niveau zu entwickeln. Die Projektphasen bei DFSS sind nicht standardisiert. Es gibt einige Varianten, die sich inhaltlich ähnlich sind. So nutzen Sigma Breakthrough Technologies IDOC (Invent, Develop, Optimize, Control) oder Scripps IDEAS (Identify, Design, Evaluate, Assess, Scale up).

1.12.4 Sigma Wert und Philosophie

6-Sigma ist der statistische Wert für 3,4 Defekte pro Million Einheiten. Sigma Werte ermöglichen als standardisierter Messwert den Vergleich von unterschiedlichen Prozessen. Ein höherer Wert zeugt von einem leistungsfähigeren Prozess mit weniger Streuung. Die Prozessgüte schwankt erheblich in unserer Volkswirtschaft. In Risiko gefährdeten Branchen wie z.B. Gesundheit, Aerospace und Automobil werden 5 bis 6 Sigma erreicht, bei mittelständischen Zulieferern ein Niveau von 3 bis 4 Sigma und im Dienstleistungsbereich oder bei kostengünstigen Konsumgütern oft nur 1 bis 2 Sigma.

Tabelle 1.12.1

Sigma	2	3	4	5	6
DPMO	308517	66807	6210	233	3,4
COPQ	50 % +	25–40 %	15–25 %	5–15 %	1–5 %
RTY	69,1 %	93,3 %	99,4 %	99,97 %	99,99966 %

Quelle: Six Sigma, Mikel Harry, Random House 2000
DPMO = Defects per million Opportunities
COPQ = Cost of poor quality
RTY = Rolled Throughput Yield

Der Kern bei Six Sigma ist die Streuung der Prozesse zu verringern und die Präzision oder Treffsicherheit auf das geplante Ziel zu erhöhen. Hier möchte ich insbesondere auf die Folgekosten der Nicht-Qualität hinweisen. Bei einer Umfrage in einem mittelständischen Unternehmen gaben alle 35 Führungskräfte an, mehr als 50% ihrer Zeit mit Feuerwehr-Aktionen zu verbringen, d.h. Zeit für Sitzungen und Aktivitäten die sich mit Abweichungen von der Planung oder den Spezifikationen beschäftigen. Allein diese „verschwendete“ Zeit der Führung hätte den Unternehmensertrag bereits mehr als verdoppelt.

1.12.5 RTY (Rolled Throughput Yield)

Ein äußerst wichtiger und oft vernachlässigter Effekt ist der so genannte Rolled Throughput Yield. Die meisten Unternehmen geben ihr Qualitätsniveau als Prozentsatz der Reklamationen und Garantiefälle an. Der Wert bewegt sich dann im Bereich von z. B. 1,5 % Reklamationen oder 98,5 % Qualität. Damit sind sie mehr oder weniger zufrieden. Ist das eine gute Größe? Diese 98,5 % werden durch viele Kontrollen, Nacharbeit und nach Abzug von mehreren Prozent Ausschuss in der Wertschöpfungskette erreicht. Der „wahre" Wert der Güte bei einer komplexen Prozesskette über 10 bis 30 Bearbeitungsstufen und Prozessschritten liegt bei diesen Unternehmen oft nur bei einem RTY von 85 bis 95 %. Die sind geschätzte 35 bis 40 % Kosten der Nicht-Qualität.

1.12.6 Infrastruktur im Unternehmen

Six Sigma verlangt für alle Projekte eine klare Verbindung zu Kundenanforderungen, Unternehmenszielen und Strategie und weist eine dezidierte Struktur für die Definition und Umsetzung von Projekten auf. Die treibenden Kräfte hierfür sind ausgebildete Change Manager, die einen großen Teil ihrer Zeit damit verbringen, Prozesse und Vorgehensweisen grundsätzlich zu ändern um die Ziele zu erreichen. Die Champions bereiten auf Führungsebene das Feld vor, indem potentielle Konflikte und Barrieren bearbeitet werden. Master Black Belts und Black Belts erreichen durch effektive und effiziente Projektarbeit und durch den Einsatz von ausgereiften Analysemethoden die Projektziele und werden durch Green Belts und Yellow Belts bei dieser Arbeit unterstützt. Die Wortverbindung zu den Kampfsportarten zeugt von der Disziplin und Konsequenz, mit der gearbeitet werden soll. Als weitere wichtige Unterstützung wird Software für die Prozessanalyse, Statistische Analyse und Simulation genutzt und erleichtert und beschleunigt das Verständnis der Ursachen enorm.

1.12.7 Methodeneinsatz

Six Sigma nutzt bekannte Methoden in einer konzertierten Vorgehensweise. Der gemeinsame Six Sigma Sprachgebrauch und das Verständnis über die Inhalte der Methoden bei allen Mitwirkenden im Unternehmen und vermehrt auch zu Lieferanten und Kunden spart viel Zeit. Nach der Lernphase bei den ersten Projekten erreicht das eingespielte Team Ergebnisse oft in wenigen Tagen wo früher Wochen oder Monate vergangen sind. Da Ergebnispräsentationen von Six Sigma-Projekten in Unternehmen oft in standardisierter Form dargestellt werden, wird auch hier wertvolle Zeit bei der Führung eingespart.

Tabelle 1.12.2

Phase	Aktivität und Ergebnis	Beispiele für Werkzeuge
Define	Definieren von Problem, Ziel, Projektvorgehen, Einflussfaktoren und geplanten Aktivitäten	SIPOC (Prozessabgrenzung) VOC (Stimme des Kunden) Y = f (x, ...), Variablen sammeln Ursachen-Wirkungs-Matrix CTQs (kritische Faktoren) Projektplan, Projekt Charter Stakeholderanalyse
Measure	Messen und verifizieren des bestehenden Systems	Messplan Messsystemanalyse (MSA) Datenerfassung Datendarstellung
Analyze	Analysieren und verstehen des Systems und der Ursachen für die Abweichung zum Soll-Zustand	Prozessanalyse Valuestream Maps Hypothesentests, ANOVA Korrelation Regressionsanalyse Multivariate Analyse FMEA DOE
Improve	Das System verbessern	Kreativitätswerkzeuge DOE (Design of Experiments) TRIZ (Theorie der innovativen Problemlösung) Simulationen Prototypen Poka-Yoke QFD (Quality Function Deployment) Toleranzanalysen Zuverlässigkeitsprüfungen
Control	Das verbesserte System steuern und überwachen	SPC, Controlcharts Prozessfähigkeit Prozessdokumentation Reviews Projektabschluss

1.12.8 Softwareeinsatz

Im Rahmen von Six Sigma verwenden wir drei Arten von Software. Für die Projektdokumentation und -präsentationen wird im Regelfall auf Standardsoftware wie MS-Office mit Powerpoint, Excel und Word zurückgegriffen. Die statistische Analyse nutzt MINITAB, Statistika, DesignExpert und die für die Prozessanalyse und -verbesserung werden Programme wie igrafx, SigmaFLOW, Add-Ins zu Visio und spezifische Anwendungen für z. B. die FMEA oder QFD verwendet.

1.12.9 Führung und Probleme bei der Einführung

Wie bei anderen Initiativen gibt es viele Stolpersteine. Aus unserer Erfahrung sind drei wichtige Erfolgsfaktoren im Mittelstand oft zu wenig berücksichtigt. Dies sind die zeitliche Verfügbarkeit der Green und Black Belts, das aktive Mitwirken der Führung und die permanente Weiterbildung und Mitarbeiterentwicklung. Idealerweise arbeiten die Black Belts in Vollzeit an den Projekten und die Green Belts je nach Komplexität und Projektumfang zu 20 bis 50 % der Arbeitszeit. In der Realität sind diese Zeiten oft nicht geplant und die Projekte kommen in Verzug. Die Führungskräfte oder Champions nehmen ihre Aufgabe oft nicht ernst genug. Entscheidungen für die Projektauswahl sind nicht gut vorbereitet, Konflikte zwischen Abteilungen werden nicht frühzeitig angesprochen oder sogar absichtlich übergangen. Die Motivation der Projektmitglieder durch die Führung in Form von Interesse, Präsenz und Kommunikation lässt zu wünschen übrig. Der letzte entscheidende Faktor ist die nachhaltige Entwicklung der Unternehmenskultur und der Mitarbeiter. Dies darf neben den kurzfristigen Erfolgen von Six Sigma nicht vergessen werden.

1.12.10 Aussichten von Six Sigma

Dass die „Mode“ Six Sigma in 10 Jahren noch wächst, DFSS ein Trend ist und TRIZ eine Erfolgsstory behaupte ich nicht; die Inhalte werden jedoch wichtiger als je zuvor sein. Unternehmen, die nicht gezielt mit diesen Methoden in einem integrierten Managementsystem arbeiten, werden keine realistische Wettbewerbschance gegenüber den systematischen Anwendern haben. Integration von Six Sigma und TRIZ ist ein sehr aktuelles Thema (siehe auch Artikel zur Know-Tech im Oktober 2005 von Johannes Pfister). Insbesondere die Einbindung von TRIZ in der Define und Improve Phase und DFSS kann den Erfolg nochmals beschleunigen. Ein Lehrer von mir, Dr. Edward Deming, hat einen wichtigen Satz formuliert der alles aussagt: *„You don´t have to do it, Survival is not compulsory!“*

1.13 CAQ-Systeme – Computergestütztes Qualitätsmanagement

Michael Thews, DDW – Computersysteme GmbH

CAQ (von engl. Computer Aided Quality Management) steht für computergestütztes Qualitätsmanagement und stellt für ein Unternehmen eine unverzichtbare Hilfe bei der Umsetzung von Qualitätsmanagementmethoden wie TQM und Six

Sigma dar. CAQ-Systeme erfassen, analysieren, dokumentieren und archivieren qualitätsrelevante Daten zu Prozessen der industriellen Fertigung und ermöglichen die computergestützte Durchführung von Tätigkeiten, Verfahren und Methoden des Qualitätsmanagements (Qualitätsplanung, Qualitätslenkung, Qualitätsprüfung und Qualitätsmanagementdarlegung).

1.13.1 Grundlagen von CAQ-Management

Die Analyse, Dokumentation und Archivierung qualitätsrelevanter Daten ist für Unternehmen zur Minimierung der Risiken nach dem Produkthaftungsgesetz von sehr großer Bedeutung. Die Verknüpfung von Qualitätsdaten mit der Reklamationsbearbeitung und der FMEA (Fehlermöglichkeit- und Einflussanalyse) als Konstruktionsunterstützung kann zudem zu einer deutlichen Kostenreduzierung führen. CAQ ist eine entscheidende Hilfe und strategisches Werkzeug bei der Zertifizierung eines Qualitätsmanagementsystems nach Qualitätsnormen wie DIN ISO 9000 f.f. und ISO/TS 16949.

Tabelle 1.13.1 Typische Module eines CAQ-Systems

Q-Planung	Q-Lenkung	Q-Prüfung	QM-Darlegung
APQP (Vorausschauende Qualitätsplanung)	Reklamationsmanagement	Wareneingangskontrolle	QM-Systemdokumentation
FMEA (Fehlermöglichkeit- und Einflussanalyse)	Dokumentenmanagement	Warenausgangskontrolle	Prozesslandschaft
Control Plan	Prüfmittelmanagement	SPC (statistische Prozessregelung)	Kennzahlensystem
Prüfplanung	Lieferantenmanagement	LIMS (Laborinformationsmanagementsystem)	
	Maßnahmenmanagement		
	KVP (Kontinuierlicher Verbesserungsprozess)		

CAQ-Systeme nutzen statistische Methoden zur Ermittlung von Kennzahlen, welche dem frühzeitigen Erkennen und Lokalisieren von möglichen Abweichungen dienen. Dadurch können Entscheidungen schneller und effizienter durchgeführt werden. Der Einsatz von CAQ ermöglicht somit präventive Fehlervermeidung,

Verringerung von Ausschuss, Nacharbeit und Reklamationen, ein besseres Prozessverständnis, eine sichere Dokumentlenkung etc. Durch die Transparenz aller Vorgänge und die rasche Behebung von Fehlern mittels umfangreicher Auswertefunktionen werden die Qualität der Produkte und die Kenntnis über die Produkt- und Prozessqualität verbessert. Dies bildet wiederum die Grundlage für Maßnahmen zur Prozessoptimierung und eröffnet damit Potentiale zur Kosteneinsparung. Mit einem CAQ-System wird dem Management ein Instrument an die Hand gegeben, welches jederzeit umfassende Informationen über die gesamte Qualitätslage im Unternehmen bietet. Im Gegensatz zu den 90er Jahren, als ein CAQ-System lediglich ein nützliches Hilfsmittel war, ist es heutzutage eine Notwendigkeit, da das zur effektiven Prozesslenkung notwendige Datenmaterial zu umfangreich ist und ohne Computereinsatz nicht zu verarbeiten wäre. Man kann sogar soweit gehen und sagen, dass erst durch CAQ die Schaffung und Erhaltung von Qualität innerhalb einer komplexen industriellen Fertigung rationell und somit kostengünstig möglich ist. Die Anforderungen, die an ein Unternehmen bezüglich der Qualitätssicherung und der Archivierung von Qualitätsdaten gestellt werden, sind heute sehr umfangreich. Als Beispiel sei hier exemplarisch die Chargenrückverfolgung genannt, d. h. die lückenlose Dokumentation und Rückverfolgbarkeit der Herstellungshistorie eines Teiles, die eingesetzten Prüfmittel sowie der verarbeiteten Materialien und deren Verwendung. Ohne den Einsatz von CAQ wäre die spätere Chargenrückverfolgung im Reklamations- bzw. Produkthaftungsfall nur mit sehr hohem personellem und damit kostenintensivem Aufwand möglich.

1.13.2 CAQ-Systeme in der Praxis

Die überwiegende Mehrheit der Industrieunternehmen setzt heute CAQ-Systeme zur Schaffung, Erhaltung und kontinuierlichen Verbesserung von Qualität ein. In der Vergangenheit wurden häufig selbst entwickelte Programme eingesetzt, während der Trend heute eindeutig zum Einsatz von Standardsoftware geht, also zu modularen Computerprogrammen, welche von spezialisierten CAQ-Systemhäusern angeboten werden. Der Vorteil einer Standardsoftware liegt in der permanenten Weiterentwicklung und Pflege durch die professionellen Entwickler eines Systemhauses – auch und gerade in Hinsicht auf die stetig steigenden Anforderungen der Qualitätsnormen. Eigenentwicklungen sind in der Regel deutlich teurer und weniger flexibel, da sie nur für ein einziges anwendendes Unternehmen entwickelt werden und damit hochindividuelle Insellösungen darstellen. Standardsoftwarelösungen verfügen zudem über Schnittstellen zu übergeordneten ERP-Systemen (Enterprise Resource Planing) wie SAP R/3 und ermöglichen den Austausch von Stammdaten und Prüfaufträgen sowie die automatisierte Rückmeldung von Prüfergebnissen und Verwendungsentscheiden. Der Automobilhersteller BMW nutzt beispielsweise in seinen Produktionswerken in München, Dingolfing, Augsburg und Leipzig die Standardsoftware QDA (Qualitäts-Daten-Analyse), das CAQ-System des Lübecker CAQ-Systemhauses ddw, für die

Fertigung seiner Fahrzeuge. BMW entschied sich für QDA, da es sich nahtlos in vorhandene Prozesse und IT-Infrastrukturen integrieren lässt und über eine leicht zu erlernende intuitive Benutzeroberfläche verfügt. Ein besonderes Merkmal des Systems ist die integrierte Skript-Programmiersprache QDA-Skript, welche die Anpassung der Standardsoftware an die individuellen Anforderungen eines Unternehmens gestattet. Ziel des CAQ-Einsatzes bei BMW war es, beim Anlauf einer neuen Baureihe die Produktionsprozesse so schnell wie möglich „in den Griff" zu bekommen, da ein späteres Korrigieren während der Serienproduktion mit sehr hohen Kosten verbunden ist. Während der Serienproduktion ist das CAQ-System wiederum zentrales Planungs- und Kontrollinstrument zur Überwachung der Stabilität und Reproduzierbarkeit der Produktionsprozesse (Prozessfähigkeit). Maßgebliche Entscheidungsgrundlage für den Einsatz eines CAQ-Systems bei BMW war die Erkenntnis, dass die abteilungs- und werksübergreifende Nutzung eines einheitlichen Systems zur Erfassung und Auswertung von Qualitätsdaten in der Fertigung administrative und manuelle Aufwendungen deutlich reduziert und damit Zeit und Kosten gesenkt werden. Je früher die systematische Erfassung und Auswertung von Qualitätsdaten erfolgt, desto mehr Kosten können eingespart werden. Daher nutzt BMW das CAQ-System QDA bereits zu Beginn der Prototypenphase, um ausgehend von CAD-Konstruktionszeichnungen (Computer Aided Design) Prüfpläne zur einheitlichen messtechnischen Erfassung von Funktionsmaßen (Bauteilmaße, welche das fehlerfreie Funktionieren einer Baugruppe sicherstellen) zu generieren. Die systematische Planung sichert eine Vergleichbarkeit der Messergebnisse in allen Phasen der Produktion (Prototyp, Nullserie, Serienproduktion). Die Qualität der Messdaten ist somit unabhängig vom Einfluss des jeweiligen Prüfers, da immer an den gleichen Positionen des Bauteiles, mit dem passenden Messmittel, auf die gleiche Art und Weise gemessen wird. Anhand der Toleranzen für jedes Produktmerkmal (z. B.: Durchmesser, Länge, Radius etc.), welche im CAQ-System gespeichert sind, entscheidet die Software unmittelbar nach der Messung, ob die Spezifikation eingehalten wurde. Der Prüfer sieht auf dem Computerbildschirm eine Konstruktionszeichnung bzw. Foto des zu messenden Merkmales zur Orientierung und kann während der Messung den Messwert in Form einer Balkengrafik oder Regelkarte beobachten. Tritt eine Toleranzverletzung auf, so wird der Prüfer vom CAQ-System mittels eines optischen und akustischen Signals alarmiert und zur Eingabe des Problems, der Ursache und einer Korrekturmaßnahme aufgefordert. Bei kritischen Fehlern kann parallel auch der zuständige Bereichsleiter per E-Mail informiert werden. Die durchgängige Nutzung des gleichen Systems in Forschung & Entwicklung, Konstruktion, Qualitätssicherung, Betriebsmittelbau, Arbeitsvorbereitung, Produktion, Audit etc. beschleunigt zudem die Kommunikation und damit das zügige Lokalisieren und Beseitigen von Fehlerquellen. Beispielsweise können Prüfergebnisse aus der Montage mit den Daten aus dem Bereich des Rohbaus verglichen werden. Da beide Fertigungsbereiche das ddw CAQ-System nutzen, können mit Hilfe der Software dann sehr einfach alle relevanten Messdaten zusammengeführt, visualisiert und gemeinsam ausgewertet werden. Durch die systematische Messung und Analyse von Qualitätsdaten innerhalb derselben CAQ-Datenbank kann BMW Abweichungen bereichsübergreifend lokalisieren und neue Problemkreise identifizieren, was vor der Nutzung von CAQ nur mit großem manuellem Aufwand möglich war. Aufgrund der schnelleren Identifikation der Problemkreise werden neben den Nacharbeitskosten auch später anfallende Qualitätskosten deutlich verringert. Korrekturmaßnahmen werden im CAQ-System mit Status und Termin erfasst, per E-Mail versand und die Abarbeitung bis zur Erfolgsmeldung verfolgt. Die Auswertungen der Messdaten aus den unterschiedlichen Fertigungsbereichen werden mit Hilfe von QDA automatisch im Intranet veröffentlicht und dort allen betroffenen Abteilungen zur Verfügung gestellt. Die Darstellung im Intranet wird unmittelbar nach der Erfassung der Messdaten aktualisiert. Dabei ist es unerheblich, ob die Messdaten z. B. von einem Messschieber, einer 3D-Koordinatenmessmaschine oder einer Messvorrichtung stammen. Das CAQ-System von ddw besitzt im Gegensatz zu MRP- oder ERP-Systemen, wie z. B. SAP R/3 frei konfigurierbare offene Schnittstellen zu Messsystemen jeglicher Art und hoch optimierte Echtzeit-Qualitätsanalysen, welche ein schnelles Eingreifen schon während der Produktion zum Zweck der Prozessregelung ermöglichen. Somit dient das CAQ-System allen Bereichen der Fertigung als einheitliches Kommunikationsmedium und Werkzeug zur Prozessoptimierung.

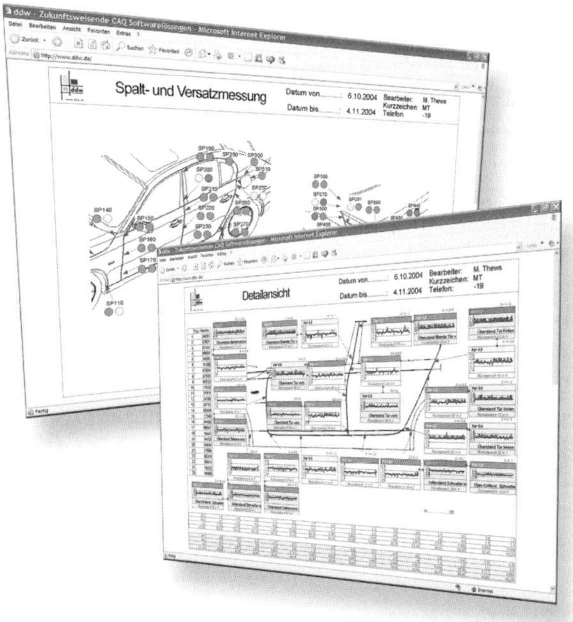

Abb. 1.13.1 Visualisierung von Messdaten im BMW-Intranet mit dem CAQ-System QDA (Quelle: ddw GmbH)

In Zukunft werden große Unternehmen ihre CAQ-Systeme standortübergreifend vernetzten, um Qualitätsdaten vergleichen zu können und bei der Entwicklung neuer Produkte durch Nutzung der so entstehenden Wissensdatenbanken Fehler bereits in der Konstruktionsphase vermeiden zu können. Lieferanten und Kunden werden über das Internet integriert und so z. B. das Projekt-, Lieferanten- und Reklamationsmanagement deutlich beschleunigt. Festzuhalten bleibt, dass der Einsatz eines CAQ-Systems viele Vorteile bietet. Durch die Transparenz aller Vorgänge und die rasche Behebung von Fehlern durch die umfangreichen Auswertefunktionen wird die Qualität der Produkte nachhaltig verbessert. Eine Folge der Qualitätsoptimierung ist eine einhergehende Kostenreduzierung. Deutlich wird auch, dass die Qualitätsverbesserung am Anfang des Prozesses stehen muss, was durch den Einsatz eines CAQ-Systems unterstützt wird. Ein modernes und zukunftsorientiertes Unternehmen kann und sollte auf den Einsatz eines CAQ-Systems nicht verzichten.

1.14 Prozessorientierung – Ursachen ermitteln statt Symptome beheben

Philipp Dickmann

Materialfluss ist maßgeblich bestimmt von Kosten- und Qualitätsentscheidungen. Ein mangelhafter Qualitätsstandard oder eine mangelnde Qualität der Prozesse macht einen hochwertigen konkurrenzfähigen Materialfluss oder eine entsprechende Produktion unmöglich. Ein wesentlicher Baustein des Toyota Produktionssystems (TPS) ist die Prozessorientierung, die im Gegensatz zu den aus den USA zu uns gekommenen Konzepten der einseitigen Ergebnisorientierung steht. Prozessorientierung basiert auf Prävention anstatt auf der zum Teil einseitig, kurzfristig und stark kostenorientierten Methode der Ergebnisorientierung. Sie betrachtet jede einzelne Disziplin oder jeden Bereich für sich, mit einer Reduzierung der Ergebnisse auf einfache Kennzahlen. Das Resultat ist eine, auf die eigenen Gruppen bezogene Interessenslage, mit der Folge einseitig abteilungs- oder bereichsorientierter Problemlösungen. Interdisziplinäre Problemstellungen benötigen jedoch übergreifende Lösungskompetenz und Verantwortung. Einseitige Zielorientierung fördert zudem die Entstehung von reaktiven, also nachträglichen wirkenden, Maßnahmen und führt dadurch indirekt zur Zunahme der Gemeinkosten in den Unternehmen. Die Kennzahlen erlauben vielfach keinen eindeutigen Rückschluss auf die Qualität der zugrunde liegenden Prozesse, deren Verbesserung zur Optimierung der Kosten führt. Standards, Verbesserungsrad, *Poka Yoke* oder *Kaizen* sind sehr effiziente Mittel Prozesse zu optimieren. Zielorientierte Methoden sind unter anderem die Basis jeglichen ingeneurmäßigen Projektmanagements, müssen aber ausgewogen eingesetzt werden. Mit einer Mischung aus Ziel- und Prozessorientierung lassen sich die Vorteile beider Ansätze sinnvoll ergänzen.

1.14.1 Prozessorientierung ein Element des Toyota Produktionssystems (TPS)

T.C. Ohno setzt im TPS auf die Logik, dass mit Prozessoptimierung beiläufig eine Preisoptimierung erreicht wird. Betriebswirtschaftlich betrachtet führt nur das permanente Streben nach Kostenreduzierung, zwangsläufig zur Erhöhung der Wirtschaftlichkeit. Dabei werden die Kosten bei komplexen Vorgängen nicht umfassend, sondern nur sehr vereinfacht und kurzfristig zeitbezogen zugeordnet. Das Grundprinzip der Prozessorientierung ist die grundsätzliche Fehlervermeidung, während Ergebnisorientierung möglichst schnell auf Fehler reagieren will. Fehler müssen nach ihrem Auftreten möglichst schnell erkannt, dokumentiert, berichtet, ihre Abstellmaßnahmen definiert sowie entschieden und letztlich behoben werden. Prozessorientierung verifiziert im Vorfeld Abläufe und praxisnahe Fakten (z. B. Softfacts, wie ein distanziertes Verhalten eines Lieferanten) und reagiert dezentral und selbstständig, bevor es zu einem Problem kommt. Einseitige unausgeglichene Zielorientierung führt zu einem enormen Zuwachs an vielfältigen indirekten Tätigkeiten und Komplexität. Der Ansatz, möglichst alles systematisch messen, kontrollieren und zentral steuern zu wollen, führt zu einer nur scheinbaren Sicherheit. Die Unterschiede werden deutlich vergleicht man die Philosophie der „Deutschen Wertarbeit“ mit modernen komplexen Qualitätssicherungsmaßnahmen. Prozessorientierung kann Zielorientierung nicht ersetzen, aber perfekt ergänzen.

Zielorientiertes Management am Beispiel Einkauf

Der zielorientierte Manager geht davon aus, dass er unmittelbar Ziele vorgibt und deren Erreichen kontrolliert. Der Weg der Zielerreichung ist dabei nicht wesentlich. Der Fokus liegt auf exakt messbaren und objektiven Kennzahlen, möglichst in Geldwerten. Diese Methode ist der betriebswirtschaftlichen Philosophie entsprungen und in nahezu jedem Contolling-Tool, MRP- oder ERP-System implementiert. Unbewusst wird vielfach in Kauf genommen, dass diese „Hardfacts“ nur scheinbar fundiert sind. Physikalische Fehlerraten im Hintergrund, die keine oder nur sehr grobe Aussagewerte erlauben würden, werden selten hinterfragt. Ein typisches Beispiel für Defizite in zielorientierten Managements bietet das weit verbreitete Verständnis einer klassischen Lieferantenanbindung. Eine hohe technische Anforderung wird zu einem geringen Preis, in einem verbindlichen Rahmen definiert, um damit ein optimales Ergebnis zu erreichen – ein Trugschluss. Zielorientierte Methoden bewirken z. B. eine frühzeitige Fixierung von Rahmenbedingung, z. B. Preis, Umfang, etc., die dann später eingehalten werden müssen. Das Risiko liegt beim Lieferanten und betrifft den Kunden nach dem üblichen Verständnis eigentlich nicht. Dies hat zur Folge, dass der Lieferant Sicherheiten einbauen muss, damit er keine Kostenunterdeckung zu befürchten hat. In Verhandlungen strebt der Kunde an, diese Sicherheiten zu eliminieren. Letztlich sind die Sicherheiten aufgrund der Prognose des Preises und der Unwägbarkeiten als „Überlebensstrategie“ aber tatsächlich notwendig und gerechtfertigt.

Prozessorientierte Managementmethode am Beispiel Einkauf

Die prozessorientierte Managementmethode argumentiert hier völlig anders. Sie geht davon aus, dass bei optimalen Prozessen automatisch optimale Ergebnisse erzielt werden. Der Fokus wird auf eine detaillierte Zusammenarbeit gelegt, bei der die Prozesse in Kooperation umfassend optimiert werden. Dabei werden in vielen Fällen Softfacts zur Bewertung herangezogen. Softfacts, wie die Motivation des Lieferanten, sind bestimmende Faktoren, die weniger leicht quantifizierbar und nicht mit einfachen, aus der EDV ermittelbaren Werten darstellbar sind. Dies wird vielfach als Nachteil empfunden, denn gerade bei der Ermittlung der Softfacts ist eine hohe Nähe zur operativen Tätigkeit unabdingbar. Dies fordert eine deutlich höhere interdisziplinäre, mit Softfacts behaftete Persönlichkeitsstruktur der Mitarbeiter. Zu den Softfacts gehören unter anderem kulturelle Identität, Werte, Ethik, Umgangsformen, Erziehung und Verhalten. Die kompetente und realitätsnahe Auseinandersetzung mit wertschöpfungsnahen Prozessen führt zu einer schnellen und unkomplizierten Ermittlung der Zusammenhänge. Vorhandene Eindrücke und Erfahrungen können abgefragt und klassifiziert werden. Am Beispiel Einkauf sieht man: Der Prozess wird detaillierter und interdisziplinärer bezogen auf die tatsächlichen Bedürfnisse des Kunden analysiert und optimiert. Unnötige Nebenleistungen, die bei der Differenzierung der Prozesse erkannt wurden, werden eliminiert. Es entsteht eine tatsächliche Kosteneinsparung in den Prozessen, jedoch nicht in den benötigten Leistungen, da diese detaillierter hinterfragt und Risiko dadurch abgesichert wird. Ein anderer Aspekt ist die Übernahme einer Teilverantwortung durch den Kunden, die im ersten Schritt den Nachteil der Verbindlichkeit nach sich zieht. Sie ermöglicht die Einsparung von kalkulierten Sicherheiten, seitens des Lieferanten und erspart dadurch dem Kunden Kosten. Da die Kostenfindung erst nach diesen detaillierten Analysen stattfindet, entfällt ein weiteres Risiko für den Lieferanten. Auch hierdurch werden fundiert bessere Konditionen möglich gemacht. In der Summe wird die Entscheidung auf Prozessebene mit mehr Aufwand besser abgesichert und klarer kommuniziert. In Relation zu zielorientierten Methoden entstehen daher klare Kostenvorteile mit weniger Risiken für den Kunden. Mit seiner Auswirkung auf die Qualität und Kosten der Zulieferer war dieser grundlegend andere Ansatz maßgeblich für den Erfolg des Toyota Produktionssystems verantwortlich.

Qualitätskostenentwicklung als Folge der Managementmethoden

Ein hervorragendes Beispiel für das Prinzip der Prozessorientierung, ist das Prädikat der „Deutschen Wertarbeit". Es beinhaltet den Selbstanspruch, hochwertige Prozesse und damit Produkte zu erzeugen. Dieser Strategie verdankt die deutsche Wirtschaft selbst heute noch einen gehörigen Anteil ihres Erfolgs. In der Nachkriegszeit war dieses Konzept einer der Mitverursacher für das „Wirtschaftswunder". In den vergangenen Jahrzehnten wurde die Philosophie hinter dem Begriff „Deutschen Wertarbeit" vor allem, von auf Shareholder Value-Philosophie basierenden und kurzfristig gewinnorientierten Philosophien, verdrängt. Unter der

Aussicht auf stetig hohe Renditen bzw. hohe Kurse, wird den Eigentümern vielfach das Risiko und das Aufbrauchen von „Soft-Kapital“ nicht bewusst. Unter „Soft-Kapital“ sind Investitionen zu verstehen, die für zukünftige Renditen entscheidend sind, aber in der Bilanz oder bei Kostenbetrachtungen nicht explizit zugeordnet werden. Ein Beispiel ist eine hohe Prozessqualität, die durch jahrelanges Training oder Weiterentwicklung von Anlagen entsteht, also langjährige Investitionen voraussetzt. Eine typisch negative Folge der Ergebnisorientierung tritt etwa bei einseitig unabgestimmter Reduzierung von Einkaufspreisen auf. Nicht selten führen solche „Einsparungen“ zur Verschlechterung der Qualität, in den Prozessen, beim Lieferanten und beim Kunden. Später müssen Fehlteile und Schäden durch nachgeschaltete zusätzliche Prozesse aufgefangen werden. Um ein gleiches Qualitätsniveau zu erreichen, ist ein sehr viel höherer Aufwand für das Sicherstellen der Qualität nötig. Die indirekten Kosten zur Sicherung einer annähernd gleich bleibenden Qualität nehmen zeitlich versetzt und an einer Vielzahl von Positionen zu. Hinzu kommt, dass durch Prüfungen prinzipiell nur teilweise fehlerhafte Teile gefunden werden können, während ein Prozess mit hoher Prozessfähigkeit kontinuierlich hohe Qualität gewährleistet. Um der Spirale der Gemeinkosten zu entkommen, leitet sich das Konzept der dezentralen, prozessorientierten und präventiven Fehlervermeidung ab (vgl. 1.9. *Poka Yoke*). Die Erfolgskontrollen werden umfassend zeitnah am Ort der Herstellung sichergestellt. In der Summe ist in prozessorientierten Systemen sehr wenig Qualitätsaufwand notwendig, in Relation zu den vielfältigen, vor allem indirekten, Zusatztätigkeiten bei zielorientiertem Vorgehen.

1.14.2 Wachstum der indirekten Bereiche durch Ergebnisorientierung

Die Notwendigkeit eines umfassenden kompetenten Verständnisses für die Zwänge der operativen Mitarbeiter und die Nähe zum Herstellort ist Teil des Selbstverständnisses, das bei klein- und mittelständischen Unternehmen vorherrscht. In der Managementstrategie in Konzernstrukturen besitzt dieses Gedankengut untergeordnete Priorität. Vor allem im Kontext der Ausrichtung an zielorientierten Managementstrategien erscheinen diese Softfacts kaum konkurrenzfähig. Anstelle dessen werden zur Verdeutlichung aller Zahlen und Fakten vielfältige zusätzliche Strukturen geschaffen, deren Aufgabe in der Analyse und Visualisierung der Realität liegt. Daten zu erfassen und zu präsentieren nimmt in Unternehmen einen immer größeren Stellenwert und Zeitanteil ein.

Distanz zur produktiven Ebene – *Gemba*-Orientierung

Der zunehmende Einsatz von IT und die Steigerung der Komplexität der Organisationsstrukturen sind nicht allein in der Kommunikationsgesellschaft begründet. Selektionsdruck und die zunehmend große Distanz des Managements, also der Entscheidungsebene zur produktiven Ebene sind weitere Hauptursachen.

Interdisziplinäres Verständnis nimmt ab

Durch die sehr starke Spezialisierung und eine zunehmende Arbeitsteiligkeit nimmt das interdisziplinäre Verständnis und das Wissen um die realen operativen Produktionsprozesse im gesamten Unternehmen zwangsweise ab. Der Gemeinkostenblock, welcher zur Erfassung, Analyse der Entwicklung und Visualisierung der Ergebnisse in Unternehmen nötig ist, nimmt durch die steigende Komplexität der Firmenstruktur drastisch zu. Die Darstellung des Zustands eines Systems durch ausgewählte Zahlen zeigt immer nur eine Momentaufnahme der dahinter verborgenen Vorgänge und Prozesse. Eine Veränderung der Kennzahlen führt, auf Grund der fehlenden Kenntnisse der detaillierten Einflussgrößen und ihrer Eigenschaften, tendenziell zu Fehlentscheidungen. Eine Verringerung der Distanz der „Entscheider" zur direkten Wertschöpfung führt zu einer Erhöhung der Transparenz der wertschöpfungsnahen Vorgänge im Unternehmen. Mit einer gleichzeitigen intensiven Vermittlung fundierter interdisziplinärer Kompetenz kann nachhaltig eine Reduzierung des Folgeaufwands erreicht werden, während nebenbei die Qualität der Entscheidungen zunimmt.

Unentbehrlichkeits-Strategien

Ein anderes Resultat der einseitigen Zielorientierung oder Kostendrucks sind Ausweichstrategien, mit denen sich Mitarbeiter in bürokratischen Strukturen unentbehrlich machen. Fehlende Transparenz wird als KO-Kriterium geschaffen. Komplexität wird gleichsam als „Schutzschild" gegen Ergebnisorientierung und oberflächlichen Kostendruck verwendet. So werden, z. B. durch hohe Automation Spezialisten unersetzbar. Es werden komplexe Strukturen und Abläufe geschaffen, die nur durch sehr lange Erfahrung handhabbar sind. Umfangreiche EDV-Lösungen, die sich nicht an optimalen einfachen Prozessen orientieren, sondern vorhandene Probleme nur abbilden, können ebenfalls als Ausweichstrategie angewendet werden. Wertanalyse, Outsourcing oder Preisorientierung, die unausgewogen angewandt werden, verursachen indirekt Strukturen und Investitionen, die zu einer enormen Dogmatisierung von komplexen Abläufen führen. Eine Erhöhung des Anteils nicht wertschöpfender Prozesse ist die Folge. Eine sich selbst beschleunigende Spirale des Wachstums an indirekten Strukturen wird in Gang gesetzt. Prozessorientierung kann hier eindeutig helfen, diese negative Entwicklung einseitiger Ziel- und Kostenorientierung, zu kompensieren.

1.14.3 Prozessoptimierungsstrategien

Kaizen und *Poka Yoke* bieten ein umfassendes Portfolio an Maßnahmen, die zur kontinuierlichen Verbesserung von Prozessen führen. In den Projekten wird hierzu das Verbesserungsrad (oder auch ***„Shewhart cycle"*** bzw. Deming-Kreises *[Demi 47]*) *der ständigen Verbesserung* angewandt.

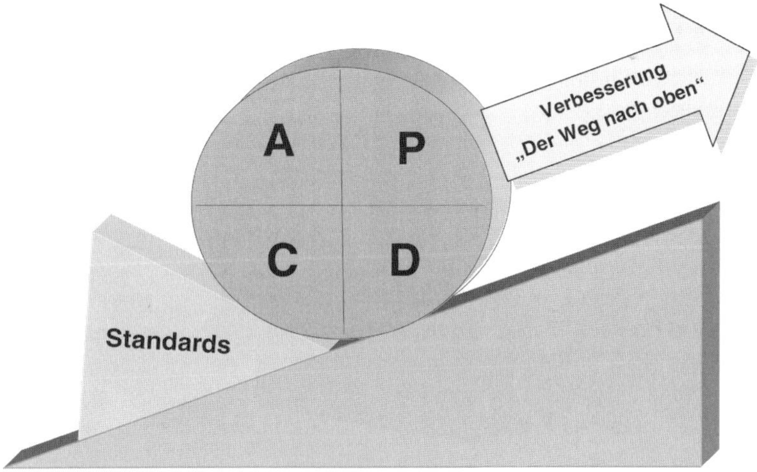

Plan	Verbesserungen planen
Do	Durchführen
Check	Überprüfen
Act	Fixieren als Standard

Abb. 1.14.1 Das Deming Verbesserungsrad mit dem PDAC-Zyklus

Mit Standards Innovation kanalisieren

Ein Leitmotiv von Lean Production ist die Strategie mit kontinuierlich verbesserten Standards zu arbeiten. Der Standard wird im Deming-Kreis als „Keil" symbolisiert, der verhindert, dass es wieder bergab geht. Im Kreislauf werden Standards definiert und Verbesserungen angestrebt, aus welchen nach Verifikation wieder neue Standards werden. Viele Menschen empfinden Standards, also Regeln oder Spielregeln, als beengend und altmodisch. Aus der Spieltheorie *[Neum 44]* wissen wir aber, dass nur dann der maximale Erfolg in einem System erzielt werden kann, wenn sich alle an die abgestimmten Spielregeln halten. Worin liegen die Schwierigkeiten der Menschen, vorwiegend in der modernen westlichen Welt, sich Regeln unterzuordnen? Standards oder Regeln bremsen unsere Neigung, ständig neue Dinge zu erfinden und uns unstetig zu verhalten. Sie werden als kontraproduktiv für Kreativität oder Innovationsfähigkeit gewertet. Ein anderer Aspekt der Regeln liegt in ihrer Fremdbestimmung, in dem man sich Normen unterordnen muss. Japan ist kulturell stark vom Konfuzianismus geprägt. Diese Ethik betont sehr stark die Notwendigkeit sich an Regeln zu halten. Standards mögen als trivial, antiquiert oder formalistisch wirken, aber sie ermöglichen in großem Umfang, Ideen und Innovationen gerichtet zu kanalisieren.

Abb. 1.14.2 „Alle Mitarbeiter schieben, aber es bewegt sich nichts“

5W-Methode

Bei Fehleranalyse mit der 5W-Methode wird jedes Problem fünf Mal mit der Frage „Warum?“ hinterfragt. 5W zielt vor allem auf das Beheben aller sichtbaren und verborgenen Ursachen. Es werden die tatsächlichen Verursacher ermittelt und nachhaltig abgestellt. Symptome zu retuschieren, ist ohne Zweifel eine der größten und verbreitetsten Verschwendungsarten in modernen Unternehmen, da immense Kapazitäten und Gelder dafür aufgewendet werden. Die Methode der 5W nimmt die zentrale Rolle in der prozessorientierten Managementmethode ein. Sie ist vergleichbar mit der zentralen Frage nach der Zielerreichung bei zielorientierten Managementsystemen.

Einfach und praxisorientiert

TPS ist in einer Zeit entstanden, in der kaum aufwendige Präsentationen in Unternehmen üblich waren. Charakteristisch für TPS ist daher die Forderung, Verbesserungsideen nicht unnötig kompliziert zu diskutieren, bürokratisch zu präsentieren und wissenschaftlich endlos zu analysieren, sondern sie schlicht und einfach möglichst schnell und praxisnah zu testen. Folgender einfache Leitsatz ist für wesentliche Eigenschaften prozessorientierter Methoden verantwortlich: Die Methode führt sehr schnell und sehr pragmatisch zu vielen kleinen Verbesserungen und verursacht wenig Kosten. Tatsächlich ist diese Forderung in modernen, stark untergliederten Unternehmensstrukturen politisch nur schwer umsetzbar.

Bottom-up-Prozess der Prozessoptimierung nutzen

Es gilt Kreativität und Innovationen in allen Ebenen anzuregen, zu verifizieren, zu koordinieren und umzusetzen, um damit das Unternehmen voranzubringen. Zielorientierte Managementmethoden sind Top-down orientiert. Oberstes Ziel ist, die vorgegebenen Ziele möglichst termingerecht umzusetzen. TPS als prozessorientierte Methode zeichnet sich durch das Verstehen der Ideen als Bottom-up-Recht, und nicht als „Top-down-Statussymbol“. Eine sehr viel größere Zahl an Innovationen wird deshalb umgesetzt und die Entwicklungsgeschwindigkeit nimmt enorm zu. TPS regt hier einen Bottom-up Prozess an, bei dem vor allem die operativen und auf der produktionsnahen Ebene beschäftigten Mitarbeiter animiert werden, sich einzubringen. Die Effizienz und damit der „Hebel“ dieser Methode wird in der Wirtschaft enorm unterschätzt und bagatellisiert. T.C. Ohno verwendet gerne den Vergleich eines Sportteams, im übertragenen Sinn: Eine Mannschaft die nur automatisierte Spielzüge auf Kommando ausführt, wird kaum in Konkurrenz zu Mannschaften bestehen können, bei denen die Spieler Ideen gemeinsam im Team umsetzen.

1.15 Differenzierte Prozesskostenrechung

Philipp Dickmann; Eva Dickmann, LEPROS

Mit der enormen Zunahme der Arbeitsteiligkeit und der Verschiebung der Arbeitsinhalte in indirekte Tätigkeiten, hat sich der Kostenschwerpunkt, von der Kostenstellenrechung in die Gemeinkostenrechung verschoben. Mit klassischen Methoden der Kostenrechung wird nur wenig Transparenz in die heute sehr hohen Gemeinkostenblöcke gebracht, obwohl die Kostenrechnung die Basis für Preisfindung, Investitions-, Personal- und Einsparungsentscheidungen, sowie letztlich für Outsourcing ist. Der Materialfluss und dessen Entwicklung sind extrem von der richtigen Analyse sowie Zuordnung zu den Kostenträgern abhängig. Die Kostenrechung definiert, in welcher Kategorie ein Unternehmen tendenziell schneller bereit ist zu investieren, etwa in Personal, Fläche oder Automation. Kostenrechung bestimmt unmittelbar die Rahmenbedingungen und operativen logistischen Entscheidungen des Materialflusses. Die verwendeten Kostensätze je Unternehmen, etwa für Lagerbestand oder Störungen im Materialfluss, unterscheiden sich eminent und sind nicht immer mit unterschiedlichen Technologie- oder Personalkosten erklärbar. In vielen Unternehmen werden die Potentiale moderner Methoden der Materialflussoptimierung aufgrund fehlender Transparenz der Kosten nicht erkannt. Nicht selten profitieren beispielsweise Strategien mit großen Losgrößen von unvollständigen Kostenzuordnungen. Die richtige Verteilung der Kosten in komplexen Unternehmensstrukturen ist kompliziert und daher fehleranfällig. Stellenweise werden sogar trotz Prozesskostenrechung Kosten falsch zugewiesen. Ein Beispiel hierfür sind variable Einflussgrößen. Langsamdreher (sich langsam umschlagende Materialien) wie Ersatzteile werden im Verhältnis zu Serienprodukten viel zu gering bewertet, mit der Folge einer falschen Ausrichtung der Unternehmensstrategien. Nur umfassende Arbeitsablaufstudien, wie Zeitstudien auf Basis einer Zeiterfassungssoftware, Wertstromanalysen oder der Methode des Valuecycle

Analyse oder Optimierung *[Lepr 03]*, führen zu fundierten interdisziplinären Informationen. Erst mit Hilfe solcher detaillierter Daten ist eine differenzierte Prozesskostenrechung möglich

1.15.1 Kostenrechung

Kostenrechnung entspringt der klassischen Buchhaltung und dient dem Zweck der systematischen Kostenplanung und Kostenkontrolle. Sie muss zudem den gesetzlichen Regelungen einer ordentlichen Buchführung genügen. Alle Geldströme und allgemeinen Werteströme müssen eindeutig nachvollziehbar dargestellt sein und ohne Fehlmengen reproduzierbar sein. Dieses Ziel ist auf Grund der physikalischen Fehlerrechnung als Annäherung zu verstehen. Es soll eine tatsächlich verbesserte Entwicklung des Unternehmens in der Zukunft erreicht werden. Das Controlling nutzt die Konten der Buchführung für Analysen, wobei die Daten vielfach zweckentfremdet werden, da sie unter vollständig anderen Gesichtpunkten entstanden und daher nur bedingt geeignet sind.

1.15.2 Komplexitätsproblem im „IT-Zeitalter"

Durch den Einsatz von Informationstechnologie (IT) ist es möglich geworden, „fehlerfreiere" Daten zu erhalten, da Eingabe-, Rechen- sowie Übertragungsfehler vermieden werden können. Diese Entwicklung ermöglichte komplexe Kostenstrukturen mit einer riesigen Anzahl an Buchungen und Kostenstellen bei gleichzeitiger Reduzierung der Personalkosten in der operativen Buchhaltung. In modernen Konzernen führte dies zu einer extremen Detaillierung der Strukturen von Kostenstellen und Kostenträgern, andererseits aber auch zu wachsender Komplexität. Aufgrund der physikalischen Fehlerfortpflanzung und der zunehmenden interdisziplinären Komplexität nimmt die Fehlerhäufigkeit zu. Zur Verifikation von Fehlern ist umfangreiches Wissen der Betriebswirtschaftslehre, der Produktion, des Einkaufs und der IT notwendig. Verschiedenste Bedeutungen gleich gearteter Daten in MRP-Systemen führen zu Missverständnissen. Ein Beispiel hierfür sind die vielfältigen Preisangaben zu einem Produkt, wie sie heute in komfortablen MRP-Systemen üblich sind. Hohe Datenmengen und Komplexität, fehlende Transparenz und die vielfältigen Möglichkeiten der Manipulation sollten grundsätzlich einen sehr kritischen Umgang mit EDV-Systemen in Bezug auf Kosten zur Folge haben. Die Systeme werden jedoch in vielen Fällen als „Blackbox" akzeptiert, und wegen der fehlenden Detailkenntnis entfällt zudem die Kontrolle der Schlüssigkeit der Daten. Die Kontrollaufgaben werden konzentriert auf Spezialisten, z. B. in Buchprüfung, Controlling, EDV oder beim Softwarehersteller. In der Summe sind vor allem in komplexen Konzernen nur sehr wenige Spezialisten vorhanden, welche die komplexen Daten auf Plausibilität überprüfen und Fehler finden können.

1.15.3 Prinzip der Standard-Prozesskostenrechnung

Eine neue und moderne Variante der Plankostenrechnung ist die Zielkostenrechnung, die in Standard-Einzelkostenrechnung und die Prozesskostenrechnung gegliedert ist.

Auf Grund der zunehmenden Komplexität der Kostenstrukturen sind dies notwendige Ergänzungen zur Voll- und Grenzkostenrechung. Das wesentliche Merkmal dieser Konzepte liegt in der Abkehr von der kostenstellenbezogenen Betrachtungsweise zu einer stärker aktivitäts- oder arbeitsprozessbezogenen Sichtweise der direkten und indirekten Bereiche. Der wesentliche Unterschied zur sehr ähnlichen Einzelkostenrechung ist die Berücksichtigung der leistungsbezogenen Einzelkosten. Die prozessbezogene Betrachtungsweise erlaubt die Integration diffuser indirekter Kosten aus allen Bereichen. Verschiedenste variable und fixe Kosten werden als Teilprozesse in den Kostenstellen auf einen Prozess oder eine Tätigkeit bezogen und differenziert zugeordnet. Der Gemeinkostenblock im Unternehmen wird dadurch transparent und eine exakte Verteilung der Gemeinkostenzuschläge möglich. Zunächst sollen die Kostentreiber, die

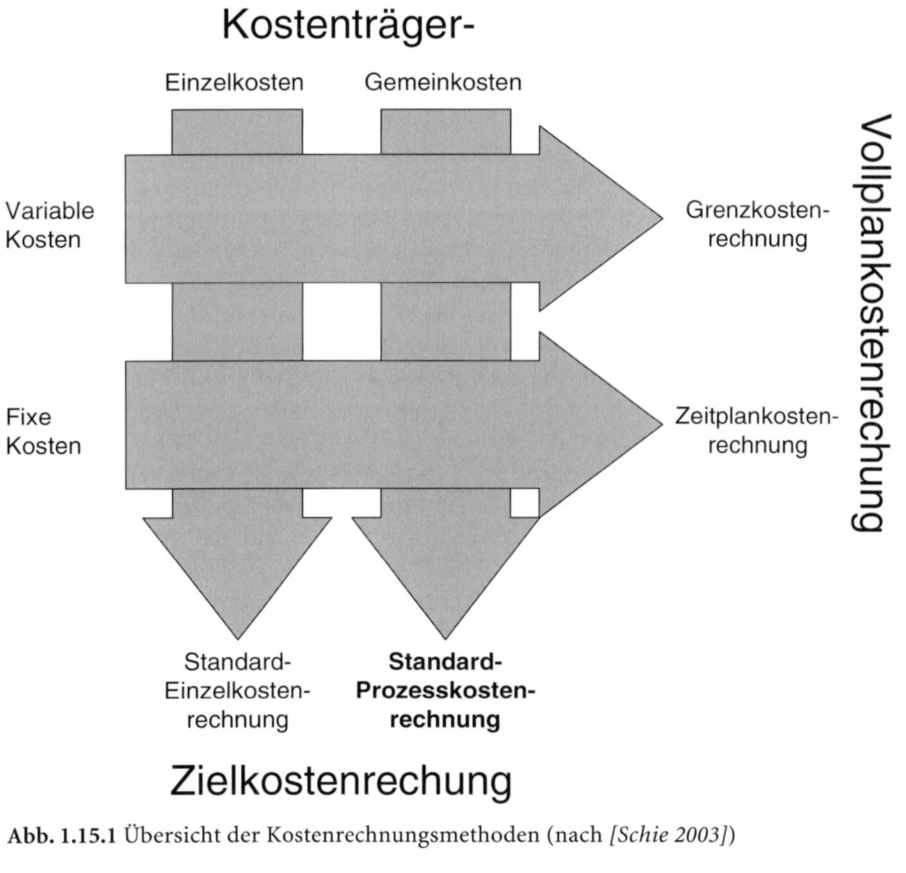

Abb. 1.15.1 Übersicht der Kostenrechnungsmethoden (nach *[Schie 2003]*)

Haupteinflussfaktoren ausfindig gemacht werden, die für die Kostenentstehung verantwortlich sind *[Schie 2003]*. Die Kostentreiber sind die bestimmenden Einflussgrößen dieser Rechenmethode, da ihre Maßgröße d. h. ihre Häufigkeit oder Höhe über das Maß der Zuschläge bestimmt. So ist zum Beispiel die Anzahl der Wareneingangsprüfungen im Wareneingang ein typischer Kostentreiber. Die Gemeinkosten werden dadurch nicht wie mit einer „Gießkanne“ auf alle Produkte aufgeteilt. Die Verteilung erfolgt vielmehr abhängig von Zeiten, den Einzelkostenzeitfaktoren, oder der Häufigkeit der Vorgänge, beispielsweise auf Grund einer Arbeitsablaufstudie. Es werden unter anderem die Gemeinkosten von Logistik, Einkauf, IT, Konstruktion, Qualität etc. differenziert verteilt. Der konkrete Ablauf ist einfach, so werden zum Beispiel die Kosten für die Wareneingangsprüfung je nach Anzahl der Wareneingänge linear mit einem Faktor multipliziert und die Belastung je Produkt errechnet. Die Verrechnung der Zuschläge erfolgt für jeden einzelnen Prozess. Es entsteht ein klareres Bild über die Entstehung der Aufwendungen und damit der Kosten als in der üblichen Zuschlagskalkulation. In der operativen Arbeitsweise werden Hauptprozesse als Kostensammler definiert, auf welche die zugehörigen Kosten, z. B. Buchungsanzahl, zugeordnet werden können.

1.15.4 Verifikation nicht konstanter Einflussfaktoren auf die Kostentreiber

Die Vernachlässigung der Diversität der Einflussparameter kann jedoch zu einer falschen Klassifizierung der Kostentreiber führen. Die Verifikation der Einflussfaktoren im betrachteten Prozess darf nicht ohne die Ermittlung der Streuung erfolgen. Zeiten, Stückzahlen oder Häufigkeit müssen, bezogen auf die betroffenen Typen oder Produktfamilien untersucht werden. Bei der Standardprozesskostenrechung werden beispielsweise die Wareneingangsprüfungskosten typischerweise auf jeden Prozess jedes Produkts mit den gleichen Kosten aufgeschlagen. Entscheidend für den Aufwand ist jedoch, ob es sich um Erstmuster, aufwendige Muster für einen exotischen Kunden, einen Test, ein Produkt der Massenfertigung mit einer nur einfachen Überprüfung der Materialnummer oder im Extremfall um ein Produkt ohne Prüfung handelt. Grundsätzlich müssen die Aufwendungen differenziert und wesentliche Materialfamilien bzw. Prozessgruppen unterschieden werden. So werden in der Realität z. B. Serienprodukte im Vergleich zu langsam drehenden Ersatzteilen (Langsamdreher) extrem überhöht mit Gemeinkosten belastet. Sie werden proportional zur Anzahl der Lose mit Standardprozesskosten für Disposition, Einkauf, Qualität, Buchungen, Inventar, Warenbewegungen etc. belastet. Serienteile schlagen sich um den Faktor 100 bis 1000 schneller um als Ersatzteile, d. h. die Kosten werden ebenfalls 100 bis 1000 mal häufiger auf diese Gruppen umgelegt. Dieser Effekt trifft in gleicher Weise für die Zuschlagskalkulation zu. Tatsächlich ist der Aufwand für Prozesse je Auftrag, in der Regel jedoch bei Schnelldrehern (Materialien die sich schnell umschlagen), überproportional geringer.

Tabelle 1.15.1 Ein exemplarisches Beispiel für typischen Aufwand im Vergleich

	Schnelldreher (z. B. Grosserienteile)	**Langsamdreher (z. B. Ersatzteile)**
Einkauf	Rahmenverträge oder ein Kontrakt Anuale Preisveränderung	Die Produktionsbedingungen bzw. Kosten müssen vielfach neu ausgehandelt werden. Gegebenenfalls neuen Lieferanten akquirieren
Disposition	Weitgehend automatisiert oder optimierter Aufwand Nur ein Abruf nötig	Langfristige Planung mit hohem Abstimmungsaufwand für die Bestellung Hoher Aufwand für Terminierung, Überwachung und Anpassung

Die falsche Kostenzuordnung führt zu einer erheblichen Subventionierung von Langsamdrehern durch Schnelldreher.

Eine weitere, unterschätze Größe ist die Auswirkung des Zeitversatzes zwischen Kostenursache und -wirkung. Die Komplexität ist einfach nachzuvollziehen am Beispiel eines Lieferantenwechsels, zu einem billigeren Lieferanten mit schlechteren Qualitätsmerkmalen. Die tatsächlichen Folgekosten sind aufgrund der diffusen Kostenverteilung und des Zeitversatzes (Monate bis Jahre) kaum vollständig zu ermitteln bzw. bei einer Validierung nicht vollständig den Ursachen zuordenbar. An dieser Stelle können nur einige der möglichen Folgekosten aufgelistet werden, die über die typischen einkaufs- und logistikrelevanten Kosten hinausgehen:

- Präventive zusätzliche Aufwendungen für Wareneingangskontrolle, Prüfprozesse durch die Qualität, Aussortierprozesse, Werkerselbstprüfung, etc. Diese Aufwendungen fallen am betroffenen Prozess und in den darauf folgenden Produktionsstufen an.
- Abstellmaßnahmen bei ungeplanten Problemen, wie Nacharbeiten, Demontagen, Reparaturen und Freigaben mit einer Kettenreaktion an Qualitätsprüfungen, die ebenfalls in allen folgenden Prozessen auftreten können.
- Höhere Anforderungen an Anlagen, um die neue Qualität der Teile fehlerfrei verbauen zu können und die Ausgangsqualität konstant zu halten.
- Fehlervermeidungsmaßnahmen entlang der SC-Kette, wie Statistiken, Krisenmanagement, Änderungen an Arbeitsplänen, Verbesserungskreise, Änderungsprozesskosten, Aufwand für Dokumentation, etc.
- Umgestaltung der IT, entwickeln und abarbeiten diverser neuer Kontrolllisten, exaktere und bessere Datenerhebung, neue leistungsfähigere Soft- und Hardware wird erforderlich.
- Kosten für eine Verschlechterung der Fertigproduktqualität, inklusive Reklamationsbearbeitung, Risikomanagement, Maßnahmen zu Optimierung der Lieferantenqualität und Reduzierung der Absatzzahlen aufgrund unzufriedener Kunden.
- etc.

1.15.5 Konsequenzen von unberücksichtigten nicht konstanten Einflussfaktoren – am Beispiel Grosserienteile und Ersatzteil

Dies hat vielfältige Konsequenzen für Grosserienteile:

- Sie müssen zu teuer verkauft werden, um vermeintlich wirtschaftlich zu sein.
- Im Preiskampf können dadurch Marktanteile verloren gehen.
- Produkte laufen aus wirtschaftlichen Gründen vorschnell aus.
- Kurze Entwicklungszeiten werden notwendig, da sich Kosten sonst nicht mehr umschlagen lassen.
- Die Stundensätze sind scheinbar hoch. Im Benchmark schneiden Produktionsstandorte schlecht ab.
- Outsourcing oder Einstellung der Produktion oder der Schnelldreher ist die Konsequenz.

Die Auswirkungen auf Ersatzteile sind nicht weniger einschneidend:

- Ersatzteile werden in der Regel mit höheren Renditen geplant. Bei einem minimal um den Faktor 10 bis 100 höheren Gemeinkostenzuschlag und Stundensatz würde die Grenze der Wirtschaftlichkeit deutlich anders liegen. Die meisten Ersatzteile wären damit nicht rentabel.
- Auch Qualitätsprobleme werden stellenweise fälschlicherweise positiv als „Motor" für Ersatzteilrenditen interpretiert. Dabei wird grundlegend unterbewertet, dass Qualitätsprobleme immer zu unzufriedenen Kunden und mittelfristig zu sinkendem Absatz führen.
- Die Kosten für unwirtschaftliche Ersatzteile würden höhere Aufwendungen für die Verbesserung der Qualität in den Prozessen rechtfertigen. Unrentable Ersatzteile müssten vom Markt genommen werden.
- Die Entwicklung technisch flexiblerer Ersatzteillösungen wäre eine zwingende wirtschaftliche Notwendigkeit.

Diese Fehlentwicklungen treffen in gleicher Weise auf andere Kostenrechnungstypen zu. Sie werden nicht erkannt, da sich die Summe der Quersubventionierungen ausgleicht. Viele Elemente moderner schlanker Produktionsmethoden des Toyota Produktionssystems werden vielfach ähnlich benachteiligt, wie z. B. kleine Losgrößen oder kurze Durchlaufzeiten.

1.15.6 Ablauf einer interdisziplinären differenzierten Prozesskostenanalyse (IDP) (basierend [Schie 03; Diet 2005])

- Identifikation der Aktivitätsstrukturen und Ermittlung der Hauptprozesse
- Durchführung einer Arbeitsablaufstudie

- Ermittlung des Zeit und Mengengerüsts für die Hauptprozesse, um alle Gemeinkosten zu finden, die für einen Teilprozess zu berücksichtigen sind.
- Verifikation der Konstanz der Einflussfaktoren und interdisziplinäre Differenzierung der Teilprozesse
- Bewertung der Zeit- und Mengengerüste sowie Ermittlung der Prozesskostensätze
- Multiplikation der Prozesskostensätze zu Hauptprozesskostensätzen

1.15.7 Interdisziplinäre Arbeitsablaufstudie als Basis einer differenzierten Prozesskostenrechung

Ein Mangel an Exaktheit bei der Durchführung der Arbeitsablaufstudien und integral pauschalisiert zugeordneten Abläufen, haben eine ungenügende Zuordnung von Zeiten und damit Kosten zur Folge. In Kleinunternehmen ist dies aufgrund der einfacheren Vorgänge, der weniger spezialisierten Anforderungen und der Notwendigkeit eines höheren interdisziplinären Verständnisses der Ausführenden wenig wahrscheinlich. Wird in einem Konzern in Bereichen der Buchhaltung die Kostenrechung umgestellt, ist eine sehr umfassende interdisziplinäre Arbeitsablaufstudie unbedingt anzuraten. Gängige Methoden sind:

- **Arbeitsablaufstudie mit Industrial Engineering:** Das Industrial Engineering besitzt ein sehr detailliertes Wissen über die direkten Produktionsabläufe. Es hat aber in den meisten Unternehmen kaum Informationen über nicht direkt an der Produktion beteiligte operative Abläufen, wie z. B. den Wareneingang sowie über indirekte Bereiche, wie IT oder Konstruktion.
- **Zeiterfassungssoftware** *[DicE 04]*: Eine sehr fundierte, aber aufwendige Variante ist die langfristige Zeitstudie mit einer Zeiterfassungssoftware. Die Mitarbeiter müssen alle, nicht direkt der Produktionszeit zuordenbaren Zeiten verschiedenen Konten zuweisen. Die Auswahl der Konten, auf welche die Zeiten verteilt werden, ist entscheidend für die Akzeptanz und die spätere Aussagequalität. Diese abstrahierte Methode erreicht eine sehr genaue Aufgliederung und führt oft zu unerwarteten Ergebnissen, wodurch der beträchtliche Aufwand für eine eigene Software für erhebliche Betreuungskosten und die notwendige hohe Zahl an Eingaben kompensiert wird.
- **Valuestream Analyse (VSA)**: Bei der Wertstromanalyse werden die Wertströme sehr detailliert erfasst und ausgewertet. Die Methode wird vielfach über externe spezialisierte Dienstleister umgesetzt. Die Ergebnisse sind sehr genau, sofern die Verifikation der Prozesse durch die kooperative Einbindung der betroffenen Bereiche und Ebenen erfolgreich umgesetzt wurde.
- **Valuecycle Analyze und Optimizing Prozesskostenanalyse:** Eine wenig aufwändige und schnelle Methode ist die Ermittlung der Prozesskosten nach einem Konzept ähnlich der Valuecycle Optimizing (vgl. 2.14. Valuecycle Optimizing). Wesentlicher Unterschied zu den zuvor beschriebenen Methoden ist die Ermittlung der Arbeitsabläufe, der zugehörigen Zeiten oder Häufigkeiten durch ein

Team aller beteiligten Bereiche in einem Bottom-up-Prozess. Nebenbei werden diverse Rahmenbedingungen festgestellt, die einen kontinuierlichen Verbesserungseffekt und ein höheres Verständnis der interdisziplinären Abläufe bei den Beteiligten bewirken. Dies erlaubt eine fundierte Verifikation der Einflussgrößen und eine Interpretation der Ursachen-Wirkungs-Logik.

1.16 Dezentrale und Schlanke Strukturen – *Gemba*-Orientierung

Philipp Dickmann

Koichi Mukaiyama der Firmenchef von KOA, einem großen japanischen Elektronikhersteller wird *[Koji 95]* anlässlich einer bevorstehenden Pleite mit folgendem bemerkenswerten Satz zitiert: „Die Ursache ist nicht der Yen – Ich selbst habe den Betrieb nicht richtig geführt. Obwohl ich der Hersteller bin, habe ich nicht ein einziges Mal die Lage vor Ort sondiert". Das japanische Wort *Gemba* wird als Arbeitsplatz gedeutet und im Toyota Produktions-System für den Ort der Wertschöpfung verwendet. *Gemba*-Orientierung ist eine wesentliche Zielsetzung des Toyota Produktions-Systems, woraus sich folgende Teilaspekte ableiten lassen. Die Verantwortung sollte an den Ort der Herstellung verlagert werden, dies wird umgesetzt mittels Dezentralisierung und Jobenrichment. Macht und Verantwortung gehen an die Mitarbeiter der operativen Produktion über, da hier die Wertschöpfung geschieht. Durch räumliche und soziale Nähe sollen alle indirekten Bereiche vor Ort präsent sein, um eine bessere Kommunikation zu erzeugen. Schlanke Managementstrukturen ergeben sich aus dezentralen Strukturen und sorgen für effizientere direkte Kommunikation und richtige Entscheidungen. Leiterstrukturen, Linie und Projektstrukturen, sind Informationsstrukturen, die geschaffen wurden, um räumliche Distanz zur *Gemba* zu überwinden – also „um zu Wissen, was der Nachbar macht". In gewachsenen Konzernstrukturen bei Global-Playern sind die indirekten Bereiche administrativ stark untergliedert und überwiegend räumlich getrennt. Das TPS und die zweite Welle der Lean Production geben Hinweise wie weit man mit der „Verschlankung" bei den produktionsnahen oder auch indirekten Bereichen gehen kann. Eine noch weiterführende Untergliederung in kleine selbständige Unternehmen, kann enorme Vorteile bringen. In Japan geht man erfolgreich sogar noch einen Schritt weiter, indem man bei solchen kleineren Einheiten sogar indirekten Tätigkeiten, etwa den Einkauf, den Werkern überträgt.

1.16.1 Räumliche Nähe korreliert mit sozialer Nähe

Kommunikation wird als selbstverständliche, einfache Nebensache empfunden. Alle Menschen leiden aber permanent, vielfach unbewusst unter Kommunikationsproblemen, auch in den Unternehmen. Missverständnisse sind uns bewusste

Kommunikationsprobleme und gleichzeitig ein Grund dafür. Es existiert eine Vielzahl an Gründen für Kommunikationsprobleme: Zu große Informationsvorsprünge, Aversionen, Vorurteile, falsche Reportingwege, Ignoranz, Tabuthemen (so genannte „Heilige Kühe"), lange Informationsketten, sozialer Hintergrund, kulturelle Unterschiede, Gruppenbildung und Gruppenabgrenzung, Ausbildungsniveau, Neurosen, Manipulation, etc. Sie sind alle unsere ständigen Begleiter im Alltag und in der Arbeit. Ihr Gewicht ist in Unternehmen kaum bezifferbar und sie führen unbestritten zu einer verheerenden Verschwendung. Für Führungskräfte ist die neutrale, sachliche und konstruktive Kommunikation ein sehr hehres und leider zuweilen auch theoretisches Ziel. Eine wesentliche Einflussgröße, die den Informationsfluss stört, ist die zu große soziale Distanz. Die effizienteste Kommunikation erfolgt direkt und ohne Kommunikationsmittel. Räumliche Distanz bringt noch andere Nachteile mit sich: Hohe Kosten für nötige Kommunikationsmittel und Transporte, Problematik der Zeitverschiebung, sehr geringe nutzbare Zeit für Kommunikation, kulturelle Unterschiede und Sprachbarrieren, etc.

1.16.2 Dezentrale Verantwortungsstrukturen, die Entscheidung zur Verantwortung beim Spezialisten

Wenn Führung und die Verantwortung zentral verwaltet werden, sollten Ziele optimal erreicht werden. Dies ist die grundsätzliche Annahme von zentralistischen Ansätzen, welches das Prinzip ist, das die Umsetzung der Produktionsmethode nach Taylor und Ford ermöglichte. Die Methode sollte bewirken, mit ungelernten Mitarbeitern technisch anspruchsvolle Aufgaben zu erledigen daher mussten Entscheidungshoheiten zentralisiert werden. Aus den Zwängen der Zeit entstanden Arbeitsplätze und Aufgabengebiete, die nur sehr beschränkt Inhalte operativ abarbeiteten. Inhaltlich hat dies auch heute noch zur Folge, dass Fehler und Störgrößen wesentlich schlechter geregelt werden können. Auf der emotionalen Ebene führt der Entzug von Verantwortung dazu, dass die Motivation und die Identifikation mit der Arbeit verloren geht. Einer der Grundprinzipien des Toyota Produktionssystems und von *Kanban* ist die Dezentralisierung der Verantwortung. Der Mitarbeiter, der täglich die Wertschöpfung ausführt, ist der Spezialist für die Prozesse, die zugehörigen Probleme und die Optimierung. Hieraus entsteht der Gedanke der Gemba-Orientierung. Diese Philosophie umschreibt den Werker, der die Wertschöpfung erbringt, als Kunden aller anderen Bereiche, da sie ihm alle nur „zuarbeiten". Dies gilt für alle indirekten Bereiche, aber auch für Führungsebenen, die sich letztlich nur als „Zuarbeiter" für die operative wertschöpfende Arbeit definieren. Um bei dem Beispiel von Ohno *[Ohno 78]* aus dem Sport zu bleiben: Die Spieler schießen die Tore, der Trainer, der Masseur und das Management können nur unterstützen. Hieraus leitet sich die dezentrale Verantwortungsstruktur ab, d.h. der Spezialist sollte mit möglichst hoher Kompetenz ausgestattet sein, zum einen, um Änderungen schneller und sicherer zu gestalten, zum anderen um die individuelle Kompetenz aller Mitarbeiter mit einzubinden. Dies ist eine Voraussetzung ohne die TPS nur eine leere, wenig effektive Hülle bleibt.

1.16.3 Stufen der Dezentralisierung

Dezentralisierung der produktionsnahen Bereiche – an und in die Produktion

Im klassischen TPS wurden Instandhaltung, Produktionsplanung, Betriebsmittelplanung, Konstruktion und Logistik direkt in der räumlichen Nähe der Produktion angeordnet. D. h. die Mitarbeiter sollen sich vorzugsweise direkt, auch optisch in unmittelbarer Sicht- und Hörweite aufhalten und am Ort des Geschehens, möglichst nah an der „harten" Realität arbeiten. Die betreffenden Bereiche können direkt kommunizieren, ihre Bedürfnisse besser verstehen und folglich erfüllen. Vor allem zu Beginn entsprechender Veränderungen entstehen deutlich stärkere Konflikte, da diese indirekten Bereiche nun unmittelbar dem Druck des Kunden (dem Werker und den Problemen der Produktion) ausgesetzt sind. Aufgrund des Leidensdrucks entsteht eine steile Lernkurve, die zu einer markanten Verbesserung der Effizienz im mittelfristigen Bereich führt.

Dezentralisierung aller indirekten Bereiche in die Produktion – in der „zweiten Welle der Lean Produktion" *[Koji 95]*

Nachdem die räumliche Anordnung der produktionsnahen Bereiche sehr erfolgreich war, wollte man dieselben Vorteile auch bei anderen indirekten Bereichen erzielen. Die konsequente Weiterführung der *Gemba*-Orientierung hat zur Folge, dass z. B. Einkauf, Vertrieb, Konstruktion und Geschäftsführung auch in räumlicher Nähe platziert werden. In der realen Umsetzung sind derartige Veränderungen sehr heikel und strategisch nicht kurzfristig realisierbar. Solche Veränderungen stoßen auf vielerlei Probleme und Gegenwehr:

- Gewachsene Strukturen müssen aufbrechen.
- Gewohnte Arbeitsweisen und Aufgabengebiete verändern sich.
- Angst vor direktem Feedback und Kritik muss überwunden werden.
- Macht- und Blockade-Strategien müssen durchbrochen werden.
- Persönliche Gründe und Hoheitsansprüche müssen hinterfragt und überwunden werden.
- Nötige soziale Veränderungen sind einzuleiten.
- Gegebenenfalls sind Umzüge nötig.
- Gehaltsveränderungen sind zu regeln, produktionsnahe Bereiche sind häufig niedriger gruppiert.
- Statusverlust ist auszugleichen, da weniger planerische, sondern mehr operative Elemente abzudecken sind.
- Verlust von Mitarbeitern ist nicht immer vermeidbar.

Für die erfolgreiche umfassende Umsetzung solcher Projekte ist entweder ein starker Leidensdruck oder ein durchsetzungsstarkes kooperatives Management nötig. In der Realität werden derartige Projekte vielfach nicht vollständig umgesetzt.

Änderung der Firmenstrukturen – am Beispiel „Der umgekehrte Warenfluss" *[Koji 95]*

Ein weiterführender Schritt ist die endproduktbezogene Bildung von Workshops und Units (weitgehend selbständig agierende Produktionseinheiten). Dieser beinhaltet die Änderung der werkstattbezogenen Produktion zur produktbezogenen Linienproduktion. Leider wird vielfach nur die Organisation geändert, die wesentlichen Vorteile einer auch räumlichen Neugestaltung werden unterbewertet, d. h. es werden häufig die Kosten und das Risiko für einen Umbau oder Neubau gescheut. Bei dem Beispiel des Elektronikherstellers KOA *[Koji 95]* wurde ein Abriss und ein Neubau so lange hinausgeschoben bis der Konkurs bevorstand. Mit Valuestream-, Arbeitsplatzoptimierungs- und Simulationsmethoden (vgl. 3.7. Materialstamm-, Materialfluss- und Wertstromanalysen; ff.) lassen sich solche Investitionen wesentlich exakter absichern und sind mit deutlich weniger Risiko behaftet.

Integration produktionsnaher indirekter Bereiche in Units oder Produktion

Die Umgestaltung von Produktionsstrukturen zielt darauf ab produktbezogene, überschaubare und kostenverantwortliche Einheiten mit Managern oder Unitleitern, als selbständiger unabhängiger Führung, zu gestalten. Neben der Kostenstellenverantwortung kann auch die Verantwortung für indirekte Bereiche wie z. B. Logistik, Einkauf, Instandhaltung und Qualität dem Unitleiter zugeordnet werden.

Separierung eines Produktbereichs zum selbständigen Unternehmen

Dies ist ein gravierender Einschnitt in die Gesamtstruktur eines Unternehmens oder Konzerns. Die klassische Konzernleitungsstruktur mit Hierarchieästen, angelehnt an universitäre Fachbereiche, wie Einkauf, Produktion oder Technik, müssen in produktbezogene Bereiche aufgebrochen werden. Diese Bereiche erhalten im Idealfall nicht nur die Hoheit über alle produktionsnahen Fachgebiete, sondern auch alle anderen, für die Geschäftsführung eines Produktionsunternehmens relevanten Gewerke, wie Controlling, Buchhaltung, Einkauf, Vertrieb, Entwicklung, Technik. Die Extremform ist dabei die Abspaltung einer Unternehmenstochter, mit allen selbständigen Funktionen. Bei einer unvollständigen nur organisatorischen Umsetzung, kann zwar eine exaktere Zuordnung allgemeiner Kosten bzw. Prozesskosten vorgenommen werden, sehr viele Potentiale werden jedoch verschenkt. Nicht selten bleiben die gleichen Mitarbeiter am gleichen Arbeitsplatz, sogar unter der gleichen Personalverantwortung und personell der Struktur einer Zentralfunktion zugeordnet. Die Zuordnung zum Geschäftsbereich oder dem Tochterunternehmen erfolgt in diesem Fall nur formal über Umlagen.

1.16.4 Lean Management

Die Separierung eines Produktbereichs zu selbständigen Unternehmen, kombiniert mit einer Restrukturierung nach der Methode des Lean Managements, ist der halbherzigen Umsetzung eines unter der gleichen Personalstruktur aufgebauten Produktionsunternehmens, weit überlegen. Ziel der Verbesserung ist nicht die Einsparung von Personal, sondern die Ablaufoptimierung. Auf Grund feinerer Abstimmung und Zusammenführung von vielen Spezialisten werden deren Schnittstellen und Kommunikation verbessert. Flachere Hierarchiestrukturen bringen mehr Flexibilität, beschleunigen Entscheidungen, vermeiden Verschwendung durch Firmenpolitik, etc. Gängige Strukturen reichen von vier und mehr Managementebenen, unter dem Geschäftsführer (CEO) bis zu schlanken Strukturen mit nur einer direkt agierenden Managementebene, direkt unter dem CEO. An der Durchlaufzeit zur Umsetzung von im Etat geplanten Investitionen werden die Unterschiede deutlich gemacht. Bei umfangreichen Konzernstrukturen benötigen derartige Vorgänge nicht selten mehrere Wochen, oder gar Monate, wogegen bei flachen Strukturen in der Regel nur einzelne Tage notwendig sind. Dies spiegelt nicht nur eine höhere Reaktionsfähigkeit wieder, sondern auch den deutlich geringeren Aufwand. Einer der Hauptursachen liegt in dem geringen Grad des Delegierens der Kostenverantwortlichkeit. Die Abläufe werden aber auch durch den Wegfall vieler Abteilungsgrenzen und Hoheitsgebiete deutlich erleichtert.

Integration von schlankem Management, Separierung in selbständigen Geschäftsbereichen und Jobenrichment

Entstanden ist dieser Ansatz als Reaktion auf zunehmende Erhöhung der Produktivität und der daraus resultierende Freikapazität qualifizierter, operativer Mitarbeiter. Diese Kapazitäten wurden sinnvoll für weitere Verbesserungen und somit in die Zukunftsabsicherung investiert. Hierarchieebenen wurden aufgelöst und Tätigkeiten indirekter Bereiche auf operative Produktionsmitarbeiter übertragen.

Bei Toyota wurden mit klassischem *Kaizen*-Instandhaltungsarbeiten und Qualitätsarbeiten weitgehend von den Werkern übernommen. In Projektteams wurde eine enge Zusammenarbeit von Werkern, Konstrukteuren und Entwicklern gebildet, welche sogar gleichberechtigt Neuprodukte entwickeln. In den Teams wurde Produktionsgerechte und vor allem Herstellkosten optimierte Konstruktion und Entwicklung vorbildlich erreicht. Sehr unkonventionell ist das Beispiel von KOA *[Koji 95]*, in welchem in den Workshops, also von den produktiven Mitarbeitern, die Disposition, der Einkauf und die Verwaltung selbständig verantwortlich ausgeführt wurden. So konnte „erheblich indirektes Personal der Fabrik und der Hauptfirma eingespart werden". Bei Nissan werden zu den Einkaufsteams auch *Kaizen*-Spezialisten aus der Produktion mit integriert. In all diesen Fällen wird nach der

Restrukturierung praxisgerechter und wesentlich effizienter gearbeitet. Ein typisches Merkmal vieler gängiger Restrukturierungen ist das beibehalten der strategisch oder hierarchisch steuernden Funktionen auf Führungsebene. Bei der Integration des Einkaufs, des Controllings, der Buchhaltung oder von anderen betriebswirtschaftlichen Fachbereichen in die Produktionshoheit, wird die klassische Gewaltenteilung und Kontrollhoheit der wirtschaftlichen Leitung eines Unternehmens durchbrochen. Solche gravierenden Umstrukturierungen sind riskant. Wie man an dem Beispiel des japanischen Großkonzerns erkennen kann, ist dies aber im entsprechenden Umfeld äußerst erfolgreich umsetzbar. Die vielfältigen Vorteile von Zentralfunktionen sind, durch die Vorteile einer kleinen, überschaubaren Firmenstruktur, mehr als nur kompensiert worden. Die hierarchischen Strukturen zu verändern ist in Europa keine gängige Strategie in Konzernen. Bei den Spitzenunternehmen der Automobilindustrie oder Elektronikindustrie in Japan, wird ein enormer Wert auf online verfügbare Kennzahlen bezüglich der umfassenden Produktivität und dem realen Umsatz pro Stunde und pro Einheit gelegt. Diese erlauben eine sehr schnelle Reaktion, falls eine Änderung nicht den gewünschten Erfolg erbringt. Vermutlich kommt daher die bemerkenswerte Experimentierfreudigkeit, da bei einem Test jederzeit online die aktuelle Veränderung beobachtet wird und gegebenenfalls wieder gegengelenkt werden kann. In Europa werden hingegen viel häufiger, leicht zu erstellende Simulationsmodelle verwandt, um alternative Modelle von Abläufen austesten zu können.

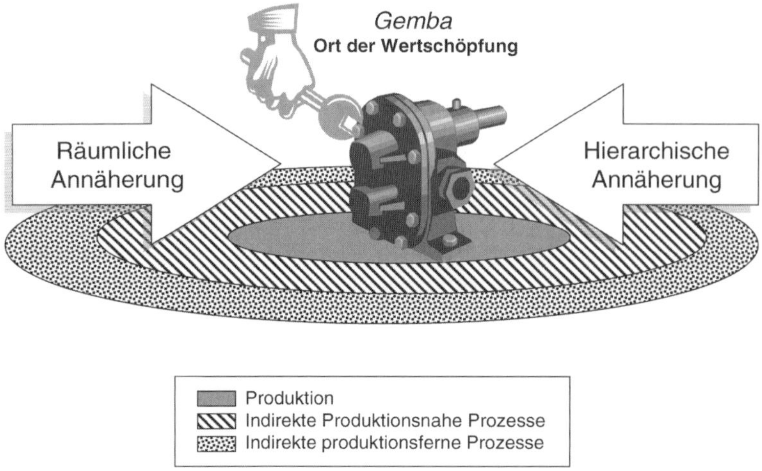

Abb. 1.16.1 Ebenen der Dezentralisierung und schlanken Management

1.17 *Kaizen* in den indirekten Bereichen

Sabine Leikep

Jahrelang wurde in den Produktionsbereichen mit *Kaizen*-Methoden die Effizienz gesteigert. Produktionsabläufe wurden optimiert, überflüssige Bestände abgebaut und die Wertschöpfung erhöht. Kundenreklamationen beziehen sich heute überwiegend auf Fehler in der Organisation und im Handling. Nicht eingehaltene Liefertermine, falsch gelieferte Teile oder mangelhafte Beratung verärgern die Kunden. Solche Fehler erfordern kostenaufwändige Nacharbeiten, die den Verbesserungen in der Produktion entgegenwirken. Deshalb ist es unerlässlich, die Prinzipien von Lean Production und kontinuierlicher Verbesserung auch in Büro und Service anzuwenden. Nur so kann die Wettbewerbsfähigkeit gesichert werden. Lange Durchlauf- und Wartezeiten werden von den Kunden nicht mehr akzeptiert. Der Anspruch an die Mitarbeiter ist, dass sie eigenverantwortlich arbeiten, das Wichtige vom Unwichtigen trennen und sich von Überflüssigem befreien.

Ballast abwerfen, die Ablage übersichtlich gestalten und einheitliche Standards schaffen, das sind die ersten Schritte zur Effizienz in Verwaltung und Service. Diese Basics sind sehr wichtig, um eine gute Ausgangsbasis für den Verbesserungsprozess zu schaffen. Doch das wahre Potential zur Erhöhung der Wertschöpfung und der Vermeidung von Verschwendung liegt in der Optimierung der Abläufe.

1.17.1 Weniger Fläche, schnellerer Durchlauf und Effizienzsteigerung sind gefragt

Je mehr Papier sich auf einem Schreibtisch ansammelt desto höher sind die Durchlaufzeiten. Große Ansammlungen von Ordnern, Aktenbergen und allerlei Krimskrams in den Schreibtischen, Schränken und Regalen erhöhen die Suchzeiten. Oft werden Kuriositäten angesammelt wie Werbegeschenke, alte Kaffeemaschinen, defekte Bürogeräte, alte Akten, Kugelschreiber in rauen Mengen etc. Als Folge wird viel Bürofläche benötigt. Die Bestände an Büromaterial sind nicht übersichtlich geordnet – zu große Lagerbestände oder plötzliche Materialknappheit sind an der Tagesordnung. Der Verwaltungsbereich wächst und wächst. Im Extremfall entstehen sogar neue, überdimensionierte Bürogebäude.

1.17.2 Strukturierte Vorgehensweise

Die sechs Level des effizienten Service-Management mit *Kaizen* ermöglichen eine strukturierte Vorgehensweise für den Prozess der kontinuierlichen Verbesserung:

- Das Erschaffen einer guten Ausgangssituation durch Selbstorganisation ist Ziel des ersten Levels.
- Im Level zwei wird die Verbesserung der Zusammenarbeit durch Standardisierung angestrebt.
- Level drei bringt Einsparungen durch Verbesserung der Arbeitsprozesse.
- Ziel im Level vier ist das Erhalten des guten Zustandes durch weitere Optimierungen im Team.
- Volle Verantwortung und flexibles Arbeiten im Team heißt das Motto für Fortgeschrittene im fünften Level.
- Das höchste Ziel ist die Prozessbeherrschung, welche im Level sechs als „Best in Class" definiert wird.

Die Reihenfolge der Level muss nicht zwingend eingehalten werden. Es ist durchaus ein Einstieg im Level 2 oder 3 möglich. Oft macht es aber wirklich Sinn, zur Einführung von *Kaizen* mit einer ‚5A-Aktion' zu beginnen.

Die fünf A stehen für:

- **Aussortieren** unnötiger Dinge
- **Aufräumen**
- **Arbeitsplatz** sauber halten
- **Anordnungen** zur Regel machen
- **Alle Punkte** ständig einhalten und verbessern

Der erste Schritt ist eine Sensibilisierung der Mitarbeiter. Sie müssen lernen, Verschwendung (japanisch *Muda*) zu erkennen und zu eliminieren. Workshops zum Thema 5A bringen oft erstaunliche Ergebnisse. Zum Beispiel wurden in einer Abteilung mit 20 Mitarbeitern bei einer Aufräumaktion an nur einem Tag zwei Tonnen Papier entsorgt. 600 Ordner und Büromöbel im Wert von ca. 13.000 Euro wurden freigesetzt und stehen wieder für andere Abteilungen zur Verfügung. Etwa 15 % der bisherigen Bürofläche kann nun anderweitig genutzt werden. Erstaunen und Betroffenheit sind die ersten Reaktionen, wenn ein Berater oder Prozessbegleiter im Rahmen eines 5A-Workshops an die Schreibtische geht, Schubladen öffnet und Riesenmengen an Kugelschreibern, brachliegendem Büromaterial und andere Dinge zutage fördert. Nach dem ersten Schock setzt dann zumeist eifrige Betriebsamkeit ein. Überflüssiges wird entweder dem internen Recycling zugeführt oder in bereit stehenden Müllcontainern entsorgt. Ordner verschwinden meterweise aus den Regalen und plötzlich ist ein ganzer Aktenschrank überflüssig. „Raus" damit heißt die Devise. Das klingt zunächst banal und hört sich an, als sei das ein Kinderspiel. Dennoch empfiehlt es sich, für den Anfang einen externen Berater zu engagieren, der die Aktion koordiniert und die Mitarbeiter motiviert. Denn wenn man sich vor Augen führt, dass eines Tages der Abteilungsleiter seine Mitarbeiter versammelt und zur großen Aussortier- und Aufräumaktion aufruft, wird schnell klar, dass dies in der Praxis meistens nicht funktioniert. Erstens zählt der Prophet nichts im eigenen Lande und zweitens lässt das Tagesgeschäft oft keinen Raum für umfangreiche Aktionen. Ein speziell dafür anberaumter Workshop, zur Not auch mal am Wochenende, schafft den nötigen Freiraum. Wichtig sind dabei die Information und die Motivation der Mitarbeiter. Deshalb erfolgt zunächst eine Schulung und die Mitarbeiter werden für die Problematik sensibilisiert. Dann geht es direkt an *Gemba*. Jetzt heißt es „Ärmel hochkrempeln und körperlich arbeiten". Alle machen mit, auch der oberste Chef. In Ameisenmanier werden überflüssige Dinge aus den Büros geschafft. Im Zweiten Schritt wird neu geordnet. Oft entstehen ganz neue Bürolandschaften. So ein Workshop hat eine „Kick-off-Funktion" und wird in großen Unternehmen genutzt, um den *Kaizen*-Prozess nach dem 6-Level-Model ins Rollen zu bringen. Unternehmenseigene, in den *Kaizen*-Methoden trainierte Mitarbeiter fungieren als Multiplikatoren. Sie übertragen den *Kaizen*-Gedanken auf andere Abteilungen und bringen die Verbesserungsprozesse ins Rollen. Die Zahlen für Einsparungen an Material und Fläche sind beeindruckend. Doch wenn die Basis durch die Aufräumaktion geschaffen wurde, erschließt sich erst das eigentliche Einsparungspotential. Prozesse werden optimiert, Durchlaufzeiten verkürzt, unnötige Wege und lange Zugriffszeiten vermindert. Ein *Kanban*-System verbessert die Verfügbarkeit von Büro- und Verbrauchsmaterialien. Wertstromdesign und Prozessmapping sind im dritten Level des effizienten Service-Managements angesagt. Wichtig ist, dass der *Kaizen*-Prozess ständig fortgeführt wird. Dabei helfen Standards und die regelmäßige Überprüfung, ob diese auch eingehalten werden.

1.17.3 Visualisierung steigert den Erfolg

Visuelles Management ist sehr wichtig, um den Verbesserungsprozess zu unterstützen. Markierungen zeigen, wo die Dinge ihren Platz haben. So wird das Aufräumen erleichtert und Suchzeiten werden vermieden. Vorher-Nachher-Fotos und Grafiken dokumentieren die Fortschritte und sind ein wichtiger Motivationsfaktor. Gleichzeitig können grafische Darstellungen der Ziele und ihrer Entwicklung eine Signalwirkung haben. Wenn sich zum Beispiel die Zahl der Kundenreklamationen erhöht, dann sollte sofort der Ursache auf den Grund gegangen werden. Sinnvoll ist die Einrichtung von Teamtafeln, die der Information von Mitarbeitern und Führungskräften dienen. Eine Qualifikationsmatrix zeigt, welche(r) Mitarbeiter(in) welche Qualifikationen hat, zum Beispiel EDV-Kenntnisse. So sieht man sofort, wer hat Basiswissen, gutes Anwenderwissen oder Expertenwissen. So werden die Menschen entsprechend ihrer Qualifikation eingesetzt oder für Weiterbildungsmaßnahmen vorgesehen. Gefragt sind flexible Mitarbeiter, die gut organisiert arbeiten und den Blick für das Wesentliche bewahren. Wenn die Abläufe gut organisiert sind, dann können Überlegungen hinsichtlich eines neuen Raumkonzepts gemacht werden. Da in großen Organisationen nie alle Mitarbeiter gleichzeitig im Hause sind, liegt ständig eine gewisse

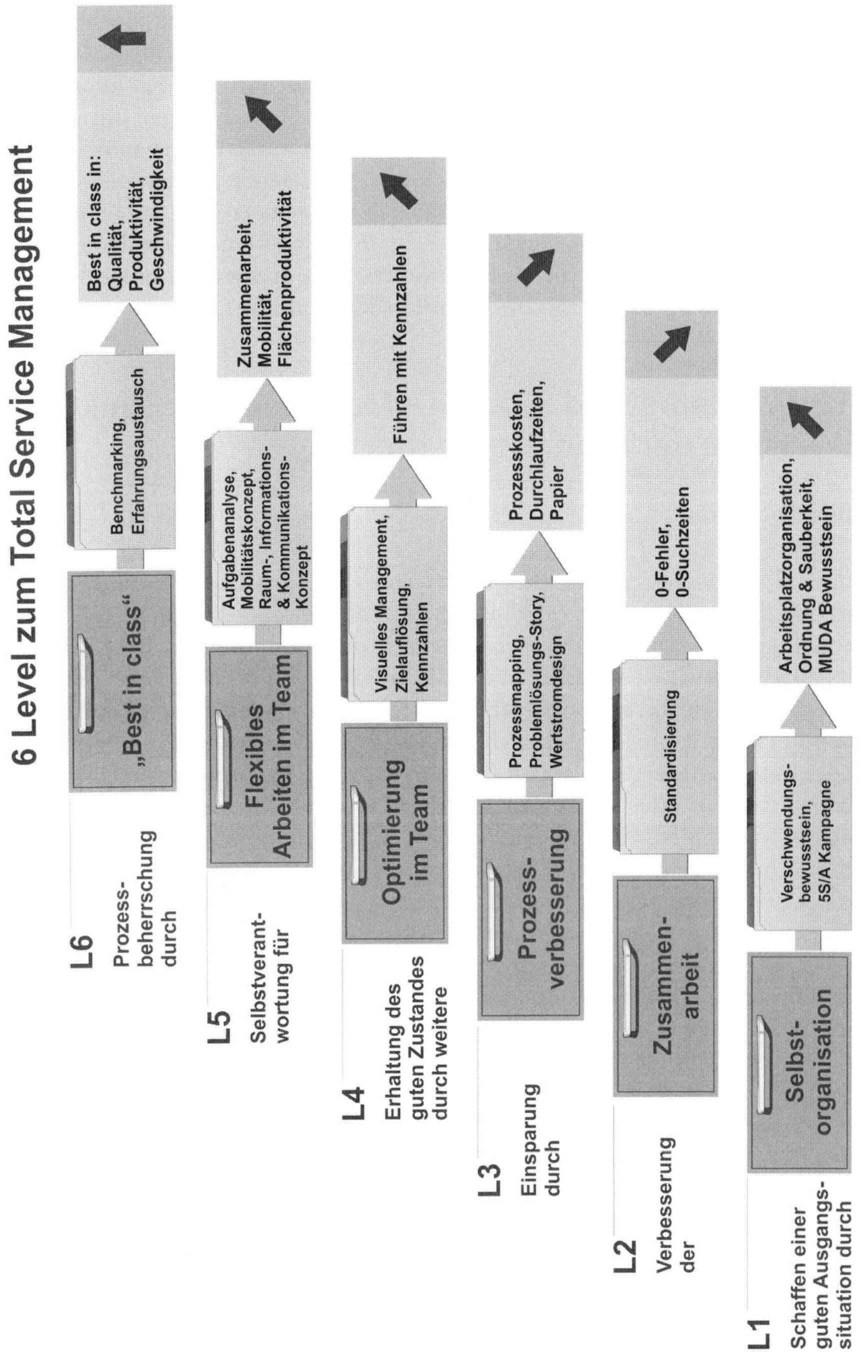

Abb. 1.17.1 Die sechs Level des effizienten Service-Management mit *Kaizen* (Quelle *KAIZEN* Teaching AG)

Anzahl von Schreibtischen brach. Das Bürokonzept der Zukunft sieht personenunabhängige Arbeitsplätze vor. Eine gute Mischung aus Einzelbüros, Gruppenarbeitsplätzen und Besprechungsecken wird je nach Bedarf von den Mitarbeitern genutzt. Individuelle Bürocontainer enthalten die für die Arbeit notwendigen Unterlagen. Das Büromaterial wird auf ein Minimum reduziert und in einem Shadowboard übersichtlich aufbewahrt. Nach Arbeitsende parken die Mitarbeiter ihren Bürocontainer an zentraler Stelle. Am nächsten Tag suchen sie sich einen passenden Arbeitsplatz aus und haben im Rollcontainer alles dabei, was sie benötigen. Durch diese Arbeitsweise werden Hierarchien aufgelöst und die Kommunikation und somit der Informationsfluss gefördert.

1.18 Probleme sind Schätze – Management-Ethik als Folge der Lean Production

Philipp Dickmann

Materialfluss- oder Produktionssysteme werden maßgeblich in Ihrem Leistungsgrad durch Entscheidungen begrenzt, die auf den jeweiligen Managementphilosophien basieren. Durch umfassende Lean Production–Methoden ist ein enormer Effizienzgewinn möglich. Wenn lediglich isolierte Elemente umgesetzt werden, etwa *Kanban*, oder wesentliche Anforderungen des Toyota Produktionssystems (TPS) z. B. an die Ethik nicht implementiert werden, wird nur ein Bruchteil des Fortschritts erreicht. Auch durch perfektionierte Steuerungsalgorithmen, Arbeitsmethoden oder vollautomatisierte IT können Begrenzungen, die durch strategische Rahmenbedingungen definiert sind, nicht kompensiert werden. Das TPS gibt hierzu sehr einfache Regeln vor, die jedoch Änderungen der gelebten Managementphilosophie notwendig machen. Die Inhalte der Managementhandbücher deutscher Unternehmen unterscheiden sich zu diesen Vorgaben des TPS kaum. Die Philosophien der *Shareholder Value* führen jedoch im Bezug auf die Grundthesen des TPS zu Konflikten. TPS fordert einen kooperativen Managementstil, um einen starken Bottom-up-Prozess zu erzeugen, der die Potentiale der Belegschaft zur Effizienzerhöhung nutzbar macht. T. C. Ohno verwendet den Vergleich: „Das beste Team gewinnt!“ *[Ohno 78]*. Teamgeist, Vorbildfunktion und das Einhalten von Regeln rückt in den Vordergrund. Womack und Jones *[Woma 05]* gehen in der Anforderung soweit, dass der CEO persönlich die Maßnahmen zur Verbesserung anführen muss. „An diesem Punkt scheitern die meisten amerikanischen Unternehmen gleich am Anfang … . Die CEO wollen die Verbesserung delegieren, teils weil sie Angst davor haben in die … Abteilungen … zu gehen und bei der Verbesserung Hand an zu legen … . Sie machen weiter mit ihrer alten Art des Managements – den Zahlen“. Welche konkreten Mittel stehen zur Verfügung, um ein an der Nachhaltigkeit orientiertes Unternehmen mit einer weltweit konkurrenzfähigen Effizienz auch in den indirekten Bereichen zu erreichen.

1.18.1 Ethik und Managementziele des Toyota Produktionssystems (TPS)

In TPS und moderner Lean Production *[Suza 89; Ohno 78]* werden Zielsetzungen an Ethik und Unternehmenskultur sehr detailliert beschrieben. Es lassen sich bei einigen der bereits erwähnten Elemente konkrete Forderungen oder Vorgaben bezogen auf Ethik oder Managementziele ableiten:

- **„Probleme sind Schätze“:** Kritikfähigkeit und ein positiver Umgang mit Hinweisen die auf Probleme aufmerksam machen, führen zu einem starken Bottom-up-Prozess der Verbesserung.
- **Bandstopp:** Dies beschreibt das Recht und die Pflicht des Werkers in Problemfällen die „Reißleine“ zu ziehen, bevor es zum Eklat kommt. Der Bandstopp ist dabei nicht als „Schande“ zu verstehen, sondern als herausragende „Verantwortung“ für das Team und das Management.
- **5W-Methode**: Diese grundlegende Methode der Problembehandlung fordert in allen Bereichen eines Unternehmens fundiert Ursachen zu ermitteln, statt Symptome zu beheben.
- **Prozessorientierung:** Optimale Prozesse haben minimale Kosten zur Folge. Im Vergleich zur Zielorientierung wird viel Aufwand durch Prävention erspart, Bürokratie ist weniger notwendig und es werden nicht oder schwer messbare „Softfacts“ mit optimiert.
- ***Gemba*-Orientierung:** Die Problemstellung der operativen Wertschöpfungsprozesse hat oberste Priorität. *Gemba*-Orientierung fordert schlanke Strukturen mit großer sozialer und räumlicher Nähe zum internen oder externen Kunden.
- ***Kaizen*:** *Kaizen* ist die Methode der ständigen Verbesserung im TPS. Wesentliche Elemente bezogen auf die Ethik und Management sind das Arbeiten mit Standards, die Forderung nach Kontinuität und Selbstdisziplin sowie das Prinzip der einfachen Umsetzung, statt aufwendigen bürokratischen und theoretischen Methoden.
- **Teamorientierung:** Konstruktiver Mannschaftsgeist ist gefordert anstelle von „Ellenbogen“-Philosophien, hierarchischen und bürokratischen „Machtspielen“.
- ***Autonomation*:** Eine menschliche Arbeitswelt für die Mitarbeiter schaffen, dies beinhaltet die goldene Regel der Ethik oder Fairness: Fordere von niemanden etwas, was Du nicht selbst bereit bist zu tun.
- ***Poka Yoke*:** Gute Qualität zu produzieren ist ein Selbstanspruch, nicht nur bei operativen Prozessen. Zudem sollten Prozesse optimiert werden, anstelle nachträglicher Qualität durch Selektion oder Prüfung zu erreichen.
- **Gelenkte Selbstbestimmung**: „Wenn eine Führungsperson / ein Manager Zukunftspläne entwickelt und Mitarbeiter so führt, dass sie sich für Ihre Arbeit verantwortlich fühlen und darauf stolz sind, wird er damit dem Unternehmen so viel Leistungsfähigkeit verschaffen, wie es kein traditioneller Managementstil je erreichen kann.“ *[Suza 89]*

- ***Kanban*-Dezentralisierung:** Ein wesentliches Merkmal von *Kanban* ist die Dezentralisierung der Produktionssteuerung auf den operativen Werker. Macht und Verantwortung wandert an den Werker. „Der Spieler muss vor Ort entscheiden können, das kann nicht der Trainer auf der Bank".

Die Management und Führungsansätze, die das Toyota Produktionssystem fordert klingen teils trivial, die reale Umsetzung ist aber höchst anspruchsvoll. Sie ähneln den grundlegenden Prinzipien und dem Selbstverständnis wie es im Handwerk in Europa etabliert ist. Hierin liegt ein deutlicher Konflikt, zu den in der Realität weit verbreiteten bürokratischen Systemen. Die Lean-Elemente können nicht in Einklang gebracht werden mit Macht basierten hierarchischen Führungsmethoden. Vorgesetzte sind in dieser Situation gezwungen, mehr fachlich kompetente Führungs- bzw. Managementmethoden umzusetzen.

1.18.2 Der Managementkreis – verbesserte Kommunikation und Führung

Das Toyota Produktionssystem kommt zu ähnlichen Vorgaben wie wissenschaftliche Publikationen der Personalführung und Ergonomie im Bezug auf reales Management. Das wissenschaftlich etablierte und fundierte Tool zur Führung ist der Managementkreis oder Deming-Kreis *[Demi 47]*: „Ziele setzen – Planung – Entscheidung – Durchführung – Kontrolle". Die Methode wurde sehr umfassend ergonomisch untersucht und wissenschaftlich belegt. Um fundiert zu arbeiten, müssen die grundlegenden Ansätze jedoch detailliert untergliedert werden: z. B. müssen Ziele präzise, zeitbezogen, zielbezogen sowie möglichst quantifizierbar sein. Sie müssen eine Ober- und Untergrenze besitzen, mit anderen Zielen in der Organisation integriert und abgestimmt werden, die Erfüllung muss realistisch beurteilbar sowie erstrebenswert sein. Diese Vorgehensweise des Managementkreises ist im täglichen Leben geläufig und allgegenwärtig. Es werden aber immer wieder permanent pragmatisch Vereinfachungen vorgenommen, wobei das Risiko durch Vereinfachung in Kauf genommen wird. Es bleibt jedoch festzuhalten, dass Abweichung von dieser formalen Vorgehensweise einen Grossteil der Fehler und unproduktiven Konflikte in Unternehmen verursachen. Konsequentes Führen umfasst konsequentes Abarbeiten des Managementkreises, mit einem wirkungsvollen Führungsstil.

1.18.3 Probleme sind Schätze – Kooperativer Führungsstil

Es lässt sich zwischen einem imperativen autoritären und einem kooperativen Führungsstil unterscheiden. Der imperative Führungsstil verwendet einen mit Autorität anordnenden und manipulativ überredenden Umgang. Der kooperative Stil überzeugt primär kooperativ und lässt partizipativ mit entscheiden. Am

Beispiel der operativen Qualitätsoptimierung oder im Rahmen von *Kaizen*-Projekten wird schnell deutlich, dass die repressive Form der Zusammenarbeit mit einem gehorchenden, fremdbestimmten oder einem folgenden außengesteuerten Mitarbeiter sehr wenig effizient ist. Wesentlich effizienter ist die emanzipative Form der Zusammenarbeit, bei welcher der Mitarbeiter innengesteuert zustimmt oder selbst mitbestimmt. Das kooperative Führungsprinzip wurde durch das Harzberger Modell bekannt: Typische Merkmale sind dabei der eindeutig begrenzte Aufgabenbereich, in den die Führung nicht eingreifen darf. Aufgaben, Kompetenz und Verantwortung müssen übereinstimmen. Der Mitarbeiter trägt Handlungsverantwortung, der Manager die Führungsverantwortung. Die theoretischen Grundregeln des Harzberger Modells wurden durch praxisnahe einfache Leitsätze erweitert. Für die Aufgaben wird nur eine Richtlinie übergeben, die aber Alternativen zulässt. Es wird nicht nur die Handlungsverantwortung übertragen, sondern auch die Führungs- und die Entscheidungsverantwortung. Das Ergebnis wird kontrolliert und nicht die einzelnen Tätigkeiten. Für die verbesserte Abstimmung bei überschneidenden Aufgaben muss der Leiter koordinieren und auch die Detailarbeiten kontrollieren. Ein wesentlicher Nachteil des kooperativen Führungsstils ist die Tatsache, dass der Vorgesetzte wesentlich mehr Zeit für Information und auf Grund des Mitspracherechts der Mitarbeiter bessere Kritikfähigkeit benötigt. Der Vorgesetzte wird aber andererseits in vielen Punkten durch Mitarbeiter entlastet, wie etwa durch Selbstkontrolle, Selbständigkeit, eigenes Mitdenken. Zudem wird sowohl der Vorgesetzte, aber auch das Unternehmen durch Interesse an Verbesserungen der Arbeit belohnt.

1.18.4 Ethik als evolutionäres Erfolgskonzept

Unter soziologischer oder entwicklungsbiologischer Sicht entsprechend der Energontheorie von H. Hass *[Hass 70]* lässt sich Ethik als evolutionäre Erfolgsstrategie interpretieren. Energone, also die eigentlichen Lebewesen, aber auch Lebensformen entsprechende Gebilde wie etwa Staaten, Firmen oder allgemein Gruppenstrukturen verhalten sich nicht grundsätzlich ethisch, sondern wägen ab und entscheiden sich für die Strategie, die im jeweiligen Fall subjektiv erfolgversprechender erscheint. Ethisches oder kooperatives Verhalten, wie z. B. Fairness oder das ehrliche Eingestehen von Fehlern, erbringt nachweislich den größeren Vorteil. Er resultiert aber erst mittelfristig und nicht unmittelbar auf den einzelnen, sondern primär auf die Gesamtgruppe. Nach der Spieltheorie *[Neum 44]* gilt: Wenn die Mehrzahl einer Gruppe bezüglich der „Spielregel" kooperiert, profitieren alle gleichermaßen davon. Betriebswirtschaftlich sagt die Spieltheorie klar aus, dass die maximale Leistung nur erzielt werden kann, wenn sich alle kooperativ und an die Spielregeln halten. Konflikte, egoistisches Verhalten und Konkurrenz reduzieren das maximale Ergebnis. Verschiedene Effekte, wie zielorientiertes und dadurch unkooperatives Verhalten (Kooperationsprobleme), behindern dabei die Erreichung des Gesamtoptimums *[Axel 86]*. Um bei dem Beispiel von T.C. Ohno zu bleiben: Wenn eine Sportmannschaft mit internen

Kämpfen beschäftigt ist, kann sie nicht erfolgreich sein. Entscheidend für die Entwicklung und damit den Erfolg sind zudem die vorgegebenen Kriterien, nach denen sich Varianten bevorzugt entwickeln können. Die oberste Priorität jedes Managements sollte folglich sein, mittels eines kooperativen Führungsstils möglichst ethisches Verhalten in einem Unternehmen zu erzeugen. Durch diese Zielerreichung wird die maximale Leistung des Unternehmens bestimmt. Aus diesem Grund sind derartige Leitsätze meist auch in Managementhandbüchern klar definiert. Nach der Energontheorie lassen sich nicht nur Unternehmen, sondern auch ihr gesamtes Netz an Zulieferern, als ein Energon verstehen. Um den Maximalerfolg bei einer Lieferantenbeziehung zu erzielen, gelten soziologisch dieselben Grundregeln der Spieltheorie.

1.18.5 Maßnahmen zum nachhaltigen Managementerfolg

Die Zielvorgaben des Managements bestimmen die Entwicklung jedes Unternehmens. Maßnahmen zum nachhaltigen Unternehmenserfolg, müssen folglich mit ziel- und prozessorientierten Vorgaben des Managements beginnen. Soziologisch betrachtet gilt es die Vorgaben des Managements so zu setzen, dass unsere betriebswirtschaftlichen Energone positive Entwicklungen mittel- bis langfristig bevorzugen. Um ein ganzheitlich schlankes Unternehmen, eine Lean Enterprise, erfolgreich umzusetzen, sind folgende Zielvorgaben für das Management notwendig:

- **Persönliches Anführen der „Lean-Bewegung“:** Der Umsetzungserfolg von Lean-Methoden ist maßgeblich von dem persönlichen durchgängigen Vorantreiben der Prozesse durch die Unternehmensführung bestimmt *[Woma 05]*. Für die Entwicklung hin zu einer Lean Enterprise sind sehr gravierende, einschneidende und strukturelle Änderungen notwendig, die mehr als die bloße Entscheidung der obersten Führungsebene bedürfen. Aber auch einzelne Elemente der Lean-Kampagne, wie etwa der offene und offensive Umgang mit Verbesserungsvorschlägen, benötigen Moderation und sollten top-down intensiv begleitet werden. Das persönliche Vorantreiben ist ein entscheidender Erfolgsfaktor, um eine umfassende, tief greifende und nachhaltige Veränderung zu bewirken.
- **Managementverträge stoßen nachhaltige Entwicklungen im ganzen Unternehmen an:** Zielvorgaben und Entlohnung, die eine ausgeglichene Mischung aus kurz-, mittel- und langfristigen Komponenten enthalten, verhindern erfolgreich die Nachteile einseitig kurzfristiger Kostenorientierung. Beständig positive Entscheidungen werden langfristig belohnt, kurzfristige Vorteile, die langfristig Nachteile erbringen, werden somit unattraktiv. Sinnvoll sind hierfür Entlohnungskonzepte die Zielvorgaben bezüglich ausgewogener Zeithorizonte bewerten. Führungskräfte erhalten zu Beginn ihrer Tätigkeit weniger Tantiemen, mittel- bis langfristig steigen die Zuschläge, auf Grund verlässlicher, erfolgreicher Leistungen in den entsprechenden Zeithorizonten. Die Entlohnung

deckt sich nun besser mit der über Jahre ansteigenden ergonomischen Effizienzkurve des Mitarbeiters und bildet somit die tatsächliche Leistung real im Gehalt ab. Das Konzept ermöglicht eine durchgängige Nachhaltigkeitsökonomie und verhindert häufige Stellenwechsel.

- **Interdisziplinäre Qualifikation:** Es ist im Interesse des Unternehmens, dass das Management für neue Aufgaben eine umfassende, interdisziplinäre und fundierte Vorbereitung erhält. Ausschließlich durch derartige Kompetenz eines Vorgesetzten ist ein kooperativer Führungsstil möglich.
- **Interhierarchische Ausbildung:** Bei japanischen Unternehmen durchlaufen Manager über einige Jahre ein Traineeprogramm, in dem sie diverse auch operative Aufgaben durchlaufen. So ist es gängig, auch direkt in der Produktion mitarbeiten zu müssen. Auf diese Weise wird ein sehr fundiertes Verständnis für die Problemstellung der Wertschöpfung erzielt. Führungskräfte erreichen durch diese Maßnahmen ein besseres „Standing" und deutlich höhere Akzeptanz auf verschiedenen hierarchischen Ebenen.
- **Gelebte Vorbildfunktion und ethisches Selbstverständnis erzeugen Engagement auch in schwierigen Phasen:** Vorgesetzte müssen sich der höheren Anforderung an ihre Vorbildfunktion und Ethik bewusst sein. Ethisches Verhalten umschließt auch und im Besonderen die in Relation sich selbst zugestandenen Rechte. Der große Nutzen von authentischem und nachahmenswertem Verhalten, ergänzt durch kooperativen Führungsstil, wird vor allem in kritischen Situationen sichtbar. Mit Vertrauen wird es möglich, mit einer engagierten Belegschaft schwierige Situationen zu meistern, auch wenn es alle „schmerzt".
- **Kooperation erleichtert Veränderung:** „Wachstumsschmerzen sind nötig" *[Suza 89]*. Entwicklung und Fortschritt fordern immer Konfliktsituationen, weshalb in vielen Fällen eine durchgängige positive Veränderung erst bei Leidensdruck zustande kommt. Veränderungen beinhalten auch Risken und brauchen daher „Zeit zum reifen". Kooperativer Führungsstil ermöglicht im Besonderen nicht immer zustimmen zu müssen. Offene Kommunikation erlaubt enorme substanzielle Verbesserungssprünge und ist daher ein Meilenstein zur Lean Enterprise.

1.19 Kundenorientierung

Philipp Dickmann

Einer der stärksten Trends der letzen Jahrzehnte ist neben der Intensivierung der Zusammenarbeit zwischen Kunden und Lieferanten, die fortschreitende Kundenorientierung in Unternehmen. Logistisch bedeutet dies die Anpassung der Anlagen und Belegschaft an die spezifischen Anforderungen der Märkte. Neben dem Preis ist heute die mögliche Flexibilität der Produktion vermutlich das entscheidende Merkmal, das auf dem Weltmarkt über den Erfolg oder Misserfolg eines Unternehmens, im immer enger werdenden Markt entscheidet. Ein Schlüssel, der hier maßgeblich wirkt, ist die Qualität der Prognosen. Es wird dabei ein an den realen Bedarf des Kunden angepasster Produktionsablauf angestrebt, ohne Verschwendung durch Überproduktion zu erzielen. Flexible, synchrone oder „atmende“ Produktion ist dabei die „Zauberformel“, welche es erlaubt mit minimalen Puffern selbst kurzfristige Bedarfsspitzen des Kunden abzudecken. Diese vor einigen Jahren noch undenkbaren oder als nicht konkurrenzfähig eingestuften Konzepte sind heute im globalen Markt, auch in Hochlohnländern, erfolgreich im Einsatz. Auf diesem Weg sind gravierende Veränderungen der Produktions- und Logistikkonzepte notwendig und mit dem Projektfortschritt werden noch viel umfassendere Maßnahmen als sinnvoll erkannt. Der Kunde verursacht zu einem gewissen Anteil Lieferprobleme auch mit, durch die Steuerungs-, Informations- und Verbindlichkeitsstrategie, nach welcher er verfährt. Kundenorientierung ist daher ein Kommunikationsprozess.

1.19.1 Kundenorientierung

Ein wesentliches Kriterium, das im modernen Produktionsumfeld entscheidend ist, ist die Fähigkeit die tatsächlichen Bedürfnisse des Kunden abzubilden. Die Absatzmärkte haben sich vom Verkäufer- zum Käufermarkt entwickelt und die Produktionsbedingungen müssen sich diesem Faktum anpassen *[EHLE 96]*. Hierzu gehört der Preis, aber auch die notwendige Lieferfähigkeit mit einer möglichst geringen Abruf- oder Wiederbeschaffungszeit. Der Servicegrad des Lieferanten ist sowohl von der internen Struktur, dem kooperativem Umgang gegenüber dem Kunden und hauptsächlich von den produktionstechnischen, logistischen und einkaufsrelevanten Grundlagen des Produktionsablaufs abhängig. In vielen Fällen sind im internationalen Preiskampf, die Preisunterschiede bzw. die tatsächlich durch Verhandlung erzielbare Reduzierung des Einkaufspreises nur sehr gering. Größere nachhaltige Preisreduzierungen werden vor allem durch einen Lieferantenwechsel zu einem Unternehmen mit effizienteren Strukturen erreicht. Kleinere Unternehmen haben hier beispielsweise Vorteile, auf Grund ihrer geringeren Gemeinkostensätze. Bei einem Lieferantenwechsel können jedoch Logistikkonditionen, wie Änderungen der Transportstrecke, der Verpackung, höhere Lagerreichweiten, Veränderung der Losgrößen, höhere Durchlaufzeiten, etc., den einfachen kaufmännischen Vorteil ohne weiteres kompensieren – ebenso wie Qualitätskosten. Professionelles Management der Flexibilität nimmt folglich ein sehr zentrales Thema in der modernen Produktion und im Materialfluss ein.

1.19.2 Das neue Entscheidungskriterium heißt Flexibilität

„Konventionelle Organisationsstrukturen sind überfordert: Sie verursachen bei stärkerer Kundenorientierung höhere Kosten und stellen damit den Unternehmensbestand in Frage“ *[EHLE 96]*. Produktlebenszyklen oder Änderungszyklen werden stetig kürzer, auch wenn das stellenweise technisch und betriebswirtschaftlich nicht immer sinnvoll ist. Der Kunde will möglichst keine Verbindlichkeit eingehen. Längst sind die Zeiten vorbei, in denen man durch die Erhöhung der Maschinenlaufzeiten einen Kostenvorteil erzielen konnte und der Kunde für eine kleine Preisreduzierung eine Abnahmeverpflichtung von Halbjahresmengen gerne in Kauf genommen hat. Im „Lieferantenzirkus" etablieren sich zunehmend auch in Hochlohnländern Firmen, die mit Methoden wie Low Cost Intelligent Automation (LCIA) im One-piece-flow (OPF oder 1PF) Teile herstellen und Just-in-sequence (JIS) anliefern. Diese Anbieter unterbieten dabei ganz nebenbei im Preis auch Billiganbieter auf dem Weltmarkt und dies bei Produkten, die vielerorts als in Europa nicht mehr konkurrenzfähig produzierbar gelten. Maschinen, die eine hohe Amortisationszeit haben sind hier benachteiligt, lähmen die Flexibilität und bringen einen zu hohen Overhead auf das Produkt. Die Ausnahme sind lediglich sinnvolle Qualitätsansprüche, um möglichst umfassend Folgekosten bei Qualitätsmängeln zu vermeiden. One-piece-flow mit minimalen Kosten zu erreichen, benötigt eine fundierte und langfristig geplante Umsetzung. In vielen Firmen sind schon bestehende Anlagen und damit Investitionen vorhanden, die sich erst noch amortisieren müssen. Umstrukturierungen, welche die Vorrausetzungen für tatsächliches JIT sind, können daher in der Regel erst sukzessiv langfristig erfolgen. Es stellt sich die Frage, welchem minimalen Takt die Anlagen genügen müssen, um für den Kunden das Risiko zu reduzieren oder den Kundenbedarf optimal abzubilden. Wo liegt der Kundentakt?

Entscheidungskomponenten:

- Transportwege, Lagerreichweiten, Lagerkosten und Sortierkosten
- Änderungshäufigkeit
- Realer Kundentakt
- Prognosegüte und Prognoseverbindlichkeit des Kunden
- Durchlaufzeit, Rüstzeiten des eigenen Produkts
- Pufferreichweiten auf der Materialkette

1.20 Vertriebsqualität - Prognose

Die realen, z. B. saisonalen Bedarfsveränderungen müssen sehr exakt ermittelt werden. Entscheidend ist die vom Markt geforderte Flexibilität zu erreichen, jedoch werden Strategien, die versuchen diese Forderungen zu umgehen, zunehmend immer weniger akzeptiert. Eine Ausnahme sind in manchen Fällen Billiganbieter, die mit enormen Preisvorteilen „locken", und bei welchen der Kunde in machen Fällen dann sein Anforderungsprofil anpasst. Die Bedarfszahlen des Kunden werden von verschiedenen Einflüssen verändert. Planungen, Rechenfehler von MRP, kalendarische Effekte, Bedarfskumulationen, Sicherheiten etc, täuschen der realen Produktionswelt nicht vorhandene Schwankungen vor, die tatsächlich in der Produktion des Kunden nicht auftreten. Dieser Effekt nimmt über die Anzahl der Produktionsstufen enorm zu und wird Peitscheneffekt (vgl. 2.1. Ruhiger kontinuierlicher Materialfluss) genannt. Um einen kontinuierlichen ungestörten Produktionsfluss zu realisieren, können die Schwankungen z. B. mit kleinen Puffern gedämpft bzw. entkoppelt werden. Es ist also notwendig, sich über verschiedene Ebenen der Kunden bzw. Endkunden über die Entwicklung des realen Verbrauchs hinweg mit möglichst vielen Informationen zu versorgen. Diese müssen dann mit dem tatsächlichen Profil abgeglichen werden. Im kooperativen Gespräch mit dem Kunden sollte zudem die Prognosegüte immer wieder kritisch hinterfragt werden, mit dem Hinweis, dass diese Daten die Basis für die maximal mögliche Lieferqualität bilden.

1.20.1 Überproduktion und Kundentakt

Die Bedarfszahlen je Variante, bezogen auf einen Zeitraum und auf eine Produktionseinheit werden als Kundentakt bezeichnet.

Tabelle 1.19.1 Die drei Mu *[Ohno 78]*:

Muda	Verschwendung
Mura	Unausgeglichenheit
Muri	Überlastung

Die Produktionssteuerung sollte bestrebt sein, möglichst exakt, diese Schlagzahlen abzubilden. Die Überproduktion lässt sich je nach Zeithorizont in dem der Kundentakt abgebildet wird, an den dynamischen Puffern erkennen. Überproduktion ist die Menge an Produkten, die produziert wird, obwohl der Kunde sie zu diesem Zeitpunkt (noch) nicht braucht. Hierunter versteht man den Mix und die Stückzahlen, die der Kunde in einer Zeiteinheit benötigt. Die Überproduktion ist eine der drei wesentlichen Verschwendungsarten nach TPS, die es zu eliminieren gilt.

Die Messgrößen für die Überproduktion sind zum einen die Puffer und zum anderen die Zeiteinheiten in denen der Kundentakt abgebildet wird. Die Zeithorizonte, die unter wirtschaftlichen Konditionen möglich sind, haben sich in den letzten Jahren von Halbjahren, hin zu einem Kundentakt von einem Tag oder sogar stückgenauer Lieferung (One-piece-flow) entwickelt. Die Mehrheit der Unternehmen in Europa hält diese Werte heute noch für unglaubhaft, bezeichnet sie sogar als unreell, unfundiert oder als reine Marketingaussagen. Trotzdem ist nicht zu ignorieren, dass in verschiedensten Branchen, wie im mehrstufigen Fertigungssektor, in komplexen Montagen oder Gießereien dieser Level zu international konkurrenzfähigen Konditionen umgesetzt wird. Welche Probleme müssen zunächst behoben werden, um eine Reduzierung der Überproduktion zu erreichen:

- Schlechte kurzfristige Prognosedaten bzw. Kundendaten
- Hohe oder stark schwankende Durchlauf- oder Produktionszeiten
- Kapazitätsproblem im Produktionsablauf
- Hohe Anzahl an Maschinenstörungen
- Qualitätsprobleme
- Zulieferengpässe
- Hohe Rüstzeiten und Produktionsfreigabezeiten
- Große Losgrößen
- Störungen und kurzfristige Sonderaktionen
- Etc.

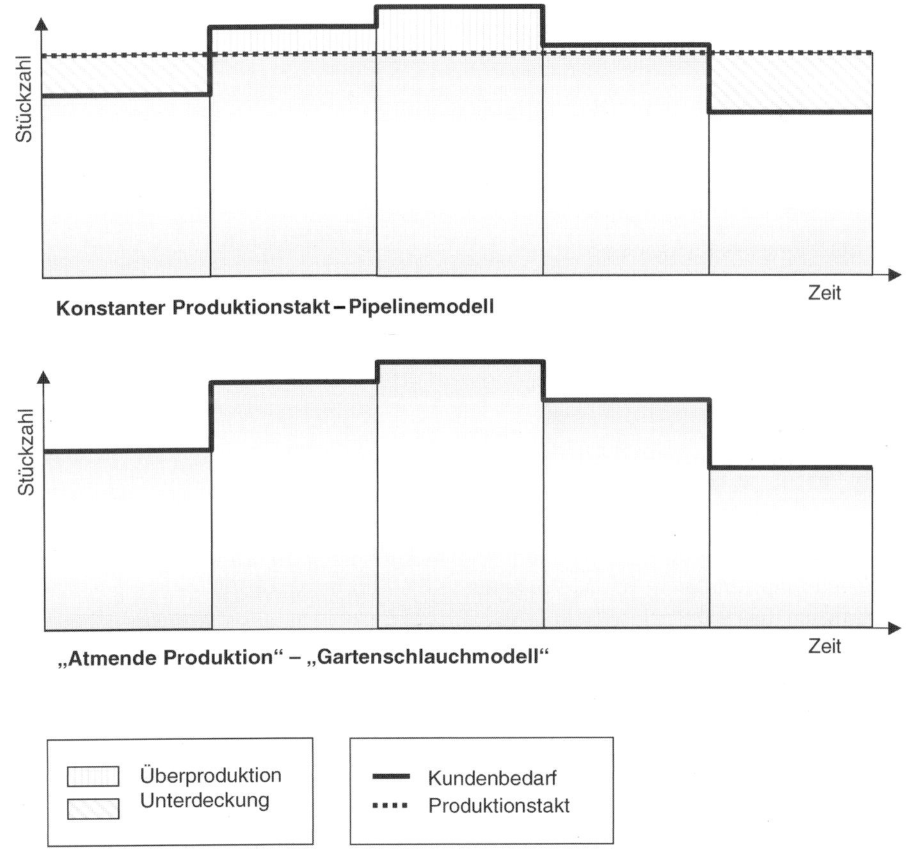

Abb. 1.19.1 Vergleich zwischen einem konstanten Produktionstakt und der „atmende Produktion". Ein konstanter Produktionstakt basiert auf Kapazitätsorientierten Philosophien. Die Produktionskapazität ist starr, Kundenschwankungen werden mit Puffer abgebildet, vergleichbar mit einer Pipeline, die einen konstanten Durchmesser hat und daher auch konstanten Fluss erzeugt. In der atmenden Produktion wird der Kundentakt in Kapazität abbildet. Dies ist vergleichbar mit einem flexiblen elastischen Gartenschlauch, der sich flexibel Kundenbedürfnisse anpassen kann

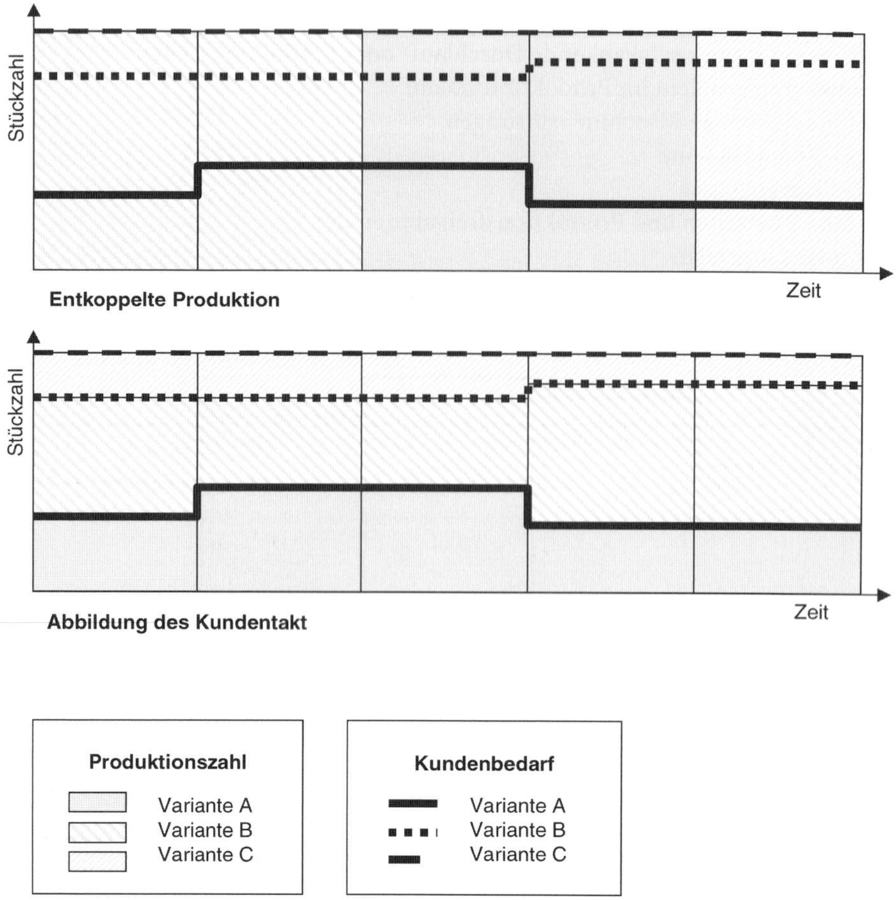

Abb. 1.19.2 Verschwendung sollte durch zeitnahes Abbilden des Kundentakts vermieden werden. In der Abbildung ist das Vorgehen visualisiert bei einer Veränderung von Wochentakt auf Tagestakt

1.20.2 Kundenorientierte Unternehmensstrukturen

Um eine hohe Kundenorientierung zu erreichen sind vor allem klein- und mittelständische Unternehmen höchst prädestiniert. Die klassisch arbeitsteiligen Strukturen der Konzerne haben sich aufgrund der enormen Hierarchieebenen, Arbeitsteiligkeit in Fachabteilungen und letztlich durch die soziale und räumliche Distanz in Bezug auf Informationsfluss, Kommunikation sowie Entscheidungsfähigkeit als vergleichsweise träge erwiesen. Eine Restrukturierung mit Dezentralisierung, strikter Splittung in eine Matrix-Struktur und einer möglichst räumlich dezentralisierten kundenbezogenen Struktur stellt ein sehr effektvolles Werkzeug dar, um auch bei größeren Unternehmensstrukturen ähnlich gute Abläufe zu erreichen.

1.21 Neue Ansätze um moderne und schlanke Produktionsmethoden zu vermitteln

Philipp Dickmann

Produktivität, optimale Prozesse oder schlanker Materialfluss spielen für Unternehmen im Wettbewerb eine entscheidende Rolle. Doch wie kommen diese Kompetenzen in die Unternehme? Die klassische Mitarbeiterschulung ist hier sicherlich ein gängiger Weg, jedoch bieten wenige Großkonzerne in Europa in den Standard-Schulungskatalogen Seminare in *Kaizen*, *Poka Yoke* oder *Kanban* an. Der Einsatz von Unternehmensberatern ist ein anderer häufig angewandter Ansatz. Die Konzepte der Lean Produktion beispielsweise benötigen Jahre des konsequenten Vorantreibens, um annähernd den vollen Erfolg nutzen zu können. Berater werden jedoch vielfach beschränkt für mittelfristige Projektzeiträume eingesetzt. Ein kontinuierlicher Wechsel der Beratungsunternehmen ist zudem gängig, womit immer neue, möglichst große Potentiale ausgeschöpft werden sollen. Eine nachhaltige Projektumsetzung ist damit in vielen Fällen kaum zu erreichen und die Penetration der Systeme endet lange vor dem Erreichen der möglichen Effizienz. Es existieren aber auch andere Möglichkeiten diese Themen zu vermitteln, bzw. sich anzueignen. Das Wissen gelangt etwa durch Jungakademiker in die Unternehmen. Erfahrungsberichte oder wissenschaftliche Fachbücher sind eine weitere gängige Methode. Ein ungewöhnlicher Ansatz sind Bücher die die Themen satirisch oder in Romanform vermitteln. In Japan ist Fernsehen eine sehr verbreitete Quelle um hoch entwickelte Lean Beispiele zu übermitteln. Verschiedene Veranstalter bieten eine in den letzten Jahren enorm gewachsene Anzahl an Seminaren an, wobei einige ungewöhnlich effiziente Ansätze hervorzuheben sind. Für die Vermittlung der komplexen Wirkungsweise von Just-in-timeoder Lean-Philosophien sind vergleichende Simulationsspiele der Abläufe in der Produktion ein hervorragendes Tool. Ein weiterer Ansatz, der besseres Verständnis für die Details der Problemstellungen vermittelt, sind Seminare, die in der realen Umgebung, in der *Gemba*, stattfinden.

Hochschulen

Viele Hochschulen und Universitäten stellen ihren Studenten heute, auch in dem Themenbereich der schlanken Produktion, eine hochkarätige Ausbildung zur Verfügung. Die Studenten bekommen in Vorlesungen und in Seminaren Inhalte vermittelt, die Beratungsunternehmen an anderer Stelle gleichzeitig als top-aktuelles Know-How in Seminaren anbieten. Ein gutes Beispiel ist das Produktionsplanungs- und Steuerungs-Praktikum (PPS-Praktikum) des Instituts für Werkzeugmaschinen und Betriebswissenschaften (iwb) der Technischen Universität München *[Zäh 04c]*. Begleitend zur Vorlesung wird hochwertiges Know-How zum Thema PPS und *Kanban* vermittelt und in einem Training mit realem Hintergrund eingeübt. Die Studenten simulieren wesentliche Problemsituationen, bezogen auf eine reale Produktion der Produktgruppe Retarder, der Voith Turbo AG. Die Übungssituation wird abschließend mit der Realität der Produktion mit den tatsächlichen Lösungen abgeglichen. Ergänzend werden in einem Spiel die detaillierten Vorteile von schlanker Produktion und *Kanban* vom Institut für Produktionstechnik (ifp) spielerisch vermittelt.

Bücher

Die Inhalte der schlanken Produktion werden in zahllosen Fachbüchern vorgestellt. Ungewöhnlicher ist der Ansatz die Thematik etwa in Romanform anzubieten, wie in *„Das Ziel – Höchstleistung in der Fertigung"* von Eliyahu M. Goldratt und Jeff Cox *[Gold 84]*. Die beiden renommierten Autoren beschreiben die Geschichte eines Fabrikleiters, dem im Kampf um den Fortbestand seines Unternehmens, die Methoden der schlanken Produktion zur Rettung wurden. Das Buch hat damit den klassischen Weg beschrieben, wie viele Unternehmen zu diesem Thema finden. Ein weiteres ungewöhnliches Beispiel ist das aktuelle Buch *„Der Weg – Effizienz im Büro mit Kaizen – Methoden"* von Sabine Leikep und Klaus Bieber *[Leik 04]*. In der Rolle des Beobachters erlebt der Leser in Romanform die alltäglichen Unzulänglichkeiten des Bürolebens. Ganz nebenbei wird ihm eine höchst wirksame, von *Kaizen* abgeleitete Methode zur Steigerung der Effizienz im Büroumfeld vermittelt. Bei sehr vielen Unternehmen wird im direkten Produktionsbereich ein sehr hoher Aufwand zur Effizienzsteigerung betrieben, in indirekten Bereichen wird dieses Potential vielfach noch vernachlässigt. Das Konzept des „Lean Office" trägt zudem der Tatsache Rechnung, dass in den indirekten Bereichen heute der Großteil der Personalkosten und damit der Optimierungspotentiale insgesamt zu finden sind. Der Hauptdarsteller, ein Gruppenleiter im Vertrieb eines Automobilzulieferers, schafft es mit verschiedensten Elementen des *Kaizen* „Papierschluchten, Suchzeiten, hohe Durchlaufzeiten, Engpässe und Doppelarbeiten dramatisch zu reduzieren". Er findet nicht nur „Schätze" und erhöht die Effizienz, sondern initiiert auch noch mehr Spaß an der Arbeit.

Fernsehen

In Japan ist es in größeren Unternehmen weit verbreitet, den Mitarbeitern in „Pausenräumen" mittels Fernseher neue Entwicklungen des Unternehmens aber auch allgemeine Neuheiten im Produktionsbereich zu vermitteln. In Europa ist dies nur wenig verbreitet. So ist es in Japan auch gängig zur Primetime, also den Haupteinschaltzeiten des Fernsehens, über spezielle Themen aus dem Bereich Lean in einer sehr Gemba-orientierten Form zu berichten.

Spiele

Das Institut für Produktionstechnik (ifp) vermittelt in Seminaren seit über zehn Jahren mit einem „Planspiel" die Unterschiede zwischen Pull und Push – Konzepten spielerisch. Vor allem produktionsfremde Fachbereiche oder zentrale

Funktionen, die auch räumlich weit weg von der täglichen Wertschöpfung sind, können so sehr einfach und spielerisch an das Zusammenspiel der Gesamtthematik, sowie die Vor- und Nachteile von verschiedenen Steuerungsmethoden herangeführt werden. Diese Schulungsmethode für *JIT* oder *Kanban* ist heute weit verbreitet, wenngleich sich die Spiele natürlich in den letzten Jahren weiterentwickelt haben.

Training und Seminare in realer Umgebung

In den letzten Jahren werden neuartige Seminare zum Thema „Schlanke Produktion" angeboten, die von der gängigen Methode der Frontalpräsentation im Hörsaal abweichen. Die Themen werden mittels eines umfangreichen Musteraufbaus in einer realen Umgebung live mit physischen Abläufen „zum Anfassen" vorgestellt. Die Präsentation findet am „lebenden" Objekt statt, also nicht als typische, sterile Präsentation im Hörsaal. Komplexe, interdisziplinäre Details z. B. von Logistikabläufen werden wesentlich leichter nachvollziehbar, vor allem für Personen die nur rudimentäre Kenntnisse der realen Abläufe haben, aber auch für komplexere Ent- und Kopplungsthemen in den internen und externen Lieferketten. Die Seminare z. B. der Lean Factory *[Leon05]* finden angelehnt an den Gedanken der Best Practise in einem original kopierten Produktionsbereich der Bosch Rexroth AG statt. Im realen Produktionsumfeld werden mit einer ungewöhnlichen Umsetzungstiefe die vollständigen Produktionsabläufe von Wertstromdesign, eKanban, Einzelstückfertigung, Anbindung von Vorfertigung und Lieferanten, Supermarktprinzipien, Materialbereitstellung, *Heijunka*-Steuerung, flexible Entgeltsysteme und Kennzahlensysteme im realen Produktionsumfeld, also der *Gemba*, wirklich „erlebt". Zusätzlich können die Teilnehmer die Arbeitsweise auch mit der laufenden Produktion von zwei benachbarten Produktionsstandorten vergleichen. Hier wurde ein gravierender Wandel vom klassischen Seminar hin zur lebendigen Vermittlung der Inhalte am Objekt vollzogen.

2 Grundlegende Steuerungsverfahren im heterogenen Logistiknetz mit *Kanban*

In vielen Unternehmen werden heterogen verschiedene Steuerungen in einem abgestimmten Konzept kombiniert. Je nach Anwendungsfall und Rahmenbedingungen werden Kombinationen allgemein bekannter Steuerungen oder Steuerungsvarianten gemischt eingesetzt, um eine optimale Steuerung für unterschiedliche Fälle zu erreichen. Hierbei stehen neben den bekannten und weit verbreiteten Methoden wie Material Requirements Planning (MRP) oder *Kanban*, auch weniger bekannte oder neue Methoden zur Auswahl, wie die Produktionssteuerung mit dezentraler, bestandsorientierter Fertigungsregelung (DBF). *Kanban* ist ein simples und effizientes Steuerungskonzept, das in der klassischen Form für spezifische einfache Anwendungsfälle umsetzbar ist. Hochentwickelte Steuerungsalgorithmen können helfen komplexe Abläufe optimal abzubilden. Mit einer grundlegenden Vereinfachung der Abläufe kann allerdings in vielen Fällen ein wesentlich stärkerer und umfassender Verbesserungseffekt erzielt werden. Die wesentliche Fragestellung sollte folglich lauten: Warum ist der Ablauf nicht mit einer einfachen Steuerung wie *Kanban* abzubilden? Um die Vorteile des Konzepts auch in untypischen Bereichen anwenden zu können, sind jedoch verschiedene Varianten oder *Kanban*-ähnliche Steuerungsmethoden entstanden. Darüber hinaus sind in der Praxis hybride Steuerungen im Einsatz, welche so kombiniert werden, dass die Zusammensetzung anspruchsvolle Eigenschaftsbilder noch exakt abbildet. In der Praxis basieren die Steuerungsentscheidungen nur zu einem kleinen Teil auf den eigentlichen Steuerungs-Algorithmen, wie sie uns etwa im MRP-System zur Verfügung gestellt werden. Moderne „Steuerungswelten" schließen alle relevanten Informationsquellen in eine heterogene Entscheidungsmatrix mit ein. Letztlich zählt nicht, ob die Entscheidung auf den Informationen aus dem MRP-System oder auf Softfacts basierend getroffen wurde, sondern nur, ob die Entscheidung erfolgreich war.

2.1 Ruhiger kontinuierlicher Materialfluss

Philipp Dickmann

„Nicht Effizienz oder Wirtschaftlichkeit entscheidet wie wir in Unternehmen arbeiten, sondern der Zeitgeist." Diese sehr provokante, pauschalisierte und emotionale Behauptung überspitzt die Tatsache, dass Veränderungen in Unternehmen sehr träge umgesetzt werden und sich zu einem großen Teil an gängigen Vorgehensweisen oder Marktstandards orientieren. Die Ursache ist darin zu sehen, dass mit betriebswirtschaftlichen oder mathematischen Mitteln nur aufwendig zu ergründen ist, welche Effekte den Materialfluss positiv oder negativ beeinflussen. Wie jeder Fliessprozess weist auch der Materialfluss enorme Komplexität und interdisziplinäre Zusammenhänge auf. Tatsächlich sind die wesentlichen Regeln oder Rahmenbedingungen im alltäglichen Leben allgegenwärtig. Ein Perspektivenwechsel, in dem der Materialfluss aus Sicht des Materials betrachtet wird, erleichtert das Verständnis der Zusammenhänge. Viele der Phänomene lassen sich sehr gut mit der Perspektive eines Autofahrers im Straßenverkehr vergleichen. Abläufe und im speziellen Materialflussstörungen sind hierzu sehr gut übertragbar. Die Wirkungsweise wesentlicher komplexer Phänomene und Regeln für effizienten Materialfluss sind dadurch sehr einfach verständlich, etwa wie Staus und longtuditionale Schwingungen, das Ziel des ruhigen und kontinuierlichen Flusses, der Einfluss von Lean Automation und Freikapazität, der Snowball-Effekt, das Flexibilitätsparadoxon, der Bullwhip-Effekt, eine träge Steuerung, Mindestbestände, die Störgrößenanalyse und der Effekt von Prävention und Qualität.

2.1.1 Regeln und Phänomene um einen kontinuierlichen und störungsfreien Materialfluss zu erreichen

Staus und longtuditionale Schwingungen

Jedermann sind Stauphänomene aus dem Straßenverkehr vertraut. Im Trichtermodell *[Wien 97]* bei dem der Engpass die gesamte Geschwindigkeit des Materialflusses bestimmt, ist dies leicht nachvollziehbar. Ebenso kennen wir den Zusammenhang, dass die erreichbare maximale Durchschnittsgeschwindigkeit an der Engpassstelle im Durchschnitt nicht erreicht wird. Vielfältige Effekte oder Störgrößen verursachen longtuditionale Schwingungen. Durch stop-and-go liegt die tatsächliche Geschwindigkeit, vor einer Staustelle, unter der Geschwindigkeit, die die Engpassstelle zulassen würde. Verkehrsleitsysteme im Straßenverkehr und Steuerungssysteme in der Produktionssteuerung, etwa mit kapazitätsorientierten Konzepten, verfolgen die gleichen Lösungsansätze. Diese Systeme können helfen die Krise oder den Stau einwenig zu optimieren. Grundlegende Lösungen benötigen jedoch auch wie beim Materialfluss andere Ansätze, etwa straßenbauliche Maßnahmen oder Optimierung von Zugriffszeiten von Einsatzkräften, etc. Zur Analyse der Probleme werden in beiden Fällen ähnliche Methoden angewandt: Simulation oder statistische Methoden, unterstützt durch physische Tests (vgl. 2.14. Valuecycle Optimizing).

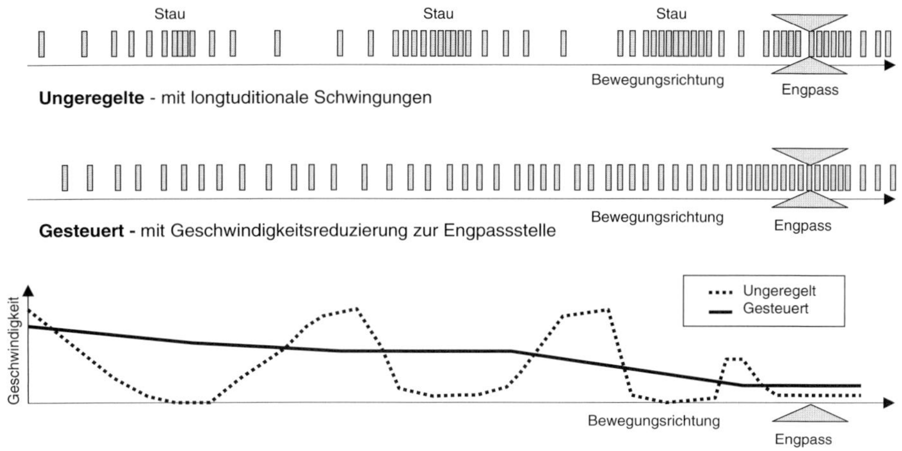

Abb. 2.1.1 Staus und longtuditionale Schwingungen: Die Durchschnittsgeschwindigkeit ist bei einer Geschwindigkeitsregelung deutlich höher, als bei ungeregelter Steuerung

Ruhiger kontinuierlicher Fluss – Theory of Constraints *[Gold 84]*

Das Ziel der Materialflussteuerung ist es einen getakteten Materialfluss ohne Kapazitätsengpässe zu schaffen. Kapazitätsengpässe haben vielfältige und negative Auswirkungen. So kann Krisenmanagement einen Großteil der Kapazität in Unternehmen einnehmen und zu fehlender Transparenz, Komplexität und unnötig hohen Kosten führen. Zur Beseitigung stehen präventive Maßnahmen im Vordergrund, wie Spitzen der real benötigten Kapazität zu analysieren, zu hinterfragen und die Kapazität der notwendigen Maschinen, des Lagers und des Personals anpassen. Das Ziel muss ein kostenoptimaler, kontinuierlicher und ruhiger Fluss sein.

Lean Automation – Flexible, einfache Hardware:

Flexibilität bestimmt zunehmend die Chancen am Markt. Nicht immer ist eine hohe Automation die wirtschaftlich und strategisch günstigste Lösung, auch nicht in Hochlohnländer. Viele hoch automatisierte Methoden haben sich wegen der zu hohen Komplexität, der entsprechend hohen Fehlerrate oder des hohen Wartungs- oder Änderungsaufwands als „eiserne, unflexible Ungetüme" erwiesen. Vor allem Anlagen mit hohem Investitionsbedarf fordern auslastungsorientierte Arbeitsweisen. Mit der Forderung nach 100 % Auslastung wird angestrebt, die Amortisationszeit zu verkürzen, um das Investitionsrisiko zu verringern. Ein Mittel dazu, ist die Bildung großer Losgrößen, um die Rüstzeiten zu minimieren. Jede Flexibilität geht verloren. Verschwendung durch Überproduktion entsteht. Ausgehend von der japanischen Automobilindustrie hat sich ein Gegentrend die Lean Automation (vgl. 1.8. Low Cost Intelligent Automation) etabliert. Grosse

Anlagen werden durch mehrere, billigere und wesentliche flexiblere Anlagen ersetzt. Vorteil dieser Anlagen sind neben dem geringen Investition, kürzere Amortisation, höherer Flexibilität und die Möglichkeit den Kundenbedarf in sehr kleinen Losgrößen darstellen zu können. Sie können schneller gerüstet werden, womit die Nebenkosten auf den Produkten geringer werden. Durch den wesentlich geringeren Invest sinkt die Amortisationszeit, das Risiko der Investition reduziert sich erheblich. Der Maschinen und Anlagenpark bestimmen nicht mehr maßgeblich die Kosten. Hardware umfasst auch alle physischen Hilfsmittel für die Produktion und den Materialfluss, die nicht direkt der Wertschöpfung unterliegen. Es kann sich auch um Verpackungen handeln, die nachhaltig durchdacht enorme Auswirkung auf die Kosten verursachen kann.

Freikapazität

Der Preisunterschied zwischen hoch automatisierten Anlagen zu einfachen Maschinen ist in der Regel so gravierend, dass für einen Automaten eine größere Zahl an Maschinen beschafft werden kann. Die Folge ist, dass bei gleichem Output ein Teil der Maschinen frei bleibt. Es muss nicht mehr im Voraus produziert werden, um Kapazitätsspitzen abzudecken, da diese Freikapazität die Möglichkeit bietet dies auszugleichen. Typisches Beispiel sind große Waschmaschinen in der Fertigung die durch kleine Waschmaschinen für ein Teil direkt beim folgenden Produktionsprozess ersetzt wurden. Freikapazitäten von Anlagen werden wirtschaftlich vertretbar und Staus im gesamten Netz des Materialflusses werden reduziert. Die Erfahrung zeigt, dass neben dem kontinuierlicheren Fluss wegen der enormen Einsparung an Investitionen deutlich geringere Produktionskosten erreicht werden können.

Snowball-Effekt

Störungen und Engpässe führen zu einem Snowball-Effekt. Eine Störung verursacht Ausweichstrategien und damit das Umwerfen von mehreren anderen Produktionsaufträgen. Damit vervielfältigt sich das Problem in einer Kettenreaktion. In der Folge sind die Bedarfstermine der darunter liegenden Produktionsebenen ebenfalls betroffen. Es kommt zu einer erneuten Vervielfältigung der Störung, usw. Kaum ein Steuerungssystem mit automatischen Regelkreisen kann die Fortpflanzung dieser Störungen aufhalten, die durch manuellen Eingriff oder ungeplante Störungen entstehen. Nur umfassendes manuelles Management kann dies stoppen. Der Snowball-Effekt ist sehr plakativ bei Serienanlaufproblemen zu erkennen. Durch etwa Qualitätsprobleme eines Lieferanten türmen sich einerseits Berge an Material, andererseits kommt es zu enormen Bedarfsspitzen. Der Effekt beeinflusst dabei aber alle anderen angebunden Lieferanten, die eigene Produktion und gegebenenfalls auch den Kunden.

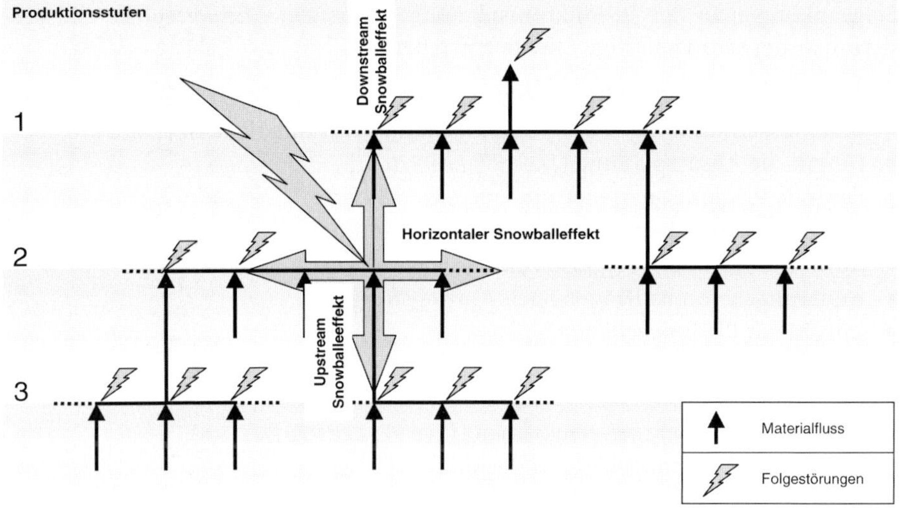

Abb. 2.1.2 Durch den Snowball-Effekt vervielfältigen sich Störungen in allen Richtungen im Materialfluss und führen in einer Kettenreaktion zu einer Vielzahl neuer Störungen

Flexibilitätsparadoxon

Das „Durchlaufzeitsyndrom" *[Kand 99]*, fordert Algorithmen in ERP-Systemen, die schwankende Durchlaufzeiten abbilden können. Dadurch soll eine Verbesserung erzielt werden bei der Abbildung der Realität. Schwankende Durchlaufzeiten sind nicht die Ursache, sondern die Folge von Engpassmanagement oder anderen Störungen. Es wird dabei letztlich versucht, die Ursache auf der organisatorischen Ebene, durch die exakte Abbildung der Auswirkung, zu beheben. Das Flexibilitätparadoxon setzt an der „Wurzel des Problems" an. Durch steigende Durchlaufzeiten steigt die Gefahr, dass Aufträge bei Sonderaktionen oder Störungen nicht fertiggestellt werden können und warten müssen. In der Folge entsteht ein Stau. Die Korrelation zwischen der Durchlaufzeit und der notwendigen Flexibilität ist entscheidend für das Maß der Störungsanfälligkeit des Materialflusses. Flexibilität wird als Puffer auf der Zeit- oder Bestandsachse bzw. Kapazität in Anlagen und Mitarbeitern, interpretiert. Mit Zunahme der Flexibilität werden der Snowball-Effekt, das Durchlaufzeitsyndrom und die Problemstellung der minimalen wirtschaftlichen Losgröße gleichermaßen behoben. Da die Zielsetzung von Materialfluss darauf abzielt möglichst minimale Puffer bzw. in der Folge Flexibilität vorzuhalten, gilt es den „Break Even" der Flexibilität, also das Flexibilitätsparadoxon zu finden und mittelfristig die notwendige Flexibilität zu optimieren.

Peitschen- oder Bullwhip-Effekt

Ein weiterer Effekt, der einem kontinuierlichen ruhigen Materialfluss entgegen wirkt ist der Peitscheneffekt, engl. Bullwhip-Effekt *[Forr 61]*. Er wird durch

Schwankungen in der Produktionsplanung verursacht und verstärkt, die wiederum durch sehr vielfältige Effekte entstehen:

- Bestandsabbau und -aufbau (z.B. an Geschäftsjahresende, Urlaubszeiten, etc.),
- Bestandsschwankungen aufgrund konstanter Durchlaufzeiten *[Lödd 05]*,
- Dezentrale Absatzplanung (*[Lee 97; Lee 97b]*),
- Zentrale Produktionssteuerung,
- Änderungshäufigkeit der Prognose bzw. Planung,
- Abweichungen der Prognose vom erreichten Wert,
- Änderungen von Aufträgen nach Auftragsfreigabe
- Anzahl der Planungsebenen,
- Losbildung (*[Lee 97; Lee 97b]*),
- Preisschwankungen (*[Lee 97; Lee 97b]*),
- Überbestellung bei Lieferengpässen (*[Lee 97; Lee 97b]*),
- Bestandsschwankungen bei Änderungen,
- Kapazitätsrestriktionen *[Lödd05]*,
- Physikalische Fehlerbehaftung von ERP-Daten bzw. mangelnde Datenpflege in ERP-Systemen,
- Hohe Komplexität und Vielfalt an angewandten Parametern in ERP-Systemen,
- Kumulation in ERP (z.B. Kalendarische Kumulationen),
- Lange Durchlauf-, Wiederbeschaffungs- oder Transportzeiten,
- Informationslaufzeit *[Lödd 05]*,
- Fehlende oder zu geringe Puffer (z.B. Nullbestandskonzepte),
- Parallele Lieferantensysteme (Quotierung),
- Mangelndes Qualitätsniveau,
- Mangelnde Termintreue,
- etc.

Über die Supply Chain nimmt dieser Effekt nach unten zum Lieferanten hin zu und führt dort zu einem immer stärker werdenden stop-and-go Effekt. Die Ebenen der Dimensionierung, Auslastung und Kapazität erzeugen höhere Kosten. Schwankungen die z. B. durch Monatsumbrüche ausgelöst werden, nehmen über verschiedene Produktionsstufen zu. Für den Lieferanten ist dies nicht erkennbar, er muss mehr Lagerpuffer aufbauen und eventuell neu investieren, um die Kapazitätsspitzen sicherstellen zu können.

Träge Steuerung

Ein anderer Ansatz besteht darin Trägheit in ein Produktionssystem durch Verlangsamung der Steuerungsgeschwindigkeit im ERP auf den Ebenen der SCM zu erreichen. Wenn, beginnend von der obersten Ebene, Schwankungen durch zeitliche Verlangsamung der Steuerung ausgeglichen werden, wird der Bullwhip-Effekt weitestgehend kompensiert. Tatsächliche Bedarfsschwankungen müssen über Puffer abgedeckt oder zumindest in der minimalen Dynamik des Systems abbildbar sein.

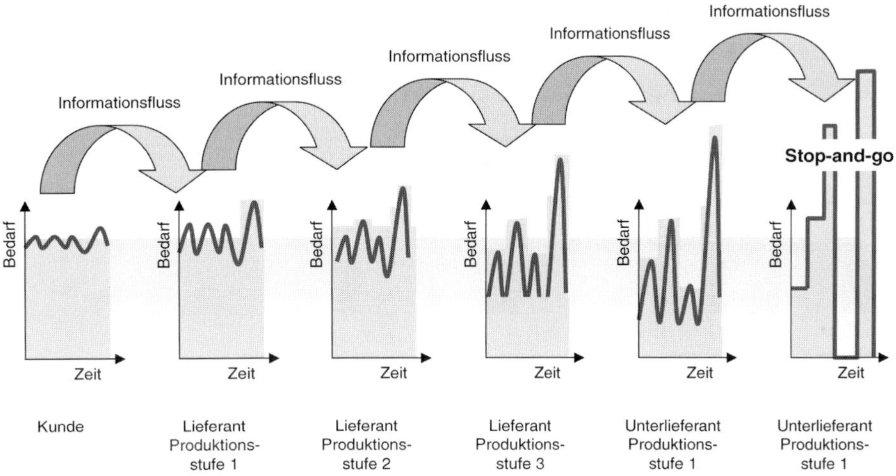

Abb. 2.1.3 Der Peitscheneffekt (Bullwhip-Effekt) führt zu stop-and-go bei den Lieferanten

Mindestbestände, anstelle 0-Bestandskonzepte

Als Weiterentwicklung des Just-in-timewurde versucht die ursprünglichen *Kanban*-Puffer immer weiter zu optimieren und damit die Anteile des Lagerbestand immer weiter zu reduzieren. Das Resultat war das Null-Bestands-Konzept (0-BK). Ziel war es das Just-in-time im *Kanban*-Kreis so exakt zu steuern, dass der Auftrag gerade dann liefert, wenn der Kunde beliefert werden muss. Da in der Realität immer Störparameter vorliegen führt dies zunächst zu Engpässen. Sobald der Kunde, in einem Fall, kurz warten muss, hat dies zur Folge, dass der Snwoballeffekt des Krisenmanagements ausgelöst wird. In der Folge verschieben sich viele andere Aufträge, bzw. werden unterbrochen. Die statischen Lagerbestände werden zuerst reduziert, wegen der vielen Unterbrechungen in den Produktionsaufträgen nehmen die Durchlaufzeiten der Produktionsaufträge und damit die Bestände überproportional zu. Die Kapitalbindung in den Aufträgen kompensiert die Einsparung durch statische Lagerbestände um ein vielfaches. Zudem treten die bereits beschriebenen überproportionalen Kosten als Folge des Krisenmanagements auf. Minimale Lagerbestandswerte und minimale Kosten sind nur mit minimal dimensionierten statischen Lagerbeständen möglich. Dies sind Puffer für Störparameter die den Break Even der Kapitalbindung absichern. Die Höhe dieser Puffer kann dabei nicht maßgeblich von Steuerungsalgorithmen optimiert werden, sondern ist nur von der Reduzierung der Störgrößen beeinflussbar. Auch hierfür kann in der realen Anwendung Valuecycle Optimizing eingesetzt werden.

Störgrößenanalyse

Das Toyota Produktionssystem leitet uns dazu an, mit der 5W-Methode Probleme mehrfach zu hinterfragen und dann die eigentlichen Ursachen zu beheben, anstatt nur Symptome nach zu regeln. Gerade mit EDV-Systemen wird gerne

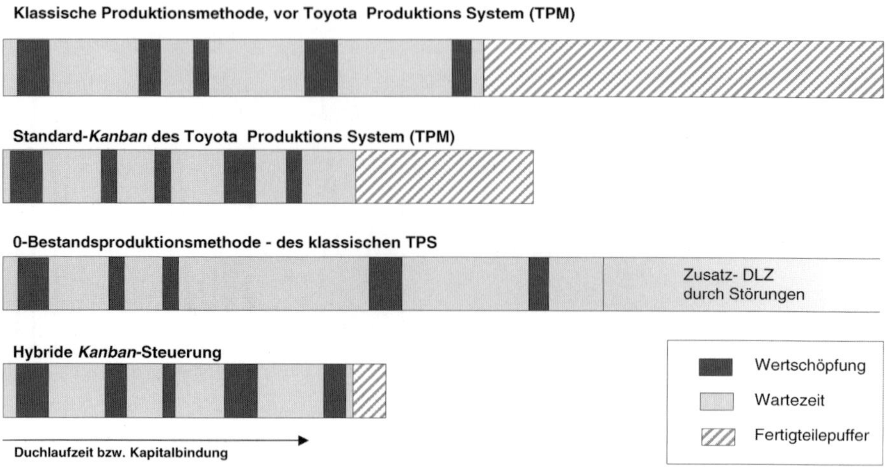

Abb. 2.1.4 Visualisierung der prinzipiellen Entwicklung des Umlaufbestands im Vergleich zwischen klassischer Produktion, *Kanban*, 0-Bestandsproduktion und mit Hybrider *Kanban*-Steuerung

versucht systematisch Symptome zu beheben, ohne die Ursachen zu beseitigen. Systematisch lassen sich Störgrößen nur mit einer Analyse und einem in der Regel kontinuierlichen Prozess beseitigen, beides die Kernelemente des Valuecycle Optimizing (vgl. 2.14. Valuecycle Optimizing)

Prävention und Qualität statt Krisenmanagement und umständlichen Abläufen:

Es ist heute gängige und sinnvolle Praxis die Qualität der Prozesse aus Kostengründen in Frage zu stellen. Dies führt jedoch zur Notwendigkeit eines überproportional höheren Aufwands für Preservice und indirekten Bereiche, die aufgrund fehlender Qualität erst notwendig werden. Qualität zu ermessen, zu prüfen, zu selektieren, nach zu bessern, zu dokumentieren, mit indirekten Bereichen sicher zu stellen, erzeugt Folgekosten die wesentlich höher sind, als dies in den Herstellprozess zu investieren geplant ist. Die Folgen dieser Ideologie setzen sich über die Fehlerfortpflanzung bis zum Kunden durch. Qualitätsprobleme gehören im Materialfluss zu den gravierendsten und häufigsten Störgrößen.

2.2 Wertschöpfungsanalyse des Materialflusses und „das Einfachste ist das Beste"

Philipp Dickmann

Der Ansatz der Wertschöpfungsanalyse führt zur Verdichtung der wertschöpfenden Prozesse und damit zur Erhöhung der Effizienz, da Verschwendung eliminiert wird. Der Materialfluss ist nach der klassischen Definition nicht wertschöpfend, das Produkt nimmt nicht an Wert zu. Mit anderen Worten: Der Kunde bezahlt nicht dafür, dass eine Komponente zu einer anderen Stelle gebracht wird. Man sollte also als erstes Resultat generell versuchen Materialbewegungen so weit wie möglich zu minimieren. Prozesse sollten in erster Linie mit dem Ziel verändert werden, Transporte weg zu rationalisiert. In der Folge sollte eine Optimierung durchdacht und erst in letzter Instanz Automation angestrebt werden. Automatische Prozesse benötigen hierbei besondere Aufmerksamkeit, da in diesem Fall die Verschwendung durch unnötige Bestände und Wege weniger transparent ist. Da es grundsätzlich nicht möglich ist ohne Materialfluss zu Produzieren oder die Ware an den Kunden zu liefern, ist zumindest eine Optimierung der Einzelschritte anzustreben. Grundlegend ist die Vorgehensweise nach Valuecycle Optimizing (VCO) zur systematischen Optimierung des Materialflusses zu empfehlen. Dabei lassen sich drei typische Bereiche Materialfluss unterscheiden: Am Arbeitsplatz, innerbetrieblicher Materialfluss und überbetrieblicher Materialfluss. Bei der durchgängigen Wertschöpfungsanalyse auf der Supply Chain kristallisieren sich einfache Prozesse heraus die maximale Effizienz darstellen. Eine allgegenwärtiger Redewendung in China besagt: 以简为明 (Aussprache: yi jieng we min) – „das Einfachste ist das Beste“. Dies trifft im Besonderen auf den komplexen Materialfluss zu. Es lassen sich wenige einfache Regel in der Theorie des „Einfachen Optimums“ ableiten die zu beachten sind, um einen idealen Materialfluss zu erreichen.

2.2.1 Materialfluss am Arbeitsplatz

Grundsätzlich ist Materialfluss am Arbeitsplatz bis auf das Greifen, Zuführen und Positionieren zu vermeiden, dies gilt auch im Besonderen für automatische Prozesse. Materialfluss am Arbeitsplatz ist typischer Anwendungsbereich von *Gemba-Kaizen* und Valuecycle Optimizing, Wertschöpfungsanalyse, Arbeitsplatzgestaltung mit RAFA bzw. MTM oder Optimierung mit Simulation. Es werden folgende Ziele angestrebt:

- Produktion im Kundentakt
- Austaktung der Arbeitsinhalte
- Anlagen die Flexibilität zugestehen
- Möglichst keine Materialbereitstellung oder Kommissionierung
- kein Zwischenhandling
- Kein Zusatzhandling
- Mehrfachgriffe ausnutzen
- Möglichst kurzer Greifraum
- etc.

2.2.2 Innerbetrieblicher Materialfluss

Grundsätzlich ist innerbetrieblicher Materialfluss soweit als möglich zu vermeiden, da er keine unumstößliche Notwendigkeit ist. Durch schlanke Konzepte oder räumliche Veränderungen können enorme Potentiale eingespart werden. In der Realität werden diese Potentiale sehr häufig nicht ausgenutzt. Automation ohne Prozessoptimierung oder Zwischenlager die zu Lieferanten oder Spediteuren verlagert werden erbringen in der Summe eine Verschlechterung der Prozesse. Gründe, die innerbetrieblichen Materialfluss in manchen Fällen rechtfertigen können sind:

- Die kompletten Gebinde des Lieferloses können räumlich nicht am Ort des Verbrauchs untergebracht werden.
- Es entstehen zu viele und zu kleine Bereitstellmengen an zu vielen Arbeitsplätzen.
- Die Mindestanliefermenge ist zu groß oder die manuelle Bereitstellung, etwa aufgrund großen Volumens, erzeugt zu hohe Handlingskosten.
- Zwischenlagerung und Kommissionierung kann sinnvoll sein, bei großer Anlieferentfernung oder sehr großen wirtschaftlichen Losgrößen, z. B. bei niedrigpreisigen Massenartikeln.

Innerbetrieblicher Materialfluss ist ein typischer Anwendungsbereich von Valuecycle Optimizing, Materialfluss-, Wertstrom-, Wertschöpfungsanalyse oder Optimierung mit Simulation. Es werden folgende Ziele präferiert:

- Losgrößen und Verpackung mit dem Kundentakt harmonisieren.
- Qualitäts- und Wareneingangsprüfung in vorgelagerten Prozessen sicherstellen.
- Ausreichend Platz für Sicherheitsbestände und saisonale oder durch Wachstum erzeugte Schwankungen am Arbeitsplatz räumlich vorsehen.
- Nicht notwendige, große Lagervolumen oder Handlingsmengen vermeiden, nach Möglichkeit mit Durchschublager arbeiten.
- Ship-to-line: Bereitstellung vom Lieferant direkt am Verbrauchsort, d. h. kein innerbetrieblicher Materialfluss oder zwischengelagerten Bestände sind nötig.
- Zwischentransporte, Zwischenlager und Kommissionierung vermeiden.
- Kurze Wege.
- Automatische Lager möglichst mit Anbindung an die Zelle bzw. dem Arbeitsplatz und eine Dogging-Station.
- Innerbetrieblicher Materialfluss muss in Zusammenhang mit Materialfluss am Arbeitsplatz gesehen werden und somit die Ziele des Materialflusses am Arbeitsplatz erfüllen.

2.2.3 Überbetrieblicher Materialfluss

Bei Ship-to-line oder Direktbereitstellung im Sinne von Just-in-time existiert maximal ein sehr kleines Lager beim Lieferanten und direkt am Arbeitsplatz des Kunden. Die Lagergrößen sind abhängig von der Transportzeit und dessen Risiko. Bei einer Transportstrecke von wenigen Kilometern vom Lieferant zum Kunden, ist im Vergleich zu einem Seetransport z. B. aus China, eine wesentlich kürzere Zeit mit eigenem Lagerbestand zu puffern. Auch das Risiko, von Verspätung oder Verlust der Ware ist bei einem nahen Lieferanten bei weitem geringer. Lange Strecken erzeugen folglich hohe Lagerkosten und ein hohes Risiko bei Änderungen oder Qualitätsproblemen. Die Bezeichnung Ship-to-line oder Just-in-time wird gerne für Lösungen missbraucht, die nur kleine Elemente dieser Methoden enthalten. Typische Beispiele sind hierfür Zwischenlager, die räumlich beim Lieferanten, Dienstleister oder dem Spediteur liegen, ihm gehören oder auf die Straße verschoben werden. Tatsächlich werden nur Bruchteile der Einsparung genutzt, die möglich wären. Der überbetriebliche Materialfluss sollte sich an folgenden Zielen orientieren:

- Minimale Puffer beim Lieferant und beim Kunden sichern die Flexibilität und vermeiden Sonderaktionen.
- Kurze Wege ermöglichen Flexibilität, kleine Losgrößen kurze Reaktionszeit im Krisenfall und damit geringe Lagerbestände.
- Kurze Wege ermöglichen kurze Transportkosten für Ware und Umlaufverpackungen.
- Anlieferintervall angepasst an den Produktionszyklus und dem Kundentakt optimieren.
- Standardisierte Losgrößen und Verpackungen für den Transport
- Sammeltransporte anstreben in sinnvollen Gebindegrößen
- Überbetrieblicher Materialfluss muss in Zusammenhang mit innerbetrieblichem Materialfluss gesehen werden und somit die Ziele des innerbetrieblichen Materialflusses erfüllen.

2.2.4 „Das Einfachste ist das Beste“

Die Umsetzung der Wertschöpfungsanalyse des Materialflusses, ergänzt durch die Regeln für einen ruhigern kontinuierlichen Materialfluss, führt zu einfachen und gleichzeitig optimalen Prozessen. Die Zielvorstellung ist ein Materialfluss ohne vermeidbare Bewegungen. Dies lässt sich ableiten vom Prinzip der Minimierung („Man sollte alles weglassen, was nicht nötig ist“), dies ist in Europa vorwiegend bekannt, als eine zentrale These des Buddhismus. Grundprinzipen der Steuerung sind die Direktbereitstellung ohne Qualitätsprüfung und Steuerung weitgehend mit dezentralen Steuerungskonzepten, überlagert von strategischen kommunikationsorientierten direkten Steuerungen und Management. Angestrebt wird ein störungsfreier Materialfluss mit Just-in-time (JIT) oder Just-in-sequence (JIS)

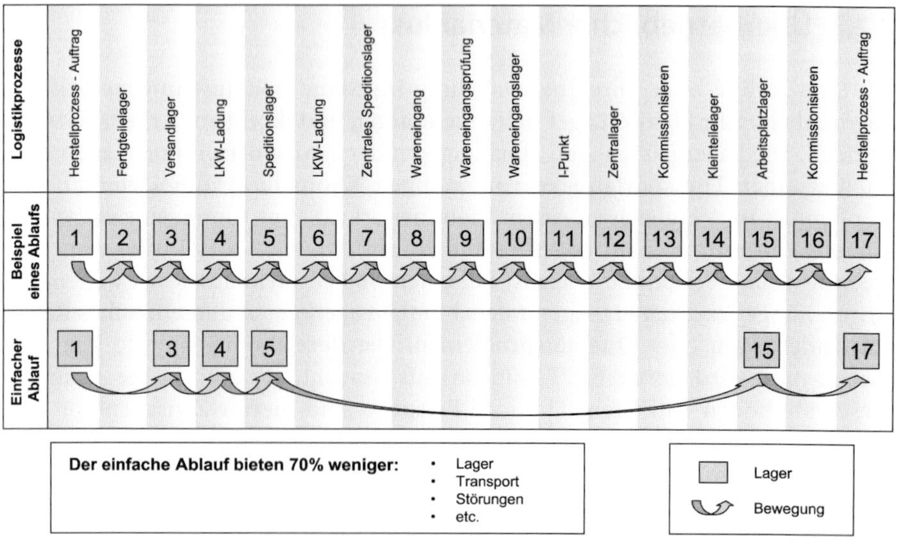

Abb. 2.2.1 Durch „ausgefeilte" Lean-Methoden ist es möglich den Großteil der Prozesse entfallen zu lassen, wie in diesem Beispiel 70 %. Durch einfache Abläufe wird Verschwendung reduziert und Angriffspunkte für Störgrößen entfallen. Der Ansatz um aufgeblähte Prozesse „herum" zu optimieren (etwa mit IT-Lösungen) führt letztlich nur zur Verschleierung der Probleme und nicht dazu nachhaltig die wirtschaftlichen Potentiale auszuschöpfen

ohne eine Frozen Zone, also einer fixierten Zeit in der keine Änderungen oder Verschiebungen mehr zulässig sind. Hier sind weitestgehend Qualitätsfehler- und störungsfreie, hoch entwickelte und sehr stabile Prozesse, mit kleinen Durchlaufzeiten, Vorraussetzung. Um optimale Flexibilität, minimales Risiko bei Äderungen oder Qualitätsprobleme, sowie minimales gebundenes Kapital zu erreichen, sind weniger als vier Stunden Lieferzeit vom Produktionsort notwendig. Das Material wird vom Ort der Herstellung an den Ort des Verbrauchs gebracht und mit simplen Durchschüben oder Durchschubregalen gespeichert. Großvolumige Materialien können ebenfalls im Durchschub bereitgestellt werden, benötigen aber auseichende Flächen. Ausschließlich bei einer hohen Frequenz oder sehr großem Volumen wird eine automatische Bereitstellung in Hochregalsystemen oder mit Hängeförderern angewandt. Weitere Ausnahmen sind sehr variantenreiche Vereinzelungsprozesse, bei denen ein extrem hoher Aufwand für Kommissionierung nötig würde, etwa bei der Ersatzteilbereitstellung. In Hochlohnländern existiert die Vorstellung, wonach hier nur komplizierte und hochtechnologische Prozesse wirtschaftlich realisierbar sind. Die Frage die gestellt werden sollte lautet: Wodurch definieren sich die hohen Löhne? Definieren Sie sich durch hochkomplexe Anlagen oder durch hoch flexible, extrem schlanke Lösungen. Extrem Schlanke Lösungen entwickeln sich hervorragend in einer hohe Dichte verschiedenster, hochqualifizierter Mitarbeiter und einer hochkarätigen Infrastruktur.

2.3 Grundlegende Steuerungsverfahren

Philipp Dickmann

In einem kurzen Beitrag, wie diesem, ist es nicht möglich, erschöpfend alle Steuerungsverfahren wissenschaftlich differenziert vorzustellen. Um detailliertere Informationen zu bekommen, muss an dieser Stelle auf weiterführende Fachliteratur verwiesen werden, z. B. „Fertigungsverfahren“ von H. Lödding *[Lödd 05]* oder „Operative Produktionsplanung und Steuerung“ H. M. Schneider, Buzacott J. A. und T. Rücker *[Schn 05]*. Mit moderner Produktionssteuerung können heute Anforderungsprofile verschiedenster Märkte optimal erfüllt werden. In der Folge werden die wesentlichen, grundlegenden Ansätze für operative Produktionssteuerung mit einigen Beispielen erläutert. In Standard EDV-Anwendungen werden die Verfahren mit verschiedenen Varianten und Parametrisierungsmöglichkeiten abgebildet. In der betrieblichen Praxis werden sie mit der Ausnahme von Material Requirements Planning (MRP) oder in der Auftragsproduktion nur sehr selten „in Reinkultur“ isoliert umgesetzt. Die überwiegend heterogenen Markanforderungen wie z. B. Serienbedingungen mit gleichzeitiger Einzelfertigung, werden in der realen Umsetzung durch Netzwerke unterschiedlicher Steuerungsmethoden auf den verschiedenen Ebenen erreicht. Generell muss bei der Konfiguration einer Steuerung bzw. eines Netzwerkes von Steuerungen versucht werden, den operativen Produktions- und Logistikprozess möglichst exakt abzubilden, um eine optimale Unterstützung der dispositiv tätigen Mitarbeiter mit Informationen zu gewährleisten. Durch die isolierte Einführung eines IT-Systems, das zumeist auf dem MRP-Konzept basiert, lassen sich physische Prozesse jedoch nur geringfügig verbessern. IT bildet näherungsweise die physische Wirklichkeit ab, dies ist jedoch nur sehr beschränkt reversibel, ähnlich wie der Zuschauer vor dem Fernseher auf die Sendung keinen direkten Einfluss hat. Für das Beheben von Störungen, schlechter Austaktung, Überproduktion, zu geringer Flexibilität, etc., sind völlig andere Ansätze notwendig bei denen physische Abläufe geändert werden müssen. (1.4. *Kaizen*; 1.5. Flexible Produktion; 1.6. Das Synchrone Produktionssystem; 2.14. Valuecycle Optimizing). Die Effizienz einer Steuerung hängt neben den Steuerungsmethoden von einer adäquaten Dimensionierung der Parameter und deren Pflegezustand ab. Allein auf Grund der physikalischen Fehlerfortpflanzung gilt: Je komplexer und Umfangreicher die Abläufe oder Basisdaten sind, desto unwahrscheinlicher ist eine „fehlerfreie“ Berechnung der Planvorgaben. Dies gilt insbesondere für die auf Basis von IT-Systemen berechneten Steuerungsvorgaben. Diese Rahmenbedingungen können durch richtige Auswahl des oder der jeweils optimalen Steuerungsverfahren nicht kompensiert werden. In der folgenden Übersicht werden kurz wesentliche Steuerungsverfahren nach den für den Anwender maßgeblichen Verfahrensabläufen differenziert. In der

Realität schlanker Produktionsprozesse spielt die Differenzierung zwischen Auftragsfreigabe, Auftragsstart und Auftragserstellung eine untergeordnete Rolle. Hier wird vielmehr angestrebt die Aufträge unmittelbar zu planen, zu erstellen, frei zu geben und zu starten. Nach einer kurzen Produktionszeit wird der Auftrag dann direkt fertig gemeldet.

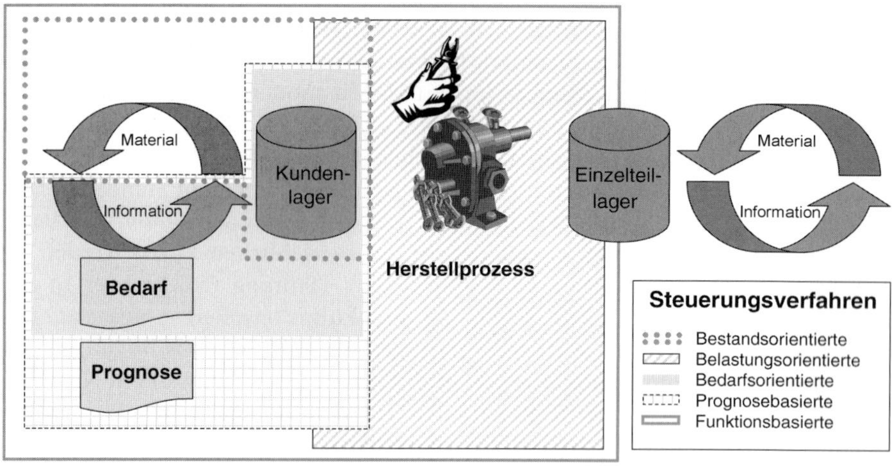

Abb. 2.3.1 Die grundlegenden Steuerungsverfahren agieren basierend auf unterschiedlichen Basisinformationen im Materialfluss

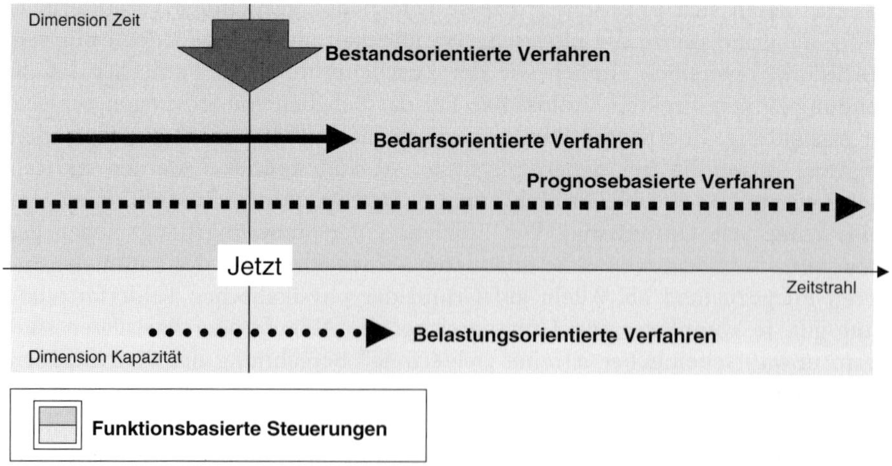

Abb. 2.3.2 Die unterschiedlichen Eigenschaftsprofile der Basissteuerungsverfahren entstehen aufgrund der sehr verschiedenen Zeithorizonte auf denen sie basieren

2.3.1 Bedarfsorientierte Verfahren

Diese Methoden werden im Rahmen einer Kundenauftragsproduktion angewendet, wie sie beispielsweise im Sondermaschinenbau sowie bei Klein- oder Handwerksunternehmen auftreten. Im Rahmen einer Kundenauftragsproduktion werden individuelle Produkte nach Kundenwunsch hergestellt. Ein Kunde bestellt ein Produkt, wodurch die Beschaffung und Produktion angestoßen wird. Gemäß des Push–Prinzips werden die Produktionsaufträge durch die Produktionsstufen „geschoben". Typisches Merkmal ist der zufällige Auftragseingang, wodurch die Auftragsreihenfolge und Auslastung ebenfalls einem stochastischen Verlauf unterliegen. Somit ist keine Optimierung der Kapazitätsinanspruchnahme möglich. Die Folge sind lange Durchlauf- sowie Lieferzeiten und Bestandsengpässe, auf Grund von unterschiedlichen Auftragsreihenfolgen. Die Methode erlaubt es andererseits, Sonderprodukte, für die keine Prognosen möglich sind, mit einem minimalen Lagerbestand auf hoch komplexe Anlagen in der Losgröße eins zu produzieren. Diese Methode wird auch als Auftragsproduktion oder „Make-to-order" bezeichnet:

- **Auftragsproduktion oder Make-to-order (MTO):** Die Bearbeitung erfolgt erst nach dem Eingang des Kundenauftrags. Die Produktion startet, sobald die Produktentwicklung abgeschlossen ist und die benötigten Einzelteile, Rohmaterialien und Zulieferkomponenten vorhanden sind. Sobald eine Bearbeitungsstufe durchlaufen ist, hat der Auftrag die Freigabe für die nächste Stufe. Die Auslieferung erfolgt sofort nach Fertigstellung.
- **Make-to-stock (MTS):** Von der Auftragsproduktion ist die Lagerprodukion abzugrenzen, welche auch als Make-to-stock-Fertigung bezeichnet wird. Aufträge werden direkt aus dem fertigen Lagerbestand beliefert, sofern vor und nach dem Produktionsort ausreichend Lagerbestand vorhanden ist. Jede Lieferung löst einen neuen Produktionsvorgang aus. Dieses Verfahren reduziert die Lieferzeiten für den Kunden vielfach. Aufgrund des zufälligen Auftragsflusses und der in der Realität üblichen, kontinuierlichen Terminveränderungen, neigt diese Verfahren trotz der Lagerhaltung zu Fehlteilen. Diese Fehlteile führen entweder zu einer schlechten Liefertreue oder zu übermäßigen Lagerbeständen. Die im Rahmen einer Make-to-stock-Fertigung anwendbaren Verfahren lassen sich in bestandsorientierte, prognosebasierte und belastungsorientierte Verfahren untergliedern.

2.3.2 Bestandsorientierte Verfahren

Bei diesem Verfahren, wird eine Bestandsgrenze definiert. Je nach Autor wird diese Grenze auch Mindestbestand, Bestellbestand, Sollbestand oder Base Stock genannt. Der Abgang von Material, führt zum Unterschreiten der Bestandsgrenze und löst nach dem Pull-Prinzip die Beschaffung oder den Produktionsauftrag für die Komponenten aus. Kapazitäten werden bei der Planung nicht berücksichtigt. Der erzeugte Nachschubauftrag besitzt eine feste Bestelllosgröße. Es werden so viele Bestellungen erzeugt, bis die Summe der Bestände und Bestellungen der Bestandsgrenze entspricht. Bestandsorientierte Verfahren eignen sich für kontinuierliche Bedarfscharakteristika oder für Anwendungen, bei denen eine 100%ige Lieferfähigkeit mit kurzen Lieferzeiten für den Kunden entscheidend ist. Wegen des permanent vorhandenen Bestands besteht bei gravierenden Bedarfsveränderungen die Gefahr des überhöhten Lagerbestands oder eines Versorgungsengpasses. Das Verfahren erlaubt auch keine Kapazitätsanpassung, etwa bei Engpassmaschinen. Bestandsorientierte Verfahren sind in Handel und Produktion sehr weit verbreitet.

- **Mindestbestands-, Bestellbestands-, Base Stock-, Stop-and-go-Verfahren:** Diese Verfahren besitzen nicht die Nachteile der auftragsbezogenen Losgrößenbildung wie bei dezentralen Make-to-stock Systemen, da die Freigaberegel des Base Stock Systems nur von der Unterschreitung des Lagerbestands gesteuert wird. Die Steuerung ist aber komplexer, da die Produktionseinheit die Auslieferung und den Lagerbestand der Einzel- und Fertigteile überwachen muss.
- **Bestellrhythmusverfahren:** Hier wird in regelmäßigen Abständen der Lagerbestand erfasst und in regelmäßigen Intervallen ein Nachfertigungsauftrag in der Höhe der Differenz, zum maximalen Lagerbestand, generiert. Die Bestelllosgröße ist daher je nach Abruf variabel.
- **Bestellbestandsverfahren mit variabler Bestelllosgröße:** Der Ablauf entspricht dem Bestellbestandsverfahren. Die Losgröße wird wie beim Bestellrhythmusverfahren definiert.
- **Bestellbestandsverfahren mit reservierten Beständen:** Kundenbedarfe und die benötigten Bestände werden zeitabhängig reserviert, um die Verbindlichkeit einer getroffenen Lieferzusage sicherzustellen. Das Material steht dann nur für diese Aufträge zur Verfügung. Hier muss zwischen den verfügbaren und den realen Lagerbeständen unterschieden werden. Das System erzeugt einen Bedarf, sobald der verfügbare Bestand den Bestellbestand erreicht hat.
- **Bestellbestandsverfahren mit zeitlich definierter Bestandsgrenze – Mindestreichweitenbestellsysteme:** Die Bestandsgrenze wird in Form einer minimalen Reichweite definiert. Die Losgröße kann auch als Funktion der Bedarfesreichweite, mit dem Rundungswert der Behälterfüllmenge, definiert werden. Dieses Verfahren gleicht selbständig mittelfristige Bedarfschwankungen dynamisch aus und gleicht den großen Nachteil der fixen Bestandsgrenze, die z. B. zu einer Erhöhung der Lagerbestände führen können, bis zu einem gewissen Grad aus.
- **Ampel-Steuerung:** Anstelle der fixen Bestandsgrenze wird hier ein „gelber" Übergangsbereich, analog der Verkehrsampel, definiert. Im gelben Bereich kann ein Produktionsauftrag oder Nachschubauftrag gestartet werden, muss aber nicht. Dieser Spielraum wird häufig bei dezentralen Anwendungen z. B. für einen Kapazitätsabgleich, der Optimierung von Transportaufträgen, rüstopti-

miertes Produzieren oder die Abbildung von Sammelmengen ähnlicher Produkte verwendet. Ein wesentlicher Vorteil dieses Verfahrens, ist die gute Visualisierbarkeit und der hohe Grad an dezentralen definierbaren Entscheidungen. Das Verfahren ist sehr ähnlich zur *Kanban*-Steuerung.

- ***Kanban*** (Erläuterung siehe: 2.4. Die *Kanban*-Steuerung)

2.3.3 Prognosebasierte Verfahren

Primärbedarfe, also Bedarfe vom Kunden, und Planungen werden addiert und erzeugen über die Wiederbeschaffungszeiten und die Stücklistenauflösung, Planaufträge auf der Sekundärbedarfsebene. Es handelt sich um ein Push-System, da die Aufträge entlang der Produktionskette geschoben werden. Es wird sowohl im Handel als auch in der Produktion eingesetzt, sofern Bedarfsprognosen vorhanden sind. Der große Vorteil dieses Verfahrens liegt in der Abbildung bekannter, zukünftiger Veränderungen in der Steuerung denn es bindet sehr viele unterschiedliche Stamm- und Prognosedaten ein. Dadurch, dass das Basisverfahren sehr große Komplexität aufweist ist das Steuerungsverfahren für Störgrößen sehr anfällig. Bei einer Bedarfscharakteristik mit permanenten kurzfristigen Verschiebungen, wie sie typisch für MRP-Systeme sind, müssen die Parameter sehr träge und dämpfend eingestellt werden, um dem Peitscheneffekt (vgl. 2.1. Ruhiger kontinuierlicher Materialfluss) entgegen zu wirken. Ansonsten führt dies zu einem zunehmenden Stop-and-go im Produktionsprozess, was Engpässe, Überbestände und letztlich erhöhte Produktionskosten nach sich zieht. Das Verfahren berücksichtigt keine Kapazitäts- und Bestandsobergrenzen.

- **Materialbedarfsplanung – Material Requirements Planning (MRP)** (Erläuterung siehe 5. EDV-Unterstützung in der Produktion und im Materialfluss)
- **Fortschrittszahlenkonzept (FZK):** Damit werden Fließfertigungssysteme, bzw Transferstraßen in der Automobilindustrie, gesteuert. Der Fortschritt wird an Kontrollpunkten innerhalb des Produktionssystems ermittelt. Die Soll-Fortschrittszahl ist die Menge der Produkte, die bis zu einem bestimmten Zeitpunkt zu produzieren und zu liefern ist und wird aus der durchschnittlichen Primärbedarfsplanung bzw. der Sekundärbedarfsebene ermittelt. Die Ist-Fortschrittszahl ist die tatsächliche Produktionsmenge in einem Abschnitt. Dieses Konzept kann auch sehr effizient zum Abgleich der Vertriebs- und Produktionsplanung eingesetzt werden. Bei einer optimalen Erreichung des Kundentakts existiert keine Differenz, welche als Lenkungstool auf der strategischen Steuerungsebene verwendet wird.(vgl. 2.9. Hybride Steuerungskonzepte; 1.5. Flexible Produktion)

2.3.4 Belastungsorientierte Verfahren

Die maximale Ausbringung einer linearen Produktionsstrecke wird durch den Produktionsprozess mit der geringsten Kapazität bestimmt *[Wien 97]*. Belastungsorientierte Verfahren versuchen, anhand einer Betrachtung und Steuerung des Bestandes eine hohe und gleichmäßige Belastung und Auslastung entlang der Materialflusskette zu erreichen. Diese Verfahren entstanden zur Feinsteuerung in Werkstattfertigungsprozessen und werden vorwiegend dort eingesetzt. Dadurch wird versucht, eine maximale Auslastung ohne Engpässe zu erreichen (vgl. 1.5. Flexible Produktion; 1.6. Das Synchrone Produktionssystem). Diese Verfahren neigt in ihrer ursprünglichen Form dazu, am Kundenbedarf vorbei zu produzieren oder auch Lagerbestand von Teilen aufzubauen, die nicht benötigt werden. Es wird daher zumeist überlagert, d. h. hybrid, mit anderen Steuerungsverfahren umgesetzt (vgl. 2.6. Steuerungsverfahren mit Karten; 2.9. Hybride Steuerungskonzepte; 2.10. Matrixhybride Materialflusssteuerung). Belastungsorientierte Verfahren erlauben daher die Steuerung eines heterogenen Produktsortiments, etwa bei Kleinstserien oder bei nicht linearen Produktionssystemen.

- **Local Control:** Eine Zelle (Produktionseinheit, z. B. eine Maschine) produziert ein Produkt immer wenn Teile verfügbar sind, Maschinen und Arbeitskraft zur Verfügung stehen und das Ausgangslager nicht zu voll ist.
- **Integral Control:** Integral Control optimiert den kontinuierlichen Fließprozess im Vergleich zur einfachen Local Control-Steuerung. Die Freigabeentscheidung erfolgt unter Berücksichtigung des gesamten Lagerbestands der Produktionszelle und der nachgelagerten Zelle. Die Freigabemenge sollte möglichst genau dem festgelegten Höchstbestand entsprechen. Die Auftragsbegrenzung kann über die Arbeitsstunden oder den Bestand erfolgen.
- **Constant Work in Process (CONWIP):** CONWIP ist ein Spezialfall von Integral Control und dem *Kanban* Verfahren sehr ähnlich. Es ermöglicht das Nutzen der Vorteile der *Kanban*-Steuerung, bei nicht linearen Fertigungssystemen und schwankenden Produktspektren. Die Information bezieht sich nicht auf den Bedarf, wie bei *Kanban*, sondern auf die Freigabe von Fertigungskapazität, wobei der Informationsfluss gegenläufig ist. Ein übergeordnetes, zentrales Planungssystem gibt die zur Fertigung frei zu gebenden Fertigungsaufträge (Backlogliste) an den Produktionsabschnitt. Die Abarbeitung erfolgt nach der First-Come-First-Serve-Regel (FCFS-Regel), wobei auch Abweichungen möglich sind. Auf Grund der konstanten Arbeitsinhalte sind weniger Sonderaktionen notwendig. Es ergeben sich annähernd konstante Durchlaufzeiten und eine Erhöhung der Genauigkeit des Planungssystems.
- **Belastungsorientierte Auftragsfreigabe (BOA)** *[Wien 91]:* Das Prinzip ist dem CONWIP ähnlich. Die Aufträge eines übergeordneten MRP-Systems dienen als Basis des BOA-Konzepts. Daraufhin wird überprüft, ob die Aufträge dringlich sind, bevor eine Bewertung und probeweise Einlastung vorgenommen wird. Die Einlastung, der Aufträge erfolgt unter der Annahme, dass die

mittlere, gewichtete Durchlaufzeit proportional zum mittleren Bestand ist (Little's Law, *[Litt 61]*).

- **Optimized Production Technology (OPT):** Diese Steuerungsmethode beruht auf der Regel *„Do not balance capacity; balance the flow"[Gold 84]*. Im Gegensatz zur BOA verfolgt OPT nicht das Ziel, alle Einheiten möglichst gut auszulasten, sondern beschränkt sich auf die optimale Auslastung der Engpass-Kapazitätseinheiten.

2.3.5 Generalisierte oder funktionale Steuerungen

Bei dieser Methode können funktional, über die Veränderung von Parametern verschiedene Steuerungscharakteristika erzielt werden, z. B. **Production Authorization Cards (PAC)** *[Buzz 92]* (vgl. 2.8. Das Production Authorization Card (PAC)-Konzept). Der Ansatz wird bisher vornehmlich für Steuerungsalgorithmen angewandt.

2.4 Die *Kanban*-Steuerung

Philipp Dickmann

Kanban stammt aus der Gründerzeit von TPS und ist ein sehr einfaches, bestandsorientiertes Steuerungssystem. Die Steuerung gilt als nur für sehr beschränkte Einsatzgebiete tauglich, da sie in der klassichen Form ungeeignet ist bei hoher Variantenzahl, hoher Änderungshäufigkeit und nicht linearen Materialflüssen. Derzeit erlebt dieses Verfahren, das auf einfachen Etiketten basiert, nach Angaben von Herrn Gerlach, Geschäftsführer der Firma Orgatex, einen Boom. Nur von seiner Firma alleine konnten ca. 2.000 dokumentierte Neueinführungen seit 2002 alleine in Deutschland registriert werden. In einer Zeit erheblicher Konkurrenz von IT-Systemen, mit „ausgefeilten" Eigenschaften, perfekter Vernetzung und höchster Automatisierung erscheint dies verwunderlich. *Kanban* ist heute weltweit eines der am weitest verbreiteten Steuerungsverfahren. Der Grund für den wachsenden Trend ist in der Reduzierung der Komplexität, der geringen Störungsanfälligkeit, der Dezentralisierung sowie der Einfachheit zu suchen. Durch das visuelle Arbeiten wird eine extreme Kundenorientierung, hohe Flexibilität und Lieferfähigkeit sowie die Beruhigung des Produktionsprogramms erreicht. Gerade die selbstregulierenden Eigenschaften, wie die Kontrolle des Umlaufbestands und die Kapazitätskontrolle für einfache Systeme wurden wohl bisher wissenschaftlich unterschätzt. Im folgenden Kapitel werden mehrere Varianten, bezogen auf den Steuerungstyp, die Steuerungsebene und die Verwendung der Karten, vorgestellt. Es wird die Bandbreite der Anwendungsfälle aufgezeigt, die diese Methode abdeckt.

2.4.1 *Kanban* – der Allrounder

Kanban ist ein idealer Ansatz zum Erreichen optimaler Lieferqualität. Andererseits hat diese verbrauchsorientierte Steuerungsmethode (Pull-Philosophie) den grundlegenden Nachteil der dauerhaften Lagerbestände, auch wenn der Kunde nicht abruft. Bei vielen Produktionsstufen, hoher Teilevielfalt, kontinuierlichen bzw. starken Schwankungen oder geringem Materialstrom, stößt diese Steuerung schnell an die Grenzen, an welchen nicht mehr wirtschaftlich optimal gearbeitet werden kann. Eines der wesentlichsten Probleme besteht darin, dass tendenziell eine höhere Lagerbestandsbildung in Kauf genommen werden muss. In der realen Abwicklung von Projekten zur *Kanban*-Einführung, wird allerdings auf Grund der verschiedenen Projektschritte (z. B. Restrukturierung der Abläufe, Datenbereinigungen, Verschrottungen, etc.), ein deutlich geringeres Lagerbestandsniveau erreicht. Karten-*Kanban* ist an den realen physischen Materialfluss gekoppelt und folglich frei von allen Störgrößen, die in der MRP- und EDV-„Welt" auftreten. Es existieren aber auch hier Störeinflüsse, wie etwa der Verlust von physischen Karten. MRP-Systeme andererseits können Prognosen verwenden und erlauben eine hohe Automation. Sie sind jedoch abstrakt und leiden prinzipiell unter vergleichsweise höheren Differenzen zum realen Materialfluss. Bei der Push-Philosophie von MRP-Systemen werden Produktionsaufträge auf Basis von Plandaten angestoßen und durch die Produktion „geschoben". Aufgrund ihrer Komplexität weisen sie eine hohe Fehlerhäufigkeit auf. Die fülle permanenter Veränderungen führt zum Übersehen relevanter Kriterien und verleitet potentiell zu „blindem Aktionismus". Bei Störungen oder Schwankungen auf der Zeitachse, sind sie daher in der Praxis, anfälliger gegen Lieferengpässe und überhöhtem Lageraufbau.

2.4.2 Die Steuerung und ihre Eigenschaften

Die *Kanban*-Steuerung ist eine typische Bestandssteuerung, da ein abfließender Bestand zum Anstoß einer neuen Produktion führt. Die Gesamtmenge, der im Kreislauf befindlichen Karten, begrenzt die maximal gestarteten Aufträge, was zu einer Kapazitätsbegrenzung der betroffenen Produktionseinheit führt. Bei geringer Typenvarianz, erfüllt *Kanban* die Anforderungen einer kapazitätsorientierten Steuerung. Bei mehr als zehn verschiedenen Typen, die über einen Arbeitsplatz fließen, kann die manuelle Kapazitätskontrolle nicht mehr sinnvoll eingesetzt werden. Da der Trend der Zunahme der Varianten, Reduzierung der Losgrößen und der Produktlebenszyklen ungebrochen anhält, wird die klassische Variante mancherorts als Auslaufmodell angesehen (vgl. 2.6. Steuerungsverfahren mit Karten; 2.9. Hybride Steuerungskonzepte). Die Summe der *Kanban*-Karten ist die Basis für eine neue Sichtweise der Bestandsführung bei Materialflusssystemen. Charakteristisch ist ein geringer statischer aber hoher dynamischer Anteil, also gerade fließender Bestände. Dieser bildet die Basis für einen neuen Bestandscontrollingansatzes, bei dem nicht vertikal die Bestandsklassen, sondern entlang des *Kanban*-Kreises die Bestände des umlaufenden Materialflusses betrachtet werden (vgl. 2.13. Logistik-Controlling im schlanken Materialfluss, mit der Valuecycle Analyze; 2.14. Valuecycle Optimizing). Im folgenden Kapitel werden wesentliche *Kanban*-Varianten vorgestellt.

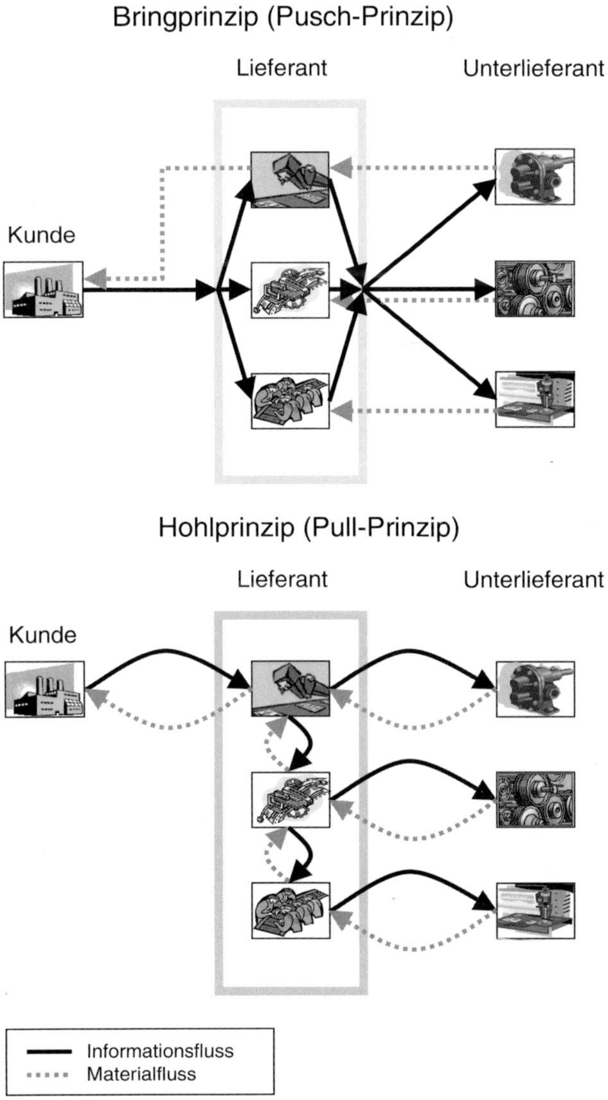

Abb. 2.4.1 Vergleich zwischen Hohl- und Bringprinzip: Die Informationsflüsse beim Holprinzip (Pull-Prinzip) sind sehr viel unkomplizierter und kürzer. Sie laufen zudem in einer transparenten Kunden-Lieferanten-Verbindung antiparallel zum Materialfluss ab

2.4.3 Varianten der Steuerungsmethode

Ein-Karten *Kanban:*

Dies ist im **Kapitel *Kanban*** explizit beschrieben. Neben dem Standard mit exakten Materialmengen je Gebinde existiert eine Variante mit Mengenbereichen. Dieser kann in Zahlen definiert oder in Füllmenge bzw. optischem Füllstand angegeben werden, etwa zum Befüllen von Schüttgut in Behältern, bei dem keine genaue Stückzahl abgezählt oder gewogen werden muss.

Zwei-Karten *Kanban:*

Eine entkoppelte Variante, bei welcher der Kunde und der Lieferant eigene Puffer und getrennte Kartenkreise verwalten. So können zum Beispiel bei Lieferanten-*Kanban* die Informationswege abgesichert und verkürzt werden. Dabei löst die Kunden- oder Informations-*Kanban*-Karte, den Transport aus. Die zweite Karte, die Lieferanten- oder Produktions-*Kanban*-Karte, stößt die Produktion an. In der praktischen Anwendung des Lieferanten-*Kanban* verlässt die Kunden-*Kanban*-Karte z. B. das Werk nicht. Sie wandert vom internen Lager über den Verbrauch, evtl. noch in die Disposition und dann in den Wareneingangsbereich. Mit dem Abruf des Disponenten, wird beim Lieferanten die Produktions-*Kanban*-Karte angestoßen. Zudem kann die Variante des Zwei-Karten-*Kanban´s* angewandt werden bei „aufgeblähten" *Kanban*-Kreisen, etwa durch Transportzeiten. Die Anzahl der Karten reduziert sich hier drastisch, da der Informationsweg abgekürzt wird. Ein Nebeneffekt der Abkürzung des Wegs der Karte, ist das Umgehen einiger potentieller Störgrößen. Diese *Kanban*-Variante kann auch als **hybrides System** fungieren, da die beiden Kreisläufe an den Informationsfluss gekoppelt sind. Fehler werden in Form von Überbeständen oder Staus transparent gemacht.

Sicht-*Kanban:*

Sicht-*Kanban* basiert nicht auf Karten sonder auf Stellplätzen, z. B. Bodenplätze Regalfächer, Schubladen, etc. Der nötige Nachschub wird entweder beim Anbruch des Gebindes oder beim leeren der Fläche ausgelöst. Fehlmengen sind direkt optisch an der leeren Fläche zu erkennen. Da die Lücke nicht verloren gehen kann und immer visuell erkennbar ist, ist diese Methode die sicherste Nachschubmethode. Diese Anwendung ist sinnvoll bei:

- Geringer Variation
- Weit reichend dezentraler Kompetenz
- Kurzen Wegen zwischen allen am *Kanban*-Kreis beteiligten Elementen
- Ausreichend Lagerfläche am Arbeitsplatz
- Geringer Anzahl an *Kanban*-Karten

Die Kapazitätsgrenze wird in diesem System durch die Größe des Regals bzw. der Stellplätze definiert. Dieses System ist sinnvoll, wenn Behälter nur in enger räumlicher Nähe kreisen. Dadurch ist der Verlust von Behältern gering und eine Visualisierung der Behälter zur Bildung von Sammelmengen möglich, welche über Boden- oder Höhenmarkierungen erfolgt. Diese Variante ist wegen der optimalen Visualisierung und minimalen Fehlermöglichkeiten (beim Handling der Karten) sehr wenig störungsanfällig und daher sehr sicher. Die Umsetzung ist aber vom Gebindetyp und der Fläche bzw. Regalvariante abhängig.

Materialnummernneutrales *Kanban* (MNK):

Diese zum Standard zunächst sehr ähnliche Variation, verwandelt *Kanban* in eine dezentrale belastungsorientierte Steuerung, ohne dass es vielfach dem Anwender bewusst wird. Hiervon existieren verschiedene Varianten. Die grundlegende Variante gibt nur eine Stückzahl und gegebenenfalls eine Produktfamilie an. Die Karte erlaubt z. B. die Produktion einer Baugruppe. Welche Materialnummer im Detail produziert werden darf, definiert sich durch ein Sicht-*Kanban* (z. B. eine Stellfläche) im Versandpuffer der Produktionszelle. Es werden auch andere Kombinationsmöglichkeiten abgebildet bzw. es gibt eine Reihenfolgenregel entsprechend dem Kundentakt. Bei einer zweiten Variante von MNK wird nicht nach der Menge gesteuert, sondern nach Zeiten. So können die Abläufe, mit einer belastungsorientierten Produktionssteuerung, deren Materialien stark unterschiedliche Durchlaufzeiten haben, noch exakter auf eine Produktionszelle optimiert werden. Die Reihenfolge muss aber auch in diesem System durch ein anderes ergänzendes System vorgegeben werden. Diese Variante kann zur Abbildung von CONWIP-*Kanban* verwendet werden.

2.4.4 Varianten der Steuerungsebene

- **Materialnachschub:** Die vermutlich häufigste Anwendung von *Kanban*, dürfte die Versorgung eines Arbeitplatzpuffers mittels Behälter-*Kanban* aus einem zentralen Lager sein. Hier wird ein Behälter oder eine Karte, zum Anstoß für den Nachschub, verwendet. Dieses Verfahren wird häufig zusammen mit einem Lagerverwaltungs-Tool (Warehouse-Management-Tool) verwendet und bildet damit eine *eKanban*-Lösung.
- **Auftragssteuerung:** Die *Kanban*-Karten oder Behälter, stoßen das Nachproduzieren einer Produktionseinheit an. Dies können mehrere Ebenen der Produktion (Fertigung, Montage oder Verfahrenstechnik) oder ein Beschaffungsanstoß beim Lieferanten sein. Da diese beiden Alternativen steuerungstechnisch nur Varianten darstellen, wird bei folgender Übersicht bewusst auf eine Differenzierung verzichtet.

2.4.5 Varianten der Karten

- **Behälter- und Karten-*Kanban*:** Der Unterschied dieser Varianten liegt darin, ob die *Kanban*-Karten (der *Kanban*) vom Behälter genommen werden müssen oder nicht. Generell ist Behälter-*Kanban* das sicherere Verfahren, da Behälter weniger leicht verloren gehen, als Karten. Vor allem aus Platzmangel oder Distanzgründen können Behälter jedoch nicht immer sinnvoll eingesetzt werden.
- **Kreislauf- und Einweg-Karten:** Bei klassischen, vorwiegend manuellen Systemen waren zunächst Kreislauf-Karten im Einsatz. Vor allem durch die Verarbeitung von e*Kanban* im Besonderen bei Zulieferern sind derzeit vermehrt Einmal- oder Einweg-Karten verbreitet. Die Einweg-Beschriftung bringt den Vorteil der Sicherstellung der *Kanban*-Eigenschaften über eine Identifikationsnummer. Die redundante Beschriftung einer *Kanban*-Karte am Gebinde entfällt. Es ist nur das Herstellerlabel mit Informationen bezüglich der Charge, des Produktionsorts, etc. notwendig.
- **Kreisläufe mit Barcodes und Transponder-Technologie:** *Kanban*-Karten sind heute in der Regel als Ergänzung mit Barcodes ausgestattet. Sie verweisen auf alle nötigen Informationen. (vgl. 3.2. *Kanban*-Karten; 3.3. Produktionsnivellierung - mit *Heijunka* die Produktion und Logistik stabilisieren; 5.13. Identifizieren mit RFID und/oder Barcode - Auto ID)
- **Elektronik-*Kanban* (e*Kanban*):** Die *Kanban*-Karten oder Behälter werden in digitaler Form mit Software verwaltet. Generell entspricht diese Logik für Produktionsaufträge oder Beschaffungsaufträge dem Ein-Karten *Kanban* (vgl. 5.4. Elektronische *Kanban*-Systeme).
- **Sicht-*Kanban*:** (Siehe oben)

2.5 Dimensionierung von *Kanban*-Regelkreisen

Michael F. Zäh, Niklas Möller
Institut für Werkzeugmaschinen und Betriebswissenschaften (iwb), Technische Universität München

Ein *Kanban*-System hat die Aufgabe, zwei Stufen in der Wertschöpfungskette mit Hilfe von gelagerten Beständen zu entkoppeln und gleichzeitig die Produktion, ausgehend von der Nachfrage des Endkunden, auf intelligente und einfache Art zu steuern. Bestände zwischen zwei Prozessen sind notwendig, wenn sich bspw. die Losgrößen in der Fertigung und der Montage unterscheiden, zwei Arbeitsstationen aufgrund der Entfernung nicht gekoppelt werden können oder Lieferungen von externen Firmen erfolgen. Ist der vorgehaltene Bestand zu klein, kann es zu Engpässen in der Materialversorgung und zu Produktionsunterbrechungen kommen. Ist der Bestand hingegen zu groß gewählt, fallen unnötige Kosten für das darin gebundene Kapital an. Die Aufgabe der Dimensionierung von *Kanban*-Regelkreisen ist es, mit Hilfe mathematischer Modelle den optimalen Bestand zu ermitteln und daraus die Anzahl der *Kanban* abzuleiten, die zwischen zwei Prozessen zirkulieren müssen. In diesem Kapitel werden Berechnungsmethoden zur Auslegung von *Kanban*-Regelkreisen vorgestellt und anhand eines einfachen Beispiels erläutert. Die Definition von vorzuhaltendem Bestand, der Behältergröße und der Anzahl der *Kanban* ist die grundlegende Aufgabe, die auf jeden Fall vor der Einführung eines *Kanban*-Systems gelöst werden muss. Die Behältergröße ist vor allem von der Teilebeschaffenheit, Geometrie, Empfindlichkeit, etc. abhängig. In diesem Kapitel wird daher von einem gegebenen Fassungsvermögen ausgegangen. Die Auswahl von Behältern ist speziell Thema von Kapitel 3.6. Verpackung. Die in der Folge erläuterten Ansätze verfeinern die häufig verwendeten Faustformeln, indem Schwankungen im oder von Einflüssen auf den Prozess (bspw. der Nachfrage) explizit berücksichtigt werden. Somit können die hergeleiteten Formeln auch genutzt werden, um bereits bestehende *Kanban*-Kreise im Hinblick auf ihre Dimensionierung zu überprüfen und ggf. zu optimieren.

Der zur Sicherung einer kontinuierlichen Materialversorgung notwendige Bestand im *Kanban*-Kreislauf setzt sich prinzipiell aus zwei Teilen zusammen: Der Umlaufbestand B_U sorgt dafür, dass die Produktion nicht aufgrund von Teilemangel zum Stillstand kommt. Dabei geht man von einem absolut vorhersehbaren Prozess der Auftragsabwicklung aus, der stets konstant genau so wie geplant abläuft. Da dies jedoch eine unrealistische Annahme ist, wird zusätzlich der Sicherheitsbestand B_S benötigt, um Schwankungen im Prozess, bspw. ein unregelmäßiges Abrufverhalten der Kunden, auszugleichen. Insgesamt erhält man also

$$B_{Max} = B_U + B_S \tag{1}$$

mit:

$$B_{Max} = maximaler\ Bestand$$

In den nachfolgenden Abschnitten wird gezeigt, wie der Umlaufbestand, der Sicherheitsbestand und daraus die erforderliche Anzahl von *Kanban* zu bestimmen sind.

2.5.1 Berechnung des Umlaufbestandes

Der notwendige Umlaufbestand für ein Material oder Produkt bei einem konstanten Prozess ergibt sich aus der durchschnittlichen Nachfrage μ_d nach diesem Material oder Produkt und der Zeit, die vergeht, bis eine *Kanban*-Bestellung am Arbeitsplatz eintrifft:

$$B_U = \mu_d * Kanban - Zykluszeit \tag{2}$$

mit:

$$\mu_d = durchschnittlicher\ Bedarf\ pro\ Periode\ [Stück]$$

In Abhängigkeit von der Größe der Behälter folgt für die Anzahl der *Kanban* b_U, die auf eine ganze Zahl aufgerundet wird:

$$b_U = \left\lceil \frac{\mu_d * Kanban - Zykluszeit}{Kanban - Größe} \right\rceil \qquad (3)$$

mit:

Die *Kanban*-Größe beschreibt die Anzahl der Teile pro *Kanban*-Behälter, also das Fassungsvermögen der Behälter.

Als *Kanban*-Zykluszeit wird die Zeit bezeichnet, die ein Produktions-*Kanban* nach dem Lösen vom Behälter benötigt, um wieder an der gleichen Stelle einzutreffen. Wenn die Karte zu dem Zeitpunkt vom Behälter gelöst und in den *Kanban*-Ausgang gelegt wird, zu dem das erste Teil entnommen wurde, kann die Formel (3) direkt angewandt werden. Sofern die Karte erst gelöst wird, nachdem das letzte Teil entnommen wurde, ist noch ein zusätzlicher Behälter notwendig:

$$b_{U*} = \left\lceil \frac{\mu_d * Kanban - Zykluszeit}{Kanban - Größe} \right\rceil + 1 \qquad (3a)$$

Die *Kanban*-Zykluszeit (*KZZ*) setzt sich zusammen aus der durchschnittlichen Bearbeitungszeit, Transportzeiten und Wartezeiten (vgl. Abb. 2.5.1).

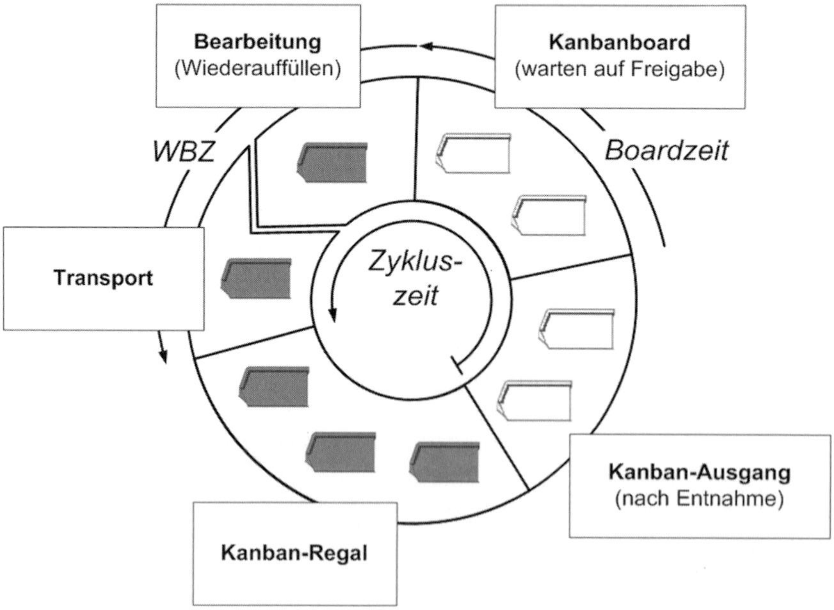

Abb. 2.5.1 Momentaufnahme eines *Kanban*-Zyklus

Ein wichtiger Bestandteil der Wartezeit ist die Zeit, die die Karten auf dem *Kanban*-Board (od. *Kanban*-Tafel) verbringen. Sie ist von der im Vorgängerprozess festgelegten Losgröße sowie von Anzahl, Art und Größe weiterer Aufträge, die auf der gleichen Maschine bereits eingelastet sind, abhängig. Auf dem Board werden die leeren *Kanban* zunächst so lange gesammelt, bis die Kriterien zum Produktionsbeginn erfüllt sind. So kann man beispielsweise in Abhängigkeit von der Rüstzeit und einer daraus berechneten optimalen Produktionslosgröße definieren, dass mit der Fertigung oder Montage im Vorgängerprozess erst begonnen wird, wenn mindestens zwei entsprechende *Kanban* auf dem Board vorhanden sind. Sobald die Produktion dann beginnt, werden die zugehörigen *Kanban* entfernt. Demzufolge ergibt sich die durchschnittliche Zeit eines *Kanban* auf dem *Kanban*-Board zu

$$Zeit\ auf\ Kanban-Board = \frac{Losgröße}{\mu_d} \tag{4}$$

Ein weiterer Grund, nicht sofort mit der Produktion zu beginnen, kann die gleichmäßige Einlastung verschiedener Aufträge nach Kriterien der Produktionsglättung sein (vgl. 3.3. Produktionsnivellierung).

Sofern die *Kanban*-Karten nicht sofort elektronisch an den betreffenden Vorgängerprozess übermittelt werden (vgl. 5.4. Elektronische *Kanban*-Systeme), muss zur Wartezeit noch die Zeit addiert werden, die bis zur nächsten Abholung der Karten vergeht. In der Praxis ist diese Dauer im Verhältnis zu den übrigen Zeiten jedoch zu vernachlässigen. Eine Ausnahme bilden ggf. externe *Kanban*-Kreise, bei denen ein Lieferant nur im Abstand mehrerer Tage überprüft, ob neue Karten vorliegen. Sofern solche festen Zeitpunkte zum Sammeln von *Kanban* existieren, ist es durch ein Verkleinern bzw. Vergrößern der Frequenz möglich, den *Kanban*-Kreislauf kurzfristig an erhöhten bzw. verringerten Bedarf anzupassen, ohne die Anzahl von *Kanban*-Karten zu verändern *[Shin 89]*. Voraussetzung dazu ist allerdings, dass der fertigende Prozess auch die erforderliche Kapazität besitzt. Der errechnete maximale Umlaufbestand ist nicht mit dem durchschnittlichen Bestand gleichzusetzen. Meist sind einige Behälter leer, da sie bspw. gerade vom verbrauchenden zum produzierenden Prozess transportiert werden oder auf dem *Kanban*-Board auf die Fertigungsfreigabe und damit die erneute Auffüllung warten (siehe Abb. 2.5.1). Der Umlaufbestand an *Kanban* reicht theoretisch aus, um den Kreislauf nicht abreißen zu lassen. Genau in dem Moment, in dem das letzte Teil aus dem letzten Behälter entnommen wird, trifft der erste, erneut gefüllte Behälter wieder ein. Bestimmt man die notwendige Anzahl *Kanban* alleine auf Basis des benötigten Umlaufbestandes, kann jegliche Schwankung im Prozess dazu führen, dass nicht genügend Material vorhanden ist. Um dies zu verhindern, wird ein Sicherheitsbestand definiert und vorgehalten.

2.5.2 Berechnung des Sicherheitsbestandes

Bei der Berechnung des Umlaufbestandes im *Kanban*-Kreislauf ging man von Werten aus, die man über einen längeren Zeitraum im Durchschnitt erwartet. In der Realität liegen aber keine konstanten Verhältnisse vor:

- Die Zykluszeit hängt bspw. von Störungen im Produktionsprozess ab. Ferner können auch eine schwankende Auslastung und in der Folge unterschiedliche Wartezeiten zwischen Freigabe und Beginn der Bearbeitung eine Rolle spielen. Es ist darüber hinaus möglich, dass sich die Rüstzeiten in Abhängigkeit von den Rüstfolgen verändern.
- Die Nachfragen in den einzelnen Fertigungs- und Montageprozessen und die Entnahme aus den *Kanban*-Behältern sind in einer ziehenden Produktion vom Verhalten des Endkunden abhängig. Dieser verlangt aber in der Regel täglich oder wöchentlich eine andere Menge und einen variierenden Produktmix.
- Auch wenn ein Prozess mit einem sehr stabilen Qualitätsniveau angestrebt wird, können einzelne Teile in einem *Kanban*-Behälter fehlerhaft und damit nicht verwendbar sein.

Der Sicherheitsbestand dient dazu, den *Kanban*-Kreislauf gegen solche Schwankungen zu schützen und damit eine Selbstregelung der Materialversorgung in der Produktion zu ermöglichen.

Häufig wird zur Bestimmung des Sicherheitsbestandes die so genannte Toyota-Formel genutzt *[Mond 97]*. Dabei wird der errechnete Umlaufbestand um einen Sicherheitsfaktor β erhöht.

$$B_S = \beta * B_U \tag{5}$$

$$\Rightarrow B_{Max} = B_U * (1 + \beta) \tag{6}$$

mit:

$$\beta = Sicherheitsfaktor$$

Das praktische Vorgehen besteht darin, zunächst mit einem hohen β zu starten und diesen so lange schrittweise zu reduzieren, bis es zu einem Abriss der Materialversorgung kommt. Insgesamt sind in dieser Formel mögliche Schwankungen nur sehr pauschal berücksichtigt.

Eine genauere Analyse ist prinzipiell möglich, in der Praxis jedoch schwierig umzusetzen. Man ist vor allem mit zwei Problemen konfrontiert:

1. Um die notwendigen Sicherheitsbestände quantifizieren zu können, sind Annahmen zu treffen, wie bspw. die tägliche Nachfrage um einen Jahresmittelwert schwanken wird. Die genaue Verteilung der einzelnen Werte um dieses Periodenmittel lässt sich mit mathematisch-statistischen Funktionen beschreiben. Um die korrekte Verteilungsannahme zu treffen, ist ein detailliertes Wissen in Statistik ebenso wie umfangreiches Datenmaterial erforderlich.

2. Darüber hinaus müssen konkrete Parameter angegeben werden, die die zukünftige Verteilung der Werte charakterisieren. Zwar ist es relativ einfach, mit Hilfe der in Excel® integrierten Statistikfunktionen (z. B. MITTELWERT und STABW) aus historischen Messungen die gesuchten Größen zu berechnen. Man ist jedoch immer mit dem Problem konfrontiert, dass sich die Vergangenheitsdaten nicht einfach auf die Zukunft übertragen lassen. Dies ist insbesondere dann der Fall, wenn ein *Kanban*-System neu eingeführt wird und sich im Zuge dessen das Verhalten der Produktion ändert. So kann sich eine Zykluszeit, die in einer bestehenden, schiebenden Produktion ermittelt wird, deutlich von derjenigen unterscheiden, die in einem ziehenden *Kanban*-System realisierbar ist.

Dennoch kann eine detaillierte Analyse sinnvoll sein, um die bestehenden Zusammenhänge zwischen den verschiedenen Unsicherheiten zu erkennen und Anhaltspunkte bspw. für die anfängliche Bestimmung des Faktors β zu erhalten. Gegebenenfalls lassen sich Produkte und Materialien identifizieren, die ähnlich starken Schwankungen unterliegen oder die sich überhaupt erst für eine *Kanban*-Steuerung eignen (vgl. 2.4. Die *Kanban*-Steuerung; 2.11. Heterogene Materialflusssysteme). Für solche Gruppen können dann jeweils eigene β-Faktoren hergeleitet werden. In vielen Fällen sind die Unsicherheiten annähernd normalverteilt, was die Verwendung der folgenden Formel zur Bestimmung des notwendigen Sicherheitsbestandes erlaubt:

$$B_S = z\sqrt{\underbrace{\sigma_d^2 * \mu_{KZZ}}_{I} + \underbrace{\mu_d^2 * \sigma_{KZZ}^2}_{II} + \underbrace{\sigma_Q^2 * \mu_d * \frac{\mu_{KZZ}}{\mu_Q}}_{III}} \qquad (7)$$

mit:

z = Servicefaktor

μ_d = durchschnittlicher Periodenbedarf [Stück]

μ_{KZZ} = durchschnittliche *Zyklus*zeit [Anzahl Perioden]

μ_Q = durchschnittliche Anzahl Gutteile pro Los [Stück]

σ_d = Standardabweichung Bedarf [Stück]

σ_{KZZ} = Standardabweichung *Zyklus*zeit [Anzahl Perioden]

σ_Q = Standardabweichung Anzahl Gutteile [Stück]

Die drei gekennzeichneten Terme I, II und III in Gleichung (7) lassen sich isoliert betrachten und sichern die Produktion gegen Schwankungen in der Nachfrage durch den nachfolgenden Prozess (I), gegen eine unsichere Zykluszeit (II) und einen sich verändernden Anteil an i.O. produzierten Teilen (III). Die Stärke der Schwankung wird durch die Standardabweichung σ bestimmt. Diese Größe gibt an, wie stark die einzelnen Zeiten oder nachgefragten Teile im Durchschnitt von einem Mittelwert abweichen. Der Faktor z bestimmt sich aus dem Servicegrad (Der Servicegrad wird häufig auch als Lieferfähigkeit bezeichnet) und drückt die Wahrscheinlichkeit aus, dass die Nachfrage nach einem Produkt P_i in einer Periode kleiner ist als die Menge, die von P_i in derselben Periode produziert werden kann, zuzüglich der eventuell vorhandenen Lagerbestände. Je höher die Lieferfähigkeit sein soll, desto größer ist z und somit die Anzahl der *Kanban* im Kreislauf. Der Wert von z für eine gewünschte Lieferfähigkeit α (z. B. 99 %) kann mit der in Excel® integrierten Funktion NORMINV ermittelt werden. Der Faktor z bezieht sich auf die Standardnormalverteilung, die einen Mittelwert von 0 und eine Standardabweichung von 1 besitzt. Der Befehl lautet somit NORMINV(α;0;1), für eine gewünschte Lieferfähigkeit von 99 % ist somit z = NORMINV(0,99;0;1). Weiterführende Ausführungen zur Bestimmung von Sicherheitsbeständen finden sich unter anderem bei Alicke *[Alic 03]* oder Tempelmeier *[Temp 99]*.

2.5.3 Beispiel

Der Prozess, für den im Folgenden beispielhaft ein *Kanban*-Regelkreis dimensioniert wird, besteht aus einer Lackiererei, die eine Montage mit farbigen Kunststoffteilen beliefert. In einen Behälter passen aufgrund der Geometrie 12 Teile. Die durchschnittliche Bearbeitungszeit (inkl. Rüst- und Trockenzeit) beträgt zwei Tage. Der Transport in die Montage erfolgt in unregelmäßigen Abständen nach Auslastung der zuständigen Logistiker. Die Boardzeit ist von der Losgröße abhängig, die in der Lackiererei 24 Stück beträgt, da dann die Anlage komplett gefüllt ist. Erfahrungsgemäß kann die Dauer, die bis zum Wiedereintreffen eines Loses vergeht, um bis zu einen Tag nach oben oder unten schwanken, bspw. durch ungünstige Rüstreihenfolge oder Engpässe beim Transport. Aus Qualitätsuntersuchungen ist ferner bekannt, dass pro Los im Schnitt 1 Stück aussortiert werden muss mit einer Schwankung von 0,3. Die Kundenaufträge der letzten Zeit sind ebenfalls bekannt (siehe Abb. 2.5.2).

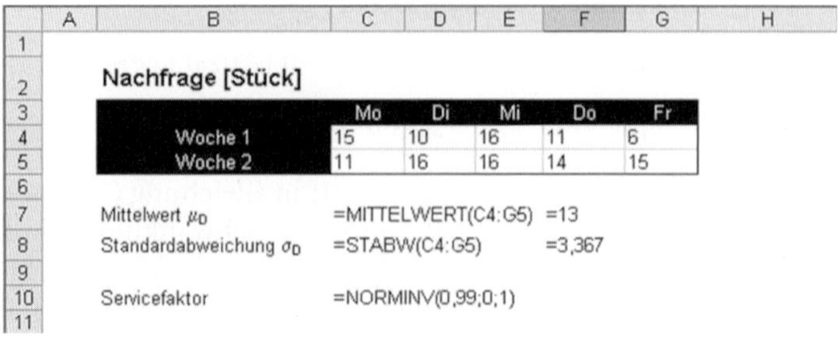

Nachfrage [Stück]

	Mo	Di	Mi	Do	Fr
Woche 1	15	10	16	11	6
Woche 2	11	16	16	14	15

Mittelwert μ_D	=MITTELWERT(C4:G5)	=13
Standardabweichung σ_D	=STABW(C4:G5)	=3,367
Servicefaktor	=NORMINV(0,99;0;1)	

Abb. 2.5.2 Berechnung von Mittelwert und Standardabweichung der Nachfrage

Zunächst wird der Umlaufbestand mit Hilfe der Durchschnittswerte berechnet:

$$\begin{aligned} B_U &= \mu_d * \mu_{KZZ} = \mu_d * (\textit{Bearbeitungszeit} + \textit{Boardzeit}) \\ &= 13 * (2 + \frac{24}{13}) = 13 * 3{,}85 = 50 \end{aligned} \tag{8}$$

Im nächsten Schritt wird nach (7) der Bestand berechnet, um den Kreislauf gegen die Schwankungen der Nachfrage, der Zykluszeit und der gelieferten Gutmenge zu 99 % (Servicegrad) abzusichern:

$$\begin{aligned} B_S &= z * \sqrt{\sigma_d^2 * \mu_{KZZ} + \mu_d^2 * \sigma_{KZZ}^2 + \sigma_Q^2 * \mu_d * \frac{\mu_{KZZ}}{\mu_Q}} \\ &= 2{,}33 * \sqrt{3{,}37^2 * 3{,}85 + 13^2 * 0{,}33^2 + 0{,}3^2 * \frac{13 * 3{,}85}{23}} = 18{,}35 \end{aligned} \tag{9}$$

Aus der maximalen Abweichung in der Zykluszeit von ±1 Tag vom Mittel lässt sich näherungsweise die Standardabweichung σ_{KZZ} zu 0,33 Tagen bestimmen. Bei einer Normalverteilung liegen 99,9 % aller Werte in einer Entfernung vom Mittelwert, die kleiner oder gleich 3σ ist. Somit beträgt im Beispiel σ_{KZZ} in guter Annäherung 1/3 = 0,33. Wenn die Karte vor der Entnahme des ersten Teils vom Behälter gelöst wird, ergibt sich somit für die Anzahl der *Kanban*-Karten (auf die nächste ganze Zahl aufgerundet):

$$b = \left\lceil \frac{50 + 18{,}35}{12} \right\rceil = 6 \tag{10}$$

Sofern die Karte erst nach Entnahme des letzten Teils vom Behälter gelöst wird, ist diese Anzahl noch um eins zu erhöhen. Aus dem Verhältnis von Sicherheitsbestand zu Umlaufbestand lässt sich nach (5) der β-Faktor errechnen:

$$\beta = \frac{18{,}35}{50} = 0{,}367 \tag{11}$$

Dieser Faktor kann nun genutzt werden, um für Materialien mit ähnlichen logistischen Eigenschaften die *Kanban*-Kreisläufe zu dimensionieren. Da sich die Rahmendaten wie bspw. Auftragsmengen oder Schwankungen im Lauf der Zeit ändern, sollte sich die Berechnung der notwendigen Bestände in regelmäßigen Abständen wiederholen. Aus den gesammelten Daten lassen sich gezielt Ansatzpunkte identifizieren, um die Kreisläufe zu optimieren und die Menge der bevorrateten Teile zu verringern. Mit den vorgestellten Modellen werden die *Kanban*-Bestände isoliert zwischen zwei aufeinander folgenden Prozessen berechnet. Wendet man sie auf sehr komplexe Systeme an, führen andere, aufwändigere Berechnungsverfahren oder Simulationen ggf. zu noch besseren Lösungen. Ausführungen dazu finden sich z. B. bei Lackes *[Lack 95]* oder in (vgl. 5.5. Simulationsbasierte Optimierung der operativen Produktionsplanung; 5.6. *Kanban* Dimensionierungs-Systeme)

2.6 Steuerungsverfahren mit Karten

Philipp Dickmann

Abweichende Marktanforderungen haben effiziente Anpassungen der *Kanban*-Steuerung notwendig gemacht. So sind verschiedene Steuerungsverfahren mit Karten entstanden, die nicht der exakten *Kanban*-Steuerung entsprechen. Derartige Karten-basierte Steuerungen, *Kanban*-Ausprägungen und *Kanban*-ähnliche Steuerungen ermöglichen den Unternehmen nun oft den entscheidenden Vorteil im Wettbewerb. In heterogenen Materialflusskonzepten sind die verschiedenen Elemente von *Kanban* wichtige „Zahnräder" im „Uhrwerk" eines optimierten Ablaufs. Verschiedenste Konzepte werden hierzu in den Produktionsstufen, auf Teilebenen, auf der Zeitachse oder hybrid vernetzt angewendet. Generell sind alle gängigen Steuerungen auch ohne *Kanban*-Karten umsetzbar. So wurden für verschiedenste Anforderungen Steuerungen entwickelt, die dem klassischen *Kanban* ähneln und die auf *Kanban*-Elemente (Dezentralisierung, Verwendung physischer Materialträger) zurückgreifen. Für vielfältige Steuerungen werden Karten, also *Kanban*-Karten, zur Steuerung verwendet. Umgangssprachlich werden die Steuerungen dann vereinfachend als *Kanban*-Steuerung tituliert. *Kanban*-ähnliche Steuerungen lassen sich in bestandsorientierte, prognosebasierte, belastungsorientierte und funktionsbasierte Verfahren klassifizieren. In der Folge werden nun mit Karten gesteuerte Varianten der Verfahren, die im Kapitel 2.3. Grundlegende Steuerungsverfahren vorgestellt wurden, beschriebenen.

2.6.1 Bestandsorientierte Verfahren

- **Mindestbestands-, Bestellbestands *Kanban*–Verfahren:** Dieses, dem klassischen *Kanban* ähnelnde Verfahren, stellt eine Variante des Bestellbestands-Verfahrens mittels Karten dar. So kann auch hier die gängige *Kanban*-Tafel verwendet werden. Die Karten entsprechen allerdings nur einem Lagerbestand. Sobald die Grenze des Bestellbestands unterschritten wird, wird die neue Produktion oder Bestellung ausgelöst. Der Unterschied zu *Kanban* liegt hier in der fehlenden Begrenzung des Maximalbestands durch die Gesamtsumme der Karten. *Kanban* kann als Sonderform des Bestellbestands-Verfahrens interpretiert werden.
- **Stop-and-go- bzw. Ampel-*Kanban*:** Die Ampelsteuerung oder „Stop and Go"–Steuerung unterscheidet sich lediglich durch einen gelben Übergangsbereich auf der *Kanban*-Tafel. Dort kann entsprechend einer Ampel der Produktionsauftrag angestoßen werden. Beide Verfahren sind auch als physischer Stapel visualisierbar, an dem ein Zeiger den Bestellbestand anzeigt. Ansonsten kann bei diesen Methoden die gleiche Methodik und das gleiche Equipment wie bei *Kanban* verwendet werden.

- **Minimal Blocking:** Verschiedene Autorengruppen *[Lödd 05]* kommen zu widersprüchlichen Aussagen bezüglich der Effizienz dieses Verfahrens im Vergleich zum klassischen *Kanban*. Es erlaubt in einer Kette *[Lödd 05]* von Fertigungsmaschinen höhere Puffer in den Zwischenschritten, reagiert daher flexibler und mit weniger Ausfallzeiten auf Störungen. Die Methode ist vorteilhaft bei Materialflüssen mit großer Störungshäufigkeit und schlechterer Austaktung bzw. stark unterschiedlichen Durchlaufzeiten. Letztlich ist diese Steuerung in großen Teilen eine Anpassung an schlechte Abläufe. Ein besserer Ansatz ist z. B. diese Produktionsabläufe zunächst mit *Kaizen* zu optimieren, um dann mit einer konventionellen *Kanban*-Steuerung, geringere Lagerbeständen und einer geringeren Störungshäufigkeiten eine höhere Lieferfähigkeit und Flexibilität zu erreichen.

2.6.2 Prognosebasierte Verfahren

Kein größeres Unternehmen arbeitet heute noch ohne ein MRP-System. Ein MRP-System bietet den Vorteil, dass durch die Vernetzung zu nicht produktionsbezogenen Systemen viele Arbeitsschritte in den indirekten Bereichen (beispielsweise die Entlohnung, die Rechungsstellung oder die Übermittlung der Bedarfe via EDI an den Lieferanten oder den Kunden) automatisiert werden können. In der betrieblichen Praxis werden, aus praktischen Zwängen und zur Optimierung der Prozesse, häufig Elemente der MRP-Systeme nicht verwendet, substituiert, vernetzt oder hybrid betrieben (vgl. 2.9. Hybride Steuerungskonzepte; 2.10. Matrixhybride Materialflusssteuerung). Hybride Steuerungen unter Verwendung von MRP- oder Fortschrittszahlen-Systemen sind die häufigsten hybriden Kombinationen. Es stellt sich dabei die Frage, wie die Systeme miteinander verbunden werden. Beispielsweise bietet sich die Kombination mit einer prognosebasierten *Kanban*-Dimensionierung (vgl. 2.10. Matrixhybride Materialflusssteuerung; 5.6. Kanban Dimensionierungs-Systeme) an. Diese Variante vereint die klassischen Vorteile von *Kanban* mit den Vorteilen einer prognosebasierten Steuerung, wie MRP. Dadurch wird der Nachteil einer statischen und späten Anpassung der Anzahl der *Kanban*-Karten an Veränderungen der Bedarfe bei Verwendung des klassischen *Kanban*-Verfahrens durch Verwendung der Prognosedaten aus dem MRP-System behoben.

2.6.3 Belastungsorientierte Verfahren

Diese Systeme werden überwiegend zur Feinsteuerung, vor allem im Bereich der Teilefertigung, eingesetzt. Interessanterweise hat sind in vielen anderen industriellen Bereichen ein aus der Sicht der Materialnummern neutrales, belastungsorientiertes *Kanban*, etabliert. *Kanban* mit neutralen Materialnummern (MNK) steht für eine sehr offene und wenig detaillierte Arbeitsweise, im Vergleich zu den gängigen Steuerungsmethoden, die sehr umfangreiche Vorgaben bezüglich der einzustellenden Steuerungsparameter benötigen. Die *Kanban*-Varianten mit neutralen Materialnummern werden in der Praxis sehr häufig angewendet sind jedoch überwiegend nicht detailliert wissenschaftlich aufbereitet. Die Vielzahl der belastungsorientierten Steuerungen, die mit *Kanban*-Karten ausgeführt werden, können an dieser Stelle nur auszugsweise und ohne Anspruch auf Vollständigkeit dargestellt werden.

- **Workload Control** *[Jend 78]*: Die Aufträge kommen von einem hybrid übergeordnetem MRP-System. Aufträge, welche das System überlasten würden, werden zurück gehalten. Nur wenn eine Freigabe aller einzelnen Arbeitssysteme, auf Grund des Bestands, dies gestattet, wird der Auftrag frei gegeben *[Lödd 05]*. Hierfür wurde von Chang und Yih *[Chan 94]* eine Variante des Verfahrens mit arbeitssystemspezifischen *Kanban*-Karten beschrieben. Der Auftragsstart wird durch die Anzahl der Karten angestoßen.
- **Constant Work-in-Process-*Kanban* (Conwip-*Kanban*)** *[Lödd 05]*: Bei dieser Steuerung wird von *Kanban* gesprochen, jedoch wird anstelle von Stückvorgaben auf Zeitvorgaben zurück gegriffen. Vor allem bei starker Variantenvielfalt ist dies sinnvoll, da trotz der Vielfalt die Anzahl der Arbeitsstunden relativ konstant ist, während die Ausbringung stark variieren kann. Der Name wird daraus abgeleitet, dass durch die konstante Anzahl der *Kanban*-Karten der Arbeitsinhalt im System konstant gehalten werden kann, wodurch ein gleich bleibender Werkstattbestand (Constant work in Process) erzielt wird.
- ***Kanban* mit belastungsorientierter Auftragsfreigabe (BOA-*Kanban*)** *[Lödd 05]*: Nach dem Durchlauf der Grobterminierung im übergeordneten MRP-System wird diese Variante zur Feinsteuerung angewandt. Nach der zentralen Produktionsplanung steht, bezogen auf eine definierte Zeitspanne, eine bestimmte Anzahl von Aufträgen zur Feinplanung an. Die Aufträge werden auf Grund frei werdender Kapazität gestartet. Der Einlastungsprozentsatz (EPS) ist der mittlere Bestand an Produktionsaufträgen vor den Arbeitsstationen. Es handelt sich also um die bestimmende Prozentzahl je Arbeitsstation.
- **Paired-Cell Overlapping Loops of Cards with Authorization (POLCA-Steuerung)** *[Suri 98]*: Bevor dem Auftrag die Freigabe erteilt wird, müssen mehrere Teil-Freigaben erfolgen. Der im MRP vorgegebene Auftragsfreigabezeitpunkt muss überschritten, die Freigabe durch einen dezentralen *Kanban*-Bestandsregelkreis vorhanden und die zeitbezogene Kapazitäts-Freigabe mit oder ohne *Kanban* muss gegeben sein. Die Methode wurde für Fertigungsinseln entwickelt, die im Idealfall im One-piece-flow arbeiten.

2.6.4 Funktionsbasierte flexible Steuerung

Production Authorisation Card - *Kanban* (PAC-*Kanban*) *[Buzz 92; Lödd 05]*: Bei diesem etwas kompliziert wirkenden aber sehr vielversprechenden Konzept, werden drei Scheine oder Karten angewandt: Die *PA-Karte* repräsentiert einen Produktionsauftrag. Der *Order Tag* (Auftragsschein) informiert über einen gegenwärtigen oder zukünftigen Bedarf. Der *Requisition Tag* (Materialentnahmeschein) berechtigt zur Lagerentnahme und zum Transport. Dieses Verfahren kann mit der gleichen Steuerungslogik auf Grund der unterschiedlichen Definition der Parameter auf den Karten unterschiedliche Steuerungen abbilden (vgl. 2.8. Das Production Authorization Card (PAC)-Konzept).

2.7 Dezentrale Bestandsorientierte Fertigungsregelung (DBF)

Hermann Lödding

Die Dezentrale Bestandsorientierte Fertigungsregelung (DBF) gehört zur Klasse der Auftragsfreigabeverfahren. D. h. sie bestimmt den Zeitpunkt, zu dem ein Auftrag für die Fertigung freigegeben wird. Das Verfahren setzt ein übergeordnetes Planungsverfahren voraus, das aus einer Kundennachfrage oder einem Verbrauch Aufträge erzeugt, wie z. B. das MRP II-Verfahren oder die *Kanban*-Steuerung. Die DBF verknüpft die Arbeitssysteme einer Fertigung mit dezentralen Bestandsregelkreisen (vgl. Abb. 2.7.1.). Sie ermöglicht so die dezentrale Steuerung von Beständen und Durchlaufzeiten der Arbeitssysteme.

Die DBF unterstützt die folgenden Zielsetzungen:

- Bestandsregelung der Arbeitsysteme und der gesamten Fertigung
- Dezentralisierung der Fertigungssteuerung
- Erhöhung der Bestandstransparenz
- Nivellierung des Auftragszugangs zu den Arbeitssystemen

2.7.1 Funktionsweise

Wichtigster Verfahrensparameter ist die Bestandsgrenze. Jedes Arbeitssystem erteilt Aufträgen an Vorgängerarbeitssystemen die Bearbeitungsfreigabe, wenn sein Gesamtbestand kleiner ist als seine Bestandsgrenze. Andernfalls verweigert es die Auftragsfreigabe. Dadurch kann jedes Arbeitssystem seinen Bestand begrenzen. Freigabekriterium ist damit der Bestand der Arbeitssysteme. Berücksichtigt wird zum einen direkte Bestand am Arbeitssystem und zum anderen der Indirektbestand an Vorgängerarbeitssystemen. Dieser umfasst diejenigen Aufträge, für die die Bearbeitungsfreigabe bereits erteilt wurde, die jedoch noch nicht am Arbeitssystem eingetroffen sind. Die Mitarbeiter können die Bestandsgrenze umso kleiner wählen, je kleiner und harmonischer die Auftragszeiten sind. Die Höhe der Bestandsgrenze kann methodisch mit Hilfe von Produktionskennlinien bestimmt werden *[Nyhu 02]*. In der Praxis ist bietet es sich bei der Einführung an, die Bestandsgrenzen etwas höher zu setzen und sie dann schrittweise zu reduzieren. Variiert die Reihenfolge, in der die Aufträge die Ar-

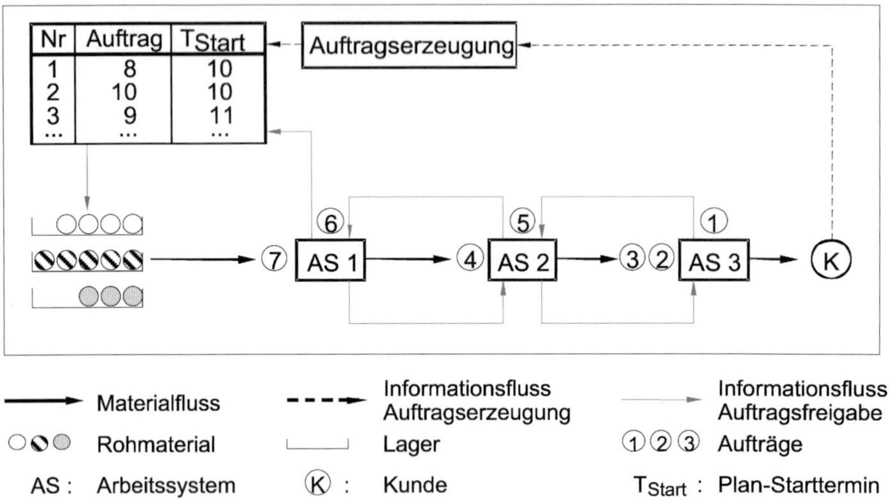

Abb. 2.7.1 Regelkreisstruktur der Dezentralen Bestandsorientierten Fertigungsregelung (DBF)

beitssysteme durchlaufen, wird als zusätzliches Freigabekriterium eine Reihenfolgenummer für die Arbeitssysteme vergeben, um zu vermeiden, dass sich Arbeitssysteme gegenseitig blockieren (vgl. *[Lödd 01]* zu Details).

2.7.2 Anwendungsgebiete

Die DBF eignet sich grundsätzlich überall dort, wo die Aufgaben der Fertigungssteuerung an die Mitarbeiter der Fertigung delegiert werden sollen. Sie ermöglicht eine effektive Bestandsregelung an allen Arbeitssystemen der Fertigung, Das Verfahren setzt eine umfassende Schulung der Fertigungsmitarbeiter voraus und erzwingt die Kommunikation zwischen den Mitarbeitern der Fertigung.

2.7.3 Erweiterungen

Die DBF wurde um ein spezifisches Verfahren zur Rückstandsregelung ergänzt. Dieses nutzt Verfahrensspezifika, um Entscheidungen über die kurzfristige Nutzung flexibler Kapazitäten zu treffen. Ziel ist die Erhöhung der Termintreue einer Fertigung *[Lödd 01; Lödd 02]*.

2.7.4 Alternative Verfahren

In der Literatur werden verschiedene weitere Auftragsfreigabeverfahren beschrieben. Die wichtigsten Formen bzw. Verfahren der Auftragsfreigaben sind:

- Bei der weit verbreiteten Auftragsfreigabe nach Termin wird ein Auftrag für die Fertigung freigegeben, sobald der Plan-Starttermin erreicht ist (vgl. *[Lödd 05]*). Vorteilhaft ist die einfache Umsetzung. Das Verfahren eignet sich nicht zur Bestandsregelung der Fertigung. Der Bestand kann jedoch über die Plan-Durchlaufzeiten beeinflusst werden.
- Bei der sofortigen Auftragserzeugung kann jeder Auftrag bearbeitet werden (vgl. *[Lödd 05]*). Damit ist eine Bestandsregelung über die Auftragsfreigabe unmöglich. Sinnvoll eingesetzt werden kann die sofortige Auftragsfreigabe z. B. dann, wenn wenige Varianten über *Kanban*kreisläufe gesteuert werden.
- Die Polca-Steuerung ist wie die DBF ein dezentrales Verfahren, das sich insbesondere für einfache Materialflüsse eignet (vgl. *[Suri 98]*).
- Die Conwip-Steuerung *[Hopp 96]*, die Engpass-Steuerung (vgl. *[Lödd 05]*) oder die Belastungsorientierte Auftragsfreigabe (vgl. *[Wien 97]*) geben den gesamten Auftrag frei. Derartige zentrale Auftragsfreigabeverfahren lassen sich ohne die Beteiligung der Fertigungsmitarbeiter umsetzen.

2.8 Das Production Authorization Card (PAC)-Konzept – ein Metakonzept zur Materialflusssteuerung

Thomas Rücker, Herfried M. Schneider,
Fakultät für Wirtschaftswissenschaften der Technische Universität Ilmenau

Für die Produktionsplanung und -steuerung (PPS) von mehrstufigen Produktionssystemen, die sich durch die Koexistenz von mehreren Produktionsstufen auszeichnen, deren Organisationsform und Ablaufstruktur sich unterscheidet, eignet sich das Production Authorization Card (PAC)-Konzept *[Buza 92; Buza 93; Rück 04; Schn 05; Schn 03]* da es auf Basis eines generalisierten Modells bei geeigneter Einstellung der Parameter verschiedene Materialflusssteuerungskonzepte, wie MRP und *Kanban* und Base Stock, abbilden kann und eine „optimale" Koordination eines Fertigungssystems mit mehreren Subsystemen übernehmen kann.

Ein PAC-gesteuertes Produktionssystem (vgl. Abb. 2.8.1) setzt sich aus den zwei Grundelementen *Zelle* und *Lager* zusammen, welche durch Informations- und Materialflüsse interagieren. Jede Produktionsstufe setzt sich aus einer Zelle oder mehreren parallelen Zellen sowie eine der Anzahl der auf der Produktionsstufe hergestellten Produkte entsprechende Anzahl an Lagern zusammen. Im Folgenden wird, ohne Beschränkung der Allgemeingültigkeit, davon ausgegangen, dass auf einer Produktionsstufe genau ein Produkt hergestellt wird, das in einem Ausgangslager bevorratet wird.

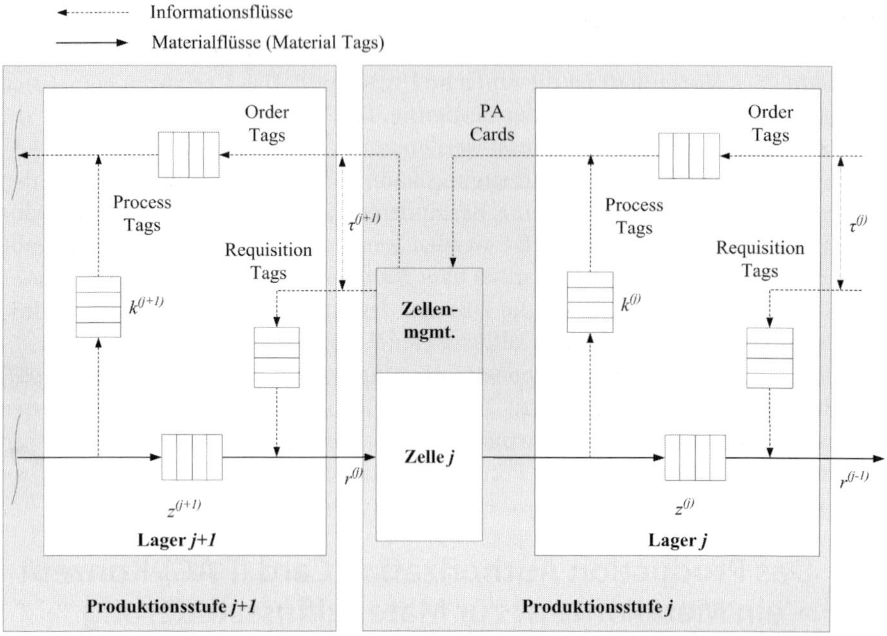

Abb. 2.8.1 Aufbau eines PAC-gesteuerten Produktionssystems

Eine *Zelle* umfasst die Ressourcen zur Herstellung eines abgegrenzten Spektrums von Produkten (Vor-, Zwischen- oder Endprodukte). Beispielsweise kann es sich bei einer Zelle um einen Spritzgussautomaten, mehrere parallele Spritzgussautomaten oder sogar ein komplexes Werkstattfertigungssystem handeln. Jeder Zelle eine eigene dezentrale Steuerungsinstanz (Zellenmanagement) zugeordnet, welcher die Reihenfolgeplanung der Produktionsaufträge sowie die Bestellung von Rohmaterialien obliegt.

Jedem in einer Stückliste ausgewiesenen Produkt ist ein *Lager* zugeordnet, in dem die PAC-Funktionslogik untergebracht (vgl. Abb. 2.8.1) ist. Die darin bevorrateten Produkte werden an das (die) downstream gelegene(n) Zelle(n) bzw. (bei Endprodukten oder Ersatzteilen) an die Kunden weitergegeben, die Zellen liefern an das (die) downstream gelegene(n) Lager. Zwischen den Zellen und den Lagern besteht insofern eine m:n-Beziehung, d. h. ein oder mehrere Lager kann (können) ein oder mehrere Produktionssegmente beliefern und vice versa. Die Koordination der Materialflüsse und Auftragsfreigabe basiert auf verschiedenen produktspezifischen Informationsträgern, so genannten *Tags*, die sich auf jeweils eine Einheit eines bestimmten Produktes beziehen:

- **Order Tags** werden durch die interne oder externe Verbrauchsstelle (Zellenmanagement oder Kunde) erzeugt und signalisieren einen gegenwärtigen oder zukünftigen Bedarf eines Produktes.

- **Requisition Tags** werden ebenfalls von der Verbrauchsstelle generiert und lösen einen Transport von einem upstream gelegenen Lager zu dieser aus.
- **Production Authorization (PA) Cards** lassen sich als Produktionsaufträge interpretieren. Sie werden durch die Lager auf Basis der vorliegenden Order Tags generiert und dem Management der vorgelagerten Zelle bzw. dem Zulieferer übergeben. Ihr Vorhandensein autorisiert die Zelle (bzw. den Lieferanten) zur Produktion des entsprechenden Produktes. Weiterhin initiiert die Ankunft einer PA Card die Bestellung der notwendigen Vorprodukte, indem zum Zeitpunkt ihres Eintreffens eine einstufigen Stücklistenauflösung vorgenommen wird, die in der sofortigen Erzeugung einer entsprechende Anzahl Order Tags und der um die Zeitspanne $\tau^{(j)}$ verzögerten Generierung von Requisition Tags resultiert. $\tau^{(j)}$ kann Null betragen, was in einer gleichzeitigen Erzeugung von Order und Requisition Tags resultiert.
- **Process Tags** werden jedem Lager in einer definierten Menge zugeordnet. Durch die Ankunft eines Order Tags wird bei dem Vorhandensein eines Process Tags eine PA Card generiert. Befindet sich kein Process Tag im Lager, so muss ein Order Tag bis zu Ankunft eines Material Tags warten. Die Anzahl der Process Tags beschränkt somit den maximalen Work-in-Process (WIP)-Bestand der PA Cards eines Produktes im vorgelagerten Produktionssegment.
- **Material Tags** lassen sich als Begleitscheine interpretieren, welche die aus physischen Produkten bestehenden Fertigungslose eineindeutig identifizieren.
- **Delivery Advice Notes** fungieren als Lieferscheine, indem sie von einem Lager zum Zeitpunkt der Lagerentnahme erzeugt werden und zusammen mit der Entnahmemenge an das downstream gelegene Produktionssegment übergeben werden.

Bei lagerorientierter Produktion werden die Bedarfsinformationen der Endprodukte übermittelt, indem der Kunde nur Requisition Tags versendet, während die Order Tags basierend auf einer Prognose vor dem Eintreffen der Requisitions Tags durch das Produktionsmanagement erzeugt werden. Bei auftragsorientierter Produktion übermittelt der Kunde bei der Auftragsvergabe Order Tags und zum vereinbarten Liefertermin Requisition Tags. Im Rahmen des PAC-Konzeptes existieren vier Steuerungsparameter:

- $\mathbf{z}^{(j)}$: Anzahl der in einem Lager j im initialen bzw. unbelasteten Systemzustand vorhandenen Einheiten des Produktes j (Solllagerbestand);
- $\mathbf{k}^{(j)}$: Anzahl der einem Lager j zugeordneten Process Tags für das Produkt j;
- $\boldsymbol{\tau}^{(j)}$: Zeitverzögerung zwischen Order Tags und den korrespondierenden Requisition Tags für das Produkt j;
- $\mathbf{r}^{(j)}$: Losgröße des Produktes j.

Lose können dabei an verschiedenen Stellen erzeugt werden *[Schn 05]*:

- Nach der Generierung von PA Cards;
- nach der Generierung von Requisition Tags;
- vor der Bearbeitung der Material Tags in einem Produktionssegment.

Darüber hinaus kann durch die Festlegung von Prioritäten auf die Reihenfolge der Aufträge innerhalb eines Segmentes Einfluss genommen werden. Unter Zugrundelegung dieser Steuerungsparameter kann für jedes Produkt bzw. jede Produktionsstufe eine individuelle Steuerungspolitik festgelegt werden. In Tabelle 2.8.1 sind die Parametereinstellungen für einige elementare Steuerungspolitiken dargestellt.

Tabelle 2.8.1 PAC-Parametereinstellungen für verschiedene elementare Steuerungspolitiken

	$z^{(j)}$	$k^{(j)}$	$\tau^{(j)}$	$r^{(j)}$
MRP	0	$=\infty$	>0	1
Kanban	>0	$=z^{(j)}$	$=0$	1
Base Stock	>0	$=\infty$	$=0$	1
Conwip	>0	$=\infty$	$=0$	1

Unter Zugrundelegung des PAC-Konzepts können die meisten konventionellen Politiken zur Materialflusssteuerung (Base stock, *Kanban*, MRP, Make-to-order, Conwip sowie die weniger bekannten Politiken Integral Control sowie Local Control) abgebildet werden. Darüber hinaus können mit Hilfe des PAC-Konzepts neue, bislang unbekannte Steuerungspolitiken entwickelt werden, welche die vorteilhaften Eigenschaften mehrerer konventioneller Politiken miteinander verbinden. Damit ist das PAC-Konzept in der Lage, eine optimale, an die jeweilige Fertigungssituation und -organisation angepasste Koordination und

Steuerung eines mehrere Produktionsstufen umfassenden Produktionssystems zu gewährleisten. Das PAC-Konzept kann sowohl bei kundenauftragsanonymer als auch bei kundenauftragsorientierter Produktion eingesetzt werden und eignet sich damit zur Darstellung aller Typen der Programmbildung:

- Make-to-stock (MTS): Es erfolgt eine Bevorratung der kundenauftragsanonym vorgefertigten und standardisierten Endprodukte, welche das gesamte Produktionssystem durchlaufen haben. Wenn ein Kunde eine Bestellung aufgibt, dann erwartet er, dass das Produkt bereits im Lager vorrätig ist und unverzüglich ausgeliefert wird.
- Assemble-to-order (ATO) bzw. Finish-to-order (FTO): Die standardisierten Zwischenprodukte werden kundenauftragsanonym auf Lager gefertigt. Die Montage (bzw. Fertigstellung) der (teilweise standardisierten) Endprodukte geschieht jedoch erst nach Aufgabe einer Bestellung durch den Kunden.
- Make-to-order (MTO): Die (teil-)standardisierten Erzeugnisse des Unternehmens müssen nach Ankunft eines Kundenauftrags das gesamte Produktionssystem durchlaufen. Lediglich im Eingangslager erfolgt eine Bevorratung der Vorprodukte.

2.9 Hybride Steuerungskonzepte

Philipp Dickmann

Hybride Steuerungskonzepte bestehen aus unterschiedlichen, parallel angelegten Systemen. Sie werden eingesetzt, um Schwächen gegenseitig zu kompensieren und die Vorteile der verschiedenen Steuerungen auszunutzen. Hier lassen sich vier verschiedene hybride Ansätze unterscheiden: vertikal, horizontal, funktional und die Matrix. Zudem kann die hybride Logik, neben der operativen Steuerung, auch zur Ermittlung des optimalen Algorithmus und zur dynamischen Dimensionierung angewandt werden. In der modernen heterogenen „Materialflusswelt" fließen neben den eigentlichen Steuerungs-Algorithmen auch andere Ebenen mit Steuerungsinformationen in die Steuerungsentscheidung ein. So ist die Matrix-hybride Steuerung (MHS), unter dieser erweiterten Definition in der betrieblichen Umgebung heute schon lange Standard. Da die Sichtweise bisher disziplinär eingeschränkt ist, werden die Komplexität, die Möglichkeiten, aber auch die Probleme von MHS nicht erkannt.

Bei einem hybriden Ansatz werden zwei oder mehrere Materialsteuerungsmethoden eigenständig etabliert. Auf den ersten Blick erscheint dies nicht sinnvoll, da dadurch eine erhöhte Komplexität und ein Mehraufwand für Pflege und Eingaben entstehen. Redundanz ist eine gängige Methode, um die nötige Stabilität gegen Störungen zu erreichen. In der Biologie oder auch in der Technik werden kritische Komponenten doppelt ausgelegt, um auch im Extremfall die Funktion sicher zu stellen. Dieses Prinzip kann auch auf die Steuerungsmethode übertragen werden. Die Komponenten von hybriden Steuerungen sind aber nicht nur redundant, sondern auch verschieden. Dadurch können die Schwächen des einen Systems durch die Stärken des anderen ausgeglichen werden. Häufig anzutreffende Kombinationen sind z. B. Grobsteuerungen mittels MRP, die durch eine Feinsteuerung aus *Kanban* oder belastungsorientierten Steuerung untergliedert sind.

2.9.1 Hybride operative Steuerungs-Algorithmen

Die gängige Definition von hybrider Steuerung ist die Kombination von Steuerungsverfahren, welche die Entscheidung und Freigaben für den Auftragsstart definieren. Die Systeme können dabei sowohl in EDV als auch mittels physischer Karten bzw. Behälter abgebildet sein. Letztlich wird die Kopplung verschiedener operativer Steuerungs-Algorithmen angestrebt, mit welchen ein für die jeweilige Anwendung optimaler Algorithmus erzielt wird. Es sind vertikale (VHS) oder horizontale (HHS) Hybride Systeme *[Gera 05]* zu unterscheiden. Zur Auswahl der geeigneten Steuerungs-Algorithmen können die Kriterien von Lödding *[Lödd 05]* empfohlen werden.

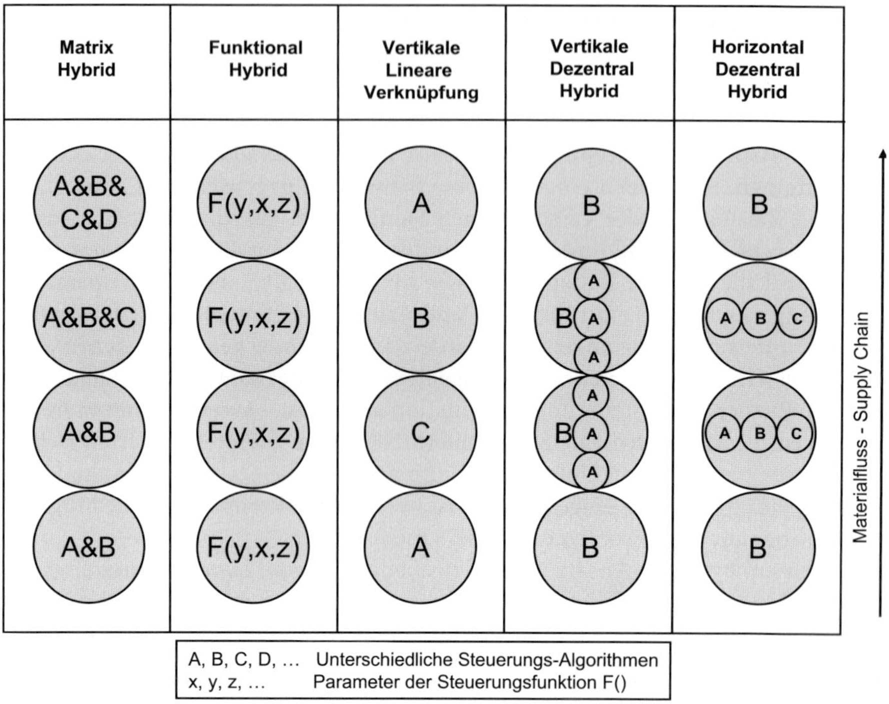

Abb. 2.9.1 Übersicht der hybriden Steuerungsalgorithmen

Vertikale Hybride Systeme(VHS)

Vertikal dezentrale Hybride Steuerungen (VDHS) *[Gera 05]*: Ein Glied der Kette wird dezentral redundant mit einem anderen Steuerungsverfahren gesteuert. Die gängigste Variante ist eine Mischung der Steuerungen innerhalb der Ebenen der Materialkette. Eine gemischte Anwendung z. B. von *Kanban* (bestandsorientiert) auf der Ebene des Kundenverbrauchs zur Absicherung der 100 % Lieferfähigkeit, mit einer MRP Steuerung (prognosebasiert) auf den darunter oder darüber liegenden Ebenen, ist sehr häufig in Unternehmen anzutreffen. Ein typisches Beispiel hierfür ist Synchro MRP *[Hall 86]*. Die Firma Yamaha wollte damit die Vorteile von *Kanban* in der Fertigung mit dem der Fortschrittszahlensteuerung in MRP kombinieren. Die Steuerungsregel ist sehr einfach: Es dürfen solange Aufträge eröffnet werden, bis die Schlagzahl aus dem Tagesprogramm erreicht wird. Ein anderer häufiger Ansatz ist die Kombination von Belastungs- mit Bestands- (z. B. *Kanban*) oder auch prognosebasierten (z. B. MRP) Verfahren. Die belastungsorientierten Steuerungsverfahren wurden maßgeblich zum Zweck der Feinsteuerung von Fertigungsprozessen, im Regelfall mit einem übergeordneten Steuerungsverfahren entwickelt und können daher grundsätzlich als VHS interpretiert werden (vgl. 2.3 Grundlegende Steuerungsverfahren). Darüber hinaus wurden noch komplexere Steuerungs-Algorithmen wie z. B. Hybrides *Kanban*-CONWIP *[Bovi 97]* entwickelt. Hier werden zwei Bestandsregelungen für jede einzelne Arbeitsfolge verknüpft. Der Auftrag darf nur gestartet werden, wenn eine *Kanban*-Karte vom Fertigwarenkorb und vom vorhergehenden Prozessschritt vorliegt. Bei Workload-Control *[Jend 78]* kommen die Aufträge von einem hierarchisch hybrid übergeordneten MRP-System in die bestandsorientierte Produktionseinheit. Aufträge, welche das System überlasten würden, werden zurückgehalten. Nur wenn die Freigabe aller einzelnen Arbeitssysteme auf Grund des Bestands gestattet wird, kann der Auftrag frei gegeben werden. Auch die Dezentrale Bestandsorientierte Fertigungsregelung (DBF) *[Lödd 05]* (vgl 2.7. Dezentrale Bestandsorientierte Fertigungsregelung) kann als hybride Steuerung interpretiert werden, da hier verschiedene Steuerungselemente zusammengeführt werden. Vertikal linear Verknüpfte Steuerungen (VLVS) werden vielfach auch als hybrid interpretiert, da einzelne Glieder alternativ wechselnde Steuerungen aufweisen.

Horizontale Hybride Systeme – z. B. Horizontal dezentral Hybrid *[Hodd 91]*

Dies umfasst unter MRP mehrere parallele Steuerungsebenen, z. B. unterschiedliche Steuerungsverfahren je Materialfamilien. Ein sehr häufiger Ansatz ist die parallele Steuerung in einer Produktionsstufe mit verschiedenen Konzepten, wie beispielsweise je nach Station oder Produktfamilie mit *Kanban* oder MRP. Auch C-Teilemanagement ist hierfür ein typisches Beispiel: Für wenig werthaltige C-Teile wird ein unexaktes, aber auch einfaches *Kanban* eingesetzt, das jedoch 100 % Lieferfähigkeit mit hoher Sicherheit gewährleistet. Die darüber liegenden Ebenen sind beliebig anders gesteuert, häufig mit MRP.

Funktionale Hybride

Der **Markov Decision Process** (MDP) *[Hodd 91; Hodd 91b]* ist ein sehr flexibles horizontal hybrides Konzept, das wegen seiner hohen Komplexität vorwiegend für Systementwickler relevant ist, ebenso das funktional hybride interpretierbare **PAC-Konzept** *[Buzz 92]*.

Matrixhybride Steuerung (MHS)

Eine Mischung aus vertikalen (VHS) und horizontalen (HHS) Ansätzen ist die Matrixhybride Steuerung. Hierbei werden an allen Entscheidungsknoten redundant verschiedene Steuerungen in die Entscheidung eingebunden. Diese Methode ist ähnlich flexibel wie die funktionale Steuerung PAC. Das Problem bei der realen Anwendung von hybriden Steuerungen liegt in der Vielzahl der einzubindenden Entscheidungsebenen. Verglichen mit einfachem *Kanban* kann die Qualität der Steuerung deutlich verbessert werden, da eine große Zahl an Störgrößen sichtbar und dadurch behebbar wird, was eine positive Auswirkung auf die reale Umsetzung hat. Daraus leitet sich jedoch ab, dass nicht zu viele Steuerungssysteme kombiniert werden können. Der Mehraufwand muss in einem sinnvollen Verhältnis zur Verbesserung stehen, wobei zudem die Komplexität beachtet werden muss.

2.9.2 Hybride Steuerungen in der Simulation zur Ermittlung des optimalen Algorithmus und zur dynamischen Dimensionierung

Ein anderer Ansatz Steuerungsmethoden hybrid anzuwenden erfolgt in Softwareapplikationen, die vollautomatisch, vergleichend verschiedene Steuerungssysteme darstellen und dann den optimalen Algorithmus errechnen. Hierbei erfolgt nur der Auswahlprozess für die Steuerungsmethode hybrid. Die Entscheidung für den Auftragsstart findet abhängig von dem auswählten Konzept statt *[Schn 05; Dick 02; Dick 02b]*. Die Dimensionierung und die Auswahl des Steuerungsverfahrens findet vergleichend zwischen den Steuerungen statt, die operative Steuerung selbst ist in diesem Fall nicht hybrid.

2.9.3 Hybride Steuerungen nach einer erweiterten Definition der Materialflusssteuerung

In der Realität der Unternehmen werden neben den typischen, als Steuerung verstandenen Entscheidungslogiken oder –algorithmen, in unterschiedlichen Ebenen, Informationen sowie Entscheidungsmethoden überlagernd einbezogen. Um eine maßgeschneiderte Steuerung zu erreichen, die alle firmenspezifischen Problemstellungen optimal löst, werden verschiedene Ansätze parallel verwendet. Das Ergebnis ist eine kumulierte Gesamtcharakteristik, bei der, je nach verwendeter Komponente, eine deutliche Annäherung an eine nötige Steuerungsqualität erreicht wird. Für die reale Anwendung wird durch die Mischung verschiedener Steuerungen eine annähernd immer optimale Steuerungsqualität erzielt.

Kombinationsmöglichkeiten:

Nach dieser erweiterten realitätsnäheren Definition existieren je nach Aufgabenstellung folgende Kombinationsmöglichkeiten für hybride Steuerungen:

- Simulationen und Szenerien von Simulationen
- Produktionsunterstützende EDV-Systeme mit implementierten Steuerungsinformationen z. B. MRP (Material Requirement Planing Systems), Ampel-, Bestellpunkt-, Mindestbestandssteuerungen, etc.
- Hochrechnungen von Abschnitten auf der Zeitachse (Vergangenheitsintervalle, Kundenabrufe, Kundenprognosen, reale Abrufe, etc.)
- Planwirtschaftliche Steuerungsvorgaben
- Warehouse- oder Lagerplatzinformationen
- Maschinen- und Arbeitsplaninformationen
- Physische Materialflussinformationen (z. B. leere Behälter, Karten, etc)
- Auslastungsorientierte Informationen bezogen auf Anlagen oder Personal
- Planungsroutinen
- Etc.

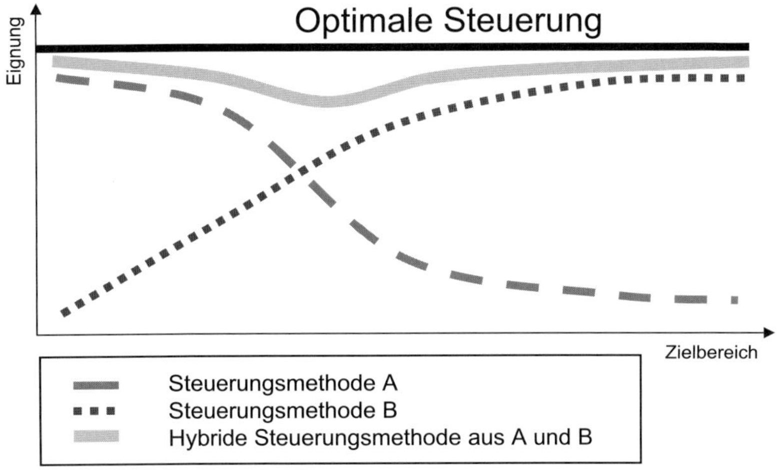

Abb. 2.9.2 Durch hybride Kombination von Steuerungen kann eine Optimierung des Erfüllungsgrads, bezogen auf ein Eignungskriterium (z. B. Wiederbeschaffungszeit), erreicht werden. Zielbereich kann beispielsweise der Planungshorizont sein. Im Kurzfristbereich bringt hier *Kanban* und im Langfristbereich MRP bessere Ergebnisse

Prinzipiell sollten möglichst gegensätzliche Materialflussebenen bzw. -ansätze miteinander kombiniert werden. Auf diese Weise werden viele Basisinformationen für die Entscheidung eingebunden und Störgrößen verifizierbar. Unter Berücksichtigung dieser erweiterten Definition des Begriffs der Steuerungsmethode ist die Matrixhybride Steuerung im heterogenen realen Materialfluss gängig. In den üblichen betrieblichen Abläufen sind verschiedene Entscheidungsebenen mit klaren Steuerungs-Algorithmen keine Seltenheit. Der Abgleich wird mit führenden Steuerungstools und mit untergeordneten Feinsteuerungstools oder auch nur auf Produktgruppen bezogenen, abweichenden Steuerungen zum Abdecken des gesamten Materialflusses erreicht. So kann zum Beispiel eine Produktionsplanung mit Kundenprognose, Fortschrittszahlen, MRP und *Kanban* auf Kundenmontageebene abgeglichen werden. In den darunter liegenden Ebenen wird eine Feinsteuerung mit eventuell kapazitätsbasierten Systemen, *Kanban*, MRP oder auch C-Teile-*Kanban* differenziert.

Breitere und komplexere Zielsetzung

Das Ziel solcher realer Matrixhybrider Systeme geht weit über die Ziele und Potentiale der klassischen Steuerung hinaus. Diese umfasst die Optimierung unter besten Rahmenbedingungen. Reale MHS ermöglichen vor allen das optimale Erreichen von Logistikzielen in den Ausnahmefällen. Bei dieser Variante fließen in die Entscheidungen wesentliche Informationen mit ein, die nicht in EDV-Systemen abgebildet werden können, wie z. B. nicht in Zahlen fassbare, also informelle, Informationen über sich anbahnende Krankheitsfälle. Beim Vergleich der verschiedenen Ergebnisse werden Hintergründe berücksichtigt, gegebenenfalls verifiziert und die Entscheidung abgesichert. Andererseits werden Fehler in einem der hybriden Systeme transparent, bevor es zu den Auswirkungen kommt. Es ist eine geringere Fehlerabsicherung nötig und Sicherheiten wie Puffer können ohne Risiko gesenkt werden bei gleichzeitig steigender Liefertreue. Die Zielrichtung ist grundlegend unterschiedlich. Das Ziel ist es nicht, so gut wie möglich mit Fehlern zu leben, sondern kontinuierlich weniger störungsanfälligere Prozesse zu erzeugen und damit auch im Krisenfall noch eine optimale Logistik zu erzielen.

2.10 Matrixhybride Materialflusssteuerung

Philipp Dickmann; Eva Dickmann, LEPROS

Um einen optimalen Materialfluss für vielfältigste Produkte und Rahmenbedingungen im zeitlichen Verlauf zu erzeugen, werden in realen Systemen alle zur Verfügung stehenden Informationen zur Steuerung mit eingebunden. Durch die übliche sehr begrenzte Definition des Begriffs Produktionssteuerung, wird kaum erkannt, dass komplexe Materialfluss-Umsetzungen heute schon vorhanden sind. Die Ziele, der Nutzen und die Problemstellung der erweiterten Definition von Produktionssteuerung sind wesentlich umfangreicher, als bei dem klassischen Begriff definiert. Wesentlich für den Erfolg oder Misserfolg einer Steuerung, ist das frühzeitige Erkennen aller Störungen aus den vorhandenen Informationen. Die Fülle der Informationen sollte möglichst wenig komplex und überschaubar sein. Die systematische Analyse und darauf folgende Synthese, erlaubt es dem Unternehmen, maßgeschneiderte Informationen für eine flächendeckend optimale Steuerungs-Mischung zu erhalten. Die Methode ist vergleichbar mit einem Setzkasten, bei dem einfach aus den passenden Bausteinen die optimale Kombination, in diesem Fall ein Eigenschaftsbild, zusammensetzt wird. Im folgenden Beitrag werden die Prinzipien basierend auf den Anforderungen der Implementierung dargestellt, bezogen auf ein Praxisbeispiel *[Dick 02; Dick 02b]*.

2.10.1 Matrixhybriden Steuerung (MHS) – das Chaos der Steuerungsinformationen nutzen und beherrschen [Lepr 05b]

In realen Materialflusssteuerungs-Systemen werden prinzipiell alle zur Verfügung stehenden Informationen genutzt, die helfen können Störungen eines optimalen Materialflusses zu verhindern. Mittels Valuecycle Optimizing (VCO, vgl. 2.14. Valuecycle Optimizing) kann eine Übersicht über die wesentlichen Störgrößen und die nötigen Informationen erzeugt werden. Entstehenden Störungen kann dadurch frühzeitig entgegen gewirkt werden. Die systematische Analyse der Störgrößen und des Informationsflusses zeigt bei größeren Unternehmen in der Regel eine gewachsene und daher chaotische Struktur. Verglichen mit einer Liste der Steuerungsziele, werden Lücken und viele redundante Informationen transparent. Mit dem Aufbau einer fundierten hybriden Matrix-Steuerung wird versucht die fehlenden Informationen in geeigneter Weise zur Verfügung zu stellen und unnötige identische Informationen zu streichen. Die Steuerung sollte möglichst direkt auf Basisdaten zugreifen, also auf Informationen, die beispielsweise auf physische Bewegungen fixiert sind und möglichst nicht sekundär errechnet werden. Physische und visuelle Informationen sind zur Steuerung sicherer, als Daten aus EDV-Systemen, da in EDV-Systemen eine wesentlich größere Zahl an Störparameter unerkannt wirken kann. Letztlich sollten redundante Daten aus den vorhandenen Datenbeständen genommen werden, um die Übersicht zu erleichtern. VCO kann zur Verifikation der noch verbleibenden Störgrößen und deren Visualisierung in der Matrixhybriden Steuerung beitragen.

2.10.2 Dezentrale Entscheidungskompetenz

Dezentrale Mitarbeiter können, unterstützt durch verschiedene hybride Kennlinien und Steuerungsinformationen, Entscheidungen kompetent situationsbezogen treffen. Bei MHS können in die Entscheidungen wesentliche Informationen mit einfließen, die nicht in EDV-Systemen abgebildet werden können, wie z. B. informelles Wissen über sich anbahnende Krankheitsfälle, Lieferanteninformationen, temporäre EDV-Fehler. Beim Vergleich der verschiedenen Ergebnisse werden Hintergründe berücksichtigt, gegebenenfalls verifiziert und die Entscheidung abgesichert. Gleichzeitig werden Fehler in einem der beiden Systeme transparent, bevor es zu Auswirkungen kommt. Eine regelmäßige Fehlerabsicherung kann reduziert werden und Sicherheiten wie Puffer können ohne Risiko gesenkt werden. Angesichts der Vielzahl der Fehler, die sich auf die Steuerungsalgorithmen auswirken, wie z. B. fehlende Datenpflege, ist der Nutzen von hochexakten Steuerungs-Algorithmen in Relation zur Vermeidung von Fehlern in der Steuerung in der Praxis vielfach vernachlässigbar.

2.10.3 Hybride Dimensionierung der Regelkreise [Dick 02; Dick 02b; Dick 02c]

Zur Dimensionierung des Steuerungsverfahrens und der Entscheidungsfindung, können neben dem aktuellen Trend des Behälterflusses, auch Prognosen des MRP-Systems und eine Historie der Verbräuche integriert werden. Aus der statischen Dimensionierung von *Kanban* entsteht ein Dimensionierungsverlauf auf der Zeitachse, bei dem die Entwicklung der Stückzahlen je Materialnummer erkennbar ist (vgl. 5.6. *Kanban* Dimensionierungs-Systeme). Zu diesem Element wurde eine hybride Strategie zur Bestell- und Produktionssteuerung festgelegt. Die zentrale Dimensionierung wird parallel, durch die Rückkopplung der realen

Fließbewegungen, von dem dezentral verantwortlichen Mitarbeiter verifiziert. Dieses Vorgehen führt zu einem kontinuierlichen Verbesserungseffekt, auch bei der Entwicklung einer Simulation bzw. deren Basisparameter.

2.10.4 Matrixhybride *Kanban*-MRP-Steuerung

Die Verbindung der drei Matrixhybriden Ebenen *[Lepr 04b]*:

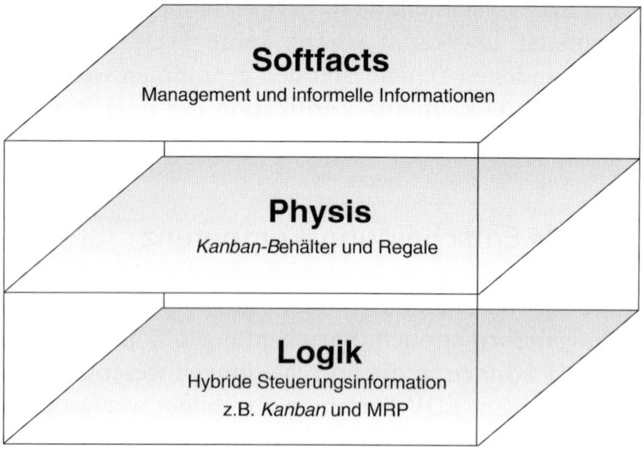

Abb. 2.10.1 Die drei Ebenen der Matrixhybriden Steuerung am Beispiel *Kanban*-MRP

- **Logik:** Die Steuerungsebene MRP wird durch zusätzliche Steuerungsinformationen ergänzt, z. B. *Kanban*-Karten, die auf Grund des unterschiedlichen Steuerungscharakters einen zusätzlichen Hinweis zum Auftragsstart geben.
- **Physis:** Durch *Kanban* werden zusätzliche andere physische Informationen zur Absicherung des Materialflusses nutzbar, wie visuelle und physische Informationen von Behältern.
- **Softfacts:** Letztlich wird dieses System mit der Schnittstelle Mensch noch durch informelle Inforationen ergänzt. Wenn ein Mitarbeiter ein merkwürdiges Geräusch an einer Maschine feststellt, wird natürlich dieses Wissen bei der Steuerung berücksichtigt, indem etwa eine Wartung eingeplant wird. Ein anderes Beispiel ist ein Mitarbeiter der krank wirkt und dadurch zu einem zukünftigen Kapazitätsproblem führen kann. Zentralistischen Steuerungssystemen stehen derartige Informationen nicht zur Verfügung.

In dem Beispiel von Voith *[Dick 02; Dick 02b]* wurde in einem Materialflussnetzwerk mit Verzweigungen und Bypässen, synchron ein klassisches Karten-*Kanban* über acht Produktionsstufen, hybrid zu MRP verwendet. Die oberste Ebene dieser Steuerung wurde zudem durch ein Konzept mit Fortschrittszahlen und einer strategischen interaktiven Routine zum Abgleich der Kunden-, Vertriebs- und Produktionsplanung überlagert. Die Freigabe eines Auftrags oder einer Bestellung erfolgt ereignisorientiert nach dem Ermessen des Menschen, nicht wie bei vielen anderen hybriden Systemen führend durch eines der Steuerungsverfahren. Die Basis für die Entscheidung bilden die Daten aus beiden Steuerungssystemen, unter Berücksichtigung zusätzlicher informeller Faktoren, wie aktuelle Störungen zur Priorisierung. Diese drei Ebenen führen nicht zu einer automatisierbaren Entscheidung, können aber eine deutlich höhere Sicherheit der eigentlichen Steuerungsentscheidung erzeugen, also bezogen auf die Fragestellung: Wann muss welches Los in welcher Losgröße optimal gestartet werden.

2.10.5 Reduzierung von Störgrößen durch Abgleich

Neben dieser direkten Steuerungsoptimierung und der Reduzierung des Risikos, wird auch eine kontinuierliche Verbesserung des Systems erreicht. Die unterschiedlichen Informationsquellen geben nie die gleichen Zielwerte vor. Aus der Abweichung kann man Rückschlüsse auf eventuelle Fehler in dem einen oder anderen System ziehen. In einem kontinuierlichen Verbesserungszyklus werden auf jeder Ebene Störgrößen sichtbar und können systematisch optimiert und abgestellt werden. Die Überprüfung durch den Menschen bindet das breite,

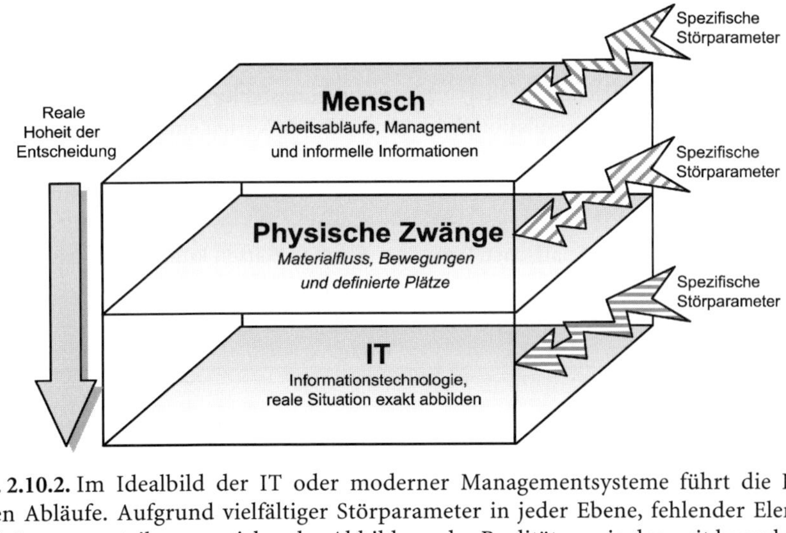

Abb. 2.10.2. Im Idealbild der IT oder moderner Managementsysteme führt die IT die realen Abläufe. Aufgrund vielfältiger Störparameter in jeder Ebene, fehlender Elemente in IT-Systemen, teils unzureichender Abbildung der Realität, sowie der weit komplexeren und flexibleren Möglichkeiten des Menschen Informationen mit einzubeziehen, sieht die Realität anders aus. In der betrieblichen Praxis wird die Entscheidungshoheit zunächst vom Menschen ausgeübt, danach kommen in der Priorität physische Zwänge (z.B. Inventurdifferenzen) und dann erst die Informationstechnologie. Zur kompetenten Optimierung von Prozessen müssen und können Störungen nur dort vermieden werden, wo Sie entstanden sind. Der Ansatz mit IT alle Probleme Lösen zu wollen kann letztlich nur sehr beschränkt Einfluss auf übergeordneten Entscheidungsebenen erzeugen.

informelle und interdisziplinäre Wissen des Mitarbeiters ein. Zunehmend entsteht dadurch noch fundiertes Wissen über den Zusammenhang von Ursache und Wirkung. Eine bessere Einschätzung von kritischen Situationen wird möglich und ein kontinuierlicher Materialfluss wird mit höherer Wahrscheinlichkeit sichergestellt. Auf Grund der redundanten Informationen, werden Störgrößen im Vorfeld erkannt, bevor es zu Problemen kommt. Die Zwangsverkettung bei der Auftragsfreigabe erzeugt einen hohen Druck, die Störgrößen des Systems in einem kontinuierlichen Prozess zu eliminieren. Dieser Ansatz hat mittelfristig eine deutliche Verbesserung der Qualität der Basisdaten zu Folge. Zur klaren Abgrenzung, ab wann eine Eskalation auf höhere Entscheidungsebenen notwendig ist, können klare Freigaben dienen.

Typische Störgrößen die durch hybride Steuerungsalgorithmen abgestellt werden können:

Tabelle 2.10.1 Typische Störgrößen die mit einem hybriden Steuerungsalgorithmus abgestellt werden können

MRP	*Kanban*
• MRP-Stammdaten sind falsch oder nicht gepflegt • MRP-Prognose enthält Fehler • Buchungsfehler im MRP • Prognosegüte ist schlecht • Monats- bzw. Wochenkumulationen führen zu überhöhten Punktbedarfen • Soll/Ist-Abweichungen (z. B. Durchlaufzeit) • Kalenderfehler bei automatischen Umrechungen • Fehler in der Stücklistenverknüpfung • Etc.	• Inventurdifferenzen • Material am falschen Lagerort • Fehler im Materialfluss • Physisches Vorziehen von Bedarfen • Buchungsfehler • Fehlende Karten sind mit falschen oder fehlenden Materialmengen verbunden • Karten fehlen oder es sind alte mit im Kreis • *Kanban*-Karten kommen zu früh oder zu spät • Dimensionierung zu hoch oder zu niedrig • Etc.

2.10.6 Ergebnisse am Beispiel Voith [Dick 02c]

Vor der Einführung dieses Konzepts wurde das bestehende System, vor allem wegen der Durchgängigkeit der Umsetzung von *Kanban* 1999, mit dem Innovationspreis für Logistik vom VDI ausgezeichnet. Mit diesem Konzept wurden alle Ebenen durchgängig gesteuert: Kunde, Montage, verschiedene Vormontagen, Fertigungsstufen bis hin zu den Lieferanten. Nicht nur das Seriengeschäft wurde abgewickelt, sondern auch andere Geschäftsfelder wie etwa das Ersatzteilegeschäft. Trotz der enormen Spannbreite konnte nach 1999 mit Matrixhybridem *Kanban* noch einmal eine deutliche Verbesserung erreicht werden. Drei Jahre später wurden. ca. 80 % der Stückzahlen aller Aufträge und Ebenen und ca. 90 % der Materialbereitstellung abgewickelt. Trotz kurzfristiger bis zu 50 %iger Absatzveränderungen und 50 %iger Prognosegenauigkeit wurde eine maximale Liefertreue erreicht und die Kapitalbildung wurde dabei auf 50 % reduziert. Auch auf Kundenanforderungen konnte nun höchst flexibel reagiert werden. Mit reiner MRP Steuerung oder einer reinen *Kanban*-Steuerung wäre dieser Wert bei weitem nicht erreichbar gewesen. Nur ein untergeordneter Teil der Einsparung wird durch die immer optimale Auswahl des Steuerungssystems erzielt. Der wesentliche Teil entsteht auf Grund der wachsenden Sicherheit und Stabilität durch die Kombination der Systeme.

2.11 Heterogene Materialflusssysteme

Dickmann Eva, LEPROS

In der betrieblichen Praxis setzt sich Materialfluss heute aus vielfältigen hybriden und oder parallel ablaufenden Steuerungsverfahren zusammen, wie etwa Fortschrittszahlen-Systemen, Auftrags-*Kanban*, C-Teilemanagement, Just-in-time, Just-in-sequence, Steuerung mit automatisierter Bestellschreibung, manuelle Auftragssteuerung, outgesourcte Steuerungungssysteme, Gemeinkostenbeschaffung, etc. In der klassischen Materialflussmatrix erscheint ein existierender Materialfluss, als „kunterbunter Blumenstrauß", der kaum zweidimensional darstellbar ist. Die übliche Sichtweise der Materialfluss-, Steuerungs- oder Beschaffungsmatrix stellt dies sehr plakativ dar.

Im betrieblichen Ablauf mit kontinuierlichen Veränderungen auf vielfältigen Ebenen ergibt sich permanent, aufgrund kontinuierlicher Entropie ein „Wildwuchs" an Konzepten, was zu einer Ineffizienz des Materialflusses führt. Durch eine systematische Abstimmung der vielen Konzepte, könnten die Zielgrößen Kapitalbindung, Einkaufspreis, Flexibilität und Lieferfähigkeit ein Optimum erreichen. Die klassische Materialflussmatrix die den Zusammenhang zwischen der Prognostizierbarkeit und dem Wert der Teile visualisiert, ist jedoch nur bedingt zur operativen Arbeit geeignet. Die Kennzahl der Prognose des Materialflusses ist zu abstrakt oder schlecht greifbar und die Kosten des Materials sind kein unbeschränkt geeignetes Kriterium zur Auswahl einer Steuerungsmethode. Welche Kriterien oder Einflussgrößen, im physikalischen Sinne, sind relevant für eine Steuerungsentscheidung? Welche sind aussagefähig für die Darstellung und Kontrolle von Kostenzielen? Die Bedarfshäufigkeit und dessen Charakteristik sind dabei die bestimmenden Elemente zur Entscheidung für eine Steuerungsmethode. Sie umfassen die Prognostizierbarkeit, ebenso wie die Häufigkeit und die Höhe der Bedarfe. Diese sind, auf Grund des Produktlebenszyklus, der Kundencharakteristik und in der Praxis durch den Peitscheneffekt, permanent enormen Veränderungen unterworfen. Wichtige Kriterien sind unter anderem auch: Der Grad der Notwendigkeit der vollen Lieferfähigkeit und der minimalen

Kapitalbindung oder in wie weit Engpässe fein gesteuert werden müssen. Mit diesen vier Parametern lassen sich die grundlegenden Steuerungsmöglichkeiten, die bedarfs-, bestands- oder auslastungsorientierte sowie prognosebasierte Steuerungen, auch automatisiert unterscheiden. In der realen Entscheidung, ohne ein heterogenes Konzept, wird vielfach auf Grund sekundärer Kriterien entschieden, etwa wegen der Durchlaufzeit (DLZ) bzw. der Widerbeschaffungszeit (WBZ), der Umschlagshäufigkeit von Standards, der Kapitalbindung oder von Einzelteilpreisen. Bei Orientierung an sekundären Kriterien besteht die Gefahr, dass die tatsächlichen Potentiale, also die Ursachen nicht erkannt, große Verbesserungspotentiale verschenkt und eine nicht optimale Steuerung angewandt wird. Diese Kriterien sind im Rahmen eines Krisenmanagements durchaus relevant. Im Normalfall wird mit einem systematisch richtigen Vorgehen, eine Stabilisierung der Abläufe, Reduzierung des Aufwands und Reduzierung der gesamten auf das Produkt zu verrechnenden Kosten erreicht. Daher beinhaltet die Materialfußmatrix eine gewisse Gefahr, die mit einem heterogenen systematischen Konzept vermeidbar wäre.

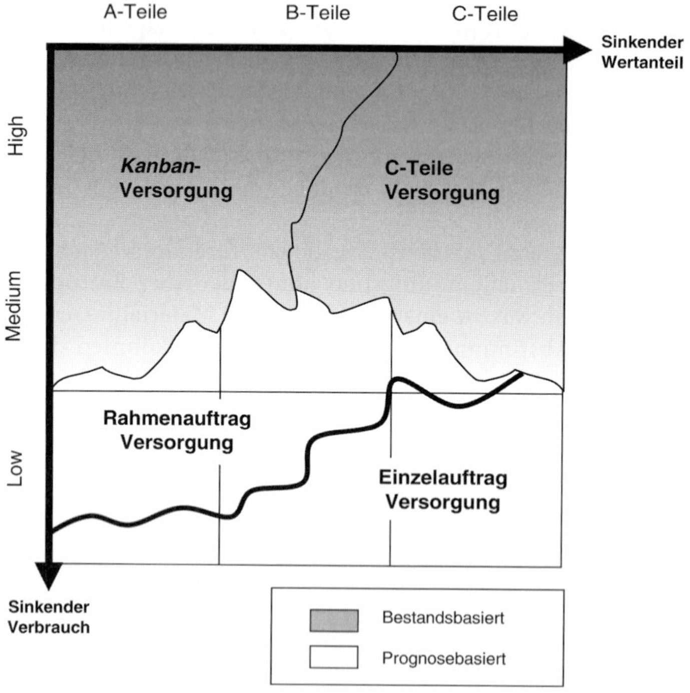

Abb. 2.11.1 Klassische heterogene Steuerungsmatrix, hier am Beispiel einer Beschaffungsmatrix *[Dick 02c]*

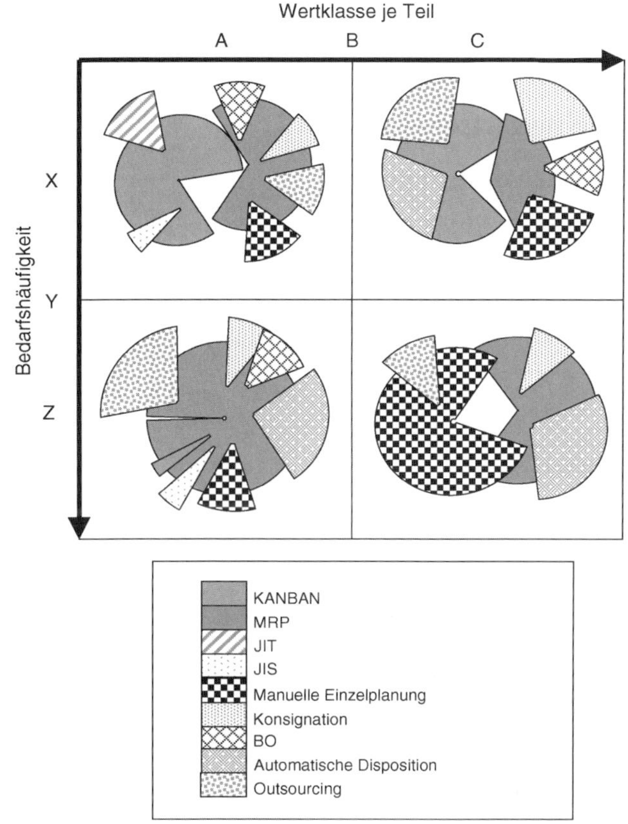

Abb. 2.11.2 Eine reale heterogene Steuerungsmatrix am Beispiel eines mittelständischen Automobilzulieferbetriebs – ein „kunterbunter Blumenstrauß"

2.11.1 Direkte steuerungsselektive Kriterien

Jedes der Steuerungsgrundkonzepte besitzt einen charakteristischen, optimalen Anwendungsbereich:

Tabelle 2.11.1 Optimaler Anwendungsbereich von Steuerungsgrundkonzepten

Steuerungstyp	**Optimales Anwendungsgebiet**
Bedarfsorientierte Steuerung	Unplanbare Bedarfe
Bestandsorientierte Steuerung	Hohe Lieferfähigkeit, Bestandsoptimierung
Prognosebasierte Steuerung	Sichere planbare Bedarfe
Auslastungsorientierte Steuerung	Kritische Kapazität

Abhängig vom Anwendungsfall wird in einer heterogenen Matrix je nach Anforderungsprofil die optimale Steuerung ausgewählt werden.

Systematische Bedarfscharakteristik

Kunden- und Marktanforderungen

Anforderungen in unterschiedlichen Märkten definieren unterschiedliche, optimale Beschaffungs- und Steuerungsmethoden.

Tabelle 2.11.2 Beispiel typischer idealisierter Kundenanforderungsprofile *[Lepr 05b]*:

	Ersatzteile	**Sonderprodukte**	**Serienprodukte**
Teilevielfalt	sehr hoch	hoch	niedrig
Losgrößen und Bedarf	klein	klein bis punktuell groß	Abhängig von Beschaffungskonzept
Herstelllosgrößen	Endbevorratung groß, sonst sehr klein	Klein oder Standardteile groß	Abhängig von Beschaffungskonzept
Vorhersehbarkeit der Bedarfe	gering	gering bis gut	sehr gut
Bedarfscharakteristik	einmalig, sporadisch bis kontinuierlich	sporadisch, unkontinuierlich bis kontinuierlich	kontinuierlich
Bedarfsgröße:	klein	klein bis mittel	Kleinserie bis Massenproduktion
Wertstromanteil:	gering	10–30 %	20–60 %
Volumenanteil:	gering	mittel	hoch
Lageranteil:	mittel bis hoch	mittel bis hoch	mittel bis gering
Lagerumschlag:	sehr gering	mittel	sehr hoch
Umsatzanteil:	gering	mittel	sehr hoch
Beschaffungsmethode:	Einzel- und Rahmenbestellung	Einzel- und Rahmenbestellung	Rahmenverträge, *Kanban* oder automatisierte Beschaffung

Anhand dieser Basistabelle wird deutlich, dass für jede dieser Vertriebstypen verschiedene Steuerungsmethoden geeignet sind. Aber auch innerhalb der Gruppen, z. B. bei Ersatzteilen, können einerseits Materialien mit Seriencharakter und andererseits ähnliche Varianten mit mehr punktuell sporadischem Bedarfscharakter vorhanden sein. Die Analyse der Kundenanforderungsprofile ist eine der wesentlichen Maßnahmen zur heterogenen Materialflusssteuerung.

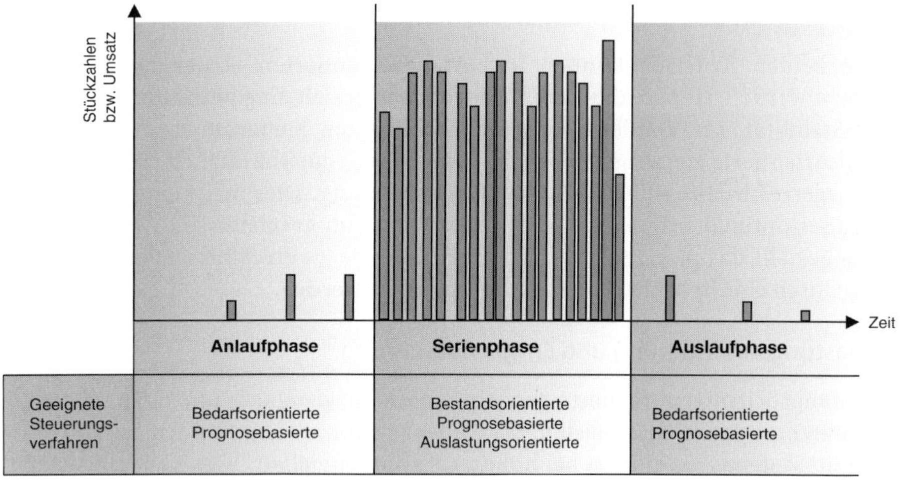

Abb. 2.11.3 Bedarfscharakteristik im Lebenszyklus

Anforderungen im Produktlebenszyklus

Die optimale Steuerungsmethode ist kein Fixum, vielmehr verändert sie sich während des Verlaufs des Produktlebenszyklus erheblich. Typischerweise beginnt dieser bei der Projektphase, geht in die Serienphase über und endet in der Ersatzteilphase. So gibt es weder für den gesamten Lebenszyklus noch für einen dieser Abschnitte eine Universallösung für die Steuerungsmethode. Es gibt immer nur spezielle optimale Lösungen, für jedes Produkt und jeder seiner „Lebensabschnitte". Um eine Optimale Lösung zu erreichen muss die Steuerungsmethode dynamisch mit den Rahmenbedingungen abgeglichen und daran angepasst werde.

Vorhersehbarkeit der Bedarfe

Diesem Kriterium kommt eine Schlüsselrolle bei der Steuerungsauswahl zu. Es ist mit der Prognosegüte rückwirkend, automatisiert ermittelbar, sofern eine Prognose vorhanden ist. Aus der Relation der Plandaten zum tatsächlichen Verbrauch kann die tatsächliche Planungsgüte in Abhängigkeit von der Zeit ermittelt werden. Dieses Verfahren ist allerdings nicht gebräuchlich. Öfter wird in der Praxis die Häufigkeit der Bedarfe anstelle deren Vorhersehbarkeit verwendet. Dieser Faktor ist in jedem üblichen MRP-System einfach abgreifbar und kann zur Steuerungsauswahl einfacher verwandt werden. Dabei werden gerne hybride Steuerungen zum Absichern der bestands- oder kapazitätsorientierten Steuerung durch MRP-Systeme oder Fortschrittszahlen-Steuerungen ergänzt. Grundlegend stellt sich aber das Problem, dass auch eine gute Prognostizierbarkeit das Risiko birgt, dass die Prognose nicht stimmt.

Lieferfähigkeit und geringe Lagerreichweite

Diese beiden Kriterien können in bestandsorientierten Steuerungen optimal erreicht werden. Gerade die *Kanban*-Steuerung erzielt eine besondere Sicherheit und Stabilität. Im Vergleich zu prognosebasierten Steuerungen erreichen bestandsorientierte Steuerungen bei abnehmender Bedarfshäufigkeit eine Zunahme der Lagerreichweite und damit der Kapitalbindung. Dies stellt eine Einschränkung des optimalen Einsatzbereichs dar, d. h. beim gravierenden Abfall der Bedarfe besteht das potentielle Risiko Überbestände zu erreichen. Dieser Nachteil kann durch eine hybride Steuerung kompensiert werden.

Auslastungsorientierung und Engpasssteuerung

Belastungsorientierte Steuerungen sind optimal geeignet, um eingeschränkte Ressourcen optimal auszulasten. Da weder prognosebasierte noch bestandsorientierte Systeme, zumindest bei höherer Variantenvielfalt, eine Kapazitätssteuerung leisten können, sind diese bei zunehmender Variantenzahl und der Notwendigkeit einer vollen Auslastung unzureichend. Fehlende Freikapazität unterstützt generell aber den Peitscheneffekt und erzeugt (vielfach nicht unmittelbar erkenntliche) immense Kosten. Das Toyota Produktionssystem strebt daher ein Mindestmaß an Freikapazität an. Bedarfsspitzen sollen zum einen vermieden werden oder durch höhere Flexibilität der Kapazitäten im Kundentakt produzierbar sein.

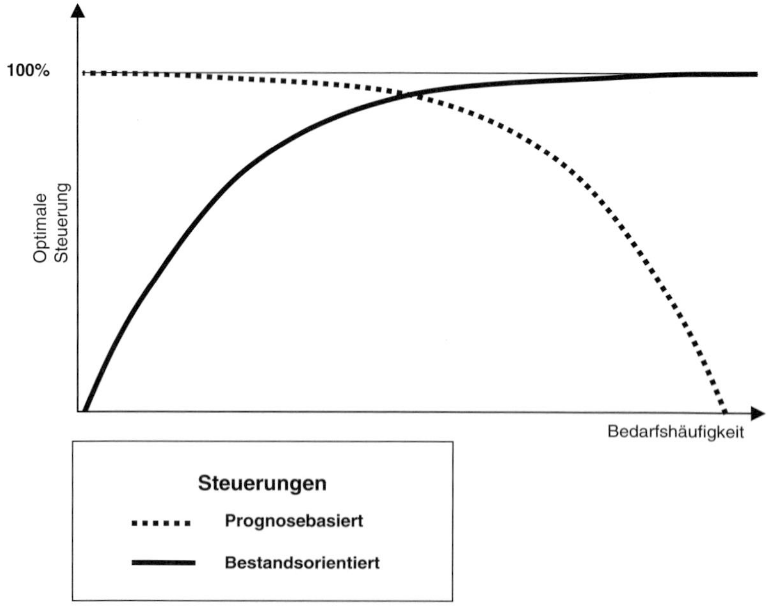

Abb. 2.11.4 Die optimale Steuerung in Abhängigkeit der Häufigkeit der Bedarfe

2.11.2 Indirekte Steuerungskriterien

Wiederbeschaffungszeit (WBZ) und Durchlaufzeit (DLZ)

Lange Transportstrecken, große Durchlaufzeiten und große Losgrößen sind wesentliche Zielgrößen bei der Reduzierung von Verschwendung, nach dem Toyota Produktionssystem (TPS). All diese Faktoren beeinflussen die Bedarfshäufigkeit und nehmen daher indirekt auf die Auswahl der optimalen Steuerungsmethode Einfluss. Zur besseren Veranschaulichung hier ein Beispiel: Durch große Losgrößen wird eine nur sehr sporadische Anlieferung notwendig, prognosebasierte Steuerungen erreichen durch solche Effekte einen Vorteil. Um z. B. eine hohe *Kanban*-Penetration wirtschaftlich sinnvoll umsetzen zu können, müssen daher zunächst Anlieferintervalle, Losgrößen, WBZ und DLZ unter wirtschaftlichen Kriterien reduziert werden. Unberücksichtigt bleiben bei dieser Betrachtung, dass hohe DLZ hohe Lagerbestände und Kapitalbindung notwendig machen, die Flexibilität reduzieren und das Risiko bei Veränderungen erhöhen. Eine Einbeziehung der DLZ zur Bewertung von Beständen, etwa im Lagergrad, ist daher als nur eingeschränkt tauglich anzusehen, da nur die sekundäre Größe betrachtet wird. Der Lagergrad beschreibt die Relation von Lagerreichweite zu WBZ oder DLZ, welche zudem bei stark vom Peitscheneffekt beeinflussten Materialflüssen stark schwankend sind. WBZ und DLZ werden zur Absicherung der Verfügbarkeit in solchen Fällen in der Praxis erhöht, die Lagerreichweite sowie hohe Bestände sind gerechtfertigt und prognosebasierte Systeme erscheinen vorteilhafter. Tatsächlich könnte durch die Einflussnahme auf den Peitscheneffekt mit mehr Flexibilität, höherer Sicherheit und deutlich geringerer DLZ gearbeitet werden.

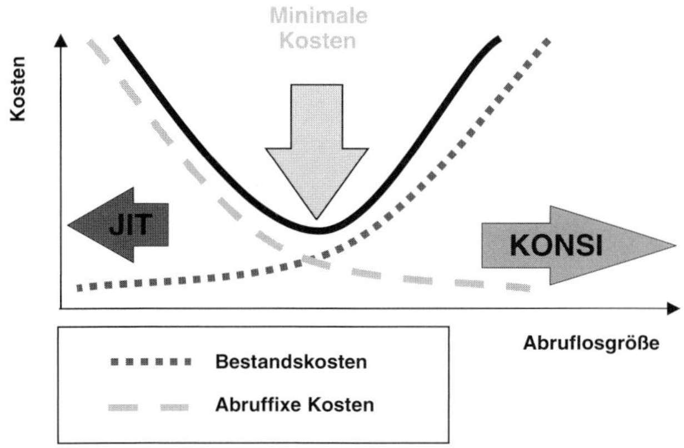

Abb. 2.11.5 Die optimale Steuerung in Abhängigkeit von der Abruflosgröße *[Dick 02c]*

Lagerreichweite, Umschlagshäufigkeit und Kapitalbindung

Lagerreichweite und Umschlagshäufigkeit betrachten den Lagerbestand in Relation zu den Bedarfen und sollen die Bewertung oder Klassifizierung von Beständen ermöglichen. Die beiden Größen sind jedoch nur bedingt dazu geeignet, da sie von Prognoseschwankungen abhängig bzw. maßgeblich beeinflusst werden. Trotzdem werden sie häufig bei der Bewertung der Kapitalbindung herangezogen. Zudem können beide Kriterien in eine Steuerungsentscheidung einfließen. So sind zum Beispiel bei geringen Lagerwerten Steuerungen mit einer geringeren Steuerungsgenauigkeit, d. h. die unnötig erhöhte Bestände erzeugen, akzeptabel. Umgekehrt wird bei hochwertigem Material eine möglichst optimale Steuerung angewandt, womit eine Verringerung der Kapitalbindung erreicht wird. Ein wesentlich höheres Einsparungspotential, als bei der Kapitalbindung, liegt in der Vermeidung des Peitscheneffekts.

Einfluss physischer Materialflusskriterien

Verschiedene Details des physischen Ablaufs beeinflussen erheblich die Entscheidung des optimalen Materialflusskonzepts:

- Größe und Gewicht des Materials
- Transportstrecke
- Verpackungslosgrößen
- Leerguttransportkosten

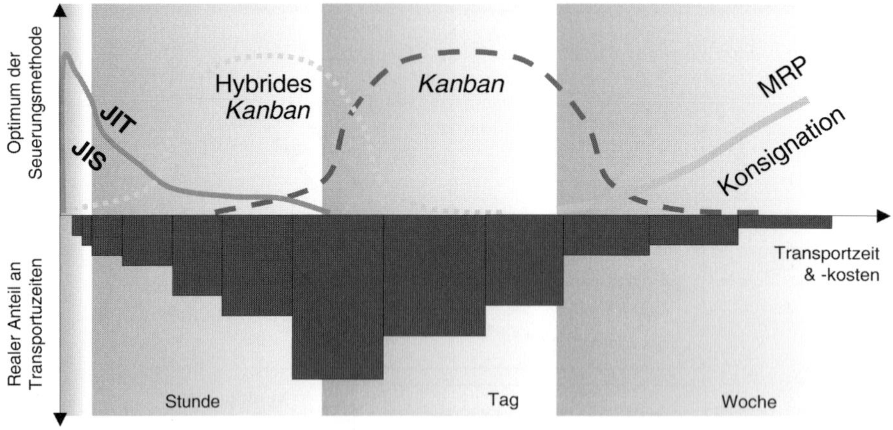

Abb. 2.11.6 Grafik zur systematischen Auswahl der heterogenen Steuerungsmethoden, abhängig von der realen Transportzeitverteilung eines Unternehmens. (Quelle: LEPROS)

2.12 Steuerungsmanagement

Eva Dickmann, LEPROS; Philipp Dickmann

Die Problematik der Materialflusssteuerung wird in der Literatur überwiegend auf die Optimierung der Steuerungsalgorithmen reduziert. Die Ursache liegt vermutlich im Selbstverständnis der Steuerung, sich als untergeordnete Größe zu unveränderlichen Rahmenbedingungen, wie Kapazität von Personal und Anlagen, räumlichen Anordnungen, technischen Vorrichtungen, Betriebsmitteln, etc., zu suchen. Das oberste Ziel der Produktionssteuerung ist es unter allen Bedingungen ein optimales Ergebnis zu erreichen. Tatsächlich wird damit vielfach bewirkt, dass vorhandene, mittel- bis langfristige Verbesserungspotentiale nicht erkannt werden. Die für die Steuerung verantwortlichen Mitarbeiter verbringen nicht selten einen Großteil ihrer Kapazität damit, den Störungen und damit den Materialflussengpässen vorzubeugen oder sie zu beheben. Sie betreiben Krisenmanagement. Das Toyota Produktionssystem (TPS) löst dieses durch Dezentralisierung und *Gemba*-orientierung der Managementkompetenz. Die Steuerung des Materialflusses und damit des Wertestroms umfasst aber weit mehr Einflussgrößen, als in den automatischen Steuerungsalgorithmen von MRP-Systemen enthalten sind. Matrixhybride Steuerungsinformationen aus der Vertriebsplanung, Historienentwicklung, Logistik-, Produktions- und Lieferantenplanung können nur gemeinsam zu einem hochwertigen Ergebnis führen. Letztlich muss die Planung in Einklang mit den Kundenbedarfen stehen und in einem auf der Zeitachse iterativen Managementprozess, bis auf die einzelnen Schichten und Arbeitsplätze durchgängig „herunter gebrochen werden“. Hierzu muss ein Management-System Durchgängigkeit der Abstimmungen erreichen von Mehrjahres-, Jahres-, Quartals-, Monats-, Wochen- bis zum Tages- oder Schichthorizont. Derartiges operativ durchgängiges Wertstrommanagement bildet die Voraussetzung, um einen Materialfluss mit maximaler Lieferfähigkeit, minimalen Beständen, höchster Effizienz und maximaler Kapitalrendite zu erreichen.

2.12.1 Steuerung der Herstellprozesse – eine Managementaufgabe

Selten wird dem Umfeld bewusst, dass Steuerung eine Managementleistung ist. In den Unternehmensstrukturen bildet sich dies überwiegend nicht in den nötigen Strukturen für eine Managementaufgabe ab. Diese Tätigkeit umfasst ein enorme Häufigkeit an Störungen, mit einer sehr geringen Entdeckungswahrscheinlichkeit (auf Grund der Menge) und letztlich enormen Auswirkungen. Im Sinne einer Fehlermöglichkeit- und Einflussanalyse (FMEA), müsste daher diesem Thema ein hohes Gefahrenpotential und strategisches Gewicht zugewiesen sein. Die Risiken und die akzeptierten Realitäten werden aber nur selten verifiziert und daher nicht erkannt. Entscheidungen der operativen Mitarbeiter, die für die Steuerung verantwortlich sind, haben das Potential den aktuellen und zukünftigen Wertestrom und damit die Geschäftsentwicklung gravierend zu beeinflussen. Andererseits werden diese Entscheidungen in vielen Unternehmen nicht nur von operativen Sachbearbeitern allein getroffen, sondern die wesentlichen kontinuierlichen Entscheidungen werden noch nicht einmal der Geschäftsführung direkt berichtet. Auf Grund des hohen Risikopotentials ist es sinnvoll, dass das geschäftsführende Management die Koordination und Abstimmung bzw. die Kompromisse, die zwischen dem Vertrieb, der Logistik, Einkauf und der Produktion getroffen werden, persönlich überwachen und auch kritisch hinterfragen *[Woma 05]*. In vielen Unternehmen ist es einerseits üblich, dass selbst kleinste Investitionen von der Geschäftsführung entschieden und unterschrieben werden, andererseits werden in diesem Bereich Entscheidungen in der Größenordnung von sieben- bis achtstelligen Beträgen vielfach der Verantwortung von Sachbearbeitern im Tagesgeschäft überlassen. Der Geschäftsführung entgeht die Chance Rahmenbedingungen des Materialflusses zu erkennen, die gravierenden, monetären Einfluss auf die gesamte Kostenentwicklung und damit auf die Unternehmensentwicklung nehmen. Die Ebenen, welche die Entscheidungen, bezogen auf die wesentlichen Wertströme im Unternehmen tragen müssen, verfügen nicht über die Entscheidungshoheit an den Rahmenbedingungen notwendiges zu verbessern. Es bleibt daher nur die Möglichkeit in diesen Rahmenbedingungen ein noch möglichst positives Ergebnis, z. B. mit hoch optimierten Steuerungsalgorithmen, zu erreichen. TPS schlägt generell das entgegengesetzte Handeln vor. Es bieten sich zwei Ansätze für das Steuerungsmanagement an:

- **Gemba-Orientierung:** Die Geschäftsführung bindet sich in diese Entscheidungen persönlich ein und nimmt persönlich an den Abstimmungsrunden, der in der Regel operativen, Entscheidungsträgern teil.
- **Dezentralisierung der Verantwortung:** Die Entscheidungsrunden erhalten die Hoheit über alle relevanten Investitionen, Bereiche und Kosten zu entscheiden. Dies kann z. B. mit Unit-Strukturen realisiert werden. Die Unit-Manager erhalten dann annähernd geschäftsführende Hoheiten.

2.12.2 Integration hybrider interdisziplinärer Informationen beim Steuerungsmanagement [Lepr 05b]

Das populäre Verständnis des Begriffs der Steuerung umfasst primär Algorithmen. In den vergangenen Jahrzehnten hat sich ein großes Angebot an Informationstechnologieprodukten entwickelt, welches die Optimierung von Steuerung unterstützt. MRP-Systeme bieten tatsächlich eine Fülle sehr hilfreicher Informationen und Visualisierungen, auf die heute kaum mehr verzichtet werden kann. Sie beinhalten aber nur einen kleinen Teil, der für die optimale Planung und

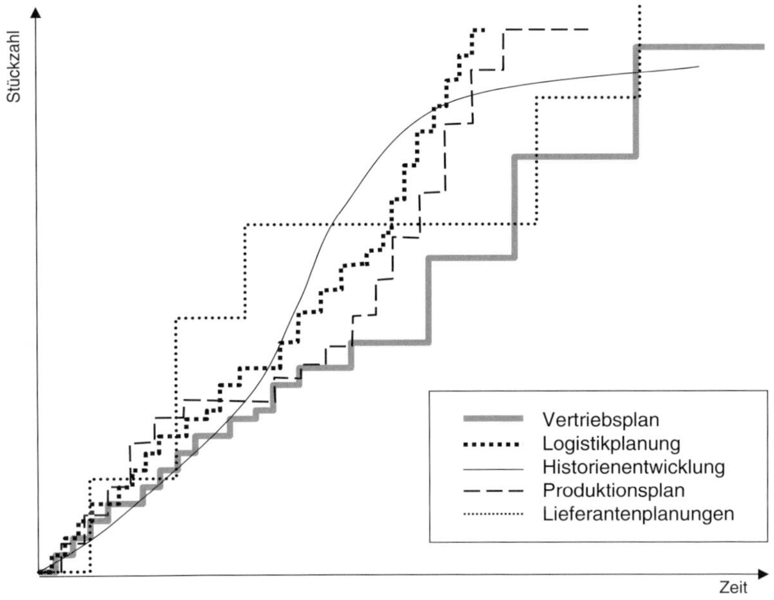

Abb. 2.12.1 Die Planungen der verschieden Bereiche unterscheiden sich gravierend, bei differenziertem Abgleich können sehr präzise Abschätzungen entstehen

Entscheidungen relevanten Informationen. Vor allem in Konzernstrukturen arbeiten verschiedene Bereiche, wie Vertrieb, Logistik, Produktion und Einkauf, nach ihren weitestgehend isoliert entstanden Planungen. Um eine gemeinsam abgestimmte „Marschrute" zu finden, die möglichst alle Ziele der angrenzenden Bereiche gleichermaßen erfüllt, ist es notwendig alle Informationen „an einem Tisch" einfließen zu lassen und dadurch eine fundierte und abgesicherte Steuerungsentscheidung zu fällen.

Vertriebsplanung

Die Vertriebsplanung ist vielfach nur temporär identisch zur MRP-„Bedarfswelt", die sich aus Kundenbedarfen und automatisch oder manuell erzeugten Planbedarfen zusammensetzt. Planzahlen der Vertriebswelt beinhalten Vorinformationen, Zusagen und Trends vom Kunden und vom Markt als Ganzes. Die Vertriebsplanung spiegelt sich nur näherungsweise und temporär in der Summe der Bedarfe im MRP wieder. Um mittelfristig, z. B. Monatshorizont, optimal planen zu können, ist es in vielen Fällen sinnvoll, wesentliche, abgesicherte aber auch ungesicherte Informationen mit unterschiedlicher Gewichtung zu berücksichtigen. Letztlich sollten die Trends des für den Kunden relevanten Markts und die Bestandssituation des Kunden zur Erläuterung der Vertriebsplanung mit einfließen.

Historienentwicklung

Im Maschinenbau und im Automobilzulieferbereich wird vornehmlich mit MRP-Systemen zur Steuerung gearbeitet. MRP verwendet überwiegend Planungen und konkrete Bedarfe, als Basis der Steuerung. Es ist aber durchaus lohnenswert mit hoch entwickelten Algorithmen, wie dies etwa bei Handelswaren üblich ist, die Tendenzen und Informationen aus den Historiendaten mit einzubeziehen:

- Saisonale Schwankungen
- Saisonale Bedarfsspitzen
- Zeiträume mit schlechter Prognosegüte vom Kunden
- Kundenspezifische Prognosegüte
- Zeiträume in denen Kunden häufig Bedarfe verschieben
- etc.

Dies alles sind Informationen, die helfen das Verhalten der Kunden und die tatsächliche Planung abzusichern. Wesentlich ist auch die Ermittlung der eigenen Prognose-Einhaltung oder -Güte. In einem iterativen Prozess wird die Qualität der Prognose verbessert, durch kontinuierliches Hinterfragen von Abweichungen, dem Abstellen von Störgrößen und dem realistischeren Einschätzen von Risiken.

Logistikplanung

Die Logistiksteuerung und -planung ist überwiegend sehr abhängig von durchgängigen MRP und Fortschrittszahlensystemen, als Basis der Steuerung. Im Gegensatz zu anderen Bereichen sind bei umfangreicheren Produkten die Disponenten kaum mehr in der Lage ohne solche oder ergänzende System zu arbeiten. Bestands- oder kapazitätsorientierte Systeme ergänzen prognosebasierte Verfahren häufig zur Optimierung spezieller Produktionsbereiche oder Produktfamilien.

Produktionsplan

Die Produktionsplanung weist grundsätzlich Unterscheide zu MRP und Vertriebsplanung auf. Diese Differenz kann Losgrößen, Rundungswerte, Gebindegröße, Urlaubszeiten, Krankheitswellen, Wartungs- und Umbaumaßnahmen, Schulungsaktivitäten, Maschinenstörungen etc. als Ursache haben. Die Produktionsplanung sollte daher möglichst kleine Lose und kurze Durchlaufzeiten abbilden, um eine genaue Planung zu erreichen. Die Produktionszahlen entwickeln sich „atmend" entkoppelt, über einen dynamischen Versatz oder Puffer, zu den Verkaufszahlen und letztlich den Zahlen in MRP.

Lieferantenplanungen

Dieser Einflussfaktor wird nicht selten unterschätzt. Lieferanten werden über Verbindlichkeiten zu sehr günstigen Lieferkonditionen verpflichtet. Durch kostenorientierte und investitionsabsichernde Philosophien werden aber Verbindlichkeiten gegenüber Lieferanten erst sehr kurzfristig fixiert. Die abgestimmten Kapazitätsgrenzen bei den Lieferanten bilden bei Bedarfsspitzen ein Bottleneck (engl. Engpass). Der Kunde wird durch den Lieferanten „gesteuert". Über alle Lieferanten betrachtet, entstehen aus Sicht des Kunden sehr heterogene und kaum zu überschauende Schnittstellen, wenn keine koordinierten Lieferantenstandards umgesetzt oder eingehalten werden.

Die Summe dieser Informationen auf der direkten Informationsträgerebene ermöglicht es, ein optimales und abgestimmtes Planungsergebnis oder Steuerungsmanagement zu erzielen.

2.12.3 Iterative Managementstruktur

Mit Zunahme der Penetration der IT wurde in den letzten Jahren zunehmend angestrebt möglichst exakt zu Planen. Tatsächlich sind verschiedene Informationen aber sehr unterschiedlich in ihrer Qualität und ihrer Planungsgenauigkeit. Die Zunahme der Datenmenge korreliert zudem grundsätzlich nicht mit einer Zunahme der Datenqualität oder der Planungsgüte. **Eine höhere Planungsgüte benötigt, so wenig Daten wie nötig, die so richtig wie möglich sein sollten** *[DicE 04]*.

Kundenplanungshorizonte

In der Bedarfsplanung der Automobilindustrie werden, für den Zeitraum von einigen Wochen, die Bedarfe exakt tagesgenau dem Lieferanten übermittelt. Für zeitlich entferntere Abschnitte werden die Bedarfe auf Wochen und später Monate kumuliert übermittelt. Tatsächlich führen diese genauen Planungen dazu, dass Prognosenschwankungen zunehmen. Die sich kontinuierlich verschiebenden Grenzen der Prognosehorizonte führen zu Bedarfsbündelungen und zu extremen, rein rechnerischen Bedarfsspitzen. Gleichzeitig führt die „Begeisterung" für elektronische Datenübertragung bei dieser Art der Nutzung, durch immer kürzer werdende Übertragungszyklen, zu einer Explosion der Datenmengen und damit auch der Datenfehlerraten. All diese Faktoren stellen wesentliche Ursachen für einen starken Peitscheneffekt (vgl. 2.1. Ruhiger kontinuierlicher Materialfluss) in MRP-Systemen und der Supply Chain dar. Eine einfache Alternative besteht in einer längerfristig kummulierten Planung, etwa monatsgenau und größeren Übertragungsabständen. Diese grobe Planung muss dann vom Lieferanten, geglättet auf reale Produktionsschlagzahlen, tagesgenau eingeplant werden. Kurzfristige Schwankungen werden z. B. über *Kanban* abgepuffert. Dadurch reduziert sich die Häufigkeit der Übertragung um ca. 80 % und die Anzahl der Daten je Übertragung um in der Regel mehr als 50 %. Der Aufwand zur Überprüfung wird folglich um ca. 90 % reduziert und die Datenqualität steigt. Im selben Maße wird eine Beruhigung der Bedarfsschwankungen erreicht. Durch die Reduzierung der Schwankungen und die verbesserte Prüfung werden tatsächliche Trends klarer erkennbar, Hintergrundschwingungen entfallen weitestgehend. Es werden also nicht nur viele Daten übermittelt, die eine scheinbar hohe Genauigkeit suggerieren, sondern es werden sehr wenige abgesicherte Daten übertragen, die tatsächliche Probleme einfach und deutlich aufzeigen. Im Feinplanungshorizont können die tatsächlichen Bedarfe über definierte Mindestpuffer abgerufen werden.

Iterative Planungesebenen bei der Umsetzung

Die Steuerung der Herstellprozesse ist eine Managementaufgabe bei der verschiedene möglichst operative, direkte Informationsträger mit eingebunden werden sollten. Die Zeitachse auf der geplant wird, liegt bei vielen Unternehmen auf der Monatsebene, bis hin zur Jahres- bzw. Mehrjahresplanung. Routinemeetings sind dabei übliche genutzte Verfahren, wobei nur ein nüchterner und kurzer Abstimmungsprozess stattfinden sollte. Wesentlich ist weiterhin, dass diese Entscheidungen durch ergänzende Routinen, in kleineren Runden, auf Wochen-, Tages- oder Schichtprogramm heruntergebrochen werden. Die Steuerung und die operativen tages- und schichtgenauen Arbeitsinhalte werden dadurch exakter aufeinander abgestimmt. Dieses iterative Konzept führt zu einem Steuerungsmanagement, bei welchem eine gemeinsame „Linie“ durchgängig umgesetzt wird. Dies bildet eine der wesentlichen Voraussetzungen, um die Feinsteuerung sinnvoll aufsetzen zu können.

2.13 Logistik-Controlling im schlanken Materialfluss, mit der Valuecycle Analyze (VCA)

Philipp Dickmann

Betriebswirtschaftliche Rechenmodelle für den Herstellprozess sind unter der Prämisse entstanden, dass der Großteil der Werte der Personalkosten für die operativen Mitarbeiter, der Amortisationskosten für Anlagen und des Kapitals für statische Lagerbestände zu finden sind. Moderne Produktionsmethoden haben diese Relationen deutlich verändert. Durch die Erhöhung von Effizienz und Automation in den Industrieländern wurden die Anzahl der direkten Mitarbeiter und deren Kostenanteil, weit unter den der indirekten Mitarbeiter gedrückt. Hochtechnologie, Zentralisierung und vermehrter IT-Einsatz haben die Proportionen der Anteile in den indirekten Bereich zudem verschoben. Vornehmlich in Konzernen ist auch absolut ein deutliches Wachstum im Bereich der indirekten Mitarbeiter entstanden. Hochtechnologie hat zur Folge, dass immer größere Investitionssummen notwendig wurden. Diese führen zu hoher

Auslastung bei gleichzeitig langen Amortisationszeiten, mit der Folge von ungünstiger Flexibilität und dem Arbeiten an Kapazitätsgrenzen. Vor allem der Mittelstand nutzt zunehmend Konzepte der flexiblen und kostengünstigen Automation. In Netzwerken mit Hochtechnologie aber mit flexiblen günstigeren Lösungen, also mit geringen Investitionen, wird eine erfolgreiche Konkurrenz zu Anbietern in Billiglohnländern möglich. Die Materialflüsse und der Wertstrom haben sich stark verändert. Immer mehr Unternehmen produzieren und liefern real Just-in-time oder Just-in-sequence, ohne Mängel mit einer Frozen Zone, zusätzlichen Pufferbeständen und zusätzlichen Kommissioniertätigkeiten zu kaschieren. Schlanke Materialflüsse kommen mit Lagerreichweiten aus, die annähernd der Wiederbeschaffungszeit (WBZ) oder der Durchlaufzeit (DLZ) entsprechen. Der Anteil der invertierbaren, statischen Lagerbestände nimmt im Verhältnis zu den Mengen, die sich in der Entnahme oder im Zugang befinden immer mehr ab. Fehlende Transparenz, aufgrund neuer buchhalterisch unterschiedlicher Bestandsführungsvarianten, erschwert zunehmend die tatsächliche Vergleichbarkeit der Materialflüsse. Klassische Inventur kann kaum mehr die nötige Sicherheit für dynamische Bestände erzeugen, zumindest nicht mit vertretbarem Aufwand. *Kanban* immanente Verfahrensregeln können, kombiniert mit klassischem Bestandscontrolling, helfen, einen exakteren Bestandswert und einen höheren Aussageinhalt zu erreichen. Subtiles Bestandscontrolling verhilft zu Bestandssicherheit bei sinkenden Puffern und einer höheren Liefertreue.

2.13.1 Intransparenz der Kostenstrukturen

Durch die heterogene Materialflussgestaltung, teilen sich die Bestände in verschiedene auch buchhalterisch wirksame Bereiche auf:

- Fremdbestand im externen Lager
- Fremdbestand physisch im eigenen Lager oder in der Fabrik
- Bestandsgeführt aber nicht im Eigentum
- Nicht Bestandsgeführt und nicht im Eigentum
- Nicht Bestandsgeführt aber im Eigentum
- Bestandsgeführt aber Gemeinkostenmaterial
- etc.

Diese Bestandsführungsvarianten decken den Großteil der Teile oder der Werte im Materialfluss ab und sind für den Wertstrom, die Buchungen und die Bestandssicherheit relevant. Einige dieser Konzepte wie das C-Teile-Management führen ohne Zweifel zu nachhaltigen Verbesserungen der Wirtschaftlichkeit eines Herstellprozesses, während mit anderen keine Prozessverbesserung zu erreichen ist. Bestände sind für das Controlling, die Buchhaltung und die Steuerung deutlich weniger transparent. Eine Kostenverschiebung verschlechtert die Vergleichbarkeit und das Erkennen von Fehlentwicklungen. Mit der Verlagerung der Kapitalbindung zum Lieferanten, wird oft das Ziel der Optimierung betrieblicher Kennzahlen verfolgt. Allerdings verringert sich dadurch die Transparenz der Prozesse, und damit verschlechtern sich die Abläufe. Erst eine Betrachtung der Prozesskosten lässt die reale Erhöhung der Gesamtkosten erkennen. Eine Verschiebung der Bestandsführung zum Lieferanten, bei einer gleichzeitigen Kürzung des Zahlungsziels, ist ein geeignetes Beispiel um die Risiken aufzuzeigen. Solche Konzepte werden stellenweise für Schnelldreher angewandt, also Materialien mit schneller Lagerumschlagszeit. Die Kapitalbindung bei Schnelldrehern ist bei sehr kurzen Reichweiten nur einzelne Tage vorhanden, die Zahlungsziele und Buchungshorizonte betragen jedoch vielfach mehrere Wochen. Nach einem Outsourcing der Bestandsverantwortung, werden die Materialien nun entweder beim Wareneingang oder nach ein paar Tagen bei der Lieferung direkt gut geschrieben. Es liegt zwar eine sofortige Verringerung des gebundenen Kapitals vor, aber die Belastung für die Lieferung erfolgt nun um Wochen früher, aufgrund des anderen Zahlungszeitpunkts. Die Kennzahl der Kapitalbindung wird sofort einmalig verbessert. Die Rendite des eingesetzten Kapitals verschlechtert sich erst wieder mit Zeitverzögerung und darin besteht der eigentliche Nutzen einiger dieser Konzepte. Verglichen mit dem Potential einer tatsächlichen Optimierung der Prozesse, können diese Konzepte nicht standhalten. Im Gegenteil, Bestandscontrolling und Materialflussoptimierung verlieren an Transparenz und werden erschwert, letztlich nimmt die Kapitalbindung in der Lieferkette zu.

2.13.2 Dynamische contra statische Bestände

Klassisches Controlling ist auf Bestände in den buchhalterischen Bestandsklassen fokussiert. Bei einem schlanken Materialfluss, befindet sich der Großteil oder aller Lagerbestand nicht mehr im zentralen, abgeschlossenen Lager, sondern an den Arbeitsplätzen, Work-in-Process, im unmittelbaren Zugriff der Mitarbeiter der Produktion. Die Bestandsüberwachung mittels Inventurzählung im direkten Eingriff der Produktion ist schwierig abzugrenzen, da der Status bzw. Auftragsbezug nur aufwendig nachzuvollziehen ist. Die Zählung der Stichtagsinventur ist für einen reibungslosen Materialfluss, mit minimalen Puffern, zu ungenau und zu selten. Der Anteil der statischen Bestände, also des klassischen Lagerbestands, ist in schlanken Materialflüssen nicht mehr in Wochen zu messen, sondern in Tagen oder Stunden. Erst ergänzende Verfahren helfen, die dynamischen Elemente des Materialflusses exakter zu fassen.

2.13.3 Die neuen Differenztypen im schlanken System

Theoretisch schließen geringen Pufferbeständen Differenzen aus, ohne dass es zum physischen Engpass kommt. Überstände und Unterdeckung sind daher in diesem Fall nicht möglich. Bei genauerer Betrachtung z. B. mit Simulationsmethoden oder im realen Ablauf, werden aber andere Zusammenhänge deutlich.

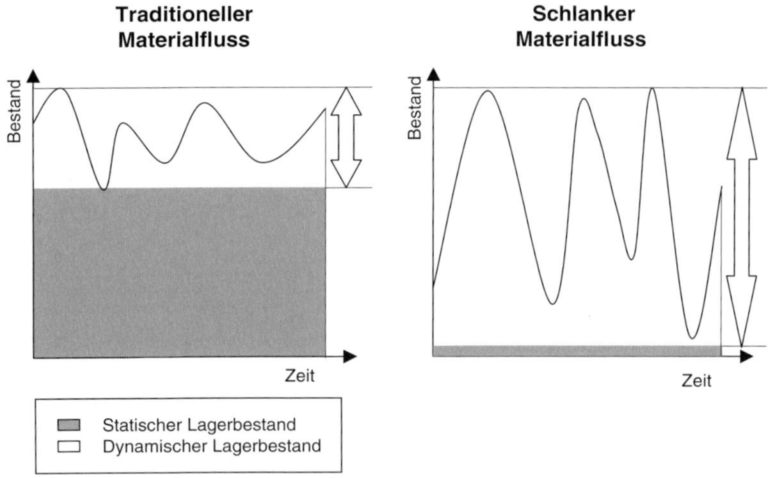

Abb. 2.13.1 Der dynamische Anteil im Materialfluss hat zugenommen, Momentaufnahmen statischer Bestände haben zunehmend weniger Aussagewert

Differenzen verschieben sich auf der Zeitachse, etwa durch parallele oder nur knapp versetzte Aufträge. Die physische Zuordnung des realen Materials, erfolgt bei vielen nahezu gleichzeitigen Abgängen und häufigen Zugängen nur auf der Zeitachse. Daraus ergeben sich „schwimmende" Puffer, bei welchen zufließende oder abfließende Mengen den statischen, also invertierbaren Bestand übersteigen.

Tatsächlich kommt es nicht zum klassischen Abreißen der Materialversorgung. Die Versorgung wird lediglich knapp. Dadurch entstehen viele Zusatztätigkeiten oder Sonderaktionen: Das Material muss zu dem Verbraucher gebracht werden, der es am nötigsten braucht oder das Material am Arbeitsplatz muss umverteilt werden, da der Nachschub nicht früh genug eintrifft, etc. Erst bei deutlichen Veränderungen des Bedarfsniveaus oder bei unkontinuierlichen Veränderungen kommt es zum tatsächlichen realen Abreißen. Die neue Aufgabenstellung besteht darin derart wenig Pufferbestand exakt zu kontrollieren. Komplexe statistische Bestandscontrolling-Tools oder Spezial-Tools, welche die Plausibilität überwachen, bereinigen nur die Symptome. Bestandsgenauigkeit kann unter diesen Rahmenbedingungen nur nachhaltig sichergestellt werden durch:

- Optimierung der Abläufe
- Reduzierung der Komplexität
- Sicherstellung und Kontrolle des visuellen Materialflusses
- Reduzierung der Anzahl der Aufträge, die sich in Arbeit befinden
- Reduzierung der Auftragslosgrößen und der Losgrößen der Materialbereitstellung

- In kurzen Intervallen kontinuierlich Ordnung und Sauberkeit schaffen, etwa mit 5A-Aktion (5S Aktionen). Physische Abläufe, Lagerplätze, Behälter, Beschriftungen und Regale müssen regelmäßig physisch überprüft und gepflegt werden.
- Kontinuierliche Verbesserung des gesamten Materialflusses (vgl. 2.14. Valuecycle Optimizing)

2.13.4 Valuecycle Analyze (VCA)

Valuecycle Analyze *[Lepr 03]* ist das dynamische Bestandscontrolling mit *Kanban*-Verfahrensregeln. Unter Ausnutzung der verfahrensimplementierten Regeln von *Kanban*, ist es möglich, einen höheren Aussagewert, bezogen auf dynamische Bestandselemente zu erreichen. Neben der dynamischen Mindestbestandssicherung besitzt *Kanban* auch die Eigenschaft der Begrenzung des maximalen Umlaufbestands, also in Lagerbestand und Aufträgen gebundenem Bestand. Die Anzahl der Karten oder Behälter bestimmt dynamisch die maximal möglichen Bestände, die sich im *Kanban*-Kreis befinden.

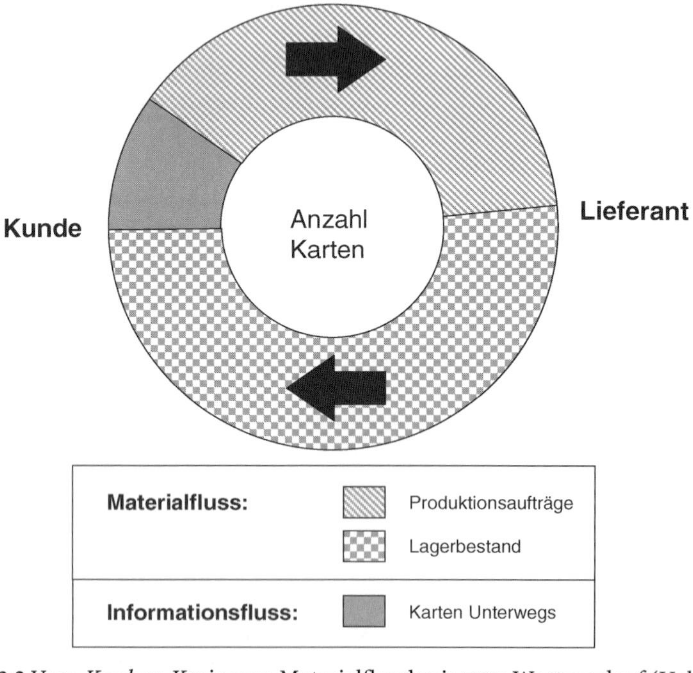

Abb. 2.13.2 Vom *Kanban*-Kreis zum Materialflusskreis zum Werteumlauf (Valuecycle)

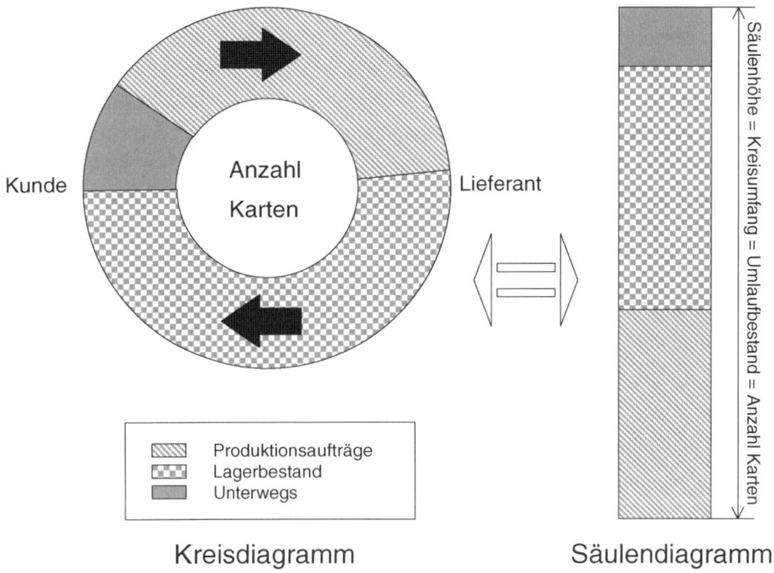

Abb. 2.13.3 Zwei unterschiedliche Darstellungsformen für den Umlaufbestand im *Kanban*-Kreis, die aber auch für jede beliebige andere Steuerungsform angewendet werden können. Die Umlaufbestände von *Kanban* sind in der Abbildung im Kreisdiagramm und im Säulendiagramm visualisiert. Hierdurch wird einfach verständlich, dass die Informationszeit und die Materialflusszeit im *Kanban*-Kreis gleich mit Beständen zu bewerten ist

Neben der Bestandsinformation steht bei *Kanban* auch die Behälterflussinformation zur Verfügung. Die hybride Informationsquelle, kann zu einer Verbesserung der Bestandssicherheit ergänzend herangezogen werden. Diese Eigenschaften ermöglichen, zusätzlich zur Bestandsklassenlogik, eine prozessbezogene Kontrolle der Umlaufbestände.

Auftags-*Kanban*

Beim Auftrags-*Kanban*, setzt sich der Bestand aus, Aufträgen, Lagerbeständen oder inaktiven Karten, zusammen. Inaktive Karten sind z. B. gerade unterwegs zum Lieferanten und daher nicht bestandswirksam. Mit Bestandsklassen, können zwar Bestände festgestellt werden, Aussagen über überhöhte Bestände können jedoch nur beschränkt getroffen werden. Staus oder Kumulationen verändern bei schlanken Materialflüssen die Lagerreichweiten je Material dynamisch. Materialien wandern von der Klasse der statischen Lagerbestände in die Klasse der Aufträge. Eine Verzögerung des Buchungsvorgangs kann zu einer Überhöhung führen, während die Summe des in Aufträgen und in Lagerbestand gebundenen Materials keine Überhöhung aufweist. So erlaubt in einer Momentaufnahme der Mengenwert eines Materials keine sinnvolle Aussage, da der Zeitpunkt über die Höhe des Bestands entscheidet und damit willkürlich ist. Bestandsklassenkontrollen entsprechen einer zufälligen Momentaufnahme im Verlauf einer sinusähnlichen Kur-

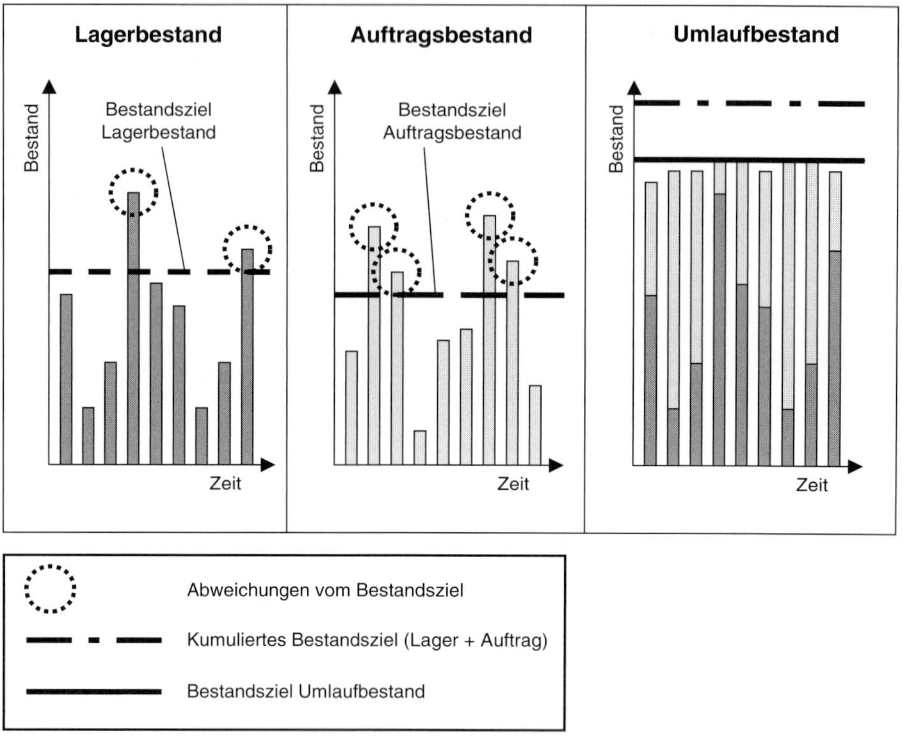

Abb. 2.13.4 Der Aussagewert alleine von Lagerbestand oder Auftragsbestand ist in dynamischen Materialflüssen sehr beschränkt. Schon durch kleinere Verzögerungen der Buchungen kann eine einseitige, nur rechnerische Verschiebung in den Beständeklassen entstehen, die sich in der Summe aber kompensiert. Für eine qualifizierte Aussage müssen Überschreitungen von Bestandsgrenzen durch den Umlaufbestand verifiziert werden

ve. Die Betrachtung des Umlaufbestands, also der Summe aus den in Lagerbestand und Aufträgen gebunden Materialien, kompensiert diesen Effekt. Die Definition und die kontinuierliche Kontrolle des zulässigen Umlaufbestands, von *Kanban*-Materialien, ermöglicht eine höhere Qualität der Aussage, als die einfache Bestandsklassenbetrachtung. Beim Bestandscontrolling mit *Kanban* ist es notwendig die Dimensionierung der Kreise zu überprüfen und die realen Bestände der Materialien ständig abzugleichen. Diese Controlling-Methode des Umlaufbestands ist analog auf nicht mit *Kanban* gesteuerte Materialien übertragbar.

Nachschub-*Kanban*

Nachschschub- oder Behälter-*Kanban* bildet die Versorgung der Arbeitsplätze mit Material, aus einem zentralen Lager oder von einem untergeordneten Lieferanten, ab. Es lassen sich drei Zustände von Behältern oder Karten unterscheiden: Volle Gebinde, in Entnahme befindliche Gebinde und leere Gebinde bzw. Karten die zur Nachbefüllung unterwegs sind. Unter der Voraussetzung, der

Materialbereitstellung mit First-in-first-out (FIFO), kann vom Mitarbeiter nur immer in einen Behälter je Material eingegriffen werden. FIFO wird beispielsweise mit einem Durchschubregal durch eine physische Zwangsführung erreicht. Alle anderen Behälter sind auf Warteposition und können damit als voll angesehen werden. Die Buchung des Lagerbestands in den Arbeitsplatzbestand erfolgt durch die Bereitstellung am Arbeitsplatz. Im Fall einer Bereitstellung von fünf Behältern á 100 Stück Material, wandern damit 500 Stück Material vom klar zuordenbaren Bestand des Lagers, in den dynamischen Bestand am Arbeitsplatz – also Work-in-process. Tatsächlich befinden sich aber nur maximal 100 Stück Material, also 20 %, real in der buchhalterischen „Grauzone". Durch eine Änderung der Buchungsvorgänge oder einer rechnerischen Kompensation, kann die exaktere Bestandsführung erreicht werden. Eine weitere Eigenschaft und wesentliche Stärke des Behälter-*Kaban,* ist die Visualisierung des Sicherheitsbestands. Der operative Mitarbeiter kann alleine, durch das gefüllt sein der Bereitstellflächen am Arbeitsplatz, visuell sicherstellen, dass er eine gewisse Zahl an Aufträgen, ohne Materialengpass, sicher abarbeiten kann. Mit flexiblen Markierungen etwa beim durchschieben, kann eine Mindestreichweite für alle Materialien, unabhängig vom Volumen, optisch erkennbar gemacht werden. Die Unterschreitung dieser Grenze lässt einen Engpass mit Vorlauf erkennen und bei richtiger Dimensionierung, mit einer Sonderaktion sicher verhindern. Durch diese Prüfung sind im Gegensatz zu IT-Ansätzen alle Störungen präventiv erkennbar, z. B. auch Inventurdifferenzen, die in EDV-Systemen nicht erkennbar sind. Anstelle eines Stillstands, wird nur eine Sonderaktion erzeugt. Dieses Konzept kann auch in einem Lagerverwaltungs-Tool abgebildet werden, allerdings müssen dann alle Behälter immer richtig gepflegt sein, um stabil zu arbeiten.

2.14 Valuecycle Optimizing (VCO)

Philipp Dickmann; Eva Dickmann, LEPROS

Der typische Musterfall aus der Praxis: Ein sehr zuverlässiger Lieferant, große Reichweite bei Abruf, keine Qualitätsprobleme, kontinuierlicher Bedarf des Materials, richtige Dimensionierung und doch kann es zum Engpass kommen. Wie kann in dieser Situation die Lagerreichweite noch weiter reduziert werden, ohne ein höheres Risiko für Lieferengpässe einzugehen? Genau für dieses pragmatische Spannungsfeld wurde Valuecycle Optimizing (VCO) entwickelt. Mit VCO werden reale, individuelle Störparameter ermittelt und umfassend optimiert. Im Gegensatz zu ungelenkten Ansätzen, die nur indirekt einen positiven Einfluss auf die Optimierung der Störparameter im Materialfluss haben, wie z. B. TQM oder Six Sigma, werden durch den Einsatz von VCO mit geringem bürokratischen Aufwand, selektiv und präventiv die verschiedenen Störparameter behandelt. Die Methode basiert einerseits auf theoretischen Ansätzen wie, Streamdesign, Valuecycle Analyze, Wertschöpfungsanalyse, Valuecircle Management und zeitwirtschaftlichen Ansätzen, wie REFA und MTM. Andererseits erfolgt die Ausführung und Umsetzung im Sinne der Methoden des Toyota Produktionssystems (TPS), unter Einbindung von Vorgehensweisen aus *Kanban, Kaizen, Poka Yoke* und JIT. Die daraus abgeleitete Methode, hat sich als sehr effizient und schnell zur Optimierung verschiedener Materialflüsse erwiesen. Wesentlicher Anwendungsschwerpunkt sind Materialflüsse, bei welchen sehr geringe Puffer für Störgrößen möglich, aber eine hohe Lieferfähigkeit notwendig sind. Es wird zudem eine enorme Beruhigung der Materialflüsse erreicht. Ein weiterer typischer Ansatzpunkt sind Materialflüsse bei denen in der Realität sehr hohe Aufwendungen zur Steuerung notwendig sind, etwa nach der Einführung von JIT oder JIS. Sehr effizient kann VCO auch, zur Störungsreduzierung bei komplexen, vielfältigen Störparametern oder mit fachübergreifenden oder externen Ursachen (Spedition, Lieferant, Unterlieferant, Technik, Produktion, Qualität, etc.) angewendet werden.

2.14.1 Methoden des TPS, Wertschöpfungsanalyse und zeitwirtschaftliche Methoden übertragen auf den *Kanban*-Kreis

Wesentliches Alleinstellungsmerkmal von Methoden des TPS, ist die Fokussierung auf *Gemba*, den „Ort des Geschehens" oder der Wertschöpfung. In der klassischen Definition stehen der Arbeitsplatz und die Tätigkeit des operativen Mitarbeiters dabei im Mittelpunkt aller Betrachtungen. Diese Sichtweise deckt sich mit der Betrachtungsweise der Wertschöpfungsanalyse, die im Regelfall, in Zusammenhang zu zeitanalytischen REFA-Studien angewendet wird. *Poka Yoke*- und *Kaizen*-Methoden zielen, physikalisch betrachtet, darauf ab, Störgrößen, die den Arbeitsablauf des Werkers beeinträchtigen, systematisch abzustellen. Im Sinne der Wertschöpfungsanalyse, werden alle nicht wertschöpfenden Arbeitsinhalte, so weit wie möglich reduziert.

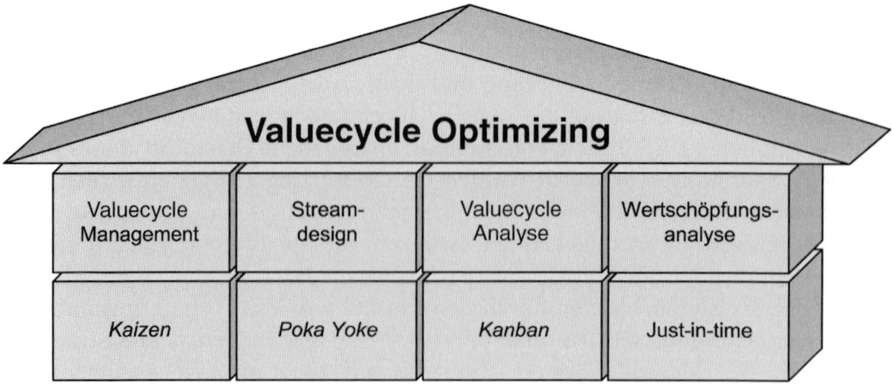

Abb. 2.14.1 Die Elemente von Valuecycle Optimizing

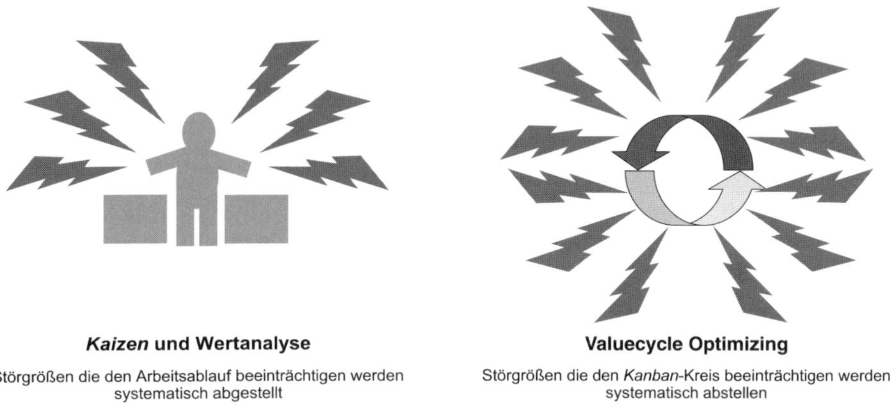

Abb. 2.14.2 Ein völlig anderer Blickwinkel ermöglicht neue Potentiale zu erkennen

Das Grundprinzip von VCO ist entstanden, um weitestgehend alle Störgrößen zu eliminieren, die den *Kanban*-Kreis und damit den Materialfluss beeinträchtigen. Die Perspektive unterscheidet sich, da die Situation nicht aus dem gängigen Blickwinkel des Werkers oder seiner Tätigkeiten sondern aus der Perspektive des Materials und seiner Bewegung betrachtet wird. Bei VCO werden alle nicht wertschöpfenden Prozesse eliminiert, die das Material daran hindern, direkt und unmittelbar weiter fließen zu können. Dieser auf den ersten Blick geringfügige Unterschied der Perspektive führt zu grundlegend anderen Potentialen und Vorgehensweisen, als bei den etablierten Methoden. Um diese andere Perspektive, ihren Nutzen oder Problemstellungen im Projekt leichter nachvollziehen zu können, lässt sich Material im Materialfluss gut mit der Perspektive eines Autofahrers im Verkehr vergleichen.

VCO ist aus der *Kanban*-Philosophie entstanden. Es basiert auf dem Zusammenhang des Kreislaufes von Informations- und Materialfluss im Kunden-Lieferanten-Verhältnis. Die daraus entstandene Vorgehensweise ist unverändert für beliebige anderen Materialfluss- und Steuerungsmethoden anwendbar und bringt immer die gleichen Vorteile. Das Prinzip ist aber im Modell eines *Kanban*-Kreises am einfachsten verständlich und wird deshalb im Folgenden anhand dieses Beispiels erläutert. Zwei Anwendungen lassen sich unterscheiden, zum einen für internen und zum anderen für den externen Materialfluss, also zum Kunden oder zum Lieferant. Für die weitere Erläuterung des Prinzips wird dies allerdings an dieser Stelle vernachlässigt.

2.14.2 Die Umlaufzeit als Basis der Betrachtung

Die Umlaufzeit beschreibt im ursprünglichen Sinn die Zeit die eine Karte für einen Umlauf im *Kanban*-Kreis benötigt. Sie steht im Mittelpunkt der Betrachtung von VCO, da sie proportional zum Unlaufbestand bzw. zur Kapitalbindung ist. Gebräuchliche Ansätze fixieren sich nicht auf die gesamte Zeit, sondern nur auf Zeitabschnitte. Die Beschaffungszeit etwa (*[Schn 05]*, S. 164) überdeckt sich in der Regel mit der, in ERP-Systemen verwendeten, Wiederbeschaffungszeit (WBZ). Die Beschaffungszeit setzt sich aus der Zeit vom Anstoß der Beschaffung, bis zum Eintreffen der Ware zusammen. Je nach Anwendungsfall wird die Beschaffungszeit mit verschiedenen Übergabezeitpunkten unterschiedlich interpretiert, z. B. abgehend vom Lieferant, bei Ablieferung durch die Spedition, Wareneingang, Freigabe, Warenzugang im Lager oder sogar Ankunft am Arbeitsplatz. Daher ist es kaum verwunderlich, dass moderne, komfortable ERP-Systeme einige verschiedene Typen von WBZ anbieten. Ebenso verhält es sich mit den DLZ bei Hausteilen. Auch bei internen Produktionsaufträgen, sind vergleichbare Zeiten in den ERP-Systemen vorhanden. Grundlegend wird die DLZ als Funktion der Losgröße interpretiert. Das bedeutet, sie ist abhängig von der Losgröße, und somit keine Konstante. Das TPS interpretiert das Abhängigkeitsverhältnis invers. Die DLZ und adäquat bei Kaufteilen die WBZ zu reduzieren, ist hier die Zielgröße. Die kleinere Losgröße wird dann als eine davon abhängige Größe gesehen. Dieser Philosophie wurde beim Valuecycle Analyze (VCA) gefolgt. Das Ziel von VCA ist es den Kunden-Lieferanten-Prozess mit der geringsten Verschwendung, oder betriebswirtschaftlich formuliert, mit den geringsten Prozesskosten, zu finden. Darüber hinaus ist es wesentlich, einen nachhaltigeren und sichereren Ablauf zu erzeugen, denn alle Störungen des reibungsfreien Ablaufes müssten durch Puffer abgesichert werden. Dies deckt sich mit der „The Theory of Constraints“ *[Gold 90]*. Trotzdem trifft die Forderung „Harmonisierung und Verstetigung des Materialflusses“ *[Schn 05]* generell auf alle Materialflusstypen zu. Weiterhin wird mit VCA und VCO dem Peitscheneffekt (vgl. 2.1. Ruhiger kontinuierlicher Materialfluss) entgegen gewirkt. Die Methode bekämpft allgemein Störgrößen an der Keimzelle der Entstehung oder der Auswirkung im *Kanban*-Kreis.

2.14.3 Die Methode

Es wird angestrebt, alle unnötigen Zeiten im Kanban-Zyklus zu eliminieren und gleichzeitig alle Störgrößen abzusichern. Im Gegensatz zur gängigen Betrachtungsweise in ERP-Systemen wird die Zeit, für den Informationsfluss, als relevante Zeit mit einbezogen, da dies die Zeitspanne beinhaltet, die durch Bestände überbrückt wird. Im Engpassfall beinhaltet die Zeit bis zum Eintreffen neuer Teile auch die Informationszeit. Die Umlaufzeit von Kanban, umfasst die gesamte Zeit, vom Anstoß des Bedarfs, bis zum Erfüllen des Bedarfs eines Kanban-Kreises. Sie beinhaltet folglich die DLZ oder WBZ inklusive der Zeit des Informationsflusses. Im Kanban-Kreis ist dies einfach nachzuvollziehen. Gemessen wird von dem Zeitpunkt, an dem die Karte den neuen Auftrag auslöst, der Auftrag auf Lager geht, der Lagerbestand verbraucht wird, bis die Karte schließlich wieder zu einem neuen Auftragsstart führt. Die genaue Schnittstelle, also der

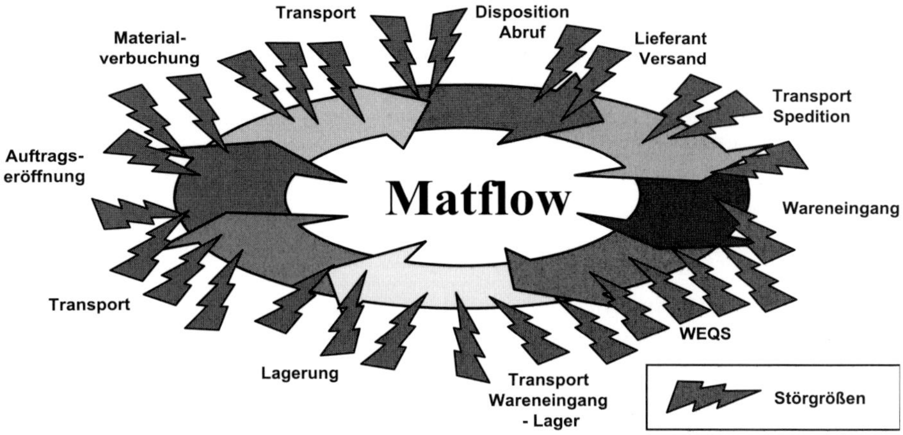

Abb. 2.14.3 Es gilt die Störgrößen im Materialfluss systematisch zu eliminieren

Übergabepunkt, dem im ERP-System eine sehr differenzierte Bedeutung zukommt, ist im VCA aus der Sichtweise des Kanban-Kreises irrelevant. Wichtig ist bei dieser Betrachtung die Zeit, die für einen vollständigen Umlauf benötigt wird. Diese Zeit spiegelt sich auch in der Anzahl der benötigten Kanban-Karten wieder. Erhöht sich die nötige gesamte Umlaufzeit des Kreises, steigt die dynamische bzw. „atmende" Kapitalbindung ebenfalls. Bei dieser Methode werden die einzelnen im Kreis auftretenden Zeiten, als linearer Zeitstrahl aufgeschlüsselt und dann analysiert. Die Zeitachse ist proportional zur Materialflussachse in Stück. Lagerbestände sind in Reichweiten umzurechnen. Verschwendung kann also als Zeit oder in Lagerreichweite betrachtet werden, da beides proportional ist. Das Hauptziel des operativen Prozesses im VCO ist es eine möglichst geringe DLZ im Kanban-Kreis zu erhalten, bei gleichzeitig minimalem Risiko und maximaler Sicherheit. Erreicht wird diese durch eine detaillierte Störgrößenanalyse in jedem Teilprozess.

Die dynamischen Puffer und die Detailabläufe des Materialflusses werden exakt ermittelt und mit der 5W-Methode hinterfragt. Störparameter, unnötige Puffer und Wartezeiten werden eliminiert oder reduziert. Durch diese Maßnahmen wird es möglich mit einem kleineren dynamischen Sicherheitsbestand und gleichzeitig deutlich reduziertem Risiko zu agieren. Der Leitsatz: Alles was den Materialfluss behindert, wird eliminiert.

2.14.4 Projektablauf

Das Vorgehen im Projekt ist im Konzept ähnlich zu *Kaizen* oder *Poka Yoke*. Es wird ein Bottom-up-Process angestrebt, in dem sich die Teams, mit Unterstützung, selbst die Lösungen überlegen und dann nach Möglichkeit direkt umsetzen. In den Teams sollten Vertreter aller am *Kanban*-Kreis beteiligten Bereiche vertreten sein. Bei einem *Kanban*-Kreis mit Lieferantenteilen, bedeutet dies, dass z. B. der Mitarbeiter aus Montage, Materialbereitstellung, der Wareneingang, Qualitätssicherung, Disposition, Spedition und vom Lieferant beteiligt werden sollten. Dies gilt natürlich nur, soweit diese Arbeitsvorgänge noch im Prozess vorhanden sind.

Projektablauf ***[Lepr 03]:***

Ablaufstudie – Verifizieren der Einzelelemente und Zeiten

1. Ermittlung und Visualisierung eines Umlaufkreises
2. Verifizierung der Optimierungspotentiale und der Verschwendungen
3. SOLL-Konzept und Optimierungsansätze umsetzen
4. Definition als neuen Standard

Ursachenanalyse nach den 6 Verschwendungsarten ***[Lepr 03]:***

Zuerst, wird jeder einzelne Schritt, im *Kanban*-Kreis, in einem Prozessdiagramm ermittelt. Im Anschluss werden die jeweiligen Zeiten, die für die jeweiligen Prozesse benötigt werden, im Bezug auf die folgenden Verschwendungsarten analysiert:

- Risiken
- Schwankungen
- Unnötige Prozesse
- Sicherheitspuffer
- Schlechte Qualität
- Totzeiten

2.14.5 *Kanban*-Controlling

Das Vorgehen des *Kanban*-Controlling unterscheidet sich vom üblichen Ablauf des Controllings, da es im Rahmen eines kontinuierlichen Verbesserungsprozesse analog TPS umgesetzt ist. In regelmäßigen Abständen wird hierzu auf der operativen Ebene, unter Einbindung der Verantwortlichen und angrenzender Bereiche die Situation analysiert, Probleme besprochen und neue Ziele definiert. Mit Zielen sind in diesem Fall jedoch in erster Line operative physische Maßnahmen gemeint, nicht neue Grenzen für Kennzahlen in der Statistik. Folgende Kennzahlen aus Hard- und Softfacts können hierfür betrachtet werden:

- **Penetration mit *Kanban*:** Die Penetration muss mit der *Kanban*-Eignung und mit strategischen Grenzwerten – z. B. unumgänglichen Problemlieferanten abgeglichen werden.
- **Reduzierung der Anzahl *Kanban*-Karten pro Zeit:** Die Entwicklung muss im Quervergleich mit der Prognosegüte und der Lieferfähigkeit betrachtet werden.

- **Entwicklung der Losgrößen, Wiederbeschaffungs- und Durchlaufzeit:** Die Beschleunigung des Umlaufbestands sollte im Fokus der kontinuierlichen Arbeit mit *Kanban* stehen. Die Reduzierung der WBZ und DLZ hat daher höchste Aussagekraft. Es ist aber darauf zu achten, dass die Reduzierung der Losgrößen basierend auf Rüst- oder Transportoptierungen stattfindet.
- **Entwicklung der realen Kapazitäten:** Häufig wird die Kapazitäten unter den notwendigen Schwankungsbreiten geplant, dadurch werden immer wieder Störungen erzeugt, die durch Steuerung nicht kompensierbar sind. Um Flexibilität und kontinuierliche wirtschaftliche Abläufe zu erreichen, sind real mögliche und erreichbare Freikapazitäten notwendig, sowohl intern als auch bei Lieferanten.
- **Entwicklung der realen Umlaufbestände und der Kapitalbindung:** *Kanban* strebt die Optimierung der Umlaufgeschwindigkeit und damit minimale Umlaufbestände an. Die Entwicklung der realen Puffer und Auftragsmengen, d. h. Lager und Auftragsbestände, müssen hierfür kontinuierlich verfolgt werden.
- **Lieferfähigkeitsentwicklung:** *Kanban* strebt vollständige Lieferfähigkeit an, auch bei „normalen“ Störungen.
- **Störungshäufigkeit:** Durch die Ermittlung der Häufigkeit der Störgrößen, werden Hauptverursacher erkennbar und kontinuierlich abstellbar.
- **Ordung und Sauberkeit im Materialfluss:** Basierend auf kontinuierlichen Ordnungs- und Sauberkeitsaktionen ist die Verfolgung des Levels eine Größe die sehr direkt positiven Einfluss auf Störparameter nimmt.
- **Lagergrad:** Der Lagergrad beschreibt die Reichweite in Relation zur Wiederbeschaffungs- bzw. Durchlaufzeit. Der Reduzierung des Lagergrad sollte nur als Kontrollfunktion nicht als Zielgröße gesehen werden, und ist nur als Nebenprodukt von Störgrößeneliminierung sinnvoll.
- **Prognosegüte Vertrieb / Kunde:** Die Prognosegüte stellt die Basis der Produktions- und Logistikplanung dar. Zu starke Abweichungen sind durch keine Steuerung kompensierbar. Es ist daher wichtig Schwankungsbreiten (Puffer und Freikapazitäten) auf dem Zeithorizont abzustimmen, durchgängig vom Kunden bis zum Lieferanten.

2.14.6 Anwendungsfälle

Die Methode ist speziell nach der Einführung eines neuen Materialflusskonzepts sinnvoll, um eine angestrebte theoretische Effizienz des Systems sehr schnell zu erreichen. Sie kann aber ebenso erfolgreich für alle anderen heterogenen, bestehenden Materialflusssysteme angewendet werden. Bei bereits hoch entwickelten Materialflüssen deren Lieferfähigkeit und Lagerreichweite noch einmal deutlich verbessert werden muss, zeichnet sich VCO durch das große Potential der Risikoeindämmung aus. Das ist vor allem bei Anwendungen wie just-in-time oder Just-in-sequence interessant, bei denen es notwendig ist, mehr

Flexibilität anzubieten zu können. Eine typische Zielgröße kann die Reduzierung oder Eliminierung einer Frozen Zone sein.

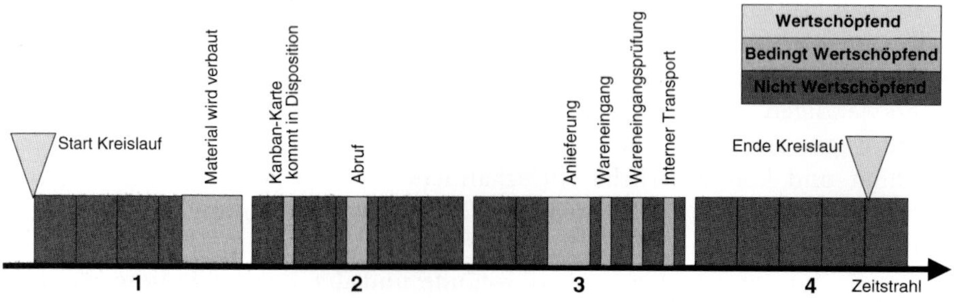

Abb. 2.14.4 Verbesserungspotentiale werden erkennbar aufgrund der Wertschöpfungsanalyse des Nachschubvorgangs; in diesem Beispiel sind 85 % der Zeiten nicht wertschöpfend (Quelle: Lepros)

3 *Kanban* – der Weg ist das Ziel

Philipp Schürle, Agamus Consult Unternehmensberatung GmbH

Wenn man aktuell Produktionsbereiche in Deutschland und Europa besucht, fallen im Zusammenhang mit modernen Produktionsmethoden immer öfter die Begriffe *Kanban* (jap.: Karte, Signal) und Pull-Produktion, und dies nicht ohne Stolz, da diese mit dem schillernden Vorbild des Toyota Produktionssystems in Zusammenhang stehen. Tatsächlich ist *Kanban* ein integraler Bestandteil moderner Produktionssysteme. Blickt man aber im Rahmen von Prozessanalysen hinter die „Fassaden", d.h. in die tägliche Praxis der Arbeitsprozesse, wird man schnell desillusioniert – die viel gepriesenen klassischen *Kanban*-Regeln werden im Tagesgeschäft nicht eingehalten.

Die *Kanban*-Regeln sind das Fundament

Ein funktionierender *Kanban*-Betrieb basiert auf den folgenden strengen Grundregeln, welche gegebenenfalls noch weiter detailliert werden können:

- Lieferung und Transport von Produkten erfolgt nur zusammen mit dem *Kanban* (ein Signal als Prozessauslöser wie beispielsweise eine Karte, auf der Quelle, Senke, Menge, Teilenummer, Barcode, Lieferzeit, Behältertyp, Kartennummer etc. klar definiert sind). Produktion bzw. Transport nur dann auslösen, wenn ein *Kanban* (= Bestellung) vorliegt.
- Die Auslösung eines *Kanban*-Regelkreises erfolgt nur durch den Verbraucher.
- Keine Weitergabe von fehlerhaften Produkten (d.h. es dürfen sich nur „Gutteile" in den *Kanban*-Beständen befinden) durchführen.
- Die Anzahl der im Umlauf befindlichen *Kanban*-Karten darf nicht verändert werden, sondern muss durch einen zentralen *Kanban*-Manager kontrolliert werden.

Kanban sollte dann noch nicht eingeführt werden, wenn keine weitgehende Einhaltung dieser Regeln im Tagesgeschäft sichergestellt werden kann. Mögliche Gründe für das Nichteinhalten dieser Regeln liegen oft darin, dass die beteiligten Mitarbeiter nicht ausreichend über die Bedeutung dieser Regeln informiert und geschult sind und mit den Ursachen des Nichteinhaltens falsch umgehen: Es geht nicht darum, das Nichteinhalten der *Kanban*-Regeln zu sanktionieren und damit das geschickte Umgehen von *Kanban*-Regeln zu fördern, sondern – ganz im Gegenteil – dies als Lern- und Verbesserungschance zu verstehen. Durch *Kanban* werden die real existierenden Probleme in den Arbeitsprozessen sichtbar. Daher ist es empfehlenswert, für jeden Regelkreis die Abweichungen in Form von Regelkarten zu dokumentieren und zeitnah *Kaizen*-Maßnahmen, die das Ziel haben Wiederholungsfehler zu vermeiden, durchzuführen. Dies bedeutet eine offene Fehlerkultur, welche durch Führungskräfte und Mitarbeiter praktiziert werden muss. Einfache, verständliche und verbindliche Arbeitsstandards unterstützten dabei.

Andere Ursachen liegen darin, dass die selbststeuernden Pull-Regelkreise von zentralen, übergreifenden Planungs- und Steuerungssystemen „torpediert" werden, z.B. wenn Aufträge mit einer bestimmten Priorität oder Dringlichkeit zusätzlich angenommen werden und dadurch das geschlossene System stören. Gut funktionierende *Kanban*-Systeme basieren auf selbststeuernden, in sich geschlossenen Regelkreisen, welche auf je ein Teil oder Produkt auszulegen sind. Die Regelkreise werden bei Entnahmen aus *Kanban*-Beständen, wie z. B. bei Anbruch des Behälterloses (aus sogenannten Supermärkten oder FIFO-Puffern), aktiviert und lösen Fertigungs- und Transportaufträge bei den vorgelagerten Prozessen aus, die bei definierten Wiederbeschaffungszyklen die Bestände (= Senken) auch wieder auffüllen. So kann man bei minimalem Steuerungsaufwand und mit standardisierten Beständen und Lagerorten Materialflüsse steuern und Materialverfügbarkeit sicherstellen. *Kanban* fördert somit eine Beruhigung der Prozesse in Produktion, Steuerung und Logistik.

Der *Kanban*-Betrieb, als aktiv betriebener Change-Prozes

Die Entwicklung einer firmenspezifischen Anwendungs- und Einführungsstrategie für *Kanban* und Pullsysteme muss längerfristige Gesichtspunkte berücksichtigen. Nicht allein die Einführung von *Kanban* ist die eigentliche Herausforderung, sondern die Schaffung, Stabilisierung sowie die kontinuierliche Verbesserung und Pflege der *Kanban*-Regelkreise. Im Sinne einer dynamischen Weiterentwicklung mit immer kürzeren Durchlaufzeiten der Materialströme ist der Weg mit *Kanban* das eigentliche Ziel, also der permanente, tägliche Kampf um bekannte und neu entstehende Verschwendungsquellen in der Produktion und Logistik sowie entlang der Wertschöpfungsketten. *Kanban* ist dabei für die beteiligten Mitarbeiter ein einfaches, visuelles Werkzeug zur Standardisierung der Informationsflüsse, um die Vermeidung (oder zumindest die grundsätzliche Reduzierung) von Verschwendung in den täglichen Arbeitsprozessen umzusetzen. *Kanban* bedeutet ein Signal und kann die verschiedensten Ausprägungen haben: von der Steuerung der Leerstellen über Mehrbehälter-*Kanban* mit *Kanban*-Karten bis hin zu elektronischen *Kanban*-Lösungen, und dies jeweils – von der Funktion her – als Produktions-, Material-, Transport- oder auch Lieferanten-*Kanban*. Dabei ist immer die einfachste Form, bei dem ein stabiler *Kanban*-Betrieb sichergestellt werden kann, vorzuziehen. Hierbei sind die Mitarbeiter in den Prozess mit einzubeziehen. Das wichtigste Merkmal von *Kanban*-Systemen ist, dass nicht geschätzte, prognostizierte Bedarfsmengen die Produktion auslösen, sondern allein der reale Verbrauch von Produkten und Teilen. Frei nach dem Motto „Ist etwas weg, muss etwas hin" wird gemäß dem Ziehprinzip erst dann etwas produziert, wenn interne oder externe Kunden ziehen (= Pull). Dies setzt voraus, dass für aktuell gute und verkäufliche Produkte auch in absehbarer Zukunft und mit hoher Wahrscheinlichkeit noch Kundenabrufe zu erwarten sind. *Kanban* bringt damit die realen internen und externen Kundenbedarfe in einem standardisierten Rhythmus in die Arbeitsprozesse. Dabei sind in regelmäßigen Zeitabständen die Prämissen bzw. die *Kanban*-Berechnungsparameter auf Aktualität zu überprüfen und gegebenenfalls anzupassen. Um dies zu erreichen, ist oft eine gewisse Kulturveränderung in Verhalten und Einstellung der Mitarbeiter notwendig.

Der Weg ist das Ziel, das Ziel ist die synchrone Produktion

Kanban kann ein verlässlicher Weg in Richtung der Vision einer synchronen Produktion sein. Dies wird in Schritten durch die stetige Reduzierung der Umlaufbestände erreicht, d. h. durch die Reduzierung der *Kanban*-Karten unter der Voraussetzung flankierender Maßnahmen, sofern die sichere Versorgung der nachfolgenden Prozesse nicht gefährdet wird. Folgende Maßnahmen können dies u. a. unterstützen:

- Fertigung in kleinen tagesbezogenen Losgrößen mit Hilfe von schnellem Umrüsten, Losgrößenanpassung aller Produktions- und Logistikprozesse gemäß dem kleinsten, gemeinsamen Vielfachen (= SNP oder engl. Standard number of parts)
- Losgrößenanpassung aller Produktions- und Logistikprozesse gemäß dem kleinsten, gemeinsamen Vielfachen (= SNP oder engl. Standard number of parts)
- temporär gültige Einmal-*Kanban*-Karten für spezielle, sporadisch auftretende Auftrags- oder Exotentypen
- synchrone, ausgetaktete Einzelprozesse,
- kurze Durchlaufzeiten und dadurch schnellere Reaktionsfähigkeit, und
- stabile fehlerfreie Fertigung mit Qualitätskontrollen in den Prozessen.

Dies kann nur dann wirkungsvoll erfolgen, wenn die verschiedenen Funktionen wie Produktion, Logistik, Produktentwicklung und Qualität gemeinsam an diesen Optimierungsansätzen arbeiten. Spätestens hier wird deutlich, dass *Kanban* ein interdisziplinärer Ansatz ist, um die bereichsübergreifende Zusammenarbeit zu verbessern und an der wertstromorientierten Gesamtoptimierung auszurichten.

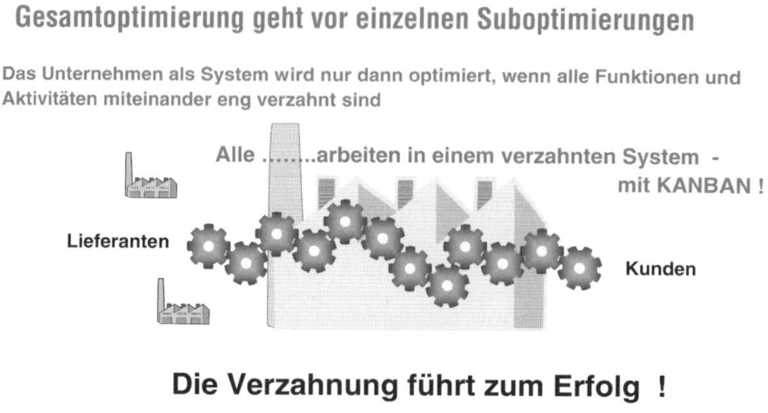

Abb. 3.0.1 Gesamtoptimierung vor Suboptimierungen

3.1 Projektmanagement zur Einführung von *Kanban*-Steuerungen

Michael F. Zäh, F. Aull, Institut für Werkzeugmaschinen und Betriebswissenschaften (iwb), Technische Universität München

Mit der Einführung eines Produktionssystems nach dem Vorbild des To-yota-Produktionssystems geht typischerweise die Implementierung von *Kanban*-Steuerungen in der Produktion einher. Wichtige Prinzipien für die *Kanban*-Steuerung, wie z. B. die Kundenorientierung, werden dabei bereits durch das übergeordnete Produktionssystem festgelegt (vgl. hierzu Monden *[Mond 98]*, Ohno *[Ohno 93]*, Shingo *[Shin 89]* und Takeda *[Take 05]*). Ergänzend zu den vorhergehenden Kapiteln beschäftigt sich das folgende mit dem Thema *Kanban* und beginnt mit dem Beitrag „Projektmanagement zur Einführung von *Kanban*-Steuerungen". Kennzeichnend und typisch für die Einführung von *Kanban*-Steuerungen sind die große Anzahl der beteiligten Unternehmensbereiche sowie die Anzahl der eingebundenen Mitarbeiter im Gesamtprojekt. Die Hauptverantwortung und damit auch das Projektcontrolling für eine Einführung liegt beim Management, da nur so eine gleichwertige Zusammenarbeit der beteiligten Abteilungen auf einer Ebene ermöglicht wird und das Management als übergeordnete Instanz entscheidungsbefugt eingreifen kann. Dies setzt ein straffes Projektmanagement voraus, in dem von Beginn an Verantwortlichkeiten, Terminpläne und Inhalte einvernehmlich festgelegt und eingehalten werden. Alle bekannten Methoden und Hilfsmittel aus dem Projektmanagement können und sollten daher bei Einführungsprojekten genutzt werden. Aufgrund der Größe des Projektteams sind bei der Einführung von *Kanban*-Steuerungen die Schnittstellen zwischen den beteiligten Projektpartnern zu fokussieren. Der vorliegende Beitrag beschränkt sich auf *Kanban*-spezifische Fragestellungen und verweist im Übrigen auf die existierende Fülle an Projektmanagementbüchern und -artikeln.

3.1.1 Prinzipien zur Einführung von *Kanban*-Steuerungen

Die Einführung von *Kanban*-Steuerungen baut auf einer Reihe von Prinzipien auf, die im Unternehmen vor der Einführung vorhanden sein müssen *[Wild 96]*:

1. **Ausrichtung an realen Bedarfen:** *Kanban* als „ziehende" Fertigungssteuerung ist ausschließlich an den realen Kundenabrufen auszurichten und entsprechend auszulegen.
2. **Dezentrale Steuerung:** Die Auftragseinlastung wird nicht mehr zentral, sondern dezentral durch den Werker vor Ort gesteuert.
3. **Vermeidung von Verschwendung:** Hauptsächliches Ziel einer *Kanban*-Steuerung ist die Vermeidung von Verschwendung in Form von Überproduktion, hohen Durchlaufzeiten und hohen Beständen.
4. **Methodenmix:** *Kanban* ist nicht für das gesamte Produkt- und Teilespektrum geeignet. Für verschiedene Arten von Teilen können auch verschiedene Steuerungsmethoden geeignet sein (MRP II, ...).
5. **Kontinuierliche Verbesserung:** Alle internen *Kanban*-Regelkreise sind kontinuierlich anzupassen.

3.1.2 Voraussetzungen zur Einführung von *Kanban*-Steuerung

Für eine erfolgreiche Implementierung einer *Kanban*-Steuerung sind nach Takeda sieben Voraussetzungen in der Produktionsorganisation zu erfüllen *[Take 05]*.

1. **Aufbau einer Fließfertigung:** Ein gleichmäßiger Fluss der Teile durch die Produktion mit aufeinander abgestimmten Taktzeiten ist Grundvoraussetzung für die Einführung einer Ziehproduktion.
2. **Verkleinerung der Losgrößen/Reduktion der Rüstzeiten:** Für eine wirtschaftliche Fertigung in kleinen Losgrößen ist eine Reduktion der Rüstzeiten notwendig.
3. **Geglättete Produktion:** Der Bestand an Vorprodukten und Produkten errechnet sich aus der benötigten Wiederbeschaffungszeit, dem durchschnittlichen Bedarf und dem Sicherheitsbestand. Je geringer die Schwankungen der nachgelagerten Produktionsstufe ausfallen, desto weniger Sicherheitsbestand wird benötigt. Damit sinkt der Gesamtbestand der vorgelagerten Stufe. Bei einer über alle Wertschöpfungsstufen implementierten *Kanban*-Steuerung steuert die letzte Stufe alle anderen vorgelagerten Produktionsstufen, sodass nur noch die letzte Stufe als Schrittmacherprozess zu glätten ist.

4. **Verkürzung und Vereinheitlichung der Transportzyklen:** Die Wiederbeschaffungszeit hat direkte Auswirkung auf die Höhe der Bestände. Eine Reduktion der Durchlaufzeit durch Verkürzung der Transportzyklen führt daher zu sinkenden Beständen.
5. **Kontinuierliche Produktion:** Voraussetzung für eine Ziehproduktion ist die Produktion im Fluss. Da Voraussetzung für eine Produktion im Fluss kontinuierliche Abrufe der vorgelagerten Stufe sind, muss jede Wertschöpfungsstufe in der Lage sein, kontinuierlich zu produzieren, um den Produktionsfluss nicht zu hemmen.
6. **Bestimmung der Adressen:** Für die Selbststeuerung der Produktion durch den Werker ist eine einfache und schnell zu erfassende Grundstruktur der Lieferanten-Kunden-Beziehungen notwendig. Eine genaue Definition von Ort, Menge und Termin der Ware ist hierfür Voraussetzung.
7. **Konsequentes Behältermanagement:** Für einen einfachen und logischen Aufbau der Verkettungsstruktur soll jedem Behälter nur eine Sachnummer zugeordnet werden. Zudem sind die Behälter möglichst klein zu halten, um einen schnellen Überblick über die Anzahl der enthaltenen Teile zu gewinnen.

Ergänzende Faktoren: Neben diesen Voraussetzungen nach Takeda gibt es weitere Faktoren, die im Idealfall bei der Einführung einer *Kanban*-Steuerung vorliegen sollten:

8. **Hohe Qualität der Vorprodukte und Liefertreue der Lieferanten:** Eine schlechte Produktqualität und eine niedrige Liefertreue am Anfang der Wertschöpfungskette ziehen Unregelmäßigkeiten im Produktionsfluss nach sich, sodass die *Kanban*-Regelkreise auf ein zu hohes Bestandsniveau auszulegen sind.
9. **Stückzahl und Wert der Produkte:** Für die Einführung von *Kanban* eignen sich insbesondere Produkte mit hohem Wert und guter Vorhersagegenauigkeit hinsichtlich des Verbrauchs, also AB/XY-Artikel.

Tabelle 3.1.1 Artikelklassen geeignet für *Kanban*

Artikelwert / Abruf-schwankungen	A hoch	B mittel	C gering
X niedrig	hoher Artikelwert – niedrige Schwankung	mittlerer Artikelwert – niedrige Schwankung	geringer Artikelwert – niedrige Schwankung
Y mittel	hoher Artikelwert – mittlere Schwankung	mittlerer Artikelwert – mittlere Schwankung	geringer Artikelwert – mittlere Schwankung
Z hoch	hoher Artikelwert – hohe Schwankung	mittlerer Artikelwert – hohe Schwankung	geringer Artikelwert – hohe Schwankung

Legende: ▢ = Kanbanfähig

Dagegen kann es bei hoher Variantenvielfalt und unregelmäßigen Abrufen bei der Auslegung der *Kanban*-Kreisläufe zu Problemen kommen.

3.1.3 Zusammensetzung des Projektteams und Aufgaben

Sollte die Einführung der *Kanban*-Steuerung nicht in den Rahmen einer Implementierung eines Produktionssystems eingebettet sein, ist der Zusammenstellung des Projektteams eine noch größere Aufmerksamkeit zu widmen, da die Produktorientierung prozesstechnisch und organisatorisch gemeinhin nicht im Unternehmen vorhanden ist. Das Projektteam zur Einführung setzt sich aus folgenden Unternehmensbereichen zusammen:

- **Produktion:** Fertigung und Montage müssen die wesentlichen Planungsergebnisse des Projektes umsetzen.
- **Arbeitsvorbereitung:** Die Arbeitsvorbereitung stellt sicher, dass die Kapazitäten der einzelnen Arbeitplätze und der Regelkreise optimal aufeinander abgestimmt sind um die Produktion im Fluss zu gewährleisten.
- **Qualitätssicherung:** Die Organisation und die Prozesse der Qualitätssicherung sind an das Prinzip *Kanban* anzupassen.
- **Programmplanung:** Die Produktionsprogrammplanung beeinflusst die *Kanban*-Steuerung durch An- und Ausläufe von Produkten und Varianten.
- **Einkauf:** Der Einkauf schließt die Rahmenvereinbarungen über Bedarfsstückzahlen mit den Teilelieferanten und reduziert die Anzahl der Teilelieferanten auf eine überschaubare Zahl.
- **Disposition/Materialsteuerung:** Die zentrale Disposition wird teilweise durch selbststeuernde Materialabrufe oder durch *Kanban*-unterstützende Systeme geleistet und damit dezentralisiert.
- **Externe Logistik:** Geringere Abrufmengen in höherer Frequenz beim Teilelieferanten erfordern eine veränderte Anbindung an den Lieferanten.
- **Lager:** Das Lager muss mit Orientierung an *Kanban*-spezifische Abläufe organisatorisch und technisch (Behälter, Verantwortlichkeiten, Lagermengen, ...) angepasst werden.
- **Innerbetrieblicher Transport:** Die innerbetriebliche Logistik muss mit der Einführung der *Kanban*-Steuerung im gleichen Zeittakt Teile anliefern und nicht in selbstkoordinierten Fahrwegen.
- **Fabrikplanung:** Im Rahmen des Projekts müssen das Layout und die Zuordnung von Teilen zu Arbeitsplätzen neu geplant werden.
- **Rechnungswesen:** Das Rechnungswesen bringt in das Projekt die Daten des Ist-Zustandes ein und erhebt Kostendaten nach der Einführung, um die Effekte einer Einführung bewerten zu können. Bereits im Pilotprojekt sollte das Rechnungswesen am Projekt mitarbeiten, da hier einzelne Effekte der Einführung bereits abgeschätzt werden können.

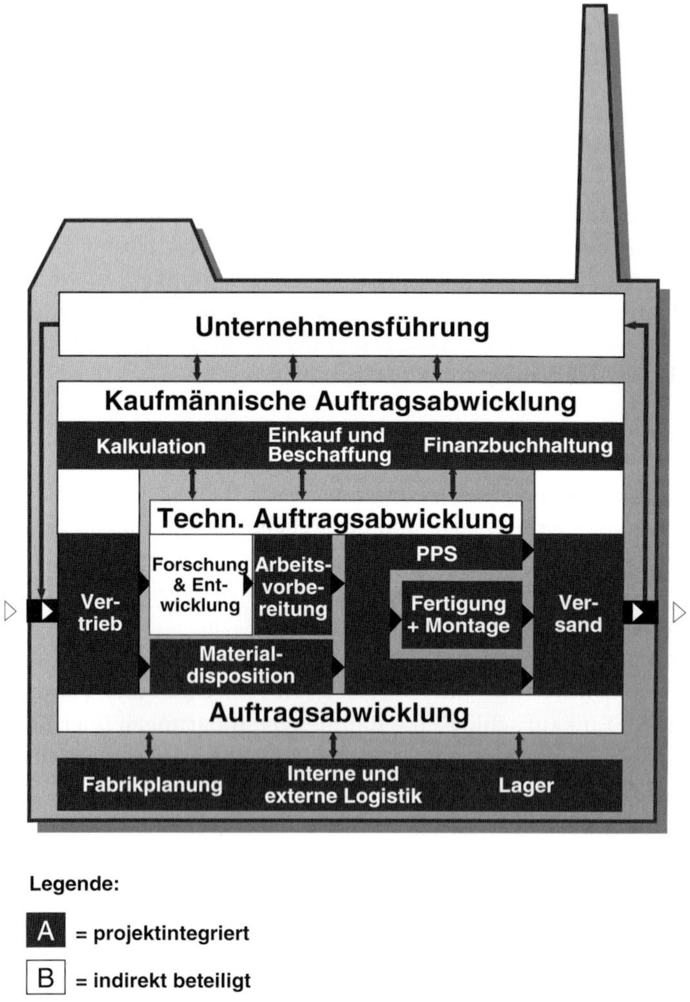

Abb. 3.1.1 Beteiligte Unternehmensbereiche

Die vollständige und fachlich richtige Zusammensetzung des Projektteams ist die wesentliche Voraussetzung für eine funktionstüchtige Implementierung. Vor diesem Hintergrund sei ein weiteres Mal auf die Bedeutung der aktiven Unterstützung durch das verantwortliche Management hingewiesen, welches die treibende Kraft im Projekt sein sollte.

Bei der Auswahl der Projektbeteiligten ist besonders darauf zu achten, dass die Mitarbeiter vor Ort intensiv und gleichberechtigt mit in die Planungen einbezogen werden. Dies ermöglicht die optimale Nutzung des Potenzials an Fachwissen und Fachkompetenz. Dies wirkt sich auch motivationssteigernd aus und schafft die, zur Inbetriebnahme von *Kanban* notwendige, Akzeptanz und Identifikation in allen Bereichen (v.a. beim Werker).

3.1.4 Projektplan

Sind die Projektbeteiligten benannt, ist ein Stufenkonzept zur Planung auszuarbeiten. Für jede Phase in diesem Konzept sind dazugehörige Richtlinien und Vorgehensweisen gemeinsam zu erarbeiten. Diese Richtlinien können je nach Projektziel und Produktions-/Fertigungsstruktur individuell verschieden sein.

Ein typischer Projektplan ist in die vier Phasen

- Analyse,
- Konzeptentwicklung,
- Schulung und
- Umsetzung

unterteilt und kann dabei folgendermaßen untergliedert sein.

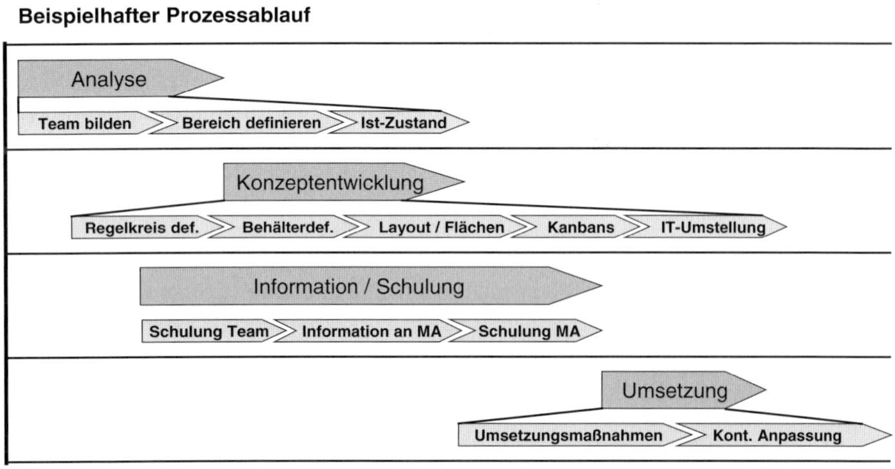

Abb. 3.1.2 Beispielhafte Prozesskette zur Einführung von *Kanban*-Steuerungen

Analyse

In der Analysephase wird das Projektteam gebildet, das die Ziele des Projektes festlegt und eine gemeinsame Vorgehensweise mit Projektplan und Verantwortlichkeiten definiert. Weiterhin wird der Einführungsbereich definiert und hinsichtlich der *Kanban*-Fähigkeit seiner Produkte analysiert. Geeignete Produktgruppen und Fabrikbereiche werden festgelegt.

Konzeptentwicklung

In der Phase der Konzeptentwicklung werden die, in der Analysephase identifizierten, Produktgruppen hinsichtlich Ihres Produktionsablaufes untersucht und *Kanban*-Regelkreise festgelegt. Es erfolgt die Berechnung der benötigten *Kanban*-Karten, die Auswahl der benötigten Behälter, die Berechnung des Platzbedarfs und das Entwerfen eines ersten Layouts. Die *Kanban*-Karten, die *Kanban*-Tafeln oder -Boxen sowie die Auslastungsübersichten werden definiert. In einem weiteren Schritt werden die notwendigen Änderungen für die IT ermittelt, Teileklassifikationen vorgenommen sowie die neuen Prozessabläufe für die IT festgelegt. Die Einbeziehung der Lieferanten erfolgt im nächsten Schritt mit der Ausarbeitung neuer Lieferkonzepte und -fähigkeiten sowie der Reduktion der Lieferantenzahl auf ein sinnvolles Minimum.

Information/Schulung

Im Rahmen einer Einführung sind zwei Schulungen durchzuführen, zum Ersten die Schulung für die Projektmitglieder zu Beginn des Projektes und zum Zweiten die Schulung der Mitarbeiter in der Produktion und der weiteren beteiligten Unternehmensbereiche. Die Schulungen werden im Rahmen sogenannter Planspiele abgehalten und führen so spielerisch an die noch unbekannten Abläufe heran. Informationsveranstaltungen bieten sich für die nicht direkt beteiligten Unternehmensbereiche und Mitarbeiter an.

Umsetzung

Die Umsetzung startet, wenn alle Prozesse und Hilfsmittel geplant bzw. vorhanden und die Mitarbeiter entsprechend geschult sind. Die neuen Prozesse sind zu visualisieren und vor Ort durch das Projektteam zu kontrollieren. Eine erfolgreiche Umsetzung zeichnet sich dadurch aus, dass die Mitarbeiter selbständig im Rahmen ihrer Einflussmöglichkeiten das geplante System kontinuierlich anpassen. Die genannten Phasen und Schritte sind zwar sequenziell dargestellt, müssen jedoch durchaus iterativ durchgeführt werden, da jeder nachgelagerte Projektschritt auch Auswirkungen auf vorgelagerte Prozessschritte haben kann. So ist bspw. die ideale Auslegung der Puffer und Bestände abhängig vom verfügbaren Platz.

3.1.5 Definition von Prozessen nach der Implementierung

Nach der Einführung der *Kanban*-Steuerung wird das Projekt nicht beendet, sondern tritt in eine neue Phase ein. Dies ist die Phase der kontinuierlichen Anpassung der *Kanban*-Kreisläufe. Hierin sind Aufgaben enthalten, wie die

Reduzierung der Rüstzeiten, die Qualifizierung der Lieferanten zur termintreuen und qualitativ einwandfreien Lieferung und die Akzeptanzerhöhung bei Mitarbeitern und Vorgesetzten. Erfahrungsgemäß kommt es bei Einführungsprojekten von *Kanban*-Steuerungen zu vorher nicht exakt abschätzbaren Problemen und zu Mehraufwand in der Umsetzungsphase. Daher ist für die Umsetzungsphase mit einem erhöhten Kapazitätsbedarf zu planen. Als günstiger Zeitpunkt zur Umstellung auf eine *Kanban*-Steuerung bietet sich eine auftragsschwache Phase an, sofern eine solche z. B. durch saisonale Schwankungen abzusehen ist.

3.2 *Kanban*-Karten

Joachim Gerlach, ORGATEX GmbH & Co. KG; Eva Dickmann, LEPROS

Kanban-Karten entsprechen prinzipiell dem Label oder der Beschriftung eines Gebindes. Steuerungstechnisch sind sie eine Visualisierung des Gebindes und stellen die kleinste bewegbare und steuerbare Einheit im Materialfluss dar. Die Visualisierung ermöglicht somit dezentrale Steuerungssysteme. Physische Karten weisen einige Vorteile in Relation zu EDV-basierten Steuerungssystemen auf (vgl. 5.4. Elektronische *Kanban*-Systeme). Sie sind visuell, frei von EDV-Fehlern und allen Störgrößen, die etwa in Material Requirements Planning (MRP) auftreten können. Sie erlauben dezentral eine Steuerung, auch völlig ohne EDV-Anbindung und ohne die dazugehörige Infrastruktur nebst Kosten. Einen gravierenden Nachteil haben physische Karten allerdings. Sie können verloren gehen. Mit dem richtigen Know-how, wie Karten professionell erstellt werden, kann dieses Risiko deutlich reduziert werden. Es lassen sich verschiedene *Kanban*-Varianten anhand des Einsatzes von Karten unterscheiden. Diese Karten müssen aber wesentliche Steuerungsinhalte enthalten. Solche auf den ersten Blick unwesentlichen Details sind vermutlich für einen großen Teil der *Kanban*-Projekte, die scheitern, verantwortlich.

3.2.1 Steuerungsvarianten, die sich durch den Karten-Typ definieren

Behälter- und Karten-*Kanban*

Hier lässt sich unterscheiden, ob die Karten stellenweise vom Behälter genommen werden müssen oder nicht. Generell ist das Behälter-*Kanban* das sicherere Verfahren, da Behälter weniger leicht verloren gehen als Karten. Vor allem aus Platz- oder auch aus Distanzgründen können Behälter aber nicht immer sinnvoll eingesetzt werden. Bei hoher Behälteranzahl entsteht auch eine recht komplexe Behälterrückführlogistik.

Kreislauf- und Einweg-Karten

Bei klassischen manuellen *Kanban*-Systemen werden Kreislauf-Karten verwendet. Vor allem durch den Einsatz von *eKanban* in Verbindung mit einem Lagerverwaltungssystem mit hohem Barcodeeinsatz oder durch die Zuliefereranbindung finden vermehrt Einmal- oder Einweg-Karten Anwendung. Die Einweg-Beschriftung ersetzt in vielen Fällen die Warenbegleitlabels, die im anderen Fall überwiegend redundant mitgeführt wurden. Die redundante Beschriftung mit einer *Kanban*-Karte am Gebinde entfällt. Es wird stellenweise nur das Herstellerlabel zur Identifikation, z. B. mit Informationen zur Charge, zum Produktionsort, etc., verwendet. Der Nachteil dieser Steuerung liegt in der fehlenden Visualisierung und Dezentralisierung sowie letztlich in der Abhängigkeit von der elektronischer Datenverarbeitung.

Sonderkarten – beschränkt gültige Karten

Dies sind Karten, die z. B. ein „Haltbarkeitsdatum" besitzen, oder die nur einmalig oder beschränkt oft verwendet werden dürfen. Mit solchen Karten können tatsächlich nur kurzzeitig benötigte Produkte sicher gesteuert werden. Dieser Kartentyp kann zum Abdecken von Bedarfsspitzen verwendet werden. Wenn eine einmalige Sondermenge an Endprodukten notwendig ist, etwa für eine Vorholaktion (z.B. das vorgezogene Produzieren von Bedarfen die während einer Betriebsruhe fällig wären), können einmalig entsprechende Karten eingeschleust werden. Mit diesen Karten ist es möglich auch untypische, unkontinuierliche Materialflüsse mit *Kanban* abzudecken. Es ist aber empfehlenswert diese Karten farblich hervorzuheben, etwa durch eine Signalfarbe des Papiers auf dem die Karte gedruckt wird.

Barcodes und Transpondertechnologie-Kreisläufe

Es ist gängig nahezu alle Informationen auf der *Kanban*-Karte mit Barcodes redundant auszustatten. Dies ist nicht nur für die Kopplung der Buchungsvorgänge vorteilhaft, sondern es ermöglicht via scannen eine schnelle Bestandsaufnahme oder Kontrolle nach beliebigen Kriterien. Transponder bieten vor allem bei internen Abläufen die Möglichkeit Chargen oder Rückverfolgungsinformationen dezentral direkt am physischen Objekt zu speichern. Die heute noch teuere Variante ist vor allem bei den kreisenden, internen Auftrags-*Kanban*-Karten vielversprechend (vgl. 3.3. Produktionsnivellierung; 5.13. Identifizieren mit RFID). Im Vergleich zu Systemen, in welchen die Daten in einer zentralen EDV zugeordnet und verfolgt werden müssen, kann mit dezentraler Datenzuordnung eine einfachere Abwicklung und geringere Fehleranfälligkeit erreicht werden.

3.2.2 Sicht-*Kanban*

Die Auslösung der Aufträge erfolgt durch eine Lücke. Diese kann sowohl aus einem leeren Boden- oder Regalplatz bzw. aus einem leeren Platz auf der Befüllseite in einem Durchschubregal bestehen. Der Nachschubanstoß erfolgt im Idealfall über Barcodes oder Nachschub-*Kanban* am leeren Platz. Diese Methode ist die am wenigsten störungsanfällige Nachschubmethode, da die Lücke visuell erkennbar ist und nicht verloren gehen kann. Diese Methode kann noch mit Karten zum Informationstransport oder mit Detailinformationen etc. kombiniert werden. Hierbei sollte der „Supermarkt/Stellfläche" direkt an der Quelle sein.

3.2.3 Informationen auf der Karte

- **Material und Benennung – gegebenenfalls zugehöriger Baugruppentyp:** Dies ist die wichtigste Information zur klaren Identifikation. Sie sollte daher größer und dicker markiert sein als der Rest und möglichst ganz oben stehen. Bei schlanken Karten, die in schmale Sammelkästen gesteckt werden, ist es zweckmäßig die Karte auch seitlich mit Materialnummer und Benennung zu versehen. Die Materialnummer kann bei Materialnummer neutralem *Kanban* entfallen oder nur aus einer Materialfamilie oder Baugruppe bzw. deren Benennung bestehen.
- **Materialmenge und Einheit:** Bei Materialnummern neutralem *Kanban* kann hier die Kapazität, welche die Karte bindet, verzeichnet sein.
- **Ziel und Quelle (bzw. Lieferant und Kunde):** Diese Informationen sind wesentlich, vergleichbar mit einem Brief, damit die Karte sicher ankommt und nicht verlorengeht. Es wird auf der Karte der Ort eingetragen an dem das Material verbraucht (also die Karte „leer" wird) bzw. hergestellt (also die Karte „befüllt" wird) wird. Beim Lieferanten-*Kanban* können auch die Adresse des Kunden bzw. Lieferanten und die Kontaktdaten des zuständigen Ansprechpartners dabeistehen. Dies ist vor allem bei extrem dezentralisierten einfachen *Kanban*-Varianten sinnvoll.
- **Laufnummer und Identifikation:** *Kanban*-Karten können bei unsachgemäßer Behandlung zu hohen Differenzen oder zum Lieferverzug führen. Daher stellen sie einen enormen Wert dar. Die Identifikation sorgt dafür, dass sie überprüfbar werden, vergleichbar wie bei einem Geldschein, z. B. Karte 1 von 23 vom 2.2.2002 oder Nummer der Transporteinheit mit Erstellungsdatum.
- **Behältertyp:** Damit ist eine einfache Überprüfung der Verpackung auch durch operative Mitarbeiter realisierbar, z. B. KLT 6428.

3.2.4 Hardware der Karten

Die physische Beschaffenheit entscheidet darüber, ob Karten funktional einsetzbar sind und letztlich der Materialfluss sicher funktioniert. Das Anforderungsprofil an physischen Karten definiert sich aus folgenden Rahmenbedingungen:

- Behälterart und Größe,
- Umgebung, z. B. Reinraumbedingungen bis stark verschmutzt,
- Entfernung zwischen Erzeuger und Verbraucher,
- Anzahl der *Kanban*-Karten, und
- Häufigkeit der Änderungen.

Kartenformate

Die Größe der *Kanban*-Karte ist abhängig von der Menge der *Kanban*-Informationen auf der Karte und dem Ladungsträger oder allgemein der Verpackung. Es ist darauf zu achten DIN-Formate zu verwenden. Die sechs gängigsten Formate, sind hierbei:

- EC-Scheckkarte,
- A7,
- A6,
- A5,
- ⅓ DIN, und
- ¼ DIN-VDA Standard 4902.

Abb. 3.2.1 *Kanban*-Karten können sehr unterschiedlich ausfallen *[Gerl 05]*

Anbringung der Karte oder Tasche am Behälter

Bei der Auswahl der Karten oder Taschen ist darauf zu achten, dass alle Punkte des *Kanban*-Kreises optimal abgedeckt werden können. Bei den Behältern wird zwischen Poolbehältern und Mehrwegladungsträgern unterschieden. Poolbehältern sind vornehmlich VDA Ladungsträger oder Gitterboxen im Leergutaustausch, die keine permanente Anbringung von Etikettenhaltern ermöglichen. Mehrwegladungsträger können etwa Sichtlagerkästen, Eurobehälter, KLT oder Metallbehälter sein. Darüber hinaus müssen die Karten aber auch an allen Briefkästen und Sammelpunkten sicher und übersichtlich gehandelt werden können.

Abb. 3.2.2, Abb. 3.2.3 und **Abb. 3.2.4** Beispiele von Gitterboxen oder Metallbehältern (Quelle: Orgatex)

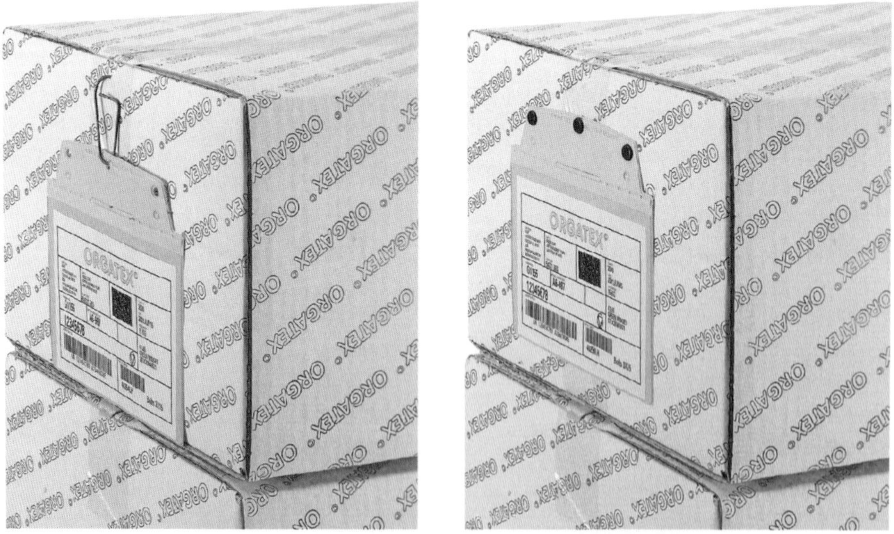

Abb. 3.2.5, Abb. 3.2.6 Karten am Karton (Quelle: Orgatex)

Hier können fest installierte Briefkästen, mobile Briefkästen, Sammelbügel oder einfache Fächer verwendet werden.

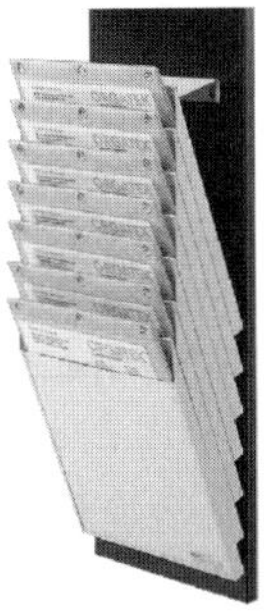

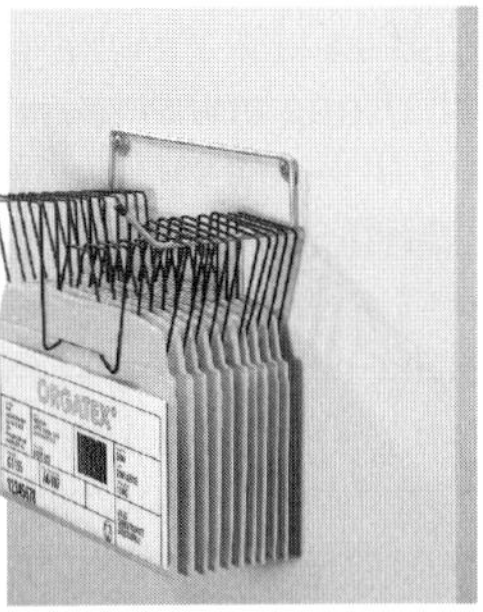

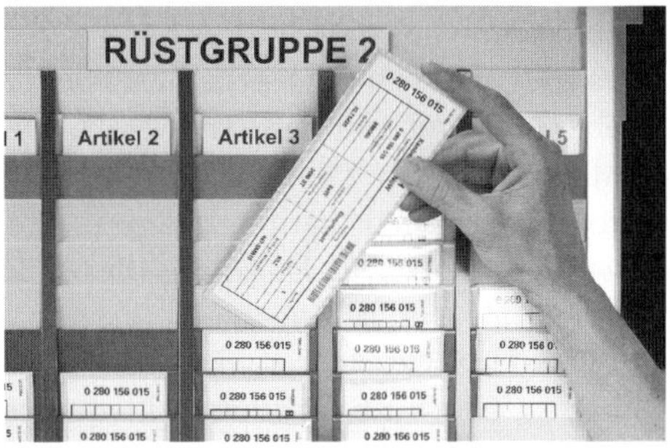

Abb. 3.2.7, Abb. 3.2.8 und **Abb. 3.2.9** Beispiele von Briefkästen bzw. Sammeltafeln (Quelle: Orgatex)

Kartenmaterial

Einwegkarten aus Papier oder dünner Karton (*eKanban*): Sie werden bei *eKanban* über weitere Entfernungen eingesetzt. Sie bieten den Vorteil, dass keine Rückführung der Karte erforderlich ist. Sie sind allerdings nicht sehr widerstandsfähig.

- **Laminierte Karte:** Sie werden häufig bei „den ersten Gehversuchen" mit *Kanban* und bei sehr widrigen Umgebungen, z. B. Öl oder Wasser, verwendet. Sie sind auch bei Schmutz geeignet, da sie sehr robust und Schmutz abweisend sind. Sie sind zudem in ESD-Bereichen (Bereiche in denen ein besonderer Schutz gegen elektrische Spannungen notwendig ist) einsetzbar. Bei umfangreicheren *Kanban*-Umsetzungen ist der Aufwand für die Herstellung aber erheblich.
- **Laserdruckfähige Kunststoffkarte:** Der typische Einsatzort für sie ist eine saubere Produktionsumgebung, unter Umständen auch ESD-Bereichen. Sie sind preiswert und können schnell erstellt werden, verschmutzen aber sehr schnell. Sie sind nicht sehr stabil, da gängige Drucker nur bis zu einem Rand von 0,12 mm drucken können. Diese Kunststoffetiketten können auch als Aufkleber in schwierigen Umgebungen einmalig angewandt werden oder in nicht zerstörungsfrei ablösbaren Ausführungen. Sie sind aber in Relation zu Papier wesentlich teuerer.
- **Kunststoffkarte im Thermotransferdruck:** Diese Karten werden auch in Hochglanz, also schmutzabweisend, angeboten. Es ist damit auch leicht möglich normalen Kunststoff farbig zu bedrucken, allerdings ist die Druckertechnik teuer.

Hüllen oder Taschen

- **Mehrweghüllen aus PVC:** Diese Hüllen sind in vielen Varianten und Farben lieferbar und können mit normalem Papier bestückt werden. Sie bieten sehr universelle Befestigungsmöglichkeiten wie selbstklebend, mit einem Magneten oder Bügel. Der Änderungsaufwand ist sehr gering, da jedes beliebige Papier auf jedem beliebigen Drucker bedruckt und in die Tasche gesteckt werden kann. Hüllen sind naturgemäß in der Anschaffung etwas teurer, kreisen dafür aber und sind sehr haltbar.

- **Magnettaschen:** Dieser Taschentyp hat zusätzlich den Vorteil, dass er an ferromagnetischen Ladungsträgern, *Kanban*-Tafeln und Regalen angewandt werden kann. Das Handling dieser Karten ist sehr komfortabel, da sie nicht eingesteckt oder eingefädelt werden müssen, sondern einfach nur anhaften. Es ist darauf zu achten, dass die Magneten an den geplanten Stellen gut genug haften. Hierfür werden verschiedenste Magnete und Formen des Magnets angeboten. Der Preis ist grundsätzlich von Qualität und Größe der Magneten abhängig. In Anbetracht der Folgekosten, die verlorene Karten erzeugen können, sollte aber unbedingt auf gute Haftung geachtet werden.

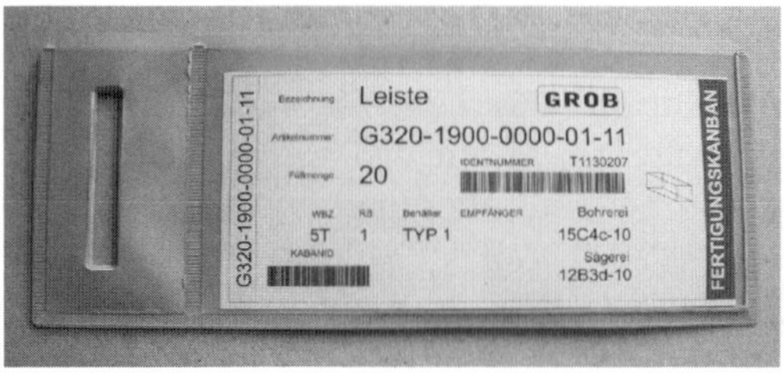

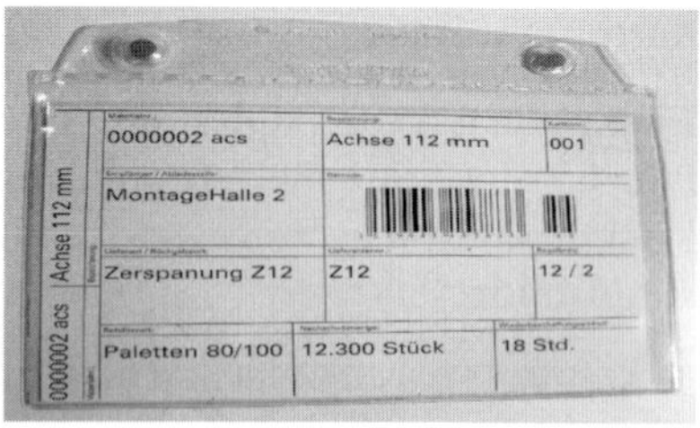

Abb. 3.2.10 und **Abb. 3.2.11** Beispiele von Magnettaschen *[Gerl 05]*

- **Drahtbügeltaschen:** Diese Taschen sind universell einsetzbar und passen auf alle Ladungsträger, z. B. auf Holzrahmen. Bei Produktions-*Kanban* muss zum Einstecken in das *Kanban*-Board die Karte oder der Bügel entnommen werden. Die Hüllen können auch mit einem Magneten kombiniert werden.

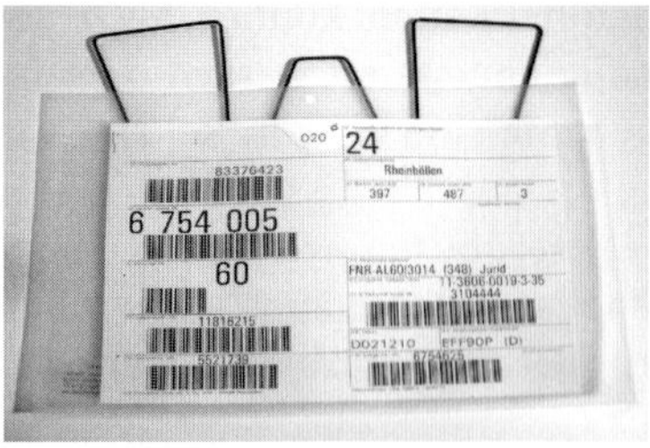

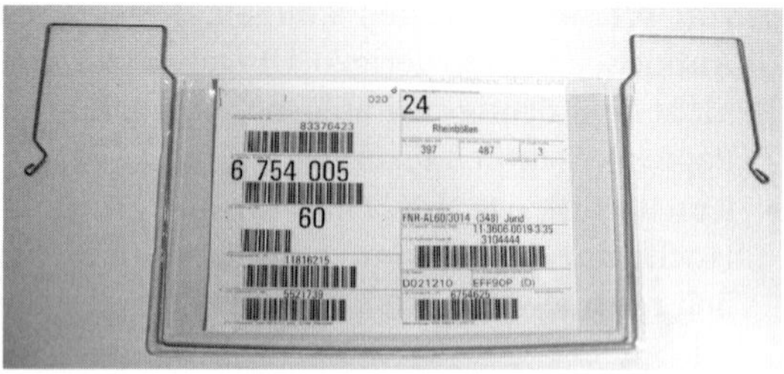

Abb. 3.2.12 und **Abb. 3.2.13** Beispiele von Drahtbügeltaschen *[Gerl 05]*

- **Kleinladungsträger-Karten (KLT-Karten):** Diese Hüllen passen in die Etikettenschlitze von Euroboxen und KLTs, die auf zwei Seiten angelegt sind. Die Karten können auch mit dünnen Magneten kombiniert auf Magnettafeln angewandt werden.

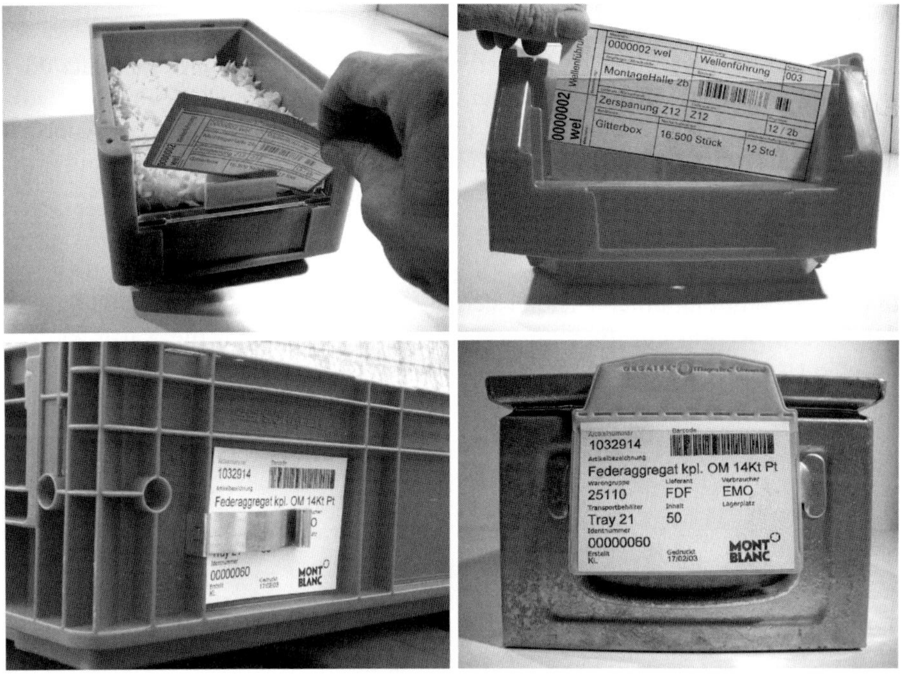

Abb. 3.2.14 bis **Abb. 3.2.17** Beispiele von Kleinladungsträgerkarten *[Gerl 05]*

3.2.5 *Kanban* für Gemeinkostengüter

Gemeinkosten-*Kanban*, „Hausfrauen"-*Kanban* und Laufkarten für Gemeinkostenbestellung sind für nicht-Produktionsmaterial gängige Verfahren. Durch dieses *Kanban* kann man mit einfachen optischen Mitteln eine sichere Versorgung, aus einem Zentrallager oder von einem Lieferanten, gewährleisten.

Einsatzgebiete

Einige typische Anwendungsfälle dieser *Kanban*-Variante:

- **Produktion:** Ersatzteile für Maschinen und Anlagen (Antriebe, Verbindungselemente, Lager, Dichtungen, etc.), Werkzeuge, Schmiermittel, Klebstoffe, Lösungsmittel, Reinigungsmittel, medizinisches Zubehör und Verpackungsmaterialien (Kartonagen, Folien, Füllmaterialien, etc.),
- **Büro:** Vordrucke, Werbebroschüren, Geschenkartikel, Kopierpapier, Toner, Büromittelersatzteile (Maus, Tastaturen, Glühbirnen, etc.), Klebstoffe und Blöcke, etc,
- **Andere Anwendungsbereiche:** Handel, Transport und Privatbereich, etc.

Verfahrensablauf

Wie bei Sicht-*Kanban* ist ein Mindestbestand am Gebinde, am Bodenplatz oder im Regal markiert. Es existieren aber häufig zusätzlich auch Karten, die vorzugsweise am Lagerplatz angebracht werden. Bei Entnahme oder bei Anbruch des Gebindes wird die Karte abgenommen und zum Anstoß des Nachschubs aus einem Zentrallager oder zur Beschaffung weitergegeben.

Karten

Je nach Anwendung unterscheiden sich die Karten in Angabe und Detaillierung der Quelle. Bei Karten, die eine Bestellung anstoßen, kann die Karte wie ein Bestellformular ausgestaltet sein. Dies wird dann direkt, z. B. zum Faxabruf, verwendet. Für den Abruf wird manuell die Menge und das Datum eingetragen.

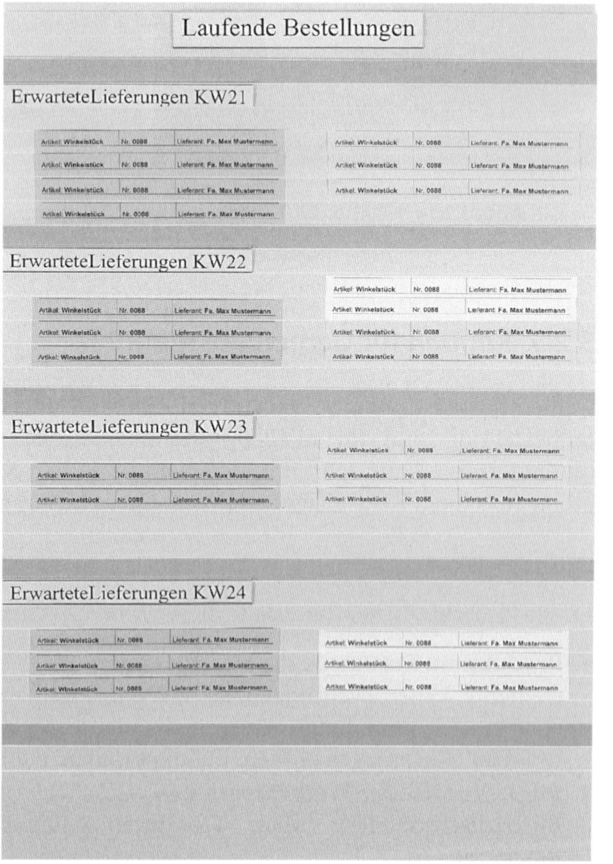

Abb. 3.2.18 und **3.2.19** Derartige, flache Tafeln sind etwa für Schränke im Büro geeignet. Zudem sind sie ein Beispiel für Gemeinkosten-Kanban

Vielfach sind die Karten laminiert, sodass die Abrufdaten für den Umlauf abwischbar/abwaschbar sind. Auf den Formularen bzw. *Kanban*-Karten kann auf der Rückseite manuell eine Historie dokumentiert werden. Das Fixieren der Karte, etwa mit einem roten Klebeband, sichert die Karte gegen Verlust und lässt eine fehlende Karte einfach erkennen. Hier können auch gängige Plantafeln oder *Kanban*-Tafeln zum Einsatz kommen.

Sicht-*Kanban* bei Gemeinkostengütern

In vielen Fällen werden die Materialien in Schränken, Schubladen oder Regalen aufbewahrt. Farbliche Ampelmarkierungen (rot, gelb und grün) mit farbigem Papier oder Klebebändern lassen einen Pegel optisch erkennen. Bei Bodenplätzen können auch stabile, farbige Klebebänder als Markierungen verwendet werden. Bei häufigen Änderungen oder kommissarischen Plätzen kann damit eine einfache, sichere und kostengünstige Markierung erzeugt werden. Solche Bänder sollten widerstandsfähig und ablösbar sein, ohne dass der Boden neu gestrichen oder mit Kunststoff überzogen werden muss.

3.3 Produktionsnivellierung – mit *Heijunka* Produktion und Logistik stabilisieren

Philipp Schürle, Agamus Consult Unternehmensberatung GmbH

Mit der Methodik der Produktionsnivellierung (Jap.: *Heijunka*) werden Produktionsbereiche und deren Logistik geglättet. Die in der Tendenz zunehmende Komplexität durch Produktdiversifizierungen kann dadurch besser beherrscht werden. Dies ist eine wichtige Voraussetzung für eine erfolgreiche *Kanban*-Einführung. Die Vorteile von *Heijunka* liegen in der zeitnahen Visualisierung der Fertigungsaufträge und führen zu einer Beruhigung der Produktionsprozesse. Schwankungen, welche durch interne und externe Einflüsse hervorgerufen werden, werden schrittweise und stabil reduziert und eliminiert. Bei der Einführung und Stabilisierung von Produktionssystemen auf Basis des Pullprinzips, bei der gleichzeitigen Anforderung die Variantenvielfalt in der Serienproduktion zu beherrschen, steht man meist vor der Herausforderung, dass die Produktion in großen Losgrößen hohe Bestände und lange Durchlaufzeiten von Aufträgen erzeugt. Ausserdem sorgen sogenannte „Eilaufträge“ für zusätzliche Unruhe in den Prozessen. Die Losgrößen werden dabei oft auf Basis klassischer Formeln (z. B. Andler) nach Parametern, wie beispielsweise Rüstkosten und Maschinenstundensätzen, berechnet. Kosten durch Verschwendungen wie Überproduktion und Sonderaktionen fließen in der Regel unzureichend in die Gesamtkostenbetrachtung ein.

3.3.1 Die Problemstellung von Produktionsnivellierung mit *Heijunka*

Tagesbezogene Feinplanungen der Planungs- und Steuerungsabteilungen sind oft nach wenigen Stunden bereits „das Papier nicht mehr wert“ auf dem sie erstellt wurden, da die Realität in der Produktion vielen ungeplanten und kurzfristigen Einflüssen ausgesetzt ist, auf welche die Planungssysteme oft nicht flexibel genug reagieren können. Rekursionen in den Auftragseinplanungen sind daher an der Tagesordnung. Die eigentlichen Ursachen hierfür werden zu wenig systematisch angegangen (vgl. 2.1. Ruhiger kontinuierlicher Materialfluss). Täglich notwendig werdende „Feuerwehraktionen“ in Produktion und Logistik schlagen dann in der gesamten Wertstromkette bis zu den externen Lieferanten durch („Peitscheneffekt“). Diese falsch verstandene, kostenintensive Flexibilität muss durchbrochen werden. Durch eine definierte, längerfristig ausgelegte Flexibilität muss ein regelmäßiges, wiederkehrendes und damit standardisiertes Produktionsprogramm unter Zuhilfenahme der standardisierten Losgrößenbildung geplant und gesteuert werden: die Produktionsnivellierung und -glättung. *Heijunka* ermöglicht eine beruhigte Produktion und Logistik bei gegebener Variantenvielfalt. Sie ist ein wichtiges Werkzeug, dass die Pull-Produktion mit *Kanban* stabilisiert und durch Standards in der Einsteuerung von Aufträgen beruhigt. Daher stellt *Heijunka* eine wichtige Etappe in Richtung einer schlanken, synchronen Produktion dar.

3.3.2 Ziele der Produktionsnivellierung

Die Zielsetzungen der Produktionsnivellierung sind:

- In den Wertströmen konstante Material- und Informationsflüsse schaffen (Planbarkeit).
- Einen beruhigten Produktionsrhythmus durch Entkopplung der Fertigungsaufträge von den Kundenabrufen sicherstellen (Kundentakt als Basis).
- Standardisierte Arbeitsprozesse einrichten, als Voraussetzung für effizientes und stabiles *Kaizen* oder einen kontinuierlichen Verbesserungsprozess (KVP).
- Ein stetiges planbares Arbeitspensum für Mitarbeiter und Maschinen schaffen.
- Transparenz bezüglich Abweichungen vom Soll-Zustand schaffen und Probleme schrittweise mit den Mitarbeitern abarbeiten (Visualisierung und *Kaizen* bzw. KVP mit den Mitarbeitern).
- Bestände entlang der Wertströme minimieren und Durchlaufzeiten stabil verkürzen.
- Kundenwirksame Flexibilität bei gleichzeitiger Reduzierung der Gesamtkosten ständig erhöhen.

3.3.3 Notwendigkeit der verkleinerten Losgrößen

Für die Produktionsnivellierung ist es notwendig, deutlich verkleinerte und standardisierte Lose in der Produktion aufzulegen, um dadurch Überproduktion zu minimieren. Die Produktionsmengen und -varianten werden gleichmäßig auf kleinere Zeiträume verteilt, z. B. die Produktion einer Variante von einmal wöchentlich oder monatlich auf einmal täglich umstellen. Eine rhythmische, flexible Produktionslogistik setzt die Minimierung der internen Rüstzeiten voraus, um die dazu nötige erhöhte Rüsthäufigkeit umsetzen zu können. Typische Schwankungen der variantenbezogenen Kundennachfrage werden durch die gleichmäßige Verteilung der Produkte in kleinere Losgrößen über einen, von den jeweiligen Widerbeschaffungszeiten abhängigen, Zeitraum nivelliert und geglättet. Das zu erreichende Ziel ist eine gleichmäßige und dennoch flexible Produktionsauslastung, auf die sich Produktion und Logistik optimal einstellen können. Durch die Vorhersehbarkeit in der Produktion können Standards im Material- und Informationsfluss eingeführt und ständig verbessert werden. Ein stabiler KVP-Prozess zur schrittweisen Eliminierung von Verschwendungsursachen wird dadurch erst möglich. Je länger der stabile Planungshorizont ausgeprägt ist, desto wirksamer ist die Produktionsnivellierung. Die sich einstellende Beruhigung der Produktion hat spürbar positive Auswirkungen für alle beteiligten Mitarbeiter und Prozesse. In regelmäßigen, am besten täglichen, Mitarbeiterbesprechungen mit Logistikplanung, Fertigungssteuerung und Produktion werden Fertigungsaufträge (z. B. mit *Kanban*-Karten) für die jeweilige Schicht in die Plantafeln (oder *Heijunka*-Tafeln) gesteckt. Die Plantafeln enthalten sinnvollerweise Aufträge für den aktuellen und den Folgetag. Es macht erfahrungsgemäß wenig Sinn, die Aufträge längerfristig, z. B. für die nächsten 10 Folgearbeitstage, zu visualisieren. Sonst wächst die Gefahr, dass alte Gewohnheiten, wie missbräuchliche Bündelung von Aufträgen in großen Losen, praktiziert werden. Definierte Tages-Zeitfenster (z. B. 30 min) auf der Plantafeln unterstützen die

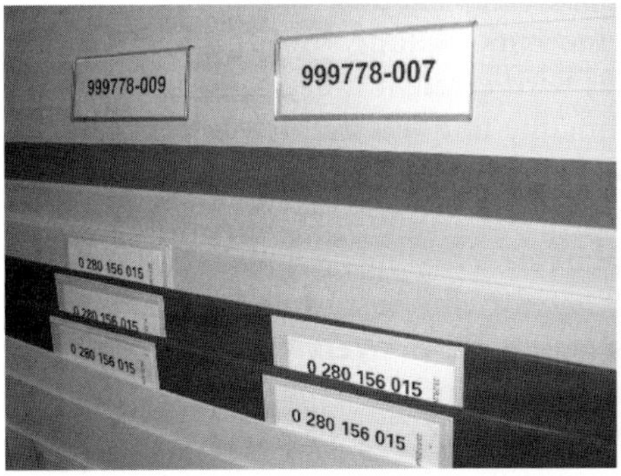

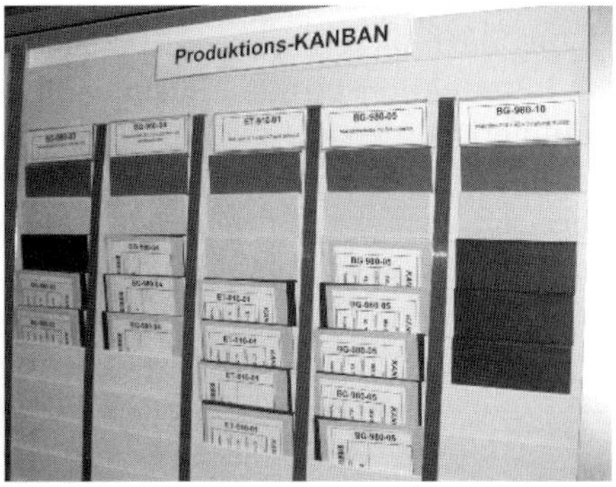

Abb. 3.3.1 und **Abb. 3.3.2** Beispiel einer Kanban-Tafel und einer Produktions-Kanban-Tafel (Quelle Orgatex)

Planung der Produktionskapazitäten. Der jeweilige Produktionsverantwortliche entnimmt die Karten für den nächsten Zeitraum und lastet nachfolgend seine Aufträge in die Produktion ein. Prozessnahe Visualisierungen der Plantafeln sorgen für eine hohe, zeitaktuelle Transparenz der Fertigungsaufträge. zudem sind sie ein wichtiges Instrument zur Einbindung aller beteiligten Mitarbeiter und Funktionen. Somit wird die bereichsübergreifende Zusammenarbeit deutlich intensiviert sowie die Einbindung und Motivation der Mitarbeiter zur Erreichung der Produktionsziele verbessert.

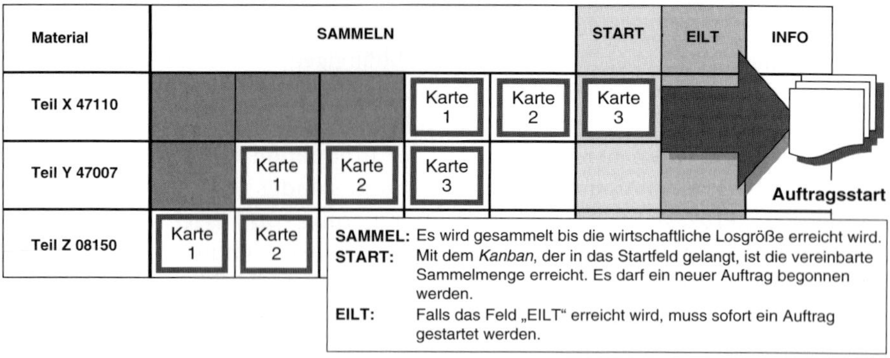

Abb. 3.3.3 Funktionsweise der *Kanban*-Plantafel *[Dick 00]*

3.3.4 *Heijunka* als Steuerungsprinzip

In einer „idealen" Fabrik wird nach einem gleichmäßigen Rhythmus produziert, der sich am Kundenbedarf orientiert. Betrachtet man aber die betriebliche Realität, ist der variantenbezogene Bedarf der Kunden oft unregelmäßig und schwer vorhersehbar. Ebenso können die kundenbezogenen Ablieferintervalle unregelmäßig oder sporadisch sein. Daher ist eine Entkopplung von Kundenaufträgen und Produktionsprogramm sinnvoll. Dies wird erreicht indem „ideale" Kunden simuliert werden, die die Produkte gleichmäßig und in kleinen Mengen abrufen. Die tagesbezogene Feinplanung geschieht also unabhängig von den tatsächlichen, oft unstetig eingehenden, Bestellungen der Kunden. In regelmäßigen Abständen ist die Notwendigkeit einer Kapazitätsanpassung zu überprüfen.

So kann beispielsweise eine Monatsmenge für eine bestimmte Variante in Tagesmengen aufgeteilt werden, der sogenannte EPEI-Wert (EPEI = every part every intervall). Er reduziert sich dadurch von rund 20 Arbeitstagen auf 1 Tag und erhöht deutlich die Flexibilität. Kundenabrufe werden also hinsichtlich Menge, Variantenverteilung und Ressourcenaufteilung gleichmäßig in die Produktion eingelastet, d. h. nivelliert.

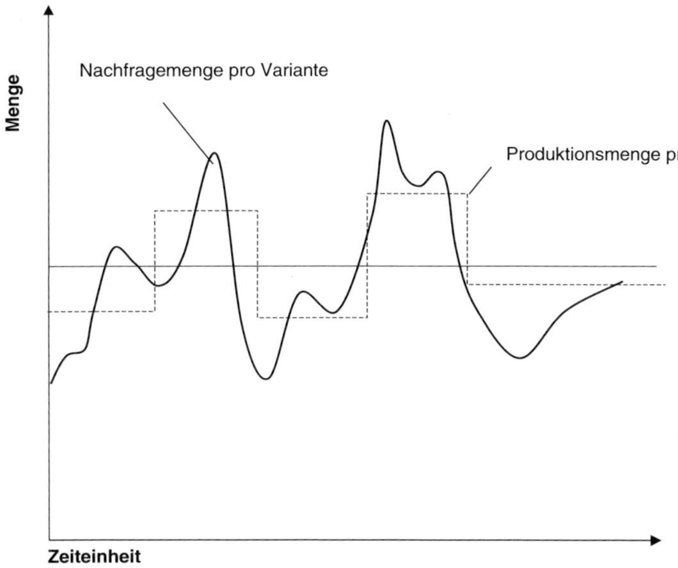

Abb. 3.3.4 Produktionsleveling

Nivellierungskriterien können sein:

- unterschiedliche Kundentakte im Zeitverlauf,
- unterschiedliche Arbeitsinhalte bzw. Zykluszeiten pro Kundenvariante in den Produktionsprozessen,
- Versorgungsprobleme in der Wertschöpfungskette, z. B. Rohstoffversorgung durch kritische interne und externe Lieferanten.

Diese Parameter können bei der Definition des täglichen Produktionsmusters Berücksichtigung finden. Dabei kann es durchaus notwendig sein, dass für flexible und kurzfristige Einplanungen freie Zeiträume reserviert werden. Bei kurzfristigem Bedarf werden diese eingelastet, z. B. für kurzfristige Mehrbedarfe, bei spezifischen Auftragstypen oder exotischen Varianten. Die Einlastung der simulierten Kundenaufträge geschieht am sogenannten Schrittmacherprozess (engl. Pacemaker). An diesem Prozess wird die letztendliche Kundenvariante definiert und der kundenrelevante Takt bestimmt (z. B. an der Endmontagelinie). Nach dem Schrittmacherprozess sollten alle nachfolgenden Prozesse, unter Sicherstellung von FIFO (= first-in-first-out), synchron bis zur Kundenauslieferung ausgetaktet sein, um die von den Kunden geforderten oder erwarteten Lieferzeiten stabil gewährleisten zu können.

3.3.5 Visualisierung von Produktionsaufträgen mit *Heijunka*-Tafeln

Um den angestrebten Standardisierungs- und Verbesserungsprozess mit den Mitarbeitern aus Planung, Steuerung und Produktion in Gang zu halten, ist eine Visualisierung vor Ort an den Schrittmacherprozessen erforderlich und hilfreich. Die Visualisierung erfolgt durch die *Heijunka*-Tafeln.

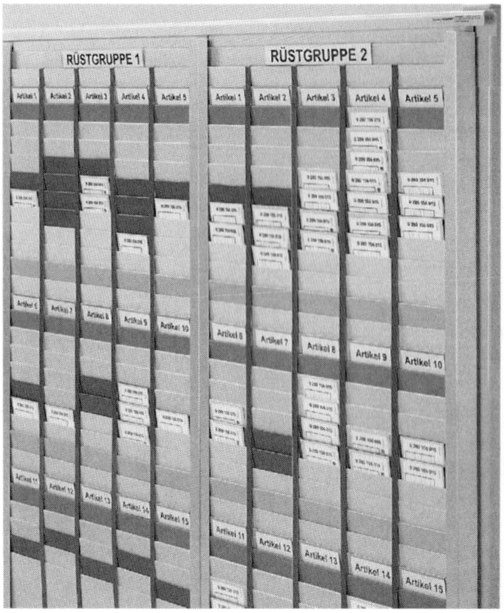

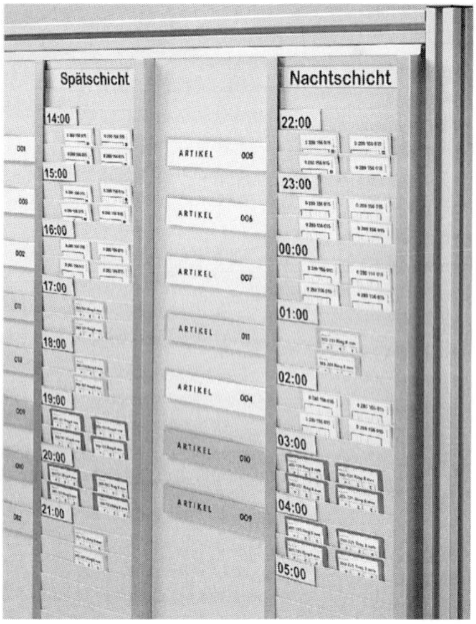

Abb. 3.3.5 und 3.3.6 Beispiel einer *Kanban*-Tafel bzw. eines *Heijunka*-Boards (Quelle Orgatex)

Tägliche Treffen in der Werkstatt stellen sicher, dass die Produktionsziele weitgehend erreicht werden und die Abweichungen von dem, an der *Heijunka*-Tafel dargestellten, Produktionsmuster systematisch angegangen wird. Hierbei helfen zusätzlich eingesetzte Regelkarten pro Tafel, die die Ursachen für Abweichungen und Wirksamkeit der Verbesserungsmaßnahmen verfolgen. In den Regelkarten werden täglich die Abweichungen vom standardisierten Produktionsprogramm sowie deren Ursachen mit den beteiligten Bereichen dokumentiert. Ziel ist das (tägliche) Produktionsmuster einzuhalten und dadurch letztendlich auch die *Kanban*-Regelkreise – im Sinne der definierten Wiederbeschaffungszeiten – stabil zu gestalten.

3.3.6 Die Güte der Produktionsnivellierung

Zusammenfassend kann festgehalten werden, dass durch Nivellierung die Produktion und deren flankierende Prozesse, wie Logistik, vorhersehbarer und beruhigter ablaufen. Dies muss durch *Kaizen* bzw. KVP unterstützt werden, da es trotz schneller Erfolge auch Rückschläge geben kann. Die Verfolgung von Nivellierungs-Kennzahlen, an denen die Güte der Nivellierung (= Abweichungsgrad vom standardisierten Produktionsprogramm) abgeleitet werden kann, ist daher sinnvoll.

Nivellierungs-Kennzahlen können u. a. bestehen aus:

- Abweichungs-Prozentsatz, also der Anteil der Abweichungen vom standardisierten Produktionsprogramm (Ziel: Minimierung);
- EPEI-Wert für Renner- und Exotenvarianten sowie der Durchschnittswert (Ziel: Minimierung);
- Losgrößen (Ziel: Minimierung);
- Anteil der nivelliert eingesteuerten Varianten in Relation zum Gesamt-Produktionsprogramm (Ziel: 100 %);
- Überarbeitungsfrequenz des standardisierten Produktionsprogramms. Aufgrund veränderter interner und externer Rahmenbedingungen entsteht die Notwendigkeit der Anpassung, z. B. durch Änderungen der Kundenabrufe oder Wiederbeschaffungsintervalle (Ziel: Anpassungsfrequenz möglichst hoch, z. B. alle 2 Monate).

Um diese Kennzahlen positiv zu beeinflussen, ist es hilfreich ständig an der Verbesserung der Einflussgrößen zu arbeiten und dadurch die Güte der Nivellierung im Tagesgeschäft zu verbessern. Die Produktionsnivellierung mit *Heijunka*-Tafeln kann somit einen wichtigen Beitrag in Richtung einer synchronen Produktion mit kontinuierlichen Materialflüssen leisten.

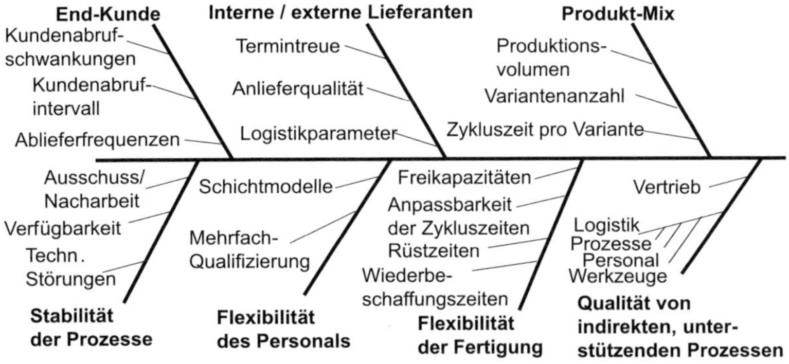

Abb. 3.3.7 Einflussgrößen auf die Güte der Nivellierung

3.4 Effizienter Materialfluss mit der richtigen Regaltechnik – Dynamik im Lager

Klaus Kapalla, BITO-Lagertechnik Bittmann GmbH

Schlanker Materialfluss beginnt im Lager. Viele Unternehmen setzen dort noch immer auf statische Regaltechnik – und verlieren so an Effizienz, Servicequalität und Lieferfähigkeit, und verschenken dadurch auch Geld. Besonders Unternehmen, die ihre Kunden und die interne Weiterverarbeitung just-in-time beliefern, sind auf Geschwindigkeit gerade im Lager angewiesen. Die dynamische Lagerung mit innovativer Regaltechnik schafft hier Abhilfe. In einem modernen Lager ist das Regalsystem nicht nur der Ort für die Lagerung verschiedener Produkte, sondern auch die Basis für eine schnelle Auftragsabwicklung. Weil die Leistung beim Kommissionieren maßgeblich durch die richtige Bereitstellungsform der Artikel in der richtigen Menge bestimmt wird, ist die passende Regaltechnik und Lagergestaltung für Unternehmen heute eine entscheidende wirtschaftliche Größe. Aber es muss nicht immer Automatisierung sein. Meist genügt zur Optimierung des internen Materialflusses ein Durchlaufregalsystem zur manuellen Kommissionierung. Wichtig ist, dass jedes Unternehmen die bestehende Situation im Lager analysiert, die für seinen Bedarf richtige Kommissionier- und Regaltechnik identifiziert, und sich dann für eine passgenaue bedarfsgerechte Lösung entscheidet. Der Break-Even-Point für ein dynamisches Regal liegt bei einer Lagerumschlagsleistung von etwa 20 mal pro Jahr. Die für die Lagerumgestaltung notwendigen Investitionen sind durch die Rationalisierungseffekte also schnell kompensiert. Dennoch gilt: Es lohnt sich nicht gleich die große Lösung zu wählen. Wer sich für einen Lagerneubau entscheidet, kann mit aktueller Lager- und Materialflusstechnik planen. Doch nicht immer lohnt der Neubau: Durch sogenanntes Tuning bestehender Systeme können Unternehmen den Materialfluss erheblich verbessern. Denn in den Lagerregalen steckt regelrechtes Innovationspotenzial. Wer seine Anforderungen und vorhandenen Systeme genau durchleuchtet, der kann sein Lager mit einem überschaubaren Aufwand günstig an neue Anforderungen anpassen.

3.4.1 Regalsysteme – So kommt Bewegung ins Lager

Für unterschiedliche Lageranforderungen gibt es verschiedene Regalsysteme. Das sind zum einen statische Regale: Archivregale, Fachbodenregale, Großfachregale, Kragarmregale, Palettenregale, Weitspannregale und Schwerlastregale.
Zum anderen können Unternehmen zwischen unterschiedlichen dynamischen Regalen und einem unterschiedlichen Grad an Automatisierung wählen – verfahrbare Regalanlagen, Stückgut- und Palettendurchlaufregale, automatisch bediente Kleinteil- und Hochregallager. Seltener entnommene Waren (C-Artikel) mit nur einem Stellplatz lagern ideal in statischen Regalen, wogegen Artikel mit

mittlerem Umschlag (B-Artikel) und solche mit sehr hoher Entnahmefrequenz (A-Artikel) gut in Stückgut- und Palettendurchlaufregalen aufgehoben sind. Zur regelmäßigen Kommissionierung von Einzelteilen in sehr hohen Stückzahlen bieten sich zudem automatische Lagersysteme an. Bei der Entscheidung für ein effizientes Lager greifen Unternehmen oft zur ganz großen Lösung: Automatisierung. Dann wird in ehrgeizigen Projekten versucht, die Bereitstellung von A- und B-Artikeln auf höchstem Niveau (oftmals mit einem sehr hohen Automatisierungsgrad) zu perfektionieren. Der C-Artikel-Betrachtung kommt in solchen Fällen häufig nur wenig Bedeutung zu. Die Folge ist, dass durch die Nichteinbeziehung dieser C-Artikel die Auftragsdurchlaufzeiten unvertretbar hoch werden. Die Rationalisierungseffekte sind damit gedämpft und die hohen Kosten für ein automatisches Lager bei weitem nicht gerechtfertigt. Lösungen dieser Art müssen sich kurz- bis mittelfristig amortisieren. Unternehmen tun gut daran vor einer Investition genau zu prüfen, ob der Umbau richtig dimensioniert ist und eine ausreichende Auslastung der neuen Anlage gewährleistet werden kann.

Abb. 3.4.1 Fachbodenregal

Meist erfüllen bereits dynamische Lager mit manueller Kommissionierung die steigenden Anforderungen an Lagerhaltung und Materialfluss. Clevere Lösungen sind zum Beispiel Stückgut- und Paletten-Durchlaufsysteme oder verfahrbare Regalanlagen. Stückgut- (SDS) und Paletten-Durchlaufsysteme (PDS) beschleunigen die Kommissionierung und verbessern die Lagerbedin-gungen. Bei diesem Regaltyp befüllen die Mitarbeiter von der einen Seite das Regal mit den entsprechenden Produkten oder Paletten, von der gegenüberliegenden Seite wird kommissioniert. Die Produkte rollen selbsttätig in Kanälen in die Entnahmeposition. Was zuerst eingelagert wird, wird auch zuerst entnommen. Das heißt, Unternehmen können mit Durchlaufregalen wegen der Zwangsführung mit hoher Prozesssicherheit das first-in-first-out-Prinzip einhalten. Paletten-Durchlaufregale eignen sich für Produkte, die in großen Mengen und palettenweise kommissioniert werden. Artikel mit hoher Entnahmefrequenz zur Kommissionierung in kleineren Mengen werden idealerweise in einem Stückgut-Durchlaufregal aufbewahrt. Im Vergleich zu statischen Regalen verkürzen sich die Wegzeiten um 40 bis 70 %. Die Kommissionierer haben direkten Zugriff auf alle gelagerten Produkte und erreichen eine Verkürzung der gesamten Kommissionierzeit um bis zu 40 %. Daneben schlagen durch den Wegfall überflüssiger Regalgänge zusätzlich bis zu 30 % geringerer Flächenbedarf zu Buche. Letztlich überzeugt die Technik auch durch ihre hohe Bedienungsfreundlichkeit aufgrund einer übersichtlichen Produktanordnung und ergonomisch günstigen Entnahmesituation.

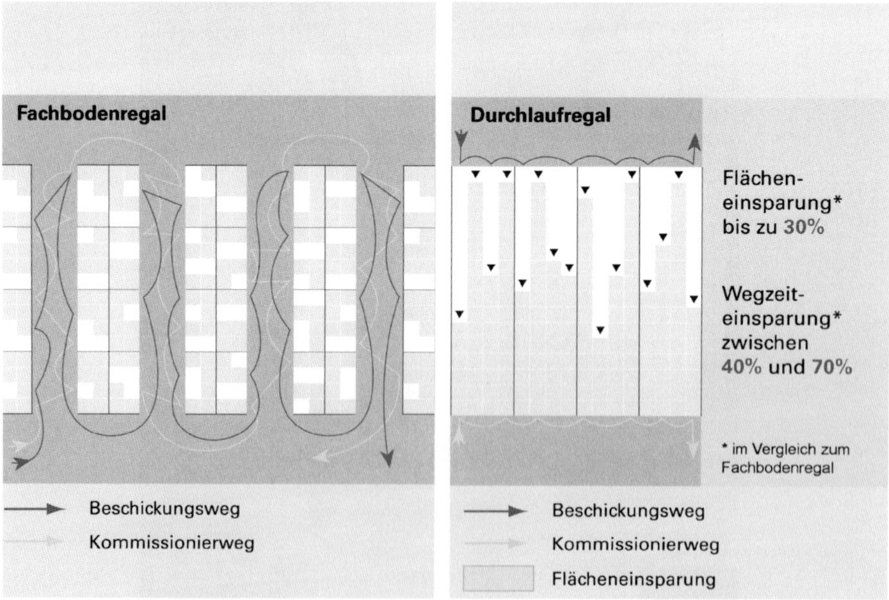

Abb. 3.4.2 und **3.4.3** Optimierung der Kommissionierwege bei Fachbodenregalen im Vergleich zu Durchlaufregalen

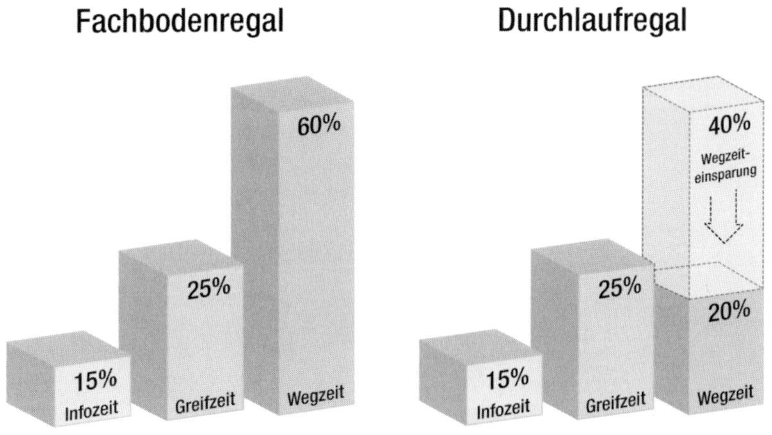

Abb. 3.4.4 Wegeinsparung bei Durchlaufregalen

3.4.2 Paletten-Durchlaufsysteme – Kein Problem mit schweren Lasten

PDS gibt es in den Varianten mit Rollenleisten und Rollenbahnen. Die Verwendung von Rollenleisten als Förderelemente ist bei kurzen Kanälen und leichteren Ladungsträgern interessant. Rollenbahnen mit durchgehenden Stahlrollen sind zum Beispiel bei tiefen Kanälen und schweren Paletten die wirtschaftlichere Lösung. Das Palettendurchlaufsystem basiert auf einem bewährten Palettenregal. Die Durchlaufebenen werden jeweils mit Gefälle in Stützrahmen eingehängt und können stufenlos in Höhe und Neigung verstellt werden. Mittels Schwerkraft rollen die Ladungsträger in die Entnahmeposition, integrierte Bremsrollen sorgen für das rechtzeitige Abbremsen. Rollenbahnen ermöglichen die Einlagerung verschiedener Paletten- oder Behältergrößen innerhalb eines Kanals. Für Unternehmen mit begrenztem Lagerraum und vor allem für solche mit niedrigen Lagerhallen bietet sich das PDS ohne Gefälle an. Mit ihm bleibt das Durchlaufprinzip mit all seinen Vorteilen bestehen, nur kann jetzt die gesamte Hallenhöhe für die Lagerung genutzt werden. Mit der Nutzung von PDS können Unternehmen die Lagerkapazität auf gleichem Raum um bis zu 60 % erweitern. Dank der räumlichen Trennung der Bereiche für Beschickung und Entnahme können die Mitarbeiter sehr produktiv und geordnet arbeiten, weil sie sich im Lager nicht gegenseitig behindern. Außerdem bietet es mehr Sicherheit, weil Gabelstapler und Kommissionierer nicht im gleichen Gang arbeiten. Die langen Kanäle sorgen als große Reserve im Regalsystem dafür, dass keine Leerzeiten entstehen.

Abb. 3.4.5 Paletten-Kommissioniergang

3.4.3 Stückgut-Durchlaufsysteme – Kartonagen und Stückgutgebinde zum Rollen bringen

Bei Artikeln mit mittlerer Entnahmefrequenz bietet sich der Einsatz von Stückgutdurchlaufregalen an. Wegen der Flexibilität sind hierbei nicht-verschraubte – speziell für den Durchlauf von Kartons, Behältern und sonstigen Stückgutgebinden entwickelte – Systeme vorteilhaft. Die Durchlaufebenen können einfach an die Maße des Lagerguts angepasst werden. Die Verwendung geschlossener Profile bietet größtmögliche Sicherheit. Die einzelnen Durchlaufrahmen und Stützrahmen sind hoch belastbar. So können Unternehmen auch mehrgeschossige Anlagen und Palettenreservelager über den Durchlaufebenen einrichten. Außerdem ist eine Nachrüstung mit papierlosen Kommissioniersystemen (pick-by-light, pick-by-voice) und automatisches Nachfüllen mit Regalförderzeugen möglich. BITO stellt alle Komponenten der Durchlauftechnik selbst her. So kann es die Regale an die Anforderungen der Ladungsträger anpassen. Auch kundenspezifische, nicht-standardisierte Behälter, Gitterboxen und Paletten können dadurch in Durchlaufregalen bereitgestellt werden.

Abb. 3.4.6 und **3.4.7** SDS-Entnahmeseite und SDS-Rollenbahnen

3.4.4 Lagertuning – als kostengünstige Lösung

Für Unternehmen, die ihre bisherige Regaltechnik weiterhin nutzen möchten, ist das sogenannte Lagertuning eine wirtschaftliche Lösung. Denn Lager- und Regalsysteme können schnell und kostengünstig an veränderte Situationen, beispielsweise bei der Nachfrage einzelner Produkte, angepasst oder entsprechend umgerüstet werden. Statische Regale können problemlos und kostengünstig in dynamische Durchlaufregale umgebaut werden. So können Unternehmen mit der bereits vorhandenen Regaltechnik die Zeiten für Kommissionierung und Beschickung stark verkürzen. Dieser hausinterne Umbau verbessert die betrieblichen Abläufe erheblich. Eine optimierte Lagerhaltung verkürzt nicht nur die Durchlaufzeiten, sondern senkt bei vergleichsweise geringem Investment auch die Kosten im Gegensatz zum Neubau. In vielen Fällen steckt noch ungeahntes Potenzial im alten Lager, das bei einer eingehenden Analyse des bestehenden Lagersystems ausgeschöpft werden kann: Angefangen bei einer Artikel-Analyse, mit deren Hilfe sich das Sortiment der aktuellen Nachfragesituation anpassen lässt, über die Umrüstung von statischen Regalen in Durchlaufregalsysteme bis hin zur Optimierung der Arbeitsabläufe des Lagerpersonals.

3.4.5 Höchste Flexibilität – Spaß am Lagern

Die BMW-Motorenwerke im englischen Hams Hall setzen auf speziell nach ihren Anforderungen gefertigte Paletten- und Stückgutdurchlaufregale von BITO. Für die Produktion von Motoren für den Mini nutzte BMW in Hams Hall bislang Palettendurchlaufregale mit absenkbaren Palettenplätzen zur Entsorgung der Leerpaletten. Nach Umzug dieser Produktion nach Brasilien benötigte BMW für die neue Aufgabe, Produktion von schweren Motoren, eine Erweiterung der Lagertechnik. Dafür installierte BITO 50 Regaleinheiten mit je drei Regalfeldern. In der Bodenebene der Regaleinheiten befinden sich Rollenbahnschienen, in der darüber liegenden Ebene Stückgutdurchlaufrahmen, und darüber zwei Überfließebenen für Paletten. In den jeweils drei Kanälen mit Rollenbahnschienen kann BMW problemlos seine Standard-Stellagen einlagern. In ihnen bewahrt der Automobilhersteller Motoren, Abgassysteme und andere schwere Fahrzeugteile auf. Der Transport der Stellagen erfolgt über einen Kettenförderer. Die Stückgutdurchlaufebenen dienen zur Lagerung von Kleinteilen für die Montage. Durch eine besondere Konstruktion und Anordnung der Durchlaufebenen können auf beiden Seiten der Regaleinheiten Kleinteile kommissioniert werden. Dazu wurden in einem der drei Regalfelder unterhalb der Ebenen ausziehbare Tablare zur Vormontage installiert. Die Durchlauflaufebenen der anderen beiden Felder laufen dagegen zur anderen Seite, auf der die Entnahme der Kleinteile erfolgt. Die statische dritte und vierte Ebene dient als Pufferlager für den Materialnachschub.

3.4.6 Bis zu 50 % Raumgewinn

Für Unternehmen, die viele verschiedene Produkte auf begrenztem Raum lagern müssen und Produkte vorrätig haben, deren Umschlagshäufigkeit nicht sehr hoch ist, eignen sich verfahrbare Regalanlagen. Sie bieten die Zugriffsmöglichkeit auf jedes einzelne Lagergut und haben gleichzeitig einen hohen Raumausnutzungsgrad. Im Idealfall bieten solche Anlagen die Verdopplung der Lagerkapazität bei gleicher Fläche im Vergleich zu stationären Anlagen. Verfahrbare Regale lassen sich über Schienen sicher und leichtläufig verfahren. Die Möglichkeit, die Regale bewegen zu können, eröffnet eine Vielzahl von Möglichkeiten, um Lagerplatz und -kosten einzusparen: Auf Regalgänge kann verzichtet und Transportstrecken können verkürzt werden. Weil nur noch ein Bediengang für alle Regalreihen benötigt wird, beträgt der Flächen- beziehungsweise Raumgewinn bis zu 50 %. Bis zu 75 % mehr Lagerkapazität lassen sich mit einem verfahrbaren System realisieren. Die Regalzeilen werden einfach zusammengeschoben und nur bei Bedarf geöffnet. Wesentlich ist, dass jedes Unternehmen, die für seinen Bedarf richtige Kommissionier- und Regaltechnik identifiziert, und die für es maßgeschneiderte, individuelle Lösung mit ausreichender Flexibilität auch für zukünftige Aufgabenstellungen umsetzt. So kommt Bewegung ins Lager und der entscheidende Schritt hin zum effizienten und schlanken Materialfluss ist getan.

3.5 Flexible ergonomische Arbeitsplatzgestaltung – Steigerung der Effizienz am Beispiel der manuellen Produktionssysteme (MPS) von Rexroth

Jens Henneberg, Bosch-Rexroth

Begriffe moderner Organisationsmodelle wie Lean-Production, JIT, *Kanban* usw. „geistern" immer häufiger durch die Hallen industrieller Fertigung. Doch leider bleiben sie oft nur in begrenztem Umfang genutzte Theorien. Ihre Umsetzung in Fertigungs- und Montageprozesse erfordern Produktionssysteme mit denen sich schlanke und effiziente Abläufe konsequent realisieren lassen. Die neue Produktlinie „Manuelle Produktionssysteme (MPS)" von Rexroth, selbst streng nach Lean-Production-Aspekten entwickelt, ermöglicht eine einfache sowie schnelle Planung und Realisierung von schlanken Produktionseinrichtungen.

Veränderung – die einzige Konstante:

Heutzutage ist Veränderung die einzige Konstante in Fertigungs- und Montageprozessen. Die Ursachen sind schnelle Innovationszyklen und unsichere Produktlebenszeiten bei gleichzeitig wachsender Variantenvielfalt. Losgrößen und Gesamtstückzahlen lassen sich kaum noch absehen und somit Automatisierungsmaßnahmen schwierig darstellen. Häufig findet Automation lediglich in Bereichen sogenannter Gleichteile statt, wobei auch hier alles variantenspezifisch von Hand zugeführt beziehungsweise ergänzt wird. Vor diesem Hintergrund bilden manuelle Produktionssysteme mit einem Höchstmaß an Flexibilität die Basis moderner, industrieller Fertigung.

Die Qualität solcher Systeme

spiegelt sich nicht allein in Merkmalen wie Vielseitigkeit, Montageaufwand oder etwa der Anzahl von Komponenten wider. Im Vordergrund stehen vielmehr Möglichkeiten zur Steigerung von Effizienz in Produktionsabläufen oder deren Fokussierung auf Wertschöpfung. Viele Unternehmen versuchen mit modernen Organisationsmodellen wie *Kanban* (als Hilfsmittel zur just-in-time-Produktion, Fertigung im Kundentakt, Pull-Prinzip, one-piece-flow und vielem mehr) diese Ziele einer „schlanken Produktion" (Lean-Production) zu erreichen. Mit den neuen Modulen für Manuelle Produktionssysteme (MPS) und der Software MPScalc von Rexroth können Arbeitsplätze sowie ganze Fertigungs- und Montagelinien schnell an Arbeitsinhalte angepasst und durch Vermeidung von Verschwendung im Sinne von „lean" äußerst effizient gestaltet werden.

Abb. 3.5.1 Die Komponenten für Manuelle Produktionssysteme (MPS) umfassen Materialbereitstellung, Arbeitsplätze und Arbeitsplatzausrüstung sowie Verkettung. Der Anwender kann das System zur schlanken Fertigung leicht selbst konfigurieren und erhält alles aus einer Hand

Vermeidung von Verschwendung

Das ist das zentrale Anliegen schlanker Produktion. Das bedeutet, alles zu reduzieren was keine Werte schafft. Dazu zählen Wartezeiten, ineffiziente Prozesse, Fehler oder unnötige Bewegungen genauso wie etwa Überproduktionen, hohe Bestände oder Transporte. Arbeitsprozesse bestehen aus wertschöpfenden Tätigkeiten sowie aus Tätigkeiten, die offensichtliche und verdeckte Verschwendung beinhalten. Das Ziel jeder Fertigungsplanung ist eine schlanke Produktion zu schaffen, indem unwirtschaftliche Abläufe kontinuierlich minimiert und in Wertschöpfung umgewandelt werden. Das typische Beispiel ist die ergonomische Gestaltung der Arbeitsplätze, von deren Design alle Greifbewegungen und Laufwege direkt abhängen. Standardisierte Lösungen aus dem Katalog sind universell verwendbar, erfordern aber fast immer Kompromisse. Diese wiederum führen zu längeren Laufwegen oder komplizierteren Bewegungsabläufen als notwendig. Das gilt gleichermaßen für alle eingesetzten Arbeitsmittel, seien es Regale, Greifbehälter, Materialwagen oder Verkettungskomponenten. Mit MPS von Rexroth wird der Standard jedoch völlig neu definiert. Das neue manuelle Produktionssystem bietet jedem Anwender seinen eigenen Standard, der es ermöglicht alle Systemkomponenten in Größe, Form, Aufbau und Anordnung exakt entsprechend den jeweiligen Arbeitsinhalten sowie den Bedürfnissen der Mitarbeiter zu konfigurieren.

Abb. 3.5.2 Supermarktregal mit Bestandsinformationen, durch das *Kanban*-Prinzip, über bunte Rollenbahnen

Standard neu definiert

MPS basiert auf dem Aluminium-Profilbaukasten und den bewährten manuellen Arbeitssystemen von Rexroth. Die Entwicklung nach streng ergonomischen und logistischen Gesichtspunkten erfolgte unter Einbeziehung jahrzehntelanger Erfahrung, u. a. aus mehr als 200 Boschwerken weltweit. Im Vergleich zu den bisherigen Baukastensystemen besteht MPS nicht aus Einzelkomponenten, sondern aus kompletten Funktionsmodulen in plug-and-play-Manier. Eigenschaften wie Maße, Beschaffenheit oder Bauweise werden in Parametern definiert und jedes Funktionsmodul beinhaltet alle Einzelkomponenten in Größe, Form und Anzahl entsprechend dieser Parameter. So genügen beispielsweise zur Konfiguration eines Arbeitstisches die Angaben der Maße und die Auswahl von Funktionen, wie etwa Materialebenen oder ESD-Tauglichkeit, und schon ist ein Arbeitstisch, der bestmöglich für die eigene Produktion geeignet ist, fertig.

Erweitertes Produktportfolio für komplette Linien

In gleicher Form beinhaltet MPS nicht nur Arbeitsplätze mit Zubehör, sondern darüber hinaus auch Module zur Materialbereitstellung (Regalsysteme, Materialwagen oder Greifbehälter) sowie Komponenten für Materialfluss und Verkettung.

Das neue Regalsystem Lean bietet neben variablen Abmessungen eine große Auswahl verschiedenster Fördermedien, was eine flexible Gestaltung der Materialbereitstellung erlaubt. Es kann sowohl als Supermarktregal als auch zur Bereitstellung von Behältern direkt am Arbeitsplatz genutzt werden. Kerngedanke ist das *Kanban*-Prinzip zur Vermeidung von zuviel Material im Fertigungsfluss. Hier stehen für die Förderbahnen unter anderem farbige Rollen (rot, gelb, grün) zur Verfügung, sodass Informationen über den Materialbestand durch Ampelfarben im gesamten Prozess unmittelbar sichtbar sind. Alternativ gibt es die Variante XLean, bestehend aus einem Stahlprofil und Rollen mit oder ohne Spurkranz. Der Materialfluss zwischen Arbeitsplätzen sowie in Lager- und Kommissionierbereichen kann mit EcoFlow-Komponenten realisiert werden. Ein Grundprofil genügt zum Aufbau verschiedenster Spurbreiten. Kurven und Weichen erlauben das Anpassen der Förderstrecken an die Anordnung der Arbeitsplätze und den Materialfluss. Mit den Arbeitsplätzen, dem vielfältigen Regalsystem, den EcoFlow-Komponenten und dem umfangreichen Zubehörprogramm von MPS lassen sich komplette Fertigungs- und Montagelinien nach eigenem Standard und Lean-Production-Grundsätzen verwirklichen.

Wunschkonfiguration – Verblüffend einfach

Lean-Production mit MPS beginnt bereits mit der Software MPScalc zur Planung von Produktionseinrichtungen für die manuelle Fertigung. Sie läuft auf jedem Windows-Rechner und erfordert keine CAD-Software oder -Kenntnisse und

Abb. 3.5.3 Mit EcoFlow lässt sich der Materialfluss an Arbeitsplätzen, bei der Verkettung sowie im Lager- und Kommissionierbereich einfach realisieren

ermöglicht, über die Eingabe einiger Wunsch-Parameter, die Konfiguration individuell gestalteter Arbeitsplätze und Materialbereitstellungssysteme. Konstruktionsaufwand von Stunden oder gar Tagen ist in wenigen Minuten erledigt. Die entworfenen Objekte werden am Bildschirm dreidimensional dargestellt und mit jedem eingegebenen Parameter sofort aktualisiert. Umgestaltungen bedürfen lediglich der weiteren Eingabe oder der Änderung entsprechender Parameter. So sind professionelle Auslegungen und Konstruktionen, inklusive automatischer Preiskalkulation, sowie Zeichnungserstellung der manuellen Produktionssysteme effizient realisierbar. Zum Ausfertigen der Bestellunterlagen genügt allein ein Knopfdruck. Für die Planung ganzer Fertigungslinien gibt es die Möglichkeit 3-D-Zeichnungen und Stücklisten in praktisch alle gängigen CAD-Systeme zu übertragen.

Einsparung Planungs- und Konstruktionsaufwand

MPScalc ermöglicht vor allem die Einsparung ineffizienter Prozesse wie Planungs- und Konstruktionsaufwand, aber auch die Vermeidung von Fehlern, da die Software, abhängig von den eingegebenen Parametern, automatisch die entsprechenden Funktions-Module mit allen dazu gehörenden Komponenten auswählt und anpasst. Das einzigartige Planungsinstrument als fundamentaler Bestandteil des MPS trägt erheblich zur Reduzierung von total cost of ownership bei. Es gibt dem Anwender ein bisher nicht erreichbares Maß an Flexibilität durch schnelle Reaktionsfähigkeit. Entwicklungszeiten von der Idee bis zur Realisierung werden erheblich verkürzt, Veränderungen in bestehenden Linien oder angepasster stufenweiser Invest, wie etwa bei Stückzahlerweiterungen, sind leicht und schnell durchführbar. Auch simultaneous engineering schon während der Produktentwicklungsphase ist einfacher.

Last but not least

Als quasi dritte Säule des neuen manuellen Produktionssystems ist konsequente Lean-Production auch im eigenen Haus eine wesentliche Voraussetzung. Im Mittelpunkt der neu gestalteten Fertigung am Standort Stuttgart steht der Montageablauf im One-piece-flow, die Verringerung der Materialbestände und die Standardisierung des gesamten Ablaufs bis hin zur klaren Trennung zwischen Montage und Logistik, sprich Teile-Bereitstellung. Damit konnten etwa 30 % der benötigten Flächen und 50 % der Laufwege reduziert werden. Neben erhöhter Mitarbeitermotivation sowie stark verbesserter Transparenz und Flexibilität sind das maßgebliche Faktoren der Preisbildung. Schließlich wird MPS trotz aller Individualität ab einer Stückzahl zu einem attraktiven Preis angeboten.

Abb. 3.5.4 Praxisbeispiel für die individuelle Teilebreitstellung

3.6 Verpackung – Moleküle des Materialflusses

Philipp Dickmann

Verändert man bei einem chemischen Element nur geringfügig die Anordnung der Atome, so verändern sich die Eigenschaften des gesamten Elements deutlich. Ähnlich wirkt sich die Auswahl der Verpackung enorm vielfältig auf den Materialfluss, die Produktion und letztlich die Rendite eines Unternehmens aus. Von modernen Verpackungen werden heute immer komplexere Eigenschaftsbilder erwartet: Datenträger, Korrosionsschutz, ökologische Verträglichkeit, Beschädigungsschutz, hohe Materialdichte, geringes Gewicht, geringe Kosten, etc. Ein Montageprodukt mit beispielsweise 15 Einzelteilen kann für eine Verpackung (je nach ausgewählter Verpackungsvariante) Kosten in einer Spanne zwischen einem vier- bis zu einem sechsstelligen Betrag pro Jahr verursachen. Das einzelne Verpackungselement ist ein C-Teil, also eine Komponente, die in Relation zum Endprodukt sehr wenige Kosten verursacht. Daher wird ihr nur ein geringer Aufwand zur Kostenermittlung zugebilligt. Einzelne Kostenpositionen für Fixkosten, etwa der Kaufpreis für Umlaufmaterial, werden in der Regel hinterfragt und zugeordnet. Dies trifft aber selten für variable Kosten wie Handling, Reinigung, Leerguttransport, Lagervolumenverlust, Lagerhaltung, Bestandsführung oder Beschaffung zu. In Relation zum Kaufpreis können diese Zusatzkosten jedoch den Preis um den Faktor 2–10 übersteigen. Mit interdisziplinärer Prozesskostenrechnung lassen sich diese Kosten sehr genau erfassen. Wegen des vermeintlich geringen Potenzials, wird dieser Aufwand fälschlich als nicht notwendig eingestuft. Ebenso wird der Einfluss der Verpackung auf Lagerung bzw. Lagerdichte nicht zugeordnet, d. h. die Relation vom Lagerplatz zur Materialmenge wird maßgeblich durch Verpackung definiert. Transport, Lagerplatz, Lageranlagen und Lagerzugriffe verursachen enorme Kosten und trotzdem sind Lagerdichten von unter 50 % nicht selten. Allein bei Hochregal-Lagersystemen mit einem Preis von mehreren Millionen Euro, kann durch Optimierung der Lagerdichte, bzw. aufgrund der Verpackungen, teils eine zweistellige Erhöhung der Füllmenge erreicht werden. Verpackung bestimmt außerdem die, maximal an einem Arbeitsplatz ergonomisch andienbare, Materialmenge und damit die Arbeitsteiligkeit im Materialfluss sowie das Layout. Letztlich werden das gesamte Produktionslayout und die Effizienz unmerklich von vielen einzelnen Verpackungsentscheidungen wesentlich bestimmt, ebenso wie die Geometrie von Molekülen die äußere Form, das Aussehen und die Eigenschaften eines Stoffes bestimmt.

3.6.1 Kernaufgaben der Verpackung

Verpackung soll in erster Linie den unversehrten Transport von Material gewährleisen. Verpackung soll aber auch vor Schmutz schützen. Die Spannweite reicht von üblichem Staub über Einwirkungen (wie Späne, Sand, Schnee oder Wasser) bis hin zur Thematik Salzwasserdämpfe bei Seetransport. Auch Feuchtigkeit, die sich beim Abkühlen an Teilen niederschlägt und zu Oxidationen, also z. B. zu Rost führt, kann bei hoher Luftfeuchtigkeit, etwa in den Tropen oder bei Seeluft, extreme Dimensionen annehmen. Mit verschiedenen chemischen Substanzen wie Schutzgasen oder hydrophilen Stoffen, also stark Wasser bindenden Substanzen, kann dies verhindert werden. Lebensmittel, medizinische oder kosmetische Güter haben hohe Anforderungen an die Reinheit. Verpackungen müssen in diesem Fall nicht nur Staubschutz, sondern auch Keimfreiheit garantieren, was etwa durch keimtötende Mittel erreicht werden kann. Bei elektronischen oder elektrischen Bauteilen muss Verpackung neben der Feuchtigkeit, auch vor statischer Aufladung schützen. Kunststoffverpackungen können extrem hohe Ladungen aufbauen, die zur Zerstörung empfindlicher Bauteile führen kann. Deshalb werden hier Verpackungen verwendet, bei denen in den Kunststoff leitende Partikel, wie etwa Kohle, gemischt sind.

3.6.2 Betriebswirtschaftliche Risiken

Im betriebswirtschaftlichen Sinne ist Verpackung nicht wertschöpfend, d. h. der Kunde zahlt für das Gut. Verpackung will er aber ursächlich nicht kaufen. Das Marketing sieht die Funktion der Verpackung vollkommen konträr. Wenn emotionale Wahrnehmungen angesprochen werden oder eine leichte Vergleichbarkeit vorliegt, wird durch die Verpackung der wesentliche Kaufreiz ausgeübt.

Hochwertige und sehr kostspielige Verpackungen für Kosmetikartikel, etwa Parfüm, sind ein typisches Beispiel. Wenn sie ein Leistungsmerkmal unterstreicht, kann Verpackung auch in industriellen Märkten als Marketinginstrument dienen. Eine stabile massive Verpackung suggeriert ein hochwertiges Produkt. Falls am Material kein Logo platzierbar ist, transferiert die Verpackung die „Corporate Identity" des Herstellers. Eine andere typische Funktion ist die Ergänzung des Leistungsumfangs eines Produkts durch eine funktionale Verpackung. Ein elektrisches Werkzeug in einer stabilen und tragbaren Tasche oder einem Koffer erfüllt für den Kunden einen Zusatznutzen bei mobilen Anwendungen. Im industriellen Einsatz kann Verpackung auch Werkstückträger oder Tablare bei automatischer Vereinzelung einer Förderstrecke, bzw. Lagerhaltung, ersetzen. Verpackung wird zunehmend auch als Träger für Daten verwendet. So werden Verpackungen mit in Zertifizierungen geforderten Liefer- und Rückverfolgungsdaten, mit Zeichen, Barcodes oder Transpondern bedruckt oder ausgestattet. In vielen Fällen sind die Kosten für die Dokumentationsträger, das Aufbringen, das Handling und die eventuell notwendigen Anlagen um ein Vielfaches höher, als die Kosten für den eigentlichen Behälter selbst, z. B. im Fall von Kartons. In der Realität werden die Kosten, die Verpackungen im industriellen Supply-Chain-Umfeld in der Summe verursachen, nicht als Prozesskosten ermittelt, da sie fälschlich als vernachlässigbar eingeschätzt werden. Unter Berücksichtigung der Kette an Einzelvorgängen verstecken sich aber hinter den vermeintlich kostengünstigen Verpackungen vielfach nicht vernachlässigbare Kosten.

3.6.3 Verschwendung in Gebinde, Lager und Transport

Verpackung definiert nicht nur Kosten, sondern bestimmt auch die maximale Lagerdichte. Lagerdichte ist der Quotient aus dem Teilevolumen zum Lagervolumen. Die Lagerdichte ist in Abwägung mit anderen Größen (wie Zugriffsgeschwindigkeit, Verpackungs-, Lager- oder Transportkosten) zu bewerten.

Lagerdichte in der Verpackung

Diese Größe umschreibt die Verschwendung durch den ungenutzten Platz in der Verpackung. Ein Vergleich aus dem Straßenverkehr lässt die Verschwendung aus Sicht des Materials transparent werden. Die Verschwendung ist sehr unterschiedlich, je nachdem, ob eine Person allein, mit einem Fahrrad, einem Motorrad, einem PKW oder einem Bus unterwegs ist. Die Kosten unterscheiden sich recht anschaulich in Anschaffungs-, Transport- und Lagerflächen- bzw. Handlingskosten. Bei strenger Betrachtungsweise würden hohle Körper einen schlechteren Füllgrad in der Einzelverpackung erreichen als massive Körper. Für eine pragmatische Aussage werden nur die Außenkanten gewertet. Selbst mit dieser Definition sind selten über 80 % Lagerdichte zu erreichen.

Lagerdichteentwicklung:

Nach den ersten Entnahmen aus dem Gebinde reduziert sich die Dichte kontinuierlich auf schließlich 0 %. Dieser Effekt kann mit kleineren Gebinden in Standardformaten oder durch dynamische sich an die Füllmenge anpassenden Gebinden reduziert werden, letzteres allerdings nur wenn dieser Raumgewinn auch in Ladefläche nutzbar gemacht werden kann.

Lagerdichte im Lager

Bei dem Beispiel Straßenverkehr lassen sich zwei verschiedene Verschwendungstypen gut darstellen. Zum einen ein Parkplatz ohne Markierungen der Stellflächen, dies entspricht einem chaotischen Blocklager. Durch unkoordiniertes Abstellen wird nur eine geringe Dichte erreicht. Andererseits ein Parkplatz der nur eine fixe Stellplatzgröße aufweist, dies entspricht z. B. einem Hochregal mit einer Gebindegröße. Wenn unterschiedlich große Fahrzeuge, bzw. Teile, abgestellt werden müssen, führt dies durch die Rasterung zur Verschwendung. Die typische Lagertechnologie orientiert sich an wenigen fixen Standardgebindegrößen (z. B. Paletten oder KLT). Diese werden eingelagert und behalten dann ihre Größe bei. Es können und werden beliebig kleinere Gebinde auf den Lagerplätzen eingelagert. Die Lagerplätze besitzen häufig ein physisch fixes Volumen. Eine Palette kann z. B. nur in der passenden oder einer höheren Höhenklasse eingelagert werden. Lagersysteme erlauben dadurch nur eingeschränkt, je nach Dimension, eine optimale Nutzung des Raums.

Lagerdichteentwicklung:

Den Extremfall bilden z. B. Hochregallager mit ganzen Paletten oder Paternoster mit fixen Kleinladungsträgern, die für „Langsamdreher“ verwendet werden. Die „Langsamdreher“ erzeugen kontinuierlich einen hohen Abteil an angebrochenen Gebinden, was Lagerdichten von 10–30 % ermöglicht.

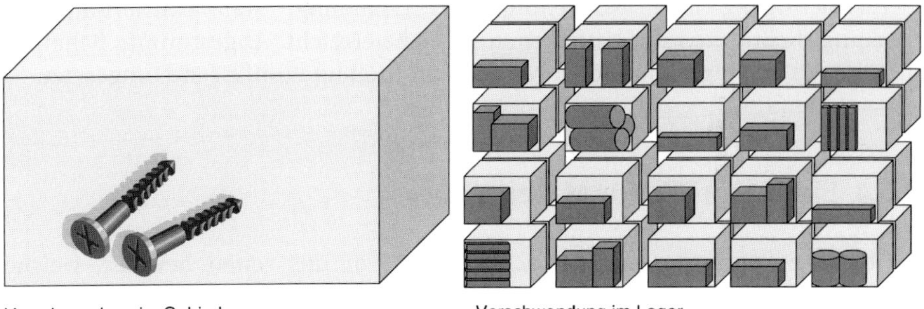

Abb. 3.6.1 Verpackungs- und Lagerdichte lassen enorme Verschwendung im Lager erkennen

Maßnahmen zur Erhöhung der Lagerdichte

In Anbetracht der Kosten, die Lagerfläche und Transportfläche erzeugen, wird schnell deutlich, dass hier enorme Potenziale zu geringen Kosten genutzt werden können. Dies kann erreicht werden durch:

- **Zu- und Entnahme von vollständigen Gebinden:** Wenn immer ganze Gebinde fließen, ist der Kleinladungsträger oder die Palette immer vollständig gefüllt.
- **Kontinuierliche Komprimierung der Lagerdichte im Gebinde:** Das regelmäßige Komprimieren unvollständiger Behälter zu Mischbehältern schafft höhere Dichte.
- **Komprimieren und anpassen der Lagervolumenanteile:** Die Stellplätze werden an die notwendige Mischung der Größen angepasst.
- **Herabstufen von angebrochenen Gebinden:** Gebinde die tatsächlich in kleinere Klassen passen würden oder die nur fälschlich in eine größere Klasse eingelagert wurden, müssen bereinigt werden.
- **Kontinuierliche Lagerdichteoptimierung mit flexibler Verpackung** im größenflexiblen Lager: Größenflexible Verpackungen, z. B. Plastiktüten, passen sich in ihrer Ausdehnung dem Volumen des Inhalts an, verglichen mit Verpackungen mit fixen Außenmaßen wie Kleinladungsträger. Dieser Vorteil kann zum Erreichen einer kontinuierlichen Optimierung der Lagerdichte genutzt werden. Größenflexible Lagersysteme erlauben das Erreichen einer deutlich höheren Lagerdichte. Eine Optimierung der Dichte in der Höhe kann z. B. mit Liftregalen und Tablaren umgesetzt werden. Nach jeder Kommissionierung wird beim Rücklagern die Höhe aktuell angepasst und optimiert eingelagert. Mit einer einfachen optischen Abtastung können leere Feldflächen erkannt und bei jedem neuen Einlagerungsvorgang als Leerflächen zugeordnet werden. Diese auch manuell durchgeführte Logik kann zu einer Optimierung der Lagerdichte von 20–80 % führen.
- **Valuecycle Optimizing (VCO)** (vgl. 2.14 Valuecycle Optimizing)**:** Mit dieser Methode wird eine systematische Optimierung der Verpackung unter Berücksichtigung aller Notwendigkeiten (Handling, Standardisierung, Packungsdichte, etc.) der betroffenen Bereiche erreicht. Abgestimmte Behältervolumen und Handlinggrößen werden ermittelt und umfassend umgesetzt.

3.6.4 Einflussgröße für Materialfluss

Im täglichen Umgang mit Verpackung sind wir uns selten bewusst, welche enormen Auswirkungen Verpackung auf unser Leben hat. Ähnlich verhält es sich beim Materialfluss, denn viele Einflussgrößen werden von der Verpackungsdimensionierung bestimmt:

Handling

Die ergonomischen Eigenschaften der Verpackung sind die bestimmende Voraussetzung für das Handling, den Materialfluss und die Effizienz in Produktion und Logistik. Die Form oder das Gewicht der Verpackung entscheidet über das Handling und den notwendigen Zeitverbrauch eines Ablaufs.

Behältermenge: Behälterfüllmengen werden nicht bewusst gesteuert. Sie sind vielmehr das Resultat von Kompromissen aus ergonomischen Eigenschaften und Grenzen, Qualitätsanforderungen, vorhandenen Standardbehältern, Zugeständnissen und Möglichkeiten der Lieferanten, Notwendigkeiten des Transports und der Lagermethode, den Kosten, etc. Die Behältermenge definiert aber maßgebliche Stellgrößen des Materialflusses, etwa Transporthäufigkeit; Lagervolumens; Kapitalbindung; Handlingkosten; Dichte und Anzahl von Materialnummern, die am Arbeitsplatz bereitgestellt werden können; Notwendigkeit von Kommissioniertätigkeiten; Dimensionierung des Materialflusses, z. B. Anzahl der *Kanban*-Karten, Lagerungskonzepte, etc.

Losgrößen

In der betriebswirtschaftlichen Literatur sind vielfältige Algorithmen zu finden, mit welchen die Losgröße bestimmt wird. In der Realität wird zumindest der Rundungswert der Losgrößen oft durch die Verpackung vorgegeben. Wenn die Transportkosten alle anderen, die Losgrößen bestimmenden, Kosten dominieren, also eine möglichst hohe Packungsdichte nötig wird, bestimmt die Verpackung dominant die Losgröße.

Die Dichte der unterschiedlichen Materialnummern am Arbeitsplatz bestimmt die Wege im Layout

Je nach Größe der angedienten Gebinde am Arbeitsplatz ist eine unterschiedliche Dichte an verschiedenen Materialien je Arbeitsplatz möglich. Soll etwa aus Gitterboxen oder Holzpaletten herausgearbeitet werden, sind nur sehr wenige Materialnummern je Arbeitsplatz oder -raum möglich. Wird das Material in Kleinladungsträgern oder, noch extremer, in kleinen Behältern mit Eingriff angedient, können auf der gleichen Fläche hunderte Materialnummern stehen. Bei der Optimierung des Handlings am Arbeitsplatz muss auch das Handling für die Bereitstellung und Entsorgung berücksichtigt werden.

Transport- und Kommissionierhäufigkeit

Die Größe des Gebindes und seine Lagerdichte bestimmen proportional die Transporthäufigkeit und den Vereinzelungs- und Kommissionierungsaufwand. Wesentlich ist hier ein gemeinsames Optimum zwischen Kommissionieraufwand und Transportaufwand sowie der Greifraumoptimierung am Arbeitsplatz zu erreichen. Schnittstellenprobleme der Bereiche Industrial Engineering, Produktion, Logistik und Supply Chain können zu einseitiger Optimierung und damit in der Summe zu einem Mehraufwand führen.

Layouts und Materialflussgestaltung

Veränderungen der Verpackungs- und Gebindegrößen haben gravierende Folgen für die Arbeitsteiligkeit und das Layout. Optimale Materialdichte und eine hohe Materialreichweite kann durch eine Veränderung der Tiefe der Bereiststellungsregale und damit des Produktionslayouts erreicht werden.

Investitionen und Produktkosten

Durch diese enormen Auswirkungen auf die Losgrößen, die Lagerreichweiten, die Lagertechnik, das gesamte Layout, die Arbeitsteiligkeit und letztlich die Anlieferlokalität, werden die Investitionen und die Produktkosten durch die Wahl der Verpackungen enorm beeinflusst.

3.6.5 Prozessvergleiche von Verpackungsvarianten

Ein Großteil der realen Prozesse um die Verpackung werden nicht fundiert wirtschaftlich hinterfragt und überwacht. Kostenvergleiche werden kaum durchgeführt. Am exemplarischen Vergleich zwischen einem Einwegbehälter, z. B. Standardfaltkarton, und einer Mehrwegverpackung, z. B. Kleinladungsträger (KLT), in gleicher Größe werden im folgenden Abschnitt wesentliche Fakten erläutert.

Allgemeine Rahmenbedingungen

- ***Sauberkeit:*** Grundsätzlich sind frisch gereinigte KLT gleichwertig zu Kartonagen. Bei Messungen der realen Staubbelastung zeigen KLT eine deutlich höhere Staubmenge als Kartonagen. Bei Kartonagen entsteht die wesentliche Staubemission durch offene Schnittkanten. KLT weisen aufgrund der statischen Aufladung eine höhere Staubbelastung auf. Für Anwendungen, bei denen es auf Staubfreiheit ankommt, sind antistatische KLT oder staubfreies Handling notwendig.
- ***Ökobilanz:*** Die Ökobilanz umschreibt die Summe der ökologisch wirksamen Auswirkungen der Verwendung eines Materials. Hier werden der Herstellungsprozess, die Verarbeitung, die Reinigung, der Transport und letztlich die Entsorgung in der Summe bewertet. In Vergleich zwischen Umlauf- und Einwegverpackungen z. B. Life Cycle Studien (LCA) *[IWIS 03]* ist das Ergebnis häufig kaum abweichend, d. h. Einwegverpackung schneidet in der Ökobilanz gleichwertig zur Mehrwegverpackung ab. Kartons z. B. erlauben natürlich eine geringere Nutzungsdauer, sofern die Ware schnell umgeschlagen wird. Die zur Reinigung der KLT notwendigen Chemikalien sowie der Energieverbrauch, für z. B. Rücktransporte des Leerguts, und letztlich die schwierigere Entsorgung von Kunststoff, lassen keine klaren Vorteile pauschal ableiten.
- ***Haltbarkeit – Stabilität – Teileschutz:*** KLT sind wesentlich stabiler als Kartons, robuster im Handling und haben praktische Griffe. Die Teile sind in den KLT besser gegen Beschädigungen von außen geschützt. Beim Herunterfallen

des KLT bleibt dieser in der Regel unbeschädigt, die Teile im Innern können jedoch vom Aufprall beschädigt sein, ohne dass dies von außen zu erkennen ist. Beschädigungen an Kartons sind optisch gut erkennbar und erlauben das frühzeitige Beheben von Schäden.

3.6.6 Kostenabschätzung:

Bei Verpackungen entstehen Fixkosten, die einmalig anfallen und sich amortisieren können, sowie variable Kosten, die kontinuierlich bei jedem Umlauf anfallen. Bei einer Vergleichsrechnung müssen beide Kostentypen auf Zeitfenster bezogen verglichen werden. Am Beispiel KLT und Karton werden in der Folge exemplarisch einige wesentliche Gesichtspunkte erläutert.

- ***Fixkosten:*** z. B. Anschaffungskosten, KLT sind in der Anschaffung ca. um den Faktor 10 bis 50 teurer als Kartonagen.
- ***Variable Kosten:*** Hin- und Rücktransport: Einwegbehälter benötigen keinen Rücktransport, das bedeutet einen Einsparungsvorteil von 50 % der Transportkosten. Nur bei einer Direktbelieferung im Pendelverkehr wird dieser Nachteil der Umlaufverpackung vollständig neutralisiert. Allerdings wird in diesem Fall meist nicht die volle Ladungsdichte erreicht. Angesichts der aktuellen Trends, die Anlieferhäufigkeit bei nahen Lieferanten zu erhöhen oder Global-Sourcing, bedeutet dies einen zunehmenden Vorteil zugunsten der Einwegverpackungen.
- **Beschädigungen und Verlust von Behältern im Kreislauf:** Der Umlauf von Behältern bedeutet einen natürlichen Verschleiß und Abnutzung. Auch die Zweckentfremdung oder schlicht das „Verschwinden" von Behältern darf nicht außer Acht gelassen werden. Vor allem im Lieferantenkreislauf bei Konzernstrukturen sind Umlaufbestände immer einem nicht vernachlässigbaren Schwund unterlegen.
- **Reinigung:** Umlaufbehälter müssen in regelmäßigen Abständen oder oft auch bei jedem Umlauf gereinigt werden, wobei in Relation zur Anschaffung enorme Kosten entstehen können. Zudem sind für die Überbrückung der Reinigung zusätzliche Behälter notwendig.
- **Umlaufbestand:** Da es sich bei Verpackungen um C-Teile handelt, werden im Regelfall bei jeder notwenigen Bewegung, z. B. Rücktransport, zuerst größere Mengen gesammelt. Die Disposition des Leerguts erfolgt in größeren Sprüngen und erfordert daher größere Lagerbestände beim Kunden wie auch beim Lieferanten. Spitzenbedarf, etwa bei der Überbrückung von Vorholungen von Betriebsruhen, sind zu berücksichtigen.
- **Entsorgungskosten:** Diese Kosten, die vor allem bei Einwegverpackung relevant sind, schließen nicht nur die Kosten für Abfallentsorgung, sondern auch für das Handling, die Stellflächen und die notwendigen Anlagen ein.

Neben den Hauptkostentreibern sind folgende Aufwände zu berücksichtigen:

- Möglichkeiten einen Pool zu verwenden: Einige sehr weit verbreitete Behälter wie z. B. Gitterboxen können im Pool getauscht werden. Es fällt in der Regel eine Gebühr, die geringer ist als die Transportkosten, an. Dieser Ansatz fordert die Anpassung an wenige Standardgebinde und führt damit überwiegend zu einem schlechten Lagergrad.
- Aufwand für Steuerung und Materialfluss der Verpackung;
- Ergonomie am Arbeitsplatz: Effizientes Greifen und hohe Packungsdichte im Regal, Material- bzw. Gewichtsdichte pro Material;
- Haltbarkeit bei Feuchtigkeit und Nässe;
- Handlingsaufwand: Transport und das Reinigen z.B. von Beschriftungen;
- Automatisierbarkeit des Handlings;
- Lagervolumen: Leergut und Kaufteilepuffer;
- etc.

Die Summe der Kosten für Umlaufverpackung kann bei einem Beispiel von KLT, die im Wochentakt zirkulieren, bei 15 Materialnummern und einer Lieferstrecke unter 3000 km, durchaus einen siebenstelligen Betrag pro Jahr verschlingen. Einwegkartons bleiben bei einem Anlieferintervall von ca. einer Woche bei einem vier- bis fünfstelligen Betrag. Grundsätzlich können Umlaufkonzepte je nach Anwendungsfall durchaus auch wirtschaftlicher sein. An diesem Beispiel sollte vielmehr aufgezeigt werden, dass eine umfassende und fundierte Analyse notwendig ist. Ein Vergleich der Verpackungskonzepte kann beträchtliche Auswirkungen auf die Produktkosten haben. Das unkritische Anwenden von Standardmehrwegbehältern aus ökonomischen und ökologischen Gründen sollte daher kritisch hinterfragt werden.

3.7 Materialstamm-, Materialfluss- und Wertstromanalysen

Ralph Wannenwetsch, ifp GmbH

Für die Durchführung von Materialstamm-, Materialfluss- und Wertstromanalysen gibt es sehr unterschiedliche Ansätze. Bei der klassischen Wertstromanalyse handelt es sich um eine sehr schnelle und einfache Methode, die Wertströme transparent darstellt, wesentliche Zusammenhänge zwischen Informationsfluss und Materialfluss analysiert und gegebenenfalls in Hinblick auf schlanke Produktionsprozesse Bestehendes verbessert. Dadurch wird eine grundsätzlich strategische Ausrichtung des produzierenden Unternehmens zu kürzeren Durchlaufzeiten und Orientierung am Kundenbedarf angestrebt. Grenzen bestehen bei dieser klassischen Wertstromanalyse in der Bewertung sehr variantenreicher Prozesse und in einer kontinuierlichen und semiautomatischen Anwendung. Detaillierte systemtechnische Auswertungen sind aufwendig in der Datenaufbereitung, auch die Anforderungen an die Qualität und Konsistenz der Systemdaten sind sehr hoch. Dafür können nach einer Festlegung der Schnittstellen und entsprechender Aufbereitung der Systemdaten kontinuierlich sehr detaillierte Ergebnisse erzeugt werden. Diese Ergebnisse können über geeignete Schnittstellen direkt in die unterstützenden Planungssysteme übernommen werden. Dadurch ist ein hoher Genauigkeits- und Detaillierungsgrad der Planungsergebnisse zu erwarten.

3.7.1 Variantenentwicklung und Auswirkungen auf die Produktion

Produzierende Unternehmen, von den Klein- und mittelständischen Unternehmen (KMU) bis hin zu internationalen Großkonzernen, sind aufgrund der Konkurrenz vieler verschiedener Produktionsstandorte in einer immer effizienter vernetzten Weltwirtschaft darauf angewiesen, ihre Wettbewerbsfähigkeit stetig zu verbessern. Am Standort Deutschland ist es durch die gegebenen wirtschaftlichen und sozialpolitischen Rahmenbedingungen in fast allen Branchen sehr schwierig über die Kostenführerschaft Wettbewerbsvorteile zu erlangen. Aus diesem Grund stehen der Kunde und seine individuellen Bedürfnisse noch stärker als früher im Mittelpunkt des unternehmerischen Interesses. Durch Innovationsfähigkeit, Qualität und Flexibilität soll für die Kunden ein deutlich wahrnehmbarer Mehrwert generiert werden, der die bestehenden Kostennachteile ausgleicht und für eine engere Bindung der Kunden an die Lieferanten bzw. Hersteller sorgt. Ein wesentlicher Faktor für die Erhöhung der Kundenzufriedenheit sind kurzfristig verfügbare und kundenindividuelle Produktvarianten. Vor allem in den traditionellen metallverarbeitenden Industrien (z. B. Automobilbau, Maschinenbau), aber auch in vielen anderen Branchen wie z. B. die Lebensmittelindustrie, ist die industrielle Produktion daher zunehmend durch die kundenindividuelle Massenproduktion („Mass Customization") gekennzeichnet. Diese Entwicklung führt in den produzierenden Unternehmen zu einer Erhöhung der Variantenvielfalt, schwer vorhersehbaren und kurzfristigen Kundenabrufen und immer kürzer werdenden Produktlebenszyklen. Die Sicherung der Lieferfähigkeit bei einer gleichzeitigen Beherrschung der Variantenvielfalt ist daher sowohl bei der Produktionsplanung im Tagesgeschäft als auch bei der planerischen Gestaltung von Produktions- und Logistiksystemen eine wesentliche Kernaufgabe. Oft wird diese Herausforderung in den logistischen Prozessen durch einen Bestandsaufbau oder in der Produktion durch die Bereitstellung redundanter Anlagen bzw. Betriebsmittel bei Engpassprozessen gelöst. Dies führt zu

- erhöhtem Flächen- und Investitionsbedarf,
- ungünstigen Materialflüssen,
- intransparenten Prozessen, und
- einem generellen Anstieg der nicht wertschöpfenden Tätigkeiten (z. B. durch zusätzliches Rüsten aufgrund der resultierenden kleineren Losgrößen).

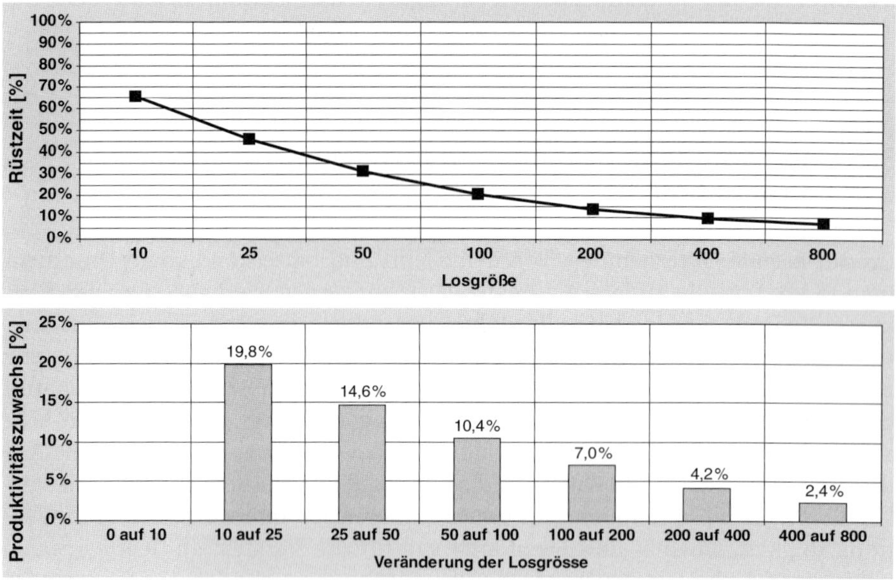

Abb. 3.7.1 Beispielhafter Rüstzeitanteil an der Gesamtprozesszeit und Produktivitätszuwachs bei einer Verdoppelung der Losgröße (Lebensmittelindustrie)

Im Hinblick auf eine Optimierung der gesamten Wertschöpfungskette ist daher die Gestaltung von Prozessen erforderlich, die eine effiziente und flexible Reaktion auf die individuellen Kundenwünsche ermöglichen, dabei aber trotzdem den Anforderungen an ein kostenoptimiertes Produktionssystem genügen. Im Folgenden soll dargestellt werden, welche Methoden und Werkzeuge dazu angewendet werden können.

3.7.2 Wertstromanalyse

In Zusammenhang mit den Methoden und Zielen einer schlanken Produktion (Lean Production) wird heute zunehmend die Wertstromanalyse als Mittel zur Visualisierung und Analyse von Material- und Informationsflüssen eingesetzt. Die

Wertstromanalyse wurde entwickelt um auf schnelle und einfache Weise die Produktionsprozesse für ein Produkt zu analysieren und damit Verschwendung im Prozess zu identifizieren. Zielsetzung ist es, den Wertstrom vom Warenausgang rückwärts bis zum Wareneingang durchgängig zu beschreiben, um diejenigen Prozessschritte zu identifizieren, die tatsächlich Wertschöpfung generieren und diese in Hinblick auf kurze Durchlaufzeiten und Bedarfsorientierung zu optimieren. Die Darstellung des Wertstroms beschränkt sich dabei meist auf eine repräsentative Produktfamilie, die eine Gruppe von Produkten umfasst, die durch ähnliche Prozessabläufe und Prozessparameter (z. B. Rüstzeiten) gekennzeichnet sind.

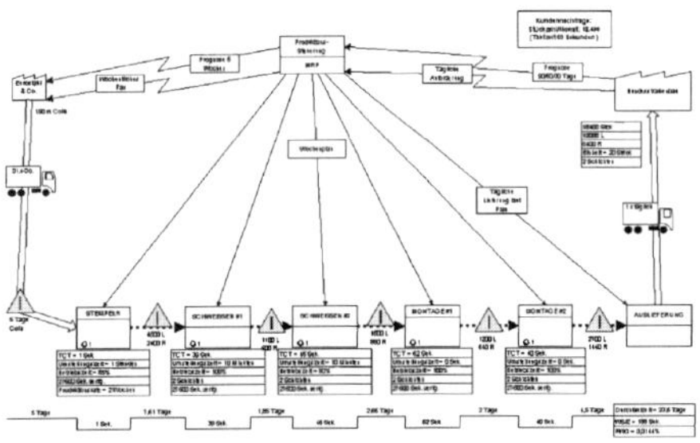

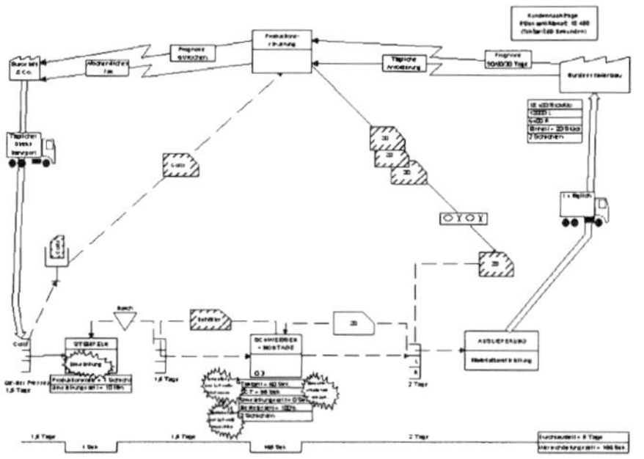

Abb. 3.7.2 und **Abb. 3.7.3** Beispiel für eine Wertstromanalyse für den Ist- (links) und Sollzustand (rechts) *[Core 04]*

Wie in der Abb. 3.7.2 auf der linken Seite gezeigt, wird die Ist-Situation der Prozess- und Informationsflüsse bei einer Wertstromanalyse durch einfache Symbole dargestellt. Der Detaillierungsgrad umfasst dabei übergeordnete Prozesskategorien bzw. Ressourcen, wie z. B. „Schweißen" oder „Montage". Auf der rechten Seite der Abb. 3.7.2 ist die sogenannte Future State Map, also die zukünftig geplante Situation zu erkennen. Sie basiert auf einer im Planungsteam erarbeiteten Vision, die ausgehend von der Ist-Situation eine möglichst ideale Soll-Situation erarbeitet. Dies wird vor allem durch eine Vermeidung von nichtwertschöpfenden Tätigkeiten und einer Reduzierung der Durchlaufzeiten in den einzelnen Prozessen erreicht. Deutlich ist z. B. in der Abb. 3.7.2 die Verringerung der sequentiell nacheinander ablaufenden Prozesse hin zu einem kontinuierlichen Teilefluss zu erkennen. Die Future State Map ist die Grundlage für die Umsetzung der Ideal-Vision in ein Soll-Konzept. Grenzen in der Darstellung und Aussagekraft bestehen im Rahmen einer Wertstromanalyse bei der Analyse einer Vielzahl an unterschiedlich ausgeprägten Teilevarianten, da teilweise die gleichen Ressourcen von mehreren Teileströmen belegt werden. Diese sind in ihrem Zusammenspiel in der Wertstromanalyse nur sehr schwer zu bewerten.

Vereinzelt kann die Methode der Variantenwertströme *[Voll 04]* angewandt werden um ähnliche Teilevarianten getrennt voneinander abzubilden. Ab einer gewissen Variantenvielfalt mit stark unterschiedlichen Ausprägungen kann auch diese Analyse nur unzureichende Ergebnisse liefern, zumal bei einer Veränderung des Produktspektrums stets weitere zeitintensive Analysen durchgeführt werden müssen. Für Produktionsprozesse mit einem sehr variantenreichen Artikelspektrum ist es deshalb sinnvoll Analysenmethodiken zu entwickeln, die basierend auf systemischen Produktionsdaten eine semiautomatische und damit weitgehend kontinuierlichen Verifikation und Planung von Produktionsprozessen ermöglichen.

3.7.3 Systembasierte Datenanalyse

Vor dem Hintergrund einer immer durchgängigeren und detaillierten Datenwelt innerhalb der Unternehmen (z. B. durch die Anwendung von SAP oder vergleichbarer Systeme) kann die Materialfluss- und Wertstromanalyse ein häufig angewandter und weitgehend standardisierter Bestandteil der planerischen Tätigkeiten im Unternehmen werden. Neue Produktvarianten können somit in bestehende Systeme integriert und die zu erwartenden Auswirkungen bewertet werden. Voraussetzung für eine korrekte systembasierte Analyse ist die durchgängige Verfügbarkeit konsistenter Planungsdaten in den im operativen Einsatz befindlichen Produktionssystemen. Dabei ist es analog zur Wertstromanalyse erforderlich, die Prozesse und Materialflüsse rückwärts vom Warenausgang (Lieferdaten) durch alle Arbeitsfolgen (Rückmeldungen, Arbeitspläne) bis hin zum Wareneingang (Materialvereinnahmung) zu analysieren und im Planungssystem abzubilden. Diese Zusammenhänge sind in der nachfolgenden Abbildung dargestellt.

Alle zuvor dargestellten Daten sind üblicherweise in den Produktionssystemen verfügbar und können über standardmäßig vorhandene oder speziell angepasste Transaktionen exportiert werden. Die derart erzeugten Daten werden anschließend in ein Planungssystem überführt mit den Auswertungen durchgeführt werden können. Ein solches Planungssystem basiert auf einer einfachen Datenbankanwendung (z. B. Microsoft Access) in der die Planungsdaten konsistent gehalten und von der aus automatisierte Schnittstellen zu speziellen rechnergestützten Planungswerkzeugen bestehen.

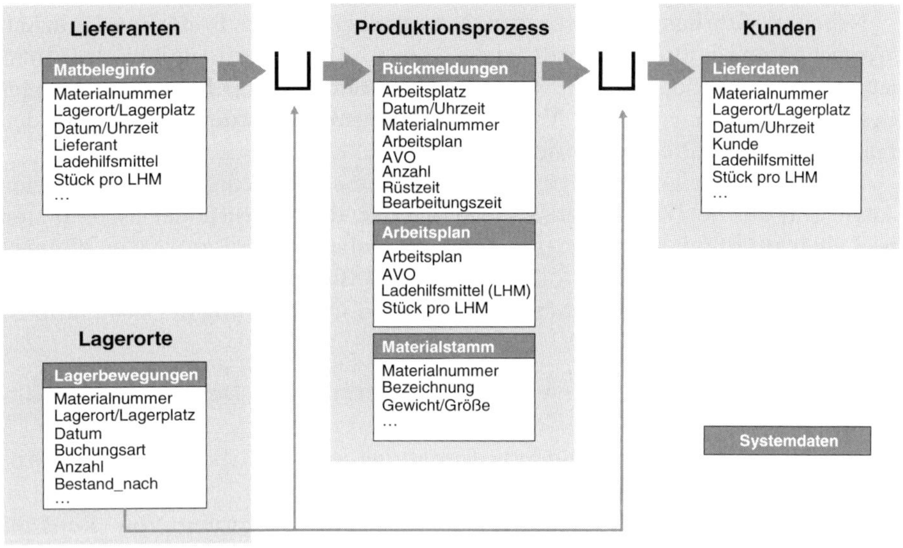

Abb. 3.7.4 Durchgängige systembasierte Planungsdatenbasis zur Analyse der Materialflüsse und Wertströme

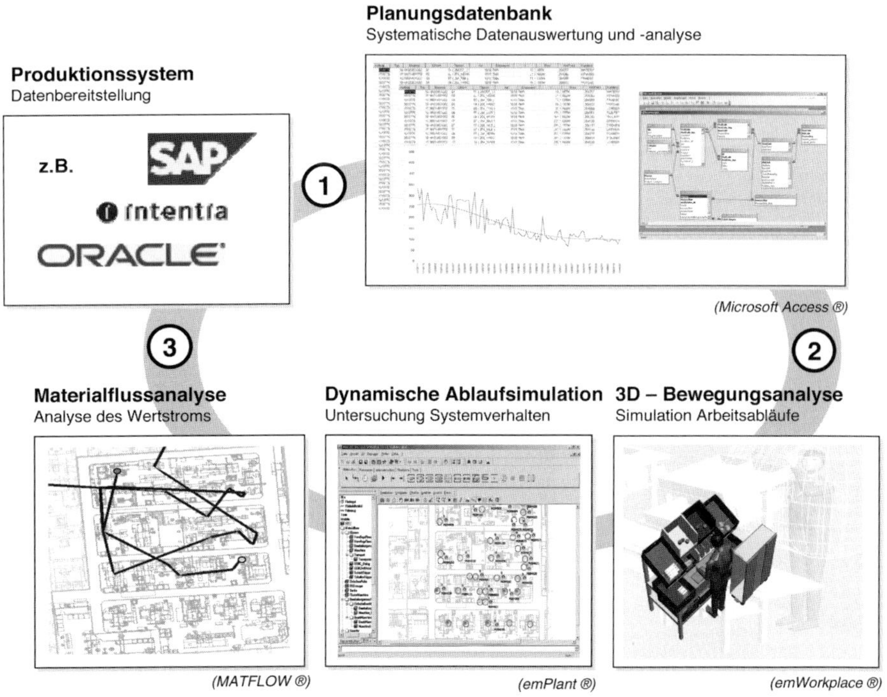

Abb. 3.7.5 Produktions- und Planungssysteme im gemeinsamen Einsatz

Neben ausführlichen statistischen Auswertungen, wie z. B. der tatsächlichen Wertschöpfung je Prozessschritt (siehe Abb. 3.7.5), können somit auch Durchlaufzeitanalysen (siehe Abb. 3.7.6), Materialflussanalysen (siehe Abb. 3.7.7) oder Bestandssimulationen (siehe Abb. 3.7.8) durchgeführt werden, die sich an den real abgelaufenen Prozessen orientieren.

Die zuvor beispielhaft dargestellten Analysen stellen lediglich einen kleinen Ausschnitt aus der Vielzahl an Ergebnissen dar, die mit Hilfe der Systemdaten und einer spezifisch angepassten Planungsdatenbank generiert werden können. Mit diesen Ergebnissen lassen sich beispielhaft die folgenden Maßnahmen zur Vermeidung von Verschwendung und damit zur Optimierung der Produktionsprozesse unterstützen:

- Taktzeitausgleich auf Basis von statistisch ermittelten Durchlaufzeitverhältnissen für unterschiedliche Teilegruppen,
- materialflusstechnisch optimierte Gestaltung von Transportwegen und Anordnung von Maschinen-, Puffer- und Lagerbereichen,
- bedarfsgerechte und bestandsorientierte Dimensionierung von *Kanban*-Regelkreisen und Supermärkten für die Materialversorgung unter Berücksichtigung der auftretenden Variantenvielfalt und den entsprechend unterschiedlichen Abrufprofilen,
- prozess- und produktgruppenspezifische Bewertungen und Vergleiche von durchlaufzeitorientierten One-piece-flow-Strategien und rüstzeitoptimierter Losfertigung für die unterschiedlichen Teilevarianten.

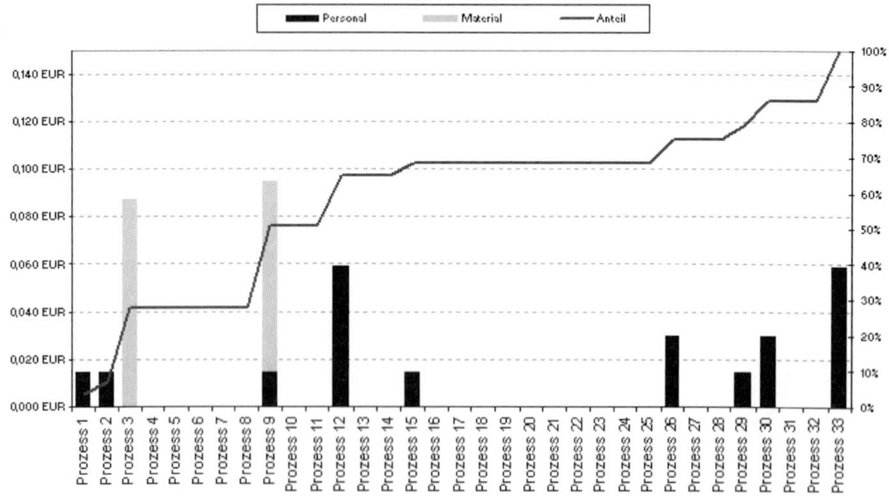

Abb. 3.7.6 Tatsächliche Wertschöpfung je Arbeitsvorgang (AVO)

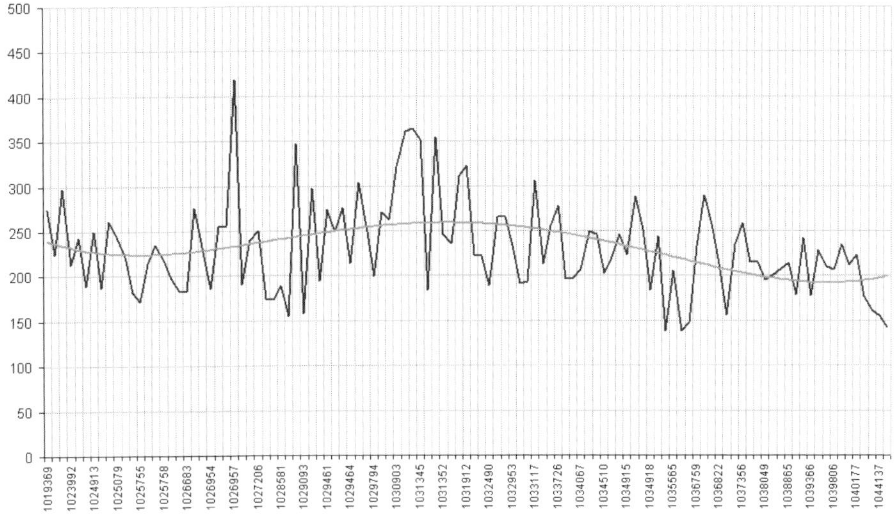

Abb. 3.7.7 Durchlaufzeitunterschiede einer Produktkategorie

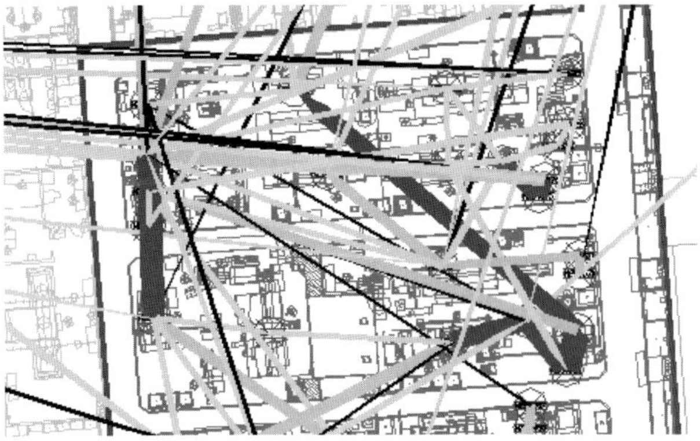

Abb. 3.7.8 Materialflussanalyse

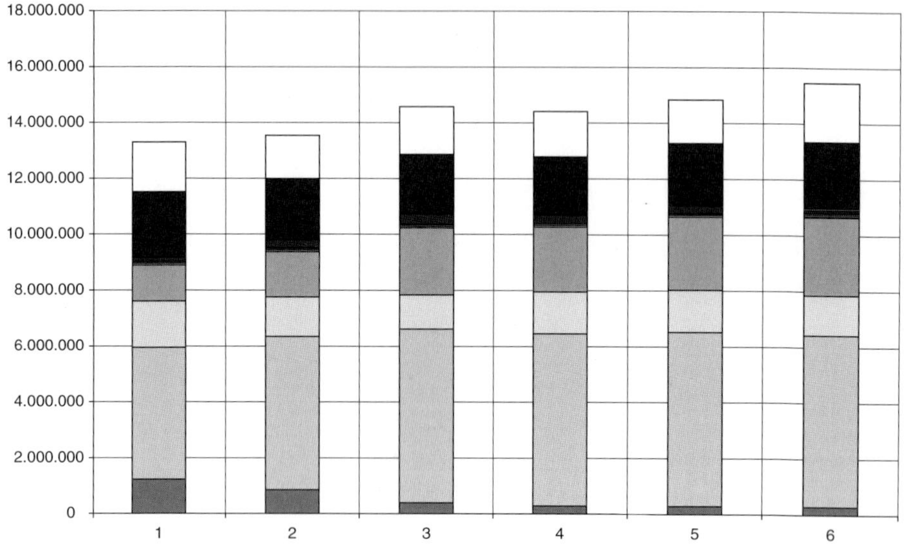

Abb. 3.7.9 Dynamische Bestandssimulation für unterschiedliche Losgrößenszenarien

3.8 Moderne Fabrikplanung – Materialfluss- und Arbeitsplatzdesign

Robert Kuttler, ifp GmbH

Um sich in einem stark veränderten Wettbewerbsumfeld – charakterisiert durch verkürzte Produktlebenszyklen, verstärkte Kundenorientierung sowie massiven Kostendruck – behaupten zu können, sind Unternehmen gezwungen, ihr Handeln möglichst flexibel an die neuen Anforderungen anzupassen um nachhaltig wettbewerbsfähig zu bleiben. Diese Herausforderung bringt eine steigende Komplexität der gesamten Unternehmenssteuerung mit sich, welche sich bereits in der Konzept- und Planungsphase neuer Fabriken auswirkt und berücksichtigt werden muss. Die Fabrikplanung, ausgehend von der Umplanung einzelner Teilbereiche bis zur Generalplanung ganzer Produktionssysteme, spielt dabei die zentrale Rolle. Das oberste Ziel der Fabrikplanung richtet sich dabei stets nach der Gestaltung innovativer, effizienter und realisierbarer Produktions- und Logistiksysteme.

3.8.1 Moderne Werkzeuge in der Fabrikplanung

Die Fabrikplanung umfasst typischerweise unterschiedliche Planungsbereiche und -ebenen. Im Wesentlichen gliedert sich das Vorgehen in folgende Schritte mit den entsprechenden Arbeitsinhalten:

Abb. 3.8.1 Vorgehensweise eines Fabrikplanungsprojekts durchgeführt von ifp

Aufgrund der gestiegenen Anforderungen und der Komplexität moderner Produktionssysteme ist der unterstützende Einsatz moderner EDV-Tools während der Planungsphase, insbesondere im Bereich der Grob- und Feinplanung (Schritt 3 und 4), mittlerweile unverzichtbar. Im Vordergrund steht dabei die Beherrschung einer Vielzahl unterschiedlicher Datenmengen, die Vernetzung und Abstimmung über einzelne Planungsschritte und -ebenen hinweg sowie die Reduzierung von Projektierungs- und späteren Umsetzungskosten durch die Vermeidung von Planungsfehlern. Nachfolgend eine Auswahl moderner Planungstools und ihrer Einsatzgebiete im Bereich der Fabrikplanung:

Datenbanken während der Planungsphase

Die Anwendung von Datenbanken bereits in der frühen Planungsphase zur zentralen Vorhaltung aller relevanten Planungsdaten stellt die Planungskonsistenz über alle Ebenen und Bereiche sicher. Typische Planungsdaten dabei sind beispielsweise das zu produzierende Artikelspektrum, betriebsmittelspezifische Parameter, Produktstrukturen (Stückliste), Arbeitspläne, Materialbedarf und

Materialstammdaten, etc. Durch die Anwendung einer zentralen Datenbank können unterschiedliche Projektteams auf den gleichen Datenbestand zurückgreifen, wodurch die Planungsgenauigkeit bzw. -durchgängigkeit erheblich erhöht wird. Zudem werden Planungsfehler deutlich reduziert. Bei hoher Qualität der Planungsdaten können Teile in das spätere Produktivsystem übernommen werden.

Anwendung der dynamischen Ablaufsimulation

Aufgrund der hohen Planungskomplexität und der Vielzahl von Einflussfaktoren bei der Konzeption moderner Produktionssysteme sind Aussagen zu Flächenbedarf, Durchlaufzeiten und Auslastungen, die statisch berechnet wurden, nicht mehr in ausreichender Genauigkeit ermittelbar. Der Einsatz der dynamischen Ablaufsimulation eignet sich dafür die Komplexität abzubilden und liefert detaillierte Erkenntnisse über die zu erwartenden Betriebsmittelauslastungen, potentiellen Engpässe, benötigten Lager- und Pufferflächen in der Produktion und die zu erwartenden Durchlaufzeiten unter Berücksichtigung dynamischer Parameter *[Dick 02]*. Aufbauend auf den Daten der zentralen Planungsdatenbank werden virtuell unter unterschiedlichen Bedarfslasten mögliche Steuerungskonzepte und Logistiksysteme simuliert, die Auswirkungen dargestellt und optimale Konzepte ausgewählt.

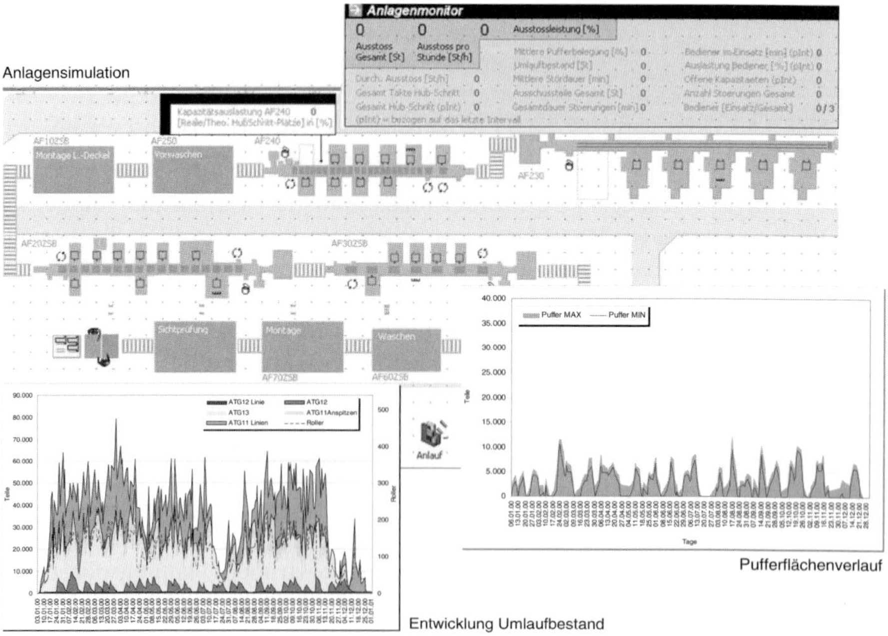

Abb. 3.8.2 Anlagenplanung mit Hilfe der dynamischen Ablaufsimulation

Einsatz von Materialflusssystemen

EDV-Systeme zur Materialflussanalyse und Gestaltung von Layouts nach materialflussoptimierten Gesichtspunkten unterstützen insbesondere den Feinplanungsprozess im Rahmen einer Fabrikplanung. In Abhängigkeit von unterschiedlichen Prozessabläufen der Produkte werden innerbetriebliche Materialströme im Layout hinsichtlich Volumen und Transporthäufigkeit analysiert. Auf Basis dieser Erkenntnisse werden Maschinen systemunterstützt optimal angeordnet sowie entsprechende Transportmittel ausgewählt, um den Aufwand von Materialtransporten zu minimieren. *[Kapp 05]*

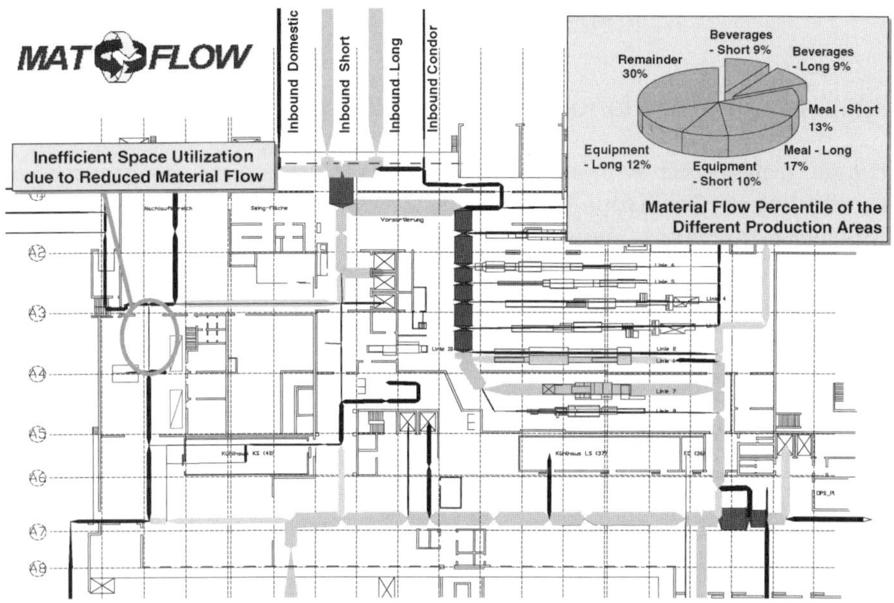

Abb. 3.8.3 Einsatz von Materialflussplanungssystemen bei der Layoutgestaltung

3-D-Gestaltung von Arbeitsplätzen

Die effiziente Gestaltung von Arbeitsplätzen wird durch den Einsatz von 3-D-Systemen maßgeblich beeinflusst. Neben der Überprüfung von ergonomischen Gesichtspunkten bei der Arbeitsplatzgestaltung helfen die Systeme auch bei der virtuellen Ermittlung von Taktzeiten und der Überprüfung von Kollisionen eines Montagevorgangs, ebenso bei der Planung technischer Anlagen und im Zusammenhang mit manuellen Tätigkeiten. Bereits vor dem Aufbau von Versucharbeitsplätzen bzw. -anlagen können Durchlaufzeiten und Flächenbedarf an den Stationen simuliert und Erkenntnisse für weitere Optimierungen abgeleitet werden.

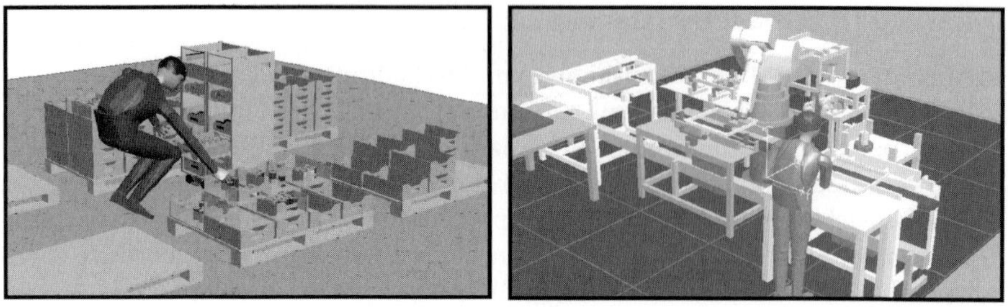

Abb. 3.8.4 Arbeitsplatzgestaltung mit 3-D-Systemen

3.8.2 Integrative Planung und Wandlungsfähigkeit

Um die Zielvorgaben komplexer Produktionssysteme zu erreichen, müssen bei der Planung alle Teildisziplinen, wie beispielsweise die Materialflussplanung, die Arbeitsplatzgestaltung, die Ausarbeitung geeigneter Produktionssteuerungen, sowohl einzeln, als auch im Gesamtzusammenhang zu anderen Bereichen bestmöglich konzipiert und betrachtet werden. So können ungeeignete Nachschub-Steuerungssysteme das Potenzial eines optimal geplanten Materialflusses zwischen den Arbeitsstationen stark schmälern. Durch Unterstützung der digitalen Planung mit Hilfe des Einsatzes von modernen Planungstools wird die integrative Planung deutlich verbessert. Ergebnisse einzelner Planungsphasen werden nicht mehr isoliert betrachtet, vielmehr werden diese zu einem Gesamtoptimum unter der Berücksichtigung der Zielvorgaben zusammengeführt *[Kapp 05]*. Aufgrund des sich stark veränderten Wettbewerbsumfeldes und der damit verbundenen Forderung nach erhöhter Flexibilität stehen moderne Fabriken und deren Planung neuen Herausforderungen gegenüber. Moderne Produktionssysteme müssen hinsichtlich Größe, Funktion und Struktur an veränderte Rahmenbedingungen schnell anpassbar sein. Sogenannte Wandlungstreiber, wie beispielsweise externe Markt- und, Umweltbedingungen sowie Technologien, führen zu einer permanenten Überprüfung der Flexibilität eines Produktionssystems schon während der Planungsphase. Erarbeitete Konzepte in allen Teilbereichen müssen sich hinsichtlich einer ausreichenden Wandlungsfähigkeit beweisen. Moderne Planungswerkzeuge unterstützen diesen Prozess dadurch, dass unterschiedliche Szenarien schnell und kostengünstig „durchgespielt" und die damit verbundenen Auswirkungen transparent visualisiert werden können, wodurch eine Bewertung der Wandlungsfähigkeit eines Produktionssystems schon während der Planungsphase möglich wird.

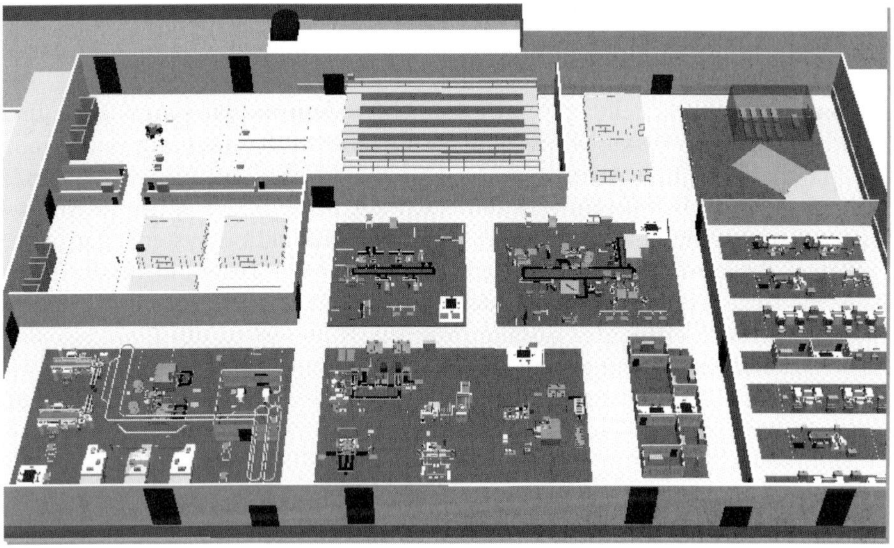

Abb. 3.8.5 Zusammenführung digital geplanter Teilsysteme zum Gesamtkonzept (Projektbeispiel ifp)

Zusammenfassung

Aufgrund der gestiegenen Komplexität von Produktionssystemen ist ein Umdenken bereits in der frühen Planungsphase notwendig. Mit Hilfe des Einsatzes moderner Planungshilfsmittel werden in kürzerer Zeit Gesamtsysteme konzipiert, welche den zukünftigen Anforderungen nach erhöhter Flexibilität, Wandlungs- und Leistungsfähigkeit bei reduzierten Gesamtkosten gerecht werden. Nur eine durchgängige Fabrikplanung, die über die isolierte Betrachtung einzelner Teilbereiche wie Materialflussplanung, Arbeitsplatzgestaltung etc. hinausgeht, erreicht das Ziel der Gestaltung innovativer, effizienter Produktions- und Logistiksysteme.

3.9 Virtual Reality und Augmented Reality in der Materialflussplanung

Johannes Wulz, Lehrstuhl für Fördertechnik Materialfluss Logistik (fml), Technische Universität München

Die Virtual- und Augmented Reality Technologie etabliert sich zusehends als Präsentations- und Analysewerkzeug, das die Kommunikation in Planungsprozessen verbessert und dem Planer hilft, Planungsfehler zu vermeiden. Beispielsweise im Bereich der Fertigungsplanung können durch die Darstellung von Produktgeometrie in der realen Fertigungsumgebung bereits ab der Designphase Engstellen und Kollisionen identifiziert werden. Dadurch entfallen kosten- und zeitintensive Untersuchungen mit materiellen Prototypen. Die dreidimensionale Darstellung veranschaulicht zudem die Planungsstände und bietet eine visuelle Diskussionsgrundlage für alle an der Planung Beteiligten. Das Materialfluss- und Arbeitsplatzdesign wird durch diese zukunftsweisende Technologie erheblich vereinfacht und stellt ein wesentliches neues Hilfsmittel bei der Planung und Einführung eines schlanken Produktionssystems dar.

Virtual Reality (VR) und Augmented Reality (AR) Technologie sind zwei neue, moderne Technologien, die den Prozess der Logistiksystemplanung in Zukunft erheblich effizienter gestalten werden. Hintergrund des Einsatzes sind die steigenden Anforderungen an die Planung, schneller und effizienter zu arbeiten, aber gleichzeitig mehr Adaptivität im Sinne der Reaktionsfähigkeit zu gewährleisten.

3.9.1 Technologie

Der Begriff Virtual Reality bezeichnet eine den menschlichen Sinnen vorgetäuschte, vollständig künstlich erzeugte Umgebung. Diese ermöglicht es, dreidimensionale rechner-basierte Modelle, wie beispielsweise eine Logistikanlage, in einer neuartigen Art und Weise zu erleben. Im Gegensatz dazu stellt AR die Möglichkeit dar, virtuelle 3-D-Geometrien positionsgenau in Bilder oder Filme einer realen Umgebung zu platzieren. Für den Betrachter verschmilzt so die reale mit der virtuellen Welt *[Alt 03]*.

3.9.2 Nutzen und Anwendungen

Dies eröffnet neue Möglichkeiten in der Evaluierung von Planungsständen beziehungsweise -alternativen und der interdisziplinären Teamarbeit. Die virtuelle Realität ist das ideale Hilfsmittel, komplexe Zusammenhänge in Hinblick auf geometrische und dynamische Sachverhalte zu verstehen und zu untersuchen. Komplizierte Problemstellungen sind dadurch auch fachfremden Personen einfach zu vermitteln. Besonders hervorzuheben ist die Möglichkeit, Planungsteams in ihrer interdisziplinären Zusammenarbeit zu fördern. Zum einen kann die Kommunikation *[Walt 02]* besser gestaltet werden, bedenkt man, dass sich Planer unterschiedlicher Fachrichtungen gemeinsam in der virtuellen Realität bei einer nahezu 1:1-Abbildung eines virtuellen Logistiksystemmodells abstimmen können. Zum anderen wird auch das Arbeiten an verteilten Standorten wesentlich unterstützt. Moderne VR-Systeme sind in der Lage, per Internetverbindung an ein und demselben VR-Modell an unterschiedlichen Standorten gleichzeitig zu arbeiten, was zu einer besseren Abstimmung der Teilbereiche und damit zu einem besseren Gesamtergebnis führt. Bau-, Anlagenplaner und weitere an der Planung beteiligte Bereiche können so in noch engerer Verzahnung kooperieren. Im Vergleich zu den heute konventionellen Methoden ergeben sich vielfältige Nutzungspotenziale, wie beispielsweise in der Konstruktion bzw. Planung materialflusstechnischer Anlagen. Kostenintensive Versuche und Fehlerbehebungen an realen Anlagen entfallen, da vorab ein virtueller Prototyp zur Reife gebracht wird. Beachtet man die Kosten für den Bau eines physischen Systems, die durchaus im mehrstelligen Millionenbereich liegen können, so wird deutlich, dass der Einsatz von VR-Technologien sinnvoll ist, kostet die Fehlerbeseitigung an realen Materialflusssystemen doch wesentlich mehr als an virtuellen Modellen.

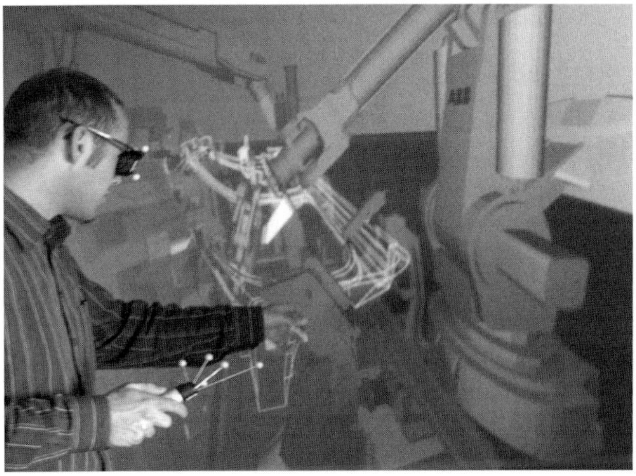

Abb. 3.9.1 Virtual Reality in der Konstruktion bzw. Planung materialflusstechnischer Systeme (Quelle: Lehrstuhl fml)

Während sich die VR für tendenziell große Modellumfänge eignet, ist die AR eher auf den kleineren Rahmen beschränkt. Sie eignet sich zur Überprüfung von Kollisionen zwischen Anlagenteilen und Produkt an problembehafteten Stellen. Dabei werden diese meist bekannten Stellen in der Realität mit virtuellen Produktgeometrien überlagert, um so eine Aussage über den Änderungsaufwand an Anlagen oder Gebäudestrukturen zu erhalten. Diese Anwendung erfolgt hauptsächlich bei Änderungen am Produkt oder Produktneueinführungen, wie dies beispielsweise in der Automobilindustrie vermehrt der Fall ist.

Bei BMW wurden so im Bereich der Montage entlang der Förderstrecke potenzielle Kollisionsstellen einer Frontklappe untersucht (Abb. 3.9.2). Die daraus gewonnenen Kenntnisse geben Auskunft über Art und Umfang der notwendig werdenden Umbaumaßnahmen an der Fördertechnik und helfen dabei, die erforderlichen Kosten transparent zu machen *[Günt 06]*.

Abb. 3.9.2 Virtuelles Modell in realer Fertigung *[Günt 06]*

In „Virtual and Augmented Reality Applications in Manufacturing“ *[Ong 04]* verweisen S.K. Ong und A.Y.C. Nee auf weitere Anwendungsbeispiele, die bereits teilweise in der Industrie umgesetzt wurden und einen umfassenden Einblick in die Welt der virtuellen Technologien und deren Anwendung geben. Resümierend ist davon auszugehen, dass beide Technologien in Zukunft eine große Rolle als Hilfsmittel in der Planung spielen werden und so einen wesentlichen Beitrag zur Gestaltung schlanker Produktionssysteme mit *Kanban* leisten.

3.10 Fabrik- und Materialflusssimulation direkt aus einem ERP/PPS-System heraus – einfacher ist mehr!

Joachim Berlak, FAUSER AG

In diesem Kapitel wurde die Notwendigkeit eines einfach bedienbaren und integrierten Werkzeugs zur Fabrik-, Layout- und Materialflussplanung für kleine und mittelständische Industriebetriebe diskutiert. Mit JobDISPO FAP existiert ein solches Werkzeug, welches ohne spezielles Simulations-Know-how auskommt und direkt an ein bestehendes ERP/PPS-System angebunden werden kann. Der Anwender arbeitet wie in einem herkömmlichen Grafikprogramm, verschiebt Ressourcen per Drag and Drop, worauf automatisch eine Ablaufsimulation erfolgt und der Planer die Auswirkungen seines Handelns online und in Echtzeit aufbereitet sieht.

Industriebetriebe sind heute mehr denn je gefordert, ihre Geschäfts- und Produktionsprozesse permanent auf die Marktbedingungen und Kundenanforderungen über den gesamten Lebenszyklus einer Fabrik hin auszurichten.

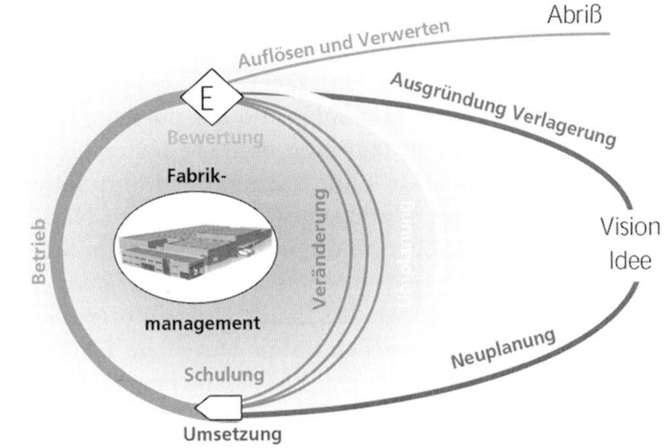

Abb. 3.10.1 Lebenszyklus von Fabriken *[Wien 04]*

Im Bereich der Fabrik-, Materialfluss- und Layoutplanung können hierzu folgende Softwarewerkzeuge eingesetzt werden:

- Eigenentwickelte Berechnungslösungen oder Datenbanken auf Basis von z. B. MS Excel oder Access zur Aufnahme von Mengengerüsten, Kalkulationen und Analysen.
- 2-D/3-D-CAD- oder Grafikprogramme wie z. B. AUTOCAD oder UNIGRAPHICS zur Modellierung und Visualisierung von Layouts.
- Virtual Reality (VR)- und Augmented Reality (AR)-Lösungen (von z. B. vgl. VR und AR) für den „Freiflug" durch die zu planende Fabrik.
- Simulationswerkzeuge von z. B. TECNOMATIX oder DELMIA zur zeitdiskreten Ablaufsimulation von Materialflüssen.
- Teilintegrierte Werkzeuge wie z. B. MATFLOW oder FASTDESIGN die CAD-Programme um Berechnungswerkzeuge erweitern.

Die grundlegende Problematik der obengenannten Softwarewerkzeuge besteht in ihrer mangelnden Durchgängigkeit und Vernetzung untereinander und in dem teilweise hohen monetären Aufwand, der in Einführung und Betrieb zu investieren ist *[Baye 02]*. Software zur Ablaufsimulation stellt im Prinzip einen Baukasten zur Verfügung, mit dem der Anwender für seine spezifische Problemstellung ein Simulationsmodell entwickeln kann *[Wern 01]*. Hierzu benötigt er zum einen Zeit und vor allem Kompetenz und Fachwissen. Zum anderen ist der Aufbau von Simulationsmodellen immer an einen konkreten Zeitpunkt gebunden, an dem die konkrete Problemstellung abgebildet, simuliert und abschließend analysiert wurde. Zu einem späteren Termin können sich die Randbedingungen geändert haben und damit die Aussagen aufgrund des ursprünglichen Modells nicht mehr gültig sein. Vor diesem Hintergrund hat die FAUSER AG im

Rahmen eines Forschungsprojekts mit Hochschul- und Industriepartner wie der BMW Group, ALCAN, Strama-MPS sowie Scholpp ein neuartiges und integrales Simulationswerkzeug entwickelt *[Zäh 04b]*. Ziel war es, besonders für kleine und mittelständische Unternehmen (KMUs) aufgrund des dortigen Mangels an qualifiziertem Personal und Finanzmitteln eine einfach bedienbare Software zur Fabrik- und Materialflusssimulation ohne aufwändigen Simulationsmodellbau zur Verfügung zu stellen. Dieses Werkzeug wird unter dem Namen JobDISPO FAP von der FAUSER AG vertrieben und greift direkt auf die Stamm- und Bewegungsdaten bestehender ERP-/PPS-Systeme zurück *[Berl 04a]*. Durch die Eigenschaften dieser Lösung werden weitreichende Nutzenpotenziale für den Anwender ermöglicht: Simulieren mit realen Daten: Durch ein EAI-Werkzeug wird die Schnittstelle zu einem vorhandenen ERP/PPS-System wie z. B. MYSAP, NAVISION, Baan, AP oder INFOR konfiguriert. Damit kann direkt auf Aufträge, Stücklisten, Arbeitspläne und Ressourcen zugegriffen werden. Man vermeidet Dateninkonsistenzen und arbeitet stets mit aktuellen Daten.

- **Simulieren mit geringem Aufwand**: Layoutplanung erfolgt wie in einem klassischen Malprogramm und Verschieben von Maschinen per Drag and Drop. Hierfür werden keine Simulationskenntnisse benötigt, deshalb ist auch ein sehr geringer Schulungsaufwand ausreichend.
- **Simulieren in Echtzeit:** Keine zeitliche Halbwertszeit von Simulationsmodellen und somit eine fortlaufende und aufwandsarme Ablaufsimulation.

Zum besseren Verständnis der Verwendung, Funktionalität und des Nutzens von JobDISPO FAP soll folgendes Anwendungsbeispiel dienen.

Anwendungsbeispiel

Einer der ersten Anwender von JobDISPO FAP ist der Automobilzulieferbetrieb Weh mit mehr als 100 Mitarbeitern aus Illertissen *[Berl 04b]*, der sich von einem reinen Zulieferbetrieb zum führenden Anbieter von Schnellkupplungen für unterschiedliche Anwendungen und einem Pionier auf dem Gebiet der Erdgas- und Wasserstoffbetankung entwickelt hat. Aufgrund der stetig steigenden Nachfrage im Nischenmarkt für Schnelladapter und einem Umsatzwachstum von 40 % im Jahr 2004, war für den Betrieb ein Umzug unumgänglich. Die bestehenden Flächen konnten nicht erweitert werden, deshalb entschied man sich 2005 zum Neubau auf einem 20 000 qm Areal in unmittelbarer Nachbarschaft. Zur Fertigungsfeinplanung und Betriebsdatenerfassung unterhalb des bestehenden ERP-SYSTEMS von APS DELTA und demnächst NAVISION, setzt das Unternehmen seit jeher die entsprechenden JobDISPO-Lösungen ein. „Deshalb lag es nahe mit JobDISPO FAP das neu entwickelte Werkzeug zur Fabrik-, Layout- und Materialflussplanung auszuprobieren. Um den Materialfluss und das neue Werk zu dimensionieren, sind wir mit Hilfe von JobDISPO FAP wie folgt vorgegangen“, so Produktionsleiter Michael Döring:

1. **ERP-/PPS-Anbindung:** Zuerst wurde über JobDISPO EAI eine Schnittstelle zum ERP-/PPS-System geschaffen und dic Stamm- und Bewegungsdaten wie z. B. Ressourcen, Arbeitspläne und Aufträge wurden zeitgesteuert übernommen. Da in vielen Systemen, wie auch in unserem, logistische Informationen innerhalb der Arbeitsgänge zu Behältern und Transportssystemen fehlen, werden diese nachträglich hinterlegt.
2. **Flächendefinition:** Für jede zu verplanende Ressource muss die Grundfläche, die Ein- und Ausgangspuffer sowie die Bedienfläche für den Werker definiert werden. Dies erfolgt in einer 2-D-Ansicht, in der wie in einem klassischen Malprogramm gezeichnet werden kann. Der Erstellungsaufwand hält sich aber durch das Anlegen von vordefinierten Mustern in Grenzen.
3. **Layoutplanng:** Durch die maßstabsgerechte Anordnung der in der Produktion benötigten Flächen wird die Zuordnung von Ressourcen durchgeführt. Hierzu wird mittels einer 2-D-Darstellung die Halle samt Mauern und Toren definiert. Auch hier erfolgt die Bedienung analog eines Malprogramms. Im Anschluss wird die Anordnung der vorher flächenmaßstabsgetreu festgelegten Ressourcen in der Halle vorgenommen. Des Weiteren können Bereiche, Wareneingang und -ausgang sowie sonstige planungstechnisch relevante Objekte, angelegt werden. Durch Drag and Drop, Zoomen sowie einem skalierbaren Maßstab wird eine einfache und intuitive Bedienbarkeit erreicht. So kann in kürzester Zeit ein erstes Fabrik- oder Bereichslayout gezeichnet werden. Des Weiteren ist es möglich, beliebige Layouts zu verwalten, zu simulieren und zu drucken.

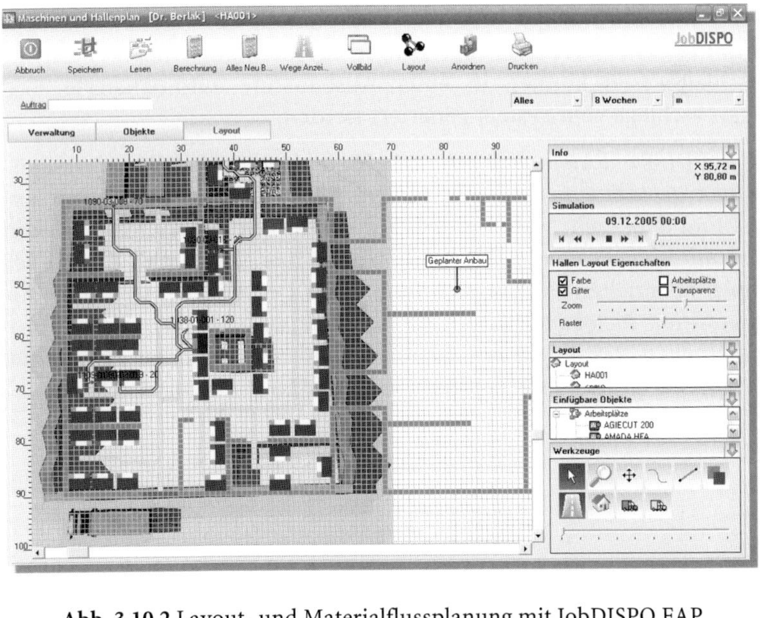

Abb. 3.10.2 Layout- und Materialflussplanung mit JobDISPO FAP

4. **Materialflussplanung:** Aufbauend auf einem gezeichneten Layout wird dann die Materialflussplanung durchgeführt. Grundlage hierfür sind die Arbeitsgänge mittels derer die möglichen Transportwege mit einem intelligenten Wegesuchalgorithmus berechnet werden. Hierbei können auch bevorzugte Transportwege wie z. B. Hallengänge festgelegt werden. Die resultierenden Materialflüsse werden grafisch dargestellt (siehe Abb. 3.1.2.). Des Weiteren kann hier die Berechnung einer optimalen Maschinenanordnung unter der Berücksichtigung kürzester Transportwege angestoßen werden.
5. **Ablaufsimulation:** Nach der Anordnung der Maschinen in der Halle, erfolgt die dynamische Simulation der aus dem ERP/PPS-System importierten Aufträge über einen frei definierbaren Zeitraum hinweg. Hierbei werden Behälter und Transportsysteme dynamisch anhand des Arbeitsplans angefordert und der Transport auf den vorher ermittelten Transportwegen durchgeführt. Die sich hieraus ergebenden bzw. simulierten Verteil- und Übergangszeiten sowie der Durchlauf der Aufträge werden interaktiv visualisiert. Man kann die Simulation an beliebigen Stellen anhalten und Probleme eingehend analysieren. Entscheidend ist, dass diese Ablaufsimulation sehr einfach zu handhaben ist und keinerlei Simulationskenntnisse notwendig sind. Andererseits sind die Freiheitsgrade in der Definition von Stochastiken für Rüst-, Bearbeitungs-, Transport- und Wiederbeschaffungszeiten sowie Szenarien für Ressourcenausfälle etwas begrenzter als in herkömmlichen Ablaufsimulationswerkzeugen.
6. **Auswertungen:** Nach erfolgter Simulation können entsprechende Auswertungen über die Qualität der Planung angestellt werden. Mittels verschiedener Reports können tiefgehende Analysen im Rahmen der Fabrik-, Layout-, Material- und Transportfluss- sowie Logistikplanung durchgeführt werden.
7. **Kontinuierliche Verbesserung:** Durch ein konfigurierbares Berichts- und Vorschlagswesen können in einer Ausbaustufe automatisierte Verbesserungsvorschläge vom System generiert werden.

„Mit JobDISPO FAP haben wir das Hallenlayout und die einzelnen Fertigungslinien geplant, um optimale Materialflüsse und kürzeste Wege zu erreichen. Es sind dabei sehr viele Anregungen von uns in die Weiterentwicklung der Software mit eingeflossen“, erklärt Michael Döring. Setzt man den Aufwand in Relation zum erzielten Nutzen, so kommt Herr Döring zu einer klaren Aussage: *„Die Investition in JobDISPO FAP war absolut rentabel. Wir haben nun einen kontinuierlichen Rekonfigurierungsprozess und richten so unsere Produktionsstrukturen und -prozesse stets optimal auf den Markt hin aus.“*

3.11 Störparameter im Materialfluss und in Produktionssystemen

Holm Fischäder, Herfried M. Schneider; Fakultät für Wirtschaftswissenschaften der Technischen Universität Ilmenau

Logistische und fertigungsbezogene Störungen induzieren Abweichungen bei geplanten Prozessabläufen und -ergebnissen. Unvorhergesehene Einwirkungen auf Produktionssysteme sind in der industriellen Praxis allgegenwärtig. Damit verbunden sind negative Einflüsse auf die strategischen Erfolgsdimensionen Qualität, Zeit und Kosten. Speziell Materialflüsse zwischen logistisch eng gekoppelten Produktionsstufen haben eine höhere Anfälligkeit für Störungen. In getakteten Materialflusssystemen haben Störungen schnell weitläufige Unterbrechungen des Materialflusses zur Folge. In den vergangenen Jahren sind im Rahmen der Bemühungen um eine „Verschlankung" der Produktionssysteme immer mehr Prozess- und Ressourcenrestriktionen abgebaut und Wertschöpfungsprozesse hinsichtlich kürzerer Durchlaufzeiten umgestaltet worden *[Woma 04, Seki 95]*. Fallen Systemreserven und Möglichkeiten der Prozessentkopplung (Kapazitäts-, Zeit- und Mengenpuffer) weg, steigt zusätzlich die Störanfälligkeit von Produktionsprozessen. Vor diesem Hintergrund ist das Sicherstellen stabiler Wertschöpfungsprozesse eine Problemstellung des Störungsmanagements. Für die Überwachung der Leistungserstellung in Produktionssystemen existieren (Software-)Lösungen, die auf eine (Echtzeit-)Visuali-sierung von Bedarfs-, Bestands- sowie Kapazitätsinformationen und damit auf eine informatorische Transparenz in mehrstufigen Produktionsprozessen abzielen *[Graf 04, Alik 04]*. Bislang sind jedoch Konzepte, die im Störfall mehrere Wertschöpfungsstufen übergreifende Störungswirkungen prognostizieren und die Konfiguration von Maßnahmen der Störungsreaktion unterstützen, nicht in geeigneter Weise verfügbar.

Störungen in Produktionssystemen sind an das Auftreten von Störgrößen gebundene, zeitlich befristete und zufällige Einwirkungen auf den Prozess der Leistungserstellung. Die Ursachendimension der Störung beschreibt das Auftreten einer solchen – exogen auf das Bezugssystem oder aber (endogen) aus diesem heraus – unabhängig von anderen Größen und nicht kontrollierbar wirkenden Störgrößen (vgl. Abb. 3.11.1 – in Anlehnung an Fischäder/Dittrich *[Fisc 04]*). Extern induzierte Störungsursachen sind beispielsweise

- verzögerte, falsche oder fehlerhafte Materialbereitstellungen durch den Lieferanten,
- kurzfristige Änderung von Auftragsspezifikationen durch den Kunden.

Zu bezugssystem-intern auftretenden Störgrößen zählen z.B.:

- Ausfälle von Betriebs- und Transportmitteln und
- Personalausfälle.

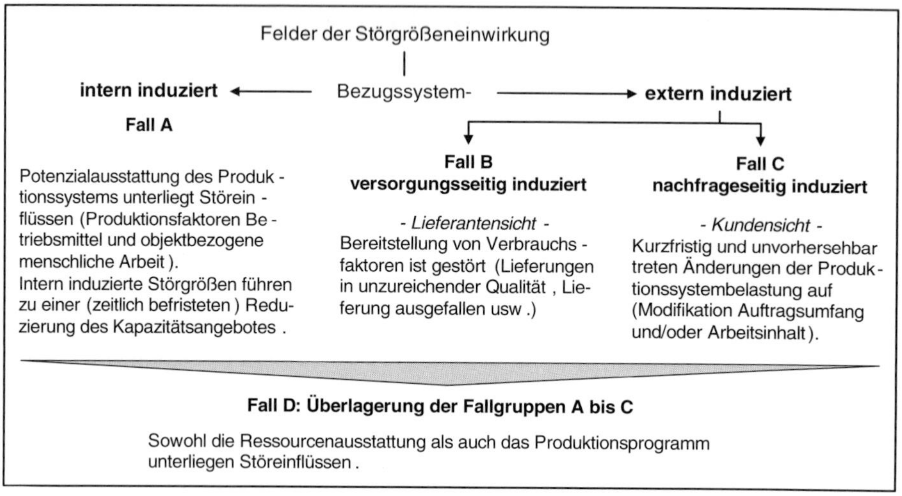

Abb. 3.11.1 Störgrößeneinwirkungen auf den Materialfluss

Störgrößen können Abweichungen geplanter Prozesse hervorrufen. Die Wirkungsdimension stellt auf diese Abweichungen ab und beschreibt beispielsweise den zeitlichen Verzug eines terminierten Fertigungsauftrages. Die durch die Störgröße induzierte Zustandsänderung des betrachteten Produktionssystems ist von bestimmter Dauer. Die Zeitspanne zwischen Beginn und Ende der Störungswirkung wird als manifeste Störungsphase bezeichnet *[Heil 95]*. Dieser kann eine sogenannte Latenzphase vorausgehen. Sie umfasst die Zeitspanne zwischen der Einwirkung der Störgröße (Störungsursache) und dem Eintritt der durch sie hervorgerufenen Wirkung auf den Auftragsdurchlauf. (vgl. *[Heil 95]*).

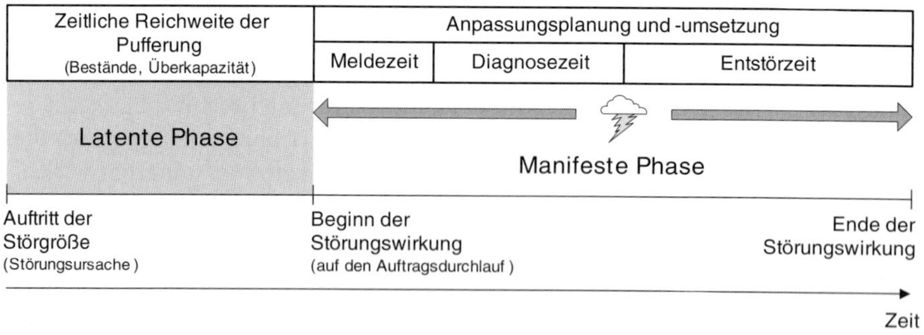

Abb. 3.11.2 Phasen des Störungsverlaufes

In einer umfassenden Sichtweise sind drei Ansatzpunkte für die Stabilisierung von Produktionssystemen zu identifizieren und unter Berücksichtigung ihrer Wechselwirkungen zu gestalten *[Pati 01, Heil 95]*. Präventives Störungsmanagement verfolgt das Ziel, das Produktionssystem so zu gestalten, dass potenzielle Ursachen von Störungen eliminiert werden. Die Unsicherheit, mit der ein System konfrontiert ist und damit die praktische Vielfalt an Störungsursachen sind im Regelfall so groß, dass das Auftreten von Störungen in betriebswirtschaftlich sinnvoller Weise nicht vollständig vermieden werden kann. Störungsmanagement muss deshalb auch die Strategien Antizipation und Reaktion umfassen. Antizipatives Störungsmanagement konkretisiert sich in der Planung und Bereitstellung von Systemreserven in Form von Zeit-, Mengen- und Kapazitätspuffern. Reaktives Störungsmanagement umschließt Sanierungsmaßnahmen und impliziert demgegenüber Rückgriffe auf Potenziale dispositiver Art mit dem Ziel der flexiblen Reaktion auf eingetretene oder unmittelbar bevorstehende Störungen. Das Management von Störungen muss integraler Bestandteil von Konzepten der Planung und Steuerung von Materialflüssen sein. Derzeit bestehen konzeptionelle und verfahrensmethodische Defizite. Die Unterstützung störungsbezogener Entscheidungen in dynamischen Planungs- und Realisierungskontexten bedingt ein Modellsystem, welches die Aufteilung von Maßnahmen in zwei Entscheidungsfelder gestattet:

- Reaktionen auf Störungen: Auf störungsbedingte und kurzfristig eingetretene Veränderungen von Kapazitätsangebot und/oder -nachfrage kann mit Formen der zeitlichen, intensitätsbezogenen oder quantitativen Anpassung reagiert werden.
- Maßnahmen der Störungsabwehr: Durch die Einführung von Systemreserven (z. B. redundante Anlagen, Sicherheitsbestände) kann die Ausbreitung von Störungswirkungen in mehrstufigen Produktionsprozessen reduziert werden. Materialflüsse werden (im Störfall) entkoppelt.

Verallgemeinerte Entscheidungsnetzpläne und Markov-Ketten bilden eine geeignete methodische Grundlage für die Darstellung von Systemstrukturen und die Analyse der Verhaltensweise gestörter Produktionssysteme (zu einem entsprechenden Modellierungsansatz vgl. *[Fisc 04]* S. 147 ff., *[Fisc 05]* S. 236 ff., zu einem praktischen Beispiel insbesondere *[Fisc 05]* S. 241 f.). Unterschiedliche Störungsursachen (Störgrößen) ziehen je nach Ausmaß, Einwirkungsort und -dauer im Produktionssystem unterschiedliche Wirkungen nach sich. Es interessiert, welche Auswirkungen auf die Materialflüsse im Vergleich zum ungestörten System zu erwarten sind. Prognostizierte Wirkungen von Störungen auf den Auftragsdurchlauf sind die Grundlage für die Konfiguration von Anpassungsmaßnahmen. Das Modellsystem gestattet es in konkreten Störsituationen echtzeitnah Aussagen zu treffen. Diese Aussagen klären in wieweit Störungen innerhalb eines Teilbereiches des betrachteten Produktionssystems absorbiert werden können oder mehr als einen Produktionsbereich betreffen und durch welche Maßnahmen das System aus dem gestörten in den Normalzustand überführt werden kann. Die Darstellung und Bewertung von Störungswirkungen, die mehrere Produktionsstufen übergreifen, ist Voraussetzung für deren kostenoptimale Kompensation. Störungen beeinflussen Kostenarten, wie

- Bearbeitungskosten und verrechnete Gemeinkosten,
- Bestandskosten sowie
- Lieferrückstandskosten.

Kosten der situationsspezifisch zu ergreifenden Anpassungsmaßnahme und Kosten hervorgerufen durch die Störung selbst werden erfasst. Störungsmanagement zielt auf die Minimierung dieser beiden Kostenkategorien in ihrer Gesamtheit ab *[Fisc 05]*. Der Modellierungs- und Optimierungsansatz ist Kern eines Entscheidungsunterstützungssystems für ein Störungsmanagement. Als Funktionskomponente eines Koordinationsleitstandes liefert das System situationsgerecht eine Informationsbasis und Handlungsvorschläge zur Kompensation von Störungswirkungen.

3.12 Flexible Entgeltsysteme

Franz-Josef Stellpflug

In vielen Abschnitten des Buches werden Möglichkeiten erfolgreicher Organisationsformen beleuchtet und erklärt. Im Mittelpunkt der unterschiedlichen Organisationen steht als wesentliches Element die Technik, doch die besondere und wichtigste Ressource für den Erfolg ist der: MITARBEITER. Es ist daher von besonderer Bedeutung, den Mitarbeiter in den Aufbau, die Umsetzung und die Weiterentwicklung von Veränderungsprozessen einzubeziehen. Die Einführung von flexiblen Entgeltsystemen erfordert, wie bei allen Veränderungsprozessen, ein Einbezug der Mitarbeiter und/oder deren Vertreter. Eine entsprechende Projektorganisation, die die gesetzlichen und tariflichen Vorgaben berücksichtigt, beschreibt in einer Betriebsvereinbarung die entsprechenden Regelungen. Dies ist in sofern nötig, um den Veränderungsprozess auch in Entgeltfragen beeinflussen und dynamisch gestalten zu können. Es gilt daher für Unternehmen und Mitarbeiter eher die Chancen aufzugreifen, bei Veränderungsprozessen auch die begleitende Entgeltstruktur zu hinterfragen, als sich an antiquierte Entlohnungsformen zu klammern. Eine an den Unternehmenszielen ausgerichtete, durchgängige, transparente Entgeltstruktur schafft Sicherheit und Motivation bei allen Mitarbeitern.

3.12.1 Arbeiten in Teams

Untersuchungen haben ergeben, dass in dezentralen Organisationsformen mit horizontaler Kommunikation erheblich bessere Ergebnisse bezüglich Planungsstabilität und Reaktionsfähigkeit auf Veränderungen im Fertigungsprozess und Arbeitsinhalte in der Fertigung zu erzielen sind als in zentral gesteuerten Fertigungsprozessen *[Bull 93]*. Dies entspricht wesentlich dem Inhalt von Lean Production. Weiter kann festgestellt werden, dass Firmen in denen Gruppen- oder Teamarbeit erfolgreich eingeführt wurde, Erfolge in Bezug auf:

- Zeit,
- Qualität,
- Kosten und
- Motivation

erreicht haben.

Es sind daher in vielen Produktionssystemen Inhalte zur Gruppen- oder Teamarbeit enthalten. Als Erfolgsfaktoren für die Umsetzung von schlanken Strukturen bei Teamarbeit haben sich Elemente bewährt, die die Eigenverantwortung der Mitarbeiter stärken.

Zu nennen sind hier:

- Konzentration auf Wertschöpfung,
- Übernahme von Aufgaben aus dem TPM,
- Mitwirkung bei der Layoutgestaltung (Mirosystem),
- Integration indirekter Tätigkeiten,
- Qualifizierung der Mitarbeiter,
- Neue Entlohnungskonzepte,
- KVP,
- Stärkung des Produktbewusstseins und
- etc.

Von diesen Elementen soll auf den Bereich der neuen Entlohnungskonzepte an dieser Stelle näher eingegangen werden.

3.12.2 Flexibilisierung der Einkommen

Nach Einschätzung von Arbeitern und Angestellten in der Metall- und Elektroindustrie in Deutschland sind die Hälfte (51 %) der Befragten für ein leistungsbezogenes Entgeltsystem. Diese Einschätzung wurde auf die Frage „Was führt zu einer gerechten Entlohnung?“ gegeben *[Demo 02]*. Immerhin sind 29 % der Befragten für feste Einkommen und 20 % unentschieden oder sagten „kommt drauf an“. Nach dem „Äquivalenzprinzip“ von *Kosiol [Kosi 62]* beinhaltet der leistungsgerechte Lohn zwei Komponenten:

1. das Prinzip der Äquivalenz von Lohn und Anforderungsgrad (Anforderungsgerechtigkeit) und
2. das Prinzip von Äquivalenz von Lohn und Leistungsgrad (Leistungsgerechtigkeit i. e.S.).

Zum ersten Punkt ergeben sich aus den meisten Tarifverträgen einheitliche Regelungen wie eine Äquivalenz hergestellt werden kann. Zum zweiten Punkt sind entsprechende Freiheitsgrade in der Gestaltung gegeben. Der auf den reinen Mengenausstoß fokussierte Akkord hat in Arbeitssystemen, die um obige Inhalte angereichert wurden, ausgedient. Vielmehr sind Entgelte in Form von Prämien oder Leistungsvereinbarungen eher geeignet die Prozesse zu honorieren.

3.12.3 Beispiel eines leistungsorientierten Entgelts

Am Beispiel eines leistungsorientierten Entgelts eines Unternehmens der Zulieferindustrie wird die Kombination von mehreren Komponenten innerhalb des Leistungsentgelts deutlich:

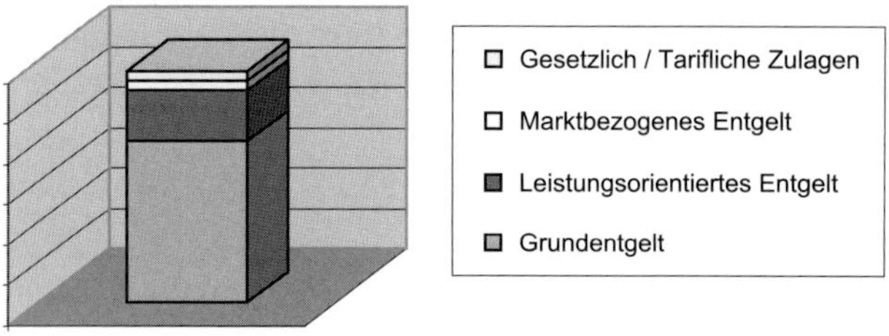

Abb. 3.12.1 Entgelt Aufbau

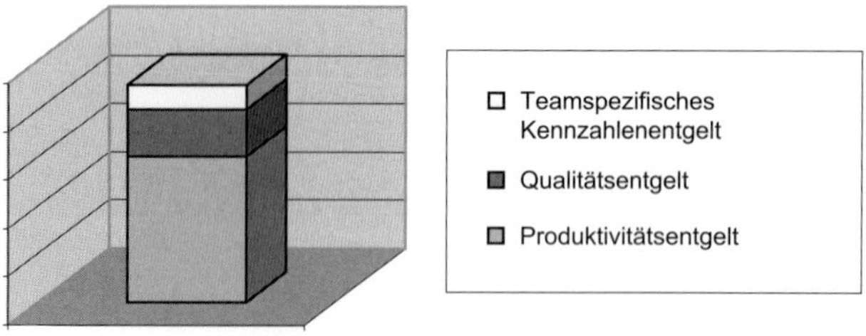

Abb. 3.12.2 Aufbau leistungsorientiertes Entgelt

Ausgehend von den Zielen des Unternehmens zur Wahrung der Wirtschaftlichkeit ist das Element der Produktivität enthalten. Im Sinne der Kunden-Lieferanten-Vereinbarung ist der Baustein Qualität für interne wie externe Prozesse berücksichtigt wurden. Als dritte Komponente werden teamspezifische Kenngrößen wie Reduzierung der Durchlaufzeit, Sicherung der Anlagennutzung durch Einhalten der Wartungszeiten, Ordnung, Sauberkeit und Arbeitssicherheit, Anzahl durchgeführter Verbesserungen im Team, Bereitschaft zur Qualifikation und Flexibilität honoriert.

3.13 Durchgängige Schulungssysteme – Qualifizieren statt Kapitulieren

Oliver Kress

Schlanker Materialfluss, *Lean Production*, *Kanban* und weitere Schlagworte der schlanken Produktion sind für den einen das tägliche Brot, für den anderen eher abschreckendes Neudeutsch. Der teilweise zögerliche oder besser gesagt verhaltene Umgang mit diesen Methoden, liegt oft in der missverständlichen Interpretation dieser Begrifflichkeiten. So werden diese Methoden häufig mit Arbeitsplatzvernichtung und Stellenabbau in Verbindung gebracht. Dies ist allerdings ganz und gar nicht der Fall. Häufig werden diese Veränderungen erst in der Krise durchgeführt, in der man durch andere Umstände gezwungen ist Arbeitsstellen abzubauen. Beispiele von schlanken Unternehmen zeigen hier jedoch gegenläufige Entwicklungen, sodass nach der Implementierung von *Lean-Manufacturing*-Methoden neue Arbeitsplätze geschaffen werden konnten. Im Folgenden werden die Möglichkeiten einer Abhilfe solcher Interpretationsdefizite diskutiert. So werden mittels durchgängiger Qualifizierungskonzepte Trainingsbausteine beschrieben, die das Verständnis für das Thema Lean in seiner Ganzheit und Komplexität schaffen und die Anwendung in der Praxis sowie den Umsetzungserfolg darstellen. Auch wird der Aufbau dieser Qualifizierungsprogramme erläutert und deren Bedarf an konsequenter Umsetzung diskutiert.

3.13.1 Konsequente Umsetzung als Erfolgsgarantie

Warum gibt es dieses Missverständnis? Zum einen fehlt es an der nötigen Aufklärung der Unternehmer, was sie eigentlich mit diesen Methoden erreichen können und zum anderen an der Kenntnis, welche Verpflichtungen auf sie als Führungskräfte zukommen. Um jedem Mitarbeiter vom Shopfloor bis zum Top Management diese Aufgaben und Verantwortungen zu vermitteln, gilt es entsprechende Qualifizierungsprogramme zu entwickeln. Dabei ist zu beachten, dass die reine Einführung dieser schlanken Produktionsmethoden nur einen kleinen Teil des Erfolgskonzeptes ausmacht. So stellen diese Methoden schlichtweg eine Notwendigkeit zur produktiven Produktion dar. Um die Produktivität eines Unternehmens jedoch langfristig zu sichern, bedarf es der konsequenten Anwendung dieser Lean-Enterprise-Methoden im gesamten Unternehmen sowie deren permanente Weiterentwicklung und Optimierung. Dabei spielt bei der Methodenimplementierung die Unterstützung durch das Management eine tragende Rolle (vgl. 1.18. Probleme sind Schätze). Man muss allerdings lange suchen bis man Unternehmen findet, die den Wandel zum schlanken Unternehmen bereits vollzogen haben. Dieser Wandel wird in den meisten Fällen nur halbherzig vollzogen oder an entsprechende Berater delegiert, die das komplexe Know-how des Lean-Enterprise-Ansatzes nicht vollständig durchdrungen haben. Deshalb werden oftmals in den Unternehmen nur Suboptima erreicht und der halbherzig begonnene Wandlungsprozess zum schlanken Unternehmen endet nicht selten in einem Desaster.

Durchgängige Schulungskonzepte

Abhilfe kann hier eine fundierte Qualifizierung der Mitarbeiter in den Methoden des ganzheitlichen Lean-Enterprise-Ansatzes leisten. Hierfür werden entsprechend des Bedarfs der Zielgruppen im Unternehmen spezielle Qualifizierungsprogramme entwickelt. Der Erfolg dieser Trainingsprogramme liegt in der auf die Zielgruppe abgestimmten Kombination aus Theorie und Praxiseinheiten. In den Theorieeinheiten werden den Teilnehmern die Methoden vermittelt, die sie im späteren Alltag für die Lean-Transformation benötigen. Gepaart mit dem Praxisprojekt, bei dem die Teilnehmer in der Analyse, Umsetzung und Stabilisierung einer Lean-Implementierung gecoacht werden, ergibt das einen vollen Lernerfolg. Dieses intensive Training eignet sich besonders für Menschen, die im Unternehmen später eine übergreifende Optimierungs- oder Führungsrolle innehaben.

3.13.2 Wesentliche Bestandteile erfolgreicher Trainingsprogramme

Doch wie definiert sich ein erfolgreiches Qualifizierungsprogramm? Was erwarten die Teilnehmer? Wie transferiert man spezielles Know-how zielgerichtet, um Komplexität transparent und begreifbar zu machen? Alle diese Fragen gilt es bei der Konzeption von Trainingsprogrammen zu berücksichtigen.

1. **Analyse der Problemstellung und Ermittlung passender Konzepte:** Zunächst ist das Verständnis und Interesse der Teilnehmer herauszuarbeiten: Was sind deren Belange, Ängste oder Ideen? Nur wenn man die Zielgruppe genau kennt, kann man ein spezifisches Qualifizierungsprogramm entwickeln. Es bedarf daher neben der allgemeinen Konzeption des Trainingsablaufs auch der speziellen Erarbeitung von Trainingsunterlagen. Hierzu zählen neben adäquaten Schulungsunterlagen auch Filme, Best-Practice-Beispiele aus anderen Firmen oder firmeneigenen Vorzeigebereichen sowie spezielle Simulationsspiele. Unter Simulationen versteht man hier die übertragene Darstellung von Produktionsprozessen in Modellfabriken. Dies kann im einfachsten Fall eine Anordnung von Stationen sein, an denen Papier in unterschiedlichen Formen gefaltet werden muss.
2. **„Coachen" statt Anweisen:** Ziel ist es den Teilnehmer durch die Dramaturgie des Trainingsaufbaus kontinuierlich auf die bevorstehenden Aufgaben vorzubereiten und ihn bei der Umsetzung zu unterstützen.
3. **Aufbau interner Kompetenz:** Den wesentlichen Vorteil von Qualifizierungsprogrammen findet man in der Weitergabe von Wissen an die Personen, die später diese Prozesse in der Praxis realisieren müssen. Nur durch gezielte Weitergabe dieses Wissens gelingt es, den langfristigen und gezielten Know-how-Aufbau zu sichern. Durch die Befähigung der Personen im Unternehmen schwindet zunehmend auch die Angst vor diesen „neudeutschen" Begrifflichkeiten. Auch der Wandel von der externen Beratung der Mitarbeiter

hin zu der eigenen Identifikation mit diesem Themen beginnt. Nicht selten entsteht ein wahrer Begeisterungsstrom und im Unternehmen gibt es eine regelrechte Infizierung mit dem „Lean-Virus".

4. **Einbinden:** Wichtig in diesem Zusammenhang ist, dass die Scheu vor Neuerungen durch Interesse und Aufgeschlossenheit weicht. Solch einen Wandel kann man am besten erzielen, indem man die Mitarbeiter integriert und sogar noch einen Schritt weiter geht und die Mitarbeiter neben der Einbindung auch für die Realisierung verantwortlich macht. Solche Bewegungen gehen bis hin zu einem Aufbau interner Verbesserungsorganisationen, die die ehemaligen externen Berater oder Traineraufgaben selbstständig übernehmen. Dieses angestrebte Ziel stellt die ideale Ausprägung der Folgen solcher Qualifizierungsmaßnahmen dar. Nur so kann ein Prozess von innen angetrieben und vollständig auf die eigenen Belange des Unternehmens ausgerichtet werden.
5. **Identifikation der Führung:** Funktionieren wird dies allerdings nur, wenn auch die Führung des Unternehmens konsequent auf die Implementierung dieser Methoden baut. Hier dürfen keinerlei Zweifel auftreten. Nur die absolute und konsequente Verfolgung dieser Lean-Gedanken kann den Erfolg des Unternehmens ausmachen. Dass dies der richtige Weg ist, zeigen die Unternehmen, die diesen Weg in aller Konsequenz gegangen sind. Hierzu zählen nicht nur die bekannten japanischen Vorzeigeunternehmen. Auch in Deutschland gibt es durchaus Firmen, die bewiesen haben, dass ihre Mitarbeiter über das Know-how und die Kompetenz für das Implementieren und konsequente Betreiben solcher schlanken Systeme verfügen. Die gezielte und zielgruppenorientierte duale Trainingsmethode hat diese Personen auf ihrem Weg der Transformation begleitet und befähigt.

3.13.3 Erfolgsfaktoren bei der Umsetzung

Hierarchieabhängige Qualifizierungsprogramme:

Mit der alleinigen Gestaltung und dem Willen der Realisierung solcher Qualifizierungsmaßnahmen ist der Erfolg aber noch nicht garantiert. Hierzu gehört wesentlich mehr. So ist es wichtig, dass entsprechende Qualifizierungsprogramme für die entsprechenden Hierarchieebenen konzipiert werden und in einer definierten Regelmäßigkeit durchgeführt werden. Diese Regelmäßigkeit ist in Abhängigkeit von Unternehmensgröße, Lean-Realisierungsgrad sowie der Neubesetzung von Stellen abhängig. So gibt es beispielsweise Unternehmen, die neue Mitarbeiter erst dann in die Verantwortung ihrer neuen Position lassen, wenn diese die für ihre Hierarchieebene angedachte Qualifizierung auch nachweislich durchlaufen haben.

Richtiges Verhältnis von Top-Down- zu Bottom-Up-Qualifizierungen:

Von ebenso großer Bedeutung ist die richtige Mischung des Verhältnisses von Top-Down- zu Bottom-Up-Qualifizierungen. Eine häufig angewandte Methodik zur Verbreitung der Lean-Kompetenzen im Unternehmen ist die Kaskadenschulung. Mit Hilfe dieser Methode wird versucht dieses Wissen möglichst schnell Top-Down in das Unternehmen zu bringen. Prinzipiell ist gegen diese Vorgehensweise nichts einzuwenden, der Erfolg dagegen oft zu vernachlässigen. Die Gründe hierfür liegen sehr oft in der nur mangelhaften Identifikation der jeweils verantwortlichen Personen mit diesem Thema. Sie sind oft nur unzureichend informiert und delegieren diese Tätigkeit der Informationsweitergabe über die Kaskade meist an Mitarbeiter, die noch weniger informiert sind als sie selbst. Dies führt letztendlich zu einem enormen Informationsverlust entlang der Kaskade und somit zu einer mangelnden Identifikation mit diesem Thema. Im Gegenzug entsteht durch Lean-Workshops und Projekten eine gewisse Gegenbewegung, die das Thema Lean von Bottom-Up in das Unternehmen trägt.

Besondere Integration des mittleren Managements

Dies führt häufig zu entsprechenden Konflikten zwischen dem Shopfloor und dem mittleren Management. Da die Überzeugung auf dem Top-Management-Level und dem Shopfloor durchaus vorhanden ist, kommt dem mittleren Management eine zentrale Rolle zu, um den Prozess voranzutreiben. Hier fehlt aber häufig mangels entsprechender Qualifikation die Überzeugung von der Sinnhaftigkeit der Lean-Methode. Man identifiziert diese Methode eher mit Kompetenzverlust und der Abgabe von Managementkompetenzen auf den Shopfloor, was wiederum zu einer eher zögerlichen Unterstützungshaltung gegenüber den Lean-Methoden führt. Aus diesem Grund ist bei den zu konzipierenden Qualifizierungsprogrammen dem mittleren Management eine große Bedeutung beizumessen.

Angepasste Implementierungsgeschwindigkeit und Qualifizierungssequenzen

Auch die richtige Einschätzung der Umsetzungsgeschwindigkeit darf nicht falsch beurteilt werden. Wer glaubt, dass sich solche Methoden in kürzester Zeit im Unternehmen nachhaltig verankern lassen, irrt gewaltig. Dieser Prozess benötigt Zeit und Geduld, aber auch entsprechenden Nachdruck und Konsequenz in der Umsetzung. Die Implementierung der Methoden ist dabei nicht das einzige Kriterium, das nötig ist, um eine nachhaltige Lean-Kompetenz zu erreichen. Vielmehr ist ein Mind-Set oder auch Mind-Change der Mitarbeiter notwendig, um diesen Erfolg nachhaltig abzusichern.

Konzentration auf das Wesentliche

Eine zu hohe Erwartung hinsichtlich der Umsetzungsgeschwindigkeit wird manche in ihrem Verhalten ungeduldig werden und immer nach neuen Methoden suchen lassen, um möglichst alles zu machen, was gerade in Mode ist. Diese Vorgehensweise führt allerdings in den meisten Fällen nur zu Verwirrung und Orientierungslosigkeit bei den Mitarbeitern und einem weiteren Umsetzungsstau beim Lean-Vorhaben. Nur eine konsequente, sehr zielgerichtete und der „Change-Geschwindigkeit" angepasste Umsetzung und Qualifizierung wird den geplanten Erfolg bringen.

3.13.4 Lean-Enterprise-Methoden zur Standortsicherung

Der Erfolg lässt keine Zweifel offen. Outsourcing oder Verlagerung der manuellen Tätigkeiten in östliche Länder muss nicht immer der richtige Weg sein. Vielmehr gilt es, sich auf das vorhandene Potenzial der Mitarbeiter zu konzentrieren und mit ihnen gemeinsam den Weg des Wandels zu beschreiten. Aber neben aller Qualifizierung ist die klare Aussage des Managements und dessen Integration in den Wandel- und Qualifizierungsprozess ein wesentlicher Teil des Erfolges und besitzt höchste Priorität.

4 Supply Chain Management (SCM) mit *Kanban*

Philipp Dickmann

Nach Schätzungen des Mercer Management Consultings und des Fraunhofer Instituts wird der Wertschöpfungsanteil in der Automobilindustrie von durchschnittlich 35 % im Jahr 2002 auf 23 % im Jahr 2015 sinken *[Merc 04]*. Der Trend, die Produktionstiefe oder allgemeiner die Wertschöpfungstiefe zu reduzieren, hat zur Folge, dass die Kaufteile den größeren Teil der Wertschöpfung einnehmen. Die Optimierungspotentiale und der Einfluss auf die Kosten wandern immer mehr zu den Lieferanten, vor allem bei größeren Unternehmen oder Konzernen. Lieferanten-Philosophien, die auf oberflächlichen Verbindungen zu Lieferanten aufbauen, um immer optimal und schnell den günstigsten Teilepreis zu erhalten, haben sich in vielen Sparten oder Produktbereichen z. B. im Maschinenbau, im besten Fall als kurzfristig erfolgreich erwiesen. Kooperative und nachhaltige Strategien sind der erfolgversprechendere Weg, zumindest mittel- bis langfristig. In der Realität wird sehr wenig in Supply Chain-Konzepte investiert und die Umsetzungen sind daher vielmals oberflächlich. Sie sind auf Studien beschränkt oder nicht nachhaltig umgesetzt. Grundsätzlich lassen sich drei wesentliche Supply Chain-Typen (SC-Typen) unterscheiden *[Maie 06]*:

- **Beschaffungs- oder produktionsorientierte Supply Chain (SC-Typ 1):** Diese Methode zielt auf Kosteneinsparung durch große Losgrößen ab. Typische Anwendungsfälle sind Bereiche mit hohen Rüst- und Beschaffungsfixkosten. Charakteristische Merkmale sind hohe Lager- und Puffermengen, die eine von den Kundenbedarfen entkoppelte Produktion erlauben.
- **Planorientierte Supply Chain (SC-Typ 2):** Die maximale Ausbringung steht im Vordergrund dieses Ansatzes. Bedarfsschwankungen werden über Bestandspufferstrategien ausgeglichen.
- **Bedarfsorientierte Supply Chain (SC-Typ 3):** Durch hohe Geschwindigkeit der Prozesse entlang der Supply Chain wird angestrebt die Bedarfe innerhalb der Lieferzeit zu beschaffen, zu produzieren und auszuliefern. Bedarfsschwankungen werden mit einer flexiblen oder synchronen Produktion abgebildet.

Die definierten Typen sind dabei nur bedingt branchenspezifisch, es sind vielfach mehr die Unternehmensstrategien, die entscheiden zu welcher Gruppe ein Unternehmen zählt. Zur Bewertung der Gruppenzugehörigkeit oder allgemein zur Bewertung der Flexibilität lässt sich der Zeitfaktor aus DLZ und WBZ in Relation zur Lieferzeit in der Branche heranziehen. Das Optimieren der Flexibilität mit kleineren Losgrößen und DLZ bringen folgende Vorteile *[Maie 06]*:

- **Optimierung der DLZ ohne Veränderung des SC-Typs:** Im Rahmen der Studie wurden die Zeitfaktoren um mehr als 40 % reduziert und der Cash Flow wurde um 30 % verbessert.
- **Veränderung zum bedarfsorientierten SC-Typ:** Selbst ein erhöhter Einstandspreis von bis zu 40 % des Ausgangspreises kann durch die reduzierte Kapitalbindung und die Logistikkosten kompensiert werden. Kürzere Reaktionszeiten auf Kundenwünsche können zudem zu einer zusätzlichen Umsatzsteigerung führen.

Diese Studie des Instituts für Produktionsmanagement und Logistik der Fachhochschule München belegt einmal mehr die betriebswirtschaftlich messbaren Vorteile, die eine Ausrichtung des Supply-Chain-Managements (SCM) an den Zielen der flexiblen Produktion bringt. Das Ergebnis zeigt, dass einseitige Einkaufspreis-Orientierung als Fokus nur zu einer scheinbar fundierten Aussage bezüglich der Einsparung oder der Gesamtkosten führen kann. Das Ergebnis nimmt eindeutig Stellung für die flexiblen Produktionsmethoden und damit letztlich für TPS. Dies gilt umso stärker, da bei dieser Studie nur einfach greifbare Kostenvorteile berücksichtigt werden konnten. Da die Charakteristik von TPS darüber hinaus positiv auf interdisziplinäre Hardfacts und Softfacts im mittel- bis langfristigen Bereich reagiert, kann in einer Studie nur ein kleiner Teil der positiven Auswirkungen gezeigt werden. Um wirkliche Einsparungseffekte zu erreichen, ist es jedoch nötig, die Produktionsprozesse unter Berücksichtigung der Ziele grundlegend zu restrukturieren. Eine genaue Betrachtung von *Kanban*, Ship-to-line, JIT- oder JIS-Installationen zeigt häufig, dass SCM nur scheinbar, sehr oberflächlich oder in einer sehr geringen Penetration implementiert wurde. Häufig werden nur Kennzahlen anders ermittelt, Verträge geändert, Puffer zu Lieferanten bzw. zum Spediteur verschoben oder Puffer „getarnt“ etwa als Konsignationsbestände, Verlagerung der Bestandsverantwortung oder Frozen Zone. Tatsächliches SCM setzt neben dem Restrukturieren der Produktions- und Logistikprozesse auch ein fundiertes Informationsmanagement voraus:

- **Feinabruf:** Der Abruf stößt (nur) den tatsächlichen Versand an.
- **Mittelfristige Prognose:** Aufgrund der mittelfristigen, mehrmonatigen Bedarfsplanung werden tatsächliche Bedarfsspitzen erkennbar. Wesentlich ist es, den Schwankungen, als Verursacher des Peitscheneffekts, dabei entgegenzuwirken.
- **Kapazitätsplanung:** Bei SCM in der Praxis wird heute vielfach die Kapazitätsplanung auf Managementebene definiert. Eine konservative Investitionsstrategie ist hier das leitende Motiv. Eine, in der Verbindlichkeit und den Grenzwerten definierte, Kopplung der Kapazität an die mittelfristige Prognose bringt den Vorteil der dynamischen mittelfristigen Anpassung.
- **Flexibilität- und Verbindlichkeitsplanung:** Flexibilität und Verbindlichkeiten müssen vertraglich klar vereinbart werden, da sich hier letztlich die Kosten für Cash Flow und Investitionen verstecken. Puffer und Reaktionszeiten können dynamisch mit Faktoren (z. B. 80 % von vier Wochen) oder statisch als

fixe Mengen (2000 Stück) definiert werden. Auch die Verbindlichkeiten und Kapazitätsgarantien können dynamisch an der mittelfristigen Prognose festgemacht werden *[Dick 04]*.

- **Definition von Logistikparametern:** Die Tragweite der Definition der Logistikparameter wird vielfach unterschätzt. Die tatsächlichen Auswirkungen, z. B. von Verpackungen, können enorme Summen annehmen (vgl. 3.6. Verpackung).
- **Allgemeine Kooperationsdefinitionen:** Dazu gehören verschiedenste Leitsätze und Verträge, welche die „Spielregeln" der Zusammenarbeit verbindlich festlegen.

Diese Informationskonzepte entsprechen in ihrer Bedeutung einer Managementaufgabe. Das Ziel von SCM ist es, die für die Kundenanforderungen passendsten Produktions- und Logistikprozesse zu finden, aufzubauen und „in Serie zu schalten". SCM wird oft mit hoch komplexen IT-Solutions gleichgesetzt. IT kann tatsächlich in einzelnen Feldern, wie bei der Datenübertragung, unterstützend wirken. Allerdings kann ein hoch entwickeltes SCM auch ohne Internetportale oder EDI-Umsetzungen, also mit einfacheren Mitteln, gleichermaßen effizient umgesetzt werden. Dies stellt gerade für kleine und mittelständische Betriebe einen möglichen und kostengünstigen Weg dar, SCM zu implementieren. Die Qualität von SCM lässt sich an einer möglichst geringen und übersichtlichen Zahl an Informationen erkennen, die tatsächliche Veränderungen einfach und „mit einer gewissen Trägheit" darstellen. Ein weiteres Merkmal sind einfache standardisierte Managementelemente, die eine kompetente und eindeutige Kommunikation effizient erreichen. Durch SCM sollte folgende operative Arbeitsweise erreicht werden: „Alles läuft von selbst im Tagesgeschäft. Man trifft sich nur regelmäßig, um die Prozesse und Abläufe weiterführend zu verstehen und zu verfeinern." Hierfür sind aber nachhaltige langfristige Lieferantenenwicklungskkonzepte notwendig; bezogen auf komplexe Portfolios sind auf kurzfristige Preisvorteile spekulierdende Konzepte hier kaum konkurenzfähig.

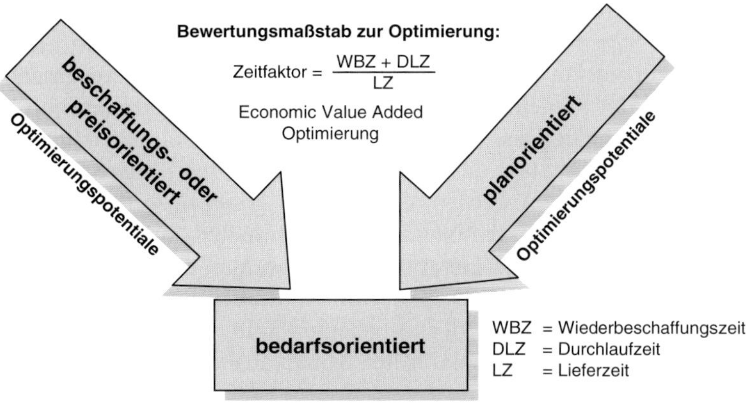

Abb. 4.0.1 Typen von Unternehmensnetzwerken, nach *[Maie 06]*

4.1 Einführung eines Supply Chain Management (SCM) Systems mit den speziellen Anforderungen beim Lieferanten-*Kanban*

Philipp Dickmann

Der Materialfluss wird heute zunehmend vom Standard des Lieferanten bestimmt. Hohe Flexibilität, Stabilität, Lieferzuverlässigkeit, geringe Störungsanfälligkeit, Lagerreichweiten und kurze Produktionszyklen der Lieferkette entwickeln sich zunehmend zu Entscheidungskriterien. Eine kooperative und erfolgreiche Lieferantenbeziehung darf dabei nicht als Fixum angesehen werden, sondern ist letztlich das Resultat sehr systematischer, langfristiger Zusammenarbeit. Lieferanten-*Kanban* ist ein einfacher und sehr effizienter Weg, um dem Kunden optimalen Service bei minimalen Kosten bieten zu können. Störungsstabile selbstlaufende Standards statt Improvisation sind von Kunden und Lieferanten anzustreben. Es wurde um 1965 für externe Teile in das Toyota-Produktionssystem (TPS) implementiert und ist daher nun ein ausgereiftes, etabliertes System. Im TPS wurden konkrete Ansätze zur Optimierung, für Standardabläufe und Anforderungen an Lieferanten definiert. Mit der Zunahme von Outsourcing und von IT-Anbindungen entstanden neue Varianten der Zusammenarbeit, die stellenweise einschneidende Auswirkungen auf den Materialfluss nehmen. Dieser ist prinzipiell enorm störungsanfällig. Jede Störung vervielfältigt sich zudem über den Snowball-Effekt in einer Kettenreaktion und hat dadurch enorme Kosten zur Folge. Auch eine unausgewogene Reduzierung des Einkaufspreises oder zu häufiger Lieferantenwechsel führt mittel- bis langfristig zu einer Verschlechterung der Qualität, der Lieferzuverlässigkeit der Lieferanten und letztlich zu höheren Produktionskosten. Qualitätsfehler sind wiederum Hauptursachen für Störungen des Materialflusses. Informationstechnologie wird oftmals als Lösung für diese Probleme angepriesen, ist aber real vielfach der Hauptverursacher für die Probleme. *Kanban* mit seinen Restrukturierungsmaßnahmen, den definierten Puffern, geringen Herstellprozesszeiten und der Stabilität gegenüber Störgrößen führt in der Praxis im Vergleich zu enormen Vorteilen. Lieferantenprojekte sind stark der Gefahr der Unstetigkeit ausgesetzt, schon allein aufgrund der langen Entwicklungs- und Einführungszeiten von Produkten. Nur ein durchgängiges, kontinuierliches Konzept kann nachhaltig Erfolg bringen. Auch müssen tatsächlich alle Schritte bis zu den Konsequenzen für den Lieferanten durchgehalten werden, da sonst der gesamte Aufwand ohne realen Effekt bleibt. Um die Projekte überschaubarer zu halten, empfiehlt es sich, nach dem Wertstrom-Konzept die Lieferanten auszuwählen und nur sukzessive umzustellen. Ein maßgebliches K.O.-Kriterium sind aber strategische Lieferantenentscheidungen, die außerhalb der festgelegten Kriterien als Rahmenbedingung auftreten und den ganzen systematischen Ablauf aushebeln können.

4.1.1 Einführung einer schlanken SCM-Umsetzung mit *Kanban*

Die wesentliche Vorraussetzung für eine erfolgreiche SCM-Optimierung nach den Anforderungen von *Kanban* ist die Strategie der Lieferantenfokussierung. Die Reduzierung der Anzahl der Lieferanten, Fokussierung auf Kernlieferanten und das Verschieben der Kapazitäten zu "Vorzeigelieferanten" sind die Regeln nach denen sich das Lieferantenmanagement nachhaltig und langfristig ausrichten muss. „Gute“ und kooperative Lieferanten erhalten Anreize durch zunehmende Wertschöpfungsanteile und Auftragsvolumen. Man kann die Strategie auch mit dem Motto umschreiben: „Klasse statt Masse“. Es ist das Ziel weniger Lieferanten, intensiver zu pflegen und zu betreuen (vgl. 4.7.), anstelle hoher Aufwendungen für ein vielfaches an Lieferanten mit vergleichbarem Portfolio zu betreiben. Die Möglichkeit der Einkaufspreisreduzierung durch Preisdruck ist in der Regel um eine Zehnerpotenz (Faustregel) weniger erfolgreich, als der Nutzen von Potentialen, die durch technische Änderungen oder Prozessoptimierungen erreicht werden können. Dies trifft gerade bei werthaltigen Komponenten zu, die in der Regel durch ihre hohe Differenziertheit leistungsentscheidend sind. Ein weiterer Vorteil ist das geringere Risiko (vgl. 1.15 und 4.5), da kaum Anlaufprobleme oder diffuse zeitverzögerte Kosten auftreten. Die Fokuslieferantenstrategie ist das Gegenteil von Parallellieferantenkonzepten (Quotierung), Strategien zu Volumenreduzierung von Lieferanten und Ansätzen mit häufigem Lieferantenwechsel. Diese Ziele sind daher auch nicht vereinbar mit der Lieferantenfokussierung. Parallellieferanten Konzepte, mit Splittung (Quotierung) der Bedarfe auf verschiedene Lieferanten, sollte generell nur bei Engpassproblemen und normierbarer, sehr sicher vergleichbarer Leistung angedacht werden.

Die wesentlichen Schritte bei der Einführung eines SCM z. B. mit Lieferanten-*Kanban* sind:

1. Definition der konkreten SCM-Zielkriterien,
2. Ableitung konkreter Umsetzungsvorgaben, mit Entscheidung der Verantwortung,
3. Kommunikation und Schulung der Ziele intern und extern,
4. Start der Umsetzungsprojekte in Phasen,
5. Bewertung und Klassifizierung der Lieferanten und
6. Fokussierung der Materialien auf Lieferanten, die den Zielen entsprechen.

4.1.2 Ziele der Lieferantenkooperation

Das TPS strebt ein SCM, basierend auf JIT und *Kanban*, an mit gleichzeitiger Reduzierung der Anfälligkeit gegen Störungen. Aus dieser Basisdefinition lassen sich differenzierte Ziele ableiten:

Allgemeine Ziele der Lieferantenanbindung *[Lepr 05]:*

1. Kontinuierlicher Materialfluss,
2. Klare Vereinbarungen zur Lieferfähigkeit und Flexibilität,
3. Maßnahmen zur Störungsvermeidung,
4. Präventive Qualitätssicherstellung,
5. Selektion der tatsächlich notwendigen Informationsflüsse und Vereinbarungen,
6. Strukturierter Informationsfluss auch in Krisen,
7. Minimale Kosten,
8. Hoher Servicegrad und
9. Klare und homogenisierte vertragliche Vereinbarungen.

Diese Ziele müssen auf die verschiedenen Bereiche aufgeteilt werden, wie z. B.:

Logistische Ziele der Lieferantenanbindung *[Lödd 06]:*

1. Vermeidung des Bullwhip-Effekts,
2. Bestandsreduzierung,
3. Höherer Servicegrad gegenüber dem Endkunden,
4. Verringerung des administrativen Aufwands,
5. Gleichmäßigere Auslastung des Produzenten,
6. Quick Response – aktuelle Daten über Nachfrage und
7. Continuous Replenishment: Konstante Lieferintervalle und Zielbestand.

Zielkonflikt zwischen dem Lieferanten-*Kanban* und einseitig preisorientierten Lieferantenstrategien

Der Interessenkonflikt zwischen optimalem Preis und optimalen Prozessen kann durch kompetente und vor allem umfassende Kostenermittlung, z. B. durch interdisziplinäre Prozesskostenrechung, sehr fundiert reduziert werden. Dadurch wird der Druck auf den Einkauf gemildert, einseitig nach dem Einkaufspreis optimieren zu müssen, da auch andere Kriterien mit bewertet werden können. „Nicht unbedingt der billigste Anbieter ist immer mittel- bis langfristig der günstigste für ein Unternehmen" – da Folgekosten berücksichtigt werden müssen wie Nacharbeit, Lieferschwankungen, Änderungskosten, Kosten für Lieferantenwechsel, zusätzlicher Betreuungsaufwand, Qualitätsfolgekosten, Krisenmanagement, Produktionsausfälle, Lieferschwierigkeiten zum Kunden. Um eine druckvolle Einkaufspreisreduzierung zu erreichen, werden stellenweise Einkaufsstrategien angewandt, die eine hohe Dynamik im Wechsel anstreben. Diese Ansätze vernachlässigen meist eine umfassende Kostenermittlung, z. B. für Änderungen, und lassen vielfach die Folgekosten außer Acht. Grundsätzlich ist bei jedem Lieferantenwechsel zu berücksichtigen, dass ein enorm kostspieliger Lernprozess über mehrere Jahre vollzogen werden muss, vom Lieferanten und vom Kunden. Selbst ein Kostenvorteil im unteren zweistelligen Prozentbereich kann hierbei leicht durch Aufwendungen kompensiert werden. Lieferanten-*Kanban* sollte ein wachsender, stetiger und kooperativer Prozess sein. Durch kontinuierliche, intensive Zusammenarbeit entsteht im Einvernehmen eine wirtschaftlich optimale Lösung. SCM sollte grundsätzlich eine Win-Win-Situation zwischen Kunde und Lieferant schaffen. Einseitig einkaufspreisorientierte Methoden sind mit ernsthaften, erfolgreichen Umsetzungen von SCM oder im Speziellen mit Lieferanten-*Kanban* unvereinbar.

4.1.3 Konkrete Umsetzungsvorgaben

Die Ziele werden in konkrete Vorgaben transformiert und mit allen internen Abteilungen und den Lieferanten abgestimmt. Diese Vorgaben müssen auch mit allen Verträgen und vertragsähnlichen Unterlagen harmonisiert und darin fixiert werden. Es leiten sich folgende konkrete Vorgaben für das Lieferanten-*Kanban* ab *[Lepr 05]*:

- Flexible, atmende Produktion mit dynamischer, freier Mindestkapazität und erst in zweiter Instanz mit Mindestpuffer;
- Kurze DLZ im Herstellprozess und daher kurze WBZ;
- Mindest-*Kanban*-Puffer zur Reduzierung von Störgrößen und zur Entkopplung der Produktion;
- Hohe Transportqualität ohne Zwischenpuffer;
- Professioneller Informationsaustausch mit Abbildung der notwendigen Ebenen und Fixierung in Verträgen;
- Automatisierte Kommunikation mit minimaler Datenmenge;
- Standardisierung bei Verpackungsabläufen;
- Störungsvermeidung und gemeinsame Störungsanalyse (Lieferant und Kunde);
- Kontinuierliche Maßnahmen zur Verbesserung der Niveaus des Lieferanten;
- Null-Fehler-Strategie und kontinuierliche Maßnahmen zur Qualitätsoptimierung;
- Qualitätssicherungsvereinbarungen und Zertifizierungen;
- Reduzierung der Wareneingangsprüfung auf das rechtlich notwendige Maß, d. h. Wegfall der vollständigen Wareneingangsprüfung.

4.1.4 Operative Supply Chain-Steuerung und Dispositonskonzepte

Bei Lieferanten-*Kanban*-Projekten werden die Abläufe, Dimensionierungen und Prozesse der Anbindung der Lieferanten restrukturiert. Ein großer Teil der erzielten Verbesserungen werden durch diese „Säuberungsaktionen“ verursacht. Es bestehen einige Möglichkeiten die Verantwortung bzw. Arbeitsinhalte neu aufzuteilen. Häufig wird leider nicht genügend systematisch differenziert zwischen den Übertragungsmethoden (EDI, DFÜ, WEB, E-Mail, Fax, Brief) und der Dispositionsverantwortung (der Kunde oder der Lieferant disponiert). In diesem Bereich sind vielfach Missverständnisse anzutreffen. Grundsätzlich ist zu beachten, dass alle Übertragungsmethoden mit allen Verantwortungsvarianten kombinierbar sind.

Dispositionsverantwortung beim Kunden

Eine Steuerung durch den Kunden ist effizienter im Falle von:

- Werthaltigen Materialien,
- Möglichst geringer Lagerreichweite,
- Starken, kurzfristigen Schwankungen, in Relation zur angestrebten Lagerreichweite und
- Wenn die Mehrzahl der steuerungsrelevanten Störgrößen auf der Kundenseite liegt.

Durch den Kunden können informelle Zusatzinformationen zu Störgrößen mit einbezogen werden. Engpässe werden vermieden und Puffer als Lagerbestand weniger nötig. Typische Beispiele sind werthaltige Montagebaugruppen oder Fertigungsteile. Es lassen sich folgende Fälle unterscheiden:

- **Klassische Disposition z. B. im MRP-System:** Der Kunde kann in gängigen MRP-Systemen mit automatischer Bestellschreibung, aber auch mit e*Kanban*, verschiedenste Formen des Bestellanstoßes praktizieren und vom MRP übertragen lassen.
- **Lieferanten-*Kanban*:** Der Kunde übernimmt die Verantwortung über die Steuerung und die Dimensionierung. Die Abrufe werden beim Kunden nach dem Ein- oder Zwei-Karten-*Kanban* gesteuert und angestoßen. Abrufe gehen beim Lieferanten als Feinterminierung kurzfristig ein. Dieses System ist überlagert durch eine grobe langfristige Planung. Die Bedarfe (d. h. die *Kanban*-Karte) werden über Fax, E-Mail, EDI oder über eine Internetplattform übertragen.
- **Lieferfenster statt Zeitpunkt:** Als Sonderform der Kundendisposition kann anstelle fixer Liefertermine ein Lieferfenster definiert werden. Beliefert der Lieferant mehrere Produkte, können bei gleichem Anlieferintervall kleinere Losgrößen realisiert oder auch die Transportkosten gesenkt werden. Dieser Ansatz wird typischerweise für JIT und Lieferanten-*Kanban* angewendet und ist als Zwischenform zur Lagerdisposition durch den Lieferanten anzusehen.

Dispositionsverantwortung beim Lieferanten:

Bei der Disposition durch den Lieferanten wird üblicherweise nur die Dimensionierung mit dem Kunden abgestimmt. Eine Steuerung durch den Lieferanten ist effizienter im Falle von:

- In Relation zu den Handlings- und Transportkosten wenig werthaltigen Materialien,
- Einer ungenauen Steuerung und Bestandsführung, d. h. höhere Puffer sind ausreichend und
- Wenn wesentliche Störgrößen beim Lieferanten liegen.

In diesen Fällen ist eine dezentrale bzw. verlagerte Lagerdisposition sinnvoll. Bei nicht geeigneten Produkten ergibt sich ein höheres Lagervolumen und Risiko. Der Kunde hat tendenziell eine höhere Kapitalbindung und die Nachteile von höheren Lagerbeständen, etwa eingeschränkte Flexibilität bei Änderungen. Typische optimale Anwendungsfälle sind C-Teile z. B. Normteile wie Schrauben oder Runddichtringe, etwa im C-Teile-Management oder im Großhandel. Dieses Konzept beinhaltet hohe Anforderungen an die Zuverlässigkeit des Lieferanten bzw. des Dienstleisters.

- ***Kanban*:** Behälter-*Kanban* durch den Lieferanten ist eine häufig anzutreffende Umsetzung für C-Teile. Das System wird mit großzügigen Lagerreichweiten gesteuert und eine hohe Lieferfähigkeit ist sicher.
- **Vendor Managed Inventory (VMI):** Der Kunde überträgt seine Lagerbestands- und Absatzdaten bzw. den aktuellen Bestand an den Lieferanten. Die Differenz des Bestands (Inventory-Level) entspricht dem Verbrauch und wird verbucht bzw. bezahlt. Andererseits erkennt der Lieferant aus den Daten die Bestandsreichweite. Der Name VMI leitet sich von der EDI-Übertragung der Bedarfe und des Bestandes ab *[Gesa 02]*.
- **VMI – mit zyklischem Lagerbestand – EDI:** Dies ist eine Weiterführung von VMI. Der Lieferant hat hierbei mit dem Kunden abgesprochene Ober- und Untergrenzen des Lagerbestands beim Kunden definiert. Für die Auffüllung ist der Lieferant oder Dienstleister selbst verantwortlich. Wann er genau liefert, ist ihm selbst überlassen.
- **VMI – auf einer Internetplattform:** Der Lieferant hat einen direkten Zugriff auf die Lagerdaten seiner Materialien. Das Verfahren ist identisch zum zyklischen Lagerbestands-EDI, nur dass die Daten nicht rhythmisch übertragen werden, sondern der Lieferant auf die Daten eventbezogen und online zugreift.

Sonderformen der Rahmenbedingungen:

- **Konsignation:** Externe Lager in der Nähe oder auf dem Werksgelände des Kunden. Die Dispositionsverantwortung kann auch getrennt erfolgen ab und zu dem Konsignationslager. Vielfach wird dieses Konzept in Kombination mit dem Outsourcing des Eigentums angewandt.
- **Outsourcing des Eigentums der Lagerbestände:** Die Ware geht in diesem Fall erst zu einem späteren Zeitpunkt, als dem der Warenannahme, in das Eigentum des Kunden über. Sie befindet sich z. B. physisch am Arbeitsplatz, gehört aber noch dem Lieferanten. Die Methode leitet sich vom Warenhauskonzept in Japan ab. Sie ist seit einigen Jahren vor allem durch Discounter bekannt

geworden. Bei diesen wird die Ware beim Bezahlen des Kunden an der Kasse dem Lieferanten verrechnet. Diese Konzepte werden zum Teil in andere Bereiche übernommen, sodass die Ware erst beim Verlassen des Kunden oder bei der Verrechnung durch den Endkunden bezahlt wird. Die Methode wird vielfach angewandt, um in hohen Losgrößen produzieren und liefern zu können, aber dem Kunden die Kapitalbindung zu ersparen. Der Kunde ist dennoch den Nachteilen hoher Losgrößen ausgesetzt, z. B. bei Änderungen bzw. Belastungen der Kapitalbindungskosten durch den Lieferanten indirekt.

4.1.5 Abstimmung und Schulung

Nach der Definition der Ziele müssen die wesentlichen Anforderungen in konkrete Umsetzungsvorgaben klar untergliedert und systematisiert werden. Daraus entsteht eine Anforderungsliste für jeden Lieferanten, ein Schulungskonzept, ein homogenisiertes Vertragswerk und letztlich ein Bewertungskatalog, der mit allen beteiligten Bereichen abzustimmen ist. Die definierten Ziele werden danach mit allen beteiligten Fachbereichen und Ebenen durchgängig und ausführlich besprochen. Anhand der Vorgaben und den angepassten, homogenisierten, vertraglichen Rahmenbedingungen werden im Anschluss auch die Lieferanten informiert und geschult. Die Schulungsunterlagen und Verträge sollten, als oberstes Ziel, offen transparent und eindeutig verständlich sein.

4.1.6 Projektabwicklung

Die Projektabwicklung sollte nach den Grundregeln des Verbesserungszyklus nach Deming (vgl. 1.10. TPM) in einen kontinuierlichen Prozess münden, etwa nach dem Konzept von Collaborative Planning Forecasting Replenishment (CPFR). Der Ansatz vom CRFR-Commitee verknüpft den Deming-Cycle mit Vendor Managed Inventory (VMI). Hier werden folgende Projektschritte definiert (WWW.cpfr.org), die aber analog für Lieferanten-*Kanban* gelten:

1. Strategie und Planung:
   a) Entwickeln einer kooperativen Grundsatzvereinbarung und
   b) erstellen eines gemeinsamen Geschäftsplans.
2. Bedarfs- und Versorgungsmanagement:
   c) Erstellen eines Absatzplans und
   d) generieren von Abruf und Vorschau.
3. Umsetzung
   e) Abruf erzeugen und
   f) Produktionsplanerzeugung und Lieferung umsetzten
4. Analyse
   g) Identifikation von Ausnahmen sowie Problemen und ,
   h) kooperative Problembehandlung sowie –lösung.

→Erneute Verbesserung der Strategie und Planung und Neubeginn des Zyklus

4.1.7 Lieferantenbewertung und -klassifizierung

Viele Lieferantenprojekte werden umfassend begonnen und auch in einem Pilotprojekt umgesetzt. Leider wird jedoch sehr selten eine nachhaltige Penetration von mehr als 50 % erreicht. Die Ursache liegt einerseits in der langen Dauer, die solche Projekte benötigen, und anderseits in den Kapazitätsspitzen, die für die intensive Betreuung der Lieferanten nötig sind. Aus diesem Grund wird vielfach auch keine nachhaltige Lieferantenbewertung und -klassifizierung über längere Zeit durchgeführt. Erst die stetige Verifikation der Ergebnisse und das Feedback an den Lieferanten ermöglichen große Fortschritte. Der angestrebte Umfang der Bewertungskriterien ist sehr unterschiedlich und reicht von kompletten Bewertungskatalogen bis hin zu der einfachen ein- bis zweiseitigen Auswertung der Liefertreue und der Qualitätsbewertung. Es können entweder nur Hardfacts, aber auch Softfacts, für Lieferantenbeurteilungen herangezogen werden.

„Eine Lieferantenanalyse mit Softfacts die punktuell mit Hardfacts verifiziert wird, ergibt eine zuverlässige, vergleichbar genaue und sehr schnell greifbare Aussage. Diese einfache Methode ist auch für kleinere Unternehmen mit geringem Aufwand umsetzbar und erbringt sehr hohe Effizienz" (www.lepros.de, 2006).

Mit Softfacts können etwa Kriterien wie die Zuverlässigkeit erfasst werden. Absolute Zuverlässigkeit muss gewährleistet sein und Lieferanten müssen dabei selbständig diese Zuverlässigkeit bieten. Dies setzt einen Selbstanspruch auf Null-Fehler-Strategien und TPS voraus. Nur ohne Konkurrenz sind schlecht strukturierte oder inkompetente Lieferanten tragbar (etwa Lieferanten bei denen der Kunde täglich anrufen muss, damit er seine Ware bekommt). Auch unter dem Kostenaspekt ist dies nicht vertretbar, da eine gute Strukturierung nicht mit höheren Kosten korreliert. Aus derartigen Kriterien können systematische Erfüllungsgrade ermittelt und zur Klassifikation herangezogen werden. Ein wesentliches Element das vielfach unterbewertet bleibt, ist die Kooperation die in der Partnerschaft erreicht wird. Folgende Elemente zur Bewertung sind wesentlich *[Lödd 06; Hieb 02; Schön 02]*:

- **Zusammenarbeit in logistischen Netzwerken:** Kriterien der Art und Intensität der Zusammenarbeit zwischen Netzwerkpartnern auf strategischer Ebene sind: Die Ausrichtung auf die Netzwerkstrategie und -interessen, die gegenseitige Abhängigkeit im Netzwerk, Vertrauen und Offenheit sowie die Machtverhältnisse unter den Partnern.
- **Koordination in logistischen Netzwerken:** Dieses Kriterium beschreibt den Betrieb logistischer Netzwerke: Die Intensität der Zusammenarbeit, die Verknüpfung und Verzahnung der Logistikprozesse, Formalisierungsgrad, Grad der Kommunikation, Einsatz von IT.

- **Zusammensetzung von logistischen Netzwerken:** Dieses Kriterium beschreibt das logistische Netzwerk und die Geschäftsbeziehungen: Die Anzahl der Wertschöpfungsstufen, die Anzahl der Produkte, die geografische Verteilung des Netzwerks, den Zeithorizont der Geschäftsbeziehung sowie die ökonomische und rechtliche Geschäftsbeteiligung.

4.1.8 Umsetzung einer Fokussierung aufgrund der Lieferantenbewertung

Grundsätzlich ist eine Lieferantenbewertung nur sinnvoll, wenn sie zeitnah auch zur Kommunikation und letztlich zu Konsequenzen für den Lieferanten führt. Die Ergebnisse müssen mit dem Lieferanten offen und direkt diskutiert werden. In vielen Fällen sind dem Lieferanten die Anforderungsprofile unklar oder werden auch sehr konträr von verschiedenen Seiten des Kunden dargestellt – d. h. er weiß vielfach nicht eindeutig, was der Kunde exakt will. Die Lieferantenbewertung führt zu konkreten Maßnahmen der Verbesserung, die in einem detaillierten Zeitplan festgelegt und überwacht werden müssen. Letztlich muss eine Fokussierung auf Lieferanten mit guten Bewertungen stattfinden, um einerseits die Lieferanten zu belohnen, andererseits einen hohen Servicegrad zu erreichen und letztlich den nötigen hohen Aufwand für schlechte Lieferanten zu reduzieren.

4.2 C-Teile-Management – Ursprung, Chancen, Risiken und Ansatzpunkte

Anja Beer

Verursacht ein „Cent-Artikel“ eine Produktionsstörung, der Schaden kann tausende Euro betragen, lässt sich dieser ungeplante Kostenblock durch keine Optimierung oder Preisreduzierung mehr kompensieren. Bei fehlender Materialverfügbarkeit ist im Verhältnis zum Auftragswert nichts so teuer wie ein fehlendes C-Teil! Das C-Teilespektrum ist häufig noch ein vernachlässigtes Optimierungspotential, da das Einkaufvolumen im Verhältnis zu A- und B-Teilen niedrig ist. Die folgende Zusammenfassung aus der Sicht eines Anwenders soll vermitteln: Welche Chancen und Risiken im C-Teilemanagement stecken und welche Ansatzpunkte in der Praxis relevant sind.

4.2.1 Potentiale bzw. Ziele

Prinzipiell gilt es die gesamte Wertschöpfungskette von Verschwendung zu befreien. Dabei muss sich aber der Beschaffungsaufwand am Beschaffungsvolumen/-wert orientieren. Die nachfolgende Grafik zeigt, dass sich im A-Teile-Bereich hohe

Reduzierungen im Teilestückpreis erzielen lassen, während bei C-Teilen der Schwerpunkt in der Optimierung der Prozesse, und damit der Logistik-Kosten, liegt. *[Hirs 01]*

Im Hinblick auf Preisoptimierung sind C-Teile für den Einkauf nicht interessant. Eine optimale Nutzung der Personalressourcen im strategischen und operativen Einkauf wird durch die Konzentration auf A-Teile erreicht. Eine Bestandsoptimierung des C-Teilebereichs würde ebenso wenig relevante Einsparungen erbringen. Im Gegenteil, dies ginge unter Umständen zu Lasten der Materialverfügbarkeit. Dem geringen Einkaufsvolumen stehen also hohe Logistikkosten entgegen. Diese sind bedingt u. a. durch:

- Bedarfsermittlung,
- Anfrage, Bestellabwicklung und Terminüberwachung,
- Warenannahme, Eingangsprüfung und Einlagerung bzw. Bereitstellung am Arbeitsplatz und
- Kontrolle und Anweisung der Rechnung.

Allein für die Bestellabwicklung werden Werte zwischen 75 € und 150 € genannt. Damit ist für den C-Teile-Bereich die Prozessoptimierung der erfolgversprechende Lösungsansatz. Die Gesamtprozesskette verkürzt sich, Versorgungssicherheit bzw. Teileverfügbarkeit erhöhen sich und die Lagerbestände, Kapitalbindung sowie Logistikkosten reduzieren sich teilweise. Im Einkaufsbereich erfolgt eine Optimierung durch die Konzentration auf einen oder einige wenige Systemlieferanten. Das Verhandlungspotential konzentriert sich, während der Pflegeaufwand reduziert wird. Durch gebündelte Lieferungen können Transportkosten sowie Aufwand bei EDV-technischer Abwicklung, z. B. ein Beleg mit vielen Positionen oder Einsatz von EDI, reduziert werden.

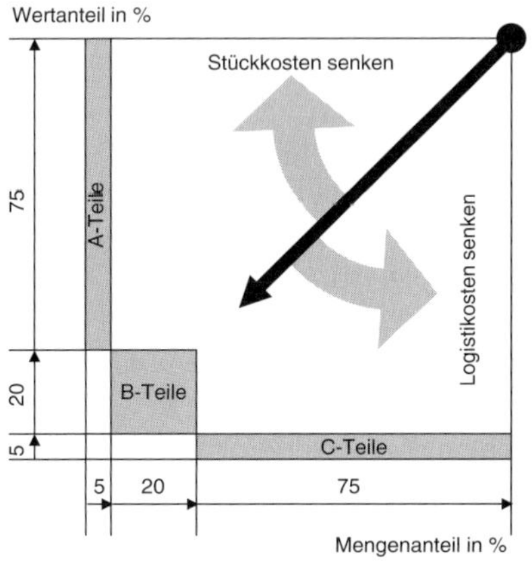

Abb. 4.2.1 Kostenstrategien nach ABC-Klassifikation *[Hirs 01]*

4.2.2 Charakteristika

C-Teile haben folgende relevante Eigenschaften:

- Viele Lieferanten und Anbieter;
- Viele Kleinbestellungen bzw. mehrere Bedarfsanforderungen aus verschiedenen Bereichen zu unterschiedlichen Zeiten, nur teilweise über einen Zentraleinkauf bündelbar;
- Hoher Bestellaufwand im Verhältnis zum niedrigen Teilewert;
- Ungenauigkeiten bei der Bedarfsbestimmung durch Maximalstücklisten, ungeplanter Verbrauch durch Schwund, Ersatz für Nacharbeiten usw. und
- Normteile oder an Normen angelehnte Teile mit z. B. speziellen Beschichtungen, nicht gängigen Abmessungen.

Als Basis für die Teilefestlegung bieten sich die klassische ABC-Analyse (Klassifizierung nach Mengen-Wert-Volumen) sowie die XYZ-Analyse (Stetigkeit des Verbrauchs) an. Die durch MRP-Systeme rechnerisch ermittelten Kennzeichen sollten nicht allein ausschlaggebender Faktor sein. Die Teileauswahl muss einem Team übertragen werden, das das Teilespektrum sowie die Produktion kennt. Der Einkäufer als Koordinator wird dabei vom „Bestellschreiber" zum Prozessmanager. Er muss also mindestens die Produktion und Logistik, sowie die Qualität und Technik einbinden. Aus diesem Team ergeben sich weitere praxisorientierte Ansatzpunkte bzw. Grenzwerte z. B. für Teilepreis (z. B. < = 5 €), Mindestbedarf (z. B. 5.000 Stück pro Jahr) und Bezug zum Verbrauchs-Ort bzw. Produktbereich. Dieses Team wird die Werte bzw. Rahmenbedingungen festlegen, die zu einer Basisliste führen. Dem folgt die Verifizierung bzw. Plausibilitätsprüfung der systemisch ermittelten Werte, und daraus ergibt sich das Teilespektrum für den Start.

4.2.3 Das Kaufhauskonzept als Ursprung

Das *Kanban*-System hatte seinen Ursprung in den 50er Jahren in Japan. Auf der Suche nach Instrumenten um Just-in-time und Automation in der Automobilindustrie voranzutreiben, bereiste Taiichi Ohno die USA. Dabei beeindruckten ihn die amerikanischen Supermärkte. Ihm wurde bewusst, dass ein Supermarkt ein Ort ist an dem der Kunde das bekommt, was er benötigt – zum erforderlichen Zeitpunkt und in der benötigten Menge. Dies führte zu der Erkenntnis: Supermarkt = Just in Time. Die Übertragung der Methoden der Supermärkte auf die Produktion führte zur optimierten Form der Machine-shops in den Produktionswerken Japans *[Ohno 78]*. Durch die Umstellung auf verbrauchsorientierte Beschaffung ist die Sicherstellung der Materialverfügbarkeit unter Beachtung gewisser Rahmenbedingungen gewährleistet. Damit ist auch die geforderte Flexibilität bei Bedarfs- bzw. Verbrauchsschwankungen und nicht planbaren Faktoren, wie z. B. Schwund oder Rücksendungen, gegeben. Voraussetzung dafür sind u. a. richtige Dimensionierung der Kreisläufe, Definition von Sicherheitsbeständen als Notfallstrategie und regelmäßige Auswertung der Behälterbewegungen. Daraus abgeleitet hat dies über Jahrzehnte zu verschiedenen Varianten der Beschaffung geführt.

4.2.4 Varianten der Beschaffung

Mitte der 90er Jahre begann in Deutschland ein Umbruch im Handling der klassischen DIN- & Normteile. Zur Reduzierung der Kommissioniervorgänge ging man dazu über Kleinteile in definierten Anliefergebinden direkt am Arbeitsplatz bereitzustellen. Später wurden diese Teile über einen elektronischen Katalog oder durch internes Scannen und Bedarfsübermittlung zum Lieferanten nachbestellt. Damit wurde bereits der Anteil der internen Handlingskosten reduziert. Mittlerweile haben sich Händler oder Hersteller als Systemlieferanten etabliert. Die Vereinbarungsmöglichkeiten der Abwicklung sind vielfältig und von den jeweiligen Rahmenbedingungen und Wünschen des Auftragnehmers abhängig. Gängige Varianten sind *[Sack 01]*:

- 1-Behälter-System: Bestellauslösung durch Unterschreiten einer definierten Füllmenge.
- 2- bzw. Mehrbehälter-System oder *Kanban*: Bestellauslösung, wenn ein Behälter leer bzw. eine Karte frei wird.
- Fest installierter Behälter mit Wiegesystem: Bei Unterschreiten eines „Meldegewichts“ wird elektronisch eine Anforderung ausgelöst.
- Shop-Systeme: Fest definierter Regalbereich pro Lieferant bzw. Hersteller, vor allem im Handel üblich.
- Konsignationslager: Fest definierter Teileumfang wird in der Produktion gelagert. Verwaltung und Risiko liegt bis zum Verbrauch beim Dienstleister. Diese Art wird tendenziell für großvolumige, teure Teile verwendet.

Bei den Behälter-Systemen kann noch unterschieden werden, ob der Behälter oder die im Regal entstehende Lücke gescannt wird. Die Bestellauslösung kann jeweils durch Mitarbeiter des Auftraggebers oder des Dienstleister erfolgen. Die Datenerfassung erfolgt heute meist über Scannen, eine Alternative wäre die Eingabe am PC. Die Übermittlung der Daten erfolgt per EDI, Fax, E-Mail, Internet oder *Kanban*-Karte bzw. -Behälter. Die Definition des Zeitpunkts für die Abrechnung der gelieferten Teile kann bei Lieferung oder bei Verbrauch erfolgen. Die Bezahlung kann durch Begleichen einer Rechnung oder per Gutschrift-Verfahren für einen definierten Zeitraum erfolgen. Ebenso vielfältig sind die Möglichkeiten der Buchungen. Müssen diese Teile im Bestand geführt werden, muss die Zugangsbuchung entsprechend geregelt werden. Wird der Datenaustausch mittels EDI-Prozesse unterstützt, kann dieser effektiv und im Prinzip fehlerfrei ablaufen. Wesentlicher Vorteil der Verlagerung des Gesamtprozesses an einen Dienstleister (d. h. Outsourcing) ist, dass damit das gesamte Erfahrungspotential (Kernkompetenz) des Dienstleister genutzt wird.

4.2.5 Schritte, die zur Einführung und zum Betrieb notwendig sind

Für den Erfolg eines solchen neuen Prozesses ist die interne Akzeptanz von immenser Bedeutung. Fehlt diese, können die vielfältigsten Fehler und Hindernisse auftreten und das System zu Fall bringen. Die Akzeptanz wird durch frühzeitige Einbindung aller betroffenen Bereiche (speziell Disposition und Technik) bereits bei der bedarfsgerechten Analyse der in Frage kommenden Teile erreicht. Eine zum Vertrag gehörende Qualitätsvereinbarung bildet die weitere Grundlage bei der Auswahl des geeigneten Partners. Hierbei ist der Aufwand für die Erstellung durch die Qualitätssicherung der Reduktion der Wareneingangskontrollen (ggf. Stichproben) entgegenzustellen. Falls ein Lieferantenwechsel offiziell angestoßen werden muss, sollten die eventuell auftretenden Änderungskosten (z. B. für Prüfläufe, Freigaben durch Kunden) abgeschätzt werden. Als Kriterien für die Auswahl des geeigneten Partners gelten u.a. Zuverlässigkeit, Kommunikationsfähigkeit, Vertrauensbasis der Partner und Nähe des Versorgungslagers. Sind die Voraussetzungen gegeben, ersetzt dies auf keinen Fall die detaillierte Vertragsvereinbarung bezüglich Inhalt und Art der Dienstleistung, Volumen- und Preisvereinbarung sowie Festlegung von Notfallstrategien und ggf. Konventionalstrafen. Die Zuständigkeit der vertraglichen Absicherung sollte in jedem Fall federführend beim strategischen Einkauf bleiben. Die Festlegung bzw. regelmäßige Überprüfung des Mengenvolumens sowie der logistischen Rahmenbedingungen (wie Anlieferorte, Anlieferzeitpunkte, Behälterdimensionierung) sollte sinnvollerweise von der operativen Logistik erfolgen. Diese sollte im laufenden Prozess der Ansprechpartner für den Dienstleister sein und die montagetechnische, qualitative, technische Zusammenarbeit koordinieren. Um die Funktion und Effizienz der eingerichteten Behälter und Teile-Kreisläufe sicherzustellen, empfiehlt es sich eine regelmäßige Überprüfung der Umschlagshäufigkeit der einzelnen Behälter durchzuführen. Damit können sowohl verschwundene Behälter als auch „Ladenhüter" aufgedeckt werden. Zum Service sollten Auswertungen vereinbarter Kennzahlen sowie notwendige regelmäßige Abstimmungen bezüglich Erweiterung oder Verbesserung der Kreisläufe und gegebenenfalls notwendige Inventuren von Behältern gehören und schriftlich vereinbart werden. Nicht zu unterschätzen ist die Chance, die das C-Teilemanagement zur Standardisierung von Serienteilen bietet. Wenn der Partner genug technische Kompetenz bezüglich der Anwendungsfälle des Kunden besitzt, kann dies zu einer Reduzierung der Varianten und damit wieder zur Vereinfachung der Beschaffung und zur Kostenreduzierung führen.

4.2.6 Grenzen des Systems

Eine für die Verlagerung erforderliche Prozess-Kostenanalyse wird vielfach an fehlenden Daten scheitern. Eine Übersicht der Leistungen sowie der Vor- und Nachteile, bzw. Gewichtung der einzelnen Faktoren, muss im Vorfeld ausreichen um eine Entscheidung zu treffen. Einsparungen bzw. Kostenvorteile durch Vergabe an einen externen Dienstleister werden sich erst nach einiger Zeit zeigen bzw. quantifizieren lassen. Falls eine Dienstleistungspauschale vereinbart wird, lässt sich diese häufig vom Auftragnehmer nur aufgrund von Erfahrungswerten im Vorfeld schätzen. Bedingt durch die sich erst entwickelnde Kundenlösung wird eine Quantifizierung erst mit laufenden Betrieb möglich sein. Dieser Faktor ist aber verhandlungsfähig und wird bei Änderungen des vereinbarten Systems immer wieder Verhandlungsthema sein. Durch die Abhängigkeit, die für beide Partner entsteht, können Nachverhandlungen mit zunehmender Dauer schwieriger werden.

Kritische Punkte des Outsourcing sind:

- Aufgrund spezifischer Systeme wird späterer ein Preis-Leistungs-Vergleich schwierig.
- Lieferantenwechsel ist aufwendig und nur mit langem Vorlauf möglich.
- Bei Behältersystemen können Behälter verloren gehen.
- Eine schlecht geplante bzw. vorbereitete Umstellung kann den Produktionsprozess unterbrechen und intern zu entsprechenden Widerständen bei der Einführung führen.
- Falls keine stufenweise Auflösung des eigenen C-Teile-Lagers vorgenommen wird, sind unter Umständen keine Reserven vorhanden
- Nicht klar abgegrenzte oder definierte Aufgaben bzw. Zuständigkeiten der Partner im Vertrag führen zu Problemen bzw. unter Umständen zu Mehrkosten.

4.2.7 Resümee

Sinnvolle Anwendungsbereiche sind sowohl Produktionsmaterialien als auch Hilfs- und Betriebsstoffe. Die Anwendungsmöglichkeiten und Spielarten sind sehr vielfältig und müssen an den jeweiligen Einsatzbereich und dessen Gegebenheiten angepasst werden. Die möglichst detaillierte, schriftliche Fixierung aller wichtigen Punkte ist für den reibungslosen Prozess notwendig und reduziert nachfolgende Mehrkosten. Durch die direkte Bereitstellung der Teile am Arbeitsplatz und eine klare Kostenstruktur der Dienstleistung wird eine direkte Zuordnung zu den Kostenstellen, die Empfänger der Leistung sind, möglich. Die größten Einsparungen im Prozess werden im Bereich Disposition, Wareneingang, Qualitätssicherung und Lager erzielt. Personaleinsparungen werden dabei aber selten erreicht und sind auch nicht primäres Ziel. Vielmehr wird mit dem Outsourcing von C-Teilen eine Konzentration der intern betroffenen Abteilungen auf die werthaltigen Teile bzw. Prozesse möglich. Die Teileverfügbarkeit wird bei Einhaltung der gemeinsam festgelegten Regeln sichergestellt.

4.3 C-Teile-Management – optimale Prozesse

Mario Graßy, Böllhoff GmbH

Unternehmen, die ihre Wettbewerbsfähigkeit erhalten oder verbessern wollen, müssen ihre Kosten verringern und gleichzeitig ihre Qualität und Flexibilität erhöhen – also Prozesse optimieren. Verbesserungspotentiale sind in der gesamten Wertschöpfungskette – von der Forschungs- & Entwicklungs-Abteilung bis hin zur Auslieferung an den Kunden – zu finden. C-Teile verursachen bekanntermaßen, obwohl Sie wertmäßig nur 20 % der gesamten Einkaufskosten ausmachen, 80 % der gesamten Beschaffungskosten eines Unternehmens (Abb. 4.3.1). Das Einsparpotential, bezogen auf die Prozesse des beschaffenden Unternehmens, ist daher von übergeordneter Bedeutung im Vergleich zu Einkaufspreisreduzierungen und daher auch der Schwerpunkt dieses Beitrags. Die Anforderungen an ein effizientes C-Teile-Management sind klar definierbar:

- **Prozessvereinfachung,**
- **Produkt- und Prozessqualität,**
- **Zuverlässigkeit und**
- **Kontinuierliche Verbesserung.**

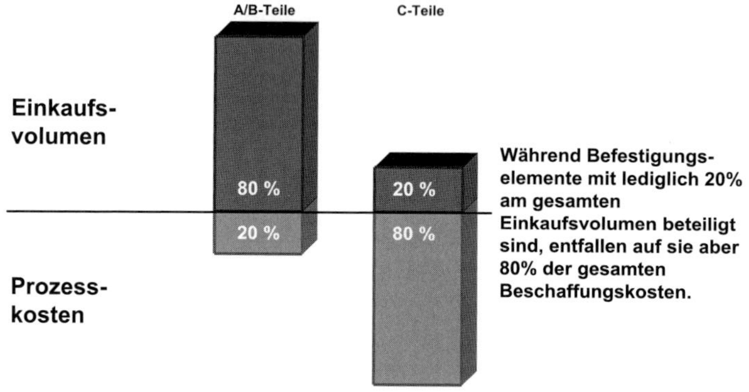

Abb. 4.3.1 Die 80–20-Regel

4.3.1 Prozessvereinfachungen

Es gibt einen Unterschied zwischen effizienten Prozessen und effektiven Prozessen. Effizient ist ein Prozess dann, wenn die einzelnen Prozessschritte richtig – also ohne Fehler – umgesetzt werden. Effektiv ist ein Prozess, wenn es sich um die richtigen Prozessschritte handelt. Ein Beispiel hierfür ist die Wareneingangskontrolle. Unternehmen, die den Wareneingang von C-Teilen einer

Detailüberprüfung unterziehen, werden in aller Regel diese Prozesse effizient beherrschen, d. h. nach § 377 HGB alle Prüfkriterien durchführen und die Ware bei Fehlerfreiheit dem Lager zuführen bzw. bei Qualitätsmängel reklamieren. Effektiv ist es, mit dem Lieferanten eine Qualitätssicherungsvereinbarung zu schließen um von der Prüfpflicht entbunden zu sein. Eine Analyse der gesamten Prozesskette bildet stets die Basis zur Identifizierung der wesentlichen „cost-driver". Diese gilt es dann detailliert daraufhin zu überprüfen, ob Vereinfachungen (= Effizienz) oder sogar ein Verzicht bzw. eine Verlagerung auf einen C-Teile-Management-Dienstleister sinnvoll sein kann (= Effektivität). Bereits im frühen F&E-Stadium von Produkten und Komponenten ist es sinnvoll spätere Prozesse bis hin zur Montage mit einzubeziehen. Die Teilevielfalt des Endprodukts hat einen direkten Einfluss auf alle Waren- und Informationsströme. Je geringer die Anzahl an C-Teilen und je standardisierter die C-Teile, desto schlanker sind die Prozesse. Dies steht oftmals dem kreativen Erfindergeist der F&E-Abteilungen entgegen, neue, DIN-/ISO-ähnliche C-Teile zu konstruieren, anstatt auf Bewährtes zurückzugreifen. Lösungen finden sich hierfür in der Definition von Standard-Komponenten in einem Bauteilekatalog, der Restriktion von Einzelteil-Neuaufnahmen oder der Einbindung des Engineering-Supports eines Dienstleisters, der auch im späteren operativen Prozess präsent sein sollte, um kontinuierlich Verbesserungspotentiale aufzuzeigen.

4.3.2 Produkt- und Prozessqualität

Die fünf „W" der Beschaffung – wer liefert was, wann und wieviel wohin – sind von entscheidender Bedeutung für die Beschaffungssicherheit von C-Teilen.

Für die Prozesssicherheit allein reicht das nicht aus. Wenn die optimale Bedarfsmenge just-in-sequence am point-of-fit ist, sind zwar alle logistischen Anforderungen erfüllt, aber was passiert, wenn die Produktqualität nicht den Anforderungen entspricht? Die richtige Qualität der Produkte bildet damit die Basis für die anforderungsgerechte Prozessqualität, unabhängig von der logistischen Leistung. Selbst wenn diese zu 100 % erbracht wird, können Qualitätsmängel von Produkten den Produktionsablauf empfindlich stören bzw. sogar stoppen sowie nach der Produktion zu Reklamationen und Rückrufaktionen führen. Geeignete Maßnahmen zur Qualitätssicherung sind die Auswahl eines qualitätsorientierten Dienstleisters, der es auch versteht durch eine kompetente technische Beratung die Produkt- und Prozessqualität sicherzustellen, sowie eine mit dem Dienstleister gemeinsam durchgeführte Qualitätsvorausplanung.

Die Qualitätsvorausplanung kann sich permanent an den maximalen Anforderungen orientieren und jedes zugekaufte Bauteil einer detaillierten Kontrolle in der eigenen Qualitätssicherung unterziehen.

Werfen wir doch mal einen Blick auf den Qualitätsprozess eines technischen Produktes:

- Qualitätsplanung,
- Definition von Prüfplänen,
- Qualitätskontrolle in der laufenden Fertigung,
- Endkontrolle und
- Ausgangskontrollen vor dem Versand an die Kunden.

Die Wareneingangskontrolle kann durch eine Qualitätsvereinbarung nach § 377 HGB ausgeschlossen werden. Bei der Qualitätsvorausplanung ist aber auch die Frage nach dem Sinn und Erfolg von Einzelmaßnahmen zu stellen. Schließlich sollte man sich immer der Tatsache bewusst sein, welche massiven Einflüsse z. B. auf eine logistische Systemausprägung genommen werden. Verwenden wir das einfache und allseits bekannte FiFo-Prinzip mit Chargenrückverfolgung innerhalb einer Materialbereitstellung nach dem *Kanban*-Prinzip.

Zwei oder mehrere Behälter befinden sich hintereinander in einem Bereitstellungsregal. Die Behälter sind nach dem Prinzip „FiFo mit Chargenrückverfolgung" so angeordnet, dass der „älteste" Behälter vorne, der „jüngste" hinten steht. Diese sind zusätzlich mit der darin befindlichen Chargennummer beschriftet. Was den Prozess der Warenbereitstellung betrifft, ist somit den geforderten Qualitätsvorschriften Rechenschaft getragen. Es ist aber nicht gewährleistet, dass der Werker auch dokumentiert oder zumindest zeitlich fixiert, aus welchem Behälter er wann das Produkt entnommen, bzw. die Charge gewechselt hat?

Abb. 4.3.2 Wareneingangsprüfung

Da man im beschriebenen Fall nur einen Annäherungswert, aber keine definitive Aussage erreichen konnte, stellt sich die Frage nach der optimalen Belieferungssystem-Systematik. Neben klassischen Ein- oder Zwei-Behälter-Belieferungssystemen sind heute auch moderne Warenbereitstellungssysteme, wie z. B. die SmartBin®-Wiegetechnologie oder sensorikgesteuerte Systeme wie die SensorBin®-Technologie, am Markt verfügbar.

Die Qualität bzw. deren Vorausplanung hat nicht nur Einfluss auf das einzelne Bauteil, sondern auch und vor allem auf nachgelagerte Prozesse.

4.3.3 Zuverlässigkeit

Neben den möglichen Qualitätskosten von Prozessen steht selbstverständlich noch das eigentliche Bauteil selbst. Speziell in C-Teile-Management-Systemen wurde u. a. das Ziel verfolgt Warenbestände am eigenen Lager weitestgehend abzubauen und an einen Dienstleister zu verlagern. Dabei kann man aber der Gefahr ausgesetzt werden, in Zero-Stock-Situationen zu laufen, wenn sich ein geliefertes Produkt trotz Qualitätsvorausplanung, Definition von Regeln oder dem Abschluss einer Qualitätssicherungsvereinbarung als fehlerhaft und damit als nicht verwendbar erweisen sollte. Wenn diese Eventualität in der Analysephase nicht berücksichtigt wurde, wird jetzt ein ernsthaftes Problem auftreten. Kann mein Dienstleister diesen Missstand in einer akzeptablen Zeitachse beseitigen, könnte man sagen: „Es war dessen Verschulden, also ist auch die Beseitigung seine Pflicht." Man könnte aber auch feststellen, dass die schnelle Beseitigung in Wirklichkeit Glück war und nun damit beginnen Fehlermöglichkeits- und Einflussanalysen (FMEA) gemeinsam mit dem Dienstleister zu erstellen. Ein Ziel sollte es immer sein alle Risiken möglichst in planbaren oder zumindest in akzeptablen Grenzen zu halten.

Qualitätskosten, die in der Analysephase angefallen wären, liegen deutlich unter jenen, die entstehen, sobald sich der Prozess einmal in voller Fahrt befindet. Es kann daher nur logisch und richtig sein, sich über mögliche Störungen im Materialfluss Gedanken zu machen.

Im Rahmen von C-Teile-Management-Systemen verantwortet man in der Regel nicht mehr alle Materialflüsse vom Hersteller bis ans Band selbst.

- Vom Hersteller in ein Verteilzentrum bzw. Pufferlager.
- Vom Verteilzentrum bzw. Pufferlager zu einem Frachtführer.
- Vom Frachtführer in Ihren Wareneingang.
- Von Ihrem Wareneingang in ein Zwischenlager.

Alternativ:

- Direkt ans Montageband.

Jeder dieser Materialflüsse ist grundsätzlich einer gewissen Störanfälligkeit unterworfen. Die möglichen Ursachen für Störungen in Materialflüssen sind wiederum sehr mannigfaltig und können kaum pauschal beantwortet werden.

Als Minimum sollten daher die Faktoren gesehen werden, welche dafür sorgen würden, dass eine Störung des Gesamtprozesses auch bereits bei einem temporären Ausfall eines Einzelflusses auftritt. Dies können z. B. sein:

- Technischer Mangel erst beim Verbau erkannt,
- Falsche Ware ans Band geliefert,
- Zu geringe Menge für den Produktionszyklus ans Band geliefert,
- Ware durch Unfall auf dem Transportweg zerstört,
- Falscher Behälter gewählt – > kann am Montageplatz nicht gehandhabt werden,
- Zuordnung aufgrund DV-Störungen nicht möglich,
- Vereinnahmung aufgrund DV-Störungen nicht möglich und
- Information über veränderten Bedarf ist nicht an Dienstleister weitergegeben worden.

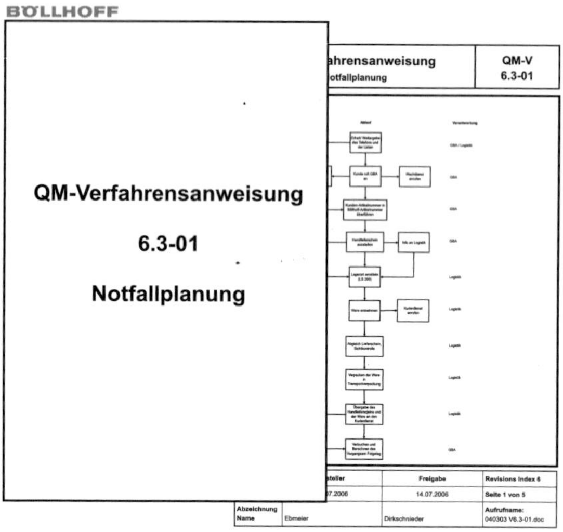

Abb. 4.3.3 Notfallplanung

Bei der Definition von optimalen Ablaufprozessen in C-Teile-Management-Systemen sollte daher immer die Regel gelten so wenige Schritte wie möglich zu tun, diese möglichst selbststeuernd zu gestalten und auf Schnittstellen weitestgehend zu verzichten. Technologische Unterstützungen solcher selbststeuernden Regelkreise scheinen im Verhältnis zu bekannten *Kanban*-Varianten, wie der Zwei- bzw. Mehrbehälter-Logik, monitär ins Hintertreffen zu geraten. Dabei beweisen diese aber in der Praxis, dass das Plus an Prozesssicherheit und die Geschwindigkeit der Informationsflüsse einen fast unbezahlbaren Vorteil bieten können.

4.3.4 Kontinuierliche Verbesserung

Potentiale zur Optimierung von Prozessen liegen in allen Bereichen der Supply-Chain begraben. Hauptsächlich wird der Fokus auf den Bereich mit aktiver Warenbewegung gelegt, da dieser objektiv zu betrachten ist und täglich x-mal praktiziert wird. Zusätzliche Potentiale können aber auch viel weiter vorn in der Liefer-Kette lokalisiert werden. Allein der Komplex der Materialbeschaffung stellt einen bedeutenden Faktor dar. Je mehr Leistungen an diesem strategischen Punkt „outgesourct“ werden, desto mehr sollte man sich darauf verlassen können, dass ein bereits beschrittener Weg des Global-Sourcing von dem Lieferanten auch weiterhin beschritten wird. Die Frage nach Low-Cost-Country-Sourcing ist dabei eine Thematik die sehr sensibel zu behandeln ist. Hierbei große Schritte aus reiner Kostensicht heraus zu veranlassen, haben sich nicht selten bereits relativ zeitnah als Boomerang erwiesen. Global-Sourcing darf nicht nur in Richtung Low-Cost verstanden werden, was zu Lasten der Qualitätsfähigkeit von Einzelteilen und (damit verbunden) ganzer Komponenten gehen kann. Reine Einkaufspreisreduzierungen sind wie eingangs erwähnt von nachgeordneter Bedeutung, wenn es um das gesamte Kostenreduzierungspotential des C-Teile-Managements geht. Als zukunftssicher erweisen sich Strategien mit C-Teile-Management-Partnern, die den Focus haben, den Markt im Sinne der Prozessvereinfachung, der Prozesssicherheit, der Qualitätssicherheit und der Qualitätskosten unter Berücksichtigung von Engineering-Leistungen zu sondieren. Dass diese Strategien auch kostenoptimiernd sein müssen, ist eine sine qua non unserer Zeit.

4.4 Die Erweiterung des C-Teile-Managements

Florian Seidl, Keller & Kalmbach GmbH

Welcher Dienstleister für welches Teilespektrum? Als das C-Teile-Management in Deutschland eingeführt wurde, war die Keller & Kalmbach GmbH einer der Pioniere der Einführung eines 2-Behälter-Systems bei Siemens 1987. Zunächst setzte man bei jenem Produktbereich an, der in der Produktion in der Regel 80 bis 90 % der Anzahl aller Artikel, der im Wert jedoch nur 2–5 % des Einkaufsvolumens ausmacht, d. s. Schrauben und andere Verbindungselemente. In diesem Produktbereich gibt es in der Regel die höchste Variantenvielfalt bei sehr geringen Teilewerten. Es ist daher kein Zufall, dass sich zunächst vor allem Schraubengroßhändler, kein Hersteller kann diese Produktbreite abdecken, mit dem C-Teile-Management für industrielle Produktion beschäftigten. Später kamen hier noch vereinzelt Elektro-Großhändler dazu, die in der Regel ein etwas geringeres Teilespektrum, jedoch mit höheren Teilewerten, abdecken oder vereinzelt auch Lieferanten von Industrieteilen wie Hydraulikverschraubungen oder andere. Erst später begann man intensiv auch C-Teile-Management-Systeme für den internen Betriebsbedarf einzuführen. Hier kamen nun auch vermehrt reine Dienstleister ins Spiel, welche eine Vielzahl von Produkten wie Werkzeuge, Arbeitsschutz, Hilfs- und Betriebsstoffe, Halbzeuge, Dichtungen, Elektroteile etc. in Bezug auf den Einkauf verwalten.

4.4.1 Welche Teile eignen sich nun für ein C-Teile-Management in der Produktion?

Hierbei ist vor allem zu beachten, dass C-Teile für die Produktion in der Regel dem Werker vor Ort zur Verfügung stehen müssen. Man wird diese Teile in der Nähe der Produktion lagern und in Form eines 2-Behälter-Systems oder eines anderen automatischen, sich selbst regulierenden Nachversorgungssystems vom Dienstleister bzw. Großhändler nachliefern lassen. Geeignet hierfür sind daher Teile mit folgenden Charakteristika:

- Niedriger Verbrauchswert,
- Geringe Empfindlichkeit bei Transport und Lagerung,
- Schüttgutfähigkeit,
- Hohe Entnahmefrequenz und
- Konstanter Bedarf.

Es sind dies also Teile wie Schrauben, Muttern, Scheiben, Drehteile, Pressteile, Stanzteile, hydraulische und pneumatische Verschraubungen, Kabelbinder, O-Ringe, Dichtungen, Elektrokleinteile, Rohrschellen, Temperguss-Fittings etc.

4.4.2 Welche Teile sind geeignet für ein C-Teile-Management in der Betriebsinstandhaltung?

Hier kann unterschieden werden zwischen Teilen, die ebenfalls stets sofort verfügbar sein sollten wie z. B. Schrauben, Dichtungen, Betriebsstoffe etc., also Teile, deren Fehlen zu Betriebsunterbrechungen führen kann und anderen, die eine gewisse Lieferzeit vertragen, z. B. Werkzeuge, Lager- und Betriebseinrichtungen, Roh- und Hilfsstoffe, Arbeitsschutz, Hygienematerialien, Putzmittel, chemisch/technische Produkte, Vorrichtungen etc. Auf die erste Gruppe sollten wiederum die oben angeführten Kriterien zutreffen, die anderen Produktgruppen eignen sich für eine Bestellung direkt durch den Werker und eine kostenstellenbezogene Lieferung.

4.4.3 Was sind die Stärken und Schwächen der möglichen Dienstleister für das C-Teile-Management?

Signifikante Merkmale der beiden großen Anbietergruppen:

Der Großhändler ist in der Regel Fachmann in einem oder mehreren Bereichen, z. B. Keller & Kalmbach bei Schrauben, Zeichnungsteilen, Werkzeugen, Chemie, Arbeitsschutz etc. Dies hat den Vorteil, dass der Dienstleistungspartner gleichzeitig der Fachhandelspartner ist, was bei einem „reinen" Dienstleister nicht der Fall ist. Außerdem kann ein Teil der Wertschöpfung, die im normalen Handelsgeschäft erzielt wird, bei der Kalkulation des Aufwands in die Waagschale geworfen werden. In der Regel wird er auch Rechnungspartner für Teile und Produkte sein, während der Dienstleister in der Regel lediglich die Leistung verrechnet. Der Nachteil des Großhändlers ist jedoch, dass er nicht hundert Prozent Wertschöpfung mit der Dienstleistung tätigt, sondern lediglich 10–40 %, der Rest ist Wareneinsatz für seine Vorlieferanten. Er muss daher aufgrund der Deckung der Umlagekosten und Gewinnmarge einen höheren Aufschlag verrechnen. Allerdings ist durchaus denkbar, dass er auch als reiner Dienstleister für Bereiche, die nicht zu seinem Kernprogramm gehören, auftritt. Großhändler haben in der Regel eine Lagerhaltung, sie eignen sich also für Produkte, bei denen sich Lagerhaltung anbietet, gleichgültig ob sie schnell verfügbar sein müssen oder nicht auftragsgefertigt werden. Der Einkaufsdienstleister ist dagegen lediglich eine zusätzliche Schnittstelle zwischen den Vorlieferanten und dem Kunden. Für seine Dienstleistung muss er selbstverständlich einen entsprechenden Kostenanteil verrechnen. Es gibt auch Mischformen, so z. B. der Anbieter „Simple System". Simple System ist ein Zusammenschluss verschiedener Großhändler für Werkzeuge, Elektroteile, Verbindungselemente, Betriebseinrichtungen etc. und bietet eine offene Plattform für elektronische Bestellungen, auf der weitere Lieferanten integriert werden können, an. Sämtliche Kosten dieser Dienstleistung werden von den Lieferanten getragen und sind für den Kunden kostenneutral. Diese Plattform eignet sich besonders für den internen Bedarf. Zusammenfassend kann gesagt werden, dass sich Fachhändler eher für den Produktionsbedarf, reine Dienstleister oder eCommerce-Plattformen eher für den internen Bedarf eignen.

4.4.4 Was übernimmt nun ein C-Teile-Dienstleister?

- Innerbetriebliche Logistik,
- Einkaufsverantwortung,
- Aktives Beschaffungsmarketing,
- Optimierung der C-Teile,
- Terminverfolgung,
- Reklamationsbearbeitung,
- Rechnungsprüfung,

- Evtl. eine Kontierung nach Kundenwunsch und
- Statistische Auswertungen.

Zusätzlich kann ein Fachhändler als Dienstleister noch übernehmen:

- Lagerhaltung,
- Technische Beratung,
- Optimierung der Einkaufspreise,
- Qualitätssicherung und
- Lieferung in die Produktion (Just-in-time, Just-in-sequence).

Hierbei sind sämtliche Abstufungen denkbar, von reiner EDV-mäßiger Bündelung und Weiterleitung von Einkaufsvorgängen – wobei die Lieferung wie bisher durch den Lieferanten direkt an den Endkunden erfolgt – über Aktivitäten im Einkauf oder in der Logistik wie *Kanban*-Belieferung. Ebenso können von einem entsprechenden Dienstleister oder Händler mit logistischer Kompetenz entwickelte automatisierte Systeme (RFID o.ä.; vgl. 5.13. Identifizieren mit RFID und/oder Barcode – Auto ID) eingesetzt werden. Damit werden die Bestände in der Produktion oder dem Kundenlager automatisch ermittelt und übermittelt und entsprechende Nachlieferungen auslöst. Es können auch noch zusätzliche logistische Dienstleister wie Spediteure eingesetzt werden. Die Systeme sind mit höherem und geringerem Komplexitätsgrad sowohl bei großen wie kleinen Kunden anwendbar. Im Handwerk gibt es z. B. Systeme, bei denen die Regale im Kundenlager beschriftet sind und per einfachem Barcodeleser Bestellungen ausgelöst werden können, die vom Kunden dann eingeräumt werden. Im Handel ist die „Regalpflege" von Produktbereichen direkt durch den Hersteller oder Großhändler gang und gäbe. Bei Großunternehmen kann die Servicetiefe der Dienstleistung bis hin zur direkten Versorgung der Produktion gehen oder bei betriebsinternen Gütern bis zur Lieferung auf Kostenstellen.

Abb. 4.4.1 Typisches Teilespektrum im Durchschubregal

Abb. 4.4.2 C-Teile-Bereitstellung

Hier nun ein Beispiel für ein solch umfassendes C-Teile-Management:

Die Firma Krones AG stellt das gesamte Spektrum von Maschinen für die Getränkeindustrie her. Als Spezialmaschinenbauer hat die Firma ein sehr großes Teilespektrum. Es existierten in der Firma zwei *Kanban*-Lieferanten, der eine war für Verbindungselemente, der andere für Elektroteile zuständig. Im Jahr 2001 entschloss man sich, weitere C-Teile zu integrieren. Innerhalb von acht Monaten hat Keller & Kalmbach, sämtliche Teile mit einem Einzelwert unter 3,-€ übernommen. Es handelt sich hierbei um z. Zt. ca. 4.000 Teile von 300 Lieferanten, z. B. Verschraubungen, Schläuche, Federn, Schilder, O-Ringe, Zeichnungsteile etc. Diese Teile werden in über 30 Supermärkte in 3 verschiedenen Werken im Rahmen eines 2-Behältersystems täglich produktionsnah verbracht. Krones konnte mit diesem System die Lieferantenanzahl erheblich reduzieren, sein Zentrallager um über 30 % entlasten, erhebliche Reduzierungen bei Bestands- und Personalkosten erreichen und gleichzeitig den reibungslosen Ablauf der Produktion sicherstellen. Im Rahmen einer „Open-book-policy" wurden die für den Dienstleister entstandenen Kosten zunächst vergütet. Im Verlaufe von drei Jahren wurden in gemeinsamer Arbeit die Einkaufspotentiale genutzt, wobei die Handelsspanne beim Kernprogramm „Verbindungselemente" voll in das Projekt einfloss. Die Einkaufspreise wurden unterstützt durch ein steigendes Umsatzvolumen, gemeinsam optimiert, (z. Zt. fast 10 Mio €), sodass nur eine sehr geringe effektive Mehrbelastung für Krones entstand.

4.4.5 Wo sind die Grenzen derartiger Systeme?

Teile, die sich nicht für eine Belieferung durch den Großhändler oder *Kanban*-Belieferung eignen:

- Typische A- und B-Artikel, also hochwertige Artikel.
- Artikel, die nur sporadisch benötigt werden.
- Artikel bei denen keine sicheren Vorhersagen über ihre Bedarfsmenge gemacht werden kann.
- Technisch sehr anspruchsvolle Artikel mit hoher Beratungsintensität und der Notwendigkeit eines ständigen technischen Supports des Lieferanten.
- Transport- oder lagerungssensible Güter.

Bei allen anderen Gütern muss der Anwender selbst entscheiden, ob der zusätzliche Aufwand für ein C-Teile-Management seine interne Kostenersparnis kompensiert. Wichtig ist, dass er die Kostenreduktion auch konsequent weiterverfolgt, sodass sie nicht auf dem Papier stehen bleibt. Diese Kosten können z. T. aufgefangen werden, wenn Dienstleister eingeschaltet werden, die gleichzeitig Fachhandelskompetenz besitzen und damit einen Teil ihrer Handelsmarge aufgrund des gestiegenen Umsatzvolumens mit dem jeweiligen Kunden zur Deckung ihrer zusätzlichen Kosten verwenden können. Auch ist klar zwischen Produkten zu unterscheiden, die aufgrund des technischen Know-Hows zwingend herstellergebunden sind, bei denen keine Lieferantenwechsel und auch keine Einkaufspreisreduzierungen möglich sind, und Artikel, bei denen nach dem Wechsel zum Teil die Einsparung des Fachhandels-Dienstleisters an seinen Kunden weitergegeben werden kann. Üblich ist hier die 50:50–Regelung, d. h. dass 50 % des erzielten Kostenvorteils mittels Preisreduzierung an den Kunden weitergegeben werden, während 50 % der Handelspartner zur Deckung seines Einkaufsaufwands verwenden kann. Das ist also eine echte Win-Win-Situation für beide Seiten!

4.5 Lieferanten-Management und Lieferanten-Optimierung

Colin Herron, University of Newcastle Upon Tyne, Großbritannien; Philipp Dickmann

Einkaufsmanagement definiert die Rahmenbedingungen des Materialflusses von Lieferanten. Moderne ERP-Systeme bieten heute komfortable Möglichkeiten dies steuerungstechnisch abzubilden. Die Qualität des Materialflusses wird abgebildet und dokumentiert, aber nur in kleinen Teilbereichen, wie Datenübertragung und Visualisierung, optimiert. Um eine tatsächliche Verbesserung der Prozesse zu erreichen, sind in anderen Ebenen umfassende Maßnahmen notwendig. Am Beispiel der Automobilindustrie lassen sich grundlegende Konzepte, wie „Preisfokus", qualitätsmanagement-orientierte Methoden (z. B. der europäischen Au-

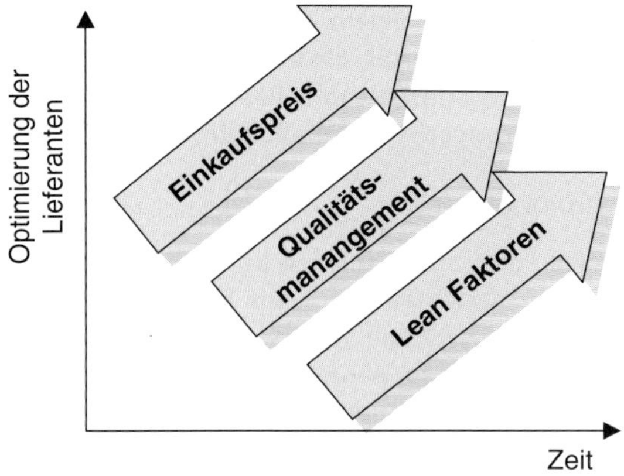

Abb. 4.5.1 Grundlegende Ansätze zur Optimierung von Lieferanten

tomobilhersteller ODETTE) und kooperative, auf Lean Production basierende, Methoden (z. B. der japanischen Automobilhersteller wie TCI von Nissan) unterscheiden. Komplexere Zielvorgaben für Lieferanten, etwa bei Produkten, die eine nachhaltige Zusammenarbeit notwendig machen, sind den einseitig, kostenfokussierten Methoden mittel- bis langfristig in normalen Marktumgebungen klar überlegen. Lean Production orientierten Methoden im SCM sind in Europa noch sehr wenig verbreitet. Die sehr einfachen und umfassenden Methoden erlauben, mit einfachen realitätsbezogenen Kennzahlen und einem im Vergleich zu qualitätsmanagement-basierten Systemen deutlich geringerem Aufwand, eine kontinuierliche Verfolgung des Levels der Lieferanten. Sie zielen dabei, wie qualitätsmanagement-basierte Methoden, primär auf die Optimierung des umfassenden Herstellprozesses ab. Am Beispiel von Nissan werden hier Ansätze vorgestellt, die effizient eine hohe Preisreduzierung erreichen.

4.5.1 Konzepte zur hochvolumigen Einkaufspreisreduzierung

Klassische Einkaufsstrategie

Die Schnittstelle zum Lieferanten wurde primär klassisch im betriebswirtschaftlich, rechtlichen Sinn interpretiert. Es wurde ein Leistungsumfang zu einem Preis definiert, dessen Rahmenbedingungen weitestgehend aus gesetzlichen Regelungen bestanden. Dies entsprach der klassischen Arbeits- und Kompetenzaufteilung im Unternehmen, wobei Einkauf und Beschaffung als rein betriebswirtschaftliche Disziplin verstanden wurden. In Europa herrschte bis vor 20 Jahren ein kooperatives Geschäftsgebaren nach dem Prinzip: Bei einer fairen, nachhaltigen Zusammenarbeit zwischen Kunde und Lieferant ist der größtmögliche, nachhaltige Nutzen für beide zu erzielen. Ein gleichberechtigtes Verhältnis zwischen Preis, Qualität und der differenzierten Leistung des Produktes leitete sich daraus ab. Der Umsetzungserfolg war jedoch maßgeblich von langjähriger persönlicher

Erfahrung in den Branchen bestimmt. Üblicherweise wurden keine umfassenden systematischen Kriterien bewertet, etwa mit interdisziplinärem herstellprozessbezogener Systematik im Hintergrund. Basis für die Entscheidung waren Vergleichspreise und Erfahrungswerte, der „Bauchwert" des Einkäufers.

Kurzfristige Gewinnorientierung

Aus den USA stammende, strikt auf den kurzfristigen Trend von Aktienkursen (shareholder value) ausgerichtete Konzepte haben dieses Denken in den letzten Jahrzehnten in Europa weitgehend verdrängt. Sie sind extrem auf den kurzfristigen Gewinn fokussiert und haben eine dominante Preisorientierung in der Einkaufsstrategie zur Folge. Konsequent und schnell auf kleinste negative Tendenzen zu reagieren, führt tatsächlich zu einer deutlichen Verbesserung der Situation. Bei großer Marktmacht, monopolähnlicher Stellung, keiner nachhaltigen Kunden-Lieferanten-Bindung oder anderen speziellen Marktsituationen haben sich diese zum Teil aggressiven Konzepte als gewinnbringend erwiesen. Bei nachhaltigen Verbindungen ist die Situation jedoch völlig anders, da hier Entwicklungen, analog der Spieltheorie von Neumann und Morgenstern *[Neum 44]* (vgl. 1.18. Probleme sind Schätze), festzustellen sind. Der einseitige Druck des Kunden auf die Einkaufspreise führt beim Lieferanten zum zunächst positiven Leidensdruck und damit zur strikten Optimierung. Der einseitige Selektionsdruck des Einkaufspreises und das Ausklammern anderer Aspekte führt jedoch auch zu einseitigen kostenorientierten, wertanalytischen Lösungsansätzen. Dieses Selektionskriterium bevorzugt Strategien von „Billigprodukten" gegenüber „Premiumprodukten". Herstellungsprozesse, die Produkte mit sehr geringer Lebenszeit oder nicht offensichtlich, schlechterer Produktqualität erzeugen, sind bei dieser Methode im Vorteil.

Die Folge des unausgewogenen Preisdrucks in der Praxis

Von den bestehenden Lieferanten wird weiterhin ein möglichst hohes Produktions- und Qualitätsniveau gefordert. Dies umfasst eine immer größer werdende Zahl an Maßnahmen, Aufwendungen und Kosten, z. B. für Prüfmittel oder Prüfvorgänge, komplexe Produktionsmittel, Schulungen, vielfältigste Dokumentation oder auch Personalkosten. Es ist legitim und richtig zu hinterfragen, in wie weit diese Leistungen wirklich nötig sind. Obwohl bei derartigen Ansätzen von den Verantwortlichen berechtigte Einwände kommen, ist es politisch sehr schwierig diese auch umzusetzen. Verhältnismäßig einfach ist die Umsetzung im Vergleich bei einem Lieferantenwechsel oder bei Outsourcing. Oft wird bei einem Preisvergleich das heikle Thema der Reduzierung des Anforderungsprofils an den Lieferanten oder des Standards des Lieferanten vernachlässigt. Durch Tabuisierung dieses Themas werden gewachsene, hoch entwickelte Levels der Kooperation zum Lieferanten ignoriert und als nicht kostenrelevant vernachlässigt. Ein fundiertes Vorgehen muss das tatsächliche Anforderunsprofil und das zu erwartende Risiko differenziert betrachten (vgl. 1.15. Differenzierte Prozesskostenrechung; 4.8. Outsourcing und Lieferantenwechsel).

Ausweichstrategien von unausgewogenem Preisdruck

Geplante und ungeplante Evolution zu intransparenten, komplexen Kostenstrukturen ist eine weitere erfolgreiche Strategie für den Lieferanten. In vielen Fällen ist es für den Lieferanten nicht möglich anfallende Kosten direkt auf den zugehörigen Kaufpreis des Produkts zu belasten. Sie werden daher zunächst intern und letztlich später auch extern unter anderen Positionen verrechnet. Im Sinne eines Selektionskriteriums bevorzugt dieser Prozess komplexere Kostenstrukturen, Quersubventionierung, zeitliche Verzerrung und führt zur Verschleierung der realen Kostensituation. Besonders in komplexen Konzernstrukturen geht dadurch leicht die klare Zuordnung auf einzelne Produkte verloren und die Vergleichbarkeit ist nur mehr scheinbar gegeben. Die Übernahme der „Spielregel", einer nicht an Nachhaltigkeit orientierten Zusammenarbeit, ist ebenfalls eine Strategie, die nur die oberflächlich notwendigen Anforderungsprofile erfüllt. Typisches Merkmal dieser Entwicklungsphase eines Unternehmens sind enorme, offene und verdeckte Qualitätskosten, hohe Lagerbestände und unregelmäßige Produktionsabläufe.

Folgen der einseitigen Strategie: Die ADAM OPEL AG war wohl das bekannteste Opfer dieser stark einseitig kostenorientierten „Politik der eisernen Faust" (*[Lamm 94]*, S.282) in Europa. Das gesamte Einkaufssystem wurde nach dem Paradigmenwechsel schnell und umfassend mit enormem Personalaufwand grundlegend restrukturiert und interdisziplinär ergänzt. Bei diesem Konzept entsteht aufgrund eines kurzfristigen Vorteils über Jahre eine nachhaltige Schädigung des Unternehmens und damit der Rendite. Bei differenzierten, komplexen Produkten mit vielfältigen Eigenschaften und langer kooperativer Entwicklungszeit kann festgestellt werden, dass diese Konzepte mittel- bis langfristig zu deutlich höheren Kosten führt. Bei zu oberflächlicher Orientierung auf den Einkaufspreis können selbst bei C-Teilen überproportionale Zusatzkosten entstehen, etwa durch Vernachlässigung der Qualitätsansprüche, des Servicegrads oder der Flexibilität.

Einkaufspreisorientierung

Immer größere und schnellere Handelsplätze, Marktplätze oder modern formuliert Plattformen stellten eine konsequente, moderne Variante der Einkaufspreisorientierung dar. Elektronische Datenübertragung ermöglichte zunächst die weltweite Abwicklung von Geschäftsprozessen online, wie z. B. Rechnungsbuchungen, Bestellungen oder später die Übertragung von Daten etwa nach dem EDI-Standard. Erst in den letzten Jahren etablieren sich auch Marktplätze in denen Waren z. B. im Internet online, in Sekundenbruchteilen aus einem weltweiten Angebot an Zulieferern ausgesucht und bestellt werden können. Während bis vor einigen Jahren hier noch elitär, rein für Unternehmen verwendbare Plattformen bestanden, etablieren sich heute offenere Plattformen. Gebrauchte Maschinen werden beispielsweise bei EBAY verkauft direkt neben Konsumgütern, die für den privaten Gebrauch angeboten werden – alles auf der gleichen Plattform. Solche Konzepte sind bei spezifischen Produkten nicht sinnvoll anwendbar, deren

Leistungsvergleich nicht mit einfachen Kennzahlen oder Standards möglich oder bei denen jahrelange gemeinsame Entwicklung eine Vorraussetzung ist.

4.5.2 Qualitätsmanagement-orientierte Lieferanten- und Preisoptimierungskonzepte

Immer komplexere Produkte, Herstellprozesse und Lieferantenanforderungen erzeugten die Notwendigkeit umfassende Standards für Lieferanten zu entwickeln. Um einen ungestörten handhabbaren Materialfluss bei der Herstellung zu generieren, wurden konsequente Maßnahmen zur Prävention umfassender Problemstellungen definiert. Von der europäischen Automobilindustrie wurde ein einheitlicher Standard in der „Organisation for Data Exchange by Tele Transmission in Europe“ (Odette) basierend auf vorhandenen Qualitätsmanagement-Systemen entwickelt. Dieses Konzept ist sehr umfassend, aber auch aufwendig in der Umsetzung. Für Zulieferer der Automobilindustrie in Europa schreibt es sehr hohe Ansprüche vor und erreicht gleichzeitig eine durchgängige Standardisierung des Supply Chain Management (SCM).

Vom Qualitätsmanagement (QM) zur „Organisation for Data Exchange by Tele Transmission" (Odette) – dem SCM-Standard für die europäische Automobilindustrie

Als Konsequenz der Preisfokusstrategien hat sich im letzten Jahrzehnt zunehmend die SCM-Philosophie etabliert, ergänzt durch in Nordeuropa sehr verinnerlichte QM-Konzepte. Die Qualität der Produkte, der Zusammenarbeit und der Zulieferunternehmen werden dabei sachlich bewertet. Dieser Maßstab wird bei einer Lieferanten- oder Produktentscheidung gleichberechtigt zum Preis herangezogen. Die geläufigen Zertifizierungen fordern sehr umfassend die Prozesse der Produkt- und Lieferqualität zu kontrollieren und zu dokumentieren. Daneben werden von den Lieferanten analoge Überprüfungen bei den Unterlieferanten gefordert. Die logische Vorgehensweise bei der DIN-Normierung wurde angelehnt von der Automobilindustrie in der „Organisation for Data Exchange by Tele Transmission in Europe“ (Odette, www.Odette.org) übernommen. In diesem Forum wurden sehr umfassende Standards für Kommunikation, Austausch von technischen Daten und Logistik Management definiert. Die europäische Fahrzeugindustrie will sich damit erfolgreich mit ihren globalen Partnern verbinden. Die Konzepte wurden für Beziehungen von Partnern im Umfeld hoch komplexer Konzernstrukturen maßgeschneidert definiert. Einerseits wurden konkrete Normen definiert wie Formate für Datenübertragung, Behälterbeschriftungen oder die Verwendung von Transpondern bzw. Barcodes. Andererseits wurden, angelehnt an die Vorgehensweise bei Qualitätszertifizierungen, Checklisten entwickelt, die umfassende Fragestellungen der Zusammenarbeit erfassen und lenken. Zur Jahrtausendwende wurden die ersten Zertifizierungen umgesetzt und erste A-Lieferanten, wie etwa die VOITH Produktgruppe Retarder von

VOLVO, nach der Logistik ODETTE-Klassifizierung ausgezeichnet. Durch den Standard werden den Automobilherstellern (OEM's) und den Lieferanten Synergieeffekte nutzbar gemacht und unnötige Zertifizierungen eingespart.

Vorgehensweise von ODETTE

Die Lieferanten müssen zunächst ihren Status für jede Frage der Checkliste in einer Selbstbewertung ermitteln. Auf einem einfachen Ergebnisblatt werden die Antworten über eine individuelle Gewichtung zu einer Gesamtpunktzahl zusammengeführt. In der Folge kann mit einem verhältnismäßig geringen Aufwand vom Kunden, anhand der Selbstbewertung, eine sehr umfassende Verifikation durchgeführt werden. Dieses Konzept erfüllt allerhöchste Ansprüche, z. B. beim Logistik-Audit mit dem Global Materials Management Operations Guide (Global MMOG), mit ca. 70 Grundfragen und 3–15 untergeordneten Fragestellungen. Kaum eine denkbare Problemstelle wird nicht definiert. In dem Guide werden Vorgaben für Notfallpläne bei Streik oder Naturereignissen, elektronische Datenübertragung bis hin zum Einsatz simulativer Planungstools definiert. In wie weit die Vorgaben, etwa der Zwang zu EDI oder simulativen Tools für alle Unternehmen eine relevante und sinnvolle Lösung darstellen, ist fraglich. Diese Methode ist hoch komplex und daher extrem aufwendig, aus zeitlichen Zwängen in der Realität wird daher vielfach nur eine vereinfachte Bearbeitung und Überprüfung umgesetzt. Ein weiterer Kritikpunkt sind die primär auf Konzernstrukturen abgestimmten bzw. interpretierten Fragen und Zielvorgaben. Um eine volle Punktzahl zu erreichen, werden für kleine bis mittelständische Unternehmen nur eingeschränkt sinnvolle Forderungen aufgestellt. Da derzeit ein Trend besteht in kleineren Unternehmensstrukturen zu arbeiten, bildet das Konzept nicht die derzeitige Entwicklung ab. Flankierend finden Projekte zur Kostenreduzierung statt, sofern Lieferanten die erwünschten Kostenziele nicht erreichen. Hierbei werden im Regelfall unter der Hoheit des Einkaufs die Kostenstrukturen und mögliche Kostenreduzierungspotentiale anhand wertanalytischer Vorgehensweisen ermittelt. Grundlegend wird bei diesen Programmen, die klassische betriebswirtschaftliche Kostenstruktur der Produktkosten, als Basis für Verbesserungen, herangezogen.

4.5.3 Lean-Philosophie-orientierte Lieferanten- und Kostenoptimierung

Die japanische Automobilindustrie hat sehr früh begonnen, das 1966 von T. C. Ohno *[Ohno 78]* bei Toyota für interne Abläufe entwickelte, *Kanban* -System auf Lieferanten auszudehnen. Spätestens mit der „zweiten Lean Revolution" *[Takes 95]* oder je nach Autor „Die zweite Revolution in der Automobilindustrie" *[Woma 92]* wanderte die Bedeutung der Einbindung der Lieferanten in den Brennpunkt. Die Zuliefererlandschaft bestand in Japan vielfach aus „Kiretsu", also Familienunternehmen die sehr weit reichende Kooperationen zu den OEM zeigten, welche meist einen klaren Eigenkapitalanteil an der Gesellschaft *[Sako 03]* besitzen. Die Verhältnisse im Westen waren deutlich anders. Hr. José

Ignacio López de Arriortúa etablierte seinen „Purchased Input Concept Optimisation with Suppliers"-Ansatz (PICOS-Ansatz). Das spanische Wort *Picos* steht wörtlich für „Gipfel", d. h. ein Symbol für Spitzenleistungen, aber auch „Pickel" bzw. „Spitzhacke", und umschreibt damit die eigentliche Bedeutung des Begriffs (*[Lamm 94]*, S.356, Anm.1). Der Ansatz wurde als Methode zur Kostenreduktion und Rationalisierung des Wertschöpfungsprozesses in seiner Gesamtheit tituliert. Tatsächlich wurden aber primär aus einer Machtposition die Konditionen zugunsten des Automobilherstellers verschoben oder es wurde versucht auf einen billigeren Lieferanten zu wechseln. Diese Methode wurde als „Politik der eisernen Faust" (*[Lamm 94]*, S.282) bekannt. Der in Japan bevorzugte Ansatz unterscheidet sich vor allem in der Prozessorientierung und der Einbindung von Lean-Know-How, im Vergleich zu den ergebnisorientierten, bzw. an kurzfristigen Gewinnen orientierten Methoden, die vor allem in den USA präferiert wurden. Der kooperative Umgang mit den Lieferanten ist daher nach der japanischen Philosophie das Herzstück des Lieferantenmanagements. Lieferanten werden hier als „Teil der Familie" verstanden, was sich, bezogen auf das beteiligte Kapital, auch betriebswirtschaftlich widerspiegelt. „Einen Sohn verstößt man nicht, wenn er die Vorgaben nicht erreichen kann, man hilft ihm". Intensive Kooperation tritt an Stelle von Parallellieferantenstrategien. Diese auf den ersten Blick triviale Philosophie führte zu einem vollkommen anderen Lösungsansatz in Japan. Grundsätzlich ist festzustellen, dass die Lieferantenentwicklung mit Lean-Methoden sehr effektvoll zur direkten, unmittelbaren Reduzierung des Kaufpreises angewendet werden kann. Sie bietet den Vorteil sehr selektiv und detailliert Verschwendung zu eliminieren. Interdisziplinär werden verschiedenste Bereiche optimiert und gleichzeitig nimmt bei dieser Kostenreduzierung das Risiko, das generell bei Änderungen vorhanden ist, ab. Die Methode ermöglicht zudem den exakteren globalen Vergleich von Lieferanten und kann auf unterschiedlichste Branchen oder Herstellprozesse angewandt werden.

Lieferantenentwicklung am Beispiel Nissan

Bei Nissan Motor Manufacturing Uk Ltd. wurde um 1997 erkannt, dass der Löwenanteil mit mehr als 65 % der Kosten und damit des Potentials zur Optimierung bei den Lieferanten liegt. Der Trend ist weiter zunehmend und nähert sich heute ca. 70 %. Weiterführende Unterstützung bzw. Beratung der Lieferanten mit Lean-Know-How würde sich folglich wirtschaftlich hier besonders lohnen. Dies war die Geburtsstunde von „Total Cost Investigation" (TCI) zur Unterstützung des bereits etablierten „Supplier Development Team" (SDT – Lieferantenentwicklungsteams). Hierzu wurden Spezialisten vornehmlich aus der Produktion in Teams zur Lieferantenentwicklung „unterstützend" herangezogen. In Europa arbeiteten die Lieferanten gerne mit den Mitarbeitern aus der Produktion, etwa aus dem Werk Sunderland nähe Newcastel, da diese einen hohen Grad an Verständnis für die Problemstellung der Lieferanten hatten. Das Werk Sunderland wurde 2005 zum siebten mal vom „World Market Reserce Center" (WMRC) als das effizienteste Automobilwerk Europas und erstmals auch Nordamerikas ausgezeichnet. Aufgrund der erfahrenen „Praktiker“ entstand eine kooperative Stimmung und die Lieferanten erkannten sehr schnell, dass ihnen eine aufrichtige offene Kundenbeziehung mit einer nützlichen Highlevel-Consultingleistung möglich wurde. Die Lieferantenstrategie unterschied kurz- bis mittelfristige Maßnahmen, die eng eingegrenzt und preisorientiert erfolgten, TCI und mittel- bis langfristig wirkende Maßnahmen in den SDT, die sich beide gegenseitig ergänzten. Wie der Name TCI erkennen lässt, war es das klare Ziel Kostenoptimierung für die eigenen Produkte zu erreichen. Auch wenn der Titel des Konzepts eine hohe Kostenorientierung erkennen lässt, steht ein bilateraler und symbiotischer Charakter im Vordergrund. Beide Partner profitieren stark von der Zusammenarbeit. Im Verlauf eines solchen Projekts entkräften sich von selbst die Befürchtungen, dass, unter dem Vorwand der Unterstützung, ein OEM mit viel Aufwand rücksichtslos Kosten zu senken versucht. Der Verbesserungseffekt und die Methode wurden in der Regel vom Lieferanten auch auf andere Produkte übertragen. Sofern der Lieferant die Unterstützung richtig nutzte, konnte ein sehr umfassender Prozess- und Kostenvorteil für den Herstellprozess, inklusive angrenzender Bereiche, entstehen. Die kooperative und offene „Durchleuchtung“ des Anforderungsprofils hatte einen enormen betriebswirtschaftlichen Effekt. Verschwendung wurde auf beiden Seiten eliminiert. Die Exponentialkurve der Kosten bei der Produktentwicklungen hat zur Folge, dass das Gros der relevanten Einsparungen sich in Design-Änderungen oder Neuentwicklungen niederschlagen, also erst mittel- bis langfristig wirtschaftlich wirksam wird. Durch die kooperative Optimierung der Prozesse und den Einsatz von Best Practise-Beispielen konnte Verschwendung umfassend eliminiert und Einsparung erzielt werden ohne ungewollte Einbrüche in den Leistungsmerkmalen, etwa in der Qualität, zur Folge zu haben. Der Lieferant kann wahrscheinlicher sein Kostenziel erreichen und damit einen nachhaltigen Preisvorteil weiterreichen. Das ganze System verursacht vergleichbaren direkten Personalbedarf und sonstigen Aufwand in Relation zu anderen Verfahren. Die vielfältigen positiven Auswirkungen und damit letztlich Kosteneinsparungen sind aber ungleich höher als bei nur Preisvergleich-Methoden. Andere komplexe positive Auswirkungen werden nicht direkt zugeordnet erfasst, etwa die Einsparung an Krisenmanagement beim Kunden oder beim Lieferanten. Im Vergleich zu gängigen auf qualitätsphilosophien-basierenden Methoden werden z. B. der bürokratische Aufwand und der Aufwand für Dokumentation oder Ermittlung von Daten ebenfalls reduziert. Es bleibt klar festzustellen, dass eine herausragende Produktivität in einem Unternehmen grundsätzlich nur mit einer mindestens gleichwertigen Spitzenleistung der Lieferanten möglich ist.

Umsetzung einer Lieferantenoptimierung mit Lean-Philosophie

Im Konzept von TCI wurden 23 Checkpunkte definiert. Japanisch heißt „*ni*“ zwei und „*san*“ drei, daher wurden die dreiundzwanzig Punkte als „Nisan“-Checkpunkte (23-TCI-Checkpunkte) ausgesprochen. Verglichen mit ODETTE sind Lean-Methoden sehr wenig differenziert und benötigen weniger Aufwand.

Durch die präventive Wirkung der Lean-Philiosophie ist es möglich eine effiziente und wirtschaftliche Produktion im interdisziplinären Zusammenspiel auch aller angrenzenden Bereiche zu erzeugen. Das Team bestand (nach Bedarf) im Allgemeinen aus Produktion, Einkauf, Logistik und Qualität. Die 23-Punkte zielen darauf ab, Kosten zu reduzieren und Verschwendung zu eliminieren in einem kurz- bis mittelfristigen Horizont in den Bereichen: Planung, Beschaffung, Prozess, Prüfung, Lagerung und Transport. Beim Lieferanten wurden die Kennzahlen aufgenommen und als Optimierungspotentiale identifiziert. Der wesentliche Unterschied liegt aber darin, dass nicht primär nur Kostenpotentiale aufgezeigt werden, sondern anhand von Best Practise-Beispielen, spezifische, optimale Prozesse zusammen mit Trainern umgesetzt werden. Formal wird damit natürlich das gleiche Ziel der Kostenreduzierung angestrebt, der Weg ist aber deutlich kooperativer und für den Lieferanten unterstützender. Das Konzept geht bei Nissan nahtlos in das SDT über, ein mittel- bis langfristig angelegtes Lieferantenoptimierungssystem mit breiterer Anwendung von Lean-Methoden. Die Lieferantenbewertung beinhaltet stark den Trend der Gesamtentwicklung eines Unternehmens. Bei nur geringem Unterschied von Preis und Qualität ist es durchaus entscheidend, welcher der Lieferanten sich effizienter entwickelt. Er kann dem Kunden in absehbarer Zeit die bessere Leistung zum besseren Preis bieten. Lean-basierte wirtschaftliche Schlüsseldaten bringen eine bessere Vergleichbarkeit als bei den anderweitig üblichen Assessments für Lieferanten oder beim einfachen Vergleich der Einkaufspreise. Es lassen sich dabei nicht nur die Ist-Kosten, sondern auch nicht oberflächlich sichtbare Ursachen der Verschwendung erkennen. Die sehr differenzierte und ausgewogene Betrachtungsweise erlaubt eine einfache und kostenrichtige Vergleichbarkeit von internationalen Produktionsstandorten. Um Lean-Kennzahlen ergänzte wirtschaftliche Kennzahlen erlauben eine deutlich fundiertere Aussage als andere gängige Methoden, die vielfach Punkte wie z. B. die Gemeinkostenaufteilung nicht ausreichend berücksichtigen. Entsprechend der Branche, der Problemstellung und letztlich dem Land variiert natürlich die Zusammensetzung solcher Teams, immer fokussiert auf die größten Kostentreiber.

Breites Anwendungsfeld

Sehr früh wurde eine Vernetzung der Standards unter den großen japanischen Automobilherstellern erzeugt. Die großen Drei – Nissan, Toyota und Honda – betrieben sehr umfassenden Austausch und Standardisierung bei der Lieferantenentwicklung. Dies wurde entwickelt von der Regierung von Großbritannien, um allen Automobillieferanten in Großbritannien Zugang zu schlanken Herstellungsmethoden zu ermöglichen. Nach der Bildung der Nissan/Renault-Allianz wurde die Methode der kooperativen Lieferantenentwicklung (TCI) in veränderter Form unter dem Namen „Alliance Supplier Improvement Activity" (ASIP) in Abstimmung mit Renault fortgeführt. ASIP benutzt ein Team von Fachingenieuren, die aus Logistik, Produktion und Konstruktion bestehen. Diese Methode der Lieferantenentwicklung bewirkt nicht nur die direkte unmittelbare Reduzierung des Kaufpreises, sondern vermindert viele verschiedene indirekte Kosten. Lean-basierte Methoden sind im Lieferantenmanagement für alle beliebigen Herstellungsprozesse effektvoll anwendbar. Nachhaltige Kostenvorteile im Vergleich zu gängigen einkaufspreisorientierten Methoden und weniger bürokratischer Aufwand als bei Qualitätsmanagement-basierten Systemen können erreicht werden. Die Konkurrenzfähigkeit von beliebigen Herstellungsprozessen kann durch die Übertragung von Lean Methoden verbessert werden. Es ist aber eine spezifische Anpassung der Grundlage des TSP notwendig. Der Anfangspunkt ist hierbei eine Produktivitätsbedarfsanalyse gefolgt von einer maßgeschneiderten Unterstützung für jedes Unternehmen. *[Herr 06]*

4.6 Kooperationsmanagement – Netzwerke

Netzwerke – Allheilmittel der weltweiten Prozessoptimierung?

Peter Schmidt, J. BAYER GmbH & Co. KG

Im Zeitalter des Internets ist es möglich, in Sekunden, weltweit unter den günstigsten Konditionen zu kaufen und zu verkaufen. Die Auswirkungen des „www" auf wesentliche Funktionsbereiche einer Unternehmung sind enorm. Als Folge des „www" gibt es insbesondere auch für die Materialwirtschaft eine Fülle völlig neuer, inzwischen auch ausgereifter Softwaretools, welche das Handling wesentlich erleichtern, eine hohe Prozesssicherheit bieten und vor allem die wesentlichen Prozessinhalte eines standardisierten Beschaffungsprozesses nachbilden. Parallel dazu hat sich inzwischen durch die fortschreitende Globalisierung der Märkte auch auf der Anbieterseite (Verkäufer) eine entsprechend hohe Akzeptanz des Mediums „www" herausgebildet, mit der Folge, dass sich immer mehr Lieferanten- bzw. Einkaufsportale herausbilden, die zu einem intensiven Waren- bzw. Dienstleistungsaustausch, zuerst im B-to-B-Bereich (Vertriebsweg „business to business") führen. Trotz dieser grundsätzlich positiven Entwicklung ist die am Anfang vorhandene überbordende Euphorie bezüglich dem „www" als einfaches, schnelles und weltweit einsetzbares „Allheilmittel" zur Optimierung des Waren- und Informationsflusses auf nationalen und internationalen Plattformen/Marktplätzen inzwischen wieder verflogen.

Warum? Zum einen, weil sich in der Realität der webbasierte Einkaufsprozess vor allen Dingen auf den Einsatz einkaufspreisdominierter Methoden und branchenspezifischer Standardprozesse konzentriert, welche nur für einen stark eingegrenzten Teil von Produkten und Anwendungen einsetzbar ist. Zum anderen, weil gerade durch das Medium „www" immer mehr die, in den letzten Jahrzehnten eingetretenen, gravierenden, weltweit sichtbaren Marktveränderungen und veränderten Marktanforderungen sichtbar werden. Elementare Trends sind dabei sowohl der Übergang vom Verkäufermarkt zum Käufermarkt und damit von der reinen Massenfertigung zur maßgeschneiderten Massenfertigung (Mass

Customization) als auch die neue Philosophie des Shareholder-Value-Ansatzes als Bewertungsbasis einer nachhaltigen Unternehmens(wert)entwicklung.

4.6.1 Was sind Netzwerke?

Netzwerke im engeren Sinne

Als Netzwerk bezeichnet man den Verbund mehrerer Computer, die miteinander kommunizieren können. Man unterscheidet hierbei zwei Typen von Netzwerken, diese heißen LAN und WAN. Server und Clients sind wesentliche Bestandteile der meisten Netzwerke. Diese werden in der Regel dazu verwendet vielen Clients Informationen oder Ressourcen wie z. B. einen Drucker über einen Server zentral zugänglich zu machen. Das Internet ist das heute wichtigste und größte Netzwerk. Der Austausch der Daten erfolgt über so genannte Netzwerkprotokolle.

Bei dieser Definition steht die Betrachtung von Netzwerken als reines Organisationsmittel (Hardware und Software), welches zur Optimierung eines Gesamtsystems eingesetzt wird, im Vordergrund.

Netzwerke im weiteren Sinne

Bei der Betrachtung von Netzwerken im weiteren Sinne wird die reine Einordnung von Netzwerken als Bündel von Hardware- und Softwaretools im Rahmen der Strukturorganisation wesentlich erweitert. Zu dem rein ordnungspolitischen Einsatzmittel kommen Einheiten mit Gestaltungsfunktion hinzu. Die Definition wird auf die lockeren Zusammenschlüsse von Akteuren (einzelne Personen, Organisationen, Einrichtungen) aus unterschiedlichen Bereichen, die sich im Rahmen von Kooperationsvereinbarungen zu einer Zusammenarbeit verpflichten, ausgedehnt.

4.6.2 Netzwerke – die nächste Evolutionsstufe der klassischen Managementmethoden zur Prozessoptimierung?

Als Folge der geänderten Marktanforderungen ist im Rahmen der Unternehmensphilosophie eine verstärkte Fokussierung in Richtung einer markt- und kundenorientierten Ausrichtung zu beobachten. Die erfolgreiche Umsetzung einer marktorientierten Unternehmensführung wiederum fordert in letzter Konsequenz die kompromisslose Ausrichtung der, in der Servicequalität ausgedrückten, auf den spezifischen Markt ausgerichteten, Schlagkraft eines Unternehmens. Das Optimum der „Servicequalität" *[Kenz 03]* eines Unternehmens ergibt sich aus der Verknüpfung der bestimmenden Faktoren.

Das Optimum wird nur dann erreicht, wenn es gelingt, diese drei Faktoren derart zusammen zu führen, dass sie potenziell und nicht nur additiv wirken. Aus dieser Betrachtungsweise heraus ergibt sich zwangsläufig auch das Diktat einer ganzheitlich ausgerichteten Betrachtungsweise der Unternehmung bzw. der Unternehmensprozesse. Diesen Anspruch kann eine web-Netzwerkabwicklung, mit einem preisoptimierten und -dominierten Einkaufsprozess nicht erfüllen. Dem Anspruch nach optimalen Gesamtergebnissen wird nur durch die durchgängige Betrachtung und Einbindung der gesamten Logistikkette entsprochen. Gerade diese ganzheitliche Betrachtungsweise macht gleichzeitig deutlich, dass das Medium Netzwerk bzw. „Internet" nur ein Werkzeug ist, das bei richtigem Gebrauch über Erfolg oder Misserfolg mitentscheidet, letztendlich strukturbedingt aber keine ganzheitliche Betrachtung stemmen kann. Im Gegenteil - die verstärkt implementierte Philosophie der marktorientierten Unternehmensausrichtung, in Verbindung mit der durch die Globalisierung erzwungenen Prozessoptimierung, führt durch den Zwang der ganzheitlichen Betrachtungsweise sehr schnell zur Rückbesinnung auf die bewährten klassischen Führungsinstrumente. Mehr und mehr ist unternehmerische Leitkultur erforderlich um sich völlig neue und entscheidende Wettbewerbsvorteile zu sichern. Aus dieser Sicht heraus ist es nicht überraschend, dass gerade jetzt die Themen Kooperationsmanagement bzw. Netzwerke stärker diskutiert und ihre Bedeutung für eine erfolgreiche Unternehmensführung und die Erreichung entscheidender Wettbewerbsvorteile stärker in den Vordergrund tritt. Diese Vorteile sind in erster Linie durch eine entsprechende strategische Ausrichtung zu erreichen, z. B. durch schlanken Materialfluss und Lean Production. Der Einsatz neuer Organisationsmittel wie das Internet, unterstützen lediglich die optimale Zielerreichung. In dieser Hinsicht sind sowohl das World Wide Web (www) als auch andere Netzwerke nur als Instrumente der Zielerreichung zu betrachten. Netzwerke sind also in keiner Weise als eigenständige Managementtools mit Strategiecharakter zu betrachten, sondern als Folge von strategischen Grundsatzentscheidungen bei deren Einsatz. Der strategische Ansatz verbirgt sich dagegen hinter einer traditionsreichen, klassischen, unternehmerischen Managementmethode - dem Kooperationsmanagement.

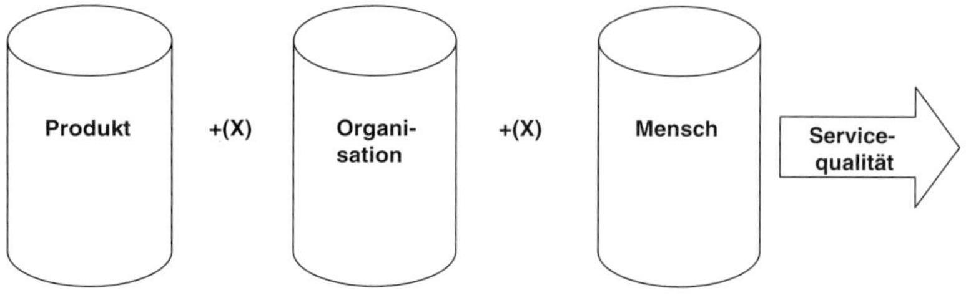

Abb. 4.6.1 Das Optimum Servicequalität

4.6.3 Kooperationsmanagement

Definition Kooperation

Kooperation ist jede Art von freiwilliger zwischenbetrieblicher Zusammenarbeit (z. B. bei Forschung und Entwicklung, Produktion, Einkauf, Vertrieb etc.) ohne, dass die Kooperationspartner ihre rechtliche und wirtschaftliche Selbstständigkeit verlieren. Berücksichtigt man die Definition von Netzwerk im weiteren Sinne, sind Kooperationen letztlich nichts anderes als „beseelte" Netzwerke. Der Begriff „Netzwerk" ist also nichts anderes als „alter Wein in neuen Schläuchen", wenn auch zugegebenermaßen der Kelterungsprozess deutlich verfeinert und beschleunigt worden ist.

Kooperationen – Turboinstrumente

„Kooperationen bilden aufgrund der Aufgabenverteilung sowohl einen Ansatz zur Risikostreuung (Investitionsaufteilung), zum Fehlerausgleich (Weitergabe von Erfahrung), zur Leistungssteigerung (Konzentration auf Kernkompetenzen) sowie zur Kostendegression (Kapazitätsausgleich)" [DNEG 06].

Diese sehr sachliche und enge Definition wird allerdings der Bedeutung und des im Kooperationsgedanken vorhandenen Synergiepotentials auf den ersten Blick bei weitem nicht gerecht. Sehr gut zeigt sich dies bei genauerer Betrachtung der Wertkette nach Porter.

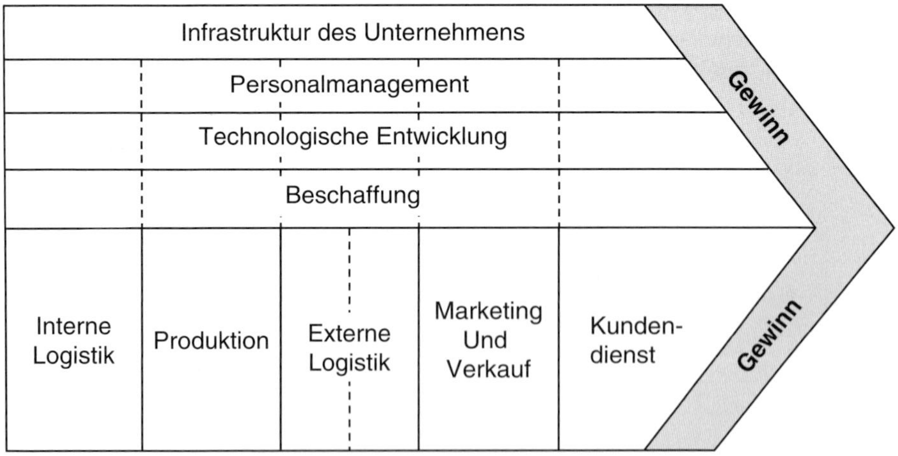

Abb. 4.6.2 Modell der Wertkette *[Port 89]*

„Die Wertkette zeigt, wie sich der Gesamtwert eines Produktes aus den Wertschöpfungsaktivitäten und der Gewinnspanne zusammensetzt. Im unteren Teil der Wertkette sind die primären Aktivitäten aufgeführt, die sich mit der physischen Herstellung des Produktes beschäftigen, wobei zwischen vor- und nachgelagerten Aktivitäten unterschieden wird. Porter sieht in den Wertaktivitäten die Bausteine von Wettbewerbsvorteilen." [Pfoh 00].

Kooperationen sind unter Berücksichtigung der Wertkette die Klammer zwischen einer bereichsübergreifenden Sicht der Wertschöpfungspotentiale einer Unternehmung und der praktischen prozessorientierten Umsetzung unter Nutzung von Netzwerken im engeren Sinne *[Port 89]*. Unter Zugrundelegung dieser Interpretation ist auch für die Zielsetzung von schlankem Materialfluss (lean production) die bereichsübergreifende Betrachtung ein entscheidender Erfolgsfaktor. Eine unternehmensübergreifende Betrachtung und das explizite Ziel der Leistungssteigerung und Kostendegression führt nahezu zwangsläufig zur Frage „Kooperation – ja oder nein?".

4.6.4 Erfolgsfaktoren eines erfolgreichen Kooperationsmanagements

Kooperationen sind schon definitionsbedingt nicht einfach erfolgreich zu managen, da es sich um mindestens zwei selbstständige Einheiten handelt. Aufgrund der Ausgangssituation besteht von Natur aus ein hohes Konfliktpotential. Die Kunst des Kooperationsmanagements besteht darin, diese latent vorhandene Konfliktenergie für einen gemeinsamen Wettstreit nach der „besten Lösung" zu nutzen. Um die Erfolgsträchtigkeit einer Kooperation von vorneherein zu erhöhen, ist vorab die Überprüfung der Kooperationsfähigkeit der künftigen Partner anhand nachstehender Bausteine äußerst empfehlenswert.

Von besonderer Bedeutung sind bei dieser kritischen Überprüfung die Erfolgsfaktoren

- Partner können sich aufeinander verlassen,
- Genaue und klare Festlegung der jeweiligen Aufgaben und Verantwortung,
- Offener, funktionierender Informations- und Datenaustausch und
- Gewinnbringend für alle Partner.

Erfolgreiches Kooperationsmanagement erreicht das Optimum in der Schaffung einer stabilen Win-Win-Situation.

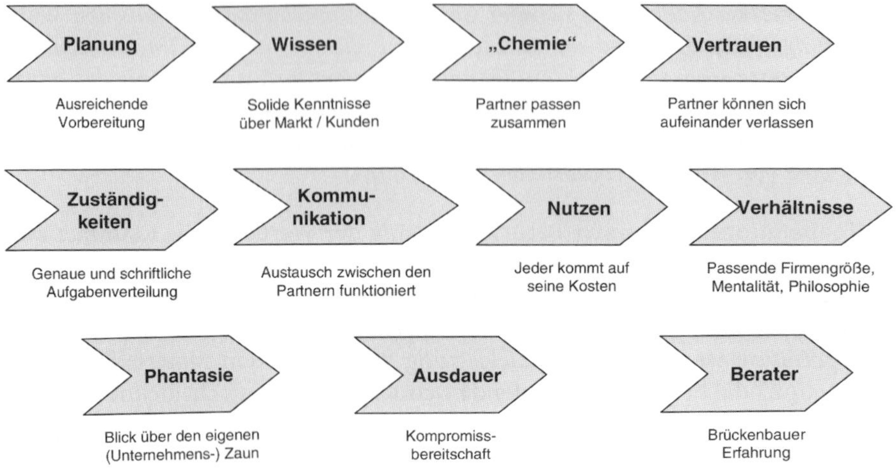

Abb. 4.6.3 Bausteine einer Kooperation

4.6.5 *Kanban* – ein wesentliches ordnungspolitisches Element fertigungsorienterter Kooperationsformen

Ein großer Teil der verschiedenen Kooperationsformen konzentriert sich auf die Bereiche Fertigung bzw. Materialwirtschaft. Je nach Ausprägung der verschiedenen Kooperationsformen sind für deren Umsetzung sehr unterschiedliche Organisationsmethoden und -formen erforderlich. Gerade im Zusammenhang mit fertigungsorientierten, bzw. beschaffungsorientierten, Kooperationen hat das Thema *Kanban* in den letzten Jahren sehr stark an Beachtung und Bedeutung gewonnen. Insbesondere auf der, im Hinblick einer Kooperation, zugrunde liegenden Steuerungsphilosophie bieten sich durch den Einsatz von *Kanban* ganz entscheidende Vorteile. Über *Kanban* kann vor allen Dingen die Grundsatzforderung nach einer Organisation nach dem KISS-Prinzip (d. h. keep it safe and simple) sehr gut umgesetzt werden. Durch die starke Vereinfachung der Kommunikation mittels klarer Spielregeln in Verbindung mit disziplinierter Einhaltung der Prozessparameter, kann durch *Kanban* prinzipiell eine deutliche Reduzierung der Durchlaufzeit, Steigerung der Flexibilität und Vereinfachung der Organisation erreicht werden.

4.6.6 Win-Win-Situation

Unter welchen Voraussetzungen ist dauerhaft ein Ziel optimal am ehesten zu erreichen? Durch reine Preis- und/oder Kostenorientierung? Durch Einkaufsmacht? Durch strikte, webunterstützte Prozessorientierung? Durch hohe Fertigungstiefe? Diese Fragen lassen sich noch um viele Themen erweitern. Doch bereits hier wird klar, dass keines dieser Kriterien allein in der Lage ist das ökonomische Min/Max-Prinzip zu realisieren. Erfolgsentscheidend ist letztendlich die maßgeschneiderte Kombination aus allen Faktoren wie die *„übergreifende Betrachtungsweise entsprechend dem Gedanken der Wertkette, Kooperation, Netzwerke und Kanbanorganisation“ [Port 89]*. Dies gilt auch ganz besonders für das Thema „schlanker Materialfluss und Lean Production“, was in der Praxis einerseits die Konzentration auf die eigenen Stärken bedeutet. Gleichzeitig erfolgt über ein entsprechendes Kooperationsmanagement die Nutzung externer Kernkompetenzen durch eine Art shop-in-the-shop-System. Externe Zulieferanten werden über ein virtuelles Netzwerk in die eigene Organisation eingegliedert ohne dass die jeweiligen spezifischen Eigenheiten des Zulieferanten oder die eigenen Eigenheiten aufgegeben werden müssen. Im Gegenteil: Durch diese Konstellation erfolgt eine Dezentralisierung und Verlagerung der Verantwortung und des Steuerungsprozesses vor Ort, mit der Folge einer enormen Marktnähe und deutlichen Erhöhung der Flexibilität. Im Rahmen dieses Prozesses ist dabei der Einsatz von *Kaban* ein wichtiges ordnungspolitisches Strukturmerkmal, welches seine Vorteile voll entfalten kann, wenn es durchgängig bei allen Prozessteilnehmern eingesetzt wird. Offener eindeutiger Informationsaustausch, entsprechend dem Kooperationsmanagement ergibt durch dieses Instrumentenbündel eine erhebliche Bestandsoptimierung, deutliche Abwicklungsvereinfachung und Flexibilität bei gleichzeitig hoher Lieferbereitschaft und damit die gewünschte Win-Win-Situation.

4.7 Intensiv-Lieferantenentwicklung

Eva Dickmann, LEPROS; Philipp Dickmann

Problemlieferanten können für den Kunden schleichend, oder als kurzfristige massive Krise, ein Risiko darstellen. Schleichend führen verschiedene Störgrößen durch einen kontinuierlichen Snowball-Effekt an Störungen oder durch den Peitscheneffekt mittelfristig zu enormen Kosten. Da diese Vorgänge sehr komplex und oft zeitlich entkoppelt sind, werden sie selten erkannt. Die tatsächlichen Kosten für derartige Störungsphänomene sind schwer zu eruieren, da sie sich aus vielen kleinen Teilkosten zusammensetzen. Nicht selten binden fünf bis zehn Lieferanten in der Disposition oder im Einkauf das Gros der Kapazität und verursachen die Mehrzahl der Störungen. Die Gründe für die Störungen sind nicht nur bei den Lieferanten zu suchen, sondern auch bei den Kunden. Daher ist es wesentlich zunächst Verbesserungsmaßnahmen bei den Kunden selbst vorzunehmen. Grundsätzliche Strategien zur Analyse der Störgrößen und des Peitscheneffekts führen fast immer zu erheblichen Verbesserungen und zur Risikominimierung. Ein Lieferant kann andererseits den Kunden durch regelmäßige oder gravierende Mängel in wirtschaftliche oder marktrelevante Probleme stürzen bzw., im Fall einer drohenden Insolvenz, den Kunden selbst in seiner Existenz bedrohen. Für diese Problemstellung wurde basierend auf der Methode der klassischen „Due Diligence“, die „Process Due Diligence“ entwickelt, die speziell die Prozesse der unterschiedlichen Arbeitsbereiche bei Lieferanten analysiert und optimiert. Due Diligence ist ein gängiges Verfahren für Unternehmensübernahmen oder -aufkäufe unter schwierigen Rahmenbedingungen. In abgeänderter Form und durch Lean-Elemente ergänzt, hat dieser Ansatz sich auch für gravierende oder lang anhaltende Lieferantenprobleme bewährt.

4.7.1 Unterschätzte Auswirkungen von Krisenlieferanten

Nach einer Studie *[Merc 04]* liegt die Wertschöpfung in Deutschland bei Automobilisten im Jahr 2015 bei nur noch 23 %. Das Abflachen der Produktionstiefe und die Konzentration auf Kernkompetenzen haben dazu geführt, dass der größte Teil der Potentiale und Probleme nicht mehr in den Händen der Firmen liegen, sondern bei den Lieferanten. Gleichzeitig wird nur ein Bruchteil der Personalkapazitäten insgesamt, aber auch im strategischen Einkauf, für die prozessbezogene Verbesserung der Kunden-Lieferanten-Beziehungen, Logistikoptimierung und die Entwicklung der Lieferanten aufgewendet. Noch immer liegt der Schwerpunkt der Kapazität bei der Lieferantenoptimierung auf der Senkung der Kaufteilpreise und nicht auf der Optimierung der Abläufe. Lieferengpässe und Qualitätsmängel werden, um die eigene Lieferfähigkeit nicht zu gefährden, hingenommen und firmenintern kompensiert. In kaum zu erfassendem Maße müssen Einkauf, Logistik, Qualität und Produktion, Kapazitäten für zusätzliche Wareneingangskontrollen, Werkerselbstprüfungen, Dokumentationen, Krisenmanagement und andere „Workarounds“ aufbringen, um dem eigenen Engpass zu entgehen. Es entstehen sehr viele, einzelne, kleine Zusatzaufwendungen, die nur bei gravierenden Kumulationen ein Ausmaß erreichen, dass die tatsächlichen Kosten transparent werden lässt (vgl. Abb. 4.7.1). Der Umfang der Aufwendungen, die zur Beseitigung derartiger Störungen notwendig sind, wird in der Regel nur in den operativen Ebenen emotional wahrgenommen.

4.7.2 Lieferantenprobleme bei Konzernen

Vor allem in Großkonzernen mit zentralistischen, strategischen Einkaufsentscheidungen fehlt die nachhaltige Rückkopplung zum Ergebnis des eigenen Handelns. Die zusätzlichen Kosten, die durch die Folgen dieses Snowball-Effekts an Störungen, in einer Kettenreaktion entstehen, werden weder in der Gemeinkostenrechnung noch in der herkömmlichen Standard-Prozesskostenrechnung, auf den Verursacher bezogen, ermittelt. Diese Aufgabenstellung ist sehr anspruchsvoll, aufgrund des zeitlichen Versatzes der Vielzahl der Einzelpositionen und der nicht auf Prozesskostenrechnung ausgerichteten Kostenstruktur. Die Chance, die Entscheidungen aufgrund fundierter Daten zu fällen oder zu verifizieren, wird daher oft verschenkt. Die interdisziplinäre Prozesskostenrechung (vgl. 1.15 Differenzierte Prozesskostenrechnung) kann die notwendige Kostentransparenz erreichen, um die entstandenen Kosten Lieferanten oder Produkten zuzuordnen.

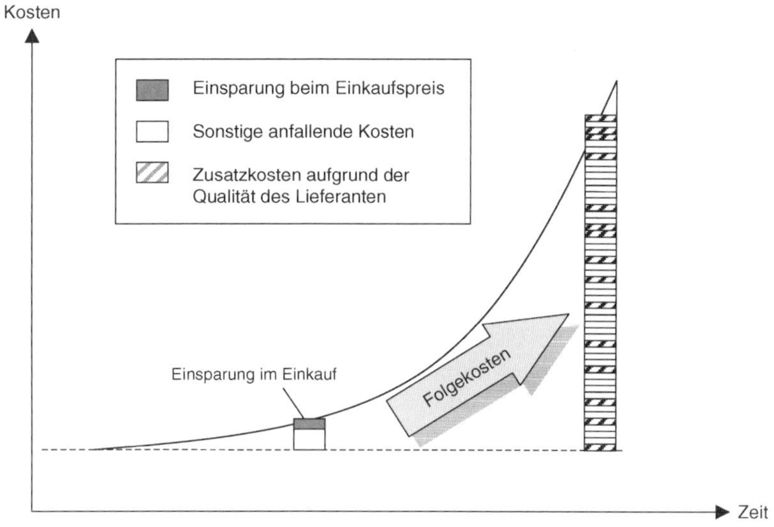

Abb. 4.7.1 Die Kostenentwicklung auf der Zeitachse entspricht der Entwicklungskostenkurve. Einseitige Einkaufspreisoptimierung führt häufig zu erheblichen Folgekosten

4.7.3 Lieferantenprobleme bei klein- und mittelständischen Unternehmen

In klein- und mittelständischen Unternehmen (KMU) liegt die Wertschöpfung oftmals bei ca. 80 % *[Lepr 04]*. Aufgrund der entsprechend höheren Steuerungstiefe, wirken sich auch wenige zu spät gelieferte Teile durch den Snowball- und den Peitscheneffekt (vgl. 2.1. Ruhiger kontinuierlicher Materialfluss) für das Einhalten der Liefertermine ungünstig aus. Das Sicherstellen, des vom Kunden geforderten, Servicegrads wird überwiegend mit dem Vorhalten hoher Lagerbestände abgesichert. Engpässe werden durch kostenintensive Sonderaktionen beigelegt. Selbst wenn die Sonderaktionen durch den Kunden verursacht werden, können diese Kosten in der Regel nicht direkt auf den Kunden verrechnet werden und führen zu Ertragsproblemen. Als Ausweichstrategie werden dem Kunden in einer Art „Scheibchenmethode“ diverse Zusatzkosten zum Beispiel für Sondertransportkosten, Verpackungszuschläge, etc. aufgeschlagen. Dies wiederum geht zu Lasten der guten Kunden-Lieferanten-Beziehung. Trotz der anteilig höheren Kapitalbindung zum Puffern von Lieferantenproblemen und Sicherheiten für das Risikomanagement können KMU, aufgrund der in Relation sehr viel geringeren Anteile an Gemeinkosten, konkurrenzfähig gegenüber größeren Unternehmen auftreten. Durch frühzeitige Interventionen können die KMU ihren Wertschöpfungsanteil im Vergleich zu Konzernen ausbauen.

4.7.4 Provokation eines Lieferantenmarktes durch Auslastungsorientierung und Verzögern von Investitionen

Unternehmen zögern bei Investitionen grundsätzlich zu Recht. Sie wollen das Risiko soweit wie möglich hinausschieben, um die Gefahr einer Fehlinvestition zu verringern. Je länger eine Investition hinausschoben wird, desto geringer ist das Risiko der Investition. Vorhandene Kontingente und Kapazitäten sollen möglichst voll ausgereizt und neue Anlagen sofort unter Volllast betrieben werden, um eine optimale, kurze Amortisationszeit zu erreichen. Auch gegenüber den Lieferanten wird versucht die Risiken zu minimieren, indem verbindliche Aussagen verzögert werden. Der Lieferant erhält möglichst unverbindliche und kurzfristige Zusagen. Große Investitionen beim Lieferanten, wie sie zur Kapazitätssteigerung, bei Neuprodukten oder Serienanläufen nötig sind, werden daher terminrichtig gefordert, aber für den Bedarfstermin – zu spät – verbindlich zugesagt. Durch die Strategie des Kunden entstehen Engpässe beim Lieferanten. Die Kosten, die durch die Engpässe beim Kunden und beim Lieferanten entstehen, sind im Vorhinein nicht greifbar. Sie werden in Relation zu einem höheren Risiko bei großen Investitionen gern in Kauf genommen. Der Kunde hat somit den Engpass mit verschuldet und muss ihn und die Konsequenzen daraus tragen. Es entsteht dadurch eine Machtposition zu Gunsten des Lieferanten, mit einem Lieferanten- oder Zuteilungsmarkt. Der Lieferant kann durch die Machtposition indirekt Preiserhöhungen, in Form von Sonderkosten oder Zuschlägen, durchsetzen. Das Problem dabei ist: Die Folgekosten für langfristige, „hausgemachte" Engpässe sind häufig höher als das Investitionsrisiko. Mit den Ansätzen von Lean Automation kann bei passenden Anwendungen, aufgrund wesentlich geringerer

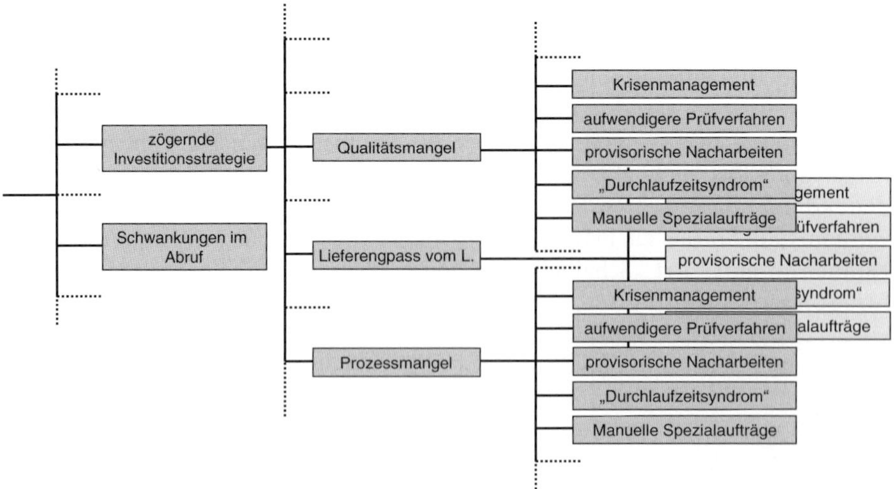

Abb. 4.7.2 Ursache-Wirkung-Diagramm für Lieferantenprobleme. Der Snowball-Effekt wird beispielsweise durch unzureichend abgestimmtes Einkaufsverhalten ausgelöst

Investitionssummen mit einem entsprechend geringeren Risiko, früher investiert werden. Vielfältige Störungen bleiben erspart und die Flexibilität steigt.

4.7.5 „Feuerlöschen" als Normalzustand

Hauptaugenmerk aus der Sicht des konventionellen Einkäufers sind die Einkaufskonditionen, der Preis und, vor allem bei Personalunion im Mittelstand, die Lagerdisposition - für strategische systematische Einkaufsoptimierung bleibt vielfach kaum Zeit. In der Praxis beschäftigen sich in Folge viele Einkäufer oder Disponenten mit ständig anhaltendem Krisenmanagement. Im operativen Geschäft wird zwar erkannt, dass es immer die gleichen Teile und Lieferanten sind, die aufhalten und die im Tagesgeschäft zu Fehlteilen führen, der Ausweg aus der Krisensituation scheint aber oft kaum gangbar. Es handelt sich um sehr wenige Lieferanten, die den Großteil des Problems ausmachen, analog einer flacheren Hauptkrümmung einer Pareto-Verteilung. Andererseits schaffen es die Lieferanten, trotz hohem Servicegrad mit Sonderaktionen, sowie Sonderschichten, nicht die Liefertermine zu erreichen. Diese sehr kostenintensiven, eigentlich nur als Ausnahme sinnvollen, Abläufe sind vielfach Normalität. Über 50 % der Zeit in Disposition, Produktionssteuerung, Qualität und Einkauf werden vielfach für wenige „Problemteile" und „Problem-Lieferanten" aufgewendet.

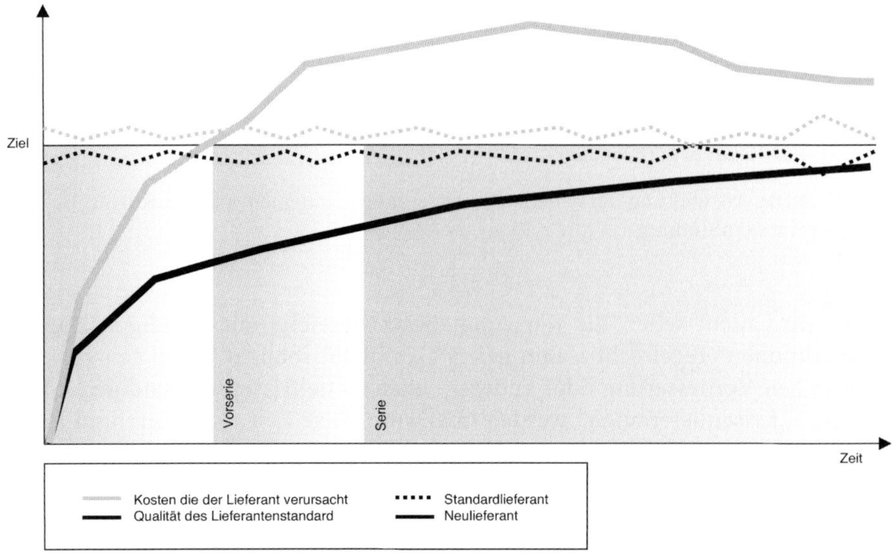

Abb. 4.7.3 Die typische Entwicklungskurve des Lieferantenstandards und der realen Kosten bei der Lieferanenentwicklung oder der Einführung eines Neulieferanten im Maschinenbau oder Automobilzulieferbereich. Der Verlauf macht deutlich, dass oft Jahre notwendig sind, um eine optimale Zusammenarbeit zu erreichen und letztlich die Investition für die Neueinführung zu amortisieren

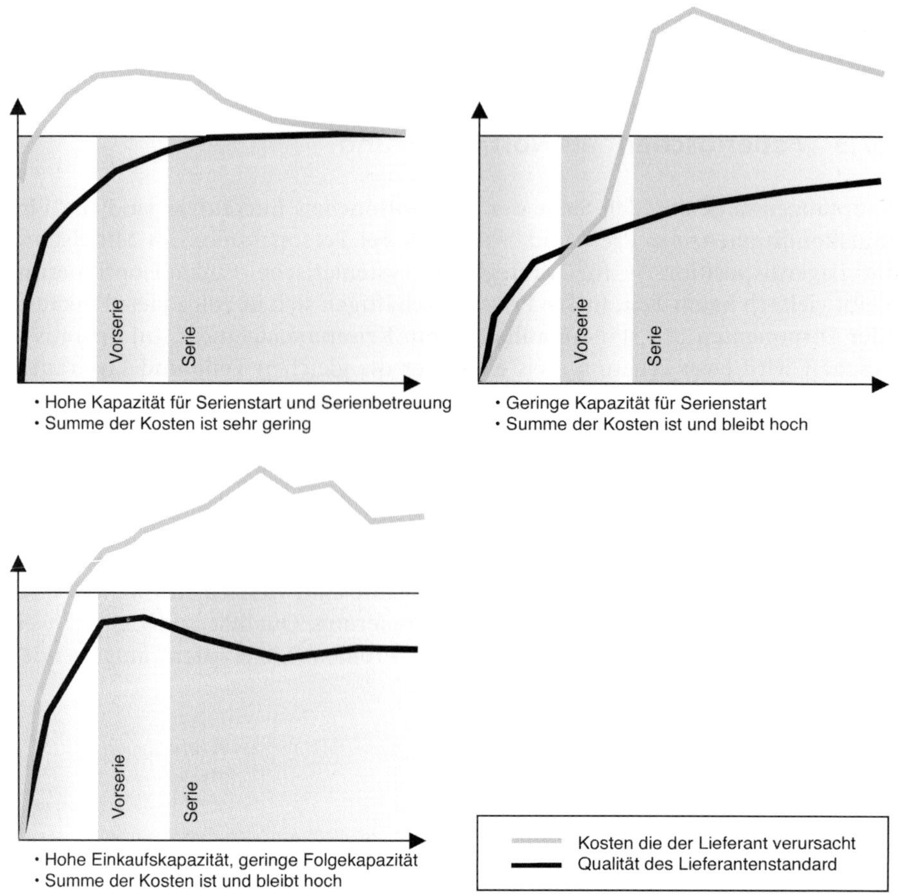

Abb. 4.7.4 Die Auswirkung verschiedener Betreuungesstrategien auf die Kosten bei der der Lieferantenanbindung

Damit wird nicht selten die Kapazität dieser Bereiche mit ständigen „Feuerlösch-Aktionen" regelrecht „lahm gelegt". Es bleibt schlicht keine Zeit zur systematischen Verbesserung oder anderen, auch mittelfristig notwendigen, Maßnahmen. „Krisenlieferanten" werden über eine lange Zeit akzeptiert und keine Kosten gescheut, die Folgen im Nachhinein im eigenen Haus auszumerzen, bzw. Tätigkeiten für den Lieferanten zu übernehmen. Die Ursachen sind vielfältig, neben den bereits erwähnten Gründen sind Lieferantenhopping-Strategien, einer der Hauptverursacher für schlecht entwickelte Lieferantenanbindungen.

Ein anderer Punkt sind unausgereifte Produktentwicklungen bzw. Defizite im Change Management die zu „einer Flut" an kostenintensiven und riskanten Änderungen führen. Letztlich ist als Hauptverursacher der einseitig, kaufpreisorientierte Kostendruck zu nennen, der zum Akzeptieren von unzureichenden

Lieferantenstandards drängt oder zum Reduzieren der Leistungen von bestehenden Lieferanten.

Worin liegt der mangelnde Wille zur Krisenbewältigung?

- Fehlendes Bewusstsein für die realen Ausmaße und die tatsächliche Kostenflut.
- Starke Abhängigkeit aufgrund von zu geringer Marktmacht beim Lieferanten.
- Der Lieferant ist der einzige sinnvolle Anbieter.
- Abhängigkeit von einer gemeinsamen Entwicklung.
- „Feuerlöschen" ist Gewohnheit und gehört zum Tagesgeschäft.
- Fehlende Kapazität zum Beenden der Missstände. Das Krisenmanagement ist ohnehin kapazitiv kaum zu bewältigen, da bleibt keine Zeit übrig.
- Mangelnde Bereitschaft der Fachabteilungen zur kooperativen Zusammenarbeit.
- Fehlende Erfahrung oder Kompetenz in interdisziplinärer, teamorientierter Lieferantenentwicklung.

Kurzfristig ist eine sehr hohe Personalkapazität nötig um das Problem fundiert abzustellen. Vor allem bei KMU ist in der Regel weder die Kapazität noch eine ausreichende interdisziplinäre Kompetenz vorhanden, um eine erfolgreiche Lieferantenentwicklung durchzuführen. Aus Kostengründen ist eine derart hohe punktuelle Kapazität in allen betroffenen Bereichen real nicht umsetzbar. Selbst bei Konzernen herrschen Kapazitätsprobleme in den operativen Bereichen vor und es werden nur rudimentäre Maßnahmen von strategischen Zentralfunktionen unternommen. Diese Teams sind von den realen Problemen der *Gemba* weit entfernt und nahezu ausschließlich an einer Kostenreduzierung orientiert. Einige Automobilisten (vgl. 4.5. Lieferanten-Management und Lieferanten-Optimierung) haben die Notwendigkeit der prozessorientierten kooperativen Lieferantenoptimierung in ihrer Tragweite auch bezogen auf die Kosten erkannt und stellen Ressourcen dafür bereit. Da tatsächlich für solche Projekte nur sehr zeitlich beschränkt Spezialisten notwendig sind, werden firmenübergreifende Teams aus den operativen Bereichen zusammengestellt und durch externe Auditoren oder Spezialsten ergänzt. Dieser Ansatz findet auch bei KMU immer häufiger Anwendung. Mit geringem zeitlichem Aufwand, oft von wenigen Tagen, können einzelne besonders kritische Lieferanten intensiv optimiert werden, wodurch enorme Kapazitäten im eigenen Herstellprozess plötzlich frei werden. Ansätze der japanischen Automobilisten, Best Practise-Erfahrungen und interdisziplinäres Know-How lassen sich auf die Problemstellung von KMU hervorragend anwenden. Ein Vergleich der Tätigkeiten im Einkauf vor und nach einer Lieferantenentwicklung ergibt eine deutliche Verschiebung von Krisenmanagement geprägten zu strategischen Aufgaben. Das Ergebnis ist neben geringeren Durchlaufzeiten, Beständen und Prozesskosten letztlich auch eine Reduzierung des Einkaufspreises.

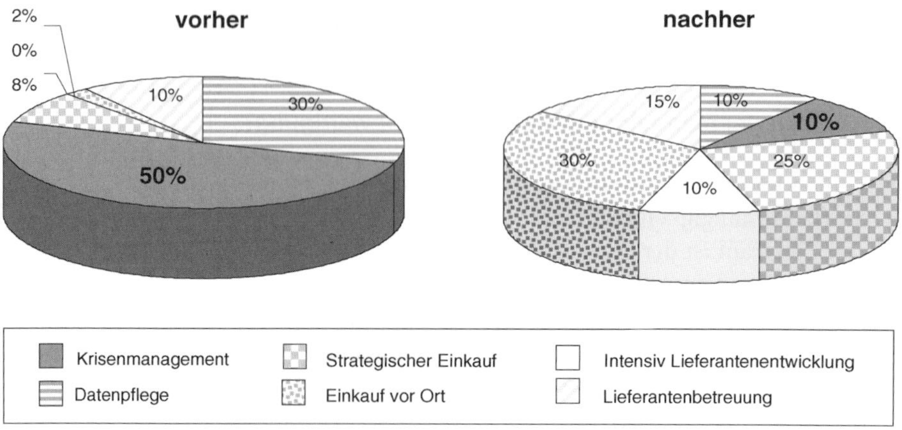

Abb. 4.7.5 Die Kapazitätsverteilung in Einkauf und Logistik kann durch Krisenlieferanten enorm negativ beeinflusst werden. Beispiel eines konkreten Vorher-Nachher-Vergleich des typischen Krisenmanagements mit dem später erreichten Normalzustand (Quelle: LEPROS)

4.7.6 Process Due Diligence – die Intensiv-Lieferantenentwicklung

Der aus der US-amerikanischen Investmentbankwirtschaft stammende Begriff der „Due Diligence" bedeutet wörtlich übersetzt „erforderliche oder gebührende Sorgfalt". Er beschreibt technisch den Sorgfaltsmaßstab, der für die eingeschalteten Berater und das Management gilt, welches ein Unternehmen erwerben möchte *[Wege 94]*. Die Methode wird ursächlich angewendet zur Gewinnung von Informationen über den Kaufgegenstand, im speziellen über das Risiko, das der Verkäufer vorenthalten will. Basierend auf einer Openbook-Strategie wird eine ergänzende Untersuchung aller relevanten Kriterien durchgeführt. Eine komplette Due Diligence-Untersuchung beinhaltet betriebswirtschaftliche (commercial and financial), rechtliche, steuerliche, umweltbezogene sowie technische und management-organisatorische (HR & Management) Themen. Die Prozess Due Diligence, die in der Produktion oder bei Lieferantenproblemen angewandt wird, ergänzt den klassischen Ansatz um die produktionsnahen Prozesse der Produktion, Logistik, Qualität und den Einkauf. Die Methode wurde für Lieferanten entwickelt zu denen eine starke Abhängigkeit bestand, die aber gleichzeitig wirtschaftliche Probleme hatten. Das Ziel der Maßnahme ist dabei die geeignete und günstigste Sicherstellung der Versorgung zu erreichen. Dies kann in Form einer Übernahme, Beteiligungen, einer einmaligen Zahlung oder veränderter Kooperationsbedingungen stattfinden. Falls die mittel- bis langfristige Versorgung nicht zufrieden stellend wiederherzustellen ist, kann das Ergebnis einer solchen Studie auch der intensive Aufbau eines neuen Lieferanten sein. Die Methode kann zudem bei Insourcing angewendet werden, wenn ein Produktionsunternehmen oder ein Unternehmensteil aufgekauft werden soll.

Ablauf:

1. **Lieferantenanforderungsprofil:** Da Prozess Due Diligence vorwiegend vom Kunden ausgeht, und die Beziehung des Lieferanten zu dem Kunden detailliert untersucht werden soll, muss als erster Schritt das Festlegen des Lieferantenanforderungsprofils erfolgen. Hierzu werden die Notwendigkeiten und Anforderungsprofile einem Soll-Ist-Vergleich unterzogen. Alle relevanten Schnittstelleninformationen, bezüglich des Lieferanten, werden daraus systematisiert und die Zielvorgaben für die Lieferanten festgelegt.
2. **Auditierung mit interdisziplinärem Team**: Mit dem interdisziplinären Team aus Spezialisten wird in der Folge beim Lieferanten eine Auditierung in allen notwendigen bzw. betroffenen Bereichen durchgeführt. Bei der Prozess Due Diligence können etwa auch Spezialisten aus den Bereichen Recht, Psychologie, IT, Simulation, REFA und Transportlogistik hinzugezogen werden.
3. **Vorbereitung der Entscheidung**: Die Potentiale des Lieferanten werden mit dieser fundierten, interdisziplinären Methode in wenigen Tagen analysiert und Optimierungspotentiale und Entscheidungen des Kunden vorbereitet. Das Ergebnis bildet die Basis zu einer umfassenden Beseitigung von regelmäßigen oder schwerwiegenden Lieferantenproblemen.

Anstoß und Anwendung von Intensiv-Lieferantenentwicklung

Bei einer bevorstehenden Insolvenz oder bei einer gravierenden Schädigung des Kunden durch einen Lieferanten, bei einem hohen Kostenanteil zur Schadensregulierung von Engpässen und einem hohen Anteil an Krisenmanagement fallen die Kosten, der nur wenige Tage dauernden Prozess Due Diligence, angesichts des wirtschaftlichen Schadens, in Relation kaum ins Gewicht. Im Falle eines Krisenlieferanten liegt als Anstoß zumeist eine Kostenabschätzung des Risikomanagements vor, zum Beispiel eine detaillierte Prozesskostenrechnung. In anderen Fällen besteht ein klarer marktrelevanter, strategischer Grund, der eine Amortisationsbetrachtung für diesen geringen Personalaufwand auch leicht überkompensiert. Bei Problemlieferanten, die „nur" eine Kostenexplosion, als Folge des Snowball-Effektes nach sich ziehen, ist der größte Hürdenstein das Erkennen des Problemumfangs. Der Kunde hat sich vielfach an die schleichend unzufriedenstellende Situation gewöhnt. Intensiv-Lieferantenentwicklung sollte sich in diesem Fall an dem Motto orientieren: „Lieber ein Ende mit Schrecken, als ein Schrecken ohne Ende".

4.8 Outsourcing und Lieferantenwechsel

Philipp Dickmann; Eva Dickmann, LEPROS;
Wolf-Michael Gerth

Lean Philosophien zielen auf nachhaltige, iterative Verbesserung der Prozesse ab. Outsourcing und Lieferantenwechsel zielen hingegen auf einen Neuanfang mit anderen Partnern ab, etwa um Ziele wie Reduzierung der Lohnkosten, Erhöhung der Flexibilität oder höhere Kompetenz von Spezialisten zu erreichen. Oft bergen solche einschneidenden Veränderungen auch ein hohes Risiko wie eine Kostensteigerung nach der Realisierung. Hubert Linhardt, Vorstand der Voith Siemens Hydro Power Generation, verweist daher darauf, dass Verlagerungen nicht immer lohnenswert und Probleme oft unerkannt bleiben. Er spricht von nur mehr 5 % Kostenvorteil, die etwa in China zu erreichen sind *[Dier 06]*. Die große Gefahr besteht darin, dass ein auf den ersten Blick überragender Vorteil, den Aufwand zur Überprüfung des Risikos nicht mehr sinnvoll erscheinen lässt. Das Risiko sollte allerdings nicht unterschätzt werden, denn immerhin kommt rechnerisch auf jedes dritte Outsourcing ein „Zurückholen" der Prozesse *[Kink 04]*. Kompetente Kostenrechnung ist ein Hindernis, da aufwendige interdisziplinäre und prozessbezogene Kostenermittlung hierfür notwendig sind. Für die Kostenabschätzung sollte ein Projektplan und eine Checkliste erarbeitet werden. Zur Entscheidungsfindung ist eine fundierte Vorbereitung mit Kernkompetenzanalyse, Make-or-buy-Analyse (MoB) und prozessbezogener Fehlermöglichkeits- und Einflussanalyse (FMEA) notwendig.

Lean-Philosophien setzen auf konstante nachhaltige Lieferantenbeziehungen, die über langjährige Optimierungsprozesse zu einer marktentscheidenden Effizienz führen. Kontinuierlich und in kleinen Schritten werden über Jahre hinweg iterativ exakt die Anforderungen des Marktes und des Kunden in produktionsnahen und -fernen Bereichen abgebildet. Diese Prozesse führen vor allem zu höherer Effizienz, aber in vielen Fällen auch zu einem höheren Nutzen für den Kunden, der aber nicht in betriebswirtschaftlichen Kennzahlen zugeordnet wird. Lieferantenwechsel und Outsourcing setzen hingegen auf den Wechsel zu einem anderen Partner, durch den schnell Vorteile erreicht werden sollen.

4.8.1 Outsourcing

Der Begriff „Outsourcing" setzt sich aus den Begriffen „outside", „resource" und „using" zusammen, es werden also Prozesse dauerhaft an andere Unternehmen vergeben *[Hopf 00]*. „Off-shoring" ist der Sonderfall des Outsourcings, bei dem Prozesse ins Ausland verlagert werden. Lieferantenwechsel beschreibt ebenfalls einen Wechsel der Prozesspartner zum Erlangen eines Wettbewerbsvorteils. Es werden in diesem Fall nicht interne Prozesse zu einem externen Partner, der die Prozesse wirtschaftlicher erbringen kann, vergeben, sondern Prozesse, die bereits extern vergeben sind *[Hard 97]*. In den Medien und der politischen Diskussion in Hochlohnländern erscheint die Reduzierung der Personalkosten sehr dominant die Ursache für Konzepte des Wechsels in Unternehmen zu sein. Die Globalisierung und das Anpassen an die Veränderungen des globalen Markts werden ausschlaggebend identifiziert als Antrieb für Outsourcing und Lieferantenwechsel. Tatsächlich sind die Beweggründe von Unternehmen wesentlich heterogener. Eine Studie zu Out- und Insourcing-Entscheidungen des Fraunhofer Instituts für Systemtechnik und Innovationsforschung (ISI) bezogen auf die Metall- und Elektroindustrie, chemische und kunststoffverarbeitende Industrie in Deutschland *[Kink 04]* hat gezeigt, dass 41 % der Unternehmen Herstellprozesse ausgelagert haben. Hierbei wurden folgende vorherrschende Gründe für Auslagerungen genannt: günstigere Kosten ca. 75 %, der Ausgleich von Über- bzw. Unterauslastung ca. 64 % und Flexibilität ca. 53 %. Ergänzend sollten aber noch weitere Ziele als bestimmende Motivation erwähnt werden, etwa die Verbesserung der Prozessqualität, Outsourcing als Machtmittel zum reduzieren der Personalkosten oder die Erschließung neuer Märkte durch Präsenz und/oder Partnerschaften vor Ort.

4.8.2 Insourcing

Der Begriff Insourcing setzt sich zusammen aus dem Begriffen „in“, „resource“ und „using“ und beschreibt den Vorgang Wertschöpfungsprozesse von einem externen Unternehmen in das eigene Unternehmen zurück zu holen *[Zäh 04]*. In der gleichen Studie wie oben gaben etwa 50 % der Befragten als Gründe für Insourcing an: unzureichende Qualität der Leistungen, mangelnde Flexibilität und die geringe Kompetenz. Nicht erreichte Kosteneinsparungen werden nicht explizit angegeben, sind aber aus den angegebenen Gründen zwingend abzuleiten. In derselben Studie *[Rein 99]* wird festgestellt, dass die Anzahl der Off-shoring-Aktivitäten im Vergleich zu den Insourcing-Aktivitäten von Faktor 6,5 im Jahr 1997 auf den Faktor 3 im Jahr 2001 sich mehr als halbiert hat. Diese Proportion zeigt sehr deutlich, dass das Risiko von Outsourcing nicht vernachlässigbar ist. Die angestrebten Ziele werden zu einem beträchtlichen Anteil nicht erreicht und dabei handelt es sich vor allem auch um die Kostenziele, die nicht erreicht werden. Insourcing wird als „nicht unternehmenserfolg-darstellend“ interpretiert, es existieren daher wenige Publikationen. Im Interesse Kapital besser gegen Fehlinvestitionen zu schützen, bleibt zu hoffen, dass in diesem Bereich zukünftig vermehrt wissenschaftliche Studien den tatsächlichen Umfang und die Gründe für Insourcing umfassend darstellen können. Großkonzerne, wie die deutschen Premium-Segment-Automobilhersteller, verfügen über langjährige, sehr umfangreiche Erfahrung mit Outsourcing und Lieferantenwechsel. Hier werden mit hohem Aufwand ausgefeilte Methoden angewendet, um erfolgreich Outsourcing und Lieferantenwechsel zu praktizieren und die Risiken und vor allem die gesamten Kosteneinflüsse umfassend zu erkennen. Im Vergleich zu den anderen Automobilherstellern wird hier einer Zunahme der eigenen Wertschöpfung von 2002 bis 2015 prognostiziert: Daimler Chrysler + 4 %, FIAT + 7 %, BMW + 15 %

und AUDI + 30 % *[Merc 04]*. Diese erwartete Entwicklung wird durch vielerlei Gründe verursacht und trägt vor allem der gesamten Kostensituation Rechnung. Bei Unternehmen, die weniger als 20 % Personalkosten aufweisen, kann selbst bei Off-shoring in Billiglohnländern nur maximal 5 % an Kostenoptimierung bei den Lohnkosten erreicht werden *[Dier 06]*, dies jedoch mit einem in Relation sehr hohem Risiko. Andere Methoden, z. B. *Kaizen*, Valuestream-Management, Lieferantenoptimierung, etc. können einen wesentlich größeren Hebel an Kosten, mit einem im Vergleich sehr viel geringeren Risiko, erreichen.

4.8.3 Kostenrechung

Die Kostenrechung soll Abläufe darstellen und Fehlentwicklungen aufzeigen. Die sehr differenziert in MRP vorliegenden Daten verleiten dazu, ohne Verifikation Kosten zu betrachten und darauf basierend vorschnell Entscheidungen zu fällen. Es bedarf einer sehr genauen Betrachtung der Teilprozesse und einem aufwendigen Vorgehen, um die tatsächlichen Kosten in ihrer Komplexität und ihrem Risiko richtig abzuschätzen und richtig zu entscheiden. Gerade der bei Konzernen überwiegende Gemeinkostenblock wird nicht ausreichend differenziert bewertet und daher bei Outsourcing-Entscheidungen nicht genug hinterfragt. Bei Outsourcing der Produktion reduzieren sich die Gemeinkosten im direkten Produktionsbereich durch Outsourcing nur in geringen Umfang, da indirekte Bereiche davon kaum betroffen sind. Auch beim Vergleich der Stundensätze von Maschinen oder Mitarbeitern darf nicht übersehen werden, dass verschiedene Kosten in die Zuschläge einfließen, die später auf andere Kostenträger verteilt werden müssen, d. h. als Kosten erhalten bleiben. Beim Kostenvergleich müssen diese Kosten entsprechend ihrer Auswirkung betrachtet werden. Ein anderer entscheidender Block, der falsch bewertet wird, ist die zu erwartende Kompetenz, die sich in Effizienz und Qualität abbildet. Die Automobilindustrie fordert von neuen Lieferanten präventiv Zusatzleistungen während der Startphase. Dies dient der Prozess- und Risikoabsicherung. Der Lieferant muss präventiv, zusätzliche Personalkapazitäten erbringen, die erst reduziert werden, wenn der Kunde die gewünschte Leistung feststellt. Der Lieferant trägt somit das Risiko und am Anfang auch gegebenenfalls hohe Zusatzkosten. Dies führt zu einer hohen Motivation, Probleme schnell abzustellen. Viele Unternehmen verfolgen jedoch eine andere Politik: Rentable Maßnahmen sollen nicht mit überzogenen Forderungen „schlecht gerechnet“ werden. Diese Politik hat jedoch zur Folge, dass Kunden die mangelhafte Leistung belegen und etwaige Qualitäts- und Lieferprobleme selbst puffern müssen. Die Abhängigkeit des Kunden von den Lieferungen bewirkt einen Verhandlungsvorteil des Lieferanten. Der Kunde muss Nachbesserungen der Konditionen und schlechte Leistungen akzeptieren.

Kostenverursacher ermitteln

Die 5-W-Methode des TPS lehrt die Ursachen mehrfach zu hinterfragen. Es soll die Gefahr umgangen werden nur Symptome zu behandeln anstatt die Ursachen zu beseitigen. Dies gilt im Besonderen für die Datenanalysen als Basis für Outsourcing oder Lieferantenwechsel. Ein schönes Beispiel hierfür sind die Auswirkungen von zu hoher Differenzierung der Verantwortlichkeiten. Das Resultat sind viele Hierarchieebenen, mit einer umständlichen, stark abgegrenzten und ineffizienten Arbeitsweise. Die betriebswirtschaftliche Auswirkung sind hohe indirekte Zuschläge. Da die Gemeinkosten in die Stundensätze mit einfließen sind die Produktionskosten in solchen Unternehmen ebenfalls sehr hoch. In der Folge ist die Gefahr groß, dass betroffene Produktionsstandorte bei einem oberflächlichen Vergleich als sehr viel teuerer bewertet werden, als etwa Produktionsstandorte fremder Unternehmen ohne diese Zuschläge. Der Ausweg Outsourcing der Produktion bringt in diesem Fall jedoch nicht den erwünschten positiven Effekt für die Wirtschaftlichkeit des Unternehmens. Die interdisziplinäre Prozesskostenrechung (vgl. 1.15. Differenzierte Prozesskostenrechung) hilft die tatsächlichen Kostenverursacher zu identifizieren und damit eventuelle Fehlinvestitionen zu verhindern.

4.8.4 Kernkompetenzanalyse (KKA) [Zäh 04]

Kernkompetenzen sind effiziente Prozesse und Leistungen, die für den Kunden einen Mehrwert bringen und für Wettbewerber nur schwer zu imitieren bzw. zu substituieren sind. Zur Kernkompetenzanalyse *[Rein 99]* werden Kaufkriterien (z. B. Preis, Sicherheit und Endgeschwindigkeit) soweit möglich über Marktanalysen analysiert und gewichtet, sowie technische und wirtschaftliche Produkteigenschaften (z. B. Festigkeit, Oberflächengüte und Fertigungskosten) aufgestellt und mit für den Kauf entscheidenden Merkmalen zu Spezifikationswerten verknüpft. Das Resultat ist der erhöhte Kundennutzen der einzelnen Produktspezifikation und Spezifikationswerte, die die Prozesse und Kompetenzen der Wertschöpfung (z. B. Entwicklung, Fertigung oder Montage) klassifizieren. Hierzu wird ein Kompetenzportfolio mit den Dimensionen „Kundenwert der Kompetenz“ und „relative Stärke der Kompetenz“ aufgestellt, in das die ermittelten Kompetenzen eingetragen werden. Je nach Lage der Kompetenz im Portfolio kann eine strategische Handlungsempfehlung gegeben werden.

4.8.5 Make-or-buy-Analyse (MoB) mit Risikofaktoren

MoB ist eine Entscheidungsfindungsmethode, die ergänzend zur strategisch unterstützenden Kern-Kompetenz-Analyse die entscheidungsrelevanten Kosten betrachtet. Dazu müssen alle Kosten der Alternativen, die be- und entlastend anfallen, systematisch ermittelt und verglichen werden. Die Schwierigkeit liegt darin alle Positionen für relevante Kosten vollständig und realitätsnah zu ermitteln. Um möglichst Vollständigkeit zu erreichen, können Checklisten basierend auf Projektplänen und alten MoB-Analysen unterstützend verwendet werden. Die alten Aufzeichnungen sollten allerdings mittel- bis langfristig nach der Umsetzung auf die Zielerreichung vollständig verifiziert werden, ansonsten besteht die Gefahr falsche Annahmen einfach erneut heranzuziehen. Fehleinschätzungen der realen Kostensituation entstehen aber trotzdem und können, solange nicht ausreichend Prozessbezug bei der Kostenstruktur besteht, nicht verifiziert werden. In vielen Fällen stehen die notwendigen Daten nicht in geeigneter Form zur Verfügung. Im Fall von Produktionsverlagerung kann daher Valuecycle Optimizing (VCO), interdisziplinäre Prozesskostenrechung und Process Due Diligence (vgl. 4.7. Intensiv-Lieferantenentwicklung) sehr effizient vollständige, prozessbezogene Daten liefern. Dann können realistischere Kosten zum Vergleich errechnet werden, z. B. Qualität, Liefertreue, Kapitalbindung, Flexibilität, etc. Von vielen Unternehmen wird das Risiko einer unwirtschaftlichen Verlagerung aufgrund einer zu stark vereinfachten einseitigen Hochrechnung unterschätzt. Aus diesem Grund kann in die ermittelten Zahlenreihen je Prozess und Position ein Risikofaktor ergänzt werden. Der Risikofaktor sollte aus einer prozessbezogenen Fehlermöglichkeits- und Einflussanalyse (Prozess-FMEA) abgeleitet werden. Die so ermittelten Kosten sind, bezogen auf einen von Produktlebenszyklus sowie den

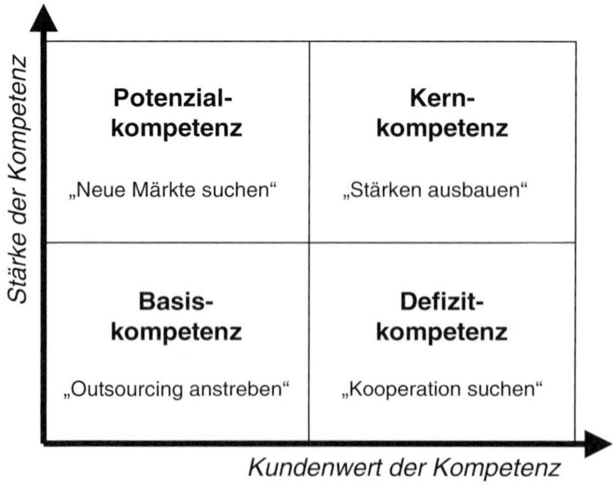

Abb. 4.8.1 Kernkompetenzanalyse mit Handlungshinweisen (nach *[Zäh 04]* und *[Rein 99]*)

Absatzprognosezeiträumen abhängigen untergliederten Zeitraum, zu diskontieren und zu differenzieren. Wenn die Summe der diskontierten Auszahlungen für den Fremdbezug den kleineren Zahlungswert besitzt, ist ein Outsourcing aus Kostengründen zu bevorzugen *[Zäh 04]*. Da die Kosteneinschätzung nur ein unvollständiges Bild ergibt, sollte ergänzend eine Matrix, der wesentlichen zusätzlichen Einflusskriterien gebildet werden. Um eine umfassende, integrierte Betrachtung von Hardfacts (wie Kosten) und Softfacts (wie Strategien, Trend und Risiko) zu erhalten, kann das vereinfachte Multikriterienmodel von Ghandforoush *[Ghan 88]* verwendet werden.

4.8.6 Chancen und Risiken – abwägen und optimieren

Die goldene Regel des Outsourcing: „Desto größer das Potential scheint, desto größer ist das Risiko!" Zur Absicherung des Risikos verwenden viele Unternehmen Checklisten, um optimale Abläufe und vollständige Kostentransparenz zu erreichen. Möglichst alle wesentlichen Punkte sollten von Anfang an umfassend hinterfragt werden, um nicht später Probleme in Konflikten lösen zu müssen. Das finanzielle Risiko eines Outsourcings ist beträchtlich, daher ist es sinnvoll zur Entscheidungsunterstützung eine Risikoanalyse vorzunehmen. Hierfür kann eine prozessbezogene Fehlermöglichkeits- und Einflussanalyse (Prozess-FMEA) angewandt werden. Die FMEA sollte basierend auf einer möglichst umfassenden Checkliste und unter Einbeziehung externer Spezialisten durchgeführt werden. Mit einer unvoreingenommenen Entscheidungsfindung basierend auf dieser sachlichen Information können das Risiko und die Potentiale sachlich fundiert abgeschätzt werden. Das Risiko einer Fehlentscheidung sinkt damit beträchtlich. Da es bei Outsourcing fast immer um sehr gewichtige Entscheidungen geht, sollte hier daher kein unnötiges Risiko eingegangen werden. Bei Konzernen werden oftmals für solche Fälle erfahrene spezialisierte Dienstleister einbezogen. Eine temporäre hohe Kapazität von erfahrenen Spezialisten kann dadurch professionell und zeitnah realisiert werden. Vielfach sind diese Spezialisten intern auch ohnehin nicht vorhanden. In manchen Fällen wird auch die Geschäftsleitung von betroffenen Bereichen kommissarisch externen Dienstleistern oder Spezialisten übergeben. Die Vorgesetzten sind in vielen Fällen nicht qualifiziert, um diese Grenzsituationen des betrieblichen Umgangs kompetent, neutral und optimal für die betroffenen Mitarbeiter zu meistern.

4.9 Logistik-Outsourcing – Checkliste

Wolf-Michael Gerth; Eva Dickmann, LEPROS

Der Erfolg eines Outsourcing-Projekts wird maßgeblich bestimmt vom systematischen Vorgehen. Eine fundierte umfassende Vorbereitung der Entscheidung durch Kernkompetenzanalyse, Risikoanalyse (Prozess-FMEA) und MoB-Analyse kann helfen Risiken richtig einzuschätzen. Basierend darauf, sollte eine unvoreingenommene, nur von Fakten getragene Entscheidungsfindung angestrebt werden. Letztlich müssen dann aufgrund möglichst detailliert ausgearbeiteter Checklisten und Projektpläne die Ziele umgesetzt werden. In den vergangenen Jahren wird vor allem im Bereich der Automobilzulieferer zunehmend Logistik-Outsoucing angestrebt, daher soll in der Folge eine Checkliste exemplarisch dargestellt werden.

4.9.1 Logistik-Outsourcing

Die Versorgung von Produktion und Montage wird häufig auf Logistikdienstleister übertragen. Die Betreuung der Logistikkette reicht dabei vom Lieferanten (Dispositionswesen) bis zur Kommissionierung in Vorratsbehältnisse in den Produktionen inklusive der Betreuung von verlängerten Lohnbearbeitern. Im Rahmen dieser Prozesse, deren physischen Prozessketten und Informationsflüssen können durch unterschiedliche Einflüsse und mangelhafte Vorbereitung erhebliche Reibungsverluste im Materialfluss entstehen.

Ziele des Outsourcing

Der Logistikdienstleister verfügt über Spezialwissen seiner Branche, das in den eigenen Prozessen zielgerichtet zum Einsatz kommen soll.

- Keine eigenen Investitionen in Gebäude und Technik sondern Entrichtung einer Nutzungsgebühr.
- Konzentration auf die eigenen Kernkompetenzen.

Aus komplexen Prozessen, die während einer Lieferantenbeziehung entstehen, ist es zwar möglich, Standorte und Techniken zu wechseln, aber kaum das ausführende Logistikunternehmen.

4.9.2 Checkliste für Logistik-Outsourcing

Derartige Listen leisten einen wesentlichen Beitrag zum vollständigen und erfolgreichen Outsourcing. Sie sollten schon in der Vorbereitung zur Entscheidungsfindung weitestgehend detailliert sein. In vielen Unternehmen die häufiger Outsourcing betreiben, werden solche Listen immer wieder neu angewandt und verfeinert. Zur zielführenden Umsetzung sind zudem vor allem ausreichend Kapazität und Kompetenz nötig. So kann das Risiko minimiert werden, dass über längere Zeiträume nach dem Outsourcing kein zufriedenstellender Materialfluss gewährleistet werden kann und zudem die Kostenziele weit überschritten werden.

1. Vorbereitungen für ein erfolgreiches Outsourcing in der Logistik

a) Aufbau von physischen Prozessketten mit folgenden Inhalten:

- Wareneingang,
- Wareneingangsprüfung.
- Lager und
- Versorgung der Produktion/Montage:

b) Notwendiger Informationsfluss zwischen Lieferant und Unternehmen,
c) Aufbau eines Kennzahlensystems zur Steuerung der einzelnen Prozesse,
d) Aufbau eines Tools zur Planung von Veränderungen und deren Auswirkungen auf Produktion und Lieferantenbeziehung,
e) Festschreibung von Zielen für mindestens ein Jahr (Open-Issue-List).
⇒Aufbau von Ausschreibungsunterlagen an Logistikdienstleister.

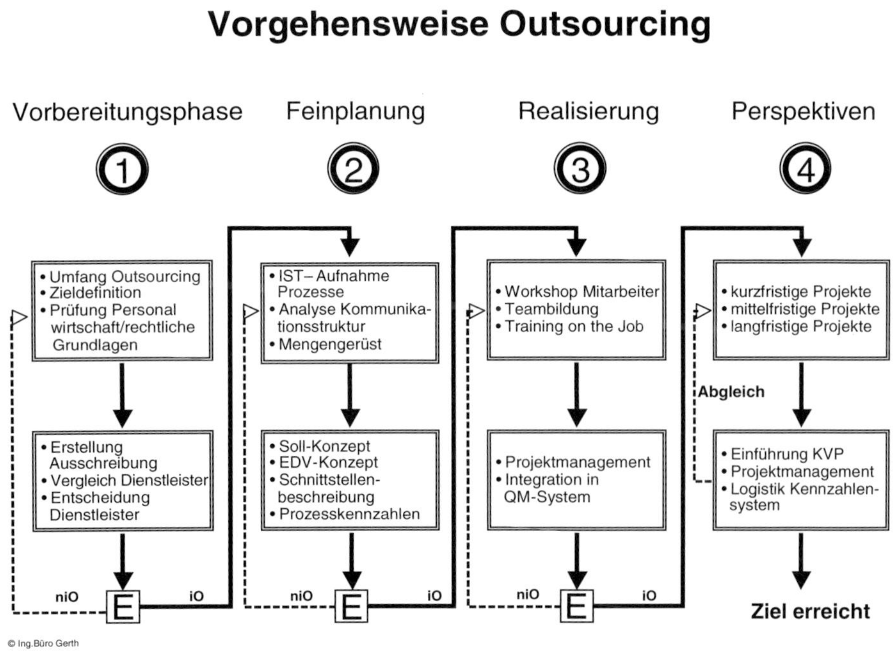

Abb. 4.9.1 Vorgehensweise Outsourcing

2. Kriterien der Entscheidung für einen Logistikdienstleister als Partner

a) Finanzielle Unterschiede anhand von mind. 6 Monaten in den einzelnen Prozessketten
b) Change Management mit Vorgaben für Verbesserungen

3. Realisierung

Tabelle 4.9.1: Beispiel einer Vorgehensweise

Vorbereitungsphase	Stufe 1	Stufe 2
Stabilität der Prozesse	Stabilität der Prozesse	Stabilität der Prozesse
Klärung und Vorbereitung zur Übernahme von x-Mitarbeitern	Integration der übernommenen Mitarbeitern in die Organisation des Dienstleisters	Pflege und Förderung der Mitarbeiter im Rahmen der Organisation des Dienstleisters
Feinanalyse der Prozesse	Überarbeitung der Feinanalyse der Prozesse	
Identifikation von Einsparpotentialen	Identifikation von Einsparpotentialen	
Aufbau des Entwicklungsplanes für die Realisierung von Einsparpotentialen	Realisierung von Einsparpotentialen	Einführund eines kontinuierlichen Verbesserungsprozesses (KVP)
	Definition von leistungsbezogenen Abrechnungseinheiten	Variable leistungsbezogenen Abrechnung in der Stufe 1 definierten Einheiten
Definition von notwendigen Fixkosten		Abrechnung der definierten Fixkostenblöcke
Vorbereitung zu Übergang Stufe 1	Vorbereitung zu Übergang Stufe 1	

4. Entwicklung der Lieferantenbeziehung zwischen Dienstleister und Unternehmen

a) Monatliches Reporting der vereinbarten Kennzahlen (incl. Pflege der Prozessketten) im Rahmen eines Jour-Fix mit folgenden Themen:

- Veränderungen (Vergangenheit) und
- Vorbereitungen in Projekten (Zukunft):

b) Abarbeiten der Tätigkeiten im Rahmen der Open-Issue-List.

4.10 Transport-Logistik im Rahmen des Supply Chain Management

Klaus-Eduard Wittmann

Eine zunehmend wichtige Rolle im Supply Chain Management (SCM) spielt das Thema Transport-Logistik: Mit abnehmender Wertschöpfungstiefe in den Unternehmen steigt indirekt proportional der Anteil an Kaufteilen und der Bedarf an Transporten von Lieferanten zu Kunden. Das in diesem Bereich vorhandene Potential gilt es zu erkennen und zu optimieren. Denn: Fehleinschätzungen haben gravierenden Einfluss auf das SCM, unter anderem sind hohe Mehrkosten die Folge. Die Beschaffung wird immer internationaler und die Bestandsoptimierung stellt ein wesentliches Ziel im SCM dar, sodass die Transporte diesem Ziel angepasst sein müssen. Vor allem die eingebundenen Transport- und Logistikpartner haben diesen wachsenden Anforderungen gerecht zu werden. Da heute das Gros der Lieferungen noch immer durch LKW-Transporte abgedeckt wird, soll hier speziell auf diesen Bereich näher eingegangen werden.

4.10.1 Die Auswahl des Logistikpartners

Um auf den Transport – und auf die damit verbundenen Kostenpotentiale – überhaupt Einfluss nehmen zu können, muss das Unternehmen die grundsätzliche Entscheidung treffen, die Transportlogistik inhouse abzuwickeln und damit die Transportkosten selbst zu tragen. Nur dann besteht die Möglichkeit, durch das Sendungsvolumen und die damit verbundenen Tonnagezahlen, ein interessantes Volumen für den Speditionsmarkt zu erzielen. Dieses Mengengerüst dient als Basis für die erforderliche Ausschreibung, um Angebote von verschiedenen Wettbewerbern einzuholen und die aktuellen Transportkosten vergleichen zu können. Da aber Sendungsmenge und Tonnageverteilung allein noch keinen ausreichenden Inhalt für die Ausschreibung darstellen, sollten noch folgende Faktoren in die Beurteilung mit einbezogen werden: Sendungszahlen je Relation (PLZ), Laufzeiten für Sendungen, Zeitfenster für Anlieferungen und Abholungen, Zahlungsziel, Abwicklung und Ansprechpartner im Tagesgeschäft, Eskalationsstrategien und nicht zuletzt die Preistabellen mit Regelungen von Nebenkosten, wie Tauschgebühren für Gitterboxen oder Euro-Paletten, Sperrigkeitsregelungen, Dieselzuschlag und Mautgebühren. Auch sollten nationale und internationale Sendungen getrennt angefragt werden. Diese Vielzahl von Punkten zeigt, dass bei jeder Ausschreibung das Anforderungsprofil an das jeweilige Geschäft und den Produktionsstandort sehr genau und sehr individuell definiert werden muss, um eine objektive Vergleichbarkeit der Angebote zu erzielen. Oberstes Gebot bei der Auswahl des Dienstleisters ist, dass nie der Preis das allein ausschlaggebende Auswahlkriterium darstellen darf. Nicht der billigste Anbieter ist gefragt, sondern der günstigste! Neben dem Preis spielen Qualitätsfaktoren eine entscheidende Rolle. Um diese zu beurteilen, können zahlreiche objektive Kriterien wie z. B. Zertifizierungen nach DIN EN ISO 9002, VDA-Normen, Umsatzvolumen oder Branchenbeurteilungen in Fachzeitschriften herangezogen werden. Aber auch der persönliche Kontakt mit den Unternehmen ist im Auswahlprozess unerlässlich: Wie ist der erste Eindruck? Wie werden Prozesse in der Spedition dargestellt? Passt die Unternehmenskultur zum eigenen Betrieb? Und welche Leistungsstärke vermitteln die in den Ablauf eingebundenen Partner? Allgemeingültige Empfehlungen sind hier kaum möglich, da die Entscheidung von zahlreichen individuellen Faktoren abhängt. Sowohl die großen Branchenführer mit ihren ausgebauten internationalen Netzwerken als auch die mittelständischen Anbieter mit ihren kurzen Hierarchiewegen und oft individuelleren Lösungen haben ihre Stärken – aber auch Schwächen. Ist die Entscheidung für einen Partner gefallen, sollte es im Interesse beider Parteien liegen, eine mittel- bis langfristige, partnerschaftliche Beziehung anzustreben und diese auch vertraglich zu fixieren. Nur dann ist die Planungssicherheit für einen definierten Zeitraum gegeben, die als Basis für weitere Optimierungen unerlässlich ist. Vertraglich fixiert werden sollten der detaillierte Inhalt der Ausschreibungen, Themen wie Anpassungsklauseln zum vereinbarten Tarif, der Geltungszeitraum der Vereinbarung, der Qualitätsnachweis der erbrachten Leistung, Kündigungsregelungen, Gerichtsstand, Geschäftsbedingungen sowie eine Salvatorische Klausel. Dringend anzuraten ist die Prüfung des Vertrags durch einen Juristen.

4.10.2 Das Optimierungspotential

Im Rahmen der Ausschreibung zeigt sich meist, dass die Preise der Anbieter um 30 % und mehr voneinander abweichen – das tatsächlich vorhandene Einsparungspotential hängt dann stark von den individuellen Rahmenbedingungen des jeweiligen Unternehmens ab. Ferner sollte geprüft werden, ob bei den internen Abläufen Sendungen und Prozesse so zusammengefasst werden können, dass auch dort ein Ratioeffekt zu erzielen ist. Denkbar sind Abrufrhythmen in der Disposition wie z. B. Wochenabrufe im Rahmen von *Kanban*-Systemen. Grundsätzlich gilt hier: Je größer die Sendung, desto günstiger der Tarif je Einzelteil. Auch Synergie-Effekte mit dem Spediteur, beispielsweise durch gebündelte Lieferungen von Lieferanten einer gemeinsamen Relation (PLZ-Gebiet), sind möglich. Diese Beispiele zeigen, dass beide Partner kontinuierlich an der Optimierung dieser Abläufe – und damit des gesamten SCM – arbeiten müssen, um die Kosten bei gleichbleibender oder besserer Leistungsqualität zu senken.

4.10.3 Die Schnittstellen mit anderen SCM-Bereichen

Wie sich bereits erkennen lässt, kann der externe Prozess der Transporte nicht losgelöst im SCM betrachtet werden. Wichtige Schnittstellen gibt es zur Disposition und internen Logistik, zum Wareneingang, zum Einkauf, zur Rechnungsprüfung und zur Buchhaltung. Ziel der Disposition ist es, unter Berücksichtigung der Bestandsziele eine permanente Verfügbarkeit der Teile für die Produktion zu gewährleisten. Die Transporte werden in diesen Arbeitsabläufen häufig noch nicht optimal berücksichtigt. Wenn hier das Gefühl für diese Kosten verstärkt werden kann und ggf. Richtlinien für Sonderfahrten und Abrufrhythmen festgelegt werden, so hat dies direkten Einfluss auf den Wareneingang, der optimierte Mengen (z. B. Wochenmengen) vereinnahmen kann. Der Verwaltungs- und Handlingsaufwand reduziert sich entsprechend, was sich wiederum positiv direkt auf die Kosten je Einzelteil auswirkt. Auch für den strategischen Einkauf stellt das interne Transportkosten-Management eine Optimierung dar, da dann in den Einkaufspreisen nur direkte Kosten enthalten sind. Diese höhere Kostentransparenz vereinfacht einen Vergleich der Einkaufspreise erheblich. Die Rechnungsprüfung hat den Vorteil, dass Speditionsrechnungen nur noch von einer definierten und begrenzten Anzahl von Kreditoren erstellt wird. Werden dann die jeweiligen Preistabellen noch elektronisch in die Rechnungsprüfung hinterlegt, ist eine optimale Prüfung möglich. Und die Buchhaltung kann zum kostensparenden Gutschriftsverfahren übergehen, da durch gut eingespielte Prozesse nur noch selten Abweichungen vorkommen.

4.10.4 Fazit

Durch die Optimierung der Transporte in Zusammenarbeit mit allen beteiligten Partnern lässt sich nicht nur bei den Transportkosten ein erheblicher Ratioeffekt erzielen, sondern auch die an den Schnittstellen beteiligten internen Bereiche bieten erhebliche Verbesserungs- und Einsparungspotentiale. Wie hoch dieses Potential tatsächlich ist, hängt davon ab, wie weit die Prozesse im Unternehmen bereits optimiert und aufeinander abgestimmt sind.

5 EDV-Unterstützung in der Produktion und im Materialfluss

Eva Dickmann, LEPROS

In der Mitte des 20. Jahrhunderts hielten die ersten Rechnersysteme in den Firmen Einzug. Mit deren Leistungsfähigkeit konnten aber nur einfache betriebliche Abläufe dargestellt werden. Es gab einzelne Kleinlösungen in Bereichen wie Finanzwesen, Personalwirtschaft, Materialwirtschaft und Produktionssteuerung. Unter den einzelnen Lösungen war kein Datenaustausch möglich.

Production Planning and Scheduling (PPS)

Anfang der 80er Jahre entstanden erste Systeme zur Produktionsplanung und -steuerung (PPS) als Insellösungen. Eines der ersten war PICS (Production Information and Control System) von IBM. Ein Themenschwerpunkt bei der PPS-Entwicklung war die Stücklistenauflösung. Insbesondere bei der Einzel- und Serienfertigung, mit ihrem weit gefächerten Sortiment, zeigt sich früh, dass die Verwaltung der vielfältigen Stücklisten, ebenso wie die rechenaufwändigen Verfahren der Stücklistenauflösung, den Einsatz von EDV-Systemen rechtfertigen. Mit dem Preissturz der EDV hielten arbeitsplatzgebundene Systeme Einzug in Büro und Produktion. Neue Möglichkeiten der Vernetzung und Client-Server-Architekturen stellten die Daten am Ort der Entscheidung zur Verfügung. Jetzt nahm auch die Dringlichkeit zu, die Daten unter den einzelnen Softwarekomponenten auszutauschen. Der Grund lag im steigenden Aufwand ähnliche oder gleiche Daten in mehrere Systeme einzupflegen und in der damit verbundenen Fehlerhäufigkeit.

Material Requirements Planning (MRP)

Material Requirements Planning Systeme (MRP-Systeme) erzeugen basierend auf der Primärbedarfsermittlung, also den Kundenbedarfen und Ersatzteilaufträgen unter Berücksichtigung der Lagerbestände, ein Produktionsprogramm mit Planaufträgen. Über die Verknüpfung von Arbeitsplänen und Stücklisten werden in den Produktionsaufträgen auf der Sekundärebene wiederum Bedarfe erzeugt aus denen in weiteren darunter liegenden Ebenen, Planaufträge sowie letztlich Produktions- und Beschaffungsaufträge, generiert werden. *[Kans 99]*

Production Resource Planning (MRPII)

MRP-Systeme werden im Productions Resource Planning (MRP II) durch einen Kapazitätsbelastungsausgleich ergänzt. Kapazitätsüber- und –unterschreitungen werden dargestellt und vom Menschen in einem iterativen, manuell vorgenommenen Durchgang mit dem MRP-System optimiert. Unterschiede zwischen Produktions- und Vertriebsplan bleiben unberücksichtigt und müssen manuell gegengesteuert werden. Konkurrierende Belegungen eines Produktionsmittels für Teile verschiedener Aufträge werden nur getrennt voneinander betrachtet und „Doppelbelegungen" beim Endtermin nicht einkalkuliert. Die Folge sind Terminverschiebungen. Vor allem bei langen Durchlaufzeiten führen kurzfristige Veränderungen zum Durchlaufzeitsyndrom *[Kans 99]*. Aufgrund der hohen Auslastung und der fehlenden Ausgleichsmöglichkeit entsteht, in Folge von schlechter Liefertreue, eine Spirale von wiederholten Auftragsunterbrechungen, wodurch sich die Durchlaufzeit immer weiter vergrößert. Die MRP-Systeme werden im Durchlaufzeitsyndrom als Verursacher angesehen, obwohl eigentlich die zu hohen physischen Durchlaufzeiten oder Wiederbeschaffungszeiten in Relation zur nötigen Flexibilität, also das Flexibilitätsparadoxon (siehe Kapitel B.1 „Das einfache Optimum") die Verursacher sind.

Enterprise Resource Planning (ERP)

Enterprise Resource Planning (ERP) verbindet die bestehenden Insellösungen miteinander. Die Kernfunktionen der ERP-Systeme beruhen auf der Vernetzung unter anderem von MRP und MRP II, internem und externen Rechungswesen und Personalwirtschaft. Die Schwäche dieses Systems ist die Vorraussetzung der unbegrenzten Produktionskapazität bei allen Termin- und Mengenüberlegungen. Das hat zur Folge, dass keine Betrachtung der Kapazität und der Durchführbarkeit der Aufträge erfolgt. So sind auch die heutigen ERP-Systeme darauf beschränkt Daten zu verwalten und reale Operationen in einem System parallel dazu abzubilden. Es handelt sich um Transaktionssysteme, die auch als Enterprise Resource Execution and Administration (EREA) bezeichnet werden. Das grundlegende Problem bei MRP, MRP II und ERP sind Effekte wie etwa der Bullwhip-Effekt, das Flexibilitätsparadoxon, der Snowball-Effekt, die mangelhafte Datenqualität und das Problem der Fehlerfortpflanzung bei großen vernetzten Datenmengen. Diese Effekte werden jedoch kaum als Ursachen erkannt. Versuche sie mit komplexen Algorithmen zu kompensierten, führten zu keinem nennenswerten Ergebnis.

Supply Chain Execution (SCE) und Supply Chain Planning (SCP) mit Advanced Planning and Scheduling (APS)

Aus der Sichtweise des Valuestream-Mangements ist Supply Chain Management (SCM) die Planung und Steuerung von Material-, Informations- und Finanzströmen. Durch die ständig steigenden Anforderungen an die Minimierung der Kosten in der Produktion und der zunehmenden Genauigkeit der Datenverarbeitung nimmt die Marktdurchdringung mit Software zur Unterstützung von SCM zu.

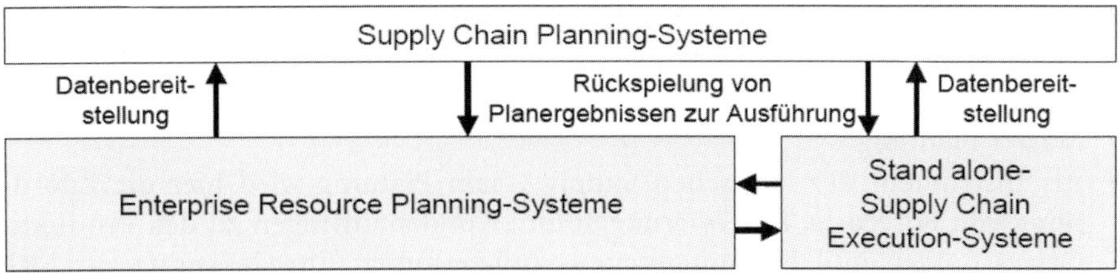

Abb. 5.0.1 Verhältnis von ERP-, SCE- und APS-Systemen *[Gesa 02]*

Dabei verteilt sich der Einsatz von Software-Produkten zu gleichen Teilen auf die Bereiche Supply Chain Planning (SCP) und Supply Chain Execution (SCE). SCE-Systeme erhöhen die Effizienz und Zuverlässigkeit des Beschaffungsmanagements von ERP-Systemen über alle Wertschöpfungsstufen und generieren eine automatische Umsetzung der Planungsergebnisse *[Gesa 02]*.

SCP wird als strategische, taktische und operative Planung des Wertschöpfungsnetzwerks verstanden. Mit zunehmenden Planungshorizont steigt die Zahl der Freiheitsgrade der Planung oder umgekehrt formuliert, es sinkt die Zahl der Restriktionen (engl. Constraints).

- **Constraint Based Planning (CBP):** Mit einer Planung mit Restriktionen lassen sich komplexe Logistikketten in unterschiedlichen Detaillierungsgraden wirklichkeitsnah abbilden. Constraints stellen die Verfügbarkeit der Ressourcen wie Mitarbeiter und Maschinen dar.
- **Simultanious Planning (SP):** Durch simultane Planung werden alle Ressourcen gleichzeitig und nicht sequentiell betrachtet.
- **Incremental Planning (IP):** Mit diesem System kann die Planung kontinuierlich erfolgen und Änderungen können bidirektional verfolgt werden. Muss ein Plan geändert werden, lassen sich die Auswirkungen dieser Änderungen in beide Richtungen der Supply Chain weitergeben, sowohl in Richtung der Zulieferer als auch in Richtung Endkunde.

Module von APS-Systemen

Die Basis für die erfolgreiche Einführung eines APS-Systems ist die Optimierung der Versorgungsprozesse und das Einbeziehen aller Beteiligten in ein aktives Change Management. Die Bezeichnung der einzelnen Module von APS-Systemen wurden von *[Gesa 02]* übernommen, können aber in anderen Systemen andere Namen aber ähnliche Inhalte haben:

- Strategic Supply Chain Planning.
- Die strategische Planung der Versorgungsketten umfasst die Konfiguration des Wertschöpfungsnetzwerks und die Festlegung des Lieferprogramms. Es werden physische Rahmenbedingung wie die Produktionskapazität festgelegt bzw. verwaltet.
- Demand Planning und Customer Collaborating Planning.

- Aufnahme der erwarteten Absatzzahlen der Endprodukte für die Planung und die Erfassung der wahrscheinlichen Abnahmemengen mit Lieferdaten und Lieferstandorten (vgl. 4.1. Einführung eines Supply Chain Management).
- Master Planning.
- Als Instrument der taktischen Supply Chain Planung wird hier die Zuordnung von Forecasts, Reservierungen und Kundenaufträgen zu den Produktionsressourcen und Fertigungszeiten vorgenommen. Im Gegensatz zur ERP ermöglicht APS den Durchlauf alternativer Planungsszenarien.
- Supplier Collaboration Planning.
- Hier werden entsprechend der Ergebnisse der taktischen Supply Chain Planung Materialien angefragt, reserviert und Bestellungen ausgelöst sowie die Bedarfe zum Unterlieferanten weitergegeben.
- Plant Scheduling und Transportation Planning.
- Zur Planung der Soll-Auslastung der einzelnen Anlagen wird ein detaillierter Produktionsplan erstellt und die Bewegungen innerhalb der gegebenen Struktur und auf den Transportkapazitäten gebucht. Dies trifft nicht nur für die Beschaffung, sondern auch für Transporte innerhalb der Produktion zu.
- Order Promising.
- Das Ergebnis der taktischen Supply Chain Planung und der Erstellung eines Produktionsplans sind die verfügbare Mengen für Kundenaufträge sowie frei verfügbare Mengen. Die frei verfügbaren Mengen stehen dem Vertrieb, zum Beispiel über ein Auftragsmanagementsystem, zur Verfügung und können mit einer konkreten Lieferzusage an den Kunden weitergegeben werden. So weiß der Kunde jederzeit, wann und ob seine Teile zur Verfügung stehen. Ist ein Produkt nicht verfügbar, können diese bei hoher Dringlichkeit durch Cross- oder Upspelling, verschoben werden. Mit diesem Verfahren sollte aber sorgsam umgegangen werden, da sonst die Gefahr der generierten Schwankung für alle Beteiligten entsteht.

Einschränkungen bei der firmenübergreifenden Integration

Nur wenige APS-Systeme leisten einen simultanen Abgleich der Materialverfügbarkeit *[Stad 00]*. Generell ist eine durchgängige Anbindung mehrer Firmen möglich. So hat zum Beispiel die Axxom Software AG einen neuen Ansatz zur Kalkulation und Optimierung großer Netzwerke mit mehreren hundert Standorten, vielen Kunden sowie tausenden Produkten *[Axxo 05]*. Planungsebene, Auftrag und strategische Ebene werden hier angeboten. Es ist theoretisch möglich in Bestände und Kapazitäten des Lieferanten zu blicken. In der Praxis sind entsprechende Lösungen aber nicht erwünscht, da die Firmen die meisten Internas, wie Wiederbeschaffungszeiten, Kapazität Auslastung, nicht an ihre Kunden im Detail preisgeben wollen. Als Nebenfunktion eignen sich diese Tools hervorragend um neben der internen SCM Steuerung eine operative oder simulative Preiskalkulation durchzuführen. Da derartige Systeme enorme Datenmengen miteinander vernetzen ist natürlich auch die Frage der Fehlerbehaftung und der Fehlerfortpflanzung in den Ergebnissen ein beträchtlicher Hürdenstein.

Spezialanwendungen im Produktionsbereich

Spezifische Anforderungsprofile und Problemstellungen haben eine Vielzahl neuer EDV-Anwendungen entstehen lassen. Der Erfolg von klein- und mittelständischen Unternehmen hat z. B. zu speziellen kleineren IT-Lösungen mit puh- oder pull-Ansätzen geführt. Mit modernen Rechenmethoden können aus Historien heute hochexakte Hochrechnungen für den Bedarf ermittelt werden. Diese Tools haben sich vor allem im Handel etabliert, wären aber auch für Produktionsbereiche sinnvoll. Es wurden auch zahlreiche dynamische Simulationsmethoden für unterschiedliche Problemstellungen des Materialfluss entwickelt, von der Selektion optimaler Steuerungsalgorithmen über die optimale Dimensionierung der *Kanban*-Kreise auf der Zeitachse bis hin zur Simulation vollständiger, komplexer Produktions- und *Kanban*abläufe. Neue ergonomischere Kommunikationswege stellen einen weiteren Bereich an Neuentwicklungen dar, z. B. grafische Programmabläufe (mit Bildern geführte Montage und Materialflussprozesse) oder ergonomische Schnittstellen (mit RFID, Spracherkennung und Brillen zur Visualisierung).

Die neue Herausforderung der IT: Richtiger Umgang mit fehlerbehafteten Daten und optimalen physischen Abläufen

Viele IT-Ansätze, wie komplexe Simulationsmodelle oder Hochrechnungen, sind akademisch betrachtet extrem lukrativ. In der realen Umsetzung kann aber kein korrelierender Erfolg festgestellt werden. Die Ursache ist in der Regel in der enormen Fehlerbehaftung der Basisdaten zu suchen. IT setzt prinzipiell fehlerfreie Daten oder eine vernachlässigbar kleine Fehlerbehaftung voraus. Durch die große Masse an Daten, die eingebunden und verknüpft werden, ist dies physikalisch, aufgrund der Eingabefehlerbehaftung und der Fehlerfortpflanzung, ein äußerst unrealistischer Ansatz. Datenpflege und konsistente Daten sind kein „disziplinarisches Thema“, sondern ein Effekt oder eine Aufgabenstellung, die bis heute in IT-Anwendungen weitestgehend ignoriert wird. Letztlich sollte auch das Flexiblitätsparadoxon nicht vergessen werden, d. h. die IT kann letztlich nur reale physische Abläufe visualisieren und abbilden. Diese Funktion ist nicht reversibel, auch wenn dies manchmal so scheint und sogar wünschenswert wäre. Wesentlich ist und bleibt es die optimalen Prozesse „eins zu eins“ in der IT umzusetzen, also Lean Production Systeme zu erzeugen und die Reduzierung der Störgrößen in Hinblick auf die Fehlerhaftigkeit der Daten zu erreichen.

5.1 EDV-Unterstützung moderner Produktionsabläufe am Beispiel von *Kanban* und unter besonderer Betrachtung der Thematik der konsistenten Daten

Georg Mack

Jedes Unternehmen produziert für Märkte und Kunden. Für jedes zu liefernde Produkt existiert ein „Rezept" oder eine Erzeugnisstruktur mit Stücklisten, Zeichnungen, Arbeitsplänen usw., wonach eingekauft, gefertigt, geprüft, montiert, verpackt, ausgeliefert, usw. wird. Ziel jedes Unternehmens ist es, diese wertschöpfenden Prozesse mit minimalem Aufwand zu durchlaufen. Schlanker Materialfluss und Lean Production sind ein Beitrag, um mit dem Produkt am Markt erfolgreich operieren zu können. In welchem Umfang Methoden aus diesem Buch hierfür hilfreich sein können, hängt vom Produkt selbst ab, seinem Entwicklungs- und Konstruktionsstand, dem Lebenszyklus mit Einlaufphase, Hoch- und Auslaufphase, den einfließenden Innovationen und Weiterentwicklungen und der Komplexität des Produktes. Nahezu jedes Unternehmen verwendet integrierte IT-Anwendungen und Informationstechnik, zumindest für die Teilbereiche Vertrieb, Produktion, Warenwirtschaft, Beschaffung und Einkauf. Es ist eine „ganzheitliche" Aufgabe diese Anwendungen zu optimieren. Dieses Buch liefert hierzu vielerlei Ideen. Um redundante, im Besonderen unzusammenhängende, also widersprüchliche Datenkonstellationen zu erkennen, ist eine Einbindung in die vorhandene IT-Landschaft zwingend. Der Autor geht im Folgenden von Produktfamilien aus, welche in Varianten ausgeliefert werden.

5.1.1 Schlanker Materialfluss mit *Kanban* und MRP am Beispiel des „Fertigproduzierens" etwa einer Montage im Kundentakt

Das Ziel kann sein, nach Fertigstellung ein marktfähiges Produkt entsprechend den Daten des Kundenabrufs bzw. der Kundenbestellung direkt auszuliefern. Die „Verschlankung" des Materialflusses besteht darin, dass:

- der Lieferant die Qualitätssicherung für die Komponenten übernimmt.
- der Lieferant direkt am Verbrauchsort anliefert, also am Arbeitsplatz des Werkers.
- das „Fertigproduzieren" des Endprodukts kundenabrufbezogen zum spätmöglichsten Zeitpunkt geschieht.
- der Werker selbst die Bauteile zum Auftrag nicht mehr speziell kommissionieren muss oder vorgeschaltet kommissioniert bereitgestellt bekommt, sondern nur mehr aus dem vollen Gebinde pickt und verbaut.
- die Arbeitsschritte im Prozess in Realzeit selbst abgemeldet werden.

Grundvoraussetzung für diese Art von Materialflussdesign ist eine entsprechende Fabrikplanung, Arbeitsplatzgestaltung und Arbeitsablaufplanung. Geeignet sind Grund- und Variantenbauteile mit einem hohen Vorkommensanteil. Problematisch sind kundenspezifische und „instabile Bauteile“, d. h. bestehende Bauteile die etwa bei Aus- und Einlaufsteuerung ersetzt werden Im Gegensatz zu einer zu frühen und mehrwöchigen Auftragseinplanung bietet Produktion im Kundentakt größtmögliche Flexibilität und kurze Lieferzeiten durch die tägliche Einplanung zu einem möglichst späten Zeitpunkt. Die Praktiker wehren sich zuweilen gegen diese kurzfristige Einplanung, da sie bei Störungen praktische keine Zeitreserven haben. Die „problematischen“ Bauteile „hat man leicht im Griff“, wenn diese konventionell abgewickelt werden, also im Fertigteillager liegen und von dort dem Kundenauftrag zugeführt werden. Für Bauteile, die zur Lagerung am Verbrauchsort geeignet sind, werden Behältergrößen, Anzahl und Inhalte definiert. Die Methode der Versorgung ist aus nachfolgender Grafik ersichtlich.

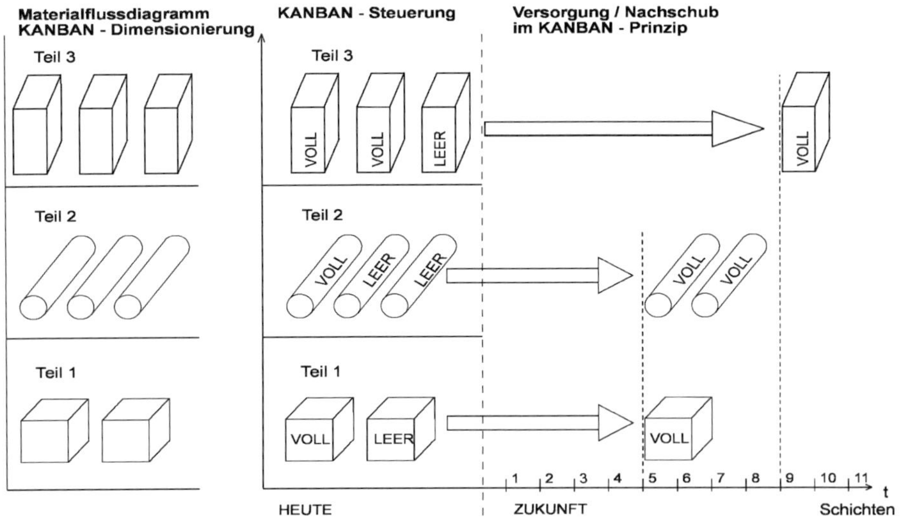

Abb. 5.1.1 Versorgen eines Verbrauchsortes

Das Layout am Arbeitsplatz ist für die Lagerung von Bauteilen für eine bestimmte Reichweite ausgelegt. Unterstellt wurde: Die Mengen einer Anlieferungseinheit reichen bei allen drei Teilen jeweils für sechs Schichten. Mit den Lieferanten ist vertraglich vereinbart:

1. Dem Lieferanten werden Veränderungen der Schichten angezeigt, seine Produktion passt er selbst an.
2. Bei Teil 1 wird spätestens in Schicht 5 ein voller Behälter angeliefert.
3. Bei Teil 2 werden spätestens in Schicht 5 zwei volle Behälter angeliefert.
4. Bei Teil 3 wird spätestens in Schicht 9 ein voller Behälter angeliefert.

Häufig wird der Anlieferungszeitpunkt nicht schichtbezogen, sondern arbeitstagbezogen vereinbart.

Scheinbarer Widerspruch:

Die Versorgung eines Verbrauchsorts mit *Kanban*-Behältern erfolgt auf der Basis des Verbrauchs durch kurzfristiges Auffüllen der leeren Behälterplätze. Beschaffung und Fertigung der Komponenten ist problemlos, wenn diese kurze Zeit hierzu ausreicht. Muss hier mit größeren Zeiten operiert werden, entsteht ein massives Problem. Man ist dann gezwungen die Beschaffung solcher Komponenten auf Basis von MRP-Daten zu planen und freizugeben. Bei dieser sehr realistischen Konstellation sind die Bestimmungen für ein- und denselben Gegenstand – für einen schlanken Materialfluss einerseits und eine optimale Fertigung/Beschaffung andererseits – zueinander eher widersprüchlich, also inkonsistent. Ein Beispiel: Eine Schmelze mit einer besonderen Metalllegierung reicht für eine Menge, welche einem Jahresbedarf entspricht. Hier ist eindeutig, dass der Verbrauch nur die Versorgung am Verbrauchsort bestimmen kann, MRP aber den Zeitpunkt und die Menge der Fertigung für Beschaffung und Fertigung bestimmen sollte.

5.1.2 Absatz- und Materialbedarfsplanung mit EDV

Genaue Beobachtungswerte erhält man aus der Fortschreibung der Absatzplanung. Absatzpläne werden über mehrere Perioden, d. h. über Wochen, Monate, Quartale und Jahre, erstellt und roulierend fortgeschrieben. Die Absatzplanung ist Basis für MRP und die Vertragsgestaltung mit den Lieferanten über:

1. Kapazitätsreservierung, Vorlauf z. B. bis zu 12 Monaten.
2. Freigabe von Vormaterial, Vorlauf z. B. bis zu 6 Monaten.
3. Freigabe für die Bearbeitung, Vorlauf z. B. 5–20 Wochen.
4. Diese Primärdaten aus MRP sollten Basis für die Dimensionierung von *Kanban*-Systemen darstellen (s.a. Abb. 5.1.1). Die oben erwähnten Verträge mit den Lieferanten müssen die *Kanban*-Dimensionen wie Behältergröße, Inhalt und Menge enthalten, sowie auch die
5. Freigabe zur Lieferung, Vorlauf z. B. 5 Arbeitstage.

5.1.3 Konsistente Daten mit EDV

Die Produktion ist, wie bereits eingangs erwähnt, in fast alle Aktivitäten des Unternehmens eingebunden, d. h. für die Abwicklung des Produktionsprozesses in der IT muss auf permanent aktualisierte Daten anderer Bereiche zugegriffen werden. Dies ist nur mit modernen IT-Anwendungen möglich. Konsistente Daten sind erstrebenswert. Planwerte, insbesondere aus mittel- und langfristiger Planung, sind Schätzwerte. *„Statistisch gesehen ist eine Schätzfunktion konsistent,*

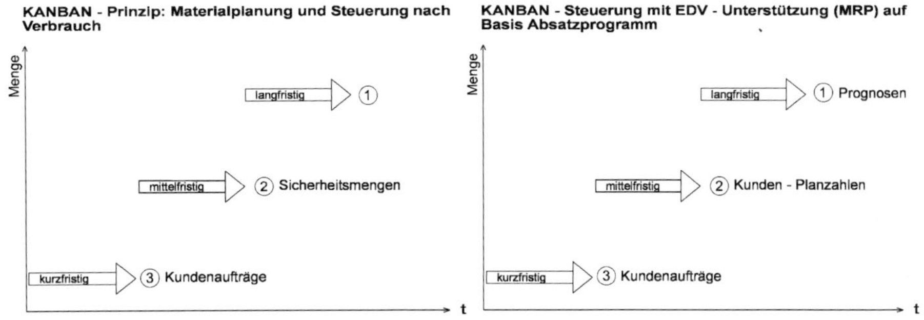

Abb. 5.1.2 Absatzplanung und Materialbedarfsplanung

1. Langfristeplanung auf Verbrauchsbasis ist nicht ratsam!	1. Prognosen sichern die Planung der Ressourcen usw.
2. Sicherheiten verschiedener Art sichern die Produktion	2. Produktion von Komponenten gesichert durch MRP
3. Kundenaufträge erzeugen Verbrauch an Komponenten	3. Materialverfügbarkeit gesichert durch *Kanban*-Steuerung
	4. Mit den Daten aus mittel- und langfristiger Planung ist der Lieferant in der Lage seine Produktion zu planen.

wenn ihre Schätzwerte bei wachsender Beobachtungsanzahl mit gegen Null strebender Wahrscheinlichkeit vom wahren Wert abweichen" [Broc 84]. Mit EDV-unterstützter *Kanban*-Steuerung auf Basis eines Absatzprogramms erhält manaktuelle Daten. Dazu wird zum Beispiel die Tatsache genutzt, dass das Verhältnis von „Absatzplan" und „Produktion im Kundentakt" in einem logischen Zusammenhang steht. Ebenso sind die Abweichungen von Absatzplan und Umsatz gleich den Abweichungen von Absatzplan und dem Verbrauch an Komponenten. Dies sind konsistente Daten. Wenn Produktionsplanzahlen über mehrere Beobachtungszeitpunkte konstant bleiben und den Umsatzzahlen entsprechen, entstehen konstante Daten für die Freigabe von Vormaterial und Fertigung. Da zuerst von einem „Fertigproduzieren im Kundentakt" ausgegangen wurde, „schlagen" nun die Marktschwankungen durch, sodass bei dieser Art der Steuerung in der Regel Abweichungen von Plan- und Umsatzzahlen entstehen werden. Tatsächlich sind im Beschaffungsprozess des „schlanken Materialflusses" Abweichungen vom „Absatzplan" zum „Kundenauftrag" problemlos, auch wenn dies in 2-stellige Prozentbereiche „ausufert". Für das Betriebsergebnis sind Plusabweichungen vom Absatzplan erfreulich, wenn durch die enge Kooperation mit den Lieferanten und dessen Flexibilität keine Versorgungsengpässe entstehen. Minusabweichungen können höchst ärgerlich sein, wenn sich die Kosten der nicht vollständig vermeidbaren Überproduktion teilweise oder voll auf das Ergebnis des Unternehmens auswirken.

5.1.4 Datenpflege

Mit Manufacturing Resource Planning (MRP) wird erkannt, ob der Verbrauch eines Bauteils, eines Produkts oder einer Produktfamilie zur Steuerung des Nachschubs für *Kanban* geeignet ist. Die konsequente Einbindung in die relevanten Anwendungen der vorhandenen IT bedeutet, dass alle Entscheidungen auf ein- und derselben Datenbasis erfolgen. Um eine aktuelle Datenbasis zu erreichen sind folgende Punkte zu beachten:

- Die Datenerfassung für Bestands-, Arbeitsfortschreibung, Fertigmeldung usw. sollte im Prozess erfolgen.
- Plausibilitätsprüfungen bringen fehlerfreie Daten (z. B. „Leermeldung fehlt", oder nach Leermeldung: „Bestand ist noch xxx").
- Die konsequente Einbindung relevanter Anwendungen erleichtert die Kommunikation, etwa wenn Informationen elektronisch weitergeleitet und in den relevanten IT-Anwendungen dokumentiert werden.

Weiterhin gehört zu jedem Materialfluss auch ein Wertfluss, d. h. durch die Fortschrittsmeldungen im Prozess wird das Auftragscontrolling automatisch aktualisiert.

5.1.5 Innovationen

1. **Mitarbeiterschulung:** Um Innovationen realisieren zu können, ist eine vielseitige Qualifikation der Mitarbeiter notwendig. Dazu gehört vor allem, dass ein Mitarbeiter mehrere Aufgaben beherrscht. Dazu ist außer den extern erlernten Kenntnissen die interne Mitarbeiter-Qualifizierung für den Erfolg entscheidend.
2. **Kundenkontakte:** Um Trends bei der Produktpalette, aber auch bei Absatzzahlen frühzeitig zu erkennen, sind die Mitarbeiter mit Kundenkontakt gefordert.
3. **Lieferantenkontakte:** Anforderungen müssen ständig mit den Möglichkeiten der Lieferanten in Übereinstimmung gebracht werden.
4. **Verwaltung und Rechnungswesen:** Lieferungen werden in der Regel aufgrund eines Wareneingangs bezahlt. Bei Lieferanten-*Kanban* kann dies auch anders erfolgen: z. B. können Bestände erst dann ins Eigentum übernommen werden, wenn ein Behälter angebrochen wird, ein Behälter leer ist oder die Ware geliefert wird. Bezahlt werden kann dann monatlich im Gutschriftverfahren. Gleichzeitig werden mangelhafte Teile gerügt und belastet.

5.2 IT in der Produktion

Friedhelm Michels, SPS Management Consultants Deutschland GmbH

Die Verwendung einer leistungsfähigen Informationstechnologie in den produzierenden Unternehmen (leistungsfähig gemessen an der durchgesetzten Informationsmenge) liegt zurzeit sehr im Trend. Es erscheint jedoch wichtig, zwischen Anwendungen zu unterscheiden, die in den ablaufenden Prozessen die Eliminierung der vorhandenen Verschwendungen erleichtern und solchen, die sie erschweren. Denn nur dadurch wird eine höhere Produktivität erreicht, Datensammlungen sind zunächst nichts anderes als Verschwendung.

Die ungeheuren Fähigkeiten neuer Datenbanksysteme in Bezug auf Echtzeiterfassung von Daten und extrem schneller Auswertung umfangreichster Datenbestände, lässt die Verwendung dieser Systeme zur Steuerung der wertschöpfenden Vorgänge als ideal erscheinen, vor allem bei hoher Typenvielfalt und komplexen Fertigungsabläufen. Man sollte eigentlich in der Lage sein:

1. Ideale Reihenfolgen für hochproduktive Abläufe durch Simulationen zu finden und
2. Sehr schnell ablaufrelevante, respektive qualitätsrelevante Problempunkte durch Analyse der Ist-Abläufe aufzuspüren und Verbesserungen zu implementieren.

Die Erfahrung bestätigt diese Hoffnungen nicht. Die Kosten für die Implementierung der Datenbanksysteme werden häufig nicht „eingespielt". Auch die Fähigkeit, durch die Ist-Analyse die Verbesserung der Prozesse stark zu beschleunigen, zeigt sich nicht in dem erwarteten Umfang.

5.2.1 Das Prinzip von Datenbanksystemen, Reporting- oder Analysefunktionen

Bei dem Aufbau der Datenbanksysteme und der Reporting- bzw. Analysefunktionen setzt man im Prinzip geschlossene Systeme voraus, in denen sämtliche Einflussgrößen prinzipiell erfassbar sind: Materialflüsse und -bestände, Energieflüsse und -bestände, Informationsflüsse und -bestände. In der Praxis werden durch vernünftige Reflektion wesentliche und unwesentliche Faktoren voneinander getrennt. Dadurch ist eine nahezu komplette Beschreibung des Systems möglich, auch wenn nicht alle Größen in allen Einzelheiten zugänglich sind *[Zade 65]*. Bei den Analysefunktionen werden sehr häufig statistische Verfahren angewendet. Diese setzen mehr oder weniger voraus, dass die Einflussgrößen unabhängig streuen. Die beeinflussten Messgrößen streuen daher ebenfalls gemäß einer bestimmten Verteilung. Kurz gesagt: Die eingesetzten Datenbanksysteme sind von ihrer Struktur her für geschlossene bzw. offene Systeme mit einer genauen Kontrolle der Zufluss- und Abflussgrößen („quasi-geschlossen") geeignet. Die entscheidende Frage für den Einsatz dieser Systeme ist, ob es sich bei der Produktion, um ein geschlossenes bzw. um ein kontrolliertes, offenes System handelt, bzw. ob man die Produktion in solche Systeme umwandeln kann.

5.2.2 Produktionsprozesse lassen sich schlecht als geschlossenes Systemen abbilden

Die Beobachtung der tatsächlichen Vorgänge in der Produktion zeigt, dass die konkrete Situation in typischen deutschen und europäischen Unternehmen nicht dazu geeignet ist, sie mit den Werkzeugen der schnellen Datenbanken zu erfassen. In aller Regel gelten entsprechende Überlegungen auch für die anderen Unternehmensprozesse wie Konstruktion, Einkauf, Vertrieb, Unternehmensleitung. Punkte, die deutlich machen, dass die Abläufe nicht geeignet sind in Datenbanken abgebildet zu werden:

1. Die Abweichungen bei der Herstellung von Produkten schwanken erheblich.
2. Ursachenanalyse wird in der Regel statistisch durchgeführt. Fehlerkategorien werden grob bzw. ungenau gefasst. Zum Beispiel die Fähigkeiten der zufällig anwesenden Mitarbeiter spielen eine große Rolle.
3. Viele Arten kleiner Abweichungen werden nicht als Fehler erfasst, sondern gehören faktisch zur Arbeit der Montage- bzw. Bedienungsmitarbeiter. Abweichungen und Justierarbeiten werden nicht unterschieden.
4. Es wird nicht beachtet, dass ähnliche Fehlerbilder sehr verschiedene Ursachen haben können.

Die Reihe der Argumente ließe sich lange fortsetzen.

5.2.3 Verschwendung zu eliminieren sollte im Focus stehen:

Sehr wesentlich in diesem Zusammenhang ist, dass alle diese Punkte erhebliche Verschwendungen darstellen. Sehr häufig sind Mitarbeiter in der Produktion nur zu 10–20 % mit wertschöpfenden Prozessen beschäftigt, wobei der eigentlich wertschöpfende Vorgang davon auch nur einen Bruchteil darstellt. Erste Ansätze Verschwendung zu vermeiden sind hier:

- Eine konsequente Visualisierung der Abläufe.
- Ein Stückzahl-, bzw. Produktionsfortschritt-Management auf einer 15-Minuten- bis maximal 30-Minutenbasis.
- Ein nachdrückliches Fehlermanagement mit autonomatisierten, deutlich wahrnehmbaren *Andon*- und Abschaltsystemen.

Die Erzeugung von Qualität im Prozess – nicht durch Qualitätsprüfung – benötigt eine ähnliche Systematik. Grundlagen sind die auf hohem Niveau realisierten 6-S-Maßnahmen. Ziel ist die Erzeugung hochstandardisierter, rhythmisch auflaufender Prozesse. Dies gilt nicht nur für die wertschöpfenden, sondern auch für die indirekten Abläufe. Beispiele sind das Toyota-Produktionssystem oder Verallgemeinerungen, wie etwa das synchrone Produktionssystem.

5.2.4 Sinnvoller Einsatz von IT

In Einzelprozessen hat die IT sicherlich auch in den Vorstufen eine große Bedeutung:

- Schnelle Identifizierung für verschiedene Zwecke, z. B. Barcode, Tracing.
- Einstellung von Werten in Maschinen und Vorrichtungen.
- Erstellen von Teilelisten für die Kommissionierung.
- Erfassung von Daten für Nachkalkulation.
- Etc.

Für die Realisierung einer sorgfältigen Visualisierung spielen die grafischen und Layoutmöglichkeiten der Textverarbeitungsprogramme eine wichtige Rolle. Im Warenwirtschaftsbereich, im Einkauf und Vertrieb, im Buchhaltungs- und Rechnungswesen haben sich die Datenbanksysteme bewährt und sollten weiterverwendet werden.

5.2.5 Synchrone IT

Es bleibt die Frage, ob auch nach einer Einführung der oben dargestellten relativ fehler- und verschwendungsarmen Prozesse eine Detailsteuerung der Produktion durch IT-Systeme notwendig ist. In der Regel reicht ein Monitoring des wesentlichen Materialverbrauchs um eine realistische Nachkalkulation zu ermöglichen. Eine Idealvorstellung einer hochproduktiven, verschwendungsarmen Produktion geht davon aus, dass das „Tagesgeschäft" nur in kleinen Teams organisiert und gesteuert wird. Entscheidend ist es hier, eine Systematik aufzubauen, in der jeder Einzel(!)abweichung sofort durch den Teamleiter, unterstützt durch Teamkommissionierer und Teamverbesserungsmanager, nachgegangen werden kann. Es folgt dann die Analyse und eine nachhaltige Behebung. Inwiefern hier die Unterstützung von IT-Systemen unterstützend wirken kann, ist schwer zu beurteilen. Erste Erfahrungen von Unternehmen, die die neue Produktionsweise zu implementieren begonnen haben, zeigen, dass man in der Regel mit sehr einfachen handgeführten bzw. selbstprogrammierten Systemen auskommen kann. Unter Umständen liegt hierin noch ein zukunftsweisendes Thema für IT-Anwendungen.

5.3 *Kaizen* in der IT

Sebastian Reimer, *KAIZEN*® Institute Deutschland

Das Ziel heutiger IT-Organisationen muss die optimale Unterstützung der wichtigsten Geschäftsprozesse sein. Um den hiermit verbundenen Herausforderungen zu begegnen, sind vollkommen neue Lösungsansätze notwendig. Die Informationstechnologie (IT) stellt mittlerweile eine zentrale Geschäftskomponente innerhalb eines Unternehmens dar. Im Rahmen von Lean Production und schlankem Materialfluss muss die IT in Zukunft vollkommen neue Strukturen und Prozesse unterstützen. Dazu ist *Kaizen*-Methodenkompetenz notwendig. Für IT-Organisationen gilt: Je zufriedener ihre Kunden sind, desto sicherer sind die Arbeitsplätze der IT-Mitarbeiter und desto größer ist die Anerkennung der Leistung durch die Kunden. Wenn Ihre Kunden mit Ihnen zufrieden sind, schaffen Sie dadurch auf Dauer ein besseres Arbeitsklima und eine höhere Arbeitsleistung. Eine neue Dimension bekommt der Verbesserungsprozess durch die Einbeziehung der IT. Verluste und Verschwendung stecken zum Beispiel in Suchzeiten durch schlechte Ablagestrukturen, Redundanz durch Mehrfachablage, Fehler und Ausfälle durch Mangel an Qualifikation etc.

Verschwendung vermeiden, die Wertschöpfung steigern, effizient arbeiten und die Qualität verbessern: das sind die Ziele von *Kaizen*. Die Methoden, die bisher in Fertigung und Dienstleistung erfolgreich angewandt werden, lassen sich gut auf die IT übertragen. Ob Hardware, Software oder Anwendung – in allen Bereichen steckt großes Verbesserungspotential, das sich mithilfe der *Kaizen*-Werkzeuge erschließen lässt. Die Jagd nach Verlusten und Verschwendung in der IT stellt für die Anwender und für die Systembetreuer eine Herausforderung dar. Ein Beispiel ist der Einsatz einer neuen Software für einen Fachbereich – nehmen wir mal das Qualitätsmanagement. Damit dies reibungslos funktioniert, bedarf es einem optimalen Zusammenspiel zwischen dem Fachbereich Qualität, dem IT-Bereich und den Anwendern, die das System später nutzen sollen. Ein wichtiger Punkt ist das Training der Anwender. Neben der Fachkompetenz ist dabei in starkem Maße Methodenkompetenz gefragt.

5.3.1 Der Mensch steht über der Technik

Die einfachen und bewährten *Kaizen*-Methoden eignen sich hervorragend um eine neue Software ohne Reibungsverluste einzuführen. Schließlich sollen nicht die IT-Systeme die Menschen steuern, sondern wir möchten die Technik nutzen um unsere Aufgaben effizienter zu bewältigen. Ein IT-System ist immer nur so gut, wie der Mensch, der es bedient. Die Menschen stehen im Vordergund!

Dabei erkennen wir folgende Zielgruppen: die Anwender, den Fachbereich, den

IT-Bereich und das Management. Alle haben unterschiedliche Anforderungen. Die Anwender wollen eine schnelle und einfache Unterstützung ihrer Aufgaben. Der Fachbereich möchte neue Produkte effizient einführen. Ziel des IT-Bereiches ist es, die Prozesse optimal zu steuern. Das Management bevorzugt mobile Strukturen bis hin zur Kostentransparenz. Wir gliedern die verschiedenen Anwendungsbereiche in sechs Kategorien. Diese sind: Infrastruktur, Netzwerk, Applikation, Support, Kommunikation und Warenwirtschaft. Kombiniert werden diese Kategorien mit den unterschiedlichen *Kaizen*-Methoden. Daraus entsteht eine Matrix, die den Anforderungen der unterschiedlichen Zielgruppen gerecht wird. Eine Potentialanalyse gibt Aufschluss darüber, wo im Unternehmen Chancen zur Verbesserung stecken. Selbst aus einer Best Practice kann immer noch eine „Better Practice" werden.

„Wissen, wo man steht" – das ist eine Voraussetzung um Ziele zu formulieren und zu verfolgen. Deshalb empfehlen wir vor dem Einsatz der *Kaizen*-Methoden in der IT eine Potentialanalyse. Ähnlich wie bei einem Audit wird anhand eines Fragebogens der Ist-Zustand erfasst. Gemeinsam mit dem Kunden ermitteln wir den angestrebten Soll-Zustand. Daraus lässt sich dann eine Roadmap für die erforderlichen Maßnahmen ableiten.

5.3.2 Den Stein ins Rollen bringen mit der 5-S-Kampagne

Die **5-S-Kampagne** ist ideal, um eine gute Ausgangsbasis zur Steigerung der Effizienz im IT-Bereich zu schaffen. Diese Methode wird schon seit Jahren in Produktion und Administration als Ausgangsbasis zur kontinuierlichen Verbesserung erfolgreich eingesetzt.

- **Sortiere aus:** Das erste „S" steht für „Sortiere aus". Das ist in den verschiedenen Kategorien gar nicht so einfach, aber für einen reibungslosen Materialfluss enorm wichtig. Denn es geht nicht nur um die Entsorgung von Papier, Akten, Hardware und Computern. Ebenso wichtig sind die virtuellen Bereiche wie Laufwerke, Ordner, Dateien, Datenbänke, alte Stammdaten, E-Mails, um nur einige zu nennen. Gleichzeitig werden beim Aussortieren festgestellte Mängel in einer Liste erfasst.
- **Systematische Ordnung:** Beim zweiten „S" geht es um die „Systematische Ordnung". Das Ziel in der IT ist dabei die Reduzierung von Suchzeiten. Denken wir dabei an eine logische Ordnerstruktur oder die Nutzung von gemeinsamen Laufwerken. Welche Software benötigen wir wirklich? Alles hat seinen Platz.
- **Sauber halten:** Der nächste Schritt, das dritte „S" beinhaltet das Ziel „sauber halten". Das heißt, es wird darauf geachtet, dass die einmal aufgestellte Ordnung eingehalten wird. Arbeitsutensilien, Hilfsmittel (PC, Telefon, Festplatte, Desktop, Mailbox, Kopierer etc.) und das Umfeld sind stets sauber und einsatzbereit. Regelmäßige Aktionen wie „Putz die Festplatte" sorgen dafür, dass dies so bleibt.

- **Standardisieren**: Auch beim vierten „S“, wo es um das „Standardisieren“ geht, ist noch viel zu tun. Zum Beispiel die Standardisierung der Ablage für gemeinsam genutzte Laufwerke, Standards für das Speichern von Dateien oder Hardwarestandards.
- **Selbstdisziplin und ständige Verbesserung:** Wichtig für den langfristigen Erfolg ist das fünfte „S“, das für „Selbstdisziplin und ständige Verbesserung“ steht. Um den guten Zustand zu halten sind Patenschaften und die Festlegung von Verantwortlichkeiten hilfreich. Ein Mängelerfassungssystem und Maßnahmenpläne sind gute Tools für die Umsetzung weiterer Verbesserungen.

Die Zeitdauer für eine 5-S-Kampagne im IT-Bereich ist unterschiedlich. Sie ist abhängig von der Größe der Teams und der zur Verfügung stehenden Zeit. Im Schnitt sollte man ein Jahr einplanen, um eine 5-S-Kampagne sauber durchzuführen. Aufgrund unserer bisherigen Erfahrungen lassen sich damit in der IT folgende Ergebnisse erzielen: Verbesserung der Qualität, weniger Fehler, schnellere Abwicklung der Aufgaben, Steigerung der Wirtschaftlichkeit durch weniger Verschwendung, mehr Flexibilität und Raum für Innovationen. Das gesamte Arbeitsumfeld der IT verbessert sich und die Motivation der Mitarbeiter steigt.

5.3.3 Die nächsten Schritte

Wenn die 5-S-Kampagne erfolgreich durchgeführt wurde, dann folgen die nächsten Schritte im Verbesserungsprozess. Nun gilt es weitere Effizienzpotentiale zu entdecken, zum Beispiel mit der Methode Prozessmapping. Dabei werden die Prozesse unter die Lupe genommen. Die Aufzeichnung des Ist-Zustandes zeigt, wo Verzögerungen, Schwachstellen, Schleifen, Doppelarbeit, andere Verluste und Verschwendungen lauern. Auch hier sind es die Mitarbeiter, die viel bewegen können. Anhand eines Zeitstrahls wird ein Vorgang unter dem Aspekt näher beleuchtet: Wer macht was wann? Es werden Bearbeitungszeit und Durchlaufzeit (Liegezeiten) addiert. Oft ist den Mitarbeitern gar nicht bewusst, welche und wie viele Personen eingebunden sind. Wenn der Ist-Zustand erfasst ist, dann wird gemeinsam ein Soll-Prozess gestaltet, der möglichst frei von Verschwendung ist. Bei komplexen Prozessen oder zur Dokumentation ist der Einsatz einer speziellen Software sinnvoll.

5.4 Elektronische *Kanban*-Systeme (e*Kanban*)

Eva Dickmann, LEPROS

e*Kanban* ist die rechnergestützte Abbildung der *Kanban*-Steuerungsmethode, wobei die physische Karte in einem *Kanban*-Kreis durch Bestände und Aufträge im EDV-System ersetzt wird. Die bereits erwähnten Varianten von *Kanban* können auch in diesem Fall unterschieden werden. Hinter vielen der als e*Kanban* titulierten Systeme verstecken sich andere Steuerungsalgorithmen. Häufig zu finden ist unter anderem die Ampelsteuerung und die Bestellbestandssteuerung in einem MRP-System. Entscheidend bei der Einführung eines elektronischen Systems ist zudem, ob es parallel zu einem physischen *Kanban* installiert ist oder als reine e*Kanban* Lösung läuft. Bei der Einführung eines e*Kanban*-Systems ist analog der Einführung eines physischen Systems vorzugehen. Lediglich Zusatzthemen, die bei einer Neueinführung von EDV-Systemen üblichen sind, müssen in die Projektplanung mit einbezogen werden, wie Schnittstellenprobleme, Datenübernahme aus dem MRP-System, Konsistenz der Daten und die Gewöhnung der Mitarbeiter an das System, etc.

5.4.1 e*Kanban* als Visualisierung der Bestellbestandssteuerung

In der Regel wird die klassische Verbrauchssteuerung als e*Kanban* bezeichnet. Es handelt sich dabei um eine „Pull"- oder Bestellbestandssteuerung, üblicherweise im MRP-System. Aufgrund von Lagerdaten und Planbedarfen wird der Verlauf des Materialflusses, der *Kanban*-Fluss, synthetisch errechnet. Dabei werden abfließende Bestände in einem Konto gesammelt und bei erreichen der Mindestauftragsmenge eine Bestellung oder ein Auftrag gestartet. Diese sehr abstrahierte Form von *Kanban* entsteht aufgrund einer verhältnismäßig geringen Änderung von Standard-MRP-Rechenalgorithmen. e*Kanban* sollte neben der Bestellbestands-Logik auch die Visualisierung des Umlaufsbestands beinhalten. Der Umlaufbestand untergliedert sich dabei in Lagerbestand, Aufträge bzw. Bestellungen und in Sammelmengen befindliche Teilmengen. Die Summe dieser Mengen, die ein Vielfaches der Behältermengen darstellen, entspricht der Anzahl der *Kanbans* oder dem theoretischen maximalen Umlaufbestand. Gängig ist zudem die Visualisierung ähnlich der *Kanban*-Tafel. Es werden analog der Anzahl der *Kanban*-Karten, Felder je Material definiert, die den Sammelmengen entweder mit Farben oder Positionen zugeordnet werden. Wie beim physischen Ablauf wird die Sammeltafel bei einer großen Anzahl an Karten unübersichtlich. Der Auftragsstart kann auch manuell durch die Ampelsteuerung oder durch *Kanban* mit Übergangsbereich erfolgen. Dabei werden die Karten solange gesammelt bis die Mindestbestellmenge erreicht ist. Sobald diese erreicht wird, werden die betroffenen Karten (Felder auf der Bildschirmmaske) farbig (z. B. gelb) dargestellt und es kann bestellt werden. Erreicht die Zahl der Karten den „roten" Bereich, muss der Auftrag oder die Bestellung sofort gestartet werden.

5.4.2 e*Kanban* basierend auf einem Warehouse-Management-System (WMS)

Die allgemeinen Schwächen der MRP-Steuerung treffen auch auf diese abstrahierte *Kanban*-Steuerung zu. Sie besitzt keinen direkten Bezug zum physischen Materialfluss. Daher werden viele Störgrößen nicht erkannt, die beim realen physischen *Kanban* erkannt werden können. Die Steuerung ist daher deutlich weniger stabil und benötigt mehr Sicherheitsbestände. Hybride Steuerungsansätze sind bei Standard-Systemen in der Regel nicht ohne „Klimmzüge" realisierbar, da entweder die eine oder eben die andere Steuerung alternativ aktiv sein kann. Sinnvoll ist die Anbindung der *Kanban*-Steuerung an ein Warehouse-Management-System (WMS) bzw. Lagerverwaltungssystem (LVS) mit konkreten Behältern. Das System errechnet dann nicht nur den abstrakten Materialfluss, sondern ist näher am realen Bestand in Behältern. Die Gebinde erbringen sehr nützliche Zusatzinformationen, die zu einer Absicherung des Materialflusses herangezogen werden können. Es existieren elektronische Karten mit Nummern, die tatsächliche physische Behälter mit Barcodes oder Transpondern darstellen. Sobald ein Behälter als „Leer"-Meldung gescannt wird, wird die Behälternummer, Transporteinheitsnummer (TE-Nummer), Transpondernummer oder eben *Kanban*-Nummer in ein Feld der Sammelmenge geschrieben. Sobald die Sammelmenge, die je Material im Materialstamm hinterlegt ist, erreicht wird, wandert die TE-Nummer in das Feld für Aufträge und der Auftrag wird nach der jeweiligen Auftragsstartregel angestoßen.

5.4.3 Varianten des Auftragsstarts

Automatischer Auftragsstart

Mit dem Erreichen der Sammelmenge wird der Auftrag automatisch gestartet. Dies bringt den Vorteil, dass manuelle Tätigkeiten und auch Zeit eingespart werden. Der Abstraktionsgrad beinhaltet aber den Nachteil, dass der Start aufgrund einer abstrakten Simulation keine Abweichungen der Realität berücksichtigt. Ähnlich wie alle automatischen Planungs- und Dispositionsverfahren ist dieses System nur sinnvoll bei höheren Sicherheitsbeständen, etwa bei C-Teilen.

Eventgesteuerter Auftragsstart

Auslöser kann zum Beispiel das Scannen eines konkreten physischen Behälters oder einer Karte an einem *Kanban*-Board sein. Der Vorteil dieser Variante liegt in der Nähe zum realen Materialfluss und der höheren daraus abzuleitenden Steuerungsgenauigkeit. Der Auftragsstart wird in der Regel durch manuelles Scannen, in der Produktion mit einem Handscanner, durch anklicken visualisiert und in einer IT-Lösung oder an einer transponderfähigen *Kanban*-Tafel (vgl. 3.3. Produktionsnivellierung) ausgelöst. Bei der eventgesteuerten Variante kann der Auftragsstart auch mit Transponder oder Barcode automatisch nebenbei erfolgen. Dies kann durch eine räumliche Zwangsführung geschehen, wie in einer Sammeltasche, einer Schiene am Regal, einem Briefkasten oder an der *Kanban*-Tafel.

Auftragsstart unter Berücksichtigung von Kapazitätsregeln

Bei weiterentwickelten *eKanban*-Lösungen werden Algorithmen zur Kapazitätssteuerung mit der *eKanban*-Steuerung überlagert oder es wird ein sachnummernneutrales *Kanban* verwendet. Der Auftragsstart kann dann nach Zeit, über mehrere zusammengefasste Materialnummern, oder durch zusätzlich frei gewordene Kapazität, aus Lagerzugängen, gesteuert werden. Als sehr praktikabel erweist sich dabei die dezentral Event-Steuerung der Produktionszelle, die einer hybriden oder matrixhybriden Steuerung (2.10. Matrixhybride Materialflusssteuerung) entspricht. Die Produktion eines Loses wird durch den Verantwortlichen, mit Unterstützung der Priorisierung in der Software, ausgelöst. Wird durch eine Lieferung aus der Zelle Kapazität frei (d. h. eine Stückzahl oder Zeit als Kapazität), kann der Werker auswählen, welchen der Aufträge, im gelben Bereich der *Kanban*-Tafel, er als nächsten starten will.

Manueller Auftragsstart

Komfortablere Programme erlauben den Auftragsstart über das Anklicken von Karten durch einen „Steurer". Dies kann entweder ein Werker, ein Meister oder eine zentrale Steuerungsinstanz sein. Die Vorteile, die durch das Einbringen von menschlicher Kompetenz entstehen, überwiegen das Risiko von Fehlern. Mit visuellen physischen Behältern können z. B. Inventurdifferenzen und Störungen besser erkannt werden.

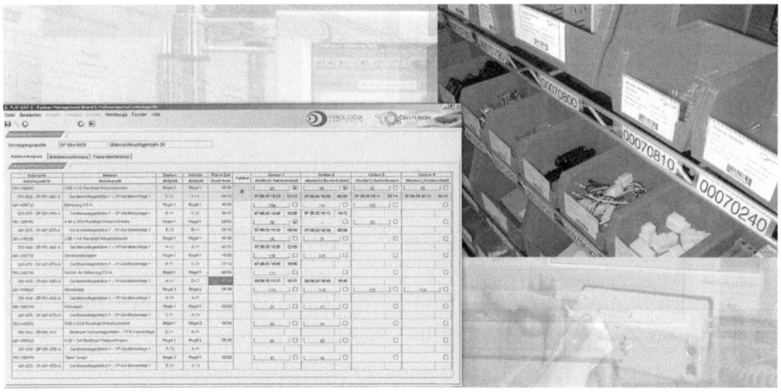

Abb. 5.4.1 Ein Beispiel einer *Kanban*-Oberfläche (Quelle: Cellfusion®)

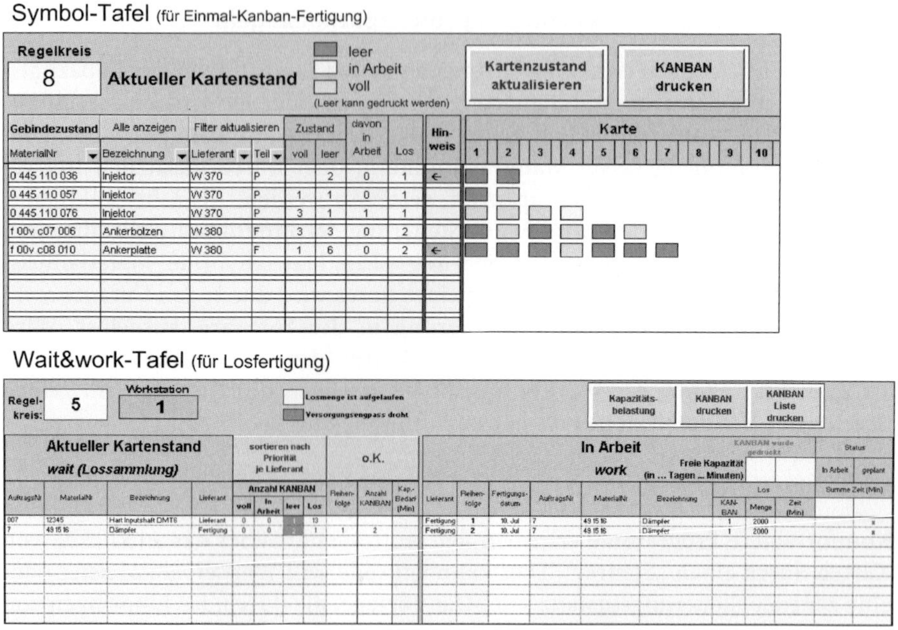

Abb. 5.4.2 Signal ist ein weiteres Beispiel für *Kanban*-Masken (Quelle: Signal®)

Nachteile physischer Kartensteuerung (entfällt bei *eKanban*)

- Buchungen müssen redundant vorgenommen werden.
- Der Transport physischer Karten benötigt Zeit, die sich in Pufferbeständen auswirkt.
- Physische Karten können verloren gehen oder vervielfältigt werden.
- Buchungen im MRP sind zusätzlich nötig.
- Manuelles Handling für Karten oder Buchungsbelege bedeutet manuellen Aufwand.
- Dezentrale Verantwortung kann missbraucht werden, *Kanban*-Controlling ist daher nötig.
- Tools zur Kontrolle der Umlaufmengen sind aufgrund kontinuierlicher Störungen, z. B. Differenzen oder Fehlbuchungen, notwendig.
- Manuelle Abstimmung mit dem Lagerverwaltungssystems ist nötig.

Vorteile von physischem *Kanban* bzw. Nachteile von *eKanban*

- **Physische Karten sind näher am realen physischen Materialfluss als EDV.** Fehler im Materialfluss und Inventurdifferenzen werden frühzeitig real erkennbar. Ist das Material am falschen Ort, fehlt es oder sind die Puffer zu klein bzw. zu groß etc. – alle diese Differenzen sind visuell in der physischen Welt einfach und sicher erkennbar.

- **Visueller Materialfluss ist sicherer, als die „Blackbox" EDV.** Da der Materialfluss visuell und greifbar ist, werden Fehler direkt sichtbar. Eine Fehlerreduzierung ist durch ein Netz aus vielen einfachen physischen Prozessen möglich. Das multifunktionale und hoch komplexe Problemlösungsverständnis des Menschen kann hierbei wesentlich sensibler, sicherer und flexibler komplexe Störgrößen erkennen und gegensteuern. Software ist träger und kann weit weniger Komplexität beherrschen.
- **Fehler im MRP wirken sich stärker auf den Materialfluss aus.** Der Einfluss von Fehlern oder Störgrößen, wie etwa Fehler und Ungenauigkeiten in Auftragsverwaltung oder Materialbuchung in der MRP-Welt, wirkt sich auf e*Kanban* aus.
- **Bei physischen *Kanban* steuert der Werker, das System berät.** Das IT-System bildet ein sehr einfaches Umfeld für den Werker. Der Werker steuert selbst verantwortlich und fehlerfreier als eine automatische EDV. Er nutzt Informationen zum Steuern, die der EDV unzugänglich sind. Selbst bei Ausfall der EDV kann weiter produziert werden, da die physischen Abläufe trotzdem möglich sind. Buchungen können bzw. müssen später nur nachgeholt werden. Es entstehen aber weder Ausfallzeiten von Anlagen oder Werkern, noch kommt es zu Terminverschiebungen oder Engpässen, da der Takt gehalten werden kann.

Hybride Systeme kombinieren die Vorteile aus beiden Methoden (2.9. Hybride Steuerungskonzepte).

5.4.4 Einführung von e*Kanban*-Steuerungen

Elektronische *Kanban*-Steuerungen oder -ähnliche Steuerungen haben deutliche Vorteile, benötigen aber auch besondere Vorrausetzungen und haben enorme Schwachstellen. Der Großteil der Einsparungen bei der Einführung entsteht auch in diesem Fall, wie bei *Kanban*, Just-in-time, etc., nicht durch den eigentlichen Vorteil der Steuerungsalgorithmen, sondern durch die Umstrukturierungen, die zur Einführung notwendig sind. Mit e*Kanban* ergeben sich andere Abläufe und Layouts, im Vergleich zu konventionellem *Kanban*. Der Grund liegt in der Optimierung der EDV-Anbindung. Es werden vereinfachte und nicht redundante Buchungen bzw. nicht redundante Abläufe der Karten, der Behälterdaten und sonstiger Auftragsdaten angestrebt. Mit neuen Buchungsmöglichkeiten wie Scannen oder mit Transpondern wird vom Werker einfach, schnell und sicher gebucht. Ein von „der Stange" gekauftes *Kanban*-System, das zum Beispiel mit einem MRP-System angeboten wird, bringt oft nicht den gewünschten Erfolg bei der Umsetzung. Daher sollte einer Einführung eine eingehende fundierte Beratung erfolgen, da in der Regel auch bei den physischen Abläufen Anpassungen nötig sind, um einen für die IT sinnvollen Ablauf zu erzeugen. Es ist beachten, dass sich das System den für höchste Effizienz im Produktionsablauf nötigen Gegebenheiten unterordnet und nicht umgekehrt. Bei einer professionellen Umsetzung ergibt sich ein gegen Störgrößen unempfindlicher und damit sicherer Buchungsablauf, bei dem die Buchungen zeitnah evtl. auch mit Zwangsführung sichergestellt werden. Es sind daher einige Vorraussetzungen für den fehlerfreien Datenfluss notwendig und einzuhalten, da durch fehlende Disziplin bei den Buchungen, wie bei anderen Systemen auch, die Fehlerhäufigkeit steigt. Eine hohe Qualität der Daten, die den Materialfluss darstellen ist zwingende Vorraussetzung. Mit dem Fortschreiten der Detaillierung der Daten z. B. kleinere Materialmengen, die an exakten Orten erfasst werden, ergeben sich größere Datenmengen und damit zwangsweise eine absolut höhere Zahl fehlerhafter Daten. In Zuge der Systemeinführung kann durch ungenügende Datenanpassung im Vorfeld ein hoher Aufwand für Datenpflege entstehen. Welche Systemansätze lassen sich nutzten?

Es existiert ein umfangreiches Angebot an e*Kanban* Lösungen am Markt, das sich in drei Bereiche gliedern lässt:

Standardlösung der großen MRP-Anbieter

Diese Lösungen, die für ein breites Kundenklientel entwickelt wurden, sind zum Teil starr, unflexibel und aufwendig in Anpassung und Pflege. Es wird selten eine effiziente passgenaue Lösung erreicht. Um diese dennoch zu erreichen wird in vielen Fällen versucht die realen optimalen Abläufe an die starren Vorgaben der Standards anzupassen. Standard-MRP-Systeme sind jedoch häufig unumgänglich, daher bleibt in vielen Fällen nur die Möglichkeit mit Lean-Know-How spezifische Oberflächen zu erzeugen.

Standardlösungen auf anderen Plattformen

Mittlerweile gibt es neben den großen Softwarehäusern auch andere Lösungen mit herausragenden Ansätzen. Wertstromsoftware-Produkte und Mikro-MRP-Systeme sind hier nur zwei Beispiele. Die Arbeitsabläufe der realen Behälter und der *Kanban*-Prozesse sind hier wesentlich differenzierter abgebildet. Es sind z. B. über Transpondertechnik physische *Kanban*-Tafel möglich, die pragmatisch physische *Kanban*-Steuerungen unterstützen. Insgesamt sind diese Lösungen im Bezug auf die Spezialthematik *Kanban* höher spezialisiert und daher deutlich effizienter im Einsatz. Es sind häufig hoch ausgereifte Standardfunktionalitäten zur Datenerfassung integriert, die deutlich flexibler in der Lageranbindung sind, als die der großen Systeme.

Speziallösungen – Production Synchronized Software (PSS) *[DicE 4]*

Speziallösungen fangen da an, wo Standards aufhören. Zunächst sollte aber umfassend untersucht werden, ob nicht eine der heute vielfältigen, spezielleren Standardlösungen am Markt die Problemstellung doch lösen kann. Alle Probleme, die nicht mit gängigen Systemen „von der Stange“ lösbar sind, können mit diesen Systemen produktionsspezifisch optimal gelöst werden, z. B. Probleme wie:

- Viele Produktionsstufen.
- Eine sehr hohe Penetration z. B. 80 % mit einer enormen Vielfalt an *Kanban*-Varianten und Steuerungsvarianten, z. B. durch Sonderfälle,
- Hybrides *Kanban*,
- Materialnummernneutrales *Kanban* mit Kapazitätsteuerungen,
- Spezielle Controllingtools,
- Spezielle Dimensionierungstools z. B. Simulation,
- Anbindung von Maschinen und Steuerungen,
- Eine durchgängige individuelle Abbildung spezifischer ungewöhnlicher Prozesse soll in einem EDV-System weitestgehender Automation abgebildet werden, z. B. elektronischem Bestellvorgang und Einkaufsvorgänge durch Werker am Montagearbeitsplatzoder im WEB.
- Komplexere spezifische Valuestream Controllingtools.
- Spezifische Lieferanten-*Kanban*-Informationstools oder Vandor Inventory Management Komponenten.
- Die komfortable individuelle Anbindung von Lagerverwaltungssystemen (LVS), Maschinen und Anlagen an MRP-Systeme.
- Etc.

Vor allem um die Jahrtausendwende entstand ein enormer Trend zur Anpassung von Herstellungsprozessen und indirekten Prozessen an die Abläufe von Standard-IT-Lösungen. Die Optimierung von Abläufen führt jedoch zu vielen kleinen Wettbewerbsvorteilen, die letztlich in der Summe über die Konkurrenzfähigkeit eines Unternehmens entscheiden können. In vielen Fällen wollen Unternehmen daher auch sicherstellen, dass Ihre Abläufe und IT-Lösungen nicht von anderen Unternehmen genutzt werden können. Insbesondere die Methoden der schlanken Produktionsmethoden ziehen ständige Anpassungen und Optimierungen nach sich, die aber auf keinen Fall von starren IT-Rahmenbedingungen behindert werden dürfen. Oft sind Anbindungen an ein Standard-System so teuer, dass von einer Realisierung abgesehen wird. Da Produktion Synchronized Software (PSS) auf die Datenbasis vorhandener MRP-, ERP- oder möglicherweise sogar ARP-Systeme zurückgreift und der Umfang einer Lösung zur *Kanban*-Unterstützung begrenzt ist, ist das ein gangbarer Weg eine maßgeschneiderte stabile Lösung zu erhalten.

5.5 Simulationsbasierte Optimierung der operativen Produktionsplanung und Lagerhaltung in heterogenen Produktionssystemen

Thomas Rücker, Herfried M. Schneider,
Fakultät für Wirtschaftswissenschaften der Technischen Universität Ilmenau

Einen möglichen Ansatz zur Modellierung und Integration unterschiedlicher Materialflusssteuerungsverfahren stellt das Production-Authorization-Card-(PAC)

Konzept von *Buzacott* und *Shanthikumar* dar. Das PAC-Konzept *[Buza 92; Buza 93; Rück 06; Rück 04; Schn 05; Schn 03]* ist das leistungsfähigste aller generalisierten Verfahren zur Materialflusssteuerung, da es imstande ist, sowohl einen Mengenpuffer als auch einen Zeitpuffer abzubilden. Damit ermöglicht es die Darstellung der meisten konventionellen Verfahren zur Materialflusssteuerung anhand von wenigen Parametern. Unter Zugrundelegung des PAC-Konzepts wurde ein effizienter Optimierungsalgorithmus entwickelt, der eine ganzheitliche Optimierung der Produktionsplanungs- und Lagerhaltungsparameter eines heterogenen Produktionssystems unter Verwendung des PAC-Konzepts ermöglicht.

Zur simulationsbasierten Modellierung, Analyse und Optimierung der PAC-Parametereinstellungen von einfachen sowie komplexen Produktionssystemen wurde in der Simulationsumgebung MLDesigner® *[Rück 06; Schn 05]* eine Bibliothek entwickelt. Die vorgefertigten Module dieser Bibliothek erlauben es mit sehr geringem Zeitaufwand innerhalb der grafischen Benutzeroberfläche das Modell eines PAC-gesteuerten Produktionssystems aufzubauen und zu optimieren. Die Struktur des Simulationsmodells wird dabei festgelegt, indem die verschiedenen Module der Bibliothek per drag-and-drop zusammengestellt und entsprechend der Produkt- und Prozessstruktur des abzubildenden Produktionssystems durch Relationen miteinander verbunden werden. Zur Optimierung von PAC-gesteuerten Produktionssystemen wurde eine Heuristik entwickelt *[Rück 04]*. Diese ist imstande, ausgehend von einem einfach zu ermittelnden Startwert, innerhalb von wenigen Optimierungsschritten eine optimale bzw. nahezu optimale Steuerungspolitik aufzufinden und unter weiterer Verwendung dieser zuätzliche optimale bzw. nahezu optimale Steuerungspolitiken zu ermitteln. Dieses Verfahren lässt sich als Weiterentwicklung einer Hillclimbing-Suche charakterisieren. Die Hillclimbing-Suche ist ein lokaler Suchalgorithmus, der den Suchraum nicht systematisch erkundet, sondern von einer aktuellen Parameterkombination auf diejenige der benachbarten Parameterkombinationen übergeht, die den größten Zuwachs der Zielfunktion verspricht. Sie ähnelt damit dem Gradientenverfahren. Weiterhin kann das Optimierungsverfahren zur Optimierung aller konventionellen, mit PAC darstellbaren Steuerungspolitiken (*Kanban*, MRP, Conwip, u. a.)

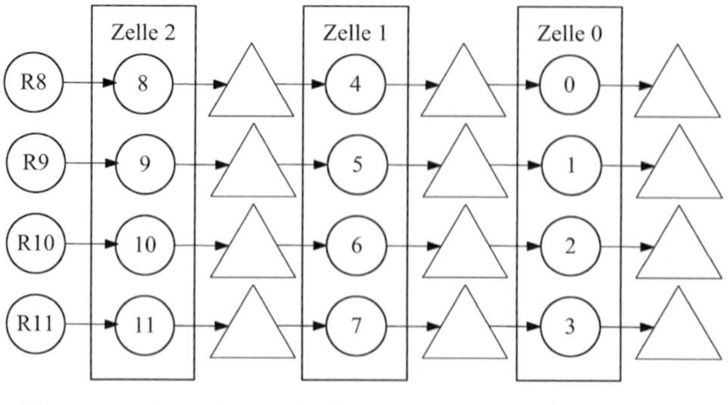

Abb. 5.5.1 Prinzipskizze des betrachteten Produktionssystems

eingesetzt werden. Sie zeichnet sich durch eine hohe Lösungsqualität, eine hohe Lösungswahrscheinlichkeit sowie einen geringen Ressourcenbedarf aus.

Das Bestandssenkungspotential des PAC-Konzepts in Verbindung mit der Heuristik wurde anhand des Modells eines realen Produktionssystems nachgewiesen *[Rück 04]*. Bei diesem handelt es sich um drei hintereinander angeordnete, durch Puffer entkoppelte Bearbeitungslinien. Darin werden mit elektrischen und elektronischen Bauteilen (Wiederstände, Kondensatoren, ICs etc.) bestückte Platinen in vier verschiedenen Varianten hergestellt. Der Produktion liegt folgender linearer Fertigungsprozess zugrunde:

- **Zelle 2:** Automatisierte Bestückung der Vorderseite einer Komplexplatine mittels Industrierobotern, Aufbringen der Lötpaste und Verlöten der Bauteile mit der Komplexplatine;
- **Zelle 1:** Automatisierte Bestückung der Rückseite einer Komplexplatine mittels Industrierobotern, Aufbringen der Lötpaste und Verlöten der Bauteile mit der Komplexplatine;
- **Zelle 0:** Handbestückung der Komplexplatine mit größeren Bauteilen, Vereinzelung der Komplexplatine in mehrere Einzelplatinen.

Bei den elektrischen und elektronischen Bauteilen sowie bei den unbestückten Komplexplatinen handelt es sich um Zukaufteile, von denen angenommen werden kann, dass sie stets in ausreichender Menge zur Verfügung stehen. Die Bearbeitungsprozesse innerhalb der Zellen 0, 1 und 2 gliedern sich in mehrere Teilprozesse, von denen jeweils einer den Engpass beschreibt, welcher den Durchsatz durch die Zelle sowie die Wartezeit der Platinen vor der Bearbeitung in der Zelle determiniert.

Ein Vergleich, der unter Zugrundelegung, der im Optimierungsverfahren gewonnenen PAC-Parameterkombinationen mit den im laufenden Betrieb des Systems eingestellten Steuerungsverfahren (Base Stock mit einer ausschließlichen, geplanten Bevorratung auf der kundenseitigen Produktionsstufe) liefert folgende Ergebnisse:

- ***Steuerungspolitik 1:*** Bei einer leichten Verringerung der durchschnittlichen Anzahl der nicht unverzüglich gelieferten Produkte $B^{(0)}$ um 11,04 % kann eine Verringerung der mittleren Bestandskosten $E^{(2)}$ um 32,03 % erzielt werden.
- ***Steuerungspolitik 2:*** Bei einer leichten Verringerung der Bestandskosten $E^{(2)}$ um 1,10 % kann eine Verringerung durchschnittlichen Anzahl der nicht unverzüglich gelieferten Produkte $B^{(0)}$ um 92,44 % erzielt werden.

Das volle Nutzenpotential des PAC-Konzepts lässt sich, da eine „händische" Realisierung im Rahmen der dezentralen Materialflusssteuerung und Produktionsvollzugsplanung aufgrund der Vielzahl an Kartentypen zu aufwendig ist, nur durch eine EDV-gestützte Implementierung ausschöpfen. Diese Vorgehensweise hat den Vorteil, nicht durch die Restriktionen der konventionellen Steuerungsverfahren (MRP, *Kanban*, Base Stock u. a.) beschränkt zu sein, wodurch es möglich ist, die gesamte Bandbreite der Parametrisierungsmöglichkeiten des PAC-Konzepts auszunutzen und somit eine optimale Steuerungspolitik zu ermitteln.

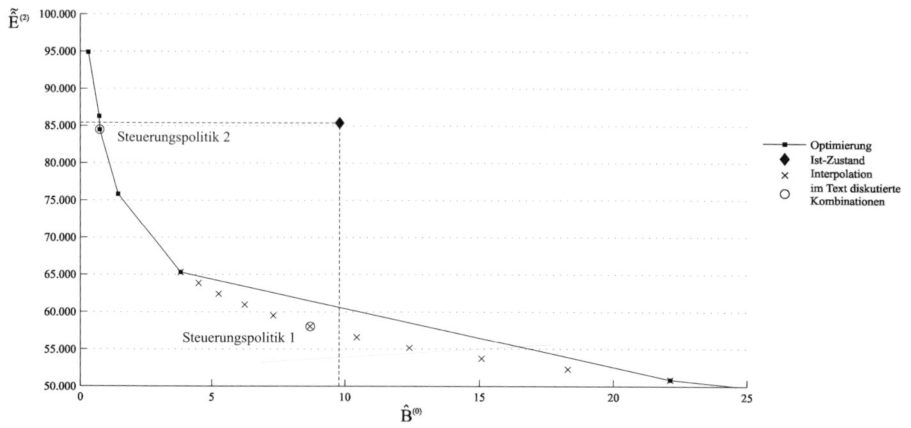

Abb. 5.5.2 Vergleich der eingesetzten konventionellen Steuerungspolitik mit den optimalen PAC-Steuerungspolitiken

5.6 *Kanban* Dimensionierungs-Systeme (KDS)

Philipp Dickmann; Eva Dickmann, LEPROS

Kanban ist ein sehr einfaches und überschaubares Konzept der Steuerung. Sein wesentlicher Vorteil liegt in den dezentralen Strukturen, die von den operativen Mitarbeitern selbst gesteuert werden können. Voraussetzung ist ein sehr strukturierter und schlanker Materialfluss mit wenig Zwischenpuffern, der klare Kunden- und Lieferantenbeziehungen für den verantwortlichen Mitarbeiter erkennen lässt. Just-in-time-ähnliche Logistikabläufe, wenig verzweigte Produktionsabläufe oder Materialströme und kurze Durchlaufzeiten stellen ideale Anwendungsgebiete und ganz nebenbei die Hauptziele dar um einen effizienten Materialfluss zu erreichen. Am Besten geeignet für *Kanban* sind Bereiche in denen der Lieferant nur sehr wenige Kunden zu versorgen hat, da hier die einfache Kapazitätsabstimmung visuell übernommen werden kann. Bei Systemen mit einer großen Anzahl an Produkten oder Kunden über eine Zelle, einem Netz aus verschiedenen Ebenen oder bei permanenten Veränderungen und Schwankungen ist eine optimale manuelle Dimensionierung nur eingeschränkt handhabbar. Neben den gängigen statischen Methoden der Dimensionierung existieren ergänzende, neuere Ansätze. Hybride Steuerungsinformationen können zur Dimensionierung verwendet werden. Beispiele sind: MRP, Produktionsplan, Historienentwicklung, Kapazitätsbelastung oder Lagergradentwicklung. Die Dimensionierung kann durch einen lernenden Effekt, in einer iterativen Prozessoptimierung, kontinuierlich verbessert werden. Durch IT Unterstützung kann eine kontinuierliche Auswahl der optimalen Steuerungsmethode, mit dem Ziel der besten Steuerung der Materialien, erreicht werden. Eine optimale Dimensionierung liegt nur dann vor, wenn sie kontinuierlich und dynamisch auf der Zeitachse verifiziert wird. Um komplexe Steuerungs- und Materialflussproblemstellungen lösen zu können, sind auch Simulationsmodelle zur Dimensionierung sinnvoll.

5.6.1 Komplexität der Dimensionierung

Mit der steigenden Zahl der Kunden nimmt die Transparenz und damit die Akzeptanz der *Kanban*-Tafel oder des *Hajunka*-Boards sehr stark ab. Dieser Zusammenhang gilt grundsätzlich analog beim elektronischen *Kanban*. Zur manuellen Dimensionierung ist eine durchgängige Steuerung von Kundenbedarfen mit *Kanban* oder mit *Kanban*-ähnlichen Methoden sinnvoll. Negative Kumulationen und der Peitscheneffekt (vgl. 2.1. Ruhiger kontinuierlicher Materialfluss; 2.2. Wertschöpfungsanalyse des Materialflusses) können dadurch vermieden werden. Eine durchgängige Steuerung einer hohen Zahl an Baugruppen auf vielen Ebenen erzeugt jedoch für den operativen Mitarbeiter eine sehr hohe Komplexität und erschwert die Transparenz. Ursachen und Wirkungen können fast nicht mehr zugeordnet werden. Dies gilt im Besonderen für Lieferantenanbindungen über eine oder auch mehrere Ebenen. Auch starke Schwankungen, kurze Produktlebenszyklen oder starke Einflüsse von Ein- und Auslaufsteuerungen sind ungünstige Rahmenbedingungen für *Kanban*. Zudem wird *Kanban* heute nicht nur mehr ausschließlich in eingeschränkten, optimalen Einsatzgebieten verwendet. Alle diese Faktoren erschweren grundsätzlich die Steuerung und Dimensionierung, vor allem aber die manuelle Handhabbarkeit. Basierend auf diesen in der Realität ungünstigen Rahmenbedingungen wurden EDV-Lösungen mit komplexen Steuerungsalgorithmen entwickelt. Indem bei Projekten schlechte Abläufe und enorme Verschwendung als unbeeinflussbare Rahmenbedingun dogmatisiert werden, wird nicht selten versucht mittels Hightech-IT-Lösungen Symptome zu „heilen". Bei mangelhafter Zielerreichung wird in der Folge fälschlich die Software als Verursacher der Probleme angesehen. Grundsätzlich lässt sich eine umfassende, offene Restrukturierung der komplexen Abläufe nicht durch IT ersetzen und ist somit ein unverzichtbarer Projektschritt. Erst danach können optimale Steuerungsmethoden und Dimensionierungsalgorithmen aufgesetzt werden (vgl. 1.5. Flexible Produktion; 1.6. Das Synchrone Produktionssystem). Nach einer fundierten Einführung kann mit modernen *Kanban* oder *Kanban*-ähnlichen Steuerungen, unter stellenweise untypischen Rahmenbedingungen, eine extreme Verbesserung erreicht werden. Fast immer tritt *Kanban* dabei, als eine der tragenden Säulen, in einem matrixhybriden Steuerungskonzept auf. Die Problemstellung der Dimensionierung umfasst entsprechend, in zunehmender Weise, nicht nur die optimale Dimensionierung, sondern auch die Abgrenzung, wann welches Material optimal mit welcher Methode zu steuern ist.

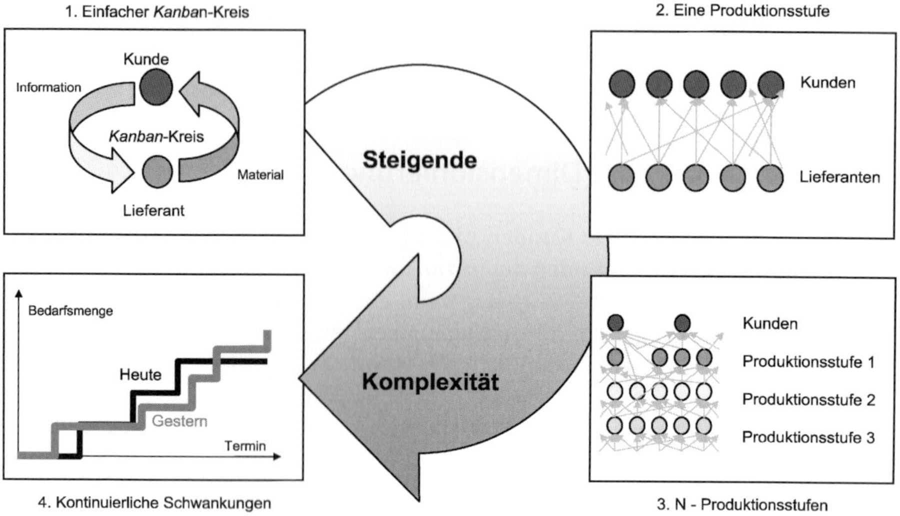

Abb. 5.6.1 Komplexität der Dimensionierung *[Dick 02]*

5.6.2 Statische Dimensionierung – Standardlösungen

Als Ergänzung zum e*Kanban* bieten Systemhäuser Standardlösungen zur Unterstützung der *Kanban*-Dimensionierung an, die auf statischen Algorithmen bzw. Berechnung basieren. In Ausnahmefällen werden Störgrößen, Sicherheiten in Zeit oder Bestand, Verbrauchs-, Losgrößen- und Durchlaufzeitschwankungen differenziert berücksichtigt (vgl. 2.5. Dimensionierung von *Kanban*-Regelkreisen). In der Praxis wird vielfach schlicht aufgrund von Erfahrungen, Standardwerten, Analogien, einfachen Faustformeln sowie Tests mit kontinuierlicher Verbesserung dimensioniert.

5.6.3 Dimensionierung mittels hybrider Steuerungsinformationen

Für die operativen Steuerungsentscheidungen bei Auftragsstart und –freigabe, werden in matrixhybriden Steuerungen (vgl. 2.10. Matrixhybride Materialflusssteuerung) ergänzende Informationen herangezogen. Analog werden in der Praxis zur Dimensionierung der Kapazitäten und des Materialflusses ebenfalls ergänzende Informationsquellen berücksichtigt. Um eine *Kanban*-basierte Steuerung mit höchster Lieferfähigkeit bei minimalen Puffern zu erreichen, können folgende ergänzende Informationen in einem Dimensionierungssystem eingebunden werden:

- **MRP:** Die Plandaten aus MRP-Systemen weichen in der Regel vom realen Verbrauch ab, da sie auf Prognosen basieren. Bei *Kanban*-Anwendungen können Bedarfsprognosen aus dem MRP-System dennoch, als eventbezogene Kennzahl, zur hybriden statischen oder dynamischen Berechnung, verwendet werden.
- **Produktionsplan:** In der Realität weicht die Produktionsplanung grundsätzlich vom MRP-System oder von der Vertriebsplanung ab. Sie orientiert sich unter anderem an Produktionskapazitäten, den physischen Bedürfnissen des Materialflusses und den kalendarischen Rahmenbedingungen. Im Gegensatz zu anderen Dimensionierungsinformationen sollte die Produktionsplanung bezogen auf Arbeitsplätze oder *Kanban*-Kreise angewandt werden.
- **Historienentwicklung:** Die Hochrechnung des tatsächlichen Verbrauchs stellt eine hochwertige ergänzende Informationsquelle dar.
- **Lagergradentwicklung** *[Dick 02c]:* Der Lagergrad ist die Reichweite des Bestands in Relation zur Wiederbeschaffungszeit oder zur Durchlaufzeit. Über- oder Unterschreitungen des Lagergrads kennzeichnen nicht nur relevante Informationen für Bestandscontrolling, sondern weisen auch auf falsch eingeschätzte Störgrößen und falsche Dimensionierung hin.

5.6.4 Iterative Prozessoptimierung

Die Analyse der Prognosegüte, also der Abweichungen zwischen Prognose und dem realen Verbrauch, ermöglicht einen Lerneffekt zur Verbesserung zukünftiger Prognosen. Dieses Vorgehen ist auch auf der Ebene anderer Kennzahlen sinnvoll, die zur *Kanban*-Dimensionierung herangezogen werden. Sie sind beispielsweise sinnvoll für: Durchlaufzeit, Losgröße, Lagerbestand, Auftragsbestand oder Lagergrad *[DicE 04]*. Kontinuierliche, punktuelle oder schwankende Abweichungen erlauben im Kontext Rückschlüsse, in wie weit eine Reduzierung von Sicherheitsbeständen sinnvoll oder möglich ist. Durch kritische Analysen wächst das Wissen um die Zusammenhänge. Die resultierenden Maßnahmen führen zur kontinuierlichen Verbesserung der Abläufe. Bei Steigerung der Sicherheit des Materialflusses können die Pufferbestände in diesem iterativen Prozess reduziert werden. Mit zunehmender Anwendungsdauer dieses Ansatzes steigert sich die Stabilität der Lieferfähigkeit, auch bei extremen Schwankungen oder Störungen. Durch die schlanker werdende Dimensionierung wird es möglich, *Kanban* auch konkurrenzfähig in untypischen Bereichen einzusetzen, etwa bei höherer Dynamik der Veränderung und bei weniger kontinuierlichem Charakter der Bedarfsentwicklung. In der Praxis überwiegen die Vorteile von iterativer Prozessoptimierung, etwa wachsende Stabilität und geringere Kapitalbindung, bei weitem den Vorteilen, die sich aus einer „ausgefeilteren" Steuerung ergeben würde. Dimensionierungssysteme sollten daher alle individuell nötigen Informationen und Dokumentationsmöglichkeiten für eine umfassende iterative Prozessoptimierung bieten.

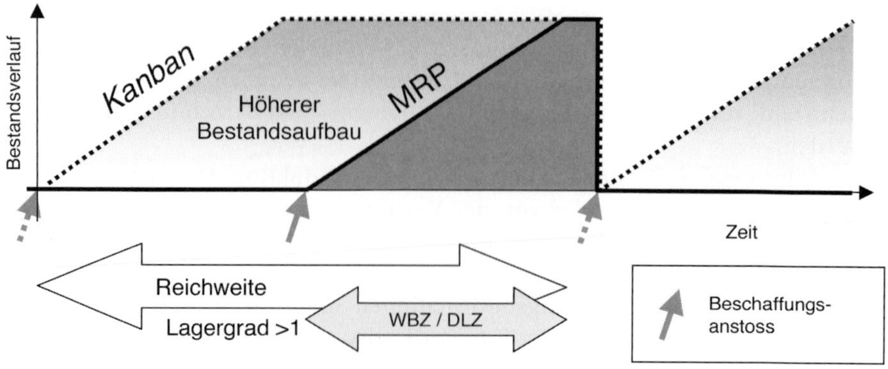

Theoretischer Bestandsverlauf im Vergleich *Kanban* zu MRP

Abb. 5.6.2 Theoretische Entwicklung der Bestandskurve in Relation zum Lagergrad

5.6.5 Dynamische Auswahl der Steuerungsmethode – am Beispiel MRP und *Kanban*

Eine heterogene Materialflussstruktur (vgl. 2.11. Heterogene Materialflusssysteme) setzt verschiedene Steuerungsverfahren entsprechend ihrer speziellen Eigenschaften in den unterschiedlichen Bereichen ein. Folglich ist die Frage, die es zu klären gilt: Welches Verfahren ist in welchem Anwendungsfall sinnvoll und wodurch kann diese Abgrenzung erreicht werden? Typischerweise wird *Kanban* eingesetzt, solange keine starken Schwankungen der Verbräuche auftreten. Im Grenzfall ist *Kanban* aus Steuerungssicht nicht mehr ideal, wenn ein anderes Verfahren mit geringerer durchschnittlicher Lagerreichweite das gleiche Ergebnis (eine gleiche oder höhere Liefertreue) erzielen kann. Zur Abgrenzung gegenüber plandatenbasierten Verfahren kann die Kennzahl des Lagergrads sinnvoll verwendet werden. Bei einem Lagergrad größer als eins liegen die einzelnen Bedarfstermine außerhalb der Wiederbeschaffungszeit oder der Durchlaufzeit. Planbasierte Verfahren erreichen, mit einem im Mittel geringeren Lagerbestand, gleiche Liefertreue. Um volle Lieferfähigkeit zu erreichen, ist rechnerisch kein kontinuierlicher Bestand, wie bei bestandsbasierten Verfahren (z. B. *Kanban*), notwendig.

Bei der realen Analyse des erreichten Lagergrades von Materialien die mit bedarfsorientierten Verfahren gesteuert werden, wird, an der Grenze vom punktuellen Verbrauch zum Seriencharakter, selten ein Lagergrad von kleiner oder gleich zwei erreicht. Störgrößen und Bedarfsverschiebungen führen bei dieser Steuerung zur Erhöhung der Bedarfe oder zur Lieferunfähigkeit. Drohende Lieferunfähigkeit wird durch Bestandsaufbau vermieden. Um Störungen ohne gravierende Einbrüche der Lieferfähigkeit zu überstehen, ist in der betrieblichen Praxis ein Lagergrad um 2,5 bis 3 häufig notwendig. Der Lagergrad kann sinnvoll

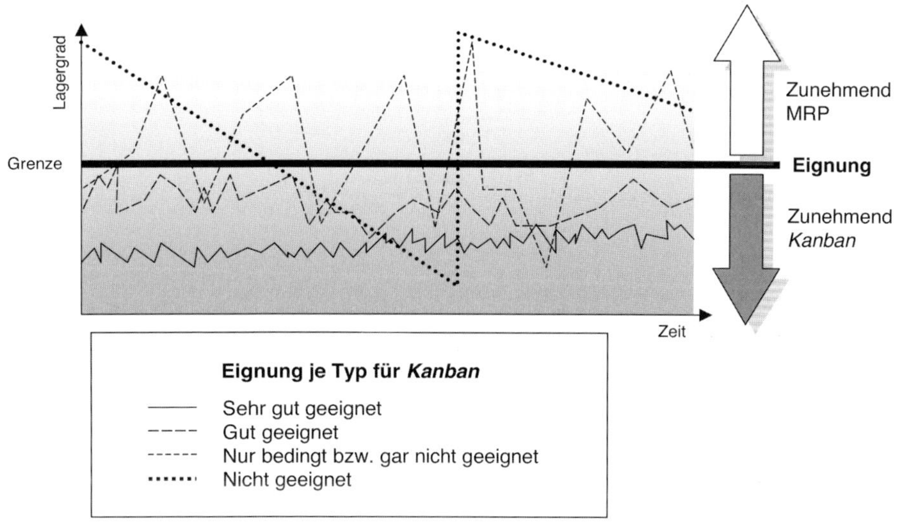

Abb. 5.6.3 Dynamische Auswahl der Steuerungsmethode mit Lagergrad und Bedarfscharakteristik

als entscheidende Kennzahl zur Abgrenzung zwischen MRP und *Kanban* angewandt werden, es müssen aber zusätzlich die Bedarfscharakteristik, Durchlaufzeit, Losgröße, Kapitalbindung oder die notwendige Sicherheit je Materialnummer berücksichtigt werden. Eine statische oder dynamische Ermittlung der *Kanban*-Eignung kann dadurch auch eingeschränkt automatisiert erfolgen.

Bei einer dynamischen Steuerungsentscheidung wird auf der Zeitleiste bestimmt, ab wann ein Material sinnvoller mit der einen oder der anderen Methode zu steuern ist. Ähnliche Abgrenzungen sind gegenüber dem C-Teilemanagement und/oder kapazitätsbasierten Konzepten möglich. Automatisierte Lösungen vereinfachen die Selektionskriterien und vernachlässigen damit wesentliche Potentiale zur Verbesserung der Steuerung, etwa die Fragen: Warum benötigt ein Material sehr hohe Sicherheitsbestände? Sind diese gerechtfertigt? Sind Lagerreichweiten aufgrund hoher Wiederbeschaffungszeiten notwendig oder reduzierbar? Die IT-Unterstützung der manuellen Auswahl der Steuerungsmethode ist jedoch ein wesentlicher Baustein, der von einer Dimensionierungssoftware geleistet werden sollte.

5.6.6 Dynamische Dimensionierung auf der Zeitachse

Gängige *Kanban*-Dimensionierung geht von der Voraussetzung aus, dass sich der Verbrauch, der innerhalb des *Kanban*-Kreises eigendynamisch gepuffert wird, nur innerhalb einer geringen Schwankungsbreite verändert. Die statische Dimensionierung wird aus einer Momentaufnahme oder einer, in der Regel zufälligen,

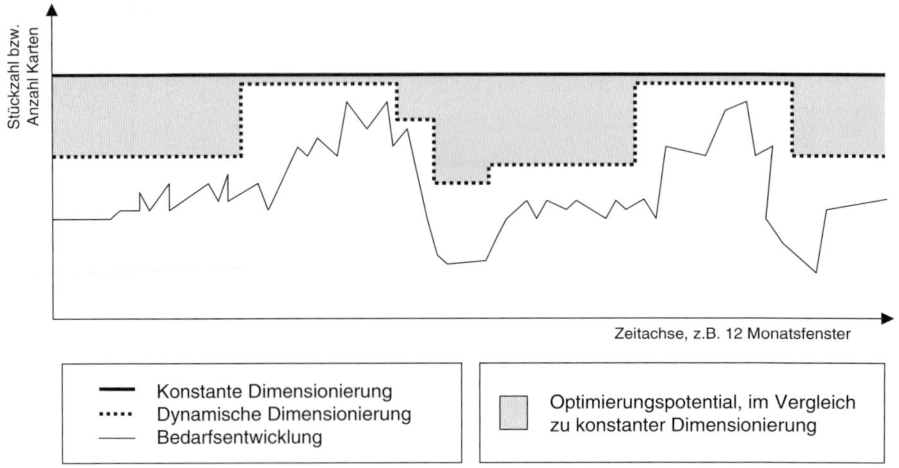

Abb. 5.6.4 Beispiel einer dynamischen, angepassten Dimensionierung von Kanban auf der Zeitachse mit Prinzipdarstellung des Einsparungspotentials

Zeitspanne errechnet. Der *Kanban*-Kreis ist jedoch kontinuierlich Schwankungen des Verbrauchs und Störgrößen ausgesetzt. Eine statische Dimensionierung kann nur zum aktuellen Betrachtungszeitpunkt als optimal angesehen werden. Basiert sie auf einem Zeitraum, wäre sie nur dann ideal, wenn der Einfluss von Schwankungen und Störungen während der gesamten Zeitspanne konstant ist. Da dieser Fall in der Realität jedoch auszuschließen ist, muss eine statische Dimensionierung zum Idealfall abweichende Puffer aufweisen. Eine theoretisch optimale Dimensionierung auf der Zeitachse setzt sich aus unendlich vielen, kontinuierlich neu errechneten Dimensionierungen zusammen *[Dick 02]*. Das betrachtete Zeitintervall sollte dabei gegen Null gehen.

Physischer Materialfluss bildet die physischen Bewegungen von Material, Bewegungen, Behältern und Informationen ab. Materialfluss besitzt eine Trägheit, eine Eigenschaft, die sehr plakativ mit der Massenträgheit vergleichbar ist. Realistische Veränderungen können nur unter Berücksichtigung einer real sinnvollen Trägheit abgebildet oder gepuffert werden. Mit Einweg-*Kanban*-Karten kann bei jedem Auftragsstart die Anzahl der Karten mit einer neuen Dimensionierung festgelegt werden. Die Dimensionierung und damit die Kartenzahl hat vielfältige Querindikationen, die bei jeder Änderung Risiken im physischen Ablauf entstehen lassen, z. B. fehlerhafte Veränderung des Umlaufbestands, der Durchlaufzeit, der räumlichen Anordnung oder der Bestände, etc. Bei sehr dynamischen Lösungen ist eine ausgereifte statistische und physische Methodik notwendig, die eine höhere Fehlerrate kompensieren muss. Durch die hohe Dynamik wird gleichzeitig eine hohe operative Automation notwendig. Die Vorteile, der einfachen visuellen Abläufe und der dezentralen Kompetenz, von *Kanban* gehen verloren. Der Wegfall dieser Eigenschaften führt wiederum zu Störungen. Mit

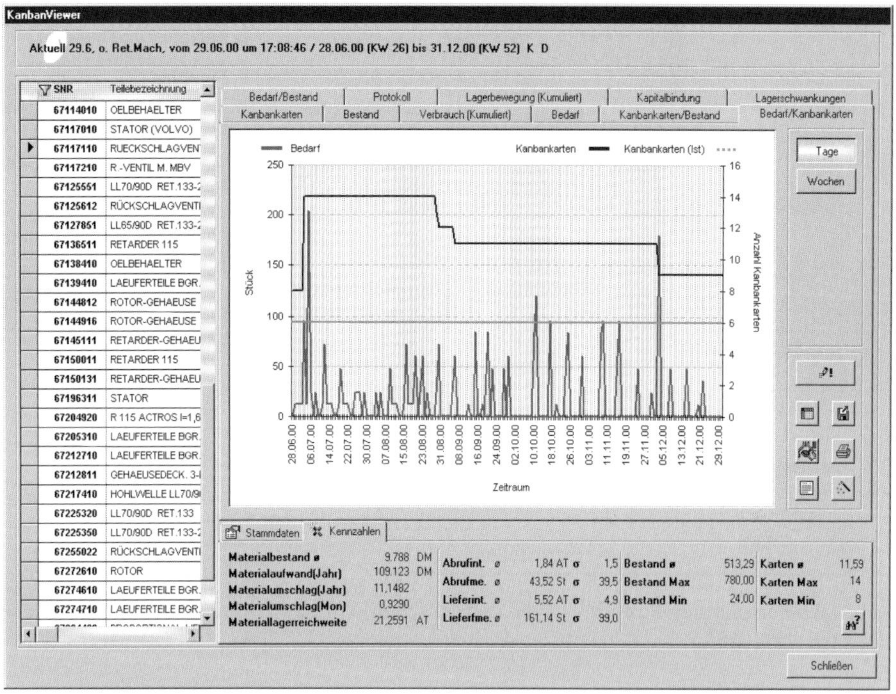

Abb. 5.6.5 Reales Beispiel einer dynamischen Dimensionierung *[Dick 02c]*

zunehmender Kürze des Zeitintervalls der Änderungen nähert sich die *Kanban* Steuerung dann dem Charakter einer MRP-Steuerung an. Die Stabilität trotz realer Störungen z. B. aufgrund kurzfristiger Bedarfsverschiebungen nimmt ab. Es existiert ein Break Even Point, ab dem die tatsächlichen Nachteile durch Fehler und Aufwand in Relation größer sind als die Vorteile durch die exakte Steuerung. Eine durch IT unterstützte dynamische Abbildung zur manuellen Dimensionierungsentscheidung ist auch unter praktischen Bedingungen lohnenswert, das Zeitintervall sollte jedoch auf keinen Fall zu kurz gewählt werden.

5.6.7 Simulationsbasierte *Kanban*-Dimensionierung

Um große Datenmengen und komplexe Problemstellungen, sowohl in der Produktion als auch in Entwicklungsumgebungen, iterativ zu optimieren, sind Simulationsmodelle sinnvoll. Die bisher vorgestellten Methoden zur Dimensionierung sind in der Summe hoch komplex und auf der Zeitachse sehr dynamisch. Simulative Modelle zur iterativen Ermittlung der optimalen Dimensionierung, unter Berücksichtigung aller verschiedenen Ansätze auf der Zeitachse, bieten die Möglichkeit alle Daten, trotz ihrer Komplexität, zu integrieren.

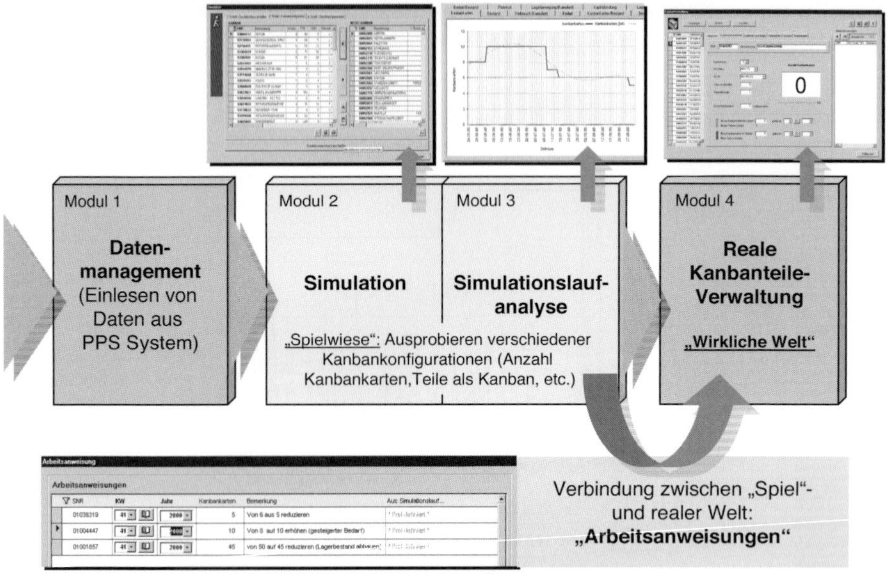

Abb. 5.6.6 Beispiel der Funktion einer dynamischen *Kanban*-Dimensionierungssoftware *[Dick 02, Dick 02b]*

Auch die Auswahl der Steuerungsmethode kann in den Simulationsprozess integriert bzw. mittels Simulation ermittelt werden (vgl. 5.5. Simulationsbasierte Optimierung). Simulationsmodelle können eine hohe Zahl von Einflussparametern verarbeiten. Bei steigender Komplexität des Modells, Zahl der Annahmen bzw. Abschätzungen und Fehlerbehaftung der Einzelwerte nimmt die Aussagegenauigkeit allerdings gravierend ab. Die Parameter und die Komplexitätstiefe sind daher bei der Konfiguration der Modelle mit Bedacht zu wählen. Zudem hat es sich als sinnvoll erwiesen Simulationsmodelle als Entwicklungsumgebung zu verwenden. Die aus der Simulation gewonnen Erkenntnisse sollten dann in statische IT-Produkte umgesetzt werden.

5.7 Mikro-MRP-Systeme

Jörg-Dieter Ehlers, Leonardo Group GmbH

Die Wandlung von einer reinen funktionsorientierten Verrichtungsmethodik zu einer dem wirtschaftlichen Optimum entsprechenden Fliessfertigung beginnt stets mit der Gestaltung eines am Pull-Prinzip-orientierten Wertstroms (siehe Abb. 5.7.1). Erfolgreiche Veränderungsprozesse werden in aller Regel in Teilschritten realisiert, da sich die Veränderungen sowohl auf die Prozessstruktur

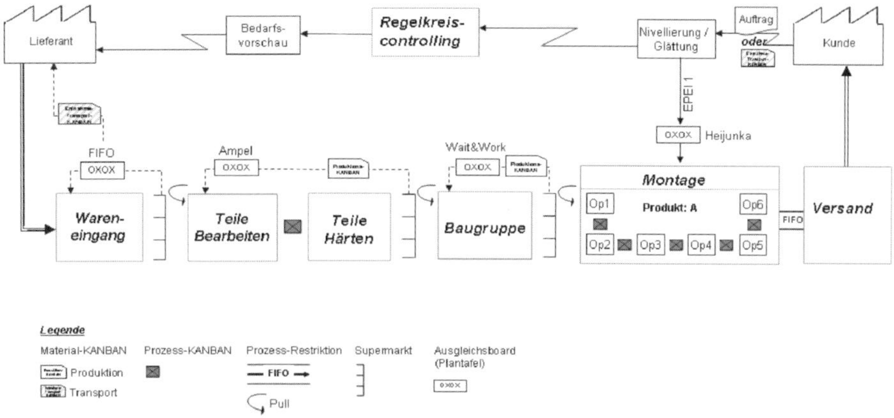

Abb. 5.7.1 Beispiel eines Wertstroms als durchgängiges Pull-Prinzip

als auch auf die gesamte Auftragsabwicklung auswirken. Gemeinhin werden jedoch nur die Wertschöpfungsprozesse verändert nicht aber die Dispositionsverfahren und die Art der Auftragsabwicklung. Um den Veränderungsprozess kompromisslos und vollständig (d. h. mit allen Elementen siehe Tab. 5.7.1) vollziehen zu können, stehen neue Standard-Miniatur-Software-Tools zur Verfügung. Sie beinhalten die MRP-Funktionen (Manufacturing Resource Planning), sind jedoch ausschließlich auf das Pull-Prinzip ausgerichtet. Und: Sie ermöglichen die komplette Steuerung über die gesamte Wertschöpfungskette nach der *Kanban*-Methodik. Da sie sich mit den konventionellen ERP-Systemen verbinden lassen, wird der Umstellungsprozess problemlos bewältigt. Derartige Systeme sind innerhalb kürzester Zeit einsatzbereit, sodass der Umstellungsprozess ohne Zeitverzögerung stattfinden kann. Außerdem bedarf es dabei keiner IT-Spezialisten, da diese Systeme in aller Regel auf der Microsoft©-Office-Basis aufgebaut sind, das in den meisten Unternehmen vorhanden und das Wissen darüber weitverbreitet ist.

Faktoren, die den Umstellungsprozess behindern, sind die im Unternehmen vorhandenen ERP-Systeme. Man versucht in diesen Systemen dem Wertstrom ähnliche Funktionen zu aktivieren, damit der Einsatz eines Subsystems verhindert werden kann. Dabei wird jedoch nicht beachtet, dass diese Funktionsähnlichkeiten absolut keine Übereinstimmung mit den Zielen des Lean-Production aufweisen. Das Ergebnis ist: Der konzipierte Wertstrom wird aufgrund eingegangener Kompromisse nicht realisiert und der erwartete wirtschaftliche Nutzen stellt sich nicht ein.

Checkliste: Die Standardfunktionen eines Mikro-MRP-Systems:

Tabelle 5.7.1 Quelle: Softwaresystem SIGNAL, Leonardo Group GmbH

Funktion	Baustein	Ziel
Datenanalyse	ABC-/XYZ-Analyse	*Kanban*-Potential darstellen
	XYZ-Klassifizierung	Anpassen der *Kanban*-Mengen an die Absatzschwankungen
Mengenberechnung	*Kanban*-Mengen	Berechnung (pro Artikel) der Anzahl der im Regelkreis benötigten *Kanban*-Karten aufgrund unterschiedlicher Regelkreisbedingungen
	Dynamische Anpassung	Rollierende Berechnung mit gezielter Information, bei welchen Artikeln die bestehenden *Kanban*-Mengen anzupassen sind
	Supermarktdimension	Dimensionierungsvorschläge der Supermärkte innerhalb der Regelkreise
	Versorgungszyklus	Berechnung des Rhythmus, in dem die Verbräuche aufzufüllen sind
	Losgröße	Ermittlung der Losgrößen (oder Abrufmengen) nach unterschiedlichsten Kriterien (DLZ, Takt, EPEI, Mindestmengen etc. – u. a. auch auf der Grundlage des zur Verfügung stehenden Rüstbudgets)
Zeitberechnung	Liniendimension	Dimensionierung der in einem Regelkreis einzusetzenden Ressourcen (Betriebsmittel, Mitarbeiter)
	Rüstbudget	Ermittlung der im Zeithorizont zur Verfügung stehenden Rüstzeit
	EPEI	Berechnung des Intervalls, in dem Standardprodukte gefertigt werden
	IPK	Anzahl der physisch bereitzustellenden *Kanban*-Plätze innerhalb des Regelkreises
	Heijunka	Berechnungsvorschlag zwecks Gestaltung einer manuellen Sequenzplanung (*Heijunka*-Board)
Kanban-Karte	Gestaltung und Druck	Gestaltung der *Kanban*-Formate (Standard und Sonderformat) sowie deren Ausdruck zur Einmal- und/oder Mehrfachverwendung

Funktion	**Baustein**	**Ziel**
Kanban-Management	Sonderaufträge	Erfassen bzw. Übernehmen (aus ERP-System) und Nivellieren großer Bedarfsmengen, einzelner Aufträge sowie Erstellen von Einmal-*Kanban*-Karten dafür
	Registrierung	Erfassen der *Kanban*-Zustände (VOLL, LEER, ggf. auch die Chargen-Nummer, etc.) via unterschiedlicher Inputmedien (Tastatur, Barcode-Scanner, RFID-Terminal)
	Plantafel	Darstellung des *Kanban*-Status nach diversen Anforderungen, wie FIFO, Wait&Work, Ampel, Kundentakt, etc. incl. Frühwarnung
	Fälligkeitsanalyse	Analyse der *Kanban*-Stati in Bezug auf ihre Fälligkeit (insbesondere bei Anbindung externer Lieferanten)
	Journal	Speicherung der *Kanban*-Bewegungen zwecks Analyse bei Kartenverlust
	Kapazitätsbelastung	Belastungsübersicht über den aktuellen Kapazitätsbedarf auf der Basis der leeren *Kanban*-Karten
Datenmanagement	Datentransfer	Übernahme von *Kanbans* (oder der *Kanban*-Daten) aufgrund einer bestehenden Lieferverkettung mit Kunden sowie Übermittlung von *Kanbans* (bzw. der *Kanban*-Daten) an Lieferanten
	Datenaustausch	Online-Datenaustausch mit übergeordnetem ERP-System
Controlling	Lagerumschlag	Umschlagsanalyse der Artikel detailliert sowie aggregiert nach diversen Klassifizierungen
	Simulation	Was-wäre-wenn-Funktion, d. h. Prüfung der Stellgrößen außerhalb der Systemeinstellung in Bezug auf die ITO-Auswirkung
	Kennzahlen	Verschiedene individuelle Kennzahlen, wie z. B. Produktivität, Liefertreue, Servicegrad

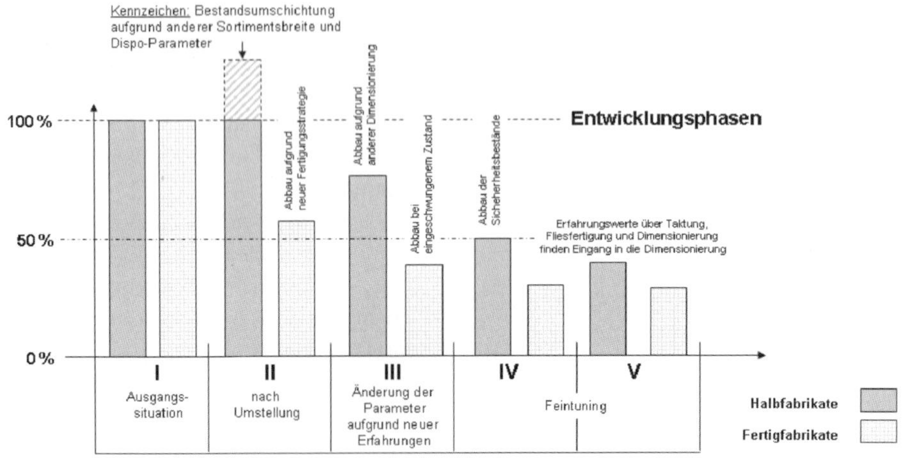

Abb. 5.7.2 Beispiel eines Wertstroms als durchgängiges Pull-Prinzip

Eine weitere Anforderung an eine solche Software ist die Skalierbarkeit. D. h. sie muss in der Lage sein, sich der Unternehmensentwicklung so anzupassen, dass bei einer Erweiterung diese Erweiterung mit derselben Software möglich ist. Nur so ist eine Kontinuität des Veränderungsprozesses gewährleistet.

Die Vorteile eines derartigen Einsatzes liegen auf der Hand: Neben der Prozess-Umstellung wird der wirtschaftliche Nutzen des Reorganisationsprozesses schon während der Umstellungsprozesses nachweisbar. Folgendes Beispiel soll diese These verdeutlichen: In aller Regel kann man bei dem Einsatz eines derartigen Tools von einer Halbierung der Materialbestände ausgehen. Wenn nun beispielsweise der Materialbestand von 2.500.000 € um 50 % gesenkt wird, dann werden 1.250.000 € an gebundenem Kapital freigesetzt. Bei einem Lagerkostensatz von 20 % lassen sich so jährlich rund 250.000 € einsparen. Wenn man darüber hinaus die Prozessstruktur auf One-Piece-Flow ändert und dabei die entsprechenden Unterstützungsfunktionen der Software nutzt, lassen sich Produktivitätsvorteile von bis zu 33 % erreichen.

Der Aufwand für die Installation eines derartigen Systems ist im Verhältnis zu seinem Nutzen minimal (in aller Regel wird ein ROI von weniger als ½ Jahr erreicht). Eben dieses Kosten-Nutzen-Verhältnis macht den Einsatz eines derartigen Mikro-MRP-Systems als Subsystem zu einem bestehenden ERP-System sinnvoll und äußerst attraktiv.

5.8 Schlanke Software steuert Geschäftsprozesse und Materialflüsse im Mittelstand

Joachim Berlak, FAUSER AG

Die deutsche Wirtschaft wird vor allem durch rund 3,3 Millionen kleine und mittlere Unternehmen (KMU) geprägt, die heute 99,7 % aller Unternehmen in

Deutschland darstellen, 70,2 % der Arbeitsplätze anbieten und 81,6 % aller Lehrlinge ausbilden *[BfWA 03]*. Unternehmen werden dem Typus KMU zugeordnet, wenn Sie u. a. weniger als 250 Mitarbeiter beschäftigen und bis 40 Millionen Euro Umsatz erwirtschaften *[IfM 03]*. Industrielle KMUs müssen heute viele Herausforderungen meistern:

- Sie leiden in der Regel unter Ressourcenknappheit, insbesondere in Bezug auf Personal und finanzielle Mittel *[Haus 00]*.
- Sie nehmen vornehmlich die Rolle des Lieferanten in nationalen als auch globalen Wertschöpfungsnetzwerken ein und müssen hier den entsprechenden Turbulenzen widerstehen *[Bach 03]*.
- Sie wandeln sich vom handwerklich geprägten Betrieb zum Industrieunternehmen *[Schw 05]*.

Vor diesem Hintergrund stehen KMUs oftmals mehr als Großbetriebe vor einer existenziellen Notwendigkeit, Geschäfts- und Produktionsprozesse sowie Materialflüsse schlank, effektiv und effizient zu organisieren um die Wirtschaftlichkeit und Wettbewerbsfähigkeit ihres Betriebes zu gewährleisten. Hierbei stellen verschiedene Softwareprogramme ein zentrales Werkzeug dar, Mensch, Organisation und Produktionstechnik zu vernetzen und zu synchronisieren. Mittelständische Betriebe stehen aus verschiedenen Gründen vor der schwierigen Aufgabe eine für sie passende Software zu finden, einzuführen und dann täglich zu betreiben *[Berl 03]*. Zum einen teilt sich der Markt in Software für kleinere, mittlere und größere Unternehmen auf (siehe Abb. 5.8.1).

Viele Anwendungen der großen Anbieter wurden für Großunternehmen konzipiert und ausgehend von der kaufmännischen Seite aus Finanzbuchhaltung und Controlling heraus entwickelt. Neben Schwächen in der Abdeckung der Produktion weisen diese Programme meist auch hohe Anschaffungs- und Betriebskosten und eine eingeschränkte Eignung für den industriellen Mittelstand auf. Oft sind sie zu starr, schwierig bedienbar und zu teuer. Deshalb existiert eine Vielzahl von kleineren Softwareherstellern, welche sich meist branchen-, anwendungs- oder funktionsspezifisch (z. B. spezielle Lösungen für den Maschinen- und Anlagenbau) als auch durch die Entwicklung von Hilfs- und Zusatzprogrammen für die ERP-Systeme größerer Anbieter spezialisieren. Die FAUSER AG fokussiert mittelständische Industriebetriebe und entwickelt, vertreibt und wartet Softwarelösungen unter dem Markennamen JobDISPO *[Berl 04]*. Mittlerweile arbeiten über 450 Industrieunternehmen weltweit aus dem Werkzeug-, Formen-, Maschinen-, Anlagen-, Apparate- und Sondermaschinenbau, der Metall- und Kunststoffbe- und -verarbeitung, der Lohnfertigung sowie Zulieferindustrie mit JobDISPO-Lösungen. Wie durch schlanke Software ein nachhaltiger Mehrwert für KMUs erzielt werden kann, soll im Folgenden an zwei konkreten Beispielen aus dem Werkzeug- und Maschinenbau [9,10] aufgezeigt werden.

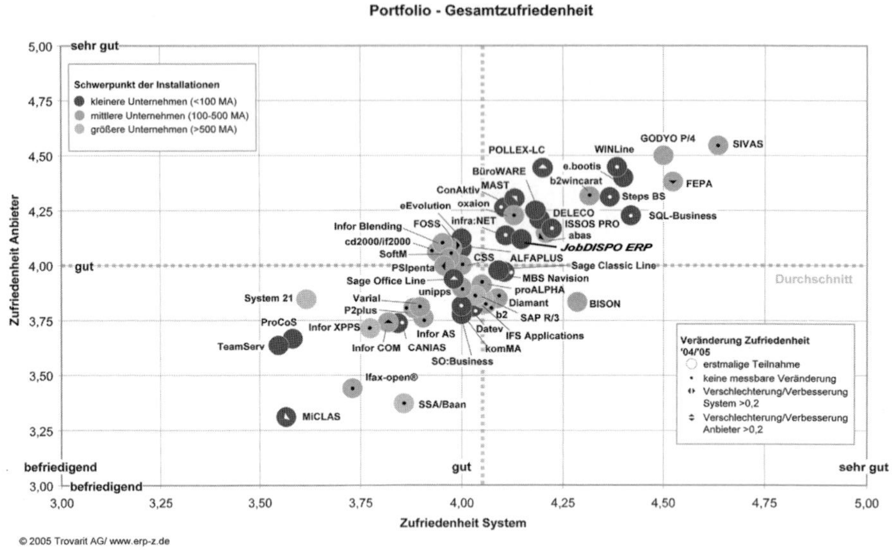

Abb. 5.8.1 ERP-Zufriedenheitsstudie 2005 *[Schu 05]*

5.8.1 Anwendungsbeispiel Werkzeugbau

Die Martin GmbH aus Neunkirchen bei Saarbrücken produziert mit 35 Mitarbeitern Werkzeuge, Vorrichtungen und Sondermaschinen vornehmlich für Kunden aus der Automobilindustrie, daneben aus der Klima-, Kälte- und Medizintechnik sowie namhafte Hersteller von Haushalts- und Gartengeräten. Durchschnittlich 6–8 Wochen Durchlaufzeit bei Werkzeugen, 4–6 Wochen bei Vorrichtungen sowie 8–12 Wochen bei Sondermaschinen unterstreichen die Schnelllebigkeit des Geschäfts. Knapp 150 Aufträge laufen gleichzeitig in der werkstattorientierten Fertigung, wobei aufgrund der reinen Einzelfertigung ein nicht repetitiver Materialfluss vorherrscht. „Unser altes aber namhaftes ERP-System haben wir nur rudimentär für den Vertrieb und die Auftragsabwicklung verwendet. Wie viele andere ERP-Systeme war es auf die Serienproduktion ausgelegt, für die Einzelfertigung viel zu komplex und schwerfällig. Eigentlich konnten wir diese Lösung nur als Schreibmaschine verwenden und hatten verschiedenste Insellösungen zur Steuerung der Materialflüsse. Lange Zeit konnten wir das Problem noch aussitzen. Wir ahnten zu der Zeit nur, wenn etwas in der Fertigung schief lief. Es gab viele Terminsitzungen, der Projektfortschritt wurde oft zu Fuß abgefragt. Damals haben die Werker ihre Stundenzettel wöchentlich abgegeben und eine Sekretärin hat damit eine Datenbank befüllt. Fünf Wochen später hatten wir dann aktuelle Rückmeldedaten, da war das Werkzeug schon raus. 2004 musste Schluss sein mit Improvisation, Blindleistung und Verschwendung“, erklärt Geschäftsführer Herr Martin. Heute läuft es Dank JobDISPO besser. Voraussetzung für ein agierendes Management der Materialflüsse ist eine Betriebsdatenerfassung in Echtzeit.

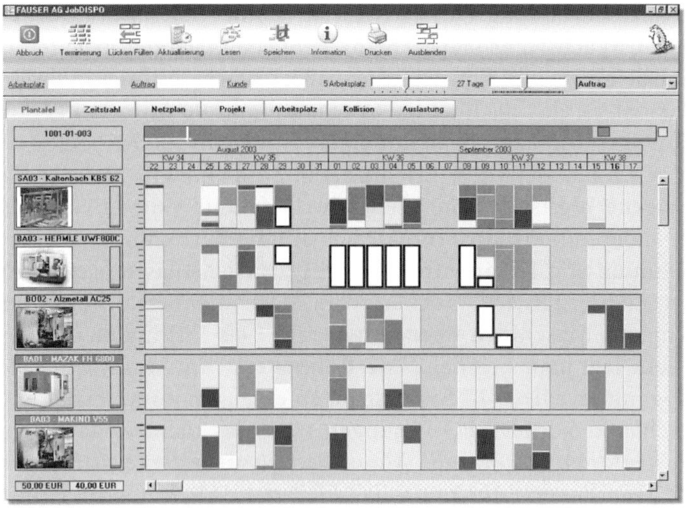

Abb. 5.8.2 Schlanke Software zur Steuerung von Materialflüssen

„Heute drucken wir nur noch die Fertigungszeichnungen mit Auftragsnummer aus, die Werker buchen ihre Zeiten am PC mit Barcodescanner zurück. Wir sind nun in der Lage, eine konsequente Vor-, Begleit- und Nachkalkulation für jedes Werkzeug zu fahren. Der Regelkreis zwischen Planung und Ausführung ist nun geschlossen", verdeutlicht Herr Martin. *„Wir wissen jetzt, was in der Fertigung los ist und verlassen uns nicht mehr einzig auf unser Bauchgefühl. Wir agieren nun, statt wie früher nur zu reagieren. Wir konnten bisher nicht nur unsere Termintreue und Durchlaufzeiten nachhaltig verbessern, sondern vielmehr unsere Kosten für die Auftragsverwaltung und -abwicklung um knapp 30 % reduzieren. JobDISPO hilft uns dabei, da wir schlank ohne detaillierte Stammdaten und mit wachsenden Stücklisten arbeiten können".*

5.8.2 Anwendungsbeispiel Maschinenbau

Die Werkzeugmaschinenfabrik Ziegenhain GmbH wurde im März 1998 aus der NAXOS-Union ausgegliedert und Geschäftsführer Werner Schwalm startete auf dem alten Gelände mit 15 Mitarbeitern komplett neu. Heute fertigt WMZ als eigenständige GmbH zusammen mit sieben namhaften Werkzeugmaschinenbauer wie Präwema, Pittler, Diskus Werke oder Buderus Schleiftechnik unter dem Dach der DVS-Gruppe kundenspezifische Fertigungslösungen in den Bereichen Drehen, Verzahnen und Schleifen. WMZ liefert hier als verlängerte Werkbank mechanische Einzelteile (z. B. die Komplettbearbeitung vom Drehen, Bohren, Fräsen, Schleifen, Schweißen bis hin zum Lackieren), komplette Baugruppen (Schwenkmodule, Ladeportale oder Revolverköpfe), komplett montierte Werkzeugmaschinen bis hin zu eigenen Produkten (Motorspindeln). Seit 1998 setzt WMZ JobDISPO ERP zur integrierten Auftragsabwicklung sowie JobDISPO MDC zur Betriebsdatenerfassung ein. Hierdurch ist die Organisation des Betriebes trotz schnellen Wachstums stets schlank geblieben. Derzeit arbeiten 68 Werker und 12 Mitarbeiter in 3-D-Konstruktion, Arbeitsvorbereitung und Management. Ziel für 2006 ist es, das nachhaltige Wachstum auf 90 Mitarbeiter fortzusetzen und die Montage- und Lagerhalle mit einer Größe von 2000 m² zu erweitern. Der Erfolg von WMZ hat vielfältige Erklärungen. Zum einen besitzt der Betrieb eine sehr hohe eigene Wertschöpfungstiefe, alle Lieferanten sitzen strategisch in der Nähe. Zum anderen konzentriert man sich auf die Kernkompetenz der hochpräzisen Zerspanung und Komplettbearbeitung als Dienstleistung. Im Mittel betragen die Durchlaufzeiten 6–8 Wochen, vom Maschinenbett bis zum fertigen Zubehör. Komplette Maschinen werden in weniger als 5 Monaten ausgeliefert. Um schnell zu sein, legt man sich bei WMZ Rohmaterial auf Lager. Über 250 zeitgleiche Aufträge mit jeweils 5–10 Arbeitsgängen erzeugen komplexe Materialflüsse. Ohne die schlanken JobDISPO-Lösungen wäre das nicht einfach handhabbar. *„Ich steuere heute den gesamten 85-Mann-Betrieb sowie die resultierenden Materialflüsse mit zwei Reports aus JobDISPO ERP: der Maschinenbelegungs- und der Bestellvorschlagsliste. Natürlich habe ich darüber hinaus Zugriff auf alle relevanten betriebswirtschaftlichen Daten, falls ich sie benötige. Für die alltäglichen Entscheidungen genügen mir aber diese beiden Auswertungen. Unser nachhaltiges Wachstum bestätigt dies. Um in dem harten und weltweit ausgetragenen Wettbewerb im Werkzeugmaschinenbau erfolgreich zu sein, müssen wir als Mittelständler sehr flexibel, schnell und spezialisiert sein. JobDISPO hilft uns hier permanent Verbesserungen nicht nur unserer Materialflüsse zu realisieren. Software muss schlank und ein Werkzeug sein. Der Mix aus Mitarbeitern, Organisation und Software macht den Unterschied im Wettbewerb.“*, verdeutlicht Geschäftsführer Herr Schwalm.

5.8.3 Zusammenfassung und Ausblick

Im Rahmen dieses Kapitels wurde Bedarf und Angebot an schlanken Softwarelösungen für mittelständische Industriebetriebe diskutiert. In zwei Praxisbeispielen aus dem Werkzeug- und Maschinenbau wurde aufgezeigt, wie ein nachhaltiger Mehrwert durch schlanke, einfach zu bedienende und kostengünstige Softwarewerkzeuge für die Steuerung von Geschäftsprozessen und Materialflüssen erreicht werden kann.

5.9 Produktionsoptimierung mit SAP am Beispiel *Kanban*

Christian Kuhn, SAP AG

Der Einsatz von Informationstechnologie ist ein wichtiger Faktor für eine erfolgreiche Lean Manufacturing-Strategie. Am Beispiel der integrierten e*Kanban*-Lösung in der „mySAP Business Suite“ soll aufgezeigt werden, wie moderne

Softwarelösungen Lean Manufacturing unterstützen, steuern und insbesondere optimieren können, um die gesetzten Ziele zu erreichen. In den folgenden Abschnitten wird deutlich herausgearbeitet, welche Charakteristiken entsprechende Softwarelösungen besitzen müssen, um alle Effizienzpotentiale ausschöpfen zu können.

5.9.1 Erweiterung der *Kanban*-Philosophie durch, Integriertes e*Kanban*

In der Logistik, insbesondere auch in der Fertigung, stellt sich stets die Frage der Planungstiefe im Materialfluss: In welchem Umfang muss man die Materialbewegungen planen und leiten, und inwieweit ist eine Selbststeuerung oder pragmatische Ausführung sinnvoll? Generell ist es jedoch stets notwendig, die Transparenz über den Materialfluss zu erhalten, um eine effektive Überwachung und rechtzeitiges Eingreifen in Problemsituationen gewährleisten zu können. Weiterhin sind auch selbststeuernde Prozesse mit anderen logistischen Prozessen im Unternehmen vernetzt, wie beispielsweise Beschaffung, Bestandsverwaltung oder Lieferungslogistik. Dies bedeutet jedoch, dass man *Kanban*, wie auch andere Lean Manufacturing-Komponenten, nicht isoliert betrachten kann, sondern nur im Zusammenhang mit der Gesamtlogistik im Unternehmen zu einer effizienten Strategie wird. Diese Aussage gilt genauso für die IT-Unterstützung: nur eine *Kanban*-Lösung, die mit anderen Logistik-Komponenten integriert ist, kann eine optimierte Unterstützung der Lean Manufacturing-Prozesse gewährleisten. Genau dieser Philosophie folgt die SAP und hat ihre elektronische *Kanban*-Lösung (*eKanban*) vollständig in die klassischen ERP-Prozesse integriert. Für den Benutzer ist die Bedienung und der Informationsfluss transparent und einheitlich – ohne Systemwechsel. Ein weiterer Vorteil des integrierten Ansatzes ist der Entfall jeder Art von Datenreplikation zwischen verschiedenen Systemwelten, alle Prozesse laufen auf den gleichen konsistenten Stammdaten. Weiterhin ist durch die SAP-Technologie die volle Skalierbarkeit gewährleistet, von einfachen Prozessen und kleinem Volumen bis hin zu komplexen Unternehmensstrukturen mit sehr hohem Datendurchsatz.

5.9.2 Adaptives Prozessmodell als Grundlage für e*Kanban*

e*Kanban* basiert auf einem flexiblen Prozessmodell, das primär aus Regelkreisen aufgebaut wird. Hiermit wird die Definition und Bedienung erleichtert und die Automatisierung des Materialflusses ermöglicht. Der Regelkreis dient zur Festlegung der Beziehung zwischen Quelle und Ziel, inklusive detaillierter Steuerparameter wie beispielsweise die Zahl der umlaufenden *Kanban*-Behälter. Insbesondere wird auch die Art der Wiederbeschaffung festgelegt – also Eigenfertigung, Umlagerung oder auch Fremdbeschaffung bzw. Bestellung. Die Bestandssituation kann mithilfe einer interaktiven grafischen *Kanban*-Tafel überwacht werden, damit ist auch die Transparenz und Verfolgbarkeit sichergestellt. Bei Ausnahmesituationen – beispielsweise eine Verzögerung der externen Beschaffung – können jederzeit geeignete Maßnahmen eingeleitet werden. Das *Kanban*-Prozessmodell ist hierbei hoch adaptiv, bei Änderung der Rahmenbedingungen kann dieses schnell und flexibel den neuen Anforderungen angepasst werden. Das System leistet hierbei auch Unterstützung, beispielsweise durch eine automatische *Kanban*-Berechnung. Hierbei werden Anzahl und Größe der *Kanban*-Objekte durch Analyse der Verbrauchs- und Bedarfswerte dynamisch optimiert und dem Logistikverantwortlichen vorgeschlagen. Für den Bediener ist das Arbeiten mit *Kanban* sehr einfach: bei Aufbrauch des Materials meldet er das *Kanban*-Objekt (physisch typischerweise ein entsprechender Behälter) als „leer" – alle Folgeprozesse erledigt das System hochautomatisiert im Hintergrund ohne weiteren notwendigen Bedienereingriff. Kommt der neue Behälter am Verbrauchsort an, wird „voll" gemeldet und der Teilprozess ist damit abgeschlossen. Unabhängig von der Art und Komplexität der Wiederbeschaffung sind die Prozesse standardisiert und die Bedienung für den Bediener einheitlich, der administrative Aufwand wird auf das Mindeste – nämlich den Statuswechsel – reduziert. Selbstverständlich können die *Kanban*-Meldungen wahlweise auf Basis gängiger Technologie durchgeführt werden – also neben entsprechenden grafischen Bedieneroberflächen in verschiedenen Anwendungen der Logistik auch mit mobilen Geräten („Handhelds") und Barcodelesern. Weiterhin ist über entsprechende offene Schnittstellen auch die direkte Anbindung von Automatisierungssystemen möglich.

5.9.3 Erweiterte *Kanban*-Prozesse unterstützen die Philosophie

Diverse Sonderabwicklungen unterstützen und verbessern das verbrauchsgesteuerte Grundprinzip von *Kanban*. Beim ereignisgesteuerten *Kanban* beispielsweise ist das Erzeugen eines neuen *Kanban*-Objektes nicht durch die Regelkreisparameter fixiert, sondern wird individuell über entsprechende *Kanban*-Impulse angestoßen. Der Impuls kann auch automatisiert durch vom System erkannte Situationen ausgelöst werden. Zudem kann als weitere Variante der „Mengenimpuls" eingesetzt werden. Hierbei wird nicht der gesamte *Kanban*-Behälter „leer" gesetzt, sondern es werden individuelle Verbräuche gemeldet. Das System bestimmt dann den Triggerpunkt für einen neuen *Kanban*-Impuls selbstständig. Weiterhin ist die Integration der Bedarfsplanung möglich, sodass lang- und mittelfristige Bedarfsvoraussagen für *Kanban*-Materialien getroffen und innerhalb und außerhalb des Unternehmens kommuniziert werden können. Durch den Verbrauch wird direkt und automatisiert die Beschaffung kontrolliert. Durch diese Selbststeuerung werden Überproduktion und unnötige Warenbewegung vermieden. Der Bestand und die Durchlaufzeiten werden reduziert, der Buchungsaufwand und die Zahl der Fehlbuchungen minimiert. Über e*Kanban* angestoßene Prozesse sind vollständig integriert in die Bestandsverwaltung, den Einkauf und in die Produktion. Nach Trigger eines *Kanban*-Objektes mit Eigenfertigung wird beispielsweise direkt eine Produktionseinteilung oder ein Produktionsauftrag angelegt, eine Rückmeldung des Auftrags setzt auch einen entsprechenden Status des *Kanban*. Auch die Kostenrechnung für ein *Kanban* kann hiermit implizit durchgeführt werden, um ein integriertes Controlling zu ermöglichen. Dies ist ein wesentlicher Vorteil im Vergleich zu isolierten oder manuellen *Kanban*-Systemen.

5.9.4 Kollaborative Prozesse um *Kanban*

Nicht nur innerhalb einer Betriebsstätte, sondern gerade auch im Zusammenwirken mit Partnern in der Supply Chain zeigt die erweiterte *Kanban*-Philosophie ihre Vorteile. Lieferanten können einfach und intuitiv über Portaltechnologie in die Materialflussprozesse eingebunden werden. Über den „Inventory Collaboration Hub" ist das webbasierte Anbinden der Partner möglich. Diese erhalten direkten Zugriff auf alle notwendigen Informationen, werden über kritische Versorgungssituationen informiert und können damit unmittelbar auf kurzfristige

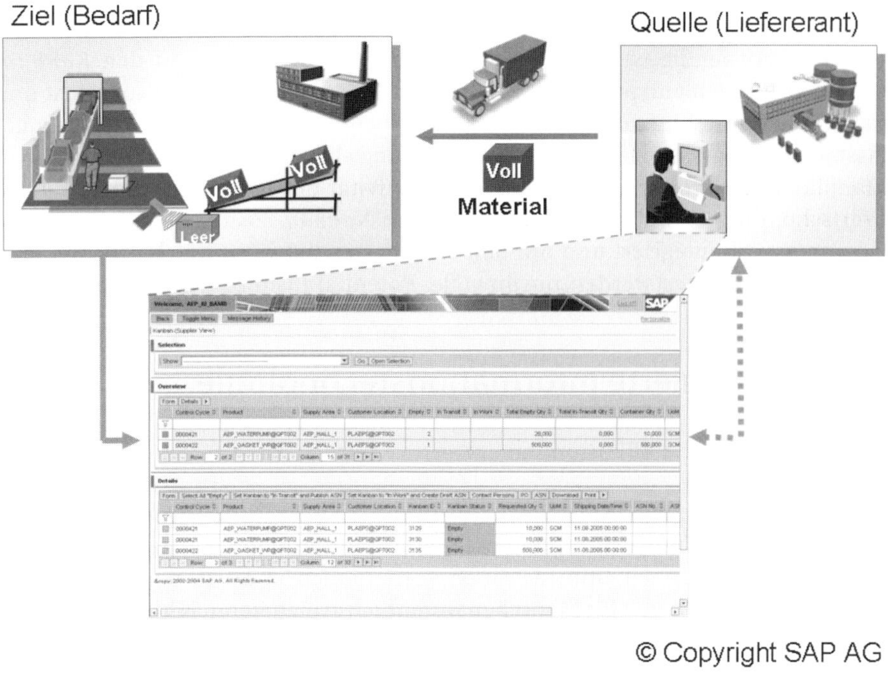

Abb. 5.9.1 Optimierung der Kommunikation mit Kanban-Zulieferer über Portaltechnologie

Anforderungen reagieren. Natürlich ist auch eine klassische Anbindung der Lieferanten über EDI-Technologie (Electronic Data Interchange) möglich. Die Durchdringung der Just-in-time-Abwicklungen in der Logistik führt ebenfalls zu einer Erweiterung der *Kanban*-Lösung, um dem Lieferanten die Anlieferung von Materialien in genau festgelegter Menge, Zeit und Ort per Abruf mitzuteilen (Mengenabruf). Die betriebswirtschaftliche Abwicklung beruht dabei auf ausgehandelten Lieferplänen, die damit auch für *Kanban* mit Fremdbeschaffung Verwendung finden. Weiterhin werden die Prozesse beim Lieferanten und Abnehmer durch die informationstechnische Integration logistischer Nachrichten (beispielsweise Lieferavis und Lieferbestätigung) eng verzahnt.

5.9.5 e*Kanban* mit SAP – Aktuelle Trends und Zusammenfassung

Im Bereich der betriebswirtschaftlichen Analytik werden neue Potentiale eröffnet: die gesammelten Prozessdaten können aggregiert, zu Informationen transformiert und bewertet werden, um damit wertvolles Wissen zur Entscheidungsunterstützung abzuleiten. Mit Hilfe des „Business Information Warehouse“ werden die *Kanban*-Prozesse und Regelkreise durch die Auswertung des Materialflusses (beispielsweise Durchlaufzeiten und Bestandsauswertungen) optimiert. Über den Einsatz von RFID-Technologie (Radio Frequency Identification) können *Kanban*-Prozesse nahezu komplett automatisiert werden, sodass keine direkte Bedienerinteraktion notwendig ist. Durch das Auslesen von RFID-Tags an den *Kanban*-Objekten wird ein entsprechender Impuls an die Statusverwaltung ausgelöst und damit eine Änderung direkt im System verarbeitet. Generell kann zusammengefasst werden, dass die richtige IT-Unterstützung elementarer Baustein einer Lean Manufacturing-Strategie ist, um die Produktivität der Fertigung und damit die Wertschöpfung zu optimieren. Insbesondere *Kanban*-Lösungen müssen in die Gesamtlogistik integriert und mit den assoziierten betriebswirtschaftlichen Prozessen synchronisiert werden, um ihr volles Potential ausnutzen zu können.

5.10 Visualisierte Informationstechnologie

Kersten Ellerbrock, CellFusion Inc.

Die Arbeitsumgebung vieler Menschen wird seit Jahren konsequent und immer vollständiger mit Informationstechnologie (IT) ausgestattet. Unsere moderne IT vermittelt heute jedoch Informationen vornehmlich in Form von Zahlen und Buchstaben, anstelle von für Menschen wesentlich geeigneteren Bildern. Die visualisierte Informationstechnologie und Führung ist dagegen ein neuer Ansatz, der speziell im Produktionsbereich vielversprechende Ergebnisse hervorbringt. Die

Einsatzbereiche erstrecken sich von Produktion mit hoher Montagekomplexität und hoher Änderungsfrequenz bis zur Montage von variantenreichen Produkten und Nutzung moderner Model-Mix-Strategien. Die neuen Strategien bewirken eine Erhöhung der Flexibilität, die Reduzierung der Komplexität bei Variantenvielfalt und fast automatisch eine signifikante Erhöhung der Qualität und Effizienz durch verbesserte Visualisierung und Ergonomie.

5.10.1 Der Mensch und seine Sinne

Die einzelnen Sinne des Menschen können, im Vergleich zu anderen Lebewesen, als „unterentwickelt" betrachtet werden. Menschen nehmen, selbst im Vergleich zu unseren Haustieren, Geruch und Geräusche nur unterdurchschnittlich war. Obwohl wir biologisch betrachtet, primär auf „Sehen" ausgelegte Lebewesen sind, ist unser Sehvermögen trotzdem vergleichsweise schlecht. Daraus lässt sich ableiten, dass für die Evolution des Menschen nicht die Sehschärfe entscheidend sein konnte. Wesentlich war vielmehr die Fähigkeit visuelle Informationen schnell in sachliche, logische Zusammenhänge zu bringen und sofort gezielt Aktivitäten daraus abzuleiten. Diese Nutzung der Sinne und insbesondere die Kombination von menschlichen Fähigkeiten sind die ausschlaggebenden Gründe für den Evolutionsstand des Menschen. Die menschlichen Sinne haben sich also vielmehr als „Allrounder" entwickelt, die Kombination von „sehen und umsetzen" brachte den Erfolg.

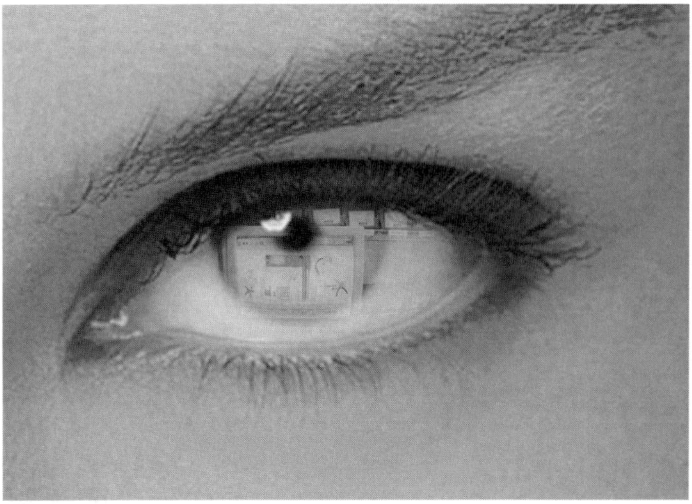

Abb. 5.10.1 Vor allem bei manuellen Produktions- und Logistikprozessen werden vielfältige Abläufe über die Augen koordiniert (Quelle Cellfusion)

5.10.2 Schnelleres Lernen durch systematische Führung

Täglich setzen wir unsere Seh- und Kombinationsfähigkeiten ein, sobald wir morgens unsere Augen öffnen. „Sehen, erkennen, verstehen... und lernen“, das beginnt in der Kindheit und setzt sich im gesamten Leben fort. Dabei ist es auch von verschiedenen Rahmenbedingungen und Hilfen abhängig, wie gut oder schnell man lernt. Warum gelingt es bereits kleinen Kindern aufwendige, sogar hochkomplexe Lego®-Bausätze innerhalb von Minuten perfekt zusammenzustecken? Warum ist es möglich, beispielsweise IKEA®-Möbelbausätze ohne jegliche Erfahrung in Minuten zu montieren? Weil wir Bilder und Bildfolgen vor uns „sehen, erkennen und verstehen“. Dies sind nur zwei Beispiele, aber sie zeigen, dass Bilder sehr viel schneller verstanden und sicherer umsetzt werden als textbasierte Bauanleitungen, die häufig zudem sprachlich unzureichend und schwer verständlich beschreiben, was zu tun ist. Die systematische Führung durch Bilder und Bildfolgen ermöglicht es täglich Informationen aufzunehmen, zu verstehen und Tätigkeiten auszuführen, die wir so noch nie durchgeführt haben. Mit den Ursprüngen des Menschen wurde uns über die gesamte Evolution hinweg „in die Wiege gelegt“ Bilder zu interpretieren; dagegen werden Zahlen und Buchstaben erst seit wenigen tausend Jahren genutzten. Zu lange wurden in der Informationstechnologie die Vorteile von Bildern vergessen und allein an Buchstaben und Zahlen festgehalten und da fragen wir uns manchmal, warum Informationstechnologie vielen Menschen so kompliziert erscheint. Bilder haben aber noch weitere Vorteile: „Bilder sagen mehr als tausend Worte“, „Bilder kennen keine Grenzen“ und erfordern weder Sprachkenntnisse noch Übersetzungen. Immer mehr

Abb. 5.10.2 Der operative Mitarbeiter im Produktionsumfeld muss vielfältige Informationen verarbeiten (Quelle: Cellfusion)

Unternehmen beschäftigen Mitarbeiter vieler Nationalitäten und Sprachkulturen auch bei der Fertigung von Produkten. Vor diesem Hintergrund ist es umso überraschender, dass konventionelle Informationswissenschaft fast ausschließlich mit Zahlen und Buchstaben arbeitet. Seit einiger Zeit gibt es nun aber neue strategische Lösungen zur wesentlich ergonomischeren und daher effizienteren Nutzung von Abbildungen, Bildern, Fotos und Fotokombinationen und sogar integrierten Prozessvideos für Fertigungsprozesse: Visualisierte Informationstechnologie.

5.10.3 Besser und produktiver durch systematische Führung

In der Produktions- und Logistikwelt ist der Einsatz von Visualisierung allerdings inzwischen wettbewerbsentscheidend, denn unser Markt- und Verbraucherverhalten hat sich in den letzten Jahren wesentlich verändert. Der Kunde möchte „sein" individuelles Produkt erwerben, ausgesucht und zusammengestellt aus einer Vielzahl von Varianten und Optionen. Produktlebenszyklen verkürzen sich ständig, neue Produkte und neue Technologien kommen in rasanter Geschwindigkeit auf den Markt. Und dies ist nicht nur in der High-Tech-Industrie der Fall, in der die Produktlebenszyklen inzwischen eher in Wochen als in Monaten gemessen werden. Es spiegelt sich überall wider: Auch in der Automobilbranche, der Konsumgüterindustrie und im Maschinenbau breiten sich diese Anforderungen aus. Für Produktionsunternehmen bedeutet dies, dass Fertigungs- und Montageprozesse immer variantenreicher werden. Produktionsmitarbeiter sind immer größerer Variantenzahl und Komplexität gegenübergestellt. Alles muss schneller, besser, produktiver und prozesssicherer werden.

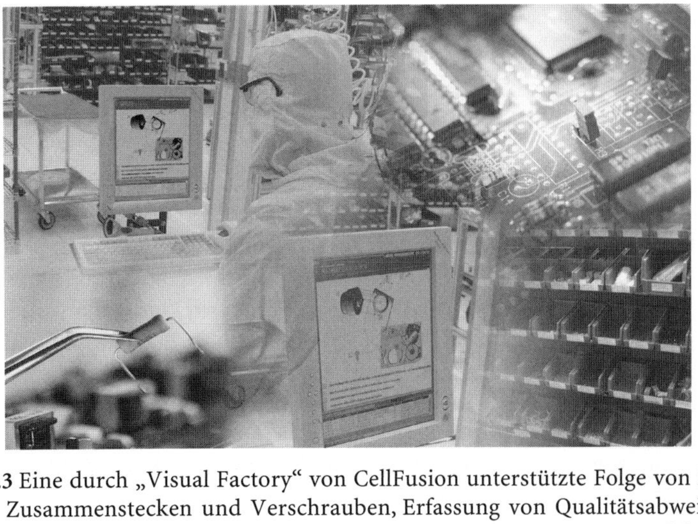

Abb. 5.10.3 Eine durch „Visual Factory" von CellFusion unterstützte Folge von Montageschritten: Zusammenstecken und Verschrauben, Erfassung von Qualitätsabweichungen, Mess- und Kalibrierungswerten und Materialidentifizierung zur Montageführung und lückenlosen Rückverfolgung bei Automobilradios (Quelle: Cellfusion)

Aber welche Hilfen bieten wir den Mitarbeitern wirklich? Oder überlassen wir alles nur der Erfahrung? Erfahrung ist sicherlich sehr wichtig, allein die Philosophie „Übung macht den Meister“ kann die neuen Anforderungsprofile in Produktionsunternehmen heute jedoch nicht mehr erfüllen. Die Fertigungsumgebung verändert sich zur modernen, schnellen, variantenreichen Mixed-Model-Produktion mit extrem kurzen Produktlebenszyklen. Die Zahl der unterschiedlichen Produkte mit unterschiedlichsten Varianten, Optionen, häufigen technischen Änderungen und Weiterentwicklungen nimmt zu, gleichzeitig müssen dabei höchste Montagegenauigkeit, Qualität und Lieferfähigkeit sichergestellt werden, bei möglichst geringen Sicherheitsbeständen. Die alleinige Nutzung der „Erinnerung“ reicht Mitarbeitern im modernen Produktionsprozess vielfach nicht mehr um diese komplexen und durch immer schnellere Änderungszyklen gekennzeichneten Prozesse optimal zu erfüllen. Der Mitarbeiter sollte durch ergonomische und „natürliche“ Methoden unterstützt werden, denn sie dienen als Mittel zum Zweck, nicht als Selbstzweck. Ein Werksleiter eines führenden Fertigungsunternehmen für Traktoren in den USA brachte es auf den Punkt: „Ich dachte immer, wir haben sehr viele, sehr erfahrene Mitarbeiter, die seit fünfzehn oder mehr Jahren für unser Unternehmen arbeiten, und die brauchen keine visualisierte Montageführung, die wissen, was sie tun! ... aber nun wird mir immer klarer, die gehen bald in Heerscharen in den Ruhestand... und was machen wir, wenn die jungen, noch unerfahrenen Mitarbeiter kommen...?“ Sehr viele Produktionsunternehmen sind aus diesen und anderen Gründen seit Jahren dazu übergegangen Bilder und Zeichnungen oder Fotos in der Fertigung als visualisierte „Gedächtnisstütze“ aufzuhängen. Dies ist sicher „der Schritt in die richtige Richtung“, hat aber noch einen hohen Preis: Ein hoher Aufwand war erforderlich durch die Erstellung und Verteilung neuer Informationen und insbesondere durch häufige Änderungen. Diese Informationspolitik ist eine Einbahnstraße: Es fehlte die ganzheitliche Umsetzung des Informationsaustauschs.

5.10.4 Der Quantensprung in der Produktion

In den letzten Jahrhunderten waren Menschen primär darauf angewiesen zu lesen und zu kommunizieren um zu lernen. Das letzte Jahrhundert war das Jahrhundert der Computertechnologie. Heute wird „sehen, erkennen, verstehen und lernen“ durch Multimedia und modernste Technologie unterstützt und das wird, durch ständig weiter fallende Hardwarepreise, viel einfacher und vor allem erschwinglicher als früher. Dies gilt nicht nur für den Privatgebrauch, sondern vor allem für die Arbeitswelt. In diesem Jahrhundert gilt es also die verschiedenen Vorteile zu kombinieren. Der Einsatz von Personal Computern hat sich in den Firmenbüros bereits vor vielen Jahren erfolgreich durchgesetzt. In vielen Unternehmen werden mit Computereinsatz primär allerdings ausschließlich die indirekten Bereiche assoziiert, denn in der Produktion „soll doch nur gefertigt werden“, „wozu also in Informationstechnologie am Fertigungsarbeitsplatz investieren?". Hier wurden Investitionen gern als „nicht sinnvoll und überzogen" eingespart. Dabei wurde zu lange übersehen, dass die Produktion die wirklich wertschöpfende Prozesskette darstellt. Andererseits sind es die Mitarbeiter in den administrativen Bereichen und im Management, die ganz besondere Erwartungen an die Fertigung haben: Man erwartet höchste Qualität, beschleunigte Fertigungsprozesse, höchste Produktivität, höchste Transparenz, korrekte Fertigungskennzahlen und das alles sofort. Alle diese Anforderungen und Informationen müssen aber immer noch manuell und verbal verteilt und manuell zusammengestellt werden. Wirklich moderne Lösungen integrieren visualisierte Informationstechnologie und interaktive Prozess- und Qualitätsinformationsübermittlung schnell, einfach, präzise und elektronisch. Mit fallenden Hardwarepreisen, neuen, erfrischenden Erkenntnissen zum Thema „moderne Fertigung" und angetrieben von Geschäftsstrategien wie „Schlanke Produktion" (Lean Manufacturing), „Null-Fehler" (Zero Defect) Toleranzreduzierung (Zero Tolerance) und „Modell-Mix"-Produktion fallen die „Schranken" in immer mehr Unternehmen für eine moderne Informationstechnologie.

5.11 Papierlose Fertigung und visualisierte Montageführung und Qualitätssicherung

Kersten Ellerbrock, CellFusion Inc.

Die neueste Generation strategischer Informationstechnologie bietet moderne interaktive Lösungen für innovative Unternehmen, um veränderten Anforderungen von Kunden und Märkten Rechung zu tragen. Elektronische Verteilung von visualisierten Arbeitsanweisungen an Montage- und Qualitätskontrollstationen kann vor allem bei hoher Produktvarianz, hoher Änderungshäufigkeit und modernen Fertigungsstrategien wie bei der Model-Mix-Fertigung helfen eine neue Dimension von Effizienz und Perfromance zu erreichen. Nebenbei bietet es einen vernetzten Real-time-Informationsfluss und die Integration von Frühwarnportalen, die helfen ungeplanten Entwicklungen so schnell und effizient wie möglich entgegenzuwirken.

5.11.1 Die Zielstellung von bildgeführter IT im Produktionsbereich

Produktionsmitarbeiter sollten eine Vielfalt von Produkten schneller, mit größerer Flexibilität, kundenbedarfsgerecht und mit höherer Qualität produzieren. Produktions- und Prozessinformationen müssen gleichzeitig für die Fertigung und alle angrenzenden Bereiche zur Verfügung stehen. Informationen sollen nicht nur elektronisch an Fertigungsmitarbeiter verteilt werden, sondern auch online, als konsolidierte Fortschritts- und Managementkennzahlen, zurückkommen. Nebenbei muss eine lückenlose Rückverfolgbarkeit gewährleistet

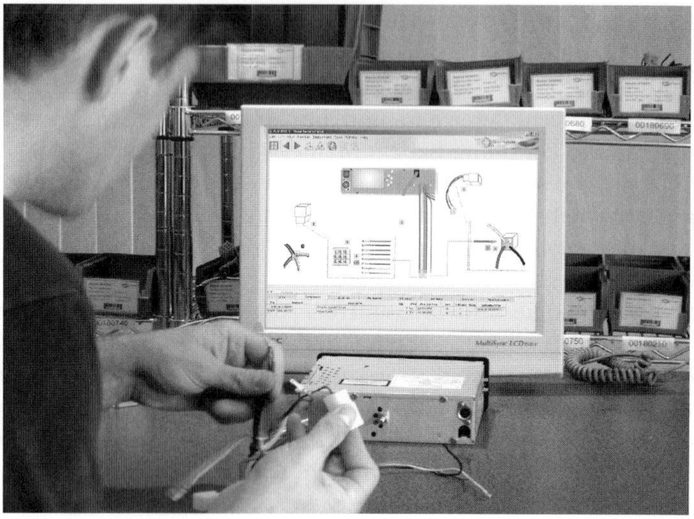

Abb. 5.11.1 Visual Manufacturing Operation: Ein Beispiel für bildgeführte Montage eines Automobilradios mit Cellfusion (Quelle: Cellfusion)

werden und die Produkt-, Prozess-, Verfahrens- und Qualitätsdokumentation soll automatisch während des Fertigungsprozesses erzeugt werden. Dies alles muss ohne Zeitverlust für die Fertigungsmitarbeiter und die Fachabteilungen ablaufen, bei Hochvolumenfertigung genau wie bei One-piece-flow-Produktion.

5.11.2 Elektronische Verteilung von visualisierten Arbeitsanweisungen an Montage- und Qualitätskontrollstationen

Einer der ersten Anwendungsbereiche visualisierter Informationstechnologie war die elektronische Verteilung von visualisierten Arbeitsanweisungen an Montage- und Qualitätskontrollstationen, denn moderne Produktionsstrategien stellen höchste Anforderungen an Aktualität und Genauigkeit. Die Anweisungen orientieren sich klar an Produkt- und Arbeitssequenzen und nutzen heutige Multimedia-Möglichkeiten, d. h. Zeichnungen, Fotos und Prozessvideos. Es wird detailliert aufgezeigt, was und wie exakt zu montieren ist. Sprach- und Verständnisprobleme entstehen nicht, sondern werden sofort überbrückt. Einarbeitungszeiten für neue Mitarbeiter und Informationsübermittlung bei Produktmodelwechsel werden massiv verkürzt. Mitarbeiter sind plötzlich flexibel an verschiedensten Arbeitstationen einsetzbar, da Experten-Know-How nun in einfachen Bildern elektronisch für jeden zur Verfügung steht. Dies war bereits vor Jahren die Zielrichtung des Anwendungsbereichs „Visualisierte Montageanweisungen", aber „das Leben steht nicht still", die Evolution der „Visual Factory" ging weiter in Richtung „Interaktivität" und papierlose Prozesse.

5.11.3 Interaktive Fertigungsprozesse

Papier wird im Unternehmen vielfältig genutzt und ist überall zu finden, natürlich auch in der Produktion. Es ist in jeglicher Form vorhanden, von Papierdokumenten, Formularen und Listen bis letztendlich zur elektronischen Form, als Listen und Excel®-Tabellendateien. Informationen werden in der Fertigung „aktiv" genutzt oder nur „statisch" ausgehängt: Berichte über Qualitätsabweichungen, Fehlerlisten, Maschinenausfalllisten, Produktivitätskennzahlen, Mitarbeiterlisten, Qualifikationsübersichten, Änderungshinweise, Informationen zur Lagerhaltung. Diese Informationen werden in der Regel manuell geführt und aufbereitet. Dieses Vorgehen ist einerseits sehr aufwendig, birgt zudem Probleme im Zugriff und führt vor allem zu Aktualisierungsproblemen. Die Datenhaltung ist durch heutige Dokumentations- und gesetzliche Nachweispflicht extrem aufwendig. Seit Jahren setzen führende Unternehmen Lean Manufacturing-Prinzipien in allen Bereichen um. Lean-Grundsätze schließen neben Prozessoptimierung Themen wie die Erkennung von Verschwendung und die Vermeidung von „nicht-wertschöpfenden" Prozessen systematisch ein. Was bedeutet das in diesem Zusammenhang? Jegliches Papier, manuelles Aufschreiben und auch die elektronische Variante des Papiers, alles muss aus der Fertigung verbannt werden. Das Erfassung von Daten und Informationen auf Papier ist eindeutig ein „nicht-wertschöpfender" Prozess und hat darüberhinaus andere „nicht-wertschöpfende" Prozesse und Aktivitäten zur Folge. Papierauswertungen sind beispielsweise nicht überall verfügbar und müssen manuell in andere Auswertungen, Listen oder Systeme übertragen werden. Die Informationen sind erforderlich, die manuellen Aktivitäten und Prozesse aber nicht. Sie verursachen Kosten, binden Mitarbeiter, sind oft fehlerträchtig und führen daher vielfach zu falschen Entscheidung, zumindest aber zu verspäteten Entscheidungen.

5.11.4 Papierlose Fabrik

Es geht auch ohne Papier, da die Evolution der Informationstechnologie inzwischen komfortable, interaktive Möglichkeiten für alle Arbeitsplätze anbietet, auch am Produktionsarbeitsplatz. Durch die technologische Weiterentwicklung von Hardware und Anwendungen wurde aus der einfachen, visualisierten Montageführung ein fertigungsstationsbezogenes „Portal". „Visual Factory Portal" von Cellfusion ermöglicht beispielsweise Produktionsmitarbeitern alle erforderlichen Arbeiten, Prozesse und Funktionen „visualisiert und interaktiv" unterstützt durchzuführen und fast nebenbei das manuelle Aufschreiben auf Papier lückenlos zu ersetzen. In einer modernen Fabrik wird damit natürlich papierlos Zero Defect und Total Quality sichergestellt umgesetzt durch interaktive Funktionen „innerhalb" der visualisierten Anweisungen und Anwendungen und schon während des Fertigungsprozesses.

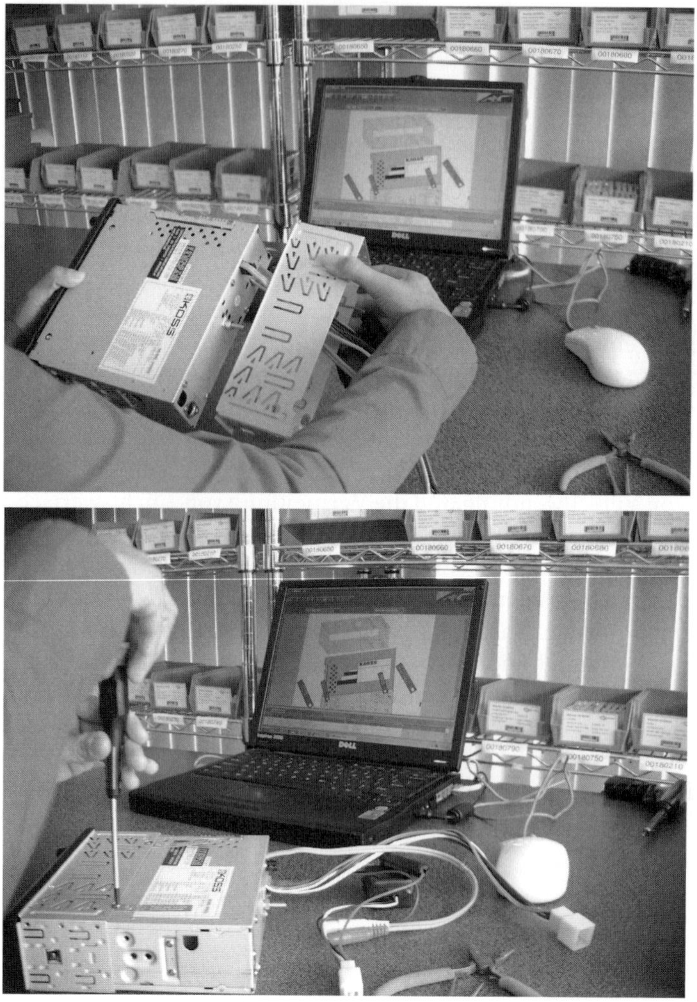

Abb. 5.11.3 Eine durch „Visual Manufacturing Operation" von Cellfusion unterstützte Folge von Montageschritten: Zusammenstecken und Verschrauben eines Automobilradios (Quelle: Cellfusion)

Prozessorientierte Informationstechnologie sorgt für erhöhte Effizienz:

- Visualisierung erhöht die Montagegeschwindigkeit und -genauigkeit gravierend durch schnelleres Erkennen der Fertigungs- und Montageinhalte bei variantenreichen Produkten oder hohem Produktmix.
- Für den Fertigungsprozess erforderliche Komponenten können durch visualisierte Steuerung zielgenau und schnell entnommen werden, Verwechselungen werden bei sehr ähnlich aussehenden Teilen durch farbcodierte Warnungen vermieden.

- Mess-, Prüf- und Kalibrierungswerte werden als Ziel und aktuelle Werte automatisch im Prozess festgehalten und Frühwarnportale sorgen für Informationsfluss im Falle von unerwarteten Abweichungen.
- Checklisten stellen sicher, dass alle Arbeitsschritte durchgeführt wurden.
- Personaleinsatz, Qualifikation und praktische Erfahrung wird automatisch fortgeschrieben und sorgt für einen flexibleren zukünftigen Personaleinsatz.
- Interaktive Funktionen ermöglichen auf Knopfdruck die Materialbeschaffung mittels elektronischem *Kanban* und Just-in-time-Signal.
- Schnellsten Online-Informationsfluss bei Problemen, Störungen und Ausfällen in alle Bereiche - von Linienlogistik, Instandhaltung, Wartung, Fertigungsplanung bis ins Management.
- Transportmittel können interaktiv angefordert, gesteuert und verfolgt werden.

Diese und weitere Funktionen erfolgen elektronisch, denn „Zeit ist Geld" und das kann durch verkürzte Prozessketten und Eliminierung von manuellen und „nicht-wertschöpfenden" Tätigkeiten schnell verdient werden.

5.11.5 Frühwarnportale – Aktion anstatt Reaktion oder Statistiken

Informationen werden mit diesen Lösungen heute automatisch und elektronisch verteilt (beispielsweise als visualisierte Montage- und Qualitätsanweisungen), Störungen oder die Nachschubsteuerung von Materialien setzen sich sofort in einen elektronische Workflow um und bewirken sofort, dass nachgelagerte und übergeordnete Prozesse und Abteilungen immer auf dem neusten Stand sind, real-time. Dadurch kann ungeplanten Entwicklungen frühzeitig und strategisch entgegegewirkt werden, bevor diese einen Einfluss auf Produktivität und Effizienz haben. Die verschiedenen Ebenen des Managements haben die Möglichkeit im Sekunden- oder Minutenraster zu reagieren und nicht mehr im Tages-, Wochen- oder Monatsraster. Dieses strategische Frühwarnmanagement hat viele positive Nebenwirkungen, die schnell zu drastischen Verbesserungen in Produktivität und Qualität führt. Und wie bei Nebenwirkungen üblich, muss dafür nicht einmal etwas getan werden. Automatisch werden heute alle Fertigungskennzahlen genau dort erzeugt, wo diese entstehen und sofort real-time in modernen Fertigungs- und Qualitätsinformationsportalen zur Verfügung gestellt. Mehr noch, und dies ist der gravierende Unterschied zu üblichen Betriebsdatenerfassungssystemen (BDE), Informationen werden in „pro-aktiven" Systemen sofort in einen „workflow" umgesetzt, Informationen sind keine Statistiken, sondern werden real-time verteilt und aktiv genutzt. BDE-Systeme hingegen bilden die Abläufe in verschiedenen Intervallen der Vergangenheit ab, ermöglichen den Eingriff aber erst, wenn „das Kind schon in den Brunnen gefallen ist". Die Anhäufung von Fertigungsdaten und das Erzeugung von Statistiken allein hat vielfach keine positiven Effekte auf die aktuelle Entwicklung. Letztendlich werden sie nicht mehr wirklich angesehen, da sie immer zu spät kommen. Es geht um Aktion statt Reaktion, da Schnelligkeit zählt. Je schneller ein Problem erkannt und behoben ist, je eher ist 100 % Produktivität oder Qualität wieder sichergestellt, danach sind dann fast keine Statistiken mehr erforderlich. Ein weiterer Schritt zur Eliminierung von nicht-wertschöpfenden Prozessen. Wie sieht dies praktisch aus? Wenn Fertigungsmitarbeiter zum Beispiel ein Materialversorgungsproblem schnell „per point & click" melden, weiß der Verantwortliche für Linienlogistik bereits im Bruchteil einer Sekunde später Bescheid und kann die entsprechenden Aktivitäten zur Lieferung anstoßen. Das gleiche gilt für jegliche Art von Störung, von Maschinen, Equipment, Material, Werkzeugen und Vorrichtungen und Qualität: Ein automatischer Workflow wird angestoßen. Dieser Effekt endet nicht einmal bei Informationen über den Fortschritt der Produktivität und Effizienzkennzahlen, sondern beinhaltet darüber hinaus sogar ein elektronisches *Kaizen*- und KVP-Workflow-System. Letztendlich ist sogar eine lückenlose Rückverfolgbarkeit als Abfallprodukt vorhanden, da der Informationsfluss an dem Ort entsteht an dem die Informationen entstehen. Und dies bedeutet für gefertigte Produkte: Im Produktionsablauf direkt am Arbeitsplatz.

Integrierte Online-Managementkennzahlensysteme

Zur sofortigen Behebung von Störungen und zur schnellen Verbesserung von Prozessen wird die Produktion real-time messbar. Manager und Werksleiter mussten üblicherweise auf ihre manuell zusammengetragenen „Overall Equipment Efficiency"-(OEE) und „First Passed Yield"-(FPY) Auswertungen viel zu lange warten. Mit dem neuen integrierten real-time-Managementkennzahlensystem sind diese auf Knopfdruck verfügbar, darstellbar auf jeder gewünschten Hierarchie- oder Verdichtungsstufe. Dies sichert ungeahnte Möglichkeiten, bei Problemen oder negativen Tendenzen sofort einzugreifen, anstelle nach Stunden oder meist Tagen Statistiken auszuwerten. Alle Produkt-, Produktionsprozess- und Qualitätsinformationen und Ergebnisse werden direkt an Arbeitsstationen automatisch oder mit einfachstem point-&-click festgehalten. Der Aufwand wird massiv reduziert. Mit einem verbesserten Produktionsniveau kann kostengünstig gefertigt werden. Höchste Kundenzufriedenheit sichert Marktanteile und höhere Gewinnmargen.

5.11.6 Die Zukunftsvision in der Informationstechnologie

Der nächste evolutionäre Sprung: Visualisierte Anwendungen und Systeme der neusten Generation reifen mit hoher Geschwindigkeit. Sprachgesteuerte, interaktive Visualisierung in laser- und sprachgesteuerten High–Tech-Brillen, dies alles klingt auf den ersten Blick nach Science Fiction. „Vor mehr als zehn Jahren konnte man von Flachbildschirmen und Giga-hertz-schnellen PCs nur träumen", da diese Technologie noch fast unerschwinglich war. Noch vor fünf Jahren haben viele Unternehmen gezögert PCs in die Fertigung zu stellen. All dies ändert sich mit rasanter Geschwindigkeit. Auch heute sind sprachgesteuerte Laserbrillen noch (zu) teuer und werden kurzfristig nur in speziellen Bereichen Einsatz finden, in denen vollständige Mobilität für Fertigungsmitarbeiter ein Muss ist, wie im Automobilbau. Dies wird sich ebenfalls schnell ändern. Heute werden die Anwendungen für die nächste Generation der Technologie entwickelt, vollständig integrierte Lean Fertigungs-, Qualitäts-, und Logistikunterstützungen auf allen Ebenen.

Die Evolution einer modernen Fabrik

Von manueller Informationsübermittlung wie Text, verbaler Kommunikation und gedruckten Bildern über elektronische Verteilung von interaktiven Multimedia-Anwendungen an Fertigungsarbeitsplätze bis zu mobilem Equipment und High-Tech-Laser-Brillen (vgl. 5.14. Neue Ansätze ergonomischer Kommunikationstechnologien): Was kommt danach? Die Hologramm-Projektionstechnologie und Visualisierung wird „State-of-the-art", technische und strategische Evolution ohne Grenzen für innovative Unternehmen ohne Grenzen.

5.12 Production Synchronized Software (PSS)

Eva Dickmann, LEPROS

Der Trend zum Standard hat dazu geführt, dass auch eine Vereinheitlichung der Produktions- und Logistikprozesse und somit auch der zugehörigen Software-Produkte entstanden ist. In manchen Bereichen wurden spezifische Produktions- oder Logistikabläufe an die Bedürfnisse von IT-Produkten angepasst. Oft führte dies zu einer Verbesserung der Prozesse, da die Abläufe von Standardsoftwareprodukten tatsächlich einen guten Ablauf abbilden. In anderen Fällen wurden jedoch hoch entwickelte, effiziente Prozesse, die einen deutlichen Wettbewerbsvorteil darstellten, dem Standard geopfert. Für viele Branchen und Produktionsbereiche anwendbare Standard-Softwareprodukte, wie ERP oder auch APS, decken umfassend und perfekt vernetzt alle Funktionen beliebiger Herstellungsprozesse ab. Zudem existieren spezielle Tools die besondere Aufgabengebiete wie *Kanban* mit effizienten Standards abdecken. Letztlich bleiben aber noch einige firmenspezifische Spezialthemen und spezielle Anforderungsprofile, die sich gar nicht, nur begrenzt oder mit hohem Aufwand über Standards darstellen lassen. „Produktion Synchronized Software" und „Process Synchronized Software" *[DicE 04]* sind Spezialanwendungen, die effiziente Prozesse der physischen Welt maßgeschneidert in der elektronischen Welt abbilden – darin besteht der der Wettbewerbsvorteil für die Unternehmen.

5.12.1 Optimaler Prozess und Standard-MRP-Systeme

Die Benutzeroberflächen der Standardanwendung wurden für eine breite Masse unterschiedlichster Produktionsprozesse und für verschiedene Branchen entwickelt. Ein sehr breites Anforderungsprofil kann mit einer großen Menge an Funktionen flexibel abgedeckt werden. Durch die breite Palette an Funktionen entstehen aus der Sicht der einzelnen Anwendung Diskrepanzen zu den optimalen Prozessen.

Diskrepanzen der Standardanwendungen zum optimalen Prozess *[DicE 04]*:

- Es existieren Information die nicht benötigt werden.
- Information sind ähnlich oder redundant vorhanden.
- Daten sind nur mit mehrfachen Sprüngen oder Abfragen erreichbar.
- Daten, die benötigt werden, sind nicht verfügbar.
- Hardware-Anbindungen, z. B. an Maschinen, Anlagen, Scanner, Steuerung, etc. fehlen.
- Hohe Fehlerrate entsteht, durch komplexe Eingaben und zu wenigen Korrekturalgorithmen.
- Datentransfer, z. B. WEB-Anbindung, Subsysteme z. B. LVS oder WM, etc. fehlt.
- Eine Änderung seitens des MRP-Herstellers wird oft zu teuer bewertet, ist nicht erwünscht oder auch nicht möglich. Grundsätzlich bleibt festzustellen, dass Standards Lücken aufweisen, die allerorts durch verschiedene Ausweichstrategien mehr oder weniger provisorisch zu schließen versucht werden.

Wünschenswerte Eigenschaften der IT-Systeme, in Hinblick auf optimale Prozesse und hohe Effizienz:

- Exakte Abbildung von realen, sinnvollen und schnellen Abläufen.
- Vorhandensein eines Minimums an Daten, die für den Prozess benötigt werden – weniger ist hier mehr.
- Vollständige Bereitstellung aller Daten, die für den Prozess benötigt werden.
- Pro Prozess oder Arbeitsablauf möglichst nur eine Oberfläche bzw. keine oder wenige Sprünge.
- Einfache, gut zu bedienende Funktionen, zum Beispiel Standardeingaben durch Funktionsbuttons.

Folgen der geringen Anpassung:

In den Unternehmen wird angestrebt die Standardmasken weitestgehend zu verwenden. Speziallösungen oder Abweichungen von Standards werden vermieden, um Programmierkosten zu sparen, Folgefehler zu vermeiden und bei Releasewechseln Zeit, Kosten und Risiken zu reduzieren. Die Auswirkungen dieser Strategie sind in vielen Unternehmen deutlich zu erkennen:

- **Umständliches Arbeiten mit IT:** Hoher Zeitaufwand, viele Eingaben, komplizierte Abläufe, viele Störungen, viele Fehler, wenig Akzeptanz, etc.
- **Schlechte Datenqualität:** Viele Fehler in den Eingaben, Verwechslungen, Verständnisprobleme aufgrund der hohen Komplexität, fehlende Plausibilitätsprüfungen, wenig Servicegrad zur Fehlervermeidung, etc.
- **Manuelle „kleine" Tabellen:** Differenzen der bestehenden IT-Systeme zu den realen Anforderung und notwendigen Abläufen führen zu, hoch effizienten, kleinen, selbst erzeugten und manuellen Tabellen. Diese Listen sind inhaltlich oft unerlässliche und sehr effiziente Hilfsmittel. Sie bedeuten aber manuellen Aufwand für Eingabe bzw. Pflege und sind zudem fehleranfällig und unstabil.
- **„Selbstgemachte" Tabellen- und Datenbankanwendungen:** Generell kompensieren derartige Tools punktuell die Schwächen der bestehenden IT-Landschaft. Um ein passendes Tool mit allen nötigen Daten zu erzeugen, werden Daten komplex verknüpft und zu hilfreichen, praxisbezogenen Lösungen umgesetzt. Durch fehlendes fachliches Wissen im Bereich der Anwendungsentwicklung und der Entwicklung von relationalen Datenbanken, mit zum Teil selbst erworbenen Programmierkenntnissen, werden Programme entworfen die fehleranfällig, instabil, umständlich in der Bedienung, nicht vernetzbar und schlecht wartbar sind. Zudem ist Access® nur bedingt geeignet für Multiuserbenutzung und die große Zahl der Datensätze, die im Produktionsumfeld gegeben sind. Hierdurch werden die Applikationen langsam und erzeugen hohen Speicherbedarf. Die geringe Ausgereiftheit und Fehleranfälligkeit der Tools und die die mangelnde Aufgeschlossenheit der „selbsternannten Entwickler" führt bei den Anwendern zu geringer Akzeptanz. Nur bei ausgetüftelter Datenauswahl führt dieser Weg bei kleinen Anwendungen zum Erfolg. Letztlich unterstreicht dieser Ansatz die Notwendigkeit von professioneller PSS.

5.12.2 Unabgestimmte IT-Landschaften verhindern effiziente Prozesse

Was behindert eine Verbesserung der IT-Landschaft in Bezug auf effizientere Abläufe in den Unternehmen:

- Geringes interdisziplinäres Verständnis, Interesse oder Qualifikation der IT-Mitarbeiter.
- Zu oberflächliche und abstrakte Betrachtung der interdisziplinären Prozesse.
- Stark, auf einen Hersteller oder einen Standard, fixierte Sichtweise bei der Optimierungsbetrachtung in den Unternehmen.
- Geringe Selbstkritik in der Optimierung der IT-Prozesse und der Schnittstellen.

In der Praxis bedeutet das, dass Prozesse an die EDV-Lösung angepasst werden, bzw. auf hochentwickelte Prozesse verzichtet wird. Soll die hohe Leistungsfähigkeit der Produktion durch speziell angepasste Softwarelösungen gestützt werden, können basierend auf Standard-MRP-Systemen oder beliebigen anderen

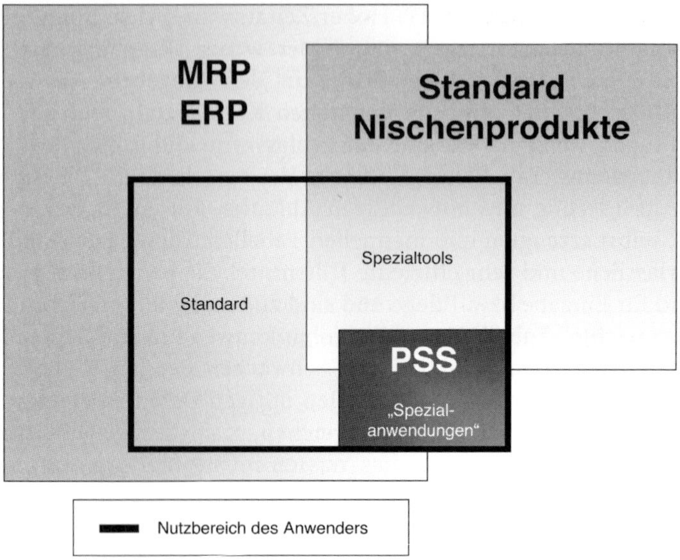

Abb. 5.12.1 Typische Untergliederung von Softwareprodukten in Produktionsunternehmen

Systemen passende Spezialanwendungen aufgesetzt werden. Der Vorteil liegt in der individuellen professionellen Anpassung der Prozesse an den optimalen Produktionsablauf, der Reduzierung der „Datenflut“, einer Abstimmung der IT-Landschaft und gleichzeitig einer professionellen, also stabilen und fehlerfreieren, IT.

5.12.3 Eigenschaften effizienter individueller PSS-Tools

Anstatt mehrer komplexer Benutzeroberflächen, die trotzdem nicht alle notwendigen Daten bereitstellen, arbeitet der Mitarbeiter der Produktion, des Produktionsumfelds oder beliebiger anderer indirekter Bereiche mit möglichst nur einer, auf ihn zugeschnittenen, Oberfläche. Diese sollte ergonomisch optimiert sein, alle nötigen Daten und gleichzeitig keine überflüssigen Daten mehr enthalten und alle Aktionen, die nötig sind, sollten angestoßen werden können. Elemente von PSS die zu Effizienz führen *[DicE 04]*:

- **Prozessanalyse:** Detaillierte Analyse der Prozesse, auch der physischen Prozesse mit den direkten Mitarbeitern.
- **Informationsanalyse:** Welche Informationen benötigt der Werker? Welche hat er? Woher bekommt er die Informationen? Wie sollte er möglichst arbeiten? Welche Informationen benötigt er dafür? (vgl. 2.11. Heterogene Materialflusssysteme)
- **Professionelles Datenbankdesign** garantiert eine performante Anwendung.

- **Professionelle Anwendungsentwicklung**: Basierend auf eine fundierten Analyse der Anforderungen an die Informationsflüsse, kann eine professionelle Anwendung erzeugt werden.
- ***Poka Yoke* – „Mach es gleich richtig"***[Möll 97]***:** Die Oberfläche hilft Fehler zu vermeiden, sie können erst gar nicht eingegeben werden. Plausibilitätschecks, Auswahl aus Popupmenüs, Buttons mit hinterlegten komplexen Funktionen, Minimierung der Datenmenge und tabellarische Visualisierungen sind optimale Hilfsmittel. Nur 90 % der Eingaben sicherzustellen ist zu wenig! Bei zum Beispiel einem in Relation kleinen Materialstamm von 10.000 Datensätzen a 50 Feldern existieren 50.000 fehlerhafte Felder.
- **Führung von Standardeingaben**: Diese Maßnahmen können durch Standardfunktionalitäten unterstützt werden. Über einfache Buttons mit hinterlegten Funktionen können z. B. häufig gleichartige Eingaben erleichtert und beschleunigt werden, da sie nicht jedes Mal händisch mit der Gefahr von Tippfehlern eingegeben werden müssen. Auftragsfreigaben etwa, können direkt vom Mitarbeiter erledigt werden und müssen nicht mehr den „langen Weg" über den Einkauf machen. Abrufe per Internet können generiert werden, etc. Diese kleinen Tools bringen das Gros der Effizienz im operativen Umgang.
- **Kontinuierliche Verbesserungsprozesse**: Bei der Einführung von neuen IT-Systemen wird ein sehr hoher Aufwand betrieben. Bereits vorhandene Daten werden mit viel Kapazität verifiziert, übertragen, das neue System zum Laufen gebracht. 90–95 % der Aufgaben werden im Projektablauf erledigt, die restliche Feinabstimmung geht dann in einen kontinuierlichen Prozess über. Die Feinabstimmung wird in Realität jedoch selten über einen langen Zeitraum und oft mit sehr geringen Kapazitäten durchgeführt. Kontinuierliche Verbesserungen der IT-Konzepte, angelehnt an die Methoden von TPS und *Kaizen*, können die Effizienz der IT mittel- bis langfristig deutlich erhöhen (vgl. 5.3. *Kaizen* in der IT).

5.12.4 Anwendungsgebiete von PSS

Prozesssynchrone oder produktionsynchrone Software kann in allen erdenklichen IT-Anwendungsfällen umgesetzt werden. Im Bezug auf die Entwicklung eines optimalen modernen Materialflusses sind folgende typische Umsetzungen zu nennen:

- **Professionelle Implementierung eines maßgeschneiderten Programms in Standardsoftwaresysteme (z. B. MRP-System):** Das vorhandene MRP-System kann die Aufgabenstellung nicht vollständig erfüllen. Teile des MRP können mit beliebigen anderen Systemen kombiniert verwendet werden. Der Steuerungsteil kann dann über ein PSS-Tool abgebildet werden.
- **Spezifische e*Kanban*-Unterstützungen** oder Umsetzungen, die zum Beispiel Maschinen- bzw. Anlageninformationen oder Internetportale nutzen.
- **Steuerungsalgorithmen, die mehrere Produktionsstufen und Anlagenprozesse integrieren.**

- **Steuerung und Abgrenzung heterogener Materialflüsse und diverser Steuerungslogiken** (*Kanban*-Varianten, MRP und Sonderfälle, wie die Abbildung von hybriden Steuerungen und matrixhybriden Systemen, materialnummernneutrales *Kanban*, Kapazitätsteuerungen etc.)
- **Abbildung spezieller Controllingtools,** z. B. komplexere spezifische Valuestream-Controllingtools, prozessbezogene Zeiterfassungsfunktionalitäten zur Prozesskostenrechnung, etc.
- **Einbindung von Simulationstools** in Materialfluss und Produktionsabläufe zur Planung.
- Anbindung von Maschinen und Steuerungen.
- **Spezifische Informationstools für Lieferanten**-*Kanban*- oder Vendor Inventory Management-Komponenten.
- Komfortable individuelle Anbindung von Lagerverwaltungssystemen (LVS), Maschinen und Anlagen an MRP-Systeme.

5.13 Identifizieren mit RFID und/oder Barcode – Auto-ID

Thomas Rosenhammer, Bluhm Systeme GmbH

Automatisiertes Kennzeichnen und Identifizieren in der Logistik ist für einen sicheren Ablauf mehr als nur eine Option. Je nach Menge der Produkte bzw. Waren, die bewegt werden liegt hier auch ein enormes Einsparpotential. Als selbstverständlich wird die Kennzeichnung von Gütern mittels eines Etiketts und eines Barcodes vorausgesetzt, aber ist dies die einzige (sinnvolle) Möglichkeit? Folgender Abschnitt setzt sich mit dem Thema Auto-ID auseinander und betrachtet insbesondere die Möglichkeiten von RFID im Warenfluss.

5.13.1 Auto-ID – welche Technologien gibt es?

Automatische Identifizierung, kurz Auto-ID, begegnet uns im täglichen Leben bei Zutrittskontrollen, an der Supermarktkasse, beim Bankautomaten, usw. Dem Bereich Auto-ID sind folgende Systeme zuzuordnen:

- Barcode (1D und 2D Codes),
- Chipkarten/Magnetkarten,
- OCR-(Optical Character Recognition)-Klarschrifterkennung,
- Biometrische Verfahren.
- Iris-Scan.
- Fingerabdruck-Scan.
- Handflächen-Scan und
- RFID.

Wie bereits erwähnt, sind Barcodes als Standard im Materialfluss etabliert. Welche Vor- und Nachteile die verschiedenen Technologien bieten, kann der folgenden Übersicht entnommen werden:

5.13.2 Gegenüberstellung der verschiedenen Technologien:

	Leseabstand	Lesegeschwindigkeit	Datenmenge	Schreiben	Verschlüsselung Datensicherheit	Kosten
Barcode Linear Code	ca. 0,5 m (*1)(*2)	+++	+	nein	O	+
Barcode 2-D Code	ca. 0,4 m (*1)	+	++	nein	O	++
Chipkarten	auf Kontakt	++	+++	ja	+	+
Magnetkarten	auf Kontakt	+	+	ja	O	+
OCR	ca. 0,1 m (*1)	+	+++	nein	O	+++
Biometrische Verfahren	auf Kontakt	+	+++	nein	+++	+++
RFID	bis zu 5 m (*3)	+++ (*3)	+++	ja	+++	+++ (*3)

* 1 abhängig von Lesegerät, Distanzangabe für Standardlesegerät
* 2 mit Long-Range Scanner bis zu 10 m
* 3 UHF Technologie mit 2 W Leistung

Die Klarschrifterkennung OCR ist im Bereich der Briefpost Standard. Die Verteilungszentren sortieren so automatisch nach Postleitzahlen. 2-D-Code, z. B. Datamatrix, wird häufig im Dokumentenfluss eingesetzt, z. B. bei Behörden. Datamatrix findet sich etwa im Adressfeld oder zwischen den Lochungen bei den Schreiben des Finanzamts. Barcode EAN128, in Form einer „Nummer der Versandeinheit" (NVE), hat sich für den übergreifenden Warentransport, d. h. zwischen Unternehmen, durchgesetzt. Ähnlich, nur mit dem Medium RFID, versucht die GS1 (Normierungsorganisation: Global Standards for Business) dies mit dem Elektronischen Produktcode (EPC) zu etablieren. Die biometrischen Verfahren, Chip- und Magnetkarten spielen im Materialfluss keine wesendliche Rolle. Grund dafür ist, dass diese Technologien ihre Informationen nur über Kontakt-Lesegeräte weitergeben.

5.13.3 Haupttechnologie Barcode vs. RFID

Unternehmen befürchten vielfach, dass sie bei der Einführung von automatisierter Kennzeichnung und Identifizierung auf's „falsche Pferd setzten“. Deshalb hier ein Überblick der Vor- und Nachteile der beiden Haupttechnologien Barcode und RFID:

Vorteile RFID:

- Möglichkeit **ohne Sichtkontakt** Produkte zu identifizieren,
- Lese **und** Schreibmöglichkeit,
- Bulk Reading (gleichzeitiges Lesen mehrer Produkte),
- Möglichkeit beim Einsatz von Spezialchips Spezialapplikationen zu lösen – z. B. RFID Chip, der auch die Temperatur speichern kann für den Transport von Tiefkühlware.

Vorteile Barcode:

- Preiswerte, flächendeckend verfügbare, standardisierte Technik und
- Einheitliche Normierung (EAN, UPC Code Standards).

5.13.4 RFID Technologien – wo sind die Unterschiede?

Dieser Tage wird viel über RFID berichtet. Meist im Zusammenhang mit der Metro Group und dem Future Store. Das kleine Detail, dass es sich hier um die so genannte UHF-RFID Technologie handelt, wird selten erwähnt, dabei ist die wegen der großen Lesereichweiten die eigentliche Neuheit. Grundsätzlich ist RFID keine neue Technologie, sie ist für die meisten von uns bereits durch den täglichen Gebrauch bekannt. Sei es die Wegfahrsperre im Auto oder der Türöffner am Firmentor oder die Zeiterfassung in den Betrieben usw. RFID-Tags oder auch Transponder können nach einer Vielzahl von Eigenschaften eingeordnet und unterschieden werden. Nicht jeder Transponder eignet sich für Aufgaben im Materialfluss. Hier eine Übersicht:

Eine pauschale Aussage, welche Bauform, wie viel Speicher, welche Frequenz, ... die oder das Beste ist, kann nicht getroffen werden und sollte je nach Aufgabenstellung untersucht werden. Am wichtigsten erscheint die Unterscheidung anhand der Frequenz. Die RFID-Technik ist von der LF- über die HF- zur UHF-Technik „gewachsen“. Für die verschiedenen Frequenzen sind immer eigene Lese und Schreibgeräte nötig; die zueinander nicht kompatibel sind.

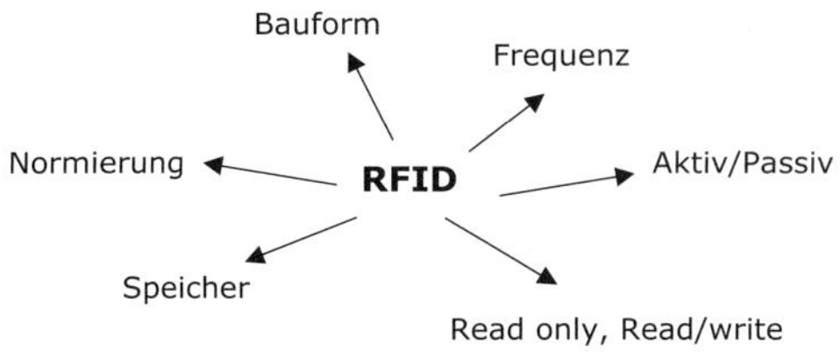

Abb. 5.13.1 Übersicht der Eigenschaften von RFID

5.13.5 Einsatzbeispiele der verschiedenen Frequenztypen:

	LF - 125 KHz	HF - 13,65 MHz	UHF - 868 MHz
Frequenz:	125 KHz	13,65 MHz	866–868 MHz Europa 902–928 MHz USA 950–956 MHz Japan
Leseabstand:	bis ca. 5 cm (*1)	bis ca. 40 cm (*1)	bis ca. 5 m (*1)
Lesegeschwindigkeit	–	++	+++
Lesen und Schreiben	mit spezial Chip	Standard	Standard
Bulk Reading	nein	Standard	Standard
Datenmenge:	–	++	+++
Standardisierung Lesegeräte	++	++	+
Preise für Lesegerät	–	–	– – –
Preise für Tag	– –	– –	– –

*1 – mit den max in Deutschland erlaubten 2 Watt Leistung, abhängig von Antennen

LF - 125 KHz

- Wegfahrsperre im Auto.
- Brieftaubenidentifizierung: Transponder befindet ich in Manschette am Bein der Taube, im Taubenschlag befindet sich das Lesegerät am Eingang.
- Skipass Kontrolle (u. a. Swatch Access Uhr).
- Zutrittskontrolle.
- Schlachtvieh.
- Kennzeichnung von Bierkegs.

HF - 13,65 MHz

- Bibliotheken: Kennzeichnung von Büchern.
- Haustiere: „Impfungsnachweiß" in Glastransponder unter der Haut.
- Sportveranstaltung: Zeitnahme.
- Zutrittskontrolle.

UHF 868 MHz

- Sportveranstaltung: Zeitnahme.
- Reifendrucküberwachung KFZ.
- KFZ „Keyless Entry“ (Kombination aus HF und UHF Technik).
- Logistik: Kennzeichen von Paletten, Lesen beim Durchfahren des Staplers durch „RFID-Gates“.

Das Thema Auto-ID bringt eine Weichenstellung mit der angewendeten Technologie für das eingesetzte Datenmedium mit sich.

5.13.6 Ersetzt RFID den Barcode – wo sind die Grenzen?

„Ersetzt die RFID Technik bald den Barcode?“ – Dies ist nicht zu erwarten, da der Strichcode eine unschlagbar günstige Technologie darstellt, die durch RFID im Bereich Auto-ID eine Ergänzung gefunden hat. Wenn Sie morgens am Frühstückstisch sitzen und einen Blick auf Ihre Müslipackung, Marmeladengläser, Butter, Milchtüten usw. werfen, werden Sie auf jedem dieser Produkte ein EAN-Barcode für die automatische Identifizierung an der Supermarktkasse finden. Um wie viel würde das Produkt günstiger, wenn der Barcode auf der Verpackung weggelassen wird? Um 0,00 €! Anders verhält es sich bei der Kennzeichnung mit RFID. Hier würde immerhin ein Mikrochip mit Antenne eingespart. Nach Einschätzung der deutschen Sektion der GS1 wird eine Kennzeichnung des Einzelprodukts im Konsumgüterbereich frühestens in 10–15 Jahren erwartet, wenn überhaupt. Einsparungen lassen sich allerdings im Bereich der Logistik erzielen, etwa bei der Kennzeichnung von Paletten und anderer Ladungsträgern.

Vorteile, die daraus resultieren können:

- Eindeutige Zuordnung der Güter innerhalb der Logistikkette.
- Das Lesen und Beschreiben der RFID-Tags kann automatisiert werden, d. h. Zeitersparnis.
- Zusatzapplikationen werden Realität z. B. Transponder zur Qualitätsverbesserung, der überwacht, dass Tiefkühlprodukte keine Mindesttemperatur überschreiten.
- Weniger Schwund.
- Messwerte und Rückverfolgungsdaten können am Produkt mit geringem Aufwand automatisch ergänzt werden.
- Daten verbauter Einzelteilen, Baugruppen oder Teile, die bei Nacharbeit ausgetauscht wurden, können zu Baugruppen am Objekt zugeordnet werden.
- Direkt am physischen Material können Daten mit höherer Zuordnungssicherheit dezentral mitgeführt werden. Auch wenn z. B. Behälterzuordnungen vertauscht werden, bleiben die Daten richtig.

Für den Materialfluss innerhalb eines Unternehmens ist man nicht an Standards oder Normen gebunden. Es kann sowohl das Medium (Barcode, Chipkarte, RFID, etc.) und die Detailspezifikation (z. B. Barcode = > 2-D-Code = > DataMatrix) frei gewählt werden. Verlässt der Materialfluss das Unternehmen und soll die Kennzeichnung auch von Kunden gelesen und weiterverwendet werden, macht es Sinn die bereits bestehenden Normen zu verwenden.

5.13.7 Verwendete Auto-ID-Standards

- **EAN-8-, EAN-13**-Code: Die European Article Number wird bei Konsumgütern verwendet. Der EAN-Code beinhaltet ein Länderkennzeichen, eine Betriebsnummer und eine Anzahl von freien Zeichen für die Artikelnummer. Ein EAN-13- oder EAN-8-Code wird in Deutschland von der CS1 ehemals CCG auf Antrag vergeben. Der EAN-8- bzw. EAN-13-Code kennzeichnet Produkt z. B. von der Herstellung bis zur Supermarktkasse.
- **NVE Label.** Die Nummer der Versandeinheit ist eine weltweit eindeutige Nummer zur Identifizierung einer Versandeinheit (z. B. Palette). Zur Generierung einer NVE ist eine Betriebsnummer von GS1 erforderlich. Das NVE-Label wird mit der EAN-128-Strichcode-Symbologie generiert. Datenbezeichnung z. B. „00“ Kennzeichen die enthaltenen Informationen wie z. B. Artikelnummer, Chargennummer, Mindesthaltbarkeit, Gewicht. Eine NVE-Kennzeichnung ist eindeutig, alle Teilnehmer garantieren, dass sich eine NVE-Nummer frühestens nach 10 Jahren wiederholt. Die Details MHD, Gewicht, Bestellnummer, etc. können - müssen aber nicht - in einem zweiten oder dritten Barcode auf dem NVE-Label angegeben werden. Dies wird meist individuell zwischen Lieferant und Kunden definiert.
- **ISBN**-Code für Bücher. Die 13-stellige EAN für Bücher und andere Verlagsprodukte wird erzeugt, indem der 10-stelligen ISBN die Zahl 978 vorgesetzt wird (bzw. 977 bei Zeitschriften mit ISSN Code). Eindeutige Kennzeichnung von Printprodukten ist möglich. Umfangreiche Datenbanken sind vorhanden. So können anhand der ISBN-Nummer Printprodukte bestellt, nachbestellt oder nachgedruckt werden.
- **EPC** Electronic Product Code. Im Gegensatz zum herkömmlichen Barcode wird für die Speicherung ein RFID-Tag genutzt. Es ist eine mittelfristige Ablösung des NVE-Labels angestrebt. Mit dem EPC ist auch eine übergreifende Datenbank „ein Internet der Güter“ geplant.

Die meisten in der Praxis realisierten RFID-Anwendungen sind Individuallösungen, die sich in einem Unternehmen, z. B. bei der Produktion bis zum Warenausgang, Anwendung finden. Der hohe Preis für einen RFID-Tag amortisiert sich hier, weil die meisten Anwendungen die Behälter oder eine Karte, und nicht die Waren, kennzeichnen und diese in einem Kreislauf immer wieder verwenden. Die in der Praxis (bisher) eingesetzte Technologie ist LF oder HF.

5.14 Neue Ansätze ergonomischer Kommunikationstechnologien zu MRP-Systemen

Michael F. Zäh, Henning Rudolf, Wolfgang Vogl, Mathey Wiesbeck,
Institut für Werkzeugmaschinen und Betriebswissenschaften (iwb), Technische Universität München

Die Konkurrenzfähigkeit der deutschen Betriebe hängt laut einer aktuellen Studie des Fraunhofer ISI *[Schirr 03]* entscheidend von der Fähigkeit ab, „mit technologisch führenden Produkten und einer flexiblen und leistungsfähigen Produktion kundenindividuelle Produkte höchster Qualität herstellen zu können“. Der vorliegende Beitrag behandelt ergonomische Kommunikationstechnologien in der hochvariantenreichen, manuellen Montage. Die zu lösenden Problemfelder sind zum einen die Bereitstellung einer großen Anzahl an Bauteilen für die Vielzahl der Varianten und zum anderen die Führung des Mitarbeiters durch einen hochkomplexen Montageablauf mit unterschiedlichen Arbeitsschritten. Basis für neue wirtschaftliche Lösungen sind eine effiziente Identifikation der Bauteile sowie eine ergonomische Bereitstellung von Arbeitsanweisungen für den Montagemitarbeiter. Im vorliegenden Artikel werden verschiedene Systeme zur Objektidentifikation, zur Erstellung von Montageanweisungen und zu deren Bereitstellung aufgezeigt. Es werden jeweils die Vor- und Nachteile der Einzelsysteme dargestellt sowie das Potential, diese zu einem Gesamtansatz zu verbinden, in einem Montageszenario für eine hochvariantenreiche Montage aufgezeigt. Im folgenden Kapitel „Identifikation im Montageprozess“ werden die für die Umsetzung notwendigen Anforderungen an die Identifikationstechnik erläutert und die verschiedenen Technologien miteinander verglichen. Im Anschluss daran erfolgt eine Betrachtung der Methoden und Systeme zur Erstellung von Montageanweisungen und der Möglichkeiten zu deren Visualisierung. Den Abschluss bildet die Darstellung eines Szenarios für eine hochvariantenreiche, manuelle Montage.

5.14.1 Techniken zur Identifikation im Montageprozess

Die effiziente und eindeutige Identifikation im Montageprozess steht in Bezug zur Identifikation in Produktions- und Logistikanwendungen. Im Folgenden wird ein kurzer Überblick verschiedener Techniken gegeben, die miteinander im Anschluss verglichen werden. Weiterführende Detailinformationen zur Identifikationstechnologie finden Sie im Beitrag 5.13. Identifizieren mit RFID und/oder Barcode - Auto-ID.

Klarschrift:

Die Klarschrifterkennung (engl. Optical Character Recogniton: OCR) erlaubt die Erkennung von Information in maschinell oder auch handschriftlich erstellen

Texten. Vorteil hierbei ist, dass seitens der bestehenden Informationsträger keine aufwändigen Änderungen durchzuführen sind. Die komplexere Erkennung von Handschriften kann zur Weitergabe von Informationen, wie Fehlermeldungen oder variantenspezifischen Merkmalen, zu im Montageablauf folgenden Arbeitsplätzen verwendet werden.

Barcode

Der Barcode (Strichcode) besteht aus einem Feld von parallel angeordneten Strichen und Trennlücken in einem bestimmten Muster und wird durch optische Laserabtastung ausgelesen. Aufgrund seiner geringen Kosten und der hohen Standardisierung hat sich der Barcode in den vergangenen Jahrzehnten zur meistverbreiteten Identifikationstechnik entwickelt *[Fink 02; And 04]*. Zu den Nachteilen des Barcodes zählen, dass das Auslesen der Informationen eine direkte Sichtverbindung zwischen dem Lesegerät und dem Barcode erfordert und der Barcode im Vergleich von elektronischen Identifikationstechniken relativ anfällig gegenüber Feuchtigkeit, Verschmutzung und Beschädigung ist.

Chipkarten

Chipkarten sind elektronische Datenspeicher, die wegen der besseren Handhabung in eine brieftaschentaugliche Plastikkarte integriert sind. Über Kontaktfedern wird in einem Lesegerät eine galvanische Verbindung zu den Kontaktflächen der Chipkarte hergestellt *[Fink 02]*. Einer der wesentlichen Vorteile der Chipkarte liegt darin, dass die in ihr gespeicherten Informationen weitestgehend gegen unerwünschten Zugriff und Manipulation geschützt sind *[Fink 02]*. Ein Nachteil der Chipkarte ist die Anfälligkeit der Kontakte für Abnutzung, Korrosion und Verschmutzung.

Radio Frequency Identification (RFID)

Der Begriff RFID bezeichnet eine Technologie bei der mobile Datenspeicher über Funk ausgelesen und beschrieben werden können. Ein RFID-System besteht aus den folgenden drei Komponenten *[Fink 02]*:

- Einem mobilen Datenspeicher, Transponder oder auch Tag genannt. Transponder ist ein Kunstwort, das sich aus den beiden englischen Begriffen „transmitter“ (Sender) und „responder“ (Antwortgeber) zusammensetzt. Der Transponder kann ausgelesen und je nach Ausführung auch wieder beschrieben werden.
- Einem Schreib-/Lesegerät, das die in seinem Ansprechbereich befindlichen Transponder gezielt ansprechen , ihre Daten auslesen und die Transponder je nach Ausführung neu beschreiben kann. Das Schreib-/Lesegerät verfügt über eine Schnittstelle, die die Anbindung des RFID-Systems an ein Computersystem erlaubt.
- Einem Rechner, der die Aktivitäten des RFID-Systems über eine Applikationssoftware steuert.

Im Montageprozess ermöglicht die RFID-Technik eine vielfältige Entwicklung der situationsbezogenen Interaktion, welche über die reine Identifikation hinausgeht. Transponderbehaftete Bauteile können Geometrieinformationen oder Handhabungsanweisungen tragen und ermöglichen in bestimmten Umgebungen eine Erfassung ganzer Regalsysteme („Pulkerfassung").

Tabelle 5.14.1 Vergleich der Identifikationstechniken

Systemparameter	RFID	Barcode	Chipkarte	OCR
Leistungsfähikeit				
Typische Datenmenge (Byte)	16–64 k	1–100	16–64 k	1–100
Lesegeschwindigkeit (incl. Handhabung)	sehr schnell	schnell	schnell	schnell
Lesereichweite	0...100 m	0...50 cm	direkter Kontakt	< 1 cm
Variabler Informationsträger	ja	nein	ja	nein
Sichtkontakt erforderlich	nein	ja	ja	nein
Pulkfähigkeit	möglich	nein	nein	nein
Lesbarkeit durch Personen	unmöglich	bedingt	unmöglich	sehr gut
Kosten	hoch	sehr gering	gering	mittel
Funktionssicherheit				
Mechanische, thermische, chemische Einflüsse	gering	hoch	hoch	hoch
Einfluss von Feuchtigkeit und Verschmutzung	eher gering	sehr hoch	sehr hoch	sehr hoch
Einfluss von elektromagnetischen Störquellen	u. U. sehr hoch	kein Einfluss	kein Einfluss	kein Einfluss
Einfluss von Zwischen- und Hintergrundmaterial	u. U. hoch	Totalausfall	Totalausfall	Totalausfall
Einfluss von Richtung und Lage	eher gering	hoch	sehr hoch	hoch
Einfluss von Abnutzung und Verschleiß	kein Einfluss	mittel	mittel	hoch
Sonstiges				
Informationssicherheit	mittel	gering	hoch	sehr gering
Standardisierung	gering	sehr hoch	sehr hoch	

Vergleich der Identifikationstechniken

Die oben genannten automatischen Identifikationssysteme (Auto-ID-Systeme) stehen in verschiedenen Anwendungsfeldern im Wettbewerb. Ein Vergleich der Systeme bezüglich ausgewählter Eigenschaften ermöglicht die gezielte Auswahl einer Identifikationstechnik.

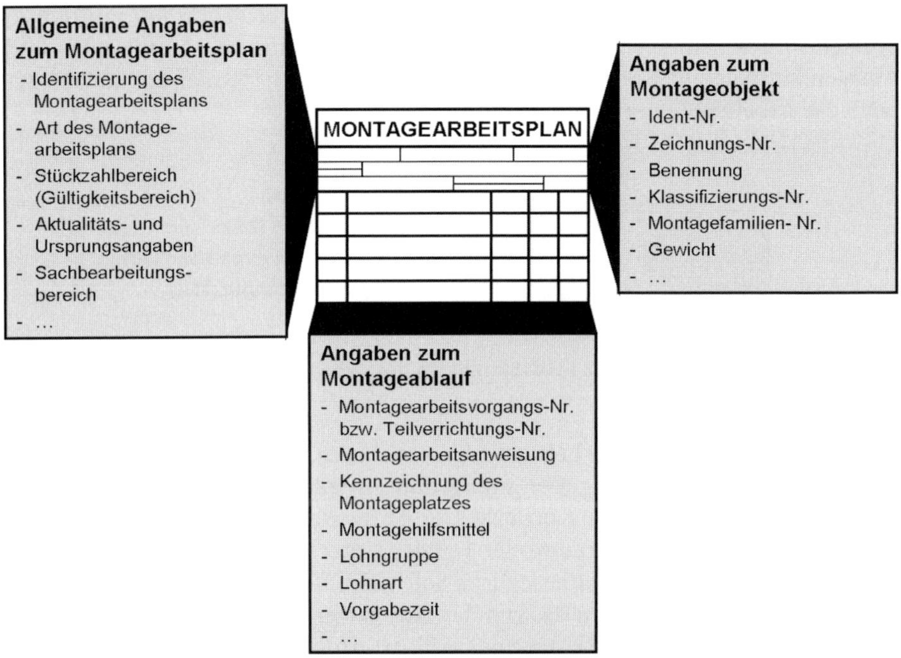

Abb. 5.14.1 Montagearbeitsplan

5.14.2 Methoden und Systeme zur Erstellung von Montageanweisungen

Die Montage stellt die Vollendungsphase des Produktentstehungsprozesses dar, in die die Ergebnisse sämtlicher vorhergehender Produktionsbereiche eingehen. Sie umfasst damit nicht nur ein mechanisches Fügen aller Einzelteile und Baugruppen, sondern schließt auch alle erforderlichen Nebentätigkeiten ein. Sie kann in folgende Teilfunktionen untergliedert werden:

- Kommissionieren,
- Handhaben,
- Justieren (Einstellen, Abstimmen, Anpassen),
- Kontrollieren,
- Fügen und
- Sonderfunktionen (Reinigen, Entgraten, Markieren,...).

Aufgrund der Komplexität der Aufgabe ist es oftmals notwendig, diese detailliert in Form eines Montagearbeitsplans zu strukturieren. Der Montagearbeitsplan enthält Informationen über das Erzeugnis, die Betriebsmittel am jeweiligen Arbeitsplatz sowie über die Reihenfolge der konkreten Montagearbeitsvorgänge mit den dazugehörigen Vorgabezeiten *[Ever 77, Ever 02]*.

Laut einer aktuellen Studie der Universität Hannover *[Drab 04]*, an der 75 deutsche Unternehmen aus den Bereichen Automobil sowie Maschinen- und Anlagenbau beteiligt waren, stellt sich die eingesetzte Systemlandschaft im Bereich der Arbeitsplanung wie folgt dar:

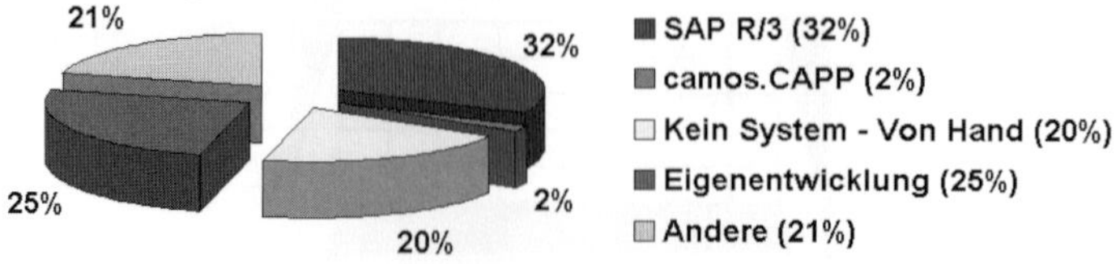

Abb. 5.14.2 EDV-Systeme in der Arbeitsplanung

Hiernach nutzen 32 % der befragten Unternehmen SAP R/3 mit dem Modul PP für die Arbeitsplanerstellung. Der zweitgrößte Anteil mit 25 % verwendet Eigenentwicklungen auf der Basis proprietärer Softwaresysteme wie zum Beispiel Microsoft Excel©. Ein weiterer großer Teil der Unternehmen (20 %) führt die Erstellung von Arbeitsplänen ohne jegliche Softwareunterstützung durch. Lediglich 2 % der Unternehmen nutzen das von der Stuttgarter Firma Camos© entwickelte Expertensystem Camos.CAPP. Camos.CAPP ist trotz dieses geringen Gesamtanteils Marktführer bei der Generierung von Stücklisten und Arbeitsplänen komplexer Produkte.

Neben dem Begriff des Montagearbeitsplans wird häufig auch der Ausdruck der Arbeitsunterweisung verwendet, der sich lediglich im Detaillierungsgrad unterscheidet. So beschreibt die Arbeitsunterweisung auszuführende Arbeitstätigkeiten im Detail und wird in der Montage beispielsweise für die Einarbeitung neuer Arbeitskräfte oder bei einem stark variierenden Aufgabenspektrum eingesetzt *[Esch 03]*. Während in der Vergangenheit Arbeitsanweisungen meist manuell erstellt und in Papierform den Mitarbeitern zur Verfügung gestellt wurden, werden heute oftmals softwaretechnische Lösungen gewählt, die den Mitarbeitern Informationen zur Verfügung stellen. Ein Vorteil dieser Methode ist, dass bei Veränderung der Arbeitsanweisungen der Austausch dieser, durch eine zentrale Pflege der Informationen, deutlich einfacher gestaltet ist als der Austausch sämtlicher papierbasierter Informationen. Durch eine Erweiterung derartiger Systeme mit Identifizierungstechnologien können Informationen dynamisch – in Abhängigkeit von der Verfügbarkeit, vom Ort, von Material oder Werkzeug – erstellt werden.

5.14.3 Visualisierung/Ausgabe von Montageanweisungen

Insbesondere in der Kommissionierung ist eine hohe Varianz an Arbeitsinhalten vorzufinden, da hier eine kundengerechte Bedarfsmenge eines oder mehrerer Artikel zusammengeführt und für die Versendung bereitgestellt wird. Aus diesem Grund ist bisher die größte Systemunterstützung auch im Bereich der

Kommissionierung zu finden. Die häufigsten Arten sind dabei pick-to-light-Systeme, bei denen der Kommissionierer die Artikel aufgrund eines Lichtsignals greift, das ein Lämpchen am jeweiligen Lagerplatz anzeigt, bei denen der Kommissionierer per Sprachsteuerung seine Picklisten abarbeitet.

Pick-to-light-Systeme werden überwiegend von Lagertechnik-Anbietern angeboten, während pick-by-voice-Systeme von Spezialisten auf dem Gebiet der Spracherkennung entwickelt werden. Beide Systemarten werden über Schnittstellen von übergeordneten Systemen der Lagerverwaltung angesprochen.

5.14.4 Pick-To-Vision

Während sich die beiden vorher vorgestellten Technologien zum Großteil auf den Einsatz in der Kommissionierung beschränken, eröffnet pick-to-vision unter Verwendung der Augemented Reality Technologie (AR; „erweiterte Realität“) ein weitaus breiteres Einsatzfeld. Hierbei werden dem Menschen auf innovative Weise orts-, situations- und zielgerichtet Informationen zum betrachteten Objekt ins Blickfeld eingeblendet. Als Ausgabegeräte werden typischerweise Datenbrillen, sog. Head-Mounted Displays (HMD) oder Projektoren verwendet. Dabei werden passend zu den gerade im Blickfeld befindlichen Gegenständen gespeicherte Informationen in visueller Form zur Verfügung gestellt. Diese können bspw. an das fokussierte Objekt angeheftet sein oder überlagern dieses und erweitern so die Realität um kontextrelevante Daten. Produkt- beziehungsweise Prozessinformationen können so intuitiv genutzt werden. Für den Einsatz von Augmented Reality (AR) gibt es eine Vielzahl an Umsetzungsmöglichkeiten, um das reale und das virtuelle Bild miteinander zu überlagern (vgl. 3.9. Virtual Reality und Augmented Reality in der Materialflussplanung).

Die Informationen werden jeweils mit räumlichem Bezug eingeblendet. So können z. B. Greifpunkte auf die jeweiligen Fächer eines Regals überlagert werden. Hierfür ist es notwendig, dass die Position des Werkers relativ zu seiner Umwelt erfasst wird. Hierfür wurde ebenfalls eine Vielzahl an sogenannten Tracking-Methoden zur Erkennung von Position und Orientierung entwickelt *[Hush 04]*.

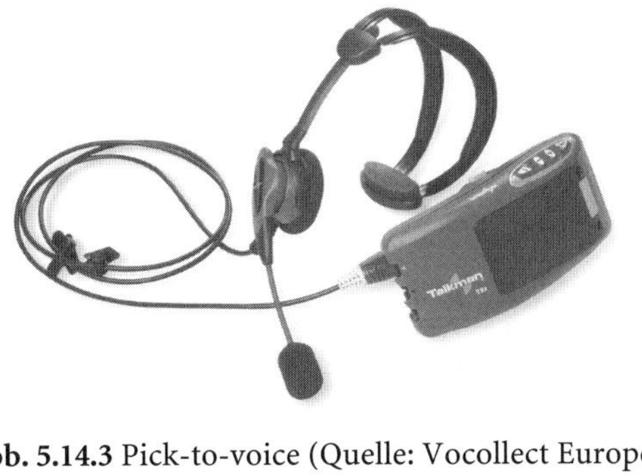

Abb. 5.14.3 Pick-to-voice (Quelle: Vocollect Europe)

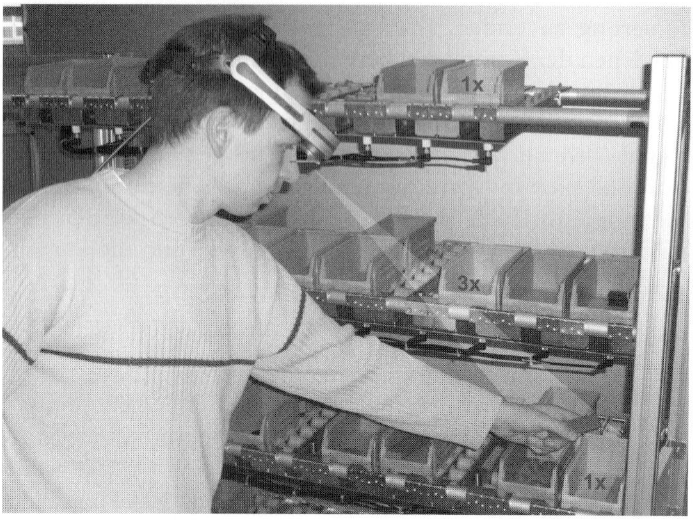

Abb. 5.14.4 Pick-to-vision in der Montage

Mit Hilfe dieser Technologie ist es möglich, dem Monteur benötigte Informationen, wie Arbeitsanweisungen oder technische Zeichnungen situationsgerecht direkt am Arbeitsplatz ins Blickfeld einzublenden. Ein zukünftiges Forschungsziel ist es, ähnlich wie bei pick-to-light- oder pick-to-voice-Systemen, die notwendigen Informationen aus übergelagerten Planungssystemen zu übernehmen und aufgabenspezifisch anzupassen. Ebenso waren in der Vergangenheit RFID-Systeme weitgehend Individualentwicklungen, was vor allem in der Vielzahl verschiedener Anbieter, Technologien und Anwendungsfelder begründet lag. Mit

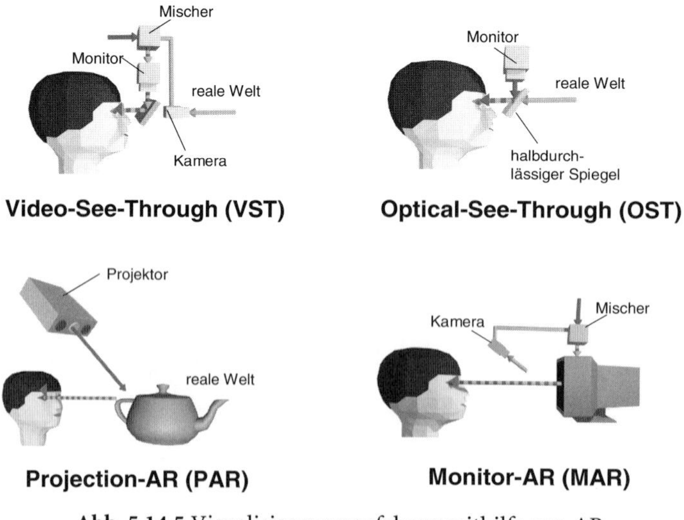

Abb. 5.14.5 Visualisierungsverfahren mithilfe von AR

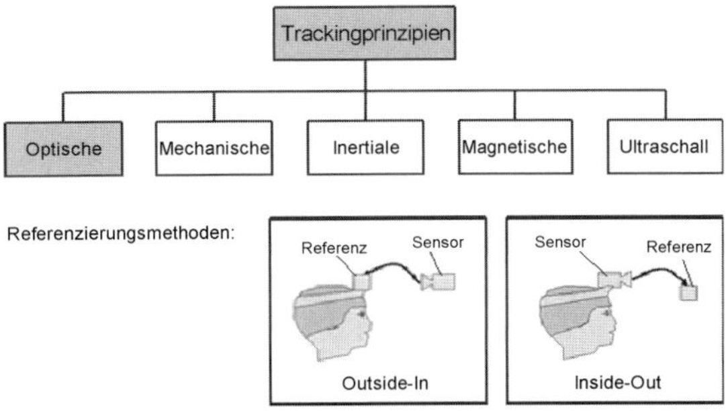

Abb. 5.14.6 Trackingverfahren zur Erkennung von Position und Orientierung

der zunehmenden Reife bzw. Standardisierung der Technologie und der damit einhergehenden Größe der zu realisierenden Systeme verlieren diese aber nach und nach ihren Prototypencharakter und es verschiebt sich der Fokus hin zum Aufbau komplexer Gesamtsysteme *[Thie 05]*. Zentraler Aspekt ist dabei die Gestaltung der Softwarearchitektur zur Steuerung der eingesetzten Hardware und zur Einbindung weiterer Informations- und Visualisierungssysteme *[Kuba 03]*.

Szenario für die hochvariantenreiche Montage:

Aufgrund der Verschiedenartigkeit des großen Variantenspektrums können die Montageinhalte nicht mehr für alle Produkte in gleichmäßige Montagearbeitsgänge aufgeteilt werden, denen einzelne Arbeitstakte zugeordnet werden können. Aus diesem Grund ist für ein derartiges Produktionssystem ein Trend zu Einzelstationen mit einem höheren Anteil an Komplettbearbeitung zu erwarten. Am Institut für Werkzeugmaschinen und Betriebswissenschaften wurde daher ein Montageszenario für eine hochvariantenreiche, manuelle Montage entwickelt, bei der Bauteile mithilfe der RFID-Technologie erkannt und chaotisch einem Durchlaufregal zugeordnet werden können. Dem Monteur werden der Lagerort und die notwendigen Montageschritte auf eine HMD-Datenbrille ausgegeben. In dem hier vorgestellten Aufbau erlaubt es die Bereitstellung der zu montierenden Bauteile in mit Transponder ausgestatteten Behältnissen die aus dem Lager angeforderten Teile am Verbauort zu identifizieren und durch entsprechende Sensoren im Bereitstellregal zu lokalisieren. Zugleich können behältnis- und bauteilspezifische Merkmale (z. B. Maße, Gewichte, Schwund, etc.) direkt am Behältnis hinterlegt werden, um diese in nachgelagerten Arbeitschritten ohne Zugriff auf zentrale Datenstrukturen zu verwenden. Das Regal teilt dem Arbeitsplatz mit, mit welchen Komponenten es vorkommissioniert ist und in welchen Einschüben diese sich befinden. Wird die Fertigung eines spezifischen Auftrages eingelastet, wird zunächst überprüft, welches Regalsystem an welchem Montagearbeitsplatz am besten vorkommissioniert ist. Auf dieser Basis wird der Montagearbeitsplatz ausgewählt, in dessen Auftragsliste das zu montierende Produkt eingereiht wird. Gleichzeitig wird in den Lagerbereich ein Kommissionierauftrag entsandt, mit welchen Behältern das Regal zusätzlich zu bestücken ist. Sobald das Regal mit den notwendigen Behältern bestückt wurde, wird der Auftrag freigegeben. Beim Befüllen des Regalsystems wird dem Kommissionierer (mithilfe von Augmented Reality) mitgeteilt, welche Behälter für die weiteren Aufträge in der Auftragsliste nicht mehr notwendig sind und entsprechend ausgetauscht werden können. Die Behälter, die in das Regal geschoben werden, teilen dem übergeordneten Informationssystem per RFID mit, welche Materialien sie enthalten. Diese werden in einem zweiten Schritt den einzelnen Fächern (z. B. durch Kontakttaster) zugeordnet. Sobald der Montagemitarbeiter seinen Auftrag beginnt, wird ermittelt, welche Bauteile für die nächsten Arbeitsschritte benötigt werden und wo sich diese im Regal befinden. Dann wird ein AR-basiertes pick-to-vision durchgeführt, bei welchem dem Montagemitarbeiter das Fach und die Anzahl der zu greifenden Bauteile mitgeteilt wird. Nach dem vollständigen Greifen der für die kommenden Arbeitsschritte notwendigen Bauteile werden die folgenden Montagevorgänge per AR dargestellt. Das hier vorgestellte System eignet sich für die Montage komplexer hochvariantenreicher Produkte. Die hierfür notwendigen Anforderungen können nur mit einer hohen Systemunterstützung beherrscht werden. Im vorliegenden Szenario wurden hierfür die Basistechnologien AR, RFID und Arbeitsplanungssystem und deren systemtechnische Verknüpfung vorgestellt. Das Institut für Werkzeugmaschinen und Betriebswissenschaften (iwb) mit seinem Lehrstuhl für Montagesystemtechnik und Betriebswissenschaften beschäftigt sich seit vielen Jahren mit der Montageplanung. Speziell die Montageplanung hochvariantenreicher Produkte wird in einem aktuellen BMBF-Projekt „MUSKIM“ methodisch weiterentwickelt.

Literatur

[Alic 03] Alicke, K. (2003): Planung und Betrieb von Logistiknetzwerken. Berlin, Springer.

[Alic 04] Alicke, K., Graf, H., Putzlocher, S.(2004): Unternehmensübergreifendes Supply Chain Management realisiert multi-tier collaboration, in: Integriertes Supply Chain Management. 2. Auflage, Wiesbaden, S. 485–497, S. 491 ff.

[Alt 03] Alt, T. (2003): Augmented Reality in der Produktion, Dissertation Otto von Guericke Universität Magdeburg, Utz Verlag, Magdeburg.

[And 04] Andres, M (2004): Einsatz von Transpondertechnologie in der Logistik. Electronic Commerce-Kompetenzzentrum. Ruhr.

[Axel 86] Axelrod, R. (1986): Die Evolution der Kooperation. München Oldenburg

[Axxo 05] Axxom Software AG (2005): Neue Technologie ermöglicht erstmals strategische Optimierung sehr großer mehrstufiger Supply Chain Netzwerke. Pressemitteilung 9/2005; Unter http://www.axxom.de in 2005.

[Bach 03] Bach, N.; Buchholz, W.; Eichler, B. (2003): Geschäftsmodelle für Wertschöpfungsnetzwerke. Gabler Wiesbaden.

[Baye 02] Bayer, J.; Collisi, T.; Wenzel, S. (Hrsg.) (2002): Simulation in der Automobilindustrie. Springer Berlin.

[Berl 03] Berlak, J. (2003): Methodik zur strukturierten Auswahl von Auftragsabwicklungssystemen. Utz München.

[Berl 04] Berlak, J.; Fauser, M.; Stock, W. (2004): JobDISPO-Manufacturing und Supply Chain Execution Software für mittelständische Unternehmen. In: Wolf-Kluthausen, H. (Hrsg.): Jahrbuch der Logistik 2004. Düsseldorf: Handelsblatt, S. 216–218.

[Berl 04a] Berlak, J.; Fauser, M.; Schubert, M.-A. (2004): Fertigungsfeinplanung mit JobDISPO MES. PPS Management 2 (2004), S. 45–48.

[Berl 04b] Berlak, J. (2004): Der Automotive-Zulieferbetrieb Weh verdient sein Geld in der Produktion. FAUSER AG Newsletter 4 (2004), S.1–2.

[Berl 05] Berlak, J. (2005): WMZ hat ein Ass im Ärmel. Maschine+Werkzeug 106 (2005) 11, S. E56–E57.

[Berl 05b] Berlak, J. (2005): Ideen schnell in Form gebracht. Werkzeug & Formenbau (2005) 5, S. 50–51.

[BfWA 03] Bundesministerium für Wirtschaft und Arbeit (Hrsg.)(2003): Die wirtschaftliche Lage in der Bundesrepublik Deutschland - August 2003. Bonn: BMWI.

[Bovi 97] Bonvik, A. M.; Couch, C. E.; Gershwin, B .S. (1997): A comparison of production line control mechanisms. International Journal of Production Research, 35(1997)3, pp. 789–804.

[Broc 84] Brockhaus (1984): Der Grosse Brockhaus, Kompaktausgabe. Band 12, Seite 105, 18. Auflage, 1984.

[Bull 93] Bullinger, H.-J., Thines M., Bamberger R. (1993): REFA-Nachrichten 1/1993.

[Buza 92] Buzacott, J. A.; Shanthikumar, J. G. (1992): A General Approach for Coordinating Production in Multiple-Cell Manufacturing Systems. In: Production and Operations Management, Vol. 1, No. 1, Winter, S. 34–52.

[Buza 93] Buzacott, J. A.; Shanthikumar, J. G. (1993): Stochastic Models of Manufacturing Systems. Englewood Cliffs, New Jersey/USA.

[Buzz 92] Buzzacot, J. A.; Shantikumar, J. G.(1992): A General Approach for coordinating production in multiple-cell manufacturing systems. Production and Operations Management, 1(1992)1, pp. 34–52.

[Chan 94] Chang, T.M.;Yih,Y.(1994):Generic *Kanban* Systems for Dynamic Environments. International Journal of Production Research, 32 (1994) 4, pp. 889–902.

[Core 04] Corel Corporation (Hg.): Lean Management & Wertstromdesign. Mit Wertstromdesign optimieren Firmen ihre Produktionsflüsse und sparen Zeit und Geld. Ein strategisches Whitepaper. 2004. unter http:// www.igrafx.de/documents/iGrafx_Whitepaper_Lean_Management_u_Wertstromdesign.pdf von 30.01.06.

[Demi 47] Deming, E. (1947): PDCA-Cycles. in verschiedenen Vorträgen in Japan bei der US-Armee und später Japanese Union of Scientists and Engineers (JUSE).

[Demo 02] Institut für Demoskopie Allensbach, M+E-Mitarbeiterbefragung im Herbst 2002.

[DicE 04] Dickmann, E. (2004): Production Synchronized Software Projektunterlage von LEPROS.

[Dick 00] Dickmann, P. (2000): Das Voith *Kanban*-System. Praktikumsbegleitender Vortrag im Rahmen des PPS-Praktikums des Instituts für Werkzeugmaschinen und Betriebswissenschaften (iwb), Technische Universität München. Vortragsunterlage 2000 bis 2003.

[Dick 02] Dickmann, P.; Kuttler, R. (2002): Optimum aus Beständen und Liefertreue mit *Kanban* erreichen. Logistik für Unternehmen - Teil 1, 9/2002, S. 70–74. Springer VDI-Verlag.

[Dick 02b] Dickmann P.; Kuttler, R. (2002): Optimum aus Beständen und Liefertreue mit *Kanban* erreichen: Springer Verlag, Logistik für Unternehmen - Teil 2, 10/2002, S 95 ff.

[Dick 02c] Dickmann P. (2002): *Kanban* - Systeme der Voith Turbo Produktgruppe Retarder. Vortrag an der Technischen Universität Ilmenau, 5.11.2002.

[Dick 02d] Dickmann, P. (2002): Voith *Kanban* Dimensionierungssystem - das Optimum aus 100 % Liefertreue und Minimalaster Kapitalbindung. Logistik Innovativ Prien 7/8.Mai.2002.

[Dick 04] Dickmann, P. (2004): Das *Kanban* System der Voith. 3. *Kanban* Anwenderforum, Leonardo Group AG, 23.März. 2004.

[Dier 06] Dierig, C. (2006): China und Indien werden völlig überschätzt. WELT-Gespräch mit Voith Vorstand Hubert Lienhard. Die Welt (überregional), Berlin 10.04.2006.

[Diet 2005] Dietermann, M.; Schmolke, S.; Rückwart, W.-D.(2005): Industrielles Rechnungswesen IKR.Winkler.

[DNEG 06] Das Netzwerk Elektronischer Geschäftsverkehr (2006):Erfolgreiche Ge staltung von Kooperationen. Unter http://www.ec-net.de/EC-Net/Navigation/Kooperationen/kooperationsmanagement,did=103044.html in 2006.

[Drab 04] Drabow, G.; P.-O. Woelk (2004): Wandlungsfähige Fabrik der Zukunft. Zeitschrift für wirtschaftlichen Fabrikbetrieb, 99(3), S 90–94.

[Ehle 96] Ehlers, J. (1996): Die dynamische Produktion Kundenorientierung von Fertigung und Beschaffung - Der Weg zur Partnerschaft. B.G. Teubner, Stuttgart.

[Esch 03] Esch, H. (1985): Arbeitsplanerstellung für die Montage. Aachen, Technische Hochschule, Diss. 1985.

[Ever 02] Eversheim, W. (2002): Organisation in der Produktionstechnik: 3. Arbeitsvorbereitung. Berlin, Springer.

[Ever 77] Eversheim, W. ;M. Steudel (1977): Montagearbeitsplanerstellung für Unternehmen der Einzel- und Kleinserienfertigung mit Hilfe der EDV. Opladen, Westdeutscher Verlag.

[Fink 02] Finkenzeller K (2002): RFID-Handbuch. Hanser-Verlag.

[Fisc 04] Fischäder, H.; Dittrich, H. (2004): Modellierungsansatz für ein störungsbezogenes Produktionscontrolling in netzwerkförmigen Produktionsstrukturen, in: Entwicklungen im Produktionsmanagement, hrsg. v. A. Braßler und H. Corsten, München 2004, S. 139–163, S. 142, S. 147 ff.

[Fisc 05] Fischäder, H.; Schneider, H. (2005): Reaktives Störungsmanagement – Anpassungsplanung für logistische und fertigungsbezogene Störungen in mehrstufigen Prozessen, in: Aspekte der Wirtschaftsinformatik: Methoden, Werkzeuge, Anwendungen, hrsg. v. L. Mönch und J. Beyer, Erlangen, S. 233–252, S. 242 ff., S. 236 ff, S. 241 f.

[Ford 26] Ford, H.; Crowther, S. (1926): Excerpts from tomorrow; Doubleday & Company, Inc. USA.

[Forr 61] Forrester, J.(1961): Industrial Dynamics. MIT Press, Cambirdge, USA.

[Fröh 04] Fröhlich, P. (2004): One Piece Flow in Gotteszell. Produktion, 48/2004. S. 25 f.

[Galv 91] Galvin R.W. (1991): Idea of Ideas, Motorola. University Press, S.67.

[Gera 05] Geraghty, J.; Heavey, C. (2005):A review and comparison of hybrid and pull-type production control strategies; OR Spectrum (2005)27: 435–457.

[Gerl 05] Gerlach, J.(2005): Leitfaden zur Gestaltung und Erstellung von *Kanban*-Karten und -Boards. Lean Production Kongress, Lean Factory.Leonardo Group AG, Ludwigsburg 15./16. November 2005.

[Gesa 02] Gesatzki, R. P. (2002): Bearing Point Elemente von Advanced-Planning & Scheduling Systemen zur Optimierung der Supply Chain. SCM Newsletter, 12/2002.

[Ghan 88] Ghandforoush, P. (1988): A Multi-Criteria Decision Model for the Selection of a Computerized Manufacturing System. International Journal of Production Design, 23 (1988) 1.

[Gold 84] Goldratt, E. M.; Cox, J. (1984): Das Ziel – Höchstleistung in der Fertigung. Mc Graw-Hill.

[Gold 90] Goldratt, E. M.: (1990): Theory of Constraints. Mc Graw-Hill New York.

[Graf 04] Graf, H., Putzlocher, S. (2004): DaimlerChrysler: Integrierte Beschaffungsnetzwerke, in: Supply Chain Management erfolgreich umsetzen: Grundlagen, Realisierung und Fallstudien, hrsg. v. D. Corsten und C. Gabriel, 2. Auflage, Berlin u. a. 2004, S. 55–71, S. 68 ff.

[Günt 06] Günthner, W. A.; Reske, M.; Wulz, J. (2006): Virtuelle Kollision spart Werkumbau, Automobil Produktion, Ausgabe 1/ Januar 2006, Verlag Moderne Industrie, S. 66–67.

[Hall 86] Hall, R. W. (1986): Synchro MRP: Combining *Kanban* and MRP. The Yamaha PYMAC System. In: Driving the productivity machine: Production Planning and Control in Japan, APICS 1986, pp. 43–56.

[Hard 97] Hardegger, H. (1997): Mehr als nur eine Sparmaßnahme. io Management, 66 (1997) 7–8, S. 66.

[Hass 70] Hass, H. (1970): Energon. Das verborgene Gemeinsame, Wien.

[Haus 00] Hauser, E. (2000): SMEs in Germany: Facts and Figures 2000. Bonn: Institut für Mittelstandsforschung.

[Heil 95] Heil, M. (1995): Entstörung betrieblicher Abläufe, Wiesbaden, S. 70 ff., S. 72., S. 160 ff.

[Herr 00] Herry M.; Schroeder R.(2000): Six Sigma, prozessse optimieren, Null-Fehler-Qualität schaffen, renditen radikal steigern. Campus Verlag, Frankfurt/New York,

[Herr 06] Herron, C. (2006): A Developed Methodology to Disseminate Selected Lean Manufacturing Tools into General Manufacturing Utilising a Technology Transfer Model as a Framework. Diagnosis, International Journal of Production Economics.

[Hieb 02] Hieber, R. (2002): Supply Chain Management. A Collaborative Performance Measurement Approach. Diss. ETH Zürich 2002, veröffentlicht in: Vdf-Verlag, Zürich.

[Hirs 01] Hirschsteiner, G. (2001): Materialwirtschaft und Logistik in der Praxis, WEKA MEDIA GmbH & Co. KG, Stand 2001.

[Hodd 91] Hodggson T.J., Wang D.(1991): Optimal hybrid push/pull control strategies for a parallel multi-stage system: part 1 International Journal of Production Research 29(6): 1279–1287

[Hodd 91b] Hodggson T.J., Wang D. (1991): optimal hybrid push/pull control strategies for a parallel multi-stage system: Part 2. International Journal of Production Research 29(7): 1453–1460.

[Hopf 00] Hopfenbeck, W. (2000): Allgemeine Betriebswirtschafts- und Managementlehre. Verlag Moderne Industrie, Landsberg am Lech, 13. Auflage.

[Hopp 96] Hopp, W. J.; Spearman, M. L. (1996): Factory Physics. Irwin, Chicago et al.

[Hush 04] Huschka, C. (2004): BMBF-Leitprojekt ARVIKA 1999–2003: BMBF-Leitprojekt MTI ; Schlussbericht. Online-Ressource (15 S., 456 KB). Unter http://edok01.tib.uni-hannover.de/edoks/e01fb05/491873913.pdf.

[IfM 03] Institut für Mittelstandsforschung (Hrsg.)(2003): Jahrbuch zur Mittelstandsforschung. Bonn: IFM.

[Imai 02] Imai, M. (2002): Kaizen – Der Schlüssel zum Erfolg im Wettbewerb. Econ Verlag.

[Imai 97] Imai, M.(1997):Gemba Kaizen. Langen Müller Verlag.

[IWIS 03] Interessengemeinschaft der Wellkartonindustrie Schweiz IWIS (2003): Transportgebinde im ökologischen Vergleich. www.iwis.ch.

[Jend 78] Jendralski, J. (1978): Kapazitätsminimierung zur Bestandsregelung in der Werkstattfertigung. Dissertation, TU Hannover, 1978.

[Kand 99] Kansky, D.; Weingarten, U. (1999): Supply Chain: Fertigen, was der Kunde verlangt. Havard Business Manager 4/1999.

[Kans 99] Kansky, D., Weingarten U. (1999): Supply Chain: Fertigen was der Kunde verlangt; Havard Business Manager 4/1999.

[Kapp 05] Kapp, R.; Blond J.; Westkämper, E.(2005): Fabrikstruktur und Logistik integriert planen. wt Werkstatttechnik online 95 (2005) Ausgabe 6, S. 191–196. Internetadresse: www.werkstatttechnik.de/wt/2005/06.

[Kenz 03] Peter Kenzelmann (2003): Kundenbindung.Cornelsen Verlag, Berlin S.105.

[Kink 04] Kinkel, S. (2004): Outsourcing und Auslandsverlagerung im Verarbeitenden Gewerbe – Stand und Entwicklungen. In: Reinhart, G.; Zäh, M. (Hrsg.): Fabrikplanung 2004 – Erfolgsfaktor im Wettbewerb, iwb Seminarberichte Bd. 72. Herbert Utz Verlag, München.

[Koji 95] Kojima, T. (1995): Die zweite Lean Revolution. Verlag Moderne Industrie.

[Kosi 62] Kosiol, E. (1962): Leistungsgerechte Entlohnung, Betriebswirtschaftlicher Verlag Gabler Wiesbaden.

[Kuba 03] Kubach, U. (2003): Integration von Smart Items in Enterprise-Software-Systeme. HMD – Praxis der Wirtschaftsinformatik (2003) 229, S. 56–67.

[Lack 95] Lackes, R. (1995): Just-in-Time-Produktion. Systemarchitektur, Wissensbasierte Planungsunterstützung, Informationssysteme. In Praxis der Wirtschaftsinformatik. Gabler 1995 Wiesbaden.

[Lamm 94] Lamming, R. (1994): Die Zukunft der Zulieferindustrie. Campus Verlag, Frankfurt/New York.

[Lee 97] Lee, L. H.; Padmanabhan, V.; Wang, S. (1997): The Bullwhip Effect in Supply Chains. Sloan Management Review, 38 /1997, pp. 93–102.

[Lee 97b] Lee, L. H.; Padmanabhan, V.; Wang, S. (1997): Information Distortion in a Supply Chain: The Bullwhip Effect. Management Science, 43(1997)4, pp. 546–558.

[Leik 04] Leikep, S.; Bieber,K. (2004):Der Weg – Effizienz im Büro mit Kaizen – Methoden. Book on Demand. Norderstedt.

[Leon 02] Leonardo Group (2002): Flexible Fabrik 1, Schulungsunterlagen.

[Leon 05] Leonardo Group (2005): Lean Production Kongress & Woche der Lean Factory. Leonardo Group AG, Ludwigsburg 15./16. November 2005.

[Lepr 03] LEPROS (2003): Valuecycle Analyse und Optimisation. Projektunterlage von LEPROS.

[Lepr 04] LEPROS (2004): Analyse der Wertschöpfung bei klein- und mittelständischen Unternehmen (KMU´s). Projektunterlage LEPROS.

[Lepr 05] LEPROS (2005): Supply Chain Management. Projektunterlage von LEPROS. Intensiv Lieferantenentwicklung, Lieferanten-*Kanban* und Outsourcing.

[Lepr 05b] Dickmann, E. (2005): Hybride Steuerungen im Heterogenen Materialfluss. Projektunterlage LEPROS.

[Like 03] Liker, J. K. (2003): The Toyota Way. McGraw Hill, 1st Edition.

[Litt 61] Little, J. D. C. (1961): A proof of the queuing formula: L = Lambda W. Operations Research, 9(1961)3, pp. 383–387.

[Lödd 01] Lödding, H. (2001): Dezentrale Bestandsorientierte Fertigungsregelung, Diss. Universität Hannover, veröffentlicht in : VDI-Fortschritt-Berichte, Reihe 2, Nr. 587, VDI-Verlag, Düsseldorf.

[Lödd 02] Lödding, H. ; Lopitzsch, J.; Begemann, C.(2002):Rückstandsregelung erhöht die Termintreue. Eine Erweiterung der Dezentralen Bestandsorientierten Fertigungsregelung (DBF). Wt Werkstattstechnik online, 92 (2002) 5, S248–252.

[Lödd 05] Lödding, H. (2005): Verfahren der Fertigungssteuerung – Grundlagen, Beschreibung, Konfiguration, Springer Verlag, Berlin et al.

[Maie 06] Meier Klaus Jürgen(2006): Potentiale von Supply-Chains. Technik in Bayern;1/2006, S10–11.

[Merc 04] Mercer Management Consulting; Frauenhofer-Gesellschaft (IML, IPA), (2004): Die neue Arbeitsteilung in der Automobilindustrie – Wertschöpfungsentwicklung 2002 bis 2015, unter http://www.mercermc.de. Einzelbeitrag aus der Gemeinschaftsstudie Mercer Management Consulting und Frauenhofer-Gesellschaft (IML, IPA): Future Automotive Industry (FAST) Structure 2015.

[Möll 97] Möller, M. (1997): Poka Yoke – Element einer Null Fehler Produktion. Seminarunterlage Qualitätsmanagement Möller 14.05.1997.

[Mond 97] Monden, Y. (1997): Toyota Production System – An Integrated Approach to Just-in-Time. 3. Auflage Norcross, EMP 1997.

[Mond 98] Monden, Y. (1998): Toyota Production System. An Integrated Approach to Just-in-Time. Engineering and Management Press. Norcross, Georgia.

[Neum 44] Neumann, J.; Oskar Morgenstern, O. (1944): Theory of Games and Economic Behavior. Fakes P.

[Nyhi 02] Nyhuis, P.; Wiendahl, H.-P.(2002): Logistische Kennlinien. Grundlagen, Werkzeuge und Anwendungen, Springer Verlag, Berlin et al.

[Ohno 78] Ohno, T.(1988): Toyota Production System beyond Large-Scale Production, Productivity Press, Portland USA - nach T. Ohno (1978): Toyota seisan hôshiki; Diamand, Inc., Tokyo, Japan.

[Ohno 93] Ohno, T. (1993): Das Toyota Produktionssystem. Frankfurt/New York. Campus Verlag.

[Ong 04] Ong, S.K.; Nee, A.Y.C. (2004): Virtual and Augmented Reality Applications in Manufacturing, Springer Verlag London.

[Pati 01] Patig, S. (2001): Flexible Produktionsfeinplanung mit Hilfe von Planungsschritten: Ein Planungsansatz zum Umgang mit Störungen bei der Produktion, Frankfurt am Main u. a., S. 14 ff.

[Pfoh 00] Pfohl, H.-C. (2000): Logistiksysteme. 6. Auflage, Springer Verlag, Berlin S. 381.

[Port 89] Porter, M. E. (1989): Logistiksysteme. Springer Verlag, Berlin, S. 26.

[Rein 99] Reinhart, G.; Grunwald, S. (1999): Mit Kernkompetenzanalyse zur richtigen Strategie für Produktionsunternehmen. Industrie Management 15 (1999) 2, S. 57–61.

[Rück 04] Rücker, T.; Buzacott, J. A. (2004): Einsatz des Production Authorization Card Konzepts zur Realisierung einer hybriden Produktionsplanung und -steuerung für heterogene Produktionssysteme Beschreibung und Modellierung der Planungsaufgaben bei Anwendung des PAC-Konzepts, in: Braßler, A.; Corsten, H. (Hrsg.), Entwicklungen im Produktionsmanagement, Verlag Franz Vahlen, München, S. 115–138.

[Rück 06] Rücker, T. (2006): Optimale Materialflusssteuerung in heterogenen Produktionssystemen, DUV-Verlag, Wiesbaden, 2006.

[Sack 01] Sackstetter H., Schottmüller R. (2001): C-Teilemanagement; Praxisreihe Einkauf Materialwirtschaft Band 9, 2001, ISBN 3-88640-0093X.

[Sako 03] Sako, M. (2003): Supplier development at Honda, Nissan and Toyota: comparative case studies of organisational capability enhancement. Industrial and Corporate Change, Vol. 13, no. 2.

[Schie 03] Schierenbeck H.(2003): Grundzüge der Betriebswirtschaftlehre. Oldenburg.

[Schirr 03] Schirrmeister, E.; Warnke, P.; Dreher, C.(2003): Untersuchung über die Zukunft der Produktion in Deutschland: Sekundäranalyse von Vorausschau-Studien für den europäischen Vergleich. Karlsruhe: Fraunhofer ISI.

[Schn 03] Schneider, H.; Rücker, T. (2003): Production Authorization Card - ein generalisiertes Verfahren zur Auftragsfreigabe und Materialflusssteuerung, in: Bensberg, F., vom Brocke, J., Schultz M (Hrsg) Trendberichte zum Controlling, Physica, Heidelberg S.325–350.

[Schn 05] Schneider, H. M.; Buzacott, J. A.; Rücker, T. (2005): Operative Produktionsplanung und Steuerung. Oldenburg Wissenschaftsverlag München.

[Schön 02] Schönsleben, P.; Hieber, R. (2002): Gestaltung von effizienten Wertschöpfungspartnerschaften im Supply Chain Management. In: Busch, A., Dangelmaier, W. (Hrsg.): Integriertes Supply Chain Management. Theorie und praxis effektiver unternehmensübergreifender Geschäftsprozesse, Gabler, Wiesbaden, S 45–62.

[Schu 05] Schuh, G. (Hrsg.)(2005): Marktspiegel Business Software - ERP/PPS 2005/2006. Aachen: TROVARIT AG.

[Schw 05] Schweizer, H. (2005): Taschenbuch für Handwerk und Industrie. Christiani Konstanz.

[Seki 95] Sekine, K. (1995): Goldgrube Fertigung: Schnelle Steigerung der Produktivität, Landsberg/Lech 1995, S. 58 ff. und S. 123ff.

[Shin 89] Shingo, S. (1989): A study of the Toyota Production System from an Industrial Engineering Viewpoint. Productivity Press. Portland, Oregon.

[Shin 92] Shingo S. (1992): Das Erfolgsgeheimnis der Toyota-Produktion. Moderne Industrie, Japan-Service.

[Stad 00] Stadtler, H.; Kilger, C. (2000): Supply Chain Management and Advanced Planning - Concepts, Models, Software and Case Studies. (Hrsg.) Heidelberg: Springer-Verlag, 2000; ISBN 3-540-67682-1.

[Stev04] Steven, M.(2004): PPS-Systeme. Vortrag von Prof. Dr. Marion Steven an der Ruhr-Universität Bochum.

[Suri 98] Suri, R. (1998): Quick Response Manufacturing. A company wide approach to reducing lead times. Productivity Press, Portland.

[Suza 89] Suzaki, K. (1989): Modernes Management im Produktionsbetrieb. Hanser Verlag.

[Take 03] Takeda, H. (2003): Das Synchrone Produktionssystem; Moderne Industrie Heidelberg.

[Take 04] Takeda, H. (2004): Low Cost Intelligent Automation. Moderne Industrie Frankfurt.

[Take 05] Takeda, H. (2005): Das synchrone Produktionssystem Just-in-time für das ganze Unternehmen. Redline GmbH. Landsberg/Lech.

[Takes 95] Takeshi, K. (1995): Die zweite Lean Revolution. Verlag Moderne Industrie, Landsberg.

[Temp 99] Tempelmeier, H. (1999): Material-Logistik, Modelle und Algorithmen für die Produktionsplanung und -steuerung und das Supply Chain Management. Berlin, Springer.

[Thie 05] Thiesse, F. (2005): Architektur und Integration von RFID-Systemen. In: Fleisch, E. M., Friedemann (Hrsg.): Das Internet der Dinge. Berlin: Springer Verlag, S. 101–117.

[Voll 04] Vollmer, L.; Schlörke, S. (2004): Variantenwertströme als Navigator für die Fabrikplanung. wt Werkstatttechnik online 94 (2004) Ausgabe 4, S. 128–131. Internetadresse: www.werkstatttechnik.de/wt/2004/04.

[Walt 02] Walter, T. J. (2002): Einsatz von Methoden der Digitalen Fabrik bei der Planung von Produktionssystemen in der Automobilindustrie. Dissertation TU Clausthal, Shaker Verlag, Aachen.

[Webe 04] Weber, R. (2004): *Kanban*-Einführung; Das effiziente, kundenorientierte Logistik- und Steuerungskonzept für Produktionsbetriebe. Expert Verlag. Renningen.

[Wege 94] Wegen, G. (1994): Du diligence, Checkliste für den Erwerb einer deutschen Gesellschaft. WiB 1994, S. 291 ff.

[Wern 01] Werner, M. (2001): Simulationsgestützte Reorganisation von Produktions- und Logistikprozessen. Utz München.

[Wien 04] Wiendahl, H.-P.; Breitenbach, F.; Klußmann, J.H.; Nofen, D.(2004): Planung modularer Fabriken. Hanser München.

[Wien 91] Wiendahl, H.-P.(1991): Anwendung der Belastungsorientierten Auftragsfreigabe. Carl Hanser Verlag, München, Wien.

[Wien 97] Wiendahl, H.-P.(1997): Fertigungsregelung. Logistische Beherrschung von Fertigungsabläufen auf Basis des Trichtermodells. Carl Hanser Verlag, München, Wien,

[Wild 96] Wildemann, H. (1996): *Kanban*-Produktionssteuerung. Leitfaden zur Einführung des Hol-Prinzips. TCW Transfer-Centrum Verlag GmbH. München. 1996.

[Woma 04] Womack, J. P., Jones, D. T. (2004): Lean Thinking: Ballast abwerfen, Unternehmensgewinne steigern. Frankfurt, New York 2004, S. 65 ff.

[Woma 05] Womack J.P.; Jones D.T (2005):Auf dem Weg zum perfekten Unternehmen - Lean Thinking. Wilhelm Heyne Verlag.

[Woma 92] Womack J.P.; Jones D.T; Roos, D. (1992): Die zweite Revolution in der Automobilindustrie. Campus Verlag,Frankfurt/New York (2005). Originalausgabe 1992.

[Yagy 06] Yagyu, S., Michels, F.(2006): Implementierung fortgeschrittener Produktionssystem. Eigenverlag SPS Management Consultants, Bochum.

[Zäh 04] Zäh, M. F.; Schack, R.; Gentner, H. M.; Dickmann, P.(2004): Outsourcing - Entwicklungen, Vorgehensweisen und Erfahrungen. ZWF, 12/04.

[Zäh 04b] Zäh, M. F.; Bayerer, P. (Hrsg.) (2004): Gestaltung und Betrieb mobiler Produktionssysteme - Abschlussbericht des Forschungsprojektes ProMotion. Utz München.

[Zäh 04c] Zäh, M. F.; Möller, N.; Rudolf, H.; Aull, F. (2004): Understanding and Handling Complexity in Production Planning and Scheduling. A Concept and Technical Framework for the Realization of an Integrated Teaching System. International Conference on Education and Information Systems: Technologies and Applications (EISTA) 2004. Orlando (FL), USA, 21.–25. Juli 2004.

Index